REJETE
DISCARD

Les Éditions du Boréal
4447, rue Saint-Denis
Montréal (Québec) H2J 2L2
www.editionsboreal.qc.ca

Enfin
de bonnes nouvelles

ŒUVRES DE DAVID SUZUKI EN LANGUE FRANÇAISE

Ma vie, Boréal, 2006.

L'Arbre, une vie (en collaboration avec Wayne Grady), illustrations de Robert Bateman, Boréal, 2005.

L'Équilibre sacré, redécouvrir sa place dans la nature (en collaboration avec Amanda McConnell), Fides, 2001.

La Sagesse des anciens (en collaboration avec Peter Knudtson), Éditions du Rocher, 1996.

En route vers l'an 2040, un portrait saisissant de l'état actuel de notre planète et des illusions qui menacent notre avenir (en collaboration avec Anita Gordon), Libre expression, 1993.

POUR ENFANTS

Écolo-jeux (en collaboration avec Kathy Vanderlinden), Trécarré, 2001.

David Suzuki, Holly Dressel

Enfin
de bonnes nouvelles

Mille et un moyens d'aider la planète

*traduit de l'anglais (Canada)
par Dominique Fortier*

Boréal

La traduction de cet ouvrage a été rendue possible grâce à une aide financière du Conseil des Arts du Canada et du ministère du Patrimoine canadien par l'entremise du Programme d'aide au développement de l'industrie de l'édition.

Les Éditions du Boréal sont inscrites au Programme d'aide aux entreprises du livre et de l'édition spécialisée de la SODEC et bénéficient du Programme de crédit d'impôt pour l'édition de livres du gouvernement du Québec.

Couverture : alt-6.com

© David Suzuki et Holly Dressel 2002
© Les Éditions du Boréal 2007 pour la traduction française
Dépôt légal : 1er trimestre 2007
Bibliothèque et Archives nationales du Québec

L'édition originale de cet ouvrage est parue en 2002 chez Greystone Books sous le titre *Good News for a Change : How Everyday People Are Helping the Planet.*

Diffusion au Canada : Dimedia
Diffusion et distribution en Europe : Volumen

Catalogage avant publication de Bibliothèque et Archives Canada
Suzuki, David, 1936-
    Enfin de bonnes nouvelles : mille et un moyens d'aider la planète
    Traduction de : Good News for a Change.
    Comprend des réf. bibliogr. et un index.
    ISBN 978-2-7646-0506-6

    1. Écologisme. 2. Environnement – Dégradation. 3. Développement durable. 4. Environnement – Protection. I. Dressel, Holly Jewel. II. Titre.

GF75.S99314   2007   333.72   C2007-940313-1

À nos petits-enfants :
Tamo Campos, Midori Campos,
Jonathan Suzuki-Cook et Parker Toole

INTRODUCTION

Alors, les nouvelles sont bonnes ?

La révolution est arrivée

Nous, auteurs de cet ouvrage, sommes engagés depuis des années dans des luttes pour l'environnement, et il nous est souvent arrivé de voir dans la crise écologique qui va croissant une sorte de guerre. Comme toute guerre, celle-ci a vu son lot de défaites et de victoires. Si nous avons été témoins d'atrocités sur les plans social et environnemental, nous avons également eu le privilège de travailler avec certaines des personnes les plus créatives et les plus courageuses de la planète. À maintes reprises, il nous a été difficile d'imaginer le retour de la paix. Les efforts que nous déployions pour sauver une forêt ou une espèce nous ont quelquefois amenés à perdre de vue l'objectif premier : la résolution, l'équilibre. C'est pourquoi nous avons conclu que nous avions suffisamment écrit sur des questions polémiques. Il était temps de consacrer un livre à l'équilibre dynamique ; il nous fallait déterminer s'il existait des moyens pratiques pour les êtres humains d'assurer leur existence sans spolier la planète.

En défrichant le terrain, nous avons fait des découvertes extraordinaires aussi bien sur nous-mêmes que sur le monde. Il faut admettre que nous partagions d'emblée une même perspective : la lutte pour l'environnement nous apparaissait comme un combat austère qui exigeait des sacrifices. Les militants devaient enfiler le cilice de la discipline et de la maîtrise de soi s'ils entendaient préserver et protéger les écosystèmes qui nous entourent. Pour « sauver la planète », il nous faudrait renoncer à manger de la viande, à boire du café ou à voyager. Bref, nous avions l'impression que la purification de l'air et de l'eau et la protection des plantes, des sols et des espèces animales passaient inévitablement par un amoindrissement de la qualité de vie des êtres humains, qui auraient alors à renoncer à satisfaire certains désirs. Quand nous avons commencé à effectuer la recherche en vue de cet ouvrage, force nous a été de constater que nous avions tout faux.

En militants aguerris que nous sommes, nous pensions aussi que nous étions en quelque sorte immunisés contre la philosophie pernicieuse qui sous-tend notre culture moderne et qui incite à croire que la satisfaction des désirs personnels est le fondement du bonheur humain, que la vie sur cette planète serait insupportable sans un accroissement exponentiel du confort matériel et que l'épanouissement de l'individu passe nécessairement par la satisfaction de ses moindres caprices. En réalité, nous avions intériorisé ces valeurs culturelles. Pour tenter de découvrir des solutions viables aux grands problèmes écologiques et sociaux contemporains, nous avons dû prendre un certain recul et remettre en question nos *a priori* personnels quant à l'existence. En rencontrant des gens qui se vouent corps et âme à la recherche de solutions, en les écoutant parler de leur existence et de leur vision de l'avenir, nous avons été amenés à réfléchir à ce qui nous avait procuré le plus de bonheur dans le passé. Nous avons ainsi pris conscience du fait que, une fois les besoins élémentaires comblés, notre sentiment personnel de bien-être, de contentement et de joie avait bien peu à voir avec la consommation et le confort matériel. Ce sentiment naissait plutôt de nos relations avec autrui, de l'impression de se rendre utile et, assez étonnamment, du partage, que ce soit de la nourriture, des émotions, des idées ou des convictions.

Dans la mesure où nous sommes à cet égard assez représentatifs de l'ensemble des êtres humains et où ce sont vraiment le partage, les relations et le sentiment d'utilité qui nous rendent heureux, comment avons-nous pu être à ce point obnubilés par une culture qui nous assure que si nous consacrons le labeur de notre vie à l'achat de joujoux de luxe (véhicules utilitaires, balades en avion), de maisons gigantesques, de vêtements, de médicaments, de produits cosmétiques et d'une quantité de nourriture suffisante pour rendre obèses la majorité d'entre nous, nous connaîtrons alors la joie et l'épanouissement ? De nombreux ouvrages analysent la manière, relativement innocente, dont notre dogme économique actuel — que l'on désigne souvent par les termes de « mondialisation » ou de « néolibéralisme » — s'est développé après la Grande Dépression. Il s'agissait de faire croître et de répandre la richesse en multipliant les désirs des consommateurs, stimulant ainsi la productivité industrielle et l'emploi. Ce dogme s'est cependant transformé en un instrument au service des nantis, qui en ont usé pour assujettir et piller l'ensemble des ressources naturelles et des cultures humaines de la planète. Les lecteurs intéressés par une mise en contexte historique trouveront, dans la bibliographie à la fin de cet ouvrage, certaines des meilleures ressources sur la question.

Nous étions désireux de créer un autre type de ressource, offerte à ceux qui ont déjà compris que nous nous étions engagés dans une mauvaise direction, pour les aider à découvrir non pas les événements passés, mais bien l'orientation à adopter aujourd'hui. *Enfin de bonnes nouvelles* offre aux lecteurs des idées simples, pratiques et faciles à mettre en application pour sortir d'une impasse à la fois culturelle et économique qui, ainsi que le constatent un nombre grandissant d'individus, nous éloigne de tout ce que nous attendons réellement de la vie. À notre grand étonnement, nous avons appris qu'il n'est nul besoin de renoncer à nos plus chers désirs pour respecter les principes du développement durable et qu'il est souvent possible d'avoir le beurre et l'argent du beurre. Nous avons découvert que vivre en harmonie avec les écosystèmes de la Terre rapporte presque toujours ce que nous appelons des « doubles dividendes ». Il existe des moyens pour que les êtres humains, les autres animaux et les créatures vivantes formant le tissu de la vie sur la planète puissent non seulement survivre, mais aussi prospérer ensemble. En trouvant de nouvelles façons de lutter contre la pollution, les déchets, la maladie et l'isolement, nous viendrons en aide aux forêts, aux oiseaux, aux fleurs sauvages et aux prédateurs ; en produisant des aliments plus durables et plus savoureux, nous créerons du même coup un nombre grandissant d'emplois meilleurs qui nous laisseront plus de temps libre. Il est tout à fait possible que nos écosystèmes restaurés bénéficient à des communautés plus prospères et plus solidaires, constituées d'individus en santé qui profitent de la vie.

Après plusieurs années passées à étudier et à faire connaître l'ampleur de la crise écologique mondiale, nous ne nous attendions assurément pas à cela. En fait, quand nous avons entrepris la rédaction de cet ouvrage, nous craignions de ne réussir à trouver de solutions durables que pour quelques rares problèmes parmi ceux qui affectent le monde naturel. Au fil des voyages qui nous ont menés sur trois continents, des entrevues menées avec des centaines de personnes et de la lecture de milliers de pages de travaux de recherche, nous avons cependant découvert ce que nous n'avions osé espérer : non seulement des solutions et des technologies ponctuelles, mais un mouvement dynamique et concerté en faveur d'un changement culturel systémique qui nous ferait passer de la consommation à la durabilité. Nous avons trouvé trace de ce mouvement chez maints individus et groupes et même au sein de divers gouvernements dans le monde.

C'est ainsi que des gouvernements européens progressistes, par exemple, s'emploient souvent à atteindre des objectifs de durabilité. Mais là où les gouvernements sont peu réceptifs, les gens ont tout simplement mis sur pied leurs propres organisations pour atteindre les buts qui leur tiennent à cœur. Qu'il s'agisse de politiques nationales ou d'initiatives individuelles ou locales, tous les mouvements que nous décrivons visent ce qu'ils appellent la « durabilité ». Ils tentent donc de comprendre les limites physiques et biologiques de la planète et d'appréhender la manière dont nous, les habitants de cette Terre, pouvons apprendre à vivre en respectant ces limites. Même des gens qui travaillent pour ainsi dire dans le ventre de la bête, soit au sein de grandes entreprises et d'organismes à vocation économique comme la Banque mondiale, commencent à remettre en question l'efficacité des méthodes de production et de gestion qui prônent une croissance indéfinie sur une planète qui est, elle, finie.

La notion de durabilité recouvre tant un partage équitable des fruits de la productivité de la Terre que la quantité et les types d'activités humaines qui peuvent être maintenus à long terme. Ceux qui œuvrent à définir la durabilité sont aussi animés par un souci fondamental : si nos activités ne deviennent pas véritablement durables, nous condamnons nos enfants et nos petits-enfants à la maladie, à la misère et à des inégalités sociales insoutenables. C'est pourquoi tous ceux que nous avons rencontrés — simples citoyens, membres d'une coopérative, d'une collectivité, d'une ONG ou d'un organisme gouvernemental — se préoccupaient de durabilité et d'équité à long terme avec la même énergie que la plupart des gens déploient pour protéger leur progéniture. En élaborant cet idéal de durabilité pour l'avenir de leurs enfants, ils ont découvert du même coup de nouvelles — et meilleures — manières de vivre aujourd'hui.

Grâce à la production de bœufs et d'agneaux de meilleure qualité dans l'Ouest américain, par exemple, les éleveurs apprennent à redonner vie à une terre négligée et abîmée par la sécheresse, si bien que leurs fermes familiales prospèrent. Leurs remarquables méthodes de production, détaillées au chapitre trois, favorisent une meilleure qualité et une plus grande stabilité du marché, tout en protégeant certains prédateurs sauvages tels que les cougars et les coyotes. Elles facilitent également la réapparition de plantes et de fleurs sauvages et la restauration de tout l'écosystème. Au chapitre six, dans le secteur-clé de l'aménagement forestier, nous montrons que des groupes autochtones et de grands propriétaires terriens ont découvert des pratiques qui donnent du bois tout en assurant la protection des ours, des saumons, des oiseaux et des myrtilles. Le chapitre cinq, consacré à l'agriculture, révèle que même dans des pays aussi pauvres que l'Inde, de petits cultivateurs ont, de leur propre chef, mis au point des méthodes de production agricole qui peuvent nourrir les affamés indéfiniment, sans polluer les sols ou l'eau ni réduire les gens à la dépendance envers les sources de nourriture extérieures. Au chapitre quatre, nous décrivons des régions du monde frappées par la désertification où des villageois apprennent à redonner vie à des rivières asséchées. Ce faisant, ils aident aussi leurs petites communautés à conquérir le droit d'exercer un contrôle local et démocratique sur leurs ressources.

Bien qu'elles soient méconnues, d'incroyables nouvelles technologies, présentées au chapitre huit, ont le potentiel d'endiguer, de remplacer, voire d'éliminer presque tous les types de pollution, de sorte que les gens n'auraient plus à craindre de fuites, de déversements ou d'autres formes de contamination. Dans ce même chapitre, nous explorons de grandes villes modernes telles que Chicago, Berlin, Portland et Bogotá, qui mettent à l'épreuve des plans d'urbanisme révolutionnaires favorisant l'épanouissement des citoyens tout en préservant les ressources naturelles.

Nous avons très tôt remarqué que les groupes qui diffusent ces bonnes nouvelles sont semblables aux systèmes naturels eux-mêmes en ce qu'ils sont très diversifiés. Ils ont presque toujours une base locale ou collaborent étroitement avec la population du lieu où ils agissent. C'est pourquoi ils sont multiformes, en constante mutation, voire brouillons, autant de caractéristiques que les gouvernements ont du mal à gérer et tentent d'éliminer. Nos recherches nous ont démontré que, partout, les individus susceptibles de connaître les mesures efficaces à long terme dans une région donnée — qui sont incidemment les seuls à profiter du maintien en bon état de cette région — sont des gens de l'endroit qui sont attachés à un lieu et qui n'ont aucune intention de le quitter. La quintessence de ces « gens du cru » se retrouve chez les groupes autochtones qui vivent toujours sur les territoires que leurs ancêtres ont habités pendant des millénaires. Compte tenu du petit nombre actuel de ces groupes, ceux-ci offrent une quantité remarquable de solutions ou de pistes de solutions. Nous avons également découvert que dès que les gens s'attachent ainsi à un lieu — qu'ils décident de s'y établir et d'en faire bénéficier leurs familles — le concept de durabilité apparaît presque immédiatement.

Cet accent mis sur la dimension locale illustre l'autre élément-clé commun aux mouvements visant la durabilité : ils sont tous intrinsèquement égalitaires et démocratiques. L'expérience a amplement démontré que, sans consensus, toute méthode de gestion des systèmes naturels — qu'il s'agisse de planter des arbres, de protéger les sols ou de mettre en œuvre des programmes de protection de la faune — est, à long terme, vouée à l'échec. En revanche, quand les utilisateurs locaux ont établi un large consensus, les écosystèmes peuvent être gérés de manière à produire indéfiniment des richesses, comme nous le montrerons en ce qui concerne les cultures en paliers de Bali, les pêcheries de la Louisiane et de l'Inde, les divers systèmes agricoles biologiques mixtes dans le monde et des entreprises dirigées localement telle que Collins Pine, dans le nord de la Californie. Ces exemples attestent tous que les ressources naturelles doivent être protégées des étrangers qui n'ont ni attachement ni engagement envers un lieu et qui ne cherchent qu'à en tirer des profits toujours plus élevés. Tous les groupes actifs dans cette révolution tentent de mettre en place des arrangements qui bénéficieront non pas à des intérêts externes à court terme (selon le modèle industriel le plus répandu aujourd'hui), mais bien aux utilisateurs locaux présents à long terme. Cette révolution vise également à empêcher que les petites communautés locales ne se trouvent submergées et appauvries par les forces financières et culturelles qui se déploient à l'échelle mondiale. Il arrive trop souvent que des étrangers pillent ce que des groupes locaux ont mis des siècles à bâtir, ne laissant à ces derniers d'autres possibilités que d'abandonner leurs foyers ou recourir à la violence.

Nous avons découvert que tous les groupes œuvrant pour la durabilité emploient des méthodes semblables. Ils élaborent une vision positive et quasi idyllique du but qu'ils cherchent à atteindre et de l'existence qu'ils souhaitent mener, non pas pour le prochain trimestre, comme le font généralement les entreprises, mais pour les années à venir. Ils imaginent tout ce qu'ils désirent — des enfants heureux, de grands parcs, de l'eau propre, une faune abondante, des forêts intactes, de bons emplois — et travaillent en vue de l'obtenir. Dans le cadre actuel de la gestion industrielle, on cerne d'abord des problèmes tels que le chômage, les milieux pollués ou les grossesses chez les adolescentes et on tente ensuite de régler chacun d'eux isolément. La nouvelle approche positive non seulement contribue au dynamisme et à la cohérence de l'action des citoyens, mais elle apporte aussi de meilleures solutions aux différents problèmes.

Quand il est question de gérer un écosystème, la méthode la plus répandue consiste à faire appel à des experts. Ceux-ci ont généralement passé un certain nombre d'années non pas à travailler dans l'écosystème en question, mais à lire des livres ou à mener des expériences en laboratoire à des kilomètres de là. On s'empresse ensuite d'appliquer leurs recommandations, par exemple en épandant des engrais chimiques sur des terres agricoles. Si cette méthode s'avère inefficace, on ne remet pas pour autant en cause la prémisse à l'origine de son adoption : on ajoute plutôt davantage d'engrais, jusqu'à provoquer l'induration des sols et la destruction des cours d'eau. On fait alors appel à d'autres experts, qui suggéreront la construction d'une usine de traitement chimique des eaux et le recours à des semences transgéniques résistantes à la salinisation ou à l'emploi de grandes quantités d'azote. Et le manège se répète. Si nous ne considérons pas la situation dans une optique plus large et ne remettons pas en question nos méthodes de gestion et les systèmes de valeurs qui les sous-tendent, nous sommes condamnés à reproduire sans cesse les mêmes erreurs.

En demeurant humbles et flexibles, les gestionnaires holistiques contrôlent les effets de leurs méthodes non pas après l'apparition d'un problème, mais dès leur mise en œuvre ; au premier signe de perturbation d'un écosystème, ils procèdent tout de suite à une nouvelle évaluation de la situation. Les éleveurs holistiques, par exemple, ne considèrent pas uniquement le rendement à l'hectare ou les capacités des pâturages. Parce qu'ils ont compris que l'herbe ne poussera pas bien dans un écosystème incomplet ou endommagé, ils réévaluent l'ensemble de leurs méthodes s'ils remarquent la disparition de toute plante ou de tout animal, y compris les insectes, les « mauvaises herbes » et les prédateurs. Puisqu'elles n'imposent qu'une contrainte légère à la terre et qu'elles s'inspirent de l'observation des systèmes naturels, les méthodes holistiques sont beaucoup plus efficaces que toute solution technologique bâclée quand vient le temps de reboiser un territoire, de ramener à la vie des cours d'eau moribonds et de redonner aux collectivités locales les moyens d'assurer leur existence. Elles permettent également aux gens de retrouver confiance en leurs capacités et de célébrer leurs traditions.

Les mouvements que nous avons découverts partagent deux traits fascinants : la majorité d'entre eux ignorent totalement l'existence de toute autre initiative similaire et ils sont apparus de façon spontanée, c'est-à-dire qu'ils sont d'origine locale et non institutionnelle. En effet, il appert que ce sont essentiellement ceux qui connaissent bien un écosystème, une ville ou une industrie qui lancent des idées novatrices sur la manière de les rendre viables, productifs et non nuisibles à long terme. Des chefs cuisiniers et des restaurateurs, de petites entreprises et même de grandes sociétés comme Nike, Ford et Ikea se font de plus en plus réceptifs aux suggestions émanant non pas de leur direction, mais de ceux qui œuvrent dans leurs rangs et qui proposent des moyens d'offrir des produits et des services sans nuire à la Terre ni menacer notre avenir commun. Ainsi, même dans le monde des affaires, on assiste à une révolution modeste mais grandissante vers la durabilité, qui touche tant la qualité des produits, le design écologique et les efforts de recyclage que la répartition des profits et le traitement des employés.

Ce nouveau mouvement est fondé sur le consensus. Autrement dit, ses adeptes prennent le temps nécessaire pour discuter et décider ensemble de la voie à suivre. Mais une fois la décision prise, rien ne peut les arrêter, dans la mesure où leurs méthodes reposent sur des valeurs profondes et démocratiquement adoptées. Ces valeurs communes émanent de l'esprit et du cœur d'individus distincts, mais, comme nous l'avons découvert, qu'elles apparaissent en Afrique, en Inde, en Allemagne ou au Canada, elles s'harmonisent remarquablement bien.

Dans les premières pages de cet ouvrage, nous nous attachons à examiner la dimension économique de la question dans le but de déterminer si un nouveau type de relation avec le monde matériel pourrait faire vivre l'ensemble de la population humaine. Grande a été notre surprise quand nous avons constaté que les méthodes durables sont susceptibles non seulement de soutenir l'humanité plus longtemps, mais aussi d'améliorer la qualité de vie de la grande majorité des êtres humains. Nous traitons ensuite de l'obsession de la société pour une économie en croissance permanente, la mondialisation du commerce et le tout-puissant produit intérieur brut, et nous comparons leurs effets à long terme avec ceux de la durabilité, ce qui met en lumière les risques et les avantages de chacune des approches. En matière de valeurs et de gestion, la nouvelle révolution est axée sur la productivité générale à long terme plutôt que sur le profit individuel à court terme. Elle s'attache non pas à fixer des concentrations

« acceptables » de substances cancérigènes ou de produits toxiques, mais bien à éliminer progressivement tous les produits pétrochimiques dangereux et les procédés favorisant le gaspillage. Elle ne souscrit pas aux valeurs fondées sur le matérialisme individuel ou sur les anxiétés relatives à la sécurité personnelle que nous instillent les entreprises ou les gouvernements, des valeurs qui sont d'ailleurs entretenues à grand renfort de couverture médiatique, de publicité et de persuasion politique permanentes. Les nouvelles formes de gestion encouragent plutôt les individus à exploiter leur créativité personnelle et collective et à s'en remettre aux communications humaines et au simple bon sens — plutôt qu'à la télévision et aux experts — pour atteindre leurs objectifs. Ceux qui désirent s'engager dans l'un ou l'autre de ces mouvements trouveront une courte liste de sites Internet et d'adresses à la fin de l'ouvrage.

CHAPITRE 1

Vivre en son village comme l'abeille

Faire des affaires sans faire de mal

Il semble que, pour survivre, nous soyons obligés d'épuiser et de détruire nos ressources, à commencer par ce que nous mangeons. Peut-être est-il impossible de ne pas nuire à l'environnement. Quoi qu'il en soit, la majorité des êtres humains préfèreraient s'abstenir de détruire quoi que ce soit ou de nuire à d'autres créatures pour subvenir à leurs besoins et survivre sur la Terre. En fait, nous aimerions laisser la planète dans un état meilleur que celui où nous l'avons trouvé. Pourtant, beaucoup des efforts récemment déployés pour améliorer notre monde et notre vie — la construction d'autoroutes pour rapprocher les gens, de barrages et de centrales électriques pour leur fournir de la lumière la nuit, l'aménagement de lotissements résidentiels, de centres de congrès et de centres commerciaux pour mieux répondre à leurs besoins — ont aussi eu des effets pervers : le réchauffement de la planète, la destruction d'habitats naturels, la production de déchets toxiques et l'appauvrissement des ressources. On commence à croire qu'il est impossible de vivre dans une économie complexe et urbaine sans prendre part à semblable dévastation.

Que le sage vive en son village
Comme l'abeille recueille le nectar
Sans abîmer la fleur
Dans sa couleur et dans son parfum

Canon pali, 500 av. J.-C.

Comment vivre en son village comme l'abeille sans abîmer la fleur ? Le forum State of the World tenu à New York en septembre 2000 a tenté de répondre à cette question. L'événement rassemblait des chefs de file du monde des affaires et du mouvement écologiste, des scientifiques, des universitaires et des leaders religieux venus du monde entier : de l'anthropologue Jane Goodall à l'écologiste Vandana Shiva, en passant par le philanthrope George Soros et le gourou Deepak Chopra. L'un des ateliers offerts s'intitulait « L'émergence d'un nouveau paradigme commercial » et réunissait Amory et Hunter Lovins, célèbres cofondateurs du Rocky Mountain Institute, Anita Roddick, charismatique fondatrice de Body Shop, et Elizabet Sahtouris, biologiste de l'évolution et coauteur (avec Sidney Liebes et Brian Swimme) de *A Walk Through Time*. Le public était particulièrement démonstratif et éveillé. Quand le modérateur a voulu savoir combien de personnes dans la salle se considéraient comme des « gens d'affaires », presque tous ont levé la main. Il a ensuite demandé combien d'entre eux étaient directeur, président ou propriétaire de leur entreprise, et presque tous ont levé la main derechef. La discussion a été fascinante et a porté tant sur le comportement institutionnel de Shell Oil que sur les principes du capitalisme naturel. Une femme d'une cinquantaine d'années à l'abondante chevelure blanche s'est levée et a décrit une affiche qu'elle gardait dans le placard de sa chambre, de manière à la voir chaque jour dès son réveil. L'affiche, ornée des mots « *Good Morning, Beautiful Business !* », lui rappelle le plaisir qu'elle tire de posséder sa propre entreprise ; elle est en effet persuadée que c'est l'instrument qui lui permettra de marquer son passage sur Terre.

« C'est la beauté des affaires, dit-elle. On peut offrir le meilleur service possible, exploiter le meilleur de soi-même. Les jeunes croient parfois que les entreprises existent uniquement pour s'enrichir. Mais les petites entreprises sont l'un des meilleurs moyens de *servir* et de faire le bien. » Cette femme s'appelait Judy Wicks, et la réaction de l'auditoire à son intervention a été remarquable : un sentiment d'approbation palpable a balayé la foule, une forme de reconnaissance. Ce n'est pas ainsi que l'on imaginait les « chefs de file du monde des affaires » ; l'émotion a envahi le public. Ceux d'entre nous qui s'occupent de questions écologiques ne sont pas toujours au fait de ce qui se passe dans cet univers. Or, une révolution très tranquille — qui n'en est pas moins extrêmement profonde — est en cours, et Judy Wicks en est une des protagonistes de premier plan. Elle possède et dirige le White Dog Café, un restaurant de Philadelphie dont le chiffre d'affaires annuel s'élève à cinq millions de dollars, qui applique une vaste gamme de mesures sociales et écologiques et qui fonctionne davantage à la manière d'une fondation que d'une entreprise. Judy Wicks préside également le Social Venture Network[1], basé à San Francisco, qui regroupe des gens partageant une même philosophie et militant, par le biais des affaires, pour un monde plus juste, plus durable et plus sensibilisé sur les plans écologique et social.

Ouvert sept jours sur sept et offrant des repas complets, le White Dog Café est situé sous les arbres qui baignent de leur ombre le quartier universitaire de Philadelphie. On y offre un délicieux saumon à l'oseille et des croquettes de maïs fraîches. On y prépare aussi des médaillons de porc aigres-doux, d'énormes salades, du canard glacé au miel et une merveilleuse tarte au chocolat recouverte de caramel et de crème fouettée. On n'y sert que des viandes produites sans cruauté envers les animaux, et tous les fruits, les légumes et les viandes biologiques qu'on peut se procurer. On fait des pieds et des mains pour ne pas employer d'aliments génétiquement modifiés et on a notamment recours à des huiles de soya et de maïs non transgéniques. La majorité des clients n'y viennent toutefois pas pour ces raisons, mais bien parce que la cuisine est savoureuse. Wicks lance à la blague : « J'utilise la nourriture pour attirer des clients vers le militantisme social. » Mais elle ajoute plus sérieusement : « Tant qu'à rassembler des gens pour manger, pourquoi ne pas en profiter pour discuter aussi ? »

Le White Dog a organisé des causeries sur la lutte contre la drogue, la décision de la Cour suprême de confirmer l'élection de George W. Bush, le génie génétique et nombre d'autres sujets. Il facilite le transport des participants à des manifestations et à des marches et il commandite des voyages à l'étranger chez plusieurs « restaurants-frères » du tiers-monde avec lesquels Wicks a tissé des liens. Il organise des visites dans les secteurs pauvres de Philadelphie, « pour que des gens des classes moyennes et supérieures puissent voir comment les enfants vivent dans les quartiers défavorisés, voir le bon comme le mauvais. Nous nous intéressons aux programmes modèles comme à ceux qui ont besoin d'aide. Nous avons habituellement un thème : si c'est la justice pour les jeunes, nous visitons des tribunaux ; une autre fois, ce sera l'éducation, les soins de santé, les loisirs. Nous visitons différents organismes, puis nous discutons de ce que nous avons vu. » Les visites attirent les résidants de l'endroit en offrant un déjeuner au restaurant, puis, après la visite et le lunch, l'animateur répond aux questions. « Nous faisons une visite des murales communautaires, des jardins communautaires ; nous effectuons une éco-visite chaque printemps. Nous sommes allés voir une maison fonctionnant à l'énergie solaire et nous avons essayé une voiture électrique. L'an dernier, ça portait sur l'étalement urbain, alors nous sommes allés à la campagne pour constater que des fermes familiales cédaient la place à des projets de construction. » Au cours de l'année, le White Dog Café incite les résidents à s'engager dans des activités importantes de la communauté, telles que le Farmer Day Supper et The Dance of the Ripe Tomato. On invite également les clients intéressés à visiter les fermes qui produisent les aliments qu'on consomme au restaurant. « On est juste un restaurant populaire, à la mode, reconnu pour sa bonne bouffe, dit Wicks. Parmi les gens qui viennent, beaucoup ne savent rien de notre politique ou de notre philosophie. Ça nous approvisionne constamment en personnes mûres pour être sensibilisées. »

Il y a une dizaine d'années, le White Dog Café a mis sur pied un programme de mentorat pour les élèves du secondaire vivant en milieu défavorisé. « Des élèves de dixième année de l'école secondaire West Philadelphia qui s'intéressent au fonctionnement d'un restaurant viennent observer le travail de nos employés. Ils passent deux jours dans la cuisine, deux jours dans la salle à manger, une journée dans le bureau et une journée dans la boutique de vente au détail. De six à huit jeunes viennent passer six jours chacun, et à la fin de l'année nous tenons un événement, soit un souper et une soirée dansante, que les jeunes organisent avec l'aide de nos employés. » Le programme offre encore d'autres possibilités : « Une fois qu'ils ont fini le programme de mentorat, nous essayons d'offrir un emploi de desserveur ou d'aide-cuisinier à ceux qui sont les plus intéressés. Un jeune homme est ainsi devenu cuisinier à la chaîne pour nous. Nous offrons aussi une bourse à une personne désireuse de s'inscrire à l'école culinaire. Il ne s'agit que de 1000 $ par année, mais un troisième étudiant achève sa quatrième et dernière année, après quoi nous en choisirons un autre. » Il y a même le Workplace Giving Program, qui permet aux employés de contribuer à ce que Wicks appelle des « œuvres de bienfaisance plus progressistes ». Il y a deux ans, elle a mis sur pied son programme de salaire naturel, par lequel des gens d'affaires s'engagent à verser des salaires de loin supérieurs au salaire minimum, peu importe le type d'emploi occupé. « J'ai été ravie, raconte-t-elle, quand un de mes plongeurs est devenu philanthrope — et de constater qu'il est même possible d'être philanthrope quand on gagne 8 $ l'heure. Il accepte qu'on prélève un dollar de son chèque de paye toutes les semaines. Ça fait une cinquantaine de dollars par année. Il souscrit aussi à notre programme 401k², ce qui signifie que s'il verse 50 $ au Black United Fund, nous en versons autant. Il se trouve donc à donner 100 $ par année à cet organisme, ce qui est significatif pour eux. »

Pour la majorité d'entre nous, le simple fait de créer une entreprise florissante serait déjà difficile, et Judy Wicks avoue : « Au cours des cinq premières années d'existence de mon restaurant, je n'ai fait rien d'autre que travailler parce que je n'avais pas le choix. Et je tombais au lit épuisée. » Quand elle a ouvert le White Dog Café, qui était à l'origine un comptoir offrant du café et des muffins à emporter, elle croyait, comme beaucoup d'entre nous, que les affaires et l'argent ne devaient pas frayer avec l'amour et le service. Mais, comme elle l'explique, elle vit au-dessus de son commerce. Encore aujourd'hui, alors que l'entreprise occupe cinq maisons victoriennes contiguës, Wicks habite toujours à l'étage de l'une de ces demeures. « Ma première cuisine était un gril au charbon extérieur, dans le jardin, parce que je ne pouvais pas me permettre de faire installer un système de ventilation dans la maison. J'y suis arrivée petit à petit. À force d'amour. J'ai ouvert le restaurant avec l'intention d'en faire l'œuvre de ma vie. Je n'ai pas créé une entreprise pour vendre à profit. J'ai créé une entreprise pour qu'elle soit ma vie, pour qu'elle me procure le milieu dans lequel je voulais vivre et élever mes enfants. Depuis, je me suis rendu compte que je vis littéralement au-dessus de la boutique. C'est la façon de faire des affaires à l'ancienne… vivre à l'étage. Vous savez, qu'il s'agisse d'une boutique de tailleur, d'un magasin général, d'une auberge ou d'une ferme familiale, on élève sa famille à l'endroit même où on fait des affaires. »

Ce n'est pas ainsi que la majorité des entreprises sont gérées de nos jours, ce qui est sans doute révélateur. Comme l'expose Wicks : « Les gens sont aujourd'hui facilement capables de compartimenter leur vie, ce qui leur permet d'avoir des valeurs différentes à la maison et au travail. Les écoles de commerce vous enseignent à laisser vos valeurs à la maison quand vous allez travailler. C'est vraiment comme ça qu'on enseigne de "saines méthodes de gestion" aux jeunes étudiants. Il me semble que l'entreprise assumait autrefois, par sa nature même, ses responsabilités sociales simplement parce que les gens d'affaires faisaient partie de la collectivité. Ils voulaient naturellement prospérer en son sein. Depuis que les entreprises se sont faites plus grosses, leurs dirigeants et leurs propriétaires ne vivent plus dans le même milieu que leurs clients, de sorte qu'il est plus facile de compartimenter les valeurs. »

Pour sa part, Wicks souhaitait faire les choses autrement. « Notre mission, c'est de servir pleinement dans quatre domaines différents : servir nos clients, ce qui est logique ; servir notre collectivité ; nous servir les uns les autres, en tant qu'employés ; et servir le monde naturel. C'est pourquoi, au White Dog, nous avons des programmes différents dans chacun de ces quatre domaines. Et, à mes yeux, les profits alimentent simplement l'entreprise pour lui permettre de remplir sa mission. » Ce qui ne veut pas dire que le restaurant n'est pas viable ou que les personnes qui y travaillent ont fait vœu de pauvreté. Sur un chiffre d'affaires annuel de cinq millions de dollars, les profits s'élèvent à trois cent mille dollars. De cette somme, Wicks se verse entre soixante-cinq et cent mille dollars, soit un salaire confortable pour une mère monoparentale de deux enfants aux études universitaires. « Je ne veux pas être riche. Ça ne m'intéresse absolument pas, même si on me l'offrait sur un plateau d'argent. Mais, évidemment, je ne veux pas être pauvre. Simplement, il arrive un moment où on se rend compte qu'on n'a pas besoin de plus de trucs. Ça ne m'intéresse pas non plus d'accumuler une grande fortune pour la laisser à mes enfants. Je vais déjà leur laisser une maison et une entreprise, ce qui est plus que ce dont j'ai hérité. Je ne voudrais pas leur laisser plus que cela, parce que ça ne ferait probablement que leur causer des problèmes. »

Alors, que fait Wicks avec l'argent « qui reste » ? Exactement ce que les bonnes entreprises ont toujours fait : elle paie davantage ses employés, augmente la qualité du produit et contribue à la communauté. Elle fait aussi en sorte que ses employés sentent qu'ils sont engagés à long terme dans l'exploitation du commerce. Ses quelque soixante-quinze employés à temps plein et vingt-cinq employés à temps partiel jouissent d'une grande autonomie. Le chef, qui gagne un salaire aussi élevé que le sien, s'occupe de l'achat des aliments et du recyclage des déchets. Elle dit qu'elle a eu du mal, au départ, à déléguer des responsabilités alors que l'entreprise s'étendait pour couvrir d'autres domaines, mais elle y est arrivée en faisant confiance aux autres et en augmentant leur participation. En refusant de souscrire au postulat en vogue dans le milieu des affaires — voulant que son revenu doive être égal à celui des autres individus occupant un poste semblable, que son entreprise doive faire des profits plus substantiels ou même qu'elle doive être toujours aux commandes et être meilleure en tout que ses propres employés —, elle est devenue libre de poursuivre son rêve. « Je crois vraiment que les bonnes pratiques d'affaires relèvent, par leur nature même, de la coopération plutôt que de la concurrence. Si je me préoccupe réellement du monde et des gens, alors l'idée de coopération dans le monde des affaires est beaucoup plus importante que la notion de concurrence, plus importante que le désir de posséder davantage ou d'être "meilleur" que les autres, à quelque niveau que ce soit. »

L'une des premières causes qui l'a entraînée à aller au-delà de la simple gestion de son entreprise a été le traitement réservé aux animaux de ferme. Dans les années 1980, lorsque Wicks a pris connaissance de la cruauté des conditions de vie des animaux dans la majorité des élevages de porc industriels, elle a dû prendre une décision. « J'ai été tout simplement atterrée, dit-elle. Et j'ai d'abord pensé : "Que faire ? Est-ce que je vais devoir fermer boutique ? Est-ce que je vais devoir exploiter un restaurant végétarien ?" La majorité de ma clientèle n'est pas végétarienne ! Alors, au début, j'ai simplement fermé les yeux sur la question. Je suis une vraie amoureuse des animaux ; le seul fait d'y penser me faisait grincer des dents. Et puis, je me suis dit : "Je ne veux pas travailler en restauration si ça exige de faire partie d'un système où les animaux souffrent. Retire le porc du menu — le bacon, le jambon, les côtelettes —, je n'en veux pas jusqu'à ce que nous trouvions un endroit où on élève des cochons sans cruauté". »

Ce ne fut pas chose facile. Il a fallu y consacrer des mois de recherches, recenser des fermes locales, prévoir des systèmes de livraison, etc. On a découvert qu'il était impossible d'acheter à la pièce ou au kilo ; il fallait prendre le cochon ou le bœuf au complet et trouver un moyen d'en utiliser toutes les parties. Mais, comme l'explique Wicks : « C'est très sain sur le plan écologique. On prépare des hamburgers avec ce qui reste ou on cuisine des jarrets, des ris et toutes sortes de plats intéressants. Heureusement, j'ai un chef, Kevin von Klaus, qui est devenu un partenaire et qui, une fois que je lui ai présenté toutes ces préoccupations, les a adoptées lui aussi. Et c'est lui qui doit se débrouiller avec les quelque vingt-cinq fermiers chez qui nous nous approvisionnons. » Plutôt que de simplement décrocher le téléphone pour commander tous les légumes à un endroit et d'appeler ailleurs pour commander toute la viande, ils ont mis au point un système de commandes très compliqué. Un fermier viendra livrer des petits fruits, un autre, des laitues, tandis qu'un troisième fournira un cochon ou des poules élevées en liberté. « Notre restaurant peut accueillir 200 personnes, alors nous consommons beaucoup de nourriture. Nous avons dû acheter une autre chambre froide juste pour entreposer les fruits et légumes. Je viens de prêter 30 000 $ à l'un des fermiers qui me livrent des produits locaux, pour qu'il puisse acheter un nouveau camion ; de cette manière, il sera plus rentable pour lui de me livrer des produits, puisqu'il pourra en livrer à plus de restaurants quand il viendra de Lancaster County. C'est un service que je veux rendre parce que j'ai à cœur de construire une économie locale. Comme je crois dans les petites entreprises et dans le fait de vivre au-dessus de la boutique, je pense aussi qu'il est important d'acheter sur place et d'utiliser mon pouvoir d'achat pour contribuer à la prospérité de ma propre communauté. »

Wicks a même mis sur pied la section locale de Chefs' Collaborative 2000, groupe national qui encourage ses membres à acheter directement auprès des fermes locales. Elle s'efforce de convaincre ses concurrents d'y adhérer. « Si j'arrive à les persuader de se procurer des produits locaux, le gars qui achète un camion avec mon prêt va commencer à approvisionner mes concurrents en légumes. Tout d'abord, je me suis dit : "Hmmm... Est-ce que c'est vraiment une bonne idée ?" Mais j'ai compris que si je me soucie réellement des porcs qu'on maltraite dans le monde, si je me soucie réellement des conséquences pour nos sols de l'agriculture non biologique, je dois prendre mon mal en patience. La culture biologique et l'élevage sans cruauté, ce n'est pas mon invention, ma "niche". Je veux que tout le monde s'y mette, y compris les autres restaurants qui me font concurrence pour mes clients. »

Plusieurs dirigeants inscrivent leur société en Bourse, étendent leurs affaires au-delà de cet idéal local et gèrent des entreprises lourdes et complexes, simplement parce qu'ils s'ennuient, explique Wicks. Ils ont d'autres intérêts et décident de compartimenter leur entreprise afin qu'elle leur procure l'argent nécessaire pour atteindre les autres buts qu'ils se sont fixés dans la vie — collectionner les livres anciens, les voitures de course, ou même, peut-être, aider les enfants issus de milieux défavorisés. « Plutôt que de lancer un autre restaurant quand je me suis lassée, dit-elle, je me suis engagée plus à fond dans ce que je possédais déjà. J'ai commencé à mettre sur pied ces programmes parce que c'étaient des enjeux qui m'intéressaient. Et j'ai découvert que, par le biais de mon entreprise, je pouvais vraiment toucher à tous les sujets qui m'intéressaient. »

Les affaires en révolution

> *La récompense de votre travail doit résider dans la satisfaction que vous apporte le travail et dans le besoin qu'a le monde de ce travail. Avec cela, la vie, c'est le paradis — ou aussi près du paradis qu'on peut s'en approcher.*
>
> W. E. B. Du Bois

Les personnes qui luttent contre l'érosion de la qualité de vie (sur les plans social et environnemental) parlent beaucoup de « durabilité ».

Elles s'efforcent de découvrir comment on peut gagner sa vie et nourrir sa famille sans épuiser les ressources de la planète à un rythme qui ne laisserait aucune base productive pour les générations futures. Quand on a eu recours à ce concept pour nommer des notions telles que le « développement durable » — et particulièrement l'« exploitation forestière durable » ou l'« exploitation minière durable » —, son sens s'en est trouvé dénaturé. La grande entreprise a pu s'en réclamer impunément sous prétexte qu'elle plantait deux ou trois arbrisseaux ou exprimait un intérêt de pure forme envers l'idée, un intérêt qui pouvait se manifester, par exemple, par un ralentissement minime du rythme d'extraction du minérai d'une mine, lequel n'offre absolument aucune garantie pour l'avenir. En réalité, si tout un chacun connaît le sens du mot « durabilité », personne ne sait exactement comment il se traduit dans la réalité. Ceux qui cherchent à créer des entreprises et des emplois durables sur les plans environnemental et social admettent volontiers qu'ils ignorent si les décisions qu'ils prennent sont justes. Ils avancent à tâtons, lentement, précautionneusement, en se remettant constamment en question, avec une bonne dose d'humilité et de flexibilité. Et plus ils découvrent des solutions qui semblent fonctionner pour d'autres, plus le processus ressemble à un consensus sur la vraie nature de la durabilité[3].

Le nom de Collins Pine, une entreprise forestière, est souvent évoqué lorsque vient le temps de décrire en quoi consiste la durabilité. L'entreprise possède ce qu'on a qualifié de meilleure forêt industrielle privée aux États-Unis, et ses pratiques ont suscité les louanges de tous, depuis le Rainforest Action Network et le Sierra Club jusqu'au *Washington Post* et au *Christian Science Monitor*. Collins Pine, c'est un peu le White Dog Café poussé à l'extrême, cent cinquante ans après sa création. L'entreprise, qui compte 7 500 employés, vend du contreplaqué, du bois de construction (bois franc et bois mou), du pétrole et du gaz naturel, et son chiffre d'affaires annuel est d'environ 250 millions de dollars (américains). Elle a été fondée en 1855 par le grand-père de la conjointe du propriétaire actuel, en Pennsylvanie, où l'entreprise possède toujours 51 000 hectares (126 000 acres) de terrain. Et la famille continue de vivre au-dessus de la boutique. À quatre-vingt-six ans,

Mary Beth Collins est toujours l'actionnaire principale de l'entreprise et l'âme qui en guide toutes les pratiques. Un de ses fils, Terry, vit avec sa femme et ses deux fils (scolarisés à la maison) à Chester, un village retiré de la Californie, où il dirige la scierie et supervise les activités forestières. Un autre fils, Truman Jr, ne travaille pas pour Collins Pine mais s'y intéresse vivement. Le jour où nous avons visité leur exploitation principale à Chester, à l'occasion de la coupe de leur deux milliardième pied-planche issu de cette forêt florissante, diversifiée et odorante, trois des enfants de Mary Beth étaient présents. Truman et Mary Beth Collins habitent à Portland (Oregon), où la famille, méthodiste pratiquante, a financé des bibliothèques, des bourses d'études, la construction des églises et même des programmes d'aide internationaux. Le plus remarquable, c'est toutefois la mission de leur entreprise. Celle-ci s'est formellement engagée à faire trois choses : maintenir la santé de l'écosystème forestier dans son ensemble, promouvoir la production de bois sur une base durable et renouvelable et fournir des bénéfices sociaux et économiques aux régions et aux communautés avoisinantes.

La preuve de leur sérieux réside dans deux éléments cruciaux : l'argent et la certification. Si Collins Pine engrange des profits moins considérables que ses rivales cotées en Bourse, c'est simplement parce que ses propriétaires ne sont pas mus par l'appât du gain. Wade Mosby, vice-président au marketing chez Collins Pine, est une encyclopédie vivante pour tout ce qui a trait à l'entreprise et à l'histoire locale. « Nous perdons vingt-cinq pour cent de profit, par rapport aux autres entreprises, avec notre approche à plus long terme. Par exemple, le recours à la régénération naturelle des arbres signifie que la forêt vieillit à un rythme plus normal. Le style de gestion habituel, soit une monoculture d'arbres tous du même âge, rapporte vingt-cinq pour cent de plus à court terme. Alors, nous "perdons" des centaines de milliers de dollars de la sorte. Ainsi, si c'était une autre famille qui gérait l'entreprise, nous aurions disparu depuis longtemps. »

Paradoxalement, Collins Pine est aussi défavorisée par les organismes de réglementation gouvernementaux précisément parce que les forêts de l'entreprise sont plus riches d'un point de vue écologique.

« Parce que nous sommes de bons gestionnaires et que nous avons un plus grand nombre d'espèces, nos terres sont assujetties à des règles plus sévères pour protéger les espèces de poissons et de gibier que nous avons réussi à y rétablir. On pourrait croire que ce genre de pratique vaut à l'entreprise des crédits d'impôt ou une autre forme d'encouragement, mais c'est tout juste le contraire. Il faut s'exposer à des pertes économiques et à des réglementations contraignantes si l'on veut protéger les ressources pour l'avenir. » Mosby en a encore beaucoup à dire au sujet des subventions et des pratiques de réglementation perverses qui favorisent les entreprises destructrices au détriment d'une entreprise telle que Collins Pine. Le Service des forêts américain, par exemple, s'affairait alors à aménager un coupe-feu à l'intérieur du territoire de Collins Pine, parce qu'une forêt mature et bien gérée stoppe plus facilement les incendies. Mosby explique : « Ils aménagent le coupe-feu à l'intérieur de notre forêt parce qu'ils savent que le feu ne progressera pas plus loin. Quand on ne représente que dix pour cent d'un bassin-versant et que les voisins coupent à blanc, le Service des forêts finit par laisser MacMillan Bloedel et leurs semblables pratiquer des coupes excessives, puis nous n'avons plus le droit d'en prélever nous-mêmes dans le cadre des coupes permises par l'État, à cause de leurs mauvaises pratiques. C'est le genre de choses qui montre que, de plus en plus, les règles favorisent les grandes entreprises transnationales cotées en Bourse. »

Barry Ford, chef forestier de Collins Pine pour la forêt Alameda, renchérit : « La chouette cendrée se nourrit dans nos prairies. Il n'en reste plus que cent couples dans toute la Californie ; nous sommes à l'extrémité sud de leur territoire et, à cause de cela, les règlements stipulent que nous devons laisser une lisière sauvage large de 182 mètres autour de tous les prés. Pour pouvoir couper ces arbres, j'aurais pu dire qu'il n'y avait pas de chouettes — et, honnêtement, je n'en ai jamais vu. Mais je sais que c'est le bon habitat, alors j'accepte les règlements, parce qu'elles pourraient y être en ce moment, ou bien, si nous sauvegardons l'endroit, elles pourraient y venir un jour. » Comme Ford, les employés de Collins Pine se soucient peu des profits moins élevés ou même des règlements plus sévères : la famille Collins prélève une part des profits suffisamment modeste pour assurer un salaire correct à ses employés. Mais ce que ces derniers apprécient surtout, c'est la fierté qu'ils tirent de ce qu'ils accomplissent. « La population de castors a probablement doublé depuis que je suis arrivé ici, il y a douze ans », annonce Ford avec satisfaction. Quand j'ai demandé à Mosby de me parler de sa vie professionnelle, il a émis un commentaire semblable. « On se sent bien à l'idée d'aller travailler. On n'a peut-être pas fait autant d'argent, mais on a changé une industrie au grand complet. L'argent, ce n'est pas tout. La satisfaction de savoir que vous avez amélioré les choses, c'est assez important aussi. Ma famille travaille dans le bois depuis quatre générations. J'ai vu mon père couper à blanc ces forêts, détruire les lieux qu'il aimait, dont son avenir dépendait. J'ai attendu des années d'avoir la chance de travailler pour Collins Pine. C'est le cas de plusieurs personnes qui travaillent ici. Et, vous savez, on continue encore à apprendre. »

Cette dernière phrase est particulièrement révélatrice, et très souvent répétée dans l'entreprise. Elle a surgi avec force lorsqu'il a été question de certification. Ce processus exige qu'un organisme extérieur vienne examiner les pratiques d'une entreprise afin de déterminer si elles sont réellement durables. Si c'est le cas, le bois produit sera « certifié » et portera un label destiné aux consommateurs et indiquant qu'il a été coupé selon les limites renouvelables de cette forêt. Tous ceux à qui j'ai parlé m'ont avoué qu'ils avaient d'abord été hésitants à l'idée de demander cette certification. Ils s'inquiétaient d'une potentielle perte de contrôle de la production et craignaient qu'un représentant de l'organisme ne vienne leur dicter leur conduite. Bill Howe, ex-chef forestier, a résisté à la certification, convaincu qu'elle ne se traduirait que par une intrusion et une augmentation de la paperasse. Il a fini par adopter l'idée, non seulement parce que la certification solidifie le marché, mais aussi parce qu'elle inspire tout un chacun et pousse tout le monde à viser encore plus haut. Terry Collins, le fils de la famille qui dirige les opérations à Chester, explique : « Collins Pine était peut-être en train de devenir un peu paresseuse. Nous pensions que nous savions tout ce qu'il y avait à savoir en matière de foresterie durable. Mais au cours du processus de certification, nous avons dû répondre à des questions difficiles que nous posait un tiers. Nous avons alors commencé à comprendre que nous pouvions faire mieux encore. Ça a vraiment revitalisé nos pratiques. »

Bill Howe partage cette opinion : « En ce qui me concerne, vous savez, je voulais que ce soit le marché qui contrôle le processus, et pas une législation de l'État. Mais je me suis rendu compte qu'on finit par en accomplir plus que ce qu'on aurait fait sans certification. Pas parce que ça rapporte tellement de bénéfices, pensez-vous : on ne reçoit pas de grande reconnaissance ni de grosse récompense pour bien faire. » Il rit. « Ça m'a forcé à me frotter à des écologistes, le fait de travailler pour cet objectif commun de durabilité ; ça a élargi la compréhension que nous avions les uns des autres. À la réunion du Forest Stewardship Council, où étaient présents les gens qui s'occupent de la certification, je me suis assis à la même table que le cofondateur de Greenpeace. Je n'aurais jamais fait ça avant ! Et lui non plus ! Mais de cette manière, chacun a été obligé d'écouter l'autre. Quand les gens se parlent directement, c'est étonnant de voir sur quoi ils arrivent à s'entendre. N'importe quelle sorte de dialogue engendre une certaine confiance. Il faut laisser sortir la vapeur, mais on apprend. »

Les premiers pas

> *Dans une société durable, la nature (biosphère) n'est pas soumise à une augmentation systématique de sa dégradation par des moyens physiques.*
>
> Troisième condition de The Natural Step

Partout sur la planète, mais surtout en Europe et sur la côte nord-ouest du Pacifique, The Natural Step offre aux entreprises une inspiration aussi bien qu'une aide organisationnelle. L'organisme, aussi désigné par l'acronyme TNS, a été fondé en Suède il y a une dizaine d'années. Il ne s'agit ni d'une religion, ni d'une toquade de gestionnaires, ni d'une stratégie de marketing ni même d'une philosophie. TNS n'a rien à voir avec les néologismes habituels ni avec les systèmes de valeurs à la mode qui affligent souvent l'éthique et la gestion du monde des affaires ; The Natural Step s'apparente plutôt à un ensemble d'observations.

Dans les années 1980, le docteur Karl-Henrik Robèrt, oncologue suédois spécialiste du cancer chez les enfants, a constaté une hausse substantielle des cas de leucémie chez ses patients. Il en a attribué la cause à l'augmentation de la quantité de produits toxiques présents dans l'environnement, augmentation due à la pollution industrielle, et a persuadé cinquante autres scientifiques suédois de collaborer avec lui à la rédaction d'un document décrivant notre connaissance fondamentale du fonctionnement de la biosphère et de la manière dont les êtres humains interagissent avec elle. Le document a été revu vingt et une fois avant d'être expédié dans chaque foyer et chaque école en Suède. Puis, au début des années 1990, Robèrt a travaillé avec le physicien John Holmberg pour formuler un ensemble de conditions, fondées sur les lois de la thermodynamique et les cycles naturels, en vue de définir les caractéristiques d'une société durable. Le document original et les quatre conditions ainsi élaborés constituent maintenant le fondement de The Natural Step. Ces conditions peuvent être résumées comme suit. Dans une société durable, la nature (biosphère) n'est pas soumise à une augmentation systématique de 1) la concentration de substances extraites de la croûte terrestre ; 2) la concentration de substances produites par la société ; 3) sa dégradation par des moyens physiques ; 4) de plus, dans cette société, les hommes ne sont pas soumis à des conditions qui diminuent systématiquement leur capacité à subvenir à leurs besoins[4].

La Suède était le bon endroit, et les années 1990, le bon moment pour dévoiler cette nouvelle manière d'analyser l'interaction des êtres humains et de la planète, et de nombreux leaders du monde des affaires et dirigeants politiques, dont le roi Gustav de Suède, s'y sont intéressés. Aujourd'hui, plus de soixante-dix municipalités suédoises ont adopté la méthodologie de The Natural Step, ainsi que soixante entreprises, notamment IKEA, Scandic Hotels, Electrolux et les restaurants McDonald's en Suède. Moins de cinq ans plus tard, The Natural Step s'était répandu en Amérique du Nord sous l'égide de

Paul Hawken, fondateur de Smith & Hawken Garden Supplies et auteur de *The Ecology of Commerce*. Le siège social se trouve en Californie, mais c'est sur la côte nord-ouest du Pacifique, et plus particulièrement à Portland (Oregon), que les principes de TNS ont réellement pris racine et porté leurs fruits.

Les quatre principes de The Natural Step présentent les conditions minimales nécessaires pour qu'une société puisse être durable. Le premier, qui énonce que l'on ne doit pas exposer les systèmes naturels à une augmentation de la « concentration de substances extraites de la croûte terrestre », est un principe élémentaire, dans la mesure où la quasi-totalité de ce que nous extrayons de sous la terre se révèle nocif pour les créatures vivantes qui en peuplent la surface.

Les quatre conditions sont remarquables en ce qu'elles réussissent, en moins de deux pages, à définir la durabilité et la manière dont nous pouvons reconnaître que nous dépassons ses limites. Elles sont fondées sur les lois élémentaires de la physique et découlent des première et deuxième lois de la thermodynamique : « Rien ne disparaît. Tout se répand. L'ordre a une valeur. La structure et l'ordre sont créés par les plantes qui utilisent l'énergie du Soleil. » TNS tente d'aider les parties intéressées à trouver des moyens d'atteindre la durabilité dans leurs pratiques commerciales quotidiennes, par le biais d'une compréhension profonde des réalités inéluctables sur lesquelles repose la vie. TNS n'est ni menaçant ni excessivement exigeant. Par exemple, un aspect-clé des quatre principes est le conseil suivant : « On ne s'attend pas à ce que les organisations atteignent immédiatement les objectifs à long terme. Au contraire, elles sont [...] encouragées à commencer par le "fruit à portée de la main", par les mesures les plus faciles à prendre qui aideront à rapprocher une organisation de ses objectifs. »

À ce jour, les principes de The Natural Step ont été enseignés, lors de réunions tenues pendant l'heure du lunch, à plus de huit cent employés de Collins Pine. Les cadres intermédiaires de Nike et de plusieurs autres entreprises basées à Portland, dont le catalogue de vêtements Norm Thompson, ont adopté les préceptes de TNS et mis en place des procédés écologiques admirables dans leur travail quotidien. Une bonne partie de cette activité florissante est due à

Dick et Jeanne Roy, un couple qui dirige à la fois le Northwest Earth Institute et le Oregon Natural Step Network, à Portland. Dick Roy a étudié à la faculté de droit de Harvard ; sa carrière d'avocat d'entreprise n'était pas seulement lucrative, elle était suffisamment illustre pour lui valoir de figurer dans *Best Lawyers in America*. En 1993, toutefois, il a quitté son emploi auprès du plus important cabinet de la côte nord-ouest pour consacrer le reste de sa vie à agir, comme il le dit, à titre de « bénévole pour le compte de la Terre ». Jeanne Roy a toujours veillé à ce que leur revenu plus que confortable demeure une « externalité » de leur existence, et non le facteur déterminant. C'est ainsi que le couple habite depuis trente ans le même modeste ranch situé dans une banlieue boisée de Portland ; Dick et Jeanne produisent moins de deux sacs de déchets par année, possèdent une petite voiture et achètent rarement des vêtements neufs. Leurs trois enfants apportaient à l'école des sandwiches et des biscuits maison enveloppés dans du papier ciré réutilisé. Jeanne rédigeait aussi une chronique intitulée « Réduire, réutiliser et recycler » et dirigeait les Portland's Recycling Advocates, qui ont contribué à faire de la ville un modèle national.

Lorsqu'il a quitté le droit commercial, Dick avait gagné le respect de plusieurs entreprises locales et dirigeants gouvernementaux, non seulement en raison de son flair commercial, mais, comme l'explique un de ses collègues, « parce qu'il fait ce qu'il dit ». Croyant que ces dirigeants étaient susceptibles de lui prêter l'oreille, il a élaboré avec Jeanne une approche locale à deux volets en matière de sensibilisation à l'écologie. Leur Northwest Earth Institute (NWEI) offre une variété de cours simplement conçus et étonnamment stimulants sur quatre sujets : découvrir sa place dans le monde, des choix pour une vie durable, la mondialisation et l'écologie profonde. Les cours sont dispensés pendant l'heure du midi dans des entreprises, ainsi que dans le cadre de conférences gouvernementales et de rencontres sociales organisées par des églises ou des groupes de voisins. Les Roy donnent le coup d'envoi, après quoi ils cèdent la place aux participants, ce qui donne des résultats remarquables. L'Oregon Natural Step Network est un projet du NWEI, et les deux organisations ont œuvré de concert pour diffuser les quatre conditions de TNS sur toute la côte nord-ouest du Pacifique, en faisant du coup l'une des régions les plus écologiquement durables de tout le continent. Ces cours simples, modestes et dépourvus de toute culpabilisation ont eu une influence plus importante que ce que les Roy eux-mêmes auraient pu imaginer.

À titre d'exemple, Nike n'utilise plus, dans aucun de ses produits, de polychlorure de vinyle (PCV), matière que l'on croit liée au mimétisme hormonal et à des difformités et des malformations sexuelles chez les êtres humains. L'entreprise achète également de grandes quantités de coton biologique et s'efforce d'éliminer toute trace de gaz à effet de serre qui pourrait être présente dans les semelles de ses chaussures. Neil Kelly, importante entreprise de meubles locale, a pris des mesures draconiennes pour fabriquer des armoires qui respectent les quatre conditions de TNS et elle met en marché ses produits de concert avec Collins Pine et Environmental Buildings Supplies. Boora Architects, un cabinet d'architectes qui était relativement conservateur avant d'avoir suivi les cours offerts par les Roy en 1998, se spécialise aujourd'hui dans les édifices conçus selon les principes de la durabilité. L'entreprise emploie des moyens rentables qui permettent de réduire la consommation d'électricité et de carburant, de mieux utiliser la lumière et la chaleur naturelles et d'avoir recours à des matériaux réutilisés ou produits sans effet nocif sur l'environnement, et elle s'efforce de préserver, autour de chaque site, la plus grande partie possible du milieu naturel.

Les 105 employés de Boora sont pour la plupart à la fin de la vingtaine et dans la trentaine ; ils ont su créer dans les bureaux une atmosphère joyeuse et pleine d'entrain. Après tout, ils ont du succès et sont bien payés, ils font un travail créatif et ils ont aussi le sentiment d'aider la Terre. Le bâtiment de l'école secondaire Clackamas, par exemple, que Boora était en train de construire quand nous leur avons rendu visite, a été érigé en tenant compte des vents dominants et de l'angle du soleil selon les saisons, il est climatisé à l'aide de l'eau des marais voisins et offre une vue par chaque fenêtre. Les matériaux de construction employés par Boora sont peu toxiques, faciles à entretenir et ont une longue durée de vie. Les principes qui guident les activités de Boora, tous inspirés des quatre conditions de The Natural

Step, ont rapporté des dividendes inattendus : quatre-vingt pour cent de l'année, la nouvelle école verte n'aura pas besoin de chauffage ni de climatisation, ce qui permettra à la commission scolaire d'économiser 50 000 $ par an, soit quarante pour cent des coûts de fonctionnement actuels. Ainsi, même si la conception révolutionnaire est légèrement plus onéreuse à la construction, les coûts supplémentaires seront épongés en dix-huit mois grâce aux économies de fonctionnement réalisées.

C'est là un des aspects les plus importants de TNS ; sans doute parce que ses principes sont conformes aux lois naturelles et physiques qui gouvernent la planète, ils ont souvent pour effet d'augmenter la rentabilité à long terme de toute activité qui s'en inspire, grâce à une efficacité accrue et à la diminution des déchets produits. Au début, Boora prétendait être incapable de concevoir des plans verts particuliers, parce que l'entreprise devait demeurer concurrentielle et que les écoles en particulier disposent de budgets de construction serrés. Mais la façon dont les principes et les cours de The Natural Step sont présentés est si conviviale et si peu menaçante que les architectes ont baissé leur garde. Au sein de la firme, on s'est mis à réfléchir à l'application possible de TNS. Lentement mais sûrement, en mettant en œuvre une idée ici et là, on en est venu à changer l'orientation de l'entreprise, qui est alors devenue plus intéressante pour ses clients.

Ce sont les dividendes économiques qui rallient les poids lourds comme Nike et IKEA, bien que l'engagement d'entreprises multinationales diffère de celui de firmes locales de taille plus modeste appartenant généralement à des intérêts privés, telles que Boora ou Collins Pine, et ce, de plusieurs manières fondamentales que nous examinerons plus loin. La participation de ces multinationales est dictée par le désir de réduire la quantité des déchets produits et d'améliorer leurs relations publiques. Dick Roy décrit le phénomène comme « une révolution des cadres intermédiaires », et, de fait, il est intéressant de constater que, chez Nike, l'initiative verte vient non pas des directeurs, des présidents, des syndicats ou des ouvriers, mais bien des vice-présidents, des responsables du marketing, des ingénieurs et des coordonnateurs du transport.

Peu après son arrivée chez Nike, Severn, jolie blonde au léger accent anglais qui travaille depuis cinq ans aux grands bureaux de l'entreprise à Portland, a découvert TNS et lu *The Ecology of Commerce*, ouvrage fondateur de Paul Hawken. « Ça a vraiment été la sonnette d'alarme qui permettait d'expliquer tous les enjeux de manière très spectaculaire. » On a fait appel à Phil Berry, aujourd'hui responsable de la durabilité des chaussures, pour travailler à prévenir la pollution. On a demandé aux laboratoires de Nike de remplacer les solvants inorganiques par des adhésifs, des produits nettoyants et des enduits à base d'eau. « Et on a eu un succès incroyable, raconte Severn. Mais ça n'a pas été facile. De nombreuses recherches n'ont mené à rien. Les gens prenaient cela à cœur, ils refusaient de baisser les bras. » Elle explique que la clé, c'est de penser à l'avenir : « On ne peut pas juste se culpabiliser quand on découvre à quel point certains matériaux qu'on utilise sont dangereux. » Les objectifs consistent à remplacer les matériaux nocifs par des substituts inoffensifs et à créer des biens qui peuvent être retournés à la terre sans danger. Comme le suggère TNS, tout ce qui ne peut être absorbé par la terre, comme le plomb et certains plastiques, doit rester dans le procédé de fabrication et être réutilisé à maintes reprises. Severn le souligne : « C'est évidemment un défi quand vous avez une entreprise très diversifiée et axée sur la vente aux consommateurs. »

Le processus est coûteux et ne se solde pas toujours par des réactions positives sur le plan des relations publiques. Quand Nike a annoncé triomphalement, dans une déclaration publiée conjointement avec Greenpeace, que l'entreprise avait trouvé une solution de rechange aux PCV, « L'industrie du vinyle, raconte Severn, s'est retournée contre nous, bien décidée à nous le faire payer ! En rétrospective, nous aurions simplement dû dire que nous cesserions progressivement d'utiliser des PCV. Mais nous avons reçu des torrents de courriels de gens se plaignant de ce que nos décisions étaient influencées par Greenpeace, qu'on nous manipulait comme des pions et que nous jouions le jeu de Greenpeace. Et on nous a dit que notre décision était sans fondement. C'était une campagne massive soigneusement orchestrée, avec des lettres envoyées au conseil d'administration, etc. À la fin, nous avons répondu : "Nos décisions sont basées non pas sur ce que dit Greenpeace, mais sur le cadre élaboré par The Natural Step. Et ce n'est pas négociable." Nous avons entamé un dialogue avec l'industrie sur la possibilité de rendre les PCV durables. Vous savez, dans notre perspective, si on arrivait à rendre le matériau durable, alors on pourrait l'utiliser. Mais aujourd'hui, dans le contexte actuel, c'est impossible. »

Nike ne manque pas de sympathie pour les autres industries, loin de là. Severn explique : « Je vois bien qu'elles se trouvent dans une situation pénible. C'est difficile parce que tout leur fonctionnement est touché ; elles veulent conserver leurs emplois et elles ne peuvent pas modifier leur structure financière et leur approvisionnement du jour au lendemain. Et elles nous ont fait remarquer, à raison, que beaucoup des autres matériaux que nous utilisons ne satisfont pas à ces critères de durabilité. Nous avons répondu : "C'est vrai. Mais le PCV est sans doute celui qui enfreint quasiment toutes les conditions, et nous devons commencer quelque part. Alors, nous sommes désolés, mais c'est comme ça." » Comme chez Boora Architects, la modernité et l'innovation se traduisent par la survie et des profits à long terme. Pour l'instant, Severn et ses collègues peuvent donc compter sur l'appui des dirigeants et des actionnaires de Nike, et ils continuent sur leur erre. Nous avons rencontré Dave Buchanan et Dave Newman, deux membres de l'équipe de quatre-vingt personnes chargée de calculer, entre autres choses, la quantité de CO_2 émise lors du transport des chaussures que fabrique Nike dans le monde, et de faire diminuer cette quantité en favorisant des moyens de transport mieux conçus et en s'approvisionnant davantage en matériaux locaux. Le chimiste Louie Labonté œuvre à éliminer les phtalènes cancérigènes présents dans toutes les encres ; Phil Berry coordonne une initiative visant la confection d'une chaussure complètement recyclable, dont les parties supérieure et inférieure seraient faciles à détacher et à recycler pour la fabrication d'autres produits, comme des chaussures, des revêtements pour des courts de basket-ball et des ballons de volley-ball.

De tels projets de recherche à long terme, bien qu'onéreux, ont des répercussions considérables. Le fait que Nike utilise désormais trois pour cent de coton biologique dans ses produits, à l'échelle de la planète, a donné « un énorme élan à l'industrie du coton biologique [...] parce que nous sommes un acheteur immense », raconte Sarah Severn. Évidemment, c'est exactement ainsi que des produits chimiques dangereux et d'autres nouveaux matériaux fabriqués par l'homme, en sont venus à occuper la place qui est la leur aujourd'hui. D'énormes entreprises ont investi des fonds dans la recherche afin de les mettre au point, après quoi elles les ont utilisés ; cette utilisation a fait baisser les coûts de production, et d'autres entreprises ont adopté ces nouveaux produits. Cette stratégie peut avoir des retombées tant positives que négatives.

La vraie question n'est toutefois pas là, puisque Nike n'a jamais fabriqué beaucoup de produits. Comme tant d'autres sociétés de marque, il s'agit essentiellement d'une entreprise de design qui vend une image. La plus grande partie des budgets d'affaires de Nike est destinée à la publicité et à la distribution. La confection des produits est sous-traitée à d'autres entreprises, et c'est pourquoi l'entreprise a été prise au dépourvu quand ont été révélées au grand jour les conditions inhumaines dans lesquelles travaillaient les employés des manufactures anonymes fabriquant ses produits. S'il y a un si grand fossé entre les ateliers de misère et le dévouement sincère de personnes comme Severn, c'est parce que les décisions relatives à la confection des produits et aux salaires versés ne se prennent pas autour de la table de la cuisine au-dessus de la boutique, comme c'est le cas au White Dog Café ou chez Collins Pine. Ces décisions sont prises au sein des conseils d'administration, très loin des ouvriers, et résultent de simples calculs mathématiques pour déterminer les pays ou les manufactures qui proposent la main-d'œuvre la moins chère. Ces décisions engendrent souvent des situations misérables pour les ouvriers et sont une source de honte pour maintes entreprises. Comme Nike, IKEA n'a commencé à se préoccuper des questions écologiques et sociales qu'*après* avoir acquis une mauvaise réputation, pour avoir fait abondamment usage de solvants et de vernis cancérigènes.

Si, à l'origine, la question de la durabilité relève souvent d'une décision de marketing, elle n'en a pas moins des répercussions culturelles considérables dans l'entreprise tout entière. Les cadres intermédiaires de Nike disposent actuellement de budgets importants et d'une grande autonomie pour s'attaquer à des problèmes scientifiques captivants dont la solution pourrait bien aider à sauver la Terre pour leurs enfants ; c'est pourquoi ils sont à la fois heureux et motivés de le faire. Si motivés, en fait, que, au fur et à mesure que leurs buts se précisent, certains d'entre eux finissent par quitter l'entreprise pour aller travailler pour des organismes à but non lucratif. Comme l'explique Dick Roy : « Dans un contexte comme celui de Nike, ceux qui se préoccupent de l'environnement ne peuvent pas perdre. Ils repoussent les limites de ce qu'il est possible de faire pour la durabilité au sein des entreprises. »

Dieu est un écologiste

> *Vous devez trouver vos valeurs chez vos clients, vos designs dans la nature et votre discipline au sein du marché.*
>
> HUNTER LOVINS, Rocky Mountain Institute

D'autres grandes entreprises s'intéressent à la durabilité, et TNS n'est pas la seule stratégie qui s'offre à elles. Amory et Hunter Lovins, du Rocky Mountain Institute, inventeurs des ampoules au néon longue durée, de l'Hypercar et de plusieurs autres produits novateurs, s'inspirent des principes énoncés dans *Natural Capitalism*. Ils sont d'avis que, si TNS définit la nature et l'objectif de la durabilité, c'est le capitalisme naturel qui montre concrètement comment l'atteindre. Amory et Hunter Lovins, son ex-épouse qui est demeurée son amie et associée, sont des cracks de technologie et des futuristes. Laissant à d'autres les questions d'éthique, ils préfèrent inventer les méthodes et les machines que nous utiliserons tous dans une société durable. Ils ne vont donc pas voir leurs clients — parmi lesquels se trouvent Ford et Shell — « pour discuter avec eux de valeurs, de philosophie, ni même d'écologie », explique Hunter, une femme de petite taille, mince et nerveuse, le plus souvent coiffée d'un chapeau de cow-boy qui s'accorde à merveille avec son accent traînant de l'Ouest et son emploi de pompier volontaire à temps partiel. « Nous parlons des vrais problèmes et des technologies qui répondront à leurs objectifs, tout en faisant augmenter leurs profits. Ça a tendance à éveiller leur intérêt. » Ni Amory ni Hunter ne voient quelque avantage à s'inquiéter du passé d'une entreprise. « Personne n'aime à se faire dire qu'il est un monstre, explique Hunter. Les gens arrêtent tout simplement de vous écouter. Mais si nous pouvons leur présenter des technologies qui leur permettront de poursuivre leurs activités pour moins cher, de façon plus rentable, ça situe le débat dans un autre cadre. »

Hunter affirme qu'elle observe, au sein des multinationales, un changement systémique semblable à celui que nous avons relevé chez les hommes et les femmes d'affaires réunis au forum State of the World. Elle évoque un puissant PDG dont elle préfère taire le nom. « De plus en plus, ces types voient dans la durabilité un avantage concurrentiel. À un point tel qu'ils ne veulent pas que leurs concurrents sachent ce qu'ils sont en train de faire. C'est un revirement intéressant. » Hunter se plaît à citer l'entreprise écologique par excellence, Interface Carpet, dont le PDG est Ray Anderson. Interface fut la première grande entreprise à adopter publiquement les principes de TNS, du capitalisme naturel et de la durabilité. Hunter, l'une de leurs principales consultantes, aime expliquer comment Interface s'y est pris. Une fois que l'entreprise a résolu de s'engager en faveur de la durabilité, elle a commencé à examiner ce que la nature utilise pour couvrir des surfaces, soit des matériaux comme la mousse et l'humus. Joseph Okey, designer chez Interface, a passé beaucoup de temps en compagnie de Janine Benyus, forestière et auteur du best-seller *Biomimicry*, à analyser la manière dont ces matériaux couvrent les sols naturels de manière durable.

« Manifestement, la nature ne crée pas de toxines persistantes, poursuit Hunter. La nature recycle tout, procède à un authentique recyclage. Alors Okey a dit : "O.K. En ce moment, la moquette ne peut être recyclée. On n'a aucune façon de séparer l'endroit de l'envers. Certaines entreprises découpent tout en petits morceaux et fabriquent de nouveaux canevas à partir du nylon et de l'ancien canevas ; le décyclage, c'est mieux que rien. Mais ce n'est pas du recyclage. De toute évidence, il faut que le nylon redevienne du nylon et que le canevas devienne du nouveau canevas, ce qui signifie qu'ils doivent être séparables." C'est ce type de raisonnement qui a mené à la création du produit Solenium. Quand Okey nous l'a présenté, il avait les yeux grands comme des soucoupes ! Il a conclu : "Dieu doit être un écologiste. Je ne croyais pas que c'était possible." »

Si Okey décrit Dieu comme un écologiste, c'est parce que le produit qu'il a inventé pour imiter la nature s'est aussi avéré préférable à tout point de vue pour Interface. Hunter explique : « C'est moins cher à produire, c'est quatre fois plus résistant, ça exige 35 pour cent moins de matériaux, et si l'on ajoute tout cela aux autres mesures que prend Interface, on se retrouve avec une moquette dont la fabrication nécessite de 97 à 99 pour cent moins de matériaux et qui est tout aussi utile au consommateur. C'est une augmentation de presque cent pour cent de la productivité des ressources, et ce, simplement parce qu'Interface a posé les bonnes questions, honnêtement, sans idée préconçue, au cours d'une conversation avec des experts en durabilité. » Elle souligne que ni elle, ni Amory, ni les autres scientifiques qui travaillent au Rocky Mountain Institute ne sont des experts en moquettes. « Ça, c'est *leur* boulot. Nous pouvons aider les clients à poser les bonnes questions, dans le cadre d'un processus honnête et scientifique. Et voilà le genre de résultats que ça donne. »

Interface Carpet finance ses programmes de durabilité à même l'argent qu'elle épargne en ne produisant pas de déchets et en utilisant les matériaux à leur plein potentiel, ce qui explique pourquoi Shell Oil et Nike s'intéressent aussi au processus. Comme l'explique le PDG Ray Anderson : « Nous avons rigoureusement inventorié tous les lieux où nous rejetons des déchets ; ça signifie que nous avons examiné la quantité des déchets produits et les endroits où ils étaient rejetés, dans l'air, dans l'eau ou sur le sol. Nous travaillons systématiquement à tous les éliminer. Notre but, c'est zéro déchet, puisque les déchets sont des produits impossibles à mettre en marché. Leur production entraîne des coûts [...] et on ne peut pas les vendre. Alors nous essayons d'éviter d'en produire. »

La course vers le sommet

> *Des gens vous diront que les strictes évaluations et les appels à l'interdiction de certains produits chimiques qu'émet l'Allemagne sapent les efforts des habitants du Tiers-Monde qui cherchent à fonder une entreprise ou à améliorer leur qualité de vie. Mais ce n'est pas une raison de ne pas faire ce qu'on sait être la bonne chose ; et on sait que c'est la bonne chose pour eux, à long terme, et aussi pour nous.*
>
> PETER SIEBER, directeur
> de Stiftung Warentest

En Allemagne, des milliers de grands manufacturiers et d'entreprises multinationales ont été forcés, par des lois aussi bien que par des défenseurs des consommateurs, de faire preuve de créativité et de souplesse, non pas pour engranger des dividendes plus élevés, mais bien pour se conformer aux normes relatives aux déchets et aux produits toxiques, de manière à rester présents sur le marché. Stiftung Warentest (SW) est un organisme de défense des intérêts des consommateurs qui évalue des produits — des saucisses aux médicaments, en passant par les téléphones mobiles et les véhicules — en fonction de leur caractère économique, de leur sécurité et de leur durabilité écologique, aspect auquel les défenseurs des consommateurs accordent généralement assez peu d'attention. L'organisme soumet chaque année environ 2 200 produits à des batteries de tests rigoureux dont les résultats, diffusés dans des publications mensuelles vendues moins de cinq dollars, sont consultés par près de 700 000 personnes tous les mois. Stiftung Warentest est un organisme puissant dirigé par le docteur Peter Sieber. Selon ce dernier : « Un produit auquel on accorde une cote "moins" ou "insatisfaisant" disparaît du marché en quelques mois. » En plus de publier les résultats de ses tests, SW partage aussi certaines de ses évaluations avec des diffuseurs. Quelque 2 500 publicités télévisées présentent ainsi chaque année les résultats de leurs tests, soit sept ou huit par jour ! Sieber estime que ces résultats rejoignent de 45 à 50 millions d'Allemands chaque mois (sur une population de 80 millions). Des sondages montrent que plus de soixante-dix pour cent des Allemands se fient aux conseils de SW quand vient le temps de faire un achat.

Puisque l'organisme ne peut faire de publicité, il reçoit des subventions du gouvernement fédéral qui comblent l'écart entre les fonds nécessaires à ses activités et les quelque 85 millions d'euros que rapportent ses publications. Son conseil consultatif, qui établit les normes et définit les tests, est composé de six représentants des consommateurs, de six représentants du commerce et de l'industrie et de six personnes indépendantes, dont des membres d'organisations non gouvernementales écologistes. À la différence des organismes nord-américains, Stiftung Warentest s'est abstenu de créer des liens trop étroits avec les industries chimiques et manufacturières en adhérant à de stricts principes : le maintien du caractère privé de l'organisme, la non-fraternisation avec quiconque serait susceptible de bénéficier de ses évaluations et le refus de tout cadeau, sous peine d'un congédiement immédiat. Contrairement à Agroalimentaire Canada, au ministère de l'Agriculture et à l'Agence de protection de l'environnement des États-Unis, l'organisme s'est prononcé sans équivoque contre les aliments transgéniques et presque tous les pesticides et a donné son appui total aux aliments biologiques. Cette prise de position à elle seule lui a valu une grande crédibilité ces dernières années, tandis que l'Europe était en proie aux crises issues d'une contamination génétique constante, de la maladie de la vache folle et de la fièvre aphteuse.

Stiftung Warentest évalue les produits en fonction de quatre critères.

La préservation des ressources. On cherche à voir si le produit utilise de l'énergie et des matériaux renouvelables, s'il comprend un nombre restreint de matériaux de manière à faciliter son recyclage, s'il contient des matériaux recyclables, si son utilisation consomme beaucoup d'eau ou nécessite beaucoup d'énergie. Il y a quelques années, l'Union européenne a inventé un label d'énergie divisé en grades allant de A à G, où A est le grade le plus élevé. On autorise les manufacturiers à décider eux-mêmes du label à apposer sur leurs produits, mais les tests de SW et les efforts de leurs concurrents les obligent à se montrer honnêtes.

La qualité du produit. Ce facteur classique en matière de protection des consommateurs prend ici en compte des éléments tels que les parements de vêtements contenant des produits chimiques toxiques ou les appareils électriques qui consomment de l'électricité même quand ils sont éteints, qui sont alors qualifiés de produits de « piètre qualité ».

L'usage minimal de matériaux toxiques. Le produit contient-il des produits toxiques ou des matériaux impossibles à récupérer ? Selon Sieber, « [c]'est un critère très important, grâce auquel il y a de moins en moins de composants chimiques dangereux dans les produits allemands. »

Les autres critères écologiques. Il s'agit de facteurs qui seraient autrement négligés : l'usage de chaudières à mazout plutôt que le recours au gaz ou à l'énergie solaire, la qualité de l'isolation, les coûts pondérés des sécheuses à linge au gaz et électriques. En d'autres mots, on évalue non seulement le prix, mais aussi le rendement, le caractère économique et la durabilité à long terme du produit.

Chez Stiftung Warentest, les critères écologiques sont censés ne constituer que 15 pour cent de l'évaluation globale d'un produit, mais, comme l'explique Sieber : « [s]'il y a un problème écologique important, comme l'usage de métaux lourds, ça peut être le facteur déterminant et on donnera alors un "moins" au produit. Les manufacturiers le savent et ils évitent l'emploi de substances toxiques. Par exemple, si un très bon déodorant en aérosol contient des CFC, il obtiendra un "moins", tandis que le même produit en pompe recevra une évaluation positive. » À partir du critère relatif aux substances toxiques, SW examine la « prévention de la présence de produits critiques », qui consiste à éviter que des métaux lourds et de dangereux produits cancérigènes comme les BPC ne se retrouvent dans l'environnement. Sieber cite l'exemple du cadmium : « Une couleur d'un jaune vif peut indiquer la présence de cadmium dans des produits comme des plastiques ou des peintures. La capsule de plastique d'un aspirateur domestique était pleine de cadmium, ce qui a entraîné une évaluation négative du produit, jusqu'à ce que le fabricant le modifie. C'est un exemple qui montre comment une composante extrêmement nocive sur le plan environnemental dévalue tout le produit. Voici un autre exemple : nous donnons une note "moins" à tous les téléviseurs dont les tubes de verre contiennent du cadmium et du plomb, ce qui n'est pas nécessaire au fonctionnement du produit. Aujourd'hui, plus personne ne les utilise et, puisque les marques allemandes sont distribuées dans le monde entier, tout le monde en bénéficie. » Évidemment, SW ne peut vérifier toutes les marques, et il est donc possible que certains téléviseurs portables bon marché importés d'autres pays et vendus en Allemagne soient pleins de plomb et de cadmium.

Comme SW n'a le temps et le budget nécessaires que pour tester les marques et les produits les plus importants, l'organisme a besoin d'aide. « C'est pourquoi nous apprécions le rôle de chien de garde que jouent des organismes comme Greenpeace, qui nous alertent de temps en temps au sujet de produits préoccupants, explique Sieber. Bien sûr, ils ne sont pas toujours systématiques, ni même très scientifiques, mais ils savent capter l'attention du public, ce qui permet ensuite à SW et à d'autres de se concentrer sur le problème. » Il songeait à la présence de polychlorure de vinyle dans les jouets pour bébés, récemment mise au jour par Greenpeace et le Sierra Club, ou aux inquiétudes qu'éveillent depuis peu les phtaléines. Bien que Stiftung Warentest soit l'organisme le plus important d'Allemagne en matière de protection des consommateurs et de l'environnement, il ne teste que les produits finis et n'enquête pas sur les procédés de fabrication. Dans le cas de l'aluminium, par exemple, cette lacune a pour conséquence de laisser dans l'ombre des éléments cruciaux, puisque c'est la consommation excessive d'électricité et la pollution de l'eau au cours de la fusion qui rendent le produit fini non viable. Sieber affirme que l'organisme considère maintenant l'ensemble du cycle de vie d'un produit, de sa confection jusqu'à sa réutilisation, selon la méthode utilisée par Nike. On cherche à savoir si le produit est recyclable, si ses composantes sont séparables, si un mécanisme de responsabilité pour le produit a été mis en place. Mais la *manière* dont Nike produit les gaz présents dans les chaussures, galvanise l'acier ou laque des produits, ainsi que le caractère destructeur de ces procédés utilisés dans différentes industries ne sont encore soumis à aucun examen systématique.

SW fait pourtant des pieds et des mains pour lancer un mouvement qui durera. La pureté et la sécurité des aliments étaient des préoccupations d'importance lors de notre séjour en Allemagne, et la question des organismes génétiquement modifiés (OGM) est très controversée dans le nord de l'Europe. Les opposants à la culture d'OGM sont si nombreux que les plantations d'essai en Allemagne doivent être gardées pour empêcher que les citoyens en colère ne viennent y arracher les plants. Les Allemands veulent aussi connaître la composition des aliments importés. Sieber explique : « Nous avons fait des tests et découvert des OGM dans plus de trente pour cent des pains, gâteaux, desserts, tofus, croustilles et friandises préparés. Et nous leur donnons des notes négatives. Dans les faits, nous condamnons ces produits. » Quand nous lui avons demandé d'expliquer pourquoi SW octroie une note négative aux OGM — après tout, les résultats de la recherche ne sont pas encore concluants —, il a répondu ainsi : « En cas d'incertitude, nous suivons les règles élémentaires du principe de précaution. Évitons ce qui peut être évité et qui est douteux, et attendons les résultats d'autres études. Des aliments contenant des ingrédients problématiques peuvent être offerts et étiquetés "sans danger", et peut-être certains d'entre eux sont-ils sûrs — mais le sont-ils tous ? Ces ingrédients peuvent s'accumuler. Si une concentration de 1 % est acceptable, mais que 2 % ne l'est pas, qu'en est-il si on consomme 0,1 % par ci et 0,9 % par là ? Nous devons nous assurer que les gens comprennent qu'ils consomment de nombreux aliments qui comportent des ingrédients problématiques. S'il existe des solutions de rechange, ils devraient les choisir. »

Sieber souligne qu'un groupe de défense des consommateurs tel que son organisme ne constitue qu'une partie de l'équation. « Les organisations écologistes peuvent aller plus loin pour des questions plus spécifiques, et les politiques gouvernementales doivent aussi être plus vigoureuses. Or, personne n'ignore que les politiciens n'agissent que lorsqu'ils sentent la pression monter. C'est aux consommateurs que revient la tâche d'appliquer cette pression et de convaincre les politiciens d'élaborer des lois. Les entreprises elles-mêmes ne sont pas toutes hostiles à des politiques en faveur de l'environnement. Les appareils ménagers allemands relèvent déjà d'une loi nationale de responsabilité relative aux produits, ce qui signifie que les manufacturiers sont tenus de reprendre toutes les composantes des produits qu'ils fabriquent. Pour que cette mesure puisse être économiquement viable, ils se sont vus obligés de fabriquer des réfrigérateurs, des cuisinières et des laveuses — et, depuis 2002, des voitures — à partir de matériaux qui peuvent être retournés à la terre ou réutilisés à des fins industrielles. Et c'est ce qu'ils font, sans rechigner — ou presque.

L'Europe compte également des organisations d'entrepreneurs verts qui ont uni leurs forces pour accélérer le processus, à l'exemple de BAUM, dont le siège social est situé dans son propre édifice vert à Hambourg. Nous avons rencontré Mathias Weiss, chef de projet, qui ressemble à un de ces jeunes hommes qu'a peints Dürer : joues creuses, menton saillant, chevelure sombre et bouclée, manières douces. Le nom de l'organisme est l'acronyme de Bundesdeutscher Arbeitskreis für Umweltbewusstes Management, que l'on peut traduire par « entrepreneurs soucieux de l'environnement ». Le mot « *baum* » signifie « arbre ». L'organisme a des sections à Hambourg, Munich, Leipzig et Hamm, emploie environ soixante personnes à temps plein et est financé par les contributions de ses membres : 6 000 euros par an pour les entreprises comptant plus de 500 employés. Nous avons rencontré Weiss dans la cuisine du bureau, vaste pièce dont la fenêtre donne sur le jardin, où on nous a offert du café et des biscuits.

Nous avons parlé des minuscules voitures que l'on trouve en Allemagne : la Lupo de VW, la Classe A de Chrysler et la Smart de MCC, qui font environ 33 km au litre, grâce à leur faible poids et à la grande efficacité de leur moteur (il ne s'agit même pas d'hybrides électriques, comme la Prius de Toyota). En plus de présenter des avantages économiques évidents, ces minivoitures peuvent aussi être entièrement recyclées puisque la nouvelle réglementation de l'Union européenne stipule que, depuis 2002, les manufacturiers européens doivent reprendre leurs véhicules pour les recycler. Et comment s'y prend-on pour recycler une voiture au grand complet ? Mathias explique : « Une façon d'y arriver, c'est de n'utiliser qu'une seule sorte de plastique dans la fabrication de l'auto, plutôt que quatre ou cinq. BAUM en possède une comme voiture d'entreprise. Moi aussi je croyais que ça pouvait être dangereux [...] elles sont si petites et si légères ! Mais les statistiques révèlent que les accidents les impliquant ne causent pas plus de blessures ou de décès que dans le cas des voitures normales, même sur les autoroutes allemandes à grande vitesse. Alors, j'ai maintenant l'esprit tranquille lorsque je la conduis. Elles ont une carrosserie en carbone, qui est beaucoup plus légère, mais encore moins susceptible de blesser les passagers en cas de collision. »

Le nerf de la guerre

> *Il est grand temps que l'on remplace l'idéal du succès par l'idéal du service.*
>
> ALBERT EINSTEIN

Nombreux sont les entrepreneurs qui aimeraient fonder leur propre entreprise (une entreprise correcte, durable) ou améliorer leur entreprise actuelle en respectant les normes qu'utilisent BAUM, SW et Judy Wicks. Souvent, ils ne croient pas pouvoir trouver les capitaux nécessaires. Les garderies à but non lucratif, les résidences pour personnes âgées et handicapées et les coopératives en milieu défavorisé, notamment, n'arrivent pas toujours à amasser les fonds dont ils ont besoin auprès du gouvernement ou par le biais de dons. Les familles ou les petits groupes désireux de lancer une nouvelle initiative, comme une ferme ou une laiterie biologiques, un point de vente au détail pour des produits écologiques, une manufacture de vêtements faits de fibres recyclées ou la construction d'édifices plus verts — bref, la quasi-totalité de ceux qui souhaitent que leur entreprise reflète leurs valeurs — ne seront guère pris au sérieux par la plupart des banques et des institutions financières. Mais ces gens doivent savoir qu'il existe des banques, de vraies banques, dont le mandat n'est pas d'amasser des profits, mais de faciliter le décollage d'entreprises durables sur les plans social et environnemental. La GLS Bank, à Bochum, en Allemagne, est l'une de ces rares institutions financières qui ont été fondées dans le but de fournir des capitaux à des entreprises différentes de celles qui visent uniquement le profit.

La GLS Gemeinschaftsbank occupe un vaste édifice éclairé et spacieux situé sur un coin de rue animé de la ville de Bochum, en Allemagne centrale. Créée il y a vingt-cinq ans par les célèbres écoles Waldorf, quand elles ont eu besoin d'argent pour financer leurs propres projets, l'institution offre du crédit et du financement à « des entreprises sociales, écologiques ou culturelles ». La banque s'est d'abord consacrée à aider des écoles, des cliniques de santé locales et d'autres organismes sociaux à but non lucratif, puis, au cours de la dernière décennie, elle s'est tournée aussi vers les entreprises écologiques. Quiconque s'efforce de financer la mise en marché de produits alimentaires biologiques, de produits artisanaux écologiques, d'usines fonctionnant à l'énergie éolienne ou à la biomasse, ou une plantation d'arbres durable est susceptible d'obtenir de GLS un financement de démarrage ou d'appui à des taux d'intérêt de 4,5 à 6,5 pour cent.

Comme la banque GLS dispose d'actifs de plus de 300 millions d'euros, elle peut donner un coup de pouce à de nombreuses entreprises. Au cours des huit dernières années, la taille et les actifs de l'institution ont crû en moyenne de 10 % cent par année. Et elle n'est pas la seule. La banque Triodos, institution similaire qui compte des succursales aux Pays-Bas, en Belgique et au Royaume-Uni, remporte un semblable succès : en 1999, elle a connu une croissance de 37 % et a une valeur nette de 404 millions de livres sterling, soit plus de 800 millions de dollars. Toutes les succursales appliquent les principes qu'elles prêchent : les employés travaillent dans des édifices verts et sont traités, comme les collectivités, d'une manière conforme au mandat de l'institution. La succursale néerlandaise a fourni des fonds pour l'expansion d'une garderie en milieu de travail, ainsi que pour une entreprise qui non seulement recycle de vieux appareils ménagers et différents appareils domestiques, mais qui procède aussi à la réinsertion professionnelle des chômeurs. En cette époque de vache folle et d'OGM, l'institution aide également une grande entreprise de nourriture pour animaux à ouvrir une succursale qui fabriquera et distribuera de la nourriture totalement biologique.

Les fonds fournis par Triodos ont contribué à la mise sur pied de l'Essential Trading Cooperative, l'une des plus importantes coopératives de travailleurs de Grande-Bretagne, qui importe des biens équitables et des aliments biologiques en gros, pour les distribuer à 600 détaillants du Royaume-Uni. À Breda, aux Pays-Bas, les consommateurs disposent maintenant d'une chaîne de supermarchés d'aliments naturels qui sera bientôt présente dans tout le pays, entreprise dont le projet pilote a été financé par la succursale néerlandaise de Triodos. L'institution finance également des systèmes d'énergie solaire dans plusieurs villes du pays, lesquels systèmes fourniront environ 60 % de l'énergie nécessaire à chaque foyer. La banque offre aussi plusieurs autres services, tels que le prêt Triodos Dairy Conversion en Angleterre, qui aide les producteurs de lait à adopter une alimentation biologique pour leurs troupeaux. Le Triodos Solar Investment Fund fournit des capitaux pour des projets de production d'énergie solaire dans des pays en développement, et leur entreprise la plus brillante, Triodos Match, Ltd., agit à titre d'intermédiaire afin de jumeler des entreprises sociales et écologiques à la recherche de financement avec des individus possédant des capitaux — et souvent une expérience et des compétences pertinentes. Ces « mariages » d'investissement fonctionnent habituellement pour des entreprises qui s'efforcent de réunir de 20 000 £ à 500 000 £. Triodos a actuellement des partenaires potentiels qui sont collectivement prêts à investir quatre millions de livres sterling et qui n'attendent que de trouver l'âme sœur écologique. Triodos offre aussi des services bancaires traditionnels comme des comptes-chèques et des comptes d'épargne, participe à des projets tels que la suppression de la dette des pays du tiers-monde et appuie des organismes comme l'Environmental Law Foundation. Une grande partie de ses profits sont remis à des organismes charitables. L'institution a vraiment très peu à voir avec les banques traditionnelles.

L'Amérique du Nord, et notamment le Canada, traîne de l'arrière sur le plan de la création de telles merveilles, mais deux institutions financières semblables existent aussi aux États-Unis. La Shorebank de Chicago a été fondée en 1973 pour aider les entrepreneurs dans des quartiers défavorisés à obtenir les capitaux nécessaires au démarrage d'entreprises qui leur permettraient de prendre leur vie en main. À ce jour, la banque a distribué 600 millions de dollars en prêts pour contribuer à la revitalisation économique de 13 000 familles et entreprises dans les quartiers durs de Chicago, dans le sud et l'ouest de la ville. Cette mission sociale s'est étendue avec la fondation d'une institution affiliée, Shorebank Pacific, à Portland (Oregon), laquelle est spécialisée dans les projets écologiquement durables et le développement communautaire. Shorebank Pacific a fourni des capitaux de démarrage à un manufacturier de meubles qui utilise des aulnes issus d'une plantation durable et recycle les déchets pour en faire de nouveaux produits, à un projet de réhabilitation de logements abordables qui emploie des matériaux recyclés ou produits de manière durable et à une entreprise de traitement des eaux qui s'assure que les égouts ne causent pas de tort aux écosystèmes fragiles.

Une main de fer dans un gant de velours

> *La crédibilité auprès des consommateurs est au cœur de notre succès. [...] Tout en aspirant à créer des récompenses commerciales pour les producteurs responsables, nous faisons en sorte qu'il leur est très difficile d'obtenir notre label de qualité.*
>
> DEBORAH KANE, directrice de Food Alliance

Non seulement il est possible de trouver les fonds nécessaires pour lancer une entreprise durable sur les plans social et environnemental, mais cela se produit un peu partout. Une fois qu'une telle entreprise « qui vit en son village comme l'abeille » prend son essor, comment s'assurer qu'elle ne fasse pas de mal à la fleur ? Qui vérifie que le lait biologique produit par la nouvelle laiterie est vraiment pur, que 10 % des profits sont réellement distribués à des organismes charitables et que personne ne déverse quoi que ce soit dans les égouts pluviaux ?

Des agences de certification s'en chargent : leur mandat consiste à inspecter les produits et les procédés de fabrication afin de s'assurer de leur conformité aux principes fixés. Ces agences certifient même les écobanques.

Le système ISO, issu de l'Organisation internationale de normalisation (OIN) fondée en 1947, certifie le respect des principes écologiques par le biais de la norme 14 001. Triodos est l'une des premières banques à avoir obtenu une certification ISO 14 001 pour son système de gestion écologique, l'un des rares systèmes de réglementation internationalement reconnu. L'OIN mène des enquêtes pour vérifier que les mandats énoncés sont effectivement mis en pratique par l'entreprise et produisent les résultats attendus. L'organisme aide aussi les entreprises à s'assurer que leurs systèmes de contrôle et d'évaluation sont adéquats, et il effectue chaque année un suivi. Tous les trois ans, il réévalue entièrement tout le fonctionnement de l'entreprise avant d'émettre un nouveau certificat.

En plus du Forest Stewardship Council mentionné plus haut, qui est aussi un organisme international, il existe des organisations locales telles que The Food Alliance (TFA) en Oregon, qui regroupe des agriculteurs, des consommateurs, des scientifiques, des épiciers, des industries alimentaires, des représentants d'ouvriers agricoles et des écologistes travaillant de concert afin que les aliments puissent être identifiés en fonction de leurs composants et des procédés de production. Comme l'OIN, le groupe enquête également auprès des producteurs pour s'assurer que leurs produits répondent aux critères spécifiés, il analyse les aliments pour vérifier qu'ils ne comportent pas de traces d'agents contaminants comme des pesticides ou des OGM, et il veille aussi à ce que les employés des entreprises productrices soient bien traités, démarche pour le moins inhabituelle dans le monde de l'agriculture. Conséquemment, la présence du label « Approuvé par TFA », maintenant utilisé sur toute la côte nord-ouest du Pacifique, assure aux consommateurs que le producteur s'est conformé à des normes rigoureuses en matière de contrôle des parasites et des maladies, de préservation du sol et de l'eau et de mise en valeur des ressources humaines.

En plus de ces groupes qui aident les « entreprises-abeilles » à faire leur miel et permettent aux consommateurs de savoir quelles entreprises appliquent réellement leurs principes, il y a d'autres moyens d'exercer des pressions sur les très gros joueurs. À Francfort, par exemple, Klaus Weichert, fonctionnaire municipal, gère le budget de 200 millions de dollars alloué au service municipal de l'environnement, qui partage un édifice vert avec plusieurs ONG écologiques. Il est responsable de la gestion de l'eau, des espaces verts, des transports publics, des champs bruns (terme par lequel on désigne les anciens sites industriels) et des décharges de produits toxiques. La ville de Francfort possède l'une des ceintures vertes les plus imposantes de tout le continent européen. Des terrains appartenant à la ville sont loués à des agriculteurs qui pratiquent des cultures biologiques et qui font de bonnes affaires, puisque la ville les aide à mettre en marché les légumes et le blé de grande qualité qu'ils y produisent.

La ville de Francfort travaille aussi à des programmes de durabilité, de concert avec son importante base industrielle et financière. La Deutsche Bank, par exemple, dont le siège social est situé à Francfort, évalue ses prêts notamment en fonction de critères de durabilité. Avant d'accorder un prêt industriel, l'institution procède à une évaluation des risques de formation de champs bruns ou d'utilisation excessive d'eau ou de terres. Comme l'explique Weichert : « L'instrument spécifique du gouvernement municipal, c'est la législation sur la responsabilité écologique. Parce que leurs coûts d'assurance vont augmenter si elles se livrent à des pratiques nocives pour l'environnement, les entreprises doivent être attentives à ce genre de choses. Et elles le sont, parce que c'est le type de pression financière qui les fait réagir. »

C'est pour de bonnes raisons que les entreprises contractent une assurance-responsabilité en Allemagne : les lois nationales fixent les multinationales en un lieu et en un moment précis et leur attribuent une identité soumise aux lois locales, ce dont les entreprises multinationales n'ont habituellement pas à se soucier. La loi sur la responsabilité leur donne aussi un visage, ce qui fait qu'elles peuvent être poursuivies pour malversation, comme de simples citoyens. En Allemagne, les entreprises — peu importe leur taille ou l'emplacement de leur siège social — peuvent être tenues responsables des effets de leurs produits, en ce qui a trait au procédé de fabrication et à l'utilisation de ces produits. « Avant l'adoption de ces lois, expose Weichert, une personne ayant subi un tort à cause d'un produit dangereux devait prouver comment l'entreprise l'avait blessée ou lésée. Maintenant, c'est le contraire : l'entreprise doit prouver que son produit ne peut pas avoir causé le tort en question, que ce soit à la santé de la personne, à l'eau ou à l'air. »

Weichert cite un exemple récent : « Nous avons eu des conflits au sujet d'enduits protecteurs pour le bois toxiques, qu'on accusait de causer de graves problèmes de santé. L'entreprise a dû prouver qu'elle avait procédé à tous les tests possibles pour s'assurer que le produit était sans danger ; elle a dû prouver qu'elle avait fait tout ce qu'elle avait pu pour éviter ces problèmes. » Comment s'y prend-on pour retracer la responsabilité au sein d'une énorme entreprise labyrinthique ? « C'est simple, explique Weichert. À chaque niveau de gestion, un individu est identifié en tant que responsable financier de son service, et il assume alors personnellement la responsabilité financière de ses erreurs. Et on remonte jusqu'au plus haut échelon, jusqu'au PDG et aux membres du conseil d'administration, s'il le faut. On identifie un individu, et c'est cette personne — non pas l'entreprise — qui sera poursuivie et qui devra prouver hors de tout doute raisonnable qu'elle a pris toutes les précautions pour que le produit soit sans danger pour la santé du public et l'environnement. » Dans la plupart des pays, personne ne peut être tenu individuellement responsable, et une entreprise qui se voit imposer une amende est libre de se dissoudre pour se reconstituer ensuite. Ces lois existent cependant aujourd'hui en Allemagne et sont, sans l'ombre d'un doute, l'une des raisons qui expliquent que ce pays contrôle mieux la qualité des aliments, les déchets toxiques et les systèmes énergétiques polluants que ne le fait le reste du monde.

Les défenseurs des grandes entreprises prétendront que de telles lois paralyseraient les investissements et empêcheraient les entreprises de fonctionner, avant de lâcher une menace plus grave encore : « L'économie en pâtirait ». Pourtant, l'Allemagne applique ces lois depuis six ans et demeure l'un des pays les plus prospères et les plus attirants pour les entreprises. Quand elles comprennent les paramètres, même des entreprises telles que Union Carbide, Shell et Firestone peuvent assumer leurs responsabilités. Comme le dit Weichert : « Le risque financier, c'est une chose qu'elles comprennent et qu'elles peuvent inclure dans leurs plans d'affaires. Ça fait partie de leur culture. »

De vrais bons emplois

> *Le produit final de notre travail, ce sont des emplois. Nous avons décidé d'en faire un système financièrement viable, fondé sur le marché, en utilisant une technologie soigneusement élaborée de manière qu'elle ne soit nocive ni pour l'environnement ni pour les communautés. Nous ne réussissons pas toujours, mais nous avons plus d'exemples de succès que la majorité des gens.*
>
> Ashok Khosla, fondateur
> de Development Alternatives

Les aliments biologiques, les normes de durabilité rigoureuses et les chiens de garde gouvernementaux sont-ils autant de luxes auxquels seuls les riches peuvent aspirer ? Quand on les blâme d'installer dans des pays du tiers-monde leurs ateliers de misère où triment des ouvriers non syndiqués, les multinationales se plaisent à expliquer que ces pays sont si pauvres qu'il est préférable d'y travailler attaché à une chaise à fabriquer des jeans de marque pour deux dollars par jour plutôt que de mourir de faim dans un village frappé par la sécheresse. Le plus souvent, cet argument est pour le moins contestable, mais il arrive tout de même qu'il soit vrai. Il n'en demeure pas moins que la majorité des citoyens des pays du tiers-monde préféreraient avoir d'autres choix que cette alternative pour le moins insatisfaisante. Des organismes tels que Development Alternatives, fondé par Ashok Khosla, s'efforcent de leur offrir des options qui n'en feront pas des esclaves à la merci des multinationales, ne les transformeront pas en consommateurs abrutis et ne ruineront pas les écosystèmes qui sont leur seul espoir pour l'avenir.

Khosla, un physicien ayant étudié à Harvard et Cambridge, a institué le premier bureau de politique environnementale de l'Inde, en 1972. Depuis lors, il a été directeur du Programme des Nations Unies pour l'environnement, vice-président du Club de Rome, conseiller auprès de World Conservation Union et président du forum mondial des ONG au Sommet de la Terre tenu à Rio, en 1992. Quand il a quitté les Nations Unies, il avait pour objectif de créer en Inde un million d'emplois durables au cours des dix ou douze années suivantes — et, exploit remarquable, il semble en bonne voie d'y parvenir. Sept ans plus tard, ses propres ONG, Development Alternatives (DA) et Technology and Action for Rural Advancement (TARA), ont déjà créé plus de 400 000 emplois.

L'Inde a des besoins différents de ceux de l'Allemagne ou de l'Amérique du Nord. Soixante-cinq pour cent de la population vit toujours à la campagne, et le pays a désespérément besoin d'emplois ruraux pour que les habitants des campagnes ne soient pas obligés de migrer vers des villes déjà surpeuplées. Mais les options qui s'offrent actuellement à ces habitants sont extrêmement limitées et détruisent le plus souvent la terre même dont dépend leur survie. Development Alternatives s'attaque à ces immenses problèmes. Khosla explique : « Nous nous efforçons de créer des emplois durables d'une façon qu'il est possible de reproduire à grande échelle, en fonction d'un mode de vie qui ne détruira pas l'environnement. » Bien qu'il s'agisse d'un organisme à but non lucratif, Development Alternatives cherche à enseigner aux gens à devenir des entrepreneurs qui subviendront à leurs propres besoins. « Nous avons décidé très tôt qu'on ne peut créer un changement à l'échelle d'un marché en adoptant une approche sentimentale. Il existe des millions de bons projets pilotes, mais ils s'effondrent, car, au bout du compte, ils doivent être financièrement indépendants. »

« À nos yeux, poursuit Khosla, l'objectif consistant à procurer aux gens des emplois durables comporte quatre ou cinq aspects fondamentaux. Le premier, c'est simplement de créer des emplois. Le deuxième, c'est que ces emplois fournissent un salaire raisonnable, comparable à celui que gagnerait un ouvrier d'usine dans un bidonville à Bombay, par exemple, afin que les gens ne soient pas tentés de quitter leur famille pour la ville. Le troisième, c'est que ces emplois devraient aussi conférer un sens et une certaine dignité à l'existence, et offrir tout ce qu'un travail honorable procure aux gens : le respect de soi, la stabilité. Nous ne réussissons pas toujours sur tous les plans, mais nous essayons. Le quatrième, c'est que non seulement ces emplois ne doivent pas détruire l'environnement, mais ils doivent au contraire le régénérer. Ici, l'ambition de ne pas détruire la terre est dérisoire, puisque, dans la majeure partie du centre de l'Inde, les forêts ont déjà disparu. Il n'y a pas d'eau, pas de rivières. Les sols sont comme du béton, ou ils ont été lessivés. Il ne subsiste pas d'écosystème qui fonctionne. C'est pourquoi ces emplois durables doivent aider à restaurer l'environnement, sans quoi ils ne pourront se maintenir bien longtemps. Et, finalement, ces emplois doivent créer des biens et des services offerts aux économies locales. Il n'est tout simplement pas viable de travailler pour l'exportation afin d'atteindre les objectifs de la mondialisation. Aucun de ces critères n'est absolument rigide, bien sûr. Je n'ai rien contre l'idée d'exporter une partie de nos meilleurs fruits, des objets artisanaux ou quoi que ce soit d'autre pour pouvoir acheter des bicyclettes, des téléviseurs ou autre chose. Mais il faut d'abord servir l'économie locale. » Development Alternatives est un organisme ambitieux sur les plans tant social qu'environnemental. « Pour nous, la durabilité est un concept particulièrement bien adapté aux marginaux, aux laissés-pour-compte : les femmes, les autochtones, les pauvres. Ceux à qui la situation actuelle ne laisse pas vraiment d'options. Alors, ce sont eux que nous visons d'abord et avant tout. »

Le siège social des deux organisations d'Ashok Khosla, DA et TARA, occupe environ un demi-hectare de terrains paysagés dans un secteur de Dehli hérissé de bureaux gouvernementaux et délimité par un parc immense et magnifique. L'édifice lui-même est entièrement fait de briques d'adobe confectionnées grâce à un procédé novateur qu'ont inventé les deux organisations et qui offre des emplois exemplaires dans sept centres au pays. Pour la seule construction de cet édifice, ce procédé de fabrication a épargné environ un demi-hectare de forêt, parce que les briques sont comprimées plutôt que d'être cuites.

On en fait des murs si épais qu'il n'est nul besoin d'avoir recours à la climatisation, pratique horriblement non durable à Delhi, où la température dépasse les 30 °C au moins neuf mois par année. La structure ainsi obtenue est d'un beau rouge foncé terreux et dotée de plafonds à arcs cylindriques. Dans ses mystérieuses petites cours intérieures et ses terrains paysagés, vous pouvez siroter un chai ou un lassi, tout en contemplant les arcs des alcôves et les coupoles de couleur vive.

Le bureau de DA à Delhi n'est pas seulement beau : il bourdonne d'activité. On y trouve une grande bibliothèque et plusieurs pièces remplies de documents où les chercheurs, les stagiaires et les directeurs s'activent la plupart des fins de semaine pour s'assurer que les entreprises qu'ils ont fondées fonctionnent bel et bien. Nous y avons passé un après-midi, avant de partir pour Jhansi, ville d'environ un million d'habitants située au centre de l'Inde, à 480 kilomètres à l'est de Delhi, pour observer leur travail sur le terrain. C'est dans la campagne que DA a établi son centre principal, TARA, où sont fabriquées les briques comprimées et non cuites, ainsi que des tuiles de toit en poussière de pierre, un autre de leur succès. Jhansi se trouve dans une zone de carrière, si bien que, à des kilomètres à la ronde, l'air et la végétation sont blancs de la poussière soufflée par les tailleurs. Plutôt que de laisser cette poussière de pierre continuer de contaminer l'air et l'eau, TARA la recueille pour la réutiliser. Dans une spacieuse usine qui produit aussi du papier fait à la main, des ouvriers tamisent la poussière de pierre et la compriment dans des moules pour en faire des tuiles de toit grises extrêmement fonctionnelles. Comme ces tuiles ne sont pas plus chères que les tuiles cuites traditionnelles et qu'elles durent au moins deux fois plus longtemps, leur prix n'est pas plus élevé que celui du chaume, de sorte que même les familles les plus pauvres peuvent se les procurer. En faisant le tour du district, nous avons remarqué leur présence sur tous les types de structure, y compris un temple dédié aux serpents.

Il y a aujourd'hui 300 usines semblables sur l'ensemble du territoire indien, qui offrent quelque 3 000 emplois durables (la majorité sont occupés par des femmes) et un meilleur salaire que celui que ces ouvriers et ouvrières trouveraient ailleurs. Des études ont montré que les travailleuses formées par DA et TARA ont moins d'enfants que les autres villageoises. De plus, après avoir vu de telles initiatives, les individus lancent leurs propres petites entreprises durables fonctionnant sur le même modèle. Ils ont obtenu l'eau et l'énergie nécessaires — et aussi restauré l'écosystème avoisinant — en érigeant un petit barrage en terre sur le lit d'une rivière saisonnière située sur leur terre. Ils ont installé une centrale électrique fonctionnant à la biomasse et alimentée par la combustion de plantes exotiques nuisibles telles que le lantanier, qui infeste le centre de l'Inde. Ils ont ensuite mis sur pied l'usine, qui non seulement offre de multiples emplois, mais qui est aussi assortie d'un restaurant, d'une garderie et d'un jardin. Il ne fut pas difficile d'attirer des travailleurs, raconte Khosla. « Contrairement à la plupart des emplois traditionnels, notre recrutement est basé sur les besoins plutôt que sur les compétences ou les capacités. De nombreux employés ont été embauchés simplement parce qu'ils avaient désespérément besoin d'un emploi, comme des veuves, qui sont laissées de côté par l'économie rurale, et des femmes que leur mari refuse d'aider. N'importe qui peut apprendre à fabriquer ces tuiles ou le papier fait à la main. Il suffit de le vouloir. »

Development Alternatives ne souhaite pas être uniquement un lieu de formation ou un employeur : l'organisme veut offrir une échelle qui permette aux gens de sortir du gouffre. Dans la région entre la ville de Jhansi et la petite cité de Orchha, célèbre pour ses magnifiques temples et palais, les produits fabriqués par TARA sont annoncés sur tous les tableaux d'affichage et les habitations, de même que dans la presse populaire. L'organisation jouit d'une excellente réputation auprès des habitants de l'endroit. Si Development Alternatives ne cherche pas à dégager des profits, elle ne peut pour autant se permettre de perdre de l'argent, car cela signifierait que leurs initiatives ne sont pas viables à long terme pour les gens auxquels elles sont destinées. C'est pourquoi, en plus d'aider à la fabrication d'un bon produit, elle contribue également à trouver des marchés pour le vendre. Khosla précise : « Nous avons mis au point une approche essentiellement fondée sur les franchises, alors nous offrons le système de soutien qui permet à une petite entreprise de croître. Nous trouvons des individus qui ont des qualités d'entrepreneur et leur faisons passer une batterie de tests afin de nous assurer qu'ils sauront gérer une entreprise. Nous les formons et leur procurons de l'équipement. Nous enseignons de bonnes pratiques d'affaires, comme l'entretien, la tenue d'une liste de paie et l'inventaire. Nous obtenons d'eux des statistiques qui nous permettent d'améliorer les choses. Quels sont les taux d'échec ? Ont-ils adéquatement ciblé le marché ? Nous allons jusqu'à les doter d'une image de marque, à faire de la publicité et des illustrations et à proposer des idées pour des brochures. Nous faisons un travail de marketing. Mais, honnêtement, nous ne sommes pas très doués en la matière, parce que nous venons de domaines qui n'ont rien à voir avec le marketing. Alors, on commence à peine à apprendre comment s'y prendre. »

Comme beaucoup de personnes œuvrant pour la durabilité, Khosla fait montre d'une modestie désarmante et a tendance à minimiser l'importance de sa contribution. C'est en quelque sorte un signe de sa méthodologie. En fait, si DA atteint tout juste le seuil de rentabilité avec ses magnifiques sacs et papiers recyclés, les usines de briques comprimées et de tuiles de toit, extrêmement florissantes, sont quant à elles en constante expansion et l'organisme a ouvert une dizaine d'usines à four droit dans le pays, qui emploient des centaines d'hommes à un bon salaire. Ces fours où l'on cuit les briques utilisent une technologie simple qui a été mise au point en Chine et qui produit moitié moins de carbone et de dioxyde de soufre que les usines de briques existantes. En outre, DA lutte contre la destruction des rivières et des forêts, responsable de la terrible qualité de l'air et de l'eau dans le nord-est de l'Inde. Ce que démontrent avant tout les dizaines de milliers d'emplois utiles et durables qu'a créés DA, c'est que les initiatives de création d'emplois varient beaucoup selon les valeurs sur lesquelles elles sont fondées. Partout sur la planète apparaissent de nouvelles entreprises dont l'objectif réside non pas dans l'accumulation de profits pour une lointaine multinationale, mais bien dans la durabilité sociale et écologique. Ces entreprises prouvent que même les plus pauvres parmi les pauvres ne sont pas obligés de sacrifier leurs ressources naturelles ou de devenir esclaves d'un atelier de misère pour survivre.

Vivre et laisser revivre

> *Ne méprenons pas le capitalisme pour la démocratie.*
>
> GEORGE SOROS

Les entreprises privées et les sociétés inscrites en Bourse ne sont pas les seuls moyens de vivre en son village comme l'abeille. À long terme, l'une des meilleures méthodes de faire son miel passe sans doute par un organisme à but non lucratif ou une coopérative appartenant aux gens qu'elle emploie. Ces deux structures d'entreprise similaires se multiplient un peu partout dans le monde. Nous sommes allés en visiter une à Portland (Oregon). Le Recycling Center n'est pas situé dans les beaux quartiers. Shane Endicott, qui en est le directeur et le fondateur, vit depuis longtemps dans ce voisinage où habitent surtout des pauvres et des Noirs, dans le nord-est de la ville. Il a la mi-trentaine, mais paraît plus jeune. Comme la plupart des organisations révolutionnaires, celle-ci a été créée par un seul individu, mais de nombreux autres ont depuis mis la main à la pâte ; l'organisation pourrait donc poursuivre ses activités — mais pas avec la même fébrilité — sans son fondateur.

Endicott a mis sur pied l'entreprise alors qu'il travaillait encore pour la Société Saint-Vincent-de-Paul à Salem (Oregon). Pendant plus de deux ans, il a passé ses temps libres à mener, en compagnie de son ami Jim Prindahl, une recherche en profondeur dans toute l'Amérique du Nord, de Los Angeles à Philadelphie en passant par le District de Columbia et la Nouvelle-Écosse. Tous deux aimaient la menuiserie et souhaitaient fonder une sorte de centre de construction qui, idéalement, recyclerait presque tout. Ils ont fini par obtenir un prêt de 15 000 $ auprès d'un particulier et ont lancé leur entreprise dans une entrée de garage, avec pour toutes ressources leur recherche, un plan d'affaires et un bassin de bénévoles. Un mois plus tard, ils ont pu embaucher quatre employés à temps plein. Aujourd'hui, ils possèdent un énorme édifice qui fait plus d'un demi-pâté de maison, plein à craquer de portes et de fenêtres de toutes tailles, de cuvettes de toilette, de tuyaux et d'équipement électrique. Dans la vaste cour arrière s'empilent les vieux lavabos, des fenêtres, du bois, des clous et des baignoires. Au premier coup d'œil, ce bric-à-brac semble composé de rebuts, mais en réalité tout est soigneusement classé et organisé, et des clients achètent sans cesse des objets. À l'arrière se trouvent de grands ateliers où l'on effectue des travaux qui ajoutent de la valeur aux articles, où l'on répare toutes sortes de choses, des portes abîmées aux lampes cassées, afin que rien ne se perde dans un marché où les clients ignorent sans doute comment restaurer de vieilles moulures de plâtre ou n'ont pas le temps de se mettre à la recherche du vitrail assorti à celui qui doit être remplacé.

Un an auparavant, soit à peine six ou huit mois après le démarrage de l'entreprise, le Recycling Center comptait douze ou treize employés à temps plein ; aujourd'hui, après un peu moins de deux ans d'existence, il emploie trente-six personnes à temps plein et quelques autres à temps partiel, en plus de compter sur le travail de bénévoles. Les fondateurs croyaient pouvoir rembourser leur prêt initial au bout d'un an et atteindre un chiffre d'affaires d'environ 200 000 $ deux ans après l'ouverture du centre. Ils y sont parvenus dès la première année : leur prêt a été remboursé et leur chiffre d'affaires annuel s'élève maintenant à plus d'un million de dollars. Les salariés débutants, qui ont pour tâche de transporter des briques ou d'arracher des clous, sont payés 10 $ l'heure, soit près de quatre dollars de plus que le salaire minimum. Ils disposent en outre d'une assurance médicale et dentaire complète, qui couvre également 80 % des frais encourus par les membres de leur famille. En six mois, ils obtiennent habituellement une augmentation de salaire d'un dollar l'heure, et ils en viennent rapidement à gagner quinze dollars l'heure. Inutile de dire que le roulement du personnel est très faible : la dernière offre d'emplois a attiré 76 candidats. Quatre-vingt pour cent des employés viennent du quartier pauvre où est située l'entreprise, et le centre favorise de multiples façons l'accession à la propriété pour ses employés, notamment en leur offrant des prêts, des rabais sur les matériaux et de l'aide en matière de construction. Les plus hauts dirigeants, comme Endicott, qui travaille sans doute soixante heures par semaine, gagnent 40 000 $ par année, mais la rémunération est conçue de manière qu'il ne puisse exister de fossé important entre les dirigeants et les ouvriers. Nombreux sont ceux, tels Jim Prindahl et Bill Welch, qui ont quitté un emploi beaucoup mieux rémunéré, attirés par cette occasion de s'engager dans un projet qui leur tenait à cœur et leur permettait de subvenir à leurs besoins.

Ce centre de recyclage de matériaux de construction fonctionne de la même manière qu'Interface Carpets : il transforme en actifs les rebuts et refuse de laisser derrière lui quelque déchet que ce soit. Endicott explique : « Les entreprises de démolition et de récupération habituelles qui sont présentes dans toutes les villes étaient souvent capricieuses ; il leur arrivait de prendre une jolie porte ou un manteau de cheminée pour les revendre à fort prix à des gens riches, mais elles faisaient très peu pour contribuer à réduire la quantité globale de déchets ou à augmenter la disponibilité des matériaux recyclés pour des personnes disposant de revenus modiques ou moyens. Quant à moi, je crois que *tout* devrait être recyclé, même un bout de "deux par quatre" long de soixante centimètres et criblé de clous, ou un morceau de gypse un peu cassé. C'est ce qu'on fait. » Le Recycling Center prend soin de vendre ses produits au moins cinquante pour cent moins cher que le prix de détail habituel et il fait suffisamment de profits avec des articles comme de jolies fenêtres pour pouvoir recycler ce qui semble des piles de morceaux brisés. Même si son succès pourrait lui permettre d'expédier ces produits et matériaux vers d'autres marchés et d'étendre ses activités, Endicott refuse de sortir de l'Oregon pour éviter de brûler du combustible et de dégager du gaz carbonique dans l'atmosphère.

Si le centre est une entreprise concurrentielle et moins chère que d'autres services de « déconstruction », c'est que tout y est fait à la main, ce qui élimine les coûts de machinerie élevés. De plus, on emploie de quatre à six personnes pour chaque ouvrier que comptent les entreprises comparables et on leur verse des salaires de beaucoup supérieurs ! On a tendance à croire que le travail humain, même à bas salaire, ne peut être plus abordable que le travail mécanisé, mais, après avoir examiné la question, l'équipe d'Endicott en a conclu que, dans son domaine, le travail humain est beaucoup moins onéreux que celui effectué par des machines, qui non seulement entraînent de lourds coûts initiaux, mais exigent constamment du carburant et des réparations. Plus important encore, le Recycling Center n'a pas à dégager de profits ; comme Development Alternatives, l'entreprise vise simplement à couvrir ses coûts, ce qui constitue un avantage de taille. Endicott renchérit : « Nous bénéficions de deux lois progressistes dans le secteur : des frais de décharge élevés (environ 17 $ la tonne de déchets) qui sont transmis au consommateur et que le centre élimine tout simplement. Nous, on débarque et on enlève tout. Les propriétaires d'édifices démolis ou retapés jouissent aussi d'un crédit d'impôt s'ils "donnent" leurs matériaux à un organisme à but non lucratif. Tout ce que vous avez à faire, c'est de nous appeler : donc moins d'ennuis, moins de frais. Évidemment, nous sommes populaires. »

Le centre ne se soucie pas que de durabilité et d'environnement, même si les deux enjeux sont au cœur de ses préoccupations. Endicott explique : « Je ne suis pas un écologiste. Je pense simplement que si les gens sont en santé, s'ils mènent une vie saine dans des lieux sains, ils feront des choses qui profiteront à tous. Des gens de tous les milieux travaillent et achètent au centre. Nous ne parlons pas de politique ni d'"environnement". »

L'idée de constituer une entreprise coopérative est extrêmement intéressante ; après tout, qui parmi nous souhaite travailler toute sa vie pour enrichir des actionnaires déjà plutôt bien nantis ? Tout ce que nous voulons, c'est gagner un salaire décent. Les entreprises coopératives peuvent prendre différentes formes : beaucoup d'entre elles n'ont pas de mandat écologique ou social particulier et ne sont même pas des organismes à but non lucratif. Au Québec, le Parc Safari, un populaire parc d'attraction zoologique, et Schwartz's, un restaurant devenu une institution montréalaise, sont tous deux des coopératives appartenant à leurs employés. Même si elles ne s'affairent pas directement à sauver la planète, les coopératives tendent à tuer moins de fleurs. Il vaut la peine de les examiner, car elles foisonnent dans le monde entier.

Éviter la pieuvre

> *Cette obsession de maximiser les profits pour les actionnaires doit être perçue comme abusive, dangereuse, comme l'une des situations les plus répugnantes sur la planète. Parce que c'est une incitation au crime.*
>
> ANITA RODDICK, fondatrice de Body Shop

S'il est rentable d'être respectueux de l'environnement, même à une petite échelle, même dans le tiers-monde, comment se fait-il que les grandes entreprises ne s'y mettent pas ? Certaines le font déjà, ou c'est du moins ce qu'elles voudraient nous faire croire. BP prétend que son acronyme ne signifie plus « British Petroleum », mais bien « Beyond Petroleum » (« Au-delà du pétrole »), et l'entreprise investit beaucoup dans de nouvelles technologies à l'énergie solaire et à l'hydrogène. Toyota a mis en marché la Prius, une voiture hybride fonctionnant à l'essence et à l'électricité. Comme elle est la première à lancer un tel prototype, l'initiative lui donne un air très progressiste. Shell Oil a mis sur pied Shell International Renewables et a consacré 500 millions de dollars au développement de l'énergie solaire, éolienne et produite par la biomasse.

Ce sont là des tendances très encourageantes. Pourtant, BP, Shell, Mobil, Chevron et plusieurs autres grandes entreprises pétrolières, loin de réduire leurs opérations de forage, les intensifient[5]. Au Sommet des Amériques tenu à Québec en 2001, on ne parlait que de la manière dont le Canada pouvait contribuer à étancher la soif des États-Unis pour le pétrole via l'exploitation des sables bitumineux et l'exportation vers son voisin du sud d'une plus grande quantité de pétrole. On a récemment découvert des millions de barils de brut au large du Nigeria, et l'un des derniers gestes de Bill Clinton à titre de président des États-Unis fut d'effectuer une visite de politesse au régime en place. Pendant des années, les habitants du delta du Nil ont supplié Shell d'arrêter de brûler son excès de gaz en torchères, pratique largement illégale en Amérique du Nord à cause de la pollution issue de la fumée produite. Aujourd'hui, les sociétés pétrolières s'apprêtent à faire de même pour les gisements au large. Comme le souligne Owens Wiwa, membre du mouvement d'opposition à l'expansion du forage dans le pays : « S'ils finissent par cesser de brûler le gaz dans le delta mais qu'ils se mettent à le faire au large, l'atmosphère de la planète n'y gagnera pas grand-chose. »

On remarque une semblable dichotomie comportementale chez des entreprises telles que Toyota et Ford. Un nouveau fils de la famille, Bill Ford, parle suffisamment d'écologie pour faire saliver n'importe quel écologiste. Il a tout de même avoué que l'entreprise ne peut se permettre d'éliminer progressivement ses modèles les plus polluants tant qu'ils se vendent bien. Ainsi, si le gouvernement n'instaure pas de nouvelles normes, il faudra des années avant que les mesures incitatives « vertes » de l'entreprise n'aient quelque impact sur l'atmosphère de la Terre[6]. La Prius de Toyota aurait aussi un effet plus significatif si l'entreprise toute entière s'inspirait de principes comme ceux qui animent Interface, Collins Pine ou le White Dog Café. Aujourd'hui, l'entreprise fabrique sans hésitation certains des plus gros véhicules utilitaires qu'on trouve sur le marché et elle semble n'avoir aucune intention de les abandonner pour se concentrer davantage sur la conception de voitures électriques. Il est vital que de telles technologies soient mises au point, et aujourd'hui seules les entreprises disposent des fonds nécessaires pour s'y attaquer.

Bien que les entreprises soient en mesure de fournir une aide importante, elles forment toutefois une large partie du problème, et plusieurs d'entre elles semblent tenir un double discours. Nous avons donc décidé de discuter de la question avec une célèbre PDG, dont l'entreprise est « verte » depuis sa création, dans le but de mieux comprendre cet état des choses.

Anita Roddick a fondé et dirige Body Shop, l'une des sociétés inscrites en Bourse les plus connues du monde. Comme Ben and Jerry's Ice Cream, Patagonia Clothing ou Interface Carpet, Body Shop est célèbre pour son faible impact sur la Terre, et parce que l'entreprise affirme adhérer à des normes de justice sociale et de responsabilité écologique. Des sociétés telles que Nike, Shell Oil, Dupont et British Petroleum prétendent toutefois faire exactement la même chose.

Comment savoir qui dit vrai ? Ces entreprises ont d'énormes budgets de relations publiques, et il est facile de se laisser leurrer quand on n'a jamais mis le pied au Nigeria, dans un lieu de cueillette d'herbes du Body Shop ou dans un atelier de misère de Nike. Non contente de visiter ces endroits, Roddick a organisé des voyages afin que d'autres dirigeants puissent constater de visu l'impact des politiques de ces entreprises[7]. Après qu'on eut loué la nouvelle image verte de Shell à l'atelier commercial du forum State of the World à New York, Roddick s'est levée et a affirmé : « Des actes criminels féroces sont perpétrés par les entreprises au nom du commerce. » Elle a ensuite entrepris de décrire les souffrances des malades dans les hôpitaux de fortune du delta du Nil ; selon elle, le manque de médicaments et d'aide gouvernementale est attribuable au fait que la région refuse que Royal Dutch Shell et d'autres entreprises y accentuent leurs activités de forage. « Et Shell ne viole aucune loi, parce qu'il n'existe pas de code de gouvernance mondiale. » Comment une femme si éprise de justice sociale et environnementale est-elle devenue la reine millionnaire d'une immense entreprise multinationale, dont plusieurs disent qu'elle est loin d'être parfaite ?

D'une certaine manière, Roddick est semblable à un oiseau prisonnier d'une cage dorée : une personne intègre prise dans un système très mauvais. Elle raconte : « Ben and Jerry's, Patagonia, Body Shop — nous croyions tous que les affaires, c'était plus que les profits : de la joie, de l'émerveillement, un moyen de gagner sa vie honorablement. Mais de petits groupes d'actionnaires qui passent peu de temps dans une entreprise peuvent changer tout cela. Nous devons comprendre que les votes des actionnaires ne sont pas la seule manière de gérer une entreprise. » Ce qu'elle évoquait, c'est la différence fondamentale entre une entreprise privée, comme le White Dog Café ou Collins Pine, et une société cotée en Bourse. En inscrivant son entreprise à la Bourse, un homme ou une femme d'affaires obtient un important apport de capital qui lui permet de la développer. En contrepartie, il en perd le contrôle. Les étrangers qui en achètent des parts deviennent actionnaires et ont dorénavant leur mot à dire sur la gestion de la société. Rare est le fondateur d'une entreprise qui réussit à conserver une portion suffisante des actions pour pouvoir continuer à la contrôler. Les nouveaux venus voteront souvent le congédiement du fondateur de l'entreprise, simplement parce qu'ils y ont investi non pas leur temps, leur passion ou leurs idéaux, mais leur argent, et qu'ils ne s'attendent à en retirer rien d'autre que de l'argent. En fait, selon le droit commercial actuel, une société n'a pas le droit d'utiliser ses actifs à des fins dont on ne peut prouver qu'elles rapportent de l'argent.

Ainsi, lorsqu'elles endossent des œuvres de charité, les entreprises doivent prouver qu'elles répondent à des objectifs de relations publiques ou obtiendront un abattement fiscal dans le but d'accroître les profits. S'ils souhaitent faire davantage, les dirigeants doivent créer des organismes charitables distincts. Les soupers-causeries et les programmes destinés aux milieux défavorisés qu'a mis sur pied Judy Wick, la décision de Collins Pine d'épargner les forêts anciennes pour ne pas déloger les chouettes, même les efforts de Sarah Severn pour éliminer les gaz à effet de serre des semelles des chaussures de Nike, toutes ces initiatives ne font pas le poids si on les oppose aux profits tout-puissants d'une entreprise inscrite en Bourse. Si les deux premières entreprises peuvent se permettre d'agir comme elles le font, c'est uniquement parce qu'elles sont privées. Quant à Nike, si la diminution de ses émissions de CO_2 en venait à affecter ses profits, il y a fort à parier qu'on renoncerait rapidement à une telle diminution.

À l'instar de Judy Wick, Anita Roddick et son mari Gordon ont fondé Body Shop non seulement pour avoir un gagne-pain, mais aussi pour que l'entreprise soit l'œuvre de leur vie, pour refléter et promouvoir des valeurs fermement centrées sur la Terre. « Notre vision, ça n'a jamais été de devenir gros, explique-t-elle. C'était plutôt d'être culottés, d'avoir une idée et de voir jusqu'où on saurait la mener. » Il peut paraître étrange que des gens si doués pour les affaires, comme les cadres intermédiaires dévoués chez Nike, ne se préoccupent guère des conséquences de la structure même de l'entreprise. Roddick ne s'est jamais interrogée — pas plus que Ben Cohen, de Ben and Jerry's, apparemment — sur ce que cela signifiait réellement d'inscrire son entreprise en Bourse. « Tout allait si bien, se rappelle-t-elle. Nous avions tant de nouvelles boutiques ! Il nous fallait plus de lieux de vente au détail, et les groupes immobiliers ne nous prenaient pas au sérieux. C'est l'une des raisons pour lesquelles nous avons inscrit l'entreprise en Bourse, pour obtenir l'argent nécessaire à ce genre d'expansion et construire une usine. Nous voulions tout contrôler, comme l'extrusion de tous nos plastiques. Nous voulions être certains qu'ils étaient écologiques. Nous voulions rapporter les bouteilles et les recycler. Nous ne croyions pas que qui que ce soit d'autre imposerait les normes que nous désirions. Alors, nous avons décidé d'inscrire l'entreprise en Bourse, pour obtenir l'argent qui nous permettrait d'exercer ce contrôle. »

Comme Ben and Jerry's, qui introduisit diverses mesures très peu « affairistes » dans l'entreprise pour que le salaire des simples employés ne soit pas massivement inférieur à celui des dirigeants, pour que 7,5 % des revenus avant profits soient versés à des organismes charitables et pour ne pas acheter du lait contenant de la BST, une hormone transgénique, Body Shop parvint dans les premiers temps à préserver son non-conformisme culotté. Personne — ni les institutions prêteuses, ni les actionnaires, ni les conseils d'administration — ne tenta de s'immiscer dans la gestion de l'entreprise. « Ils nous ont laissés tranquilles, affirme Roddick. Ils ne nous ont jamais mis des bâtons dans les roues parce que nos profits étaient fabuleux. Notre croissance était fulgurante ! Et ils n'ont jamais causé de problème, à cette époque. »

Cette croissance elle-même a cependant fini par être néfaste à l'entreprise, surtout aux États-Unis. « Nous étions arrivés en grande pompe avec un nouveau concept. En moins de cinq ans, nous avons eu trente concurrents, tous dans le même genre, avec les mêmes idées. Il ne leur manquait qu'une considération : ils n'avaient pas les mêmes valeurs. Ils ne se préoccupaient pas des expériences sur les animaux. Ils ne se souciaient pas du commerce communautaire, ni des normes écologiques. Et le public américain s'en fichait, tant que ça sentait bon et qu'il y avait quinze parfums de bulles pour le bain. Nous n'aurions jamais dû aller nous installer dans les centres commerciaux aux États-Unis. Nous aurions dû rester au cœur des centres urbains, où nous étions vus comme uniques. » Il y a une note de grand regret dans le discours de Roddick : quand le prix du titre s'est mis à chuter, elle a découvert l'importance que ses valeurs fondamentales avaient aux yeux de ses actionnaires : absolument aucune. En 1998, Roddick a été évincée de son propre conseil d'administration. Elle possède toujours trente pour cent des actions de l'entreprise et jouit du respect réservé au fondateur. Mais, comme tant d'autres avant elle, elle a découvert que les efforts d'une vie entière peuvent être anéantis en un instant si on n'apporte pas la croissance trimestrielle attendue.

Cette multimillionnaire, célèbre auteure d'un best-seller, a contribué au financement de la manifestation altermondialiste à Seattle. Elle voudrait continuer de mettre la main à la pâte dans l'entreprise. « Mais, vous savez, explique-t-elle, je deviens tellement radicale en vieillissant que j'en viens à me demander : "Est-ce que je suis dysfonctionnelle dans cette entreprise ? Est-ce que je suis trop anarchique ?" Je veux aller au Nicaragua et dénoncer les ateliers de misère. » Mais elle ne peut le faire. Pas au sein de la société qu'elle a fondée : l'entreprise est trop grosse. Après une chaude lutte menée en coulisses, Ben and Jerry's a été avalée par le géant alimentaire Unilever, dont les autres crèmes glacées (dont Häagen-Dazs) sont souvent faites à partir du lait provenant de vaches traitées à la BST. Unilever ne contribue pas à outrance à des organismes charitables, et le salaire de son PDG n'est pas limité à un certain multiple de celui du jeune au comptoir qui sert les cornets de crème glacée, comme c'était autrefois le cas chez Ben and Jerry's.

Roddick laisse tomber : « Nous avons simplement été utilisés, pour faire croire que le marché était plus libre qu'il ne l'est en réalité. Et nous n'avons pas vraiment changé les choses, parce que nous étions tellement différents. » Mais elle a tort : elle a bel et bien changé les choses. Sa chute est aussi instructive que son ascension. Pendant un moment, les grandes entreprises ont pu affirmer que si les multinationales morales et responsables sur le plan social étaient certes rares, elles n'en étaient pas moins possibles. Maintenant que les fondateurs de Ben and Jerry's et de Body Shop ont été mis à la porte, il apparaît évident que l'affirmation était fausse. Le même principe s'applique aux braves gens qui s'efforcent de procéder à des réformes dans les entrailles de Nike. Comme l'explique Dick Roy : « Nike est une expérience effectuée au sein d'un monstre inscrit en Bourse. L'esprit a changé ici, au siège social. En fin de compte, tout ce qui importe, ce sont le produit, les marges et les profits, pas les valeurs. »

Il semble que deux options s'offrent à ceux qui souhaitent faire des affaires. On peut garder le contrôle de son entreprise privée et, à la manière de Judy Wicks, créer une « *beautiful business* » qu'on transmet aux générations à venir, comme l'a fait Mary Beth Collins. Ceux qui choisissent cette voie n'obtiendront sans doute jamais les capitaux nécessaires à une expansion et n'exerceront jamais d'influence importante dans leur pays ni sur ceux qui prennent les décisions. On peut aussi voir grand et inscrire son entreprise en Bourse. Après tout, une personnalité telle que Roddick a la chance de rencontrer des présidents et des premiers ministres pour leur dire ce qu'elle pense. Et une entreprise plus importante encore, comme Nike, peut se permettre de mener des recherches susceptibles de révolutionner les articles de première nécessité ou de créer un marché pour des produits biologiques.

« Tout est possible. Je veux dire que les entreprises ne se trouvent pas dans la nature. Elles ne sont pas ordonnées par le Tout-Puissant. Elles sont faites par des hommes et des femmes et, en conséquence, elles peuvent changer [...]. Il nous faut redéfinir la notion de profit. Qui devrait bénéficier des profits ? Est-ce seulement le petit groupe de personnes qui ont investi dans une entreprise ? Ou est-ce, plus largement, la société ? Les employés ? La communauté ? Les fournisseurs ? L'environnement ? » La vision de Roddick s'accorde avec les lois et les obligations sociales déjà adoptées dans des pays tels que l'Allemagne. Elle affirme : « Je pense que les entreprises devraient être soumises à des règles ! Je pense qu'il devrait y avoir des pénalités. Il devrait y avoir un code de gestion des affaires prévoyant des pénalités. Pas seulement le genre de petite initiative comme les Principes Valdez auxquels on souscrit, puis plus rien. Il faut des pénalités sévères. La pollution industrielle doit être vue comme un acte criminel. On dit toujours que les entreprises sont constituées de personnes. Si c'est vrai, mais qu'on ne peut pas poursuivre une entreprise pour ses actes, alors il faut qu'on puisse poursuivre les individus. Et, en tant que femme d'affaires, si je faisais un gâchis et qu'on ne me voyait pas tenter de bonne foi de le réparer, il faudrait que je sois poursuivie et humiliée publiquement. »

« À cause des membres (non élus) de l'Organisation mondiale du commerce, ajoute Roddick, la société ne peut atteindre ces groupes pour leur imposer des pénalités. » En fait, compte tenu du climat politique actuel, il pourrait même être difficile d'adopter ici des lois semblables à celles de l'Allemagne. Mais le processus a aussi été ardu en Europe ; ce n'est pas une raison de ne pas essayer. Anita Roddick croit que lorsque Shell et Toyota adoptent de bonnes initiatives, il convient de les féliciter bruyamment et publiquement. « Mais ce dont le monde a besoin, ce ne sont pas ces énormes initiatives de commerce mondial et les démarches de la Banque mondiale, mais bien des initiatives économiques à petite échelle. Les pauvres doivent pouvoir nous dire de quoi ils ont besoin, et pas l'inverse. Des entreprises comme la nôtre devraient chercher à encourager des initiatives communautaires — des programmes locaux de lutte contre le sida, pour la santé, l'environnement [...], des trucs de base. On oublie que la seule bonne chose qu'apporte la richesse, c'est la possibilité d'être généreux. Sans quoi, en s'accrochant à cette richesse, on affaiblit l'âme humaine et on détruit les ressources de la planète. »

CHAPITRE 2

Retirer son consentement

La pratique de la démocratie

Le contrôle de la prédation

Les très grandes entreprises, les multinationales inscrites en Bourse, sont, comme nous l'avons vu au premier chapitre, les prédateurs de l'écosystème du monde des affaires, l'équivalent de ses renards, de ses loups et de ses requins. En tant qu'écologistes, il ne nous viendrait jamais à l'esprit de suggérer qu'on se débarrasse de tous les prédateurs présents dans la nature ; un écosystème n'est pas sain s'il ne s'y trouve pas un peu de tout. Mais les prédateurs ont les dents longues et l'appétit vorace. C'est pourquoi la société dans son ensemble doit les contrôler en circonscrivant leur habitat, comme le font, pour les entreprises, les lois de responsabilité personnelle et de responsabilité quant au produit, et en limitant leurs sources de nourriture, comme on peut y arriver par une conscientisation du public, voire une révolte des consommateurs. Les prédateurs naturels sont régis par la réalité physique de la planète : les écosystèmes sont limités, et une croissance infinie est impossible. Ce sont là les lois élémentaires de la nature, et si notre système économique était lui aussi fondé sur les lois de la physique et de la thermodynamique, nous ne connaîtrions pas la crise environnementale à laquelle nous sommes confrontés aujourd'hui. Plusieurs des personnes qui se heurtent à cette dichotomie en ont conclu que si nous cessions d'échafauder des fantaisies humaines pour nous attacher plutôt à appliquer les principes de la physique à nos systèmes économiques, nous pourrions bien découvrir qu'il est possible de tout

> *Je ne suis sûr que d'une chose : l'entreprise telle que nous la connaissons est en train de détruire la Terre, y compris toutes les cultures et tous les systèmes vivants qu'elle abrite. Il n'y a jamais eu de système aussi omniprésent, aussi destructeur et aussi bien géré. C'est notre création.*
>
> PAUL HAWKEN[1]

avoir : des entreprises cotées en Bourse dont l'habitat et le régime alimentaire sont adéquatement contrôlés, des entreprises privées grandes ou petites qui sont à la fois réglementées et incitées à respecter des règles d'éthique, toutes sortes d'organismes gouvernementaux de développement et de recherche, des organismes à but non lucratif, des organisations de bénévoles, des coopératives appartenant à leurs employés et un grand nombre d'institutions et de services utiles à la société tels que des écoles, des hôpitaux et des parcs, entièrement financés par des fonds communautaires.

Ce n'est que dans une société favorisant toutes ces façons de faire des affaires et de redistribuer la vraie richesse qu'il sera possible de maintenir un écosystème économique équilibré. En permettant à une seule entité, l'entreprise cotée en Bourse, de s'arroger quasiment tout notre pouvoir politique et notre richesse naturelle, nous avons mis en danger l'ensemble de notre édifice économique, politique et écologique. Si les structures d'entreprise exposées au premier chapitre — Social Ventures Network, Triodos Bank, Collins Pine, Recycling Center, Stiftung Warentest — prospèrent et croissent, c'est parce que davantage de personnes comprennent bien qu'il nous faut réintégrer une dose de diversité dans notre culture d'affaires. De telles initiatives sont cependant délicates. Elles peuvent être sapées par quelques lois favorables aux entreprises et par des jugements tels que ceux qui émanent régulièrement d'instances commerciales et économiques comme l'ALENA et l'OMC. Il faut nous battre pour la diversité commerciale et économique. Partout dans le monde, la lutte est en cours, et il ne s'agit pas simplement d'un conflit entre les grands et les petits, entre des acteurs internationaux et locaux. C'est plutôt un processus visant à identifier ce qui est réellement précieux dans l'existence humaine ou à déterminer le type de richesse qui saura nous rendre heureux et protéger nos enfants.

Un merveilleux lagon bleu

> [C']*est la dernière zone où les baleines grises viennent se reproduire et mettre bas qui reste intacte sur la Terre et, pour cette raison, ce lieu peut revêtir une importance unique pour la survie de l'espèce.*
>
> Déclaration de scientifiques exhortant Mitsubishi à abandonner les salines de la lagune San Ignacio

La Basse-Californie est une étroite péninsule du désert du Sonora qui s'étire au sud de la Californie. Dans cet État mexicain aride et peu peuplé, une histoire remarquable s'est jouée au cours des six dernières années. Tout a commencé au début des années 1950, quand l'une des trois plus importantes entreprises de la planète, Mitsubishi, a établi d'énormes salines dans le lagon Ojo de Liebre, ou lagon de Scammon, sur la côte est de cette grande péninsule. L'entreprise pompait chaque jour du lagon des dizaines de milliers de litres d'eau, qu'elle faisait évaporer dans des salines qui recouvraient des kilomètres de terrain désertique, puis elle chargeait le sel sur des barges qui le transportaient vers le seul port en eau profonde de la région, une île située à 64 kilomètres des côtes, avant de le transférer sur des cargos à destination du Japon, où il subissait d'autres transformations. Au cours des trente années où elles se sont poursuivies, ces activités industrielles ont produit annuellement sept millions de tonnes de sel, fourni environ 800 emplois et provoqué une explosion démographique dans un minuscule village d'une cinquantaine d'âmes, Guerrero Negro, qui a fini par compter douze mille habitants. Bref, l'histoire classique d'une industrie d'extraction moderne contrôlée par une entreprise multinationale qui crée des emplois salariés dans une zone isolée en exploitant une ressource naturelle « inutilisée ».

Pendant ce temps, à environ 120 kilomètres au sud, dans le même écosystème, un lagon semblable a connu un autre type de « développement » fondé sur une évaluation tout à fait différente de la richesse. En 1948, un groupe de pêcheurs qui venaient de l'autre côté du golfe pour capturer des tortues sur les rives de ce lagon plus petit, San Ignacio, ont décidé de s'installer en permanence dans le secteur. La population de tortues a chuté presque immédiatement, et les nouveaux arrivants se sont dès lors interrogés sur la portée de leurs actions. Parce qu'ils aimaient le lieu qu'ils habitaient, mais aussi parce qu'ils voulaient continuer de gagner leur vie, ils ont adopté la mentalité décrite dans l'introduction de ce volume et ont réfléchi au genre de vie qu'ils souhaitaient, à long terme, pour leurs familles. Les trois pêcheurs qui étaient venus s'installer les premiers ont créé la coopérative Pesquera de Punta Abreojos dans leur nouvelle ville de Punta Abreojos, afin de mieux contrôler les stocks d'ormeaux et de homards qui, eux, étaient toujours florissants, et de s'assurer qu'ils ne connaîtraient pas le même sort que les tortues. La coopérative est rapidement devenue un instrument de mise en marché et a trouvé des débouchés asiatiques stables pour le poisson de la communauté, dont Javier Vallavicencio et Isidro Arce, petits-fils des fondateurs, sont toujours les porte-parole.

Aujourd'hui, Punta Abreojos n'est pas une bourgade pauvre dont la survie dépend des ressources, comme le sont tant d'autres petites villes mexicaines. Les membres de la coopérative réalisent un chiffre d'affaires annuel de deux à trois millions de dollars (américains) et exploitent leur propre conserverie pour maximiser les profits. La population de trois mille habitants compte plusieurs techniciens en pêcherie, deux ou trois médecins et d'autres diplômés universitaires. La coopérative régit elle-même l'activité de ses membres : quiconque est pris avec une tortue ou est reconnu coupable de transgresser les pratiques de pêche durable n'a plus le droit de pêcher pendant trois mois. Et même si les habitants connaissent le lagon mieux que personne, ils n'en ont pas moins embauché des professeurs d'université pour que ceux-ci examinent leurs méthodes de pêche. C'est ainsi qu'ils ont appris que leur pratique consistant à utiliser des filets à mailles en saison basse, pour racler les fonds marins où vivent le homard et l'ormeau, entraînait le déclin de la population de ces espèces. Ils ont depuis interdit cette pratique.

Les citoyens de Punta Abreojos n'étaient pas les seuls à attribuer une valeur autre qu'industrielle aux ressources et aux beautés de la lagune San Ignacio. Le désert qui l'entoure abrite des forêts de saguaros et de crassulacées, cinq espèces de cactus, des coyotes, des chevêchettes, des saguaros, des aigles, des faucons, des vautours, des balbuzards et des pélicans, en plus de toute la faune habituelle du désert : monstres de Gila, serpents à sonnettes et serpents corail, tarentules et crapauds cornus, ainsi que le minuscule barrendo, une antilope d'Amérique menacée. Toute cette faune et cette flore sont régies par un cycle hydrologique lent qui en assure la survie. Les autochtones expliquent que les pluies sont « régulières », c'est-à-dire qu'ils sont assurés d'un ou deux jours de précipitations… tous les trois ans ! Tous les cinquante ans, cependant, la pluie se déchaîne et les arroyos se remplissent ; même les énormes saguaros, entraînant avec eux des quantités massives de terre et de buissons du désert, sont alors emportés jusqu'à la mer, où ils régénèrent le lagon en nutriments.

De la rive du désert, le lagon scintille comme un énorme saphir, mais sa surface lisse est trompeuse. En plus des populations de homards et d'ormeaux qu'on y pêche, il abrite trente autres espèces de poissons commercialement viables, trois espèces de tortues marines menacées ainsi que des palourdes, des requins et des raies. Mais son habitant le plus remarquable est l'un des plus gros mammifères de la planète : la baleine grise du Pacifique. Il n'existe plus que trois endroits sur Terre où cette baleine peut se reproduire, et ce petit lagon est le dernier à n'avoir pas été touché par la pollution, industrielle ou autre. Après un périple de milliers de kilomètres, des centaines de baleineaux et de femelles enceintes arrivent à cet ultime sanctuaire pour mettre bas et récupérer, après un voyage qui les a menés — sous l'œil d'admirateurs massés sur les rives — de l'Alaska jusqu'à ce bout du désert mexicain, en passant par la Californie.

D'un côté du lagon, quelques membres de la coopérative prennent part à une entreprise d'écotourisme soigneusement contrôlée. Des bateaux emmènent des visiteurs au large, sans jamais s'approcher à moins de 100 mètres (la distance réglementaire) des baleines. Ari Hershowitz, chimiste associé au Natural Resources Defense Council, un groupe écologiste dont la figure de proue la plus célèbre était Robert Kennedy fils, les a observées à maintes reprises. Il raconte :

« Vous quittez le désert brûlant pour le large et vous voyez au loin un jet de vapeur, le souffle de la baleine. Si vous avez de la chance, comme c'est généralement le cas, elles vont venir droit vers vous. Les mères semblent aussi excitées que vous pouvez l'être. Elles se précipitent pour vous présenter leurs nouveaux-nés. Elles poussent de leur nez les bébés vers le bateau et jouent avec vous pendant dix ou quinze minutes sans discontinuer. Elles ne prennent pas le bateau pour une baleine : elles vous regardent droit dans les yeux, elles soufflent et puis se retournent pour admirer le résultat, elles claquent la queue et semblent amusées quand vous vous faites arroser. Elles vous laissent les flatter et mettre la main dans leur bouche, elles vont jusqu'à tenir le bateau sur leur ventre pour vous empêcher de partir ! C'est une expérience inoubliable. Ce lieu est magique. »

Si magique, en fait, qu'il jouit maintenant de toutes les mesures de protection gouvernementales imaginables. Dès 1979, le Mexique a décrété que la lagune constituait un sanctuaire de baleines. Dix ans plus tard, le territoire a été intégré à la réserve de biosphère El Vizcaino, la plus importante zone naturelle protégée en Amérique latine. En 1993, on lui a accordé le statut suprême dans notre régime actuel de protection des systèmes naturels : il a été décrété site du patrimoine mondial par les Nations Unies, une distinction accordée à seulement 140 sites sur toute la planète, dont le parc Yellowstone et les grandes pyramides d'Égypte. La lagune est également un sanctuaire d'oiseaux et une réserve pour les tortues et les antilopes. Comme le dit Hershowitz, « elle est censée compter sur cinq niveaux de protection, pour en assurer la sécurité ». De toute évidence, en matière de valeur non monétaire et non industrielle, cette lagune est, sur la Terre, l'un des lieux que nous chérissons le plus.

Ce qui s'est produit ensuite n'étonnera guère ceux qui savent que la société industrielle moderne et sa plus récente créature, la mondialisation des échanges, ont leur manière bien à elles de déterminer la valeur des terres et des ressources naturelles. Au début des années 1990, Mitsubishi a, dans le cadre d'un partenariat avec Exportadora del Sal, S.A. (ESSA), un organisme gouvernemental mexicain, décidé de mettre un terme à l'exploitation des salines du lagon Ojo de

Liebre et de construire de nouvelles salines, plus vastes, à San Ignacio. Celles-ci auraient une capacité de production légèrement plus élevée (huit tonnes de sel par année, plutôt que sept) et seraient presque entièrement mécanisées. Elles seraient équipées d'un quai qui permettrait aux cargos de circuler dans le lagon sans perdre de temps et d'argent à se rendre plutôt à l'île. Le plan nécessiterait un certain dragage. Mitsubishi et le gouvernement mexicain prétendaient que le projet n'affecterait nullement l'écosystème, même si les nouvelles installations couvriraient 30 000 hectares, c'est-à-dire deux fois la superficie de Washington et plus du double du lagon lui-même.

L'eau serait pompée de la lagune à un rythme équivalant au volume d'une piscine olympique toutes les deux secondes, pour remplir des bassins d'évaporation protégés des éléments — y compris la pluie qui se déchaîne aux cinquante ans — par de simples digues en terre. Le liquide restant, les déchets de saumure, contient des produits toxiques tels que du bore, de l'iode, du brome, du chlorure de potassium et du sulfate de magnésium, tous mortels pour la vie marine. Cette soupe toxique serait renvoyée dans l'embouchure de la baie au rythme de 22 000 tonnes par jour. Un quai long d'un kilomètre et demi serait érigé en travers de la voie empruntée par les baleines lors de leur migration, au-delà des populations d'ormeaux et de homards. En plus de leurs répercussions sur le lagon, les waddens environnants, les marais, les écosystèmes de crassulacées et les estuaires, les salines entraîneraient également la présence de milliers de travailleurs du bâtiment et une importante circulation de camions laissant échapper de l'essence et du diesel. Une fois la construction terminée, la mécanisation éliminerait 600 des 800 emplois et appauvrirait du coup Guerrero Negro, la ville qui s'était développée pour répondre aux besoins des anciennes salines.

Les Mexicains qui s'enorgueillissaient du statut de site du Patrimoine mondial se sont élevés contre le projet, mais le ministre du Commerce, qui était également président du conseil d'administration d'ESSA, a alors répliqué qu'en cette époque de concurrence mondiale, le Mexique ne pouvait se permettre de refuser les investissements étrangers de 120 millions de dollars destinés à la construction des installations, sans parler des 80 millions de dollars de revenus prévus annuellement après l'ouverture de l'usine. Évidemment, il n'y avait pas de temps à perdre : les installations devaient être construites le plus rapidement possible afin d'en tirer des revenus, si bien qu'on n'avait pas le temps de procéder à des études environnementales exhaustives. Le discours qu'il martelait reflétait une caractéristique plutôt déprimante de la société moderne : dans l'actuel système de valeurs économiques, les usines, quelque polluantes qu'elles soient, et les emplois, aussi peu nombreux soient-ils, se voient toujours attribuer une plus grande valeur que les animaux, les parcs ou les ressources naturelles, sans égard au caractère unique de ceux-ci ou à leur beauté.

Un organisme écologiste mexicain, le Grupo de los Cien, n'adhérait pas à ces priorités et a entrepris de se battre pour la réalisation d'études d'impact environnemental. Comprenant qu'il n'y arriverait pas seul, il a communiqué avec le Natural Resources Defense Council à Washington et, en mai 1995, les deux groupes ont fait paraître dans le *New York Times* un reportage dénonçant ce qui se tramait dans la lagune de San Ignacio. Cette action marqua le coup d'envoi d'une campagne internationale destinée à faire reculer le gouvernement mexicain et Mitsubishi. La communauté et les écologistes s'allièrent aussi à un puissant partenaire, l'International Fund for Animal Welfare (IFAW), qui lutte depuis longtemps pour la protection des baleines. Les vedettes de cinéma Pierce Brosnan et Glenn Close, des sociétés de financement et des syndicats ont ensuite embrassé la cause. Grâce à une campagne menée par courrier électronique auprès des adultes et à une autre destinée aux enfants, à qui l'on demandait de rédiger une lettre ou une carte postale, Mitsubishi a été inondée de missives la pressant de reculer. D'autres pétitions ont été envoyées au comité du Patrimoine mondial de l'UNESCO. L'Union européenne menaça le Mexique de sanctions commerciales si le gouvernement de ce pays ne retirait pas « sans délai[2] » son appui au projet de salines. Le NRDC et l'IFAW se sont rendus au Japon, où ils ont été étonnés et touchés de constater avec quelle chaleur les consommateurs japonais appuyaient leur campagne. Ils ont enfin publié une déclaration irrécusable, endossée par trente-quatre des scientifiques les plus respectés du monde, dont neuf lauréats d'un prix Nobel, où l'on pouvait lire que le projet serait « contraire aux principes et aux valeurs que vise à protéger la création de sanctuaires, de réserves de biosphère et de sites du Patrimoine mondial ».

Dans une réponse publiée dans un journal américain, Mitsubishi affirmait que ses salines de Ojo de Liebre, au nord du nouveau site, avaient « été exploitées en harmonie avec la nature pendant plus de 40 ans ». On insistait sur le fait que toutes les décisions relatives aux salines étaient « basées sur des données scientifiques » et donc sans égard à ce que l'on qualifiait de « considérations externes », c'est-à-dire des « jugements et des valeurs ». Or, personne ne s'était encore attardé à étudier la situation plus au nord, dans la région éloignée de Ojo de Liebre. Quand le gouvernement mexicain en a entrepris l'examen, il a immédiatement découvert sur les rives du lagon les cadavres d'une centaine de tortues marines appartenant à des espèces menacées. Des poursuites subséquentes ont mis au jour 298 infractions à la loi mexicaine sur l'environnement. En 1999, le NRDC en appela au boycottage en lançant le slogan : *« Mitsubishi : Don't buy it »*. L'organisme a concentré ses efforts en Californie, où des concessionnaires et des vendeurs d'appareils ménagers Mitsubishi ont commencé à recevoir des courriels courroucés. Au mois d'octobre, quinze fonds mutuels mondiaux représentant des investissements de plusieurs milliards de dollars ont annoncé qu'ils refuseraient d'acheter des actions de Mitsubishi tant que la société n'abandonnerait pas les salines. Même le comité du Patrimoine mondial de l'ONU a rendu public un rapport faisant état de graves inquiétudes pour les baleines et le site en général.

Le 2 mars 2000, Ernesto Zedillo, alors président du Mexique, a annoncé que, même si le gouvernement estimait toujours que le projet était viable sur les plans économique et environnemental, ce dernier n'en était pas moins annulé, et qu'on fournirait aux habitants de la région des fonds qui leur permettraient de trouver d'autres moyens de subsistance durables. Ce fut un moment de grande réjouissance pour ceux qui avaient mené la campagne d'opposition. Cependant, s'il était merveilleux de sauver la plus importante pouponnière de baleines grises, il fallait aussi prendre en considération certains enjeux industriels. Puisque les êtres humains ont besoin de sel pour vivre, où trouverait-on les huit millions de tonnes que Mitsubishi allait produire annuellement ? Or, il s'est avéré que le sel que voulait produire Mitsubishi n'était pas destiné à assaisonner les frites, mais plutôt à procurer à l'entreprise les installations les moins chères du monde pour fabriquer l'un des produits chimiques les plus terribles qui soient, la principale source de perturbations hormonales, responsable notamment du fait que des fillettes ont leurs menstruations dès l'âge de huit ans ou que des garçons naissent avec un pénis déformé ou anormalement petit : les polychlorures de vinyle (PCV).

Les sels récupérés dans le lagon de San Ignacio auraient en effet été transformés en hydroxyde de sodium, puis en chlorure, dans le but d'obtenir une substance que plusieurs entreprises s'efforcent désespérément d'éliminer de leurs produits afin que ceux-ci respectent les normes anti-pollution. Par ailleurs, selon les conditions dont Mitsubishi s'attendait à bénéficier (multiples subventions et crédits fiscaux consentis par des amis au sein du gouvernement mexicain, faibles coûts de main-d'œuvre, absence totale de responsabilité en matière de traitement des déchets ou de nettoyage du site), le Mexique aurait retiré de l'affaire une part inférieure à la somme investie pour attirer l'entreprise au pays. En contrepartie, Mitsubishi aurait obtenu quelque chose dont elle n'avait probablement pas un besoin pressant : des profits représentant vingt fois les dépenses encourues lors de la construction des installations.

Cette histoire illustre une réalité simple, qui se fait jour partout sur la planète. De plus en plus de gens souhaitent fonder leur existence non pas sur un gain monétaire réalisé à court terme, mais sur des valeurs humaines profondes qui transcendent les frontières politiques. Ils s'inscrivent dans un mouvement de mondialisation positif. Ce sont toutefois les membres de la coopérative du lieu qui subiront les adaptations et les sacrifices les plus importants, si l'on souhaite que le lagon demeure intact à long terme. Les étrangers, les ONG, les scientifiques, les sympathisants et même les vedettes de cinéma ont compris que personne ne peut exhorter les gens qui dépendent d'une ressource à cesser d'utiliser celle-ci sans leur offrir des solutions de rechange économiques. C'est ainsi que le mouvement pour la protection du lagon San Ignacio, loin d'être achevé, ne fait que commencer.

Aujourd'hui, les membres de la coopérative cherchent de nouvelles manières d'atténuer leur impact sur l'écosystème et ils reçoivent l'aide de personnes rencontrées au cours de la campagne de protection. Le NRDC, l'Université de Toronto et l'Institute for Electricity Studies du Mexique aident les pêcheurs de San Ignacio à se libérer de leur dépendance envers le diesel. Il leur en coûtait 10 000 $ par mois pour acheter le gaz et l'essence alimentant leurs usines de dessalement et d'empaquetage ainsi que leurs bateaux et leurs maisons. Grâce à des investissements et à une expertise externes, ils utiliseront désormais l'énergie éolienne et solaire pour réduire ces dépenses et protéger l'environnement. Ils ont également embauché un spécialiste de l'eau de Long Island pour les aider à faire l'élevage d'huîtres afin d'augmenter la rentabilité de leur petite entreprise d'ostréiculture. Ils estiment qu'une plus faible dépense en carburant et une ostréiculture durable leur permettront de préserver les stocks d'ormeaux et de homards beaucoup plus longtemps. Bref, comme ils ont trouvé des solutions de rechange aux méthodes habituelles qui visent à extraire rapidement un maximum de ressources, ils gagnent toujours bien leur vie.

Aucun de ceux qui ont mené la lutte pour sauver les baleines de San Ignacio n'a accepté les compromis habituels qu'exige notre système économique actuel. Ils ont refusé de croire qu'ils devaient choisir entre l'environnement et des emplois, ou de considérer des compromis qui auraient permis une « certaine » production de déchets saumurés et un déclin « acceptable » des populations de baleines et de homards, en échange de la création de quelques emplois. S'inspirant de valeurs plus profondes, les défenseurs du lagon ont refusé de mettre sur un même pied les priorités du paradigme économique du XXe siècle (l'argent, les emplois) et la valeur à long terme des baleines et d'un écosystème sain. Ils ont plutôt fait preuve d'humilité en imitant la nature, comme le font les forestiers de Collins Pine. En minimisant — plutôt qu'en maximisant — leur ingérence et leur extraction, ils cherchent à s'assurer que l'écosystème pourra, à sa manière complexe et mystérieuse, continuer de prendre soin des baleines, des homards et des antilopes comme il l'a toujours fait. Ils récoltent déjà les fruits de cette stratégie consistant à vivre en accord avec les lois physiques de la planète, soit des milliers d'emplois agréables et durables, plutôt que quelques centaines de gagne-pain destructeurs, et un environnement qui fait l'envie de tout ceux qui le visitent.

La valeur de l'argent

> *L'argent est semblable à un anneau de fer que nous nous serions passés en travers du nez. Nous avons oublié que nous l'avons inventé, et maintenant nous le laissons nous guider.*
>
> BERNARD LIETAER, expert en devises belge[3]

Si, partout sur la planète, nous avons pris l'habitude de gérer nos ressources à court terme, c'est entre autres parce qu'il est beaucoup plus payant d'agir de la sorte. Les récompenses qu'offre notre économie pour l'exploitation la plus rapide possible de nos ressources ont augmenté exponentiellement au cours des deux ou trois derniers siècles. Pour établir s'il s'agit d'une croissance saine, il importe de comprendre comment le mouvement s'est développé. David Korten, expert reconnu en matière d'économie et d'entreprise et auteur de *When Corporations Rule the World*, a occupé des postes dans différentes régions du globe dans les années 1950 et 1960. En travaillant pour le compte de l'Agence de développement international des États-Unis et des fondations Rockefeller et Ford, il en est venu à comprendre que la majorité d'entre nous sont victimes d'une confusion fondamentale quant à la définition même de ce qui a de la valeur.

« La richesse, explique-t-il, est une chose qui possède une valeur véritable, en ce qu'elle répond à nos besoins et comble nos désirs : les systèmes de production naturels de la planète et les entités telles que les usines, les maisons, les fermes, les commerces, les installations de transport et de communication, ainsi que toutes les personnes qui travaillent à produire les biens et services sur lesquels repose notre existence. L'argent moderne n'est rien d'autre qu'un chiffre sur un bout de papier ou une trace électronique dans un ordinateur qui, en vertu d'une convention sociale, donne à son détenteur un droit de propriété sur cette véritable richesse. Dans notre confusion, nous nous sommes concentrés sur l'argent et avons négligé ce sur quoi se fonde véritablement une vie saine. »

Pour illustrer son propos, Korten suggère d'imaginer « que l'économie monétaire moderne renferme deux sous-systèmes reliés. L'un crée de la richesse », c'est-à-dire qu'il construit des usines, des commerces et des fermes, emploie des gens et utilise l'excédent de production de la nature (sous forme de plantes, de lumière solaire ou d'eau) au rythme où il peut être renouvelé. Il s'agit donc de vivre des intérêts de la nature tout en en conservant le capital pour les générations futures. « C'est ainsi que les gens ont vécu sur la planète pendant des siècles, poursuit Korten. L'autre sous-système, c'est l'argent ; un mécanisme pratique qui permet de distribuer la richesse. Dans une économie saine, le système monétaire est au service de la création de la richesse, alloue des capitaux à des investissements productifs et récompense ceux qui font un travail productif en fonction de leur contribution. »

Korten souligne que l'argent ne devrait jamais être le seul ni même le principal instrument d'échange. Quiconque a déjà séjourné dans des pays plus pauvres, dans des régions rurales ou des petites villes sait exactement ce qu'il entend par là. Korten ajoute : « La pathologie entre dans le système économique quand l'argent, jadis un instrument pratique servant à faciliter le commerce, en vient à définir le but de la vie des individus et de la société. » Il est assez facile de repérer un système qui a sombré dans la pathologie, affirme-t-il : « Quand les actifs financiers et les transactions croissent plus vite que la production de vraie richesse, [c'est] un signe qui ne trompe pas et qui montre que l'économie mondiale est malade[4]. »

Bernard Lietaer, auteur de *The Future of Money*, qui a contribué à la conception de l'euro, fait remarquer ceci : « Le système monétaire officiel actuel n'a quasiment rien à voir avec la véritable richesse. À titre d'exemple, des statistiques de 1995 révèlent que le volume des devises échangées à l'échelle mondiale est de 1 300 milliards de dollars US par jour. C'est *trente fois* le produit intérieur brut (PIB) quotidien combiné de tous les pays développés[5]. » Autrement dit, cet argent est presque toujours dissocié de toute richesse physique mesurable. Lietaer ajoute : « De ce volume, deux ou trois pour cent seulement correspond à des échanges commerciaux ou à des investissements réels ; le reste s'inscrit dans le cybercasino spéculatif mondial (les transactions et la spéculation sur les devises, par exemple). » L'une des raison qui explique ce renversement est une mesure prise par le gouvernement Nixon et suite à laquelle les États-Unis ont cessé de fonder la valeur de leur devise sur l'or parce qu'il leur semblait trop contraignant de lier la richesse imaginaire à un quelconque support physique. Aujourd'hui, seuls quelques pays gardent toujours en réserve dix pour cent des dépôts, ce qui empêche le système bancaire de créer plus de dix fois plus d'argent qu'il n'en possède en réalité. Mais, comme l'explique Korten : « Aujourd'hui, la majeure partie de l'argent est créée par le biais d'emprunts. Quand une banque décide d'accorder un prêt, elle crée l'argent à partir de rien ; cet emprunt n'en est pas moins garanti par la richesse authentique de quiconque n'a pas reçu de prêt. »

Un individu ou une entreprise — comme Bill Gates ou Microsoft — peut, dans notre système actuel, solliciter un prêt de deux milliards de dollars auprès d'une banque afin de procéder à divers projets de développement. La banque octroie le prêt, c'est-à-dire qu'elle crée ces deux milliards de dollars à partir de rien, et, en vertu d'une convention sociale, elle reconnaît qu'ils se trouvent désormais dans les goussets de l'entreprise. Avec cet argent, celle-ci peut se rendre en Arabie Saoudite, au Pérou ou même en Saskatchewan ou en Indiana pour y acheter des mines, des forêts, des usines, des villes entières si elle le désire, puisqu'elle dispose d'une puissance financière avec laquelle les gens de l'endroit — à qui appartenaient la mine, la forêt, l'usine, etc. — ne peuvent rivaliser. Cela signifie, explique Korten, que, « de plus en plus, votre masse monétaire est contrôlée par des étrangers, par les banques, qui créent l'argent et qui sortent les profits d'un pays ou d'un lieu, essentiellement en louant cet argent à un groupe ou à une entreprise une fois qu'elles ont accordé le prêt. » Pour dire les choses sans détour, c'est un système d'argent fantôme. Nous l'inventons de toutes pièces, puis nous le donnons à certains groupes, comme des banques d'investissement ou de jeunes entreprises informatiques, mais pas à d'autres, comme des enfants handicapés ou des pêcheurs au chômage, par exemple. Il n'y a pourtant aucune raison qui nous empêche d'utiliser cet argent inventé comme on l'entend. Seule la vraie richesse est limitée par la réalité.

Nous savons depuis très longtemps que la totalité de l'énergie qui se trouve sur la planète, et toute la richesse authentique, vient ultimement de notre unique source d'énergie : le soleil, dont les calories sont stockées dans les plantes, les animaux et la matière organique telle que le pétrole et le gaz. Nous pouvons les en extraire pour les dépenser à la manière de l'intérêt produit par un investissement, mais si nous les utilisons plus rapidement qu'elles ne peuvent être remplacées, nous nous trouvons alors à détruire les systèmes mêmes qui les ont produites. Plutôt que de vivre des intérêts de cette énergie, nous avons commencé à vivre du capital. L'économie imaginaire que nous avons créée, laquelle est basée sur de l'argent « fantôme », va bientôt se heurter aux limites du monde physique. L'immense fossé entre le rythme auquel nous souhaitons voir croître l'argent et le rythme auquel la vraie richesse peut être produite gruge le capital de la Terre et sa capacité à produire la richesse, non seulement dans un avenir lointain, mais à brève échéance. Beaucoup s'efforcent d'instaurer un nouveau mode de vie sur la planète. Ils utilisent une approche holistique, qui considère dans son ensemble le cadre de la société et de la richesse et qui distingue celle-ci de l'argent. Non seulement cette approche favorise un usage judicieux et une croissance de notre véritable richesse, mais elle reconnaît aussi quelque chose de plus important encore : les anciennes valeurs culturelles du partage, de la coopération et du désir de vivre en harmonie avec les lois naturelles.

La deuxième Révolution industrielle

> *Nous ferons un usage durable des ressources naturelles renouvelables telles que l'eau, les âmes et les forêts. Nous préserverons les ressources non renouvelables par le biais d'une utilisation efficace et d'une planification consciencieuse.*
>
> Deuxième des principes pour la conduite des affaires élaborés par Ceres[6]

Bill McDonough, architecte, designer et doyen de la faculté d'architecture de l'Université de la Virginie, apparaîtra à plusieurs reprises dans les pages de cet ouvrage. Il est l'une des nombreuses personnes qui s'attachent à réexaminer les valeurs et les croyances fondamentales de la culture occidentale, et il affirme que nous avons connu en Occident deux révolutions industrielles. La première a été une affaire d'argent et d'extraction de ressources ; la seconde, qui est en cours aujourd'hui, a pour enjeu la conservation des ressources et les valeurs. McDonough affirme que si l'on voulait donner à une classe d'étudiants en design un devoir consistant à créer la première Révolution industrielle, il faudrait formuler les consignes comme suit : « Veuillez concevoir un système qui pollue le sol, l'air et l'eau ; qui mesure la productivité par le faible nombre de personnes qui travaillent ; qui mesure la prospérité par la quantité de capital naturel qu'on arrive à extraire, à enterrer, à brûler ou à détruire de quelque autre manière ; qui mesure le progrès par le nombre de cheminées ; qui nécessite des milliers de règlements complexes pour empêcher les gens de se tuer trop rapidement ; qui détruit la biodiversité et la diversité culturelle ; et qui produit des objets si toxiques qu'ils obligeront des milliers de générations futures à exercer une vigilance constante, tout en vivant dans la terreur[7]. »

Ce n'est certainement pas ce que souhaitaient ceux qui ont travaillé à la première Révolution industrielle à la fin du XVIIIe siècle, mais le portrait rend tout de même compte assez fidèlement du système qui en a résulté. McDonough explique qu'un nouveau paradigme préside à l'élaboration d'un autre système industriel, qui fonctionnera comme suit : « La nouvelle Révolution industrielle n'introduit pas de produits dangereux dans l'écosystème ; elle mesure la prospérité par la quantité de capital naturel qui augmente grâce à des moyens productifs ; elle mesure la productivité par le nombre de personnes qui ont un emploi décemment payé et utile ; elle mesure le progrès par le nombre d'édifices sans cheminée ni émission dangereuse ; elle n'a nul besoin de règlements destinés à nous empêcher de nous tuer ; elle ne produit rien qui nécessitera la vigilance des générations à venir ; enfin, elle célèbre la diversité biologique et culturelle, ainsi que le revenu non pas en papier-monnaie, mais en lumière solaire. » Tout cela semble trop beau pour être vrai, mais McDonough n'est pas seul, peu s'en faut, à viser ce but holistique.

Dans notre système actuel, nous sommes le plus souvent confrontés à des alternatives déchirantes : une nouvelle usine (et les emplois qu'elle offrira) ou bien une rivière à l'eau pure ? Des parcs et des pistes cyclables pour rendre plus accueillant un quartier défavorisé, ou bien un nouvel hôpital ? Des pâturages pour les éleveurs et les tribus locales, ou bien un habitat pour les loups et les tigres ? Ou, à San Ignacio, 80 millions de dollars pour le gouvernement et quelques emplois, ou bien un milieu intact pour des baleines ? Il y a de quoi se décourager quand on constate que les besoins humains immédiats — et tout particulièrement les besoins économiques — l'emportent chaque fois. Le résultat a été le même partout : des rivières plus polluées, des quartiers dont le tissu social se désagrège, des populations d'animaux sauvages en déclin, surtout chez les prédateurs. Ces considérations strictement économiques — le parti pris pour la création d'emplois dans les usines et pour une gestion de la nature axée sur des bénéfices immédiats, à court terme — occupent le haut du pavé depuis la première Révolution industrielle, moment où nous avons commencé à réduire la nature à ses composantes et à la percevoir comme une machine à gérer au petit bonheur, sans plan d'ensemble, au profit des seuls êtres humains. Nous en sommes également venus à concevoir notre survie en fonction de l'argent tiré des emplois offerts par les usines et la technologie, plutôt que de la fonder sur nos anciennes sources de richesse non monétaires, comme les poissons ou les pommes.

Certes, au cours de la longue histoire de l'humanité, il a toujours été incertain et inquiétant de dépendre entièrement de la générosité imprévisible de la nature ; par ailleurs, les hommes ont davantage abîmé les écosystèmes naturels au cours des deux derniers siècles qu'au cours des cent mille années antérieures. Or, ne serait-il pas possible de tout avoir, c'est-à-dire un nombre acceptable d'emplois sûrs et payants ET de bons systèmes naturels pour les soutenir, plutôt que seulement les uns ou seulement les autres ? Cette volonté de combiner nos talents techniques et notre meilleure connaissance du fonctionnement de la planète est au cœur même de la deuxième Révolution industrielle.

Doubles dommages, doubles dividendes

> *Les entreprises qui appliquent ces principes naturels ne sont pas seulement plus rentables, elles sont aussi plus agréables. Tout à coup, elles ont de nouveaux défis intellectuels à relever [et elles] récompensent les employés qui éliminent les déchets en les encourageant à assumer leurs responsabilités.*
>
> HUNTER LOVINS

Chacun sait que l'aménagement des infrastructures sur lesquelles reposent les technologies propres à la première Révolution industrielle (la construction de ports ou d'aéroports dans le tiers-monde, l'utilisation de produits chimiques pour l'agriculture industrielle, l'érection de barrages sur des rivières pour la production d'énergie ou l'irrigation, la construction d'autoroutes, etc.) exigent d'importants investissements extérieurs. On présume que de semblables projets nécessitent des technologies et des équipements onéreux, ainsi que l'injection de fonds publics sous forme de subventions, de crédits d'impôt ou de réductions de taxes. La nouvelle Révolution industrielle révèle toutefois qu'une initiative respectant les cycles et les systèmes naturels de notre planète n'a pas besoin d'investissements si massifs, ni d'un appui artificiel constant. Elle n'est pas non plus assortie de vices cachés qui imposent une pollution et des coûts énergétiques à la société dans son ensemble et font grandement augmenter les dépenses auxquelles doivent consentir des gens qui ne reçoivent parfois même pas leur part des bénéfices qui en découlent. Ce qu'il y a de plus intéressant encore, c'est que lorsque les technologies et les pratiques s'harmonisent à la réalité physique, elles produisent presque toujours de nombreux bénéfices, comme nous le verrons à plusieurs reprises dans les pages qui suivent. La décision de protéger les cours d'eau, par exemple, en élevant des porcs de manière durable et biologique aura pour effet de faire diminuer les risques de cancer et la contamination de l'eau, du sol et de la viande. Comme nous le verrons au chapitre cinq, cette pratique a aussi pour conséquence de réintroduire une plus grande diversité dans les terres servant de pâturage, qui pourront faire vivre un plus grand nombre d'animaux. Elle fournit aussi un revenu stable à long terme à une main-d'œuvre plus nombreuse que celle qu'emploient les exploitations industrielles.

L'actuel système de production de viande et de volaille, qui relève de l'ancien paradigme industriel, comporte des coûts cachés en matière de pollution, d'utilisation d'eau, de transport et d'emploi. Les grandes exploitations, par exemple, emploient une équipe de quatre personnes et produisent 50 000 porcs par année ; les animaux sont entassés les uns sur les autres, laissés presque sans soins et doivent recevoir des hormones et des antibiotiques pour éviter qu'ils ne contractent des infections et ne cessent de s'alimenter en raison du surpeuplement et du stress. De telles pratiques entraînent une hausse des coûts qui est imposée à toute la société : des cancers et d'autres maladies apparaissent au sein des populations humaines qui ingèrent ces hormones et ces antibiotiques. Elles polluent aussi les sols et les cours d'eau ruraux à cause de la concentration élevée de purin, qui contient des produits chimiques indésirables. Parmi les dépenses que ces pratiques entraînent, presque aucune n'est reflétée dans les coûts de production ou le prix payé par le consommateur. Cela signifie, par exemple, que le porc produit dans l'est du Canada et aux États-Unis, qui est habituellement vendu sur les marchés asiatiques, est financé non seulement par les gouvernements nationaux, mais aussi par les modestes contribuables ruraux du Québec, de l'Alberta, de la Caroline du Nord, de la Georgie ou de n'importe quel autre lieu où sont concentrés les élevages porcins industriels. Si les véritables coûts engendrés par ces élevages étaient assumés par les producteurs, pas un seul d'entre eux ne pourrait se permettre de les absorber et de continuer à produire de la viande de manière aussi dommageable pour l'environnement. Il leur faudrait adopter les méthodes saines connues qui ont pour effets d'augmenter légèrement le coût de production de la viande, mais aussi d'en diminuer grandement les risques pour la santé, d'offrir davantage d'emplois ruraux et de reposer sur des assises morales. Il ne s'agit là que d'un exemple du contraste des doubles dommages/doubles dividendes qu'offrent les deux révolutions industrielles, un contraste aujourd'hui désolant mais encourageant pour l'avenir.

Inversement, il s'avère que plusieurs pratiques dérivées de la philosophie de la première Révolution industrielle — des cultures transgéniques, par exemple, qui peuvent d'abord paraître révolutionnaires et porteuses de progrès — comportent, quand on les considère attentivement, des dommages multiples. À notre avis, c'est l'une des meilleures manières de distinguer une pratique durable d'une pratique qui ne l'est pas. Comme nous le verrons au chapitre cinq, les semences hybrides transgéniques sont capricieuses et, pour produire des résultats optimaux, ont besoin d'un régime strict qui nécessite plus d'eau qu'à l'ordinaire et des doses méticuleusement calculées de pesticides, d'herbicides et d'engrais. La plupart de ces plantes sont, en fait, inutilisables dans de nombreux pays auxquels elles sont pourtant censées être destinées, dans la mesure où elles exigent des investissements très élevés et où les produits chimiques nécessaires à leur croissance détruisent les délicats sols tropicaux[8].

Paradoxalement, les biotechnologies, à l'instar de nombreuses autres technologies issues de la première Révolution industrielle, ne pourraient exister sans l'apport de milliards de dollars de fonds publics. De telles technologies reçoivent habituellement d'importantes subventions, et leur développement est financé par les gouvernements dès les premiers stades de la recherche. On consent aux entreprises des crédits de taxes et d'impôts applicables à la construction d'usines, des rabais sur l'essence et un appui national pour la mise en marché. Ces entreprises bénéficient même des nombreux accords commerciaux internationaux qui favorisent l'utilisation de méthodes industrielles lourdes et qui vont parfois jusqu'à rendre illégales certaines semences et pratiques agricoles locales. De fait, des instances telles que l'ALENA et l'OMC font tout ce qu'elles peuvent pour aider des entreprises comme Dow et Monsanto à exporter et à vendre leurs semences et leurs méthodes industrielles partout dans le monde. Comme nous le décrivons au chapitre cinq, si ces fonds publics étaient utilisés autrement, l'agriculture serait non seulement plus sûre et moins chère à exploiter à long terme, mais elle serait aussi plus productive et beaucoup plus viable économiquement pour les fermiers locaux.

En plus de produire des doubles dividendes et d'éviter les dommages, la nouvelle Révolution industrielle imite la nature plutôt que d'adopter des méthodes axées sur les machines créées par l'homme. L'architecte Bill McDonough affirme qu'il faut se fonder sur les sciences exactes, c'est-à-dire sur la réalité mesurable du fonctionnement des écosystèmes sur la planète, si nous souhaitons survivre ici. La Terre elle-même, explique-t-il, « représente la chimie, et le Soleil, la physique. Quand ils se combinent, une source d'énergie est créée : l'eau et le sol, sous le flux solaire, forment une sorte de cellule d'énergie photosynthétique. » Cette énergie physique et chimique engendre les végétaux et les animaux à la surface de la Terre — ce qu'on désigne du nom de « produit solaire » — avec une telle diversité et une telle fécondité qu'elle en produit plus que ce dont le système a besoin. L'intérêt solaire consiste donc en fruits supplémentaires qui nourrissent un immense nombre d'insectes, en oiseaux qui consomment les insectes supplémentaires ou en millions d'alevins qui servent de pâture à des poissons plus gros. Cet excédent peut aussi être récolté par les êtres humains à titre d'énergie nutritive sous différentes formes, sans mettre en danger la capacité du système solaire à poursuivre sa production. Mais quand on prélève une espèce de poisson ou une essence d'arbre, par exemple, plus vite qu'elle ne peut renflouer ses stocks, on ne vit plus de l'intérêt solaire mais bien du capital, de sorte qu'on l'entame alors qu'il devrait être conservé à la « banque » afin de produire le revenu nécessaire pour faire vivre nos enfants.

McDonough explique très simplement la seconde partie du principe selon lequel nos industries doivent s'inspirer de la nature, principe qu'il nomme « biomimétisme ». Il précise : « Les déchets sont de la nourriture. » Tout ce qu'on ne peut utiliser dans une industrie manufacturière ou énergétique doit retourner dans les systèmes naturels ou industriels pour les nourrir, sans quoi l'on perd une partie des investissements et l'on cause du tort aux systèmes naturels. Ainsi, lorsqu'on produit des déchets comme des produits chimiques toxiques ou des métaux lourds qui ne peuvent être réabsorbés par les écosystèmes sous forme de « nourriture » (comme le sont les feuilles ou tout autre matière biodégradable), non seulement il en coûte de l'argent pour produire une chose qu'on ne peut réutiliser, mais on détruit la capacité des écosystèmes où sont rejetés ces déchets de produire d'autres biens à l'avenir. Manifestement, dans l'espace comme dans le temps, il s'agit d'un processus insoutenable. C'est ainsi que la première Révolution industrielle a des répercussions extrêmement dangereuses pour notre survie à long terme, simplement parce qu'elle consomme le capital solaire plutôt que ses intérêts[9].

Le Rocky Mountain Institute au Colorado est un remarquable laboratoire d'idées qui a passé les trente dernières années à concevoir les instruments de la nouvelle Révolution industrielle, les ampoules superefficaces, les panneaux solaires et les voitures qui font aujourd'hui leur entrée dans le marché grand public. Les fondateurs de l'institut, Hunter et Amory Lovins, dont nous avons fait la connaissance au premier chapitre, respectivement avocat et inventeure, ont réussi à illustrer très clairement ce qu'ils qualifient de « dyséconomies » de la production énergétique, alimentaire et industrielle à grande échelle. En imitant la nature, qui fonctionne de multiples manières à petite échelle et dans des contextes extrêmement divers, McDonough et les Lovins, entre autres, ont pu élaborer des technologies tout à fait nouvelles : des façons de fabriquer des voitures et de la machinerie à l'aide de carbone et de silice (les matériaux de construction non toxiques de la nature) et d'autres moyens d'utiliser l'énergie solaire et l'hydrogène, deux formes d'énergie propres et renouvelables.

Tous ceux qui visent la durabilité sociale et économique souhaitent éliminer la totalité des déchets. Quand un déchet n'est pas biodégradable, il devrait être recyclé dans le système industriel, comme on le fait chez Interface Carpet. Il ne s'agit nullement d'un rêve utopique : dans la plupart des pays européens, la loi impose ce type de recyclage. Puisque les déchets n'existent pas dans la nature, ils ne doivent pas exister non plus dans les industries durables ni dans les méthodes de production qui y sont employées. Il y a plus important encore : il nous faut apprendre à imiter la nature en nous approvisionnant en énergie aux mêmes sources qu'elle, soit le vent et le soleil.

La première Révolution industrielle n'a pas seulement « externalisé » ses nombreux coûts, tels que les déchets et la pollution, mais elle a aussi tenté de nier l'existence de tout lien intrinsèque entre l'économie et la morale humaine. Cette perspective mécaniste a été élaborée il y a près de trois cents ans par Isaac Newton. À ses yeux, la science devait considérer le cosmos comme une immense construction géométrique ; il convenait d'en isoler les parties pour les examiner indépendamment les unes des autres dans le but de les comprendre. Selon la conception newtonienne de la science, les choses sont séparées et non pas unies : les gènes sont séparés de l'organisme, les valeurs sont distinctes de la science. Des concepts tels que la moralité, le bonheur et le partage furent placés dans une catégorie relevant de l'« éthique » et en vinrent rapidement à être vus, à l'égal des déchets et des sous-produits dangereux, comme des « externalités » par rapport aux fonctions plus vitales de l'économie et de la science. Pendant que la science atteignait graduellement un statut quasi religieux dans la société, ces concepts qui demeuraient comme en périphérie virent peu à peu leur valeur s'éroder. Dans le monde occidental en particulier, avec le temps, l'économie et la création d'argent ont acquis un prestige jusqu'à devenir, au cours des dernières décennies, l'un des buts ultimes de l'humanité. Pourtant, ce système de valeur monétaire n'est devenu que récemment une force d'envergure mondiale. Une révolution s'est déclarée très rapidement contre cette force, notamment parce que celle-ci ne reflète nullement les découvertes les plus récentes de la physique moderne : les relations entre les parties sont en effet cruciales pour la compréhension de leurs fonctions, et le tout est de loin supérieur à la somme de ses parties. Bref, tandis que nous apprenons à cloner des êtres humains, à introduire des gènes d'animaux, de plantes ou de virus dans un organisme ou à créer des poisons impossibles à contrôler, tels que les déchets nucléaires, de nombreuses personnes reconnaissent qu'utiliser la science et l'économie sans égard aux valeurs et à l'éthique non seulement est discutable sur le plan moral, mais présente aussi des dangers pour notre survie même.

En réalité, pour la majorité des gens, les valeurs ne sont pas des externalités. Il semble bien que nous avons autant besoin de moralité, d'éthique et de spiritualité que d'emplois et d'argent. Les partisans de la deuxième Révolution industrielle comprennent bien cette réalité et prennent toujours en compte les aspirations humaines les plus élevées en mettant au point des moyens de nourrir le bétail ou de construire des voitures. C'est pourquoi ils s'efforcent d'intégrer, dans leur vision d'objectifs à long terme, les interrogations suivantes : les emplois fournis par les industries sont-ils à la fois durables et valorisants ? Les animaux d'élevage profitent-ils de leur existence ? Les fermiers produisent-ils une nourriture assez pure et assez authentique pour en tirer fierté ? Et les villes où les revenus moyens sont élevés redistribuent-elles la richesse de manière suffisamment équitable pour qu'il soit agréable d'y vivre ? Ce sont là les valeurs sur lesquelles repose un autre phénomène récent : des centaines de milliers d'Occidentaux de la classe moyenne, à l'existence tout ce qu'il y a de plus confortable, s'exposent à se faire malmener, arroser de gaz lacrymogène et appréhender pour protester contre les valeurs et les buts monétaires de l'économie dominante.

Retirer son consentement

> *La majorité des économistes ne possèdent tout simplement pas les outils nécessaires pour se représenter les enjeux qui poussent les gens à protester dans les rues. Ils croient que leurs institutions protègent le marché et ils croient en l'existence d'une économie de marché. Ils croient même que l'entreprise est une institution de marché, alors que l'entreprise mondiale est plutôt un instrument du capitalisme monopolistique, conçu dans le but de mettre en échec tous les principes d'une [véritable] économie de marché.*
>
> DAVID KORTEN

Comme le souligne Ari Hershowitz, du NRDC : « Si notre société ne nous permet plus de protéger un lieu comme San Ignacio, alors plus rien ne peut être protégé. Si les promesses faites par tous les gouvernements qui juraient qu'ils accordaient de l'importance à ces choses ne sont pas honorées, qu'est-ce qui le sera, au nom du Ciel ? » C'est une bonne question. En vertu de notre système de valeurs actuel, des milliers de personnes ont dû dépenser d'extraordinaires quantités d'énergie, de temps et d'argent pour préserver une chose qui était censée bénéficier d'une protection à toute épreuve face au développement industriel. Et tout aurait facilement pu être bien pire. Aujourd'hui, selon les règles de l'ALENA (États-Unis, Mexique, Canada), si Mitsubishi avait plutôt été une entreprise américaine ou canadienne, elle aurait pu poursuivre le gouvernement mexicain pour des millions de dollars en compensation des revenus qu'elle *aurait pu obtenir* si elle n'avait pas été forcée de se retirer. Et dans un tel cas, le gouvernement aurait sans doute cédé. Ce n'est que par chance que l'Organisation mondiale du commerce, dont le Mexique et le Japon sont membres, n'a pas encore réussi à faire adopter son Accord multilatéral sur les investissements (l'AMI, temporairement mis de côté), qui aurait autorisé de semblables poursuites contre des gouvernements partout sur la planète, plutôt qu'uniquement entre le Canada, le Mexique et les États-Unis.

Même dans le contexte juridique actuel, les États-Unis ont été forcés de renoncer à protéger les tortues menacées d'être prises dans des filets de pêche. Après une plainte déposée par le Mexique, l'OMC a jugé que des filets simples et peu chers, munis de dispositifs qui permettaient aux tortues de s'échapper, constituaient un « obstacle au commerce », ce qui explique qu'un si grand nombre de manifestants altermondialistes aient été costumés en tortues à Seattle. En vertu d'une décision fondée sur l'infâme chapitre 11 de l'ALENA, le Canada s'est vu forcé d'ajouter à l'essence un additif au manganèse, potentiellement dangereux, produit par Ethyl Corporation, l'entreprise qui a inventé les additifs au plomb. Bien que cet additif soit interdit dans la majorité des États américains, le gouvernement canadien a dû verser treize millions de dollars à Ethyl, en plus de présenter des excuses publiques à l'entreprise pour atteinte à sa réputation après que le Parlement eut discuté des problèmes neurologiques potentiellement associés au produit. Plus récemment, on a refusé à Guadalcazar, une petite ville de l'État de San Luis Potosi, au Mexique, le droit d'adopter un règlement de zonage qui empêcherait l'installation d'un dépotoir de déchets toxiques exploité par l'entreprise américaine Metaclad, sous prétexte que la volonté de la ville de protéger ses enfants contre la présence de produits dangereux constitue une violation des règles commerciales. Bien sûr, la ville peut interdire l'aménagement du dépotoir, exposent les juges de l'OMC, mais seulement si elle trouve seize millions de dollars pour compenser la perte des revenus présents et futurs de l'entreprise.

Ces décisions commerciales et l'absence de mécanisme qui permette une contribution démocratique expliquent que, à la fin des années 1990 et au début des années 2000, tant de gens soient sortis dans les rues à leurs risques et périls pour exiger que nous commencions à travailler en vue de l'atteinte d'autres objectifs. Comme le dénonce l'un des altermondialistes canadiens les plus véhéments, Jaggi Singh, « [l]es acquis dont nous jouissons en Amérique du Nord, comme les soins de santé, la protection des ressources et l'enseignement public, sont en train de devenir illégaux dans le cadre de notre système de règles commerciales. Les ententes qui les rendent illégaux n'utilisent pas ce mot : elles disent plutôt qu'il s'agit de "pratiques commerciales déloyales", d'"obstacles au commerce" ou de "discrimination envers des entreprises étrangères", autant de termes avec lesquels nous ne souhaitons pas être associés, comme la discrimination, l'iniquité. Les firmes de relations publiques qui vendent ces ententes et l'idéologie qui les sous-tend font un superbe boulot, car elles réussissent à les faire paraître tout à fait naturelles, justes et logiques. Évidemment, il n'y a en réalité rien de logique à prétendre qu'une collectivité soucieuse de protéger ses ressources ou d'assurer à ses citoyens des soins médicaux équitables "restreint la concurrence". »

L'application de la quasi-totalité des solutions fascinantes présentées dans l'introduction de cet ouvrage repose fortement sur des lois, des ententes et des organismes locaux, municipaux, provinciaux ou nationaux. D'emblée, tous ceux qui œuvrent à l'atteinte de la durabilité doivent faire face à la réalité suivante : dans le contexte actuel, presque toutes les idées ou les initiatives en vue d'un avenir durable peuvent être sapées par les ententes commerciales mondiales qu'ont déjà paraphées nos gouvernements : l'ALENA, la future ZLEA, l'OMC, l'APEC et de nombreuses autres. En prenant connaissance, sur Internet, des procédures d'appel entamées contre ces diverses ententes, on comprendra tout de suite ce que nous voulons dire. Il convient aussi de reconnaître que la seule vue de centaines de milliers de personnes massées aux barricades, lors des sommets de négociations commerciales, est elle-même une autre très bonne nouvelle. Il s'agit en effet d'une évolution récente — et remarquable — dans l'exercice des droits démocratiques. Aujourd'hui, cette bonne nouvelle est menacée par le spectre du terrorisme, puisque des influences conservatrices et affairistes au sein des gouvernements tendent de plus en plus à associer le patriotisme à une acceptation béate de la disparition des libertés civiles. Les groupes fondamentalistes radicaux responsables des attentats terroristes font la promotion d'une société extrêmement répressive qui ne tolère pas non plus la dissidence. Des législations telles que la loi C-38, qui a pour effet de rendre les sociétés modernes plus répressives et moins démocratiques, pourrait bien s'avérer être moins un obstacle pour les terroristes qu'un moyen de leur préparer le terrain.

Les citoyens qui s'inscrivent de plus en plus nombreux dans le mouvement de protestation altermondialiste risquent de se voir accusés de sympathie avec les objectifs terroristes ; le paradoxe, bien sûr, est que la liberté de dissidence constitue le meilleur antidote contre le terrorisme. Les 70 000 manifestants à Seattle qui ont stoppé le cycle de l'an 2000 de l'OMC, les 20 000 qui, à Washington, ont protesté contre la Banque mondiale et le FMI, les 50 000 qui se sont rassemblés à Québec et, nombre formidable, les 150 000 qui sont descendus dans les rues de Gênes pour exprimer leur opposition au G-8 ont forcé le président français Jacques Chirac et ses semblables à s'intéresser — ne serait-ce qu'en paroles — à des enjeux tels que la démocratie et la pauvreté. Ils ont également obtenu la publication du texte de la ZLEA et ont amené les grandes institutions commerciales à discuter de l'abolition de la dette des pays les plus pauvres, de la production de médicaments moins onéreux pour les pays frappés par le sida et de l'aide à apporter aux femmes et aux enfants affamés. C'est dire que la dissension commence à obliger les institutions commerciales à se démocratiser et à s'humaniser, ce qui est tout le contraire de l'objectif d'une attaque terroriste, qui vise plutôt à provoquer le chaos et à instaurer une polarisation radicale de l'opinion publique qui justifierait des représailles.

Ce que révèle aussi cette participation massive aux manifestations et aux marches de protestation dans des pays qui ont grandement profité des valeurs de la première Révolution industrielle, c'est que l'altermondialisme n'est pas un mouvement radical et marginal, mais bien une expression publique de la dissension de simples citoyens outrés de la manière dont on évalue les enjeux sur un plan fondamental et systémique. Comme les protestataires qui se sont battus pour le lagon de San Ignacio, ces manifestants exigent non pas des ajustements et des compromis, mais un véritable changement. Ils reconnaissent que notre système économique fondé sur la science, qui semblait jadis si stimulant et si libérateur, présente en fait un danger inacceptable pour les écosystèmes dont dépend notre survie. Ce système est si étendu qu'il menace même la liberté, le bonheur et les valeurs sociales fondamentales des êtres humains ; il a creusé entre les riches et les pauvres, entre les nantis et les déshérités, un fossé si large que la majorité des analystes s'entendent à dire que la répartition de plus en plus injuste de la richesse mondiale et la dépendance envers le pétrole ont joué un rôle-clé dans la déstabilisation qui a culminé dans les attaques contre le World Trade Center.

Les gens que nous apprenons à connaître dans les pages de ce livre, toutefois, s'attachent à dissiper le sentiment de déresponsabilisation extrême qu'engendre la situation et à développer des sources d'énergie indépendantes et viables à plus long terme, ainsi qu'une richesse véritable profitant à tous.

L'histoire est un guide

> [Les institutions de Bretton-Woods] *étaient censées aider les gouvernements nationaux à réglementer le commerce afin qu'ils renforcent les économies nationales et maintiennent l'équilibre au sein du système mondial.*
>
> DAVID KORTEN

Bien peu de gens, même parmi ceux qui descendent dans la rue pour manifester, croient que nous n'avons pas besoin d'institutions mondiales habilitées à superviser les transactions financières, à réglementer le commerce, voire à traquer les malversations auxquelles se livrent les entreprises. C'est l'absence de démocratie inhérente au fonctionnement de ces institutions, le manque de consultations publiques et leur impunité qui font que les gens montent aux barricades. Maude Barlow est directrice du Conseil des Canadiens, une ONG qui se consacre à analyser les politiques commerciales mondiales depuis 1980. Dans *Global Showdown*, elle fait remarquer que John Maynard Keynes, le brillant architecte de ce qu'on a appelé les « institutions de Bretton-Woods » (d'après le lieu où elles ont été mises sur pied), les a conçues « de manière qu'elles aient trois volets : la Banque mondiale, le Fonds monétaire international et l'Organisation internationale du commerce (OIC) [qui n'a finalement jamais vu le jour et est remplacée aujourd'hui par l'Organisation mondiale du commerce, l'OMC]. Toutes devaient être supervisées démocratiquement par l'ONU et toutes devaient réglementer le commerce en respectant les engagements fondamentaux des Nations Unies, [tels que] la liberté de circulation et d'association, le droit au logement, à l'éducation, à la santé et à des soins médicaux, le droit de disposer d'un emploi décent et d'adhérer à un syndicat, le droit d'asile, etc. »

L'OIC, notamment, devait être le chien de garde du commerce dont rêvent aujourd'hui les militants altermondialistes. « [Elle aurait eu] des règles contre le *dumping* de produits et de déchets toxiques, des règles pour stopper les monopoles mondiaux et des dispositions visant à faire obstacle aux pratiques anticoncurrentielles. Elle aurait même permis à un pays de conserver son indépendance et d'exproprier les actifs d'une entreprise étrangère pour des motifs de souveraineté économique nationale, si cela avait été nécessaire à l'atteinte des objectifs que sont le plein-emploi et la sécurité sociale. » Et elle aurait été administrée par des représentants démocratiquement élus qui auraient eu des comptes à rendre à un électorat.

Toutefois, grâce à leur effort de guerre, les États-Unis avaient construit l'infrastructure la plus hautement industrialisée, produisant plus de biens qu'ils n'en pouvaient consommer et que n'en pouvait absorber l'Europe, qui se remettait du conflit. La menace du communisme était extrêmement présente dans l'inconscient national, ainsi que la crainte d'une nouvelle guerre si la machine industrielle cessait de rouler et de continuer à créer des emplois. Une idéologie s'affirma qui, cinquante ans plus tard, fut baptisée « consensus de Washington ». Il s'agissait d'une sorte de monothéisme économique fondé sur la conviction que l'économie de marché néolibérale (« néo » parce qu'elle remonte aux théories libérales du laisser-faire capitaliste qui avaient causé des troubles sociaux généralisés au début du XIXe siècle) devait être le modèle économique unique pour tous les pays, peu importe leurs ressources, leur histoire ou leur culture. Les États-Unis firent donc des pressions intenses et, sans un vote de l'Assemblée générale, ils « tuèrent l'OIC en un seul vote du Conseil, créèrent le GATT (Accord général sur les tarifs douaniers et le commerce) à la place, puis soustrayèrent les trois [institutions] au contrôle de l'ONU, les transformant en succursales du ministère des Finances des États-Unis ». Aujourd'hui, l'Union européenne est la seule instance commerciale qui soit transparente, qui fonctionne démocratiquement et qui cherche à adhérer à un code du travail et d'éthique sociale et environnementale. Mais l'APEC, l'ALENA, la Banque de développement asiatique, la ZLEA et, bien sûr, le FMI, la Banque mondiale et l'OMC ont un fonctionnement fort différent de celui imaginé par John Maynard Keynes.

Pour la plupart des gens, la description officielle de ces institutions correspond pourtant à la vision de Keynes, qui souhaitait une véritable économie de marché, et ne laisse pas deviner à quel point elles sont en réalité inéquitables et non démocratiques. C'est pourquoi les défenseurs du système actuel s'insurgent de voir qu'un si grand nombre de personnes souhaitent le changer. Ils accusent les protestataires d'être mal informés et désorganisés et croient que ceux-ci voudraient retourner à une ère de « séparation, de repli sur soi et de farouche autarcie », pour reprendre les mots d'Amartya Sen, lauréat du prix Nobel d'économie. Selon David Korten : « Même un individu de la trempe du docteur Sen dit manifestement n'importe quoi. Il semble croire que ceux qui descendent dans la rue s'opposent au commerce, aux communications, aux échanges culturels et d'idées, ce qui est absurde. Ils sont au contraire parmi les personnes les plus internationalistes de la planète. »

We Are in Serious Trouble
(Nous sommes sérieusement dans le pétrin)
(Inscription sur une pancarte brandie
par un jeune manifestant à Seattle en 1999)

> *Je pense que l'humanité est généralement bonne et capable de faire un bien immense.*
>
> JAGGI SINGH, militant altermondialiste

Jaggi Singh est la figure la plus en vue du mouvement altermondialiste canadien. Le militant âgé de vingt-huit ans parle d'une voix douce et a un sens de l'humour caustique qu'il retourne souvent contre lui-même. Au moment où nous écrivons ces lignes, il est accusé devant une cour fédérale d'avoir incité une foule à l'émeute, et sa cause est l'une des premières à porter sur la restriction des libertés civiles des Canadiens dans la foulée des événements du 11 septembre 2001. Il prétend qu'il devrait pouvoir connaître le nom ou, tout au moins, le numéro matricule des policiers en civil qui l'ont arrêté au printemps 2001 à Montréal et qui, plus tard à Québec, l'ont kidnappé en l'embarquant en vitesse dans une camionnette banalisée devant une foule stupéfaite. La Couronne prétend que l'exercice de son droit, en tant que citoyen, d'identifier les policiers « compromettrait la sécurité nationale[10] ».

Singh et ses collègues militants représentent-ils vraiment un danger pour leurs concitoyens parce qu'ils tentent de ranimer un passé d'isolationnisme et de révolution socialiste marquée du sceau de la violence ? Pas si l'on en croit le principal intéressé. Il explique, dans son débit rapide, qu'il est engagé dans une révolution visant non pas à atteindre les anciens objectifs axés sur des moyens de production ou des rapports de propriété différents, mais bien à créer « un nouveau système de valeurs ». Il explique : « Je crois que notre mouvement a des valeurs de solidarité, d'aide mutuelle, de démocratie, de participation directe, d'autodétermination sur les plans collectif et individuel, de respect pour l'écologie et l'environnement, et que nous tentons de développer des systèmes qui respectent ces valeurs. » À l'inverse, dit-il, les valeurs de notre système actuel « sont basées sur l'appât du gain, sur le profit, la concurrence. Un de mes amis prétend que c'est une société qui a "l'allure de Disney, le goût du Coke et l'odeur de la merde." C'est superficiel, moche et déprimant, mais ça se présente comme quelque chose de nouveau et d'excitant. »

Singh et la vaste majorité de ses collègues militants visent des objectifs plus nobles et sont farouchement non violents ; s'ils sont prêts à risquer leur propre sécurité physique, ils refusent de mettre en danger celle de qui que ce soit d'autre. Ils croient cependant en une diversité d'approches. « Il nous faut utiliser l'éducation populaire, affirme-t-il. Il nous faut protester, employer des moyens créatifs comme le théâtre, utiliser la menace d'un exemple positif, mais aussi la plus forte des menaces : des gens qui confrontent le pouvoir, qui s'y opposent et qui défient l'autorité en manifestant dans des secteurs cossus, à l'extérieur des sommets, et qui rendent les gens mal à l'aise. Un de mes amis aime à dire qu'il existe toute une panoplie d'instruments de lutte, et il faut tous les utiliser. Chaque personne est sensibilisée différemment. »

En fait, l'agression violente ne serait d'aucune utilité pour des activistes tels que Singh, et ils le savent bien. Ils savent qu'ils ne peuvent s'en remettre à la force physique et que leur vraie force réside dans leur nombre. Plus ils sont nombreux, moins le gouvernement peut prétendre qu'il représente les citoyens ; plus ils sont solidaires, moins les pouvoirs publics peuvent identifier et isoler des « radicaux », comme Singh, et leur réserver un traitement spécial. On a souvent dit que nous endossons les décisions de nos dirigeants par notre silence et notre inaction. L'action de masse et une certaine dose de bruit sont susceptibles de remettre en cause un tel consentement. Ainsi que le montre l'histoire, de Sukarno à Marcos, de Pol Pot au bloc soviétique, les pires despotes que la Terre ait portés se sont effondrés face à une désobéissance civile massive et soutenue. Gwynne Dyer, analyste politique et chroniqueur, fait remarquer dans « Genoa : The Recession Summit » que « les sommets nécessitent désormais des mesures de sécurité si énormes et si politiquement gênantes que ça n'en vaut tout simplement plus la peine ». Si ces mesures sont politiquement gênantes, c'est parce qu'elles sont l'illustration publique d'un retrait massif du consentement.

Dans un premier temps, les protestataires altermondialistes se sont consacrés à défendre les droits des pauvres et des déshérités des pays du tiers-monde. Aujourd'hui, ils ont compris qu'en luttant pour les droits des fermiers du Chiapas ou des paysans boliviens, ils se battent aussi pour leurs propres droits à l'éducation, à la santé, à la protection au travail et à un environnement sain. Les institutions de Bretton Woods peuvent maintenant imposer les valeurs de la première Révolution industrielle, qui donnent une priorité absolue à la libre circulation du capital et au droit des grandes entreprises de faire des profits, au moyen de sanctions économiques, voire physiques. Cela signifie que presque toutes les valeurs humaines ont été partout foulées aux pieds, au point que la frontière qui séparait jadis les pauvres à la peau basanée des Blancs de la classe moyenne tend à se brouiller. Cela signifie aussi que, pour la première fois, sur un plan humain, ces deux groupes commencent à se comprendre mutuellement — et à unir leurs forces.

Ça ne peut pas arriver ici

> *Tandis que, dans un monde où la concurrence est mondiale, nous nous hâtons d'entrer dans la course pour toucher le fond, il est bon de se rappeler à quelle profondeur se trouve le fond.*
>
> DAVID KORTEN, *When Corporations Rule the World*

Les pays pauvres de la planète, qui déplorent avec véhémence les politiques de la Banque mondiale et les programmes d'ajustement structurel du FMI qui minent leurs services sociaux et leur fonction publique et déstabilisent leurs gouvernements, sont largement responsables du fait que les organismes financiers et commerciaux mondiaux se retrouvent aujourd'hui sous la lorgnette du public. Des pays comme le Canada sont censés être avantagés par le système de valeurs actuel — à tout le moins, si on les compare aux pays du tiers-monde. Il est cependant intéressant de constater tout ce que des citoyens blancs et riches ont maintenant en commun avec des pauvres à la peau basanée. C'est en 1995 que les Canadiens ont eu un premier aperçu de ce que signifiait l'entrée de leur pays dans l'arène du système économique mondialisé, soit l'année où le libéral Paul Martin est devenu ministre des Finances, porté au pouvoir par une vague électorale qui a délaissé la droite au profit de la gauche modérée. Les Canadiens ont cependant été déçus et étonnés de découvrir que les politiques de leur nouveau gouvernement libéral n'étaient pas différentes de celles des conservateurs, contre qui ils avaient voté si massivement qu'il s'en était fallu de peu que leur parti ne s'effondre. Afin de comprendre ce mystère, de nombreuses ONG canadiennes ont lutté pendant des années pour que des documents du FMI soient rendus publics en vertu de la Loi sur l'accès à l'information. Ils y sont parvenus en 2000. Ce qu'on peut y lire est fort intéressant.

À la fin des années 1970 et au début des années 1980, des experts économiques ont encouragé le gouvernement canadien (comme celui de la Bolivie et de nombreux autres pays en voie de développement, dont le Brésil, le Mexique, la Thaïlande et l'Inde) à contracter des prêts importants auprès d'instances internationales pour financer les projets d'infrastructures et de développement industriel qui semblaient si alléchants pour les pays plus pauvres. Quand le Canada s'est rendu compte qu'il était incapable de rembourser sa dette (tout comme le Mexique ou la Thaïlande ne pouvaient rembourser la leur), le FMI s'est présenté pour réclamer l'argent créé par les institutions prêteuses. Ce qui s'est produit par la suite illustre éloquemment la manière dont les valeurs politiques, sociales et éthiques universelles sont écrasées par celles de la première Révolution industrielle. Les caractéristiques qui sont normalement vues comme des signes de la santé d'une population — un grand nombre de personnes qui poursuivent des études post-secondaires, un accès aux soins de santé financé par le gouvernement, des organismes fiables qui vérifient l'innocuité des aliments et des produits, la protection de l'environnement, des sources d'information locales et objectives, des moyens de transport nationaux abordables — en sont graduellement venues, dans ce système de valeurs issu de la première Révolution industrielle, à constituer des maux devant être éradiqués.

Le document du FMI intitulé « Consultation de l'article IV sur le Canada », datant de 1995, compte plusieurs pages où l'on a apposé le mot « secret ». Dans l'une de ces sections, intitulée « Zones d'ajustement », le FMI affirme : « Si les dépenses canadiennes en matière de santé sont largement inférieures aux dépenses américaines en proportion du PIB, elles dépassent les niveaux de dépenses d'autres pays de l'OCDE. Une réduction des transferts en santé relevant du Financement des programmes établis pourrait entraîner une plus grande efficacité ou une diminution des coûts dans le secteur de la santé. » Pour ce qui est de l'éducation, le FMI est d'avis que « [l]es dépenses du Canada en matière d'éducation post-secondaire sont, proportionnellement à son PIB, parmi les plus élevées des pays de l'OCDE, et le taux d'inscription semble aussi être parmi les plus élevés. Dans ce contexte, les transferts fédéraux pourraient être réduits dans le but de favoriser un usage plus efficace des ressources en éducation. » Le FMI allait jusqu'à suggérer d'encourager l'éducation post-secondaire par le biais de prêts étudiants portant intérêt.

Le FMI recommandait également de restreindre la capacité des médias canadiens à affirmer l'identité culturelle du pays et à analyser les politiques gouvernementales. « Les subventions aux sociétés d'État sont importantes et peuvent être difficiles à justifier sur la base de l'efficacité ou d'autres considérations. Diverses coupes budgétaires pourraient inclure l'élimination de la programmation régionale et d'autres services de télévision de la CBC, l'élimination des transferts à VIA Rail et à la Société canadienne d'hypothèque et de logement, à l'Office national du film et à la Société de développement de l'industrie cinématographique. » Quant à l'allocation de fonds à des organismes gouvernementaux afin qu'ils mènent des recherches sur l'innocuité des aliments ou l'état des pêcheries, le FMI a déclaré ce qui suit : « Dans plusieurs secteurs, *il est possible qu'une présence fédérale étendue en matière de réglementation ou de supervision ne soit pas nécessaire*. De tels secteurs incluent les politiques agricoles, [...] les politiques en matière de ressources naturelles, les affaires indiennes et inuites, les politiques sociales, les pêcheries et l'industrie. De plus, le gouvernement subventionne largement la recherche ; outre les recherches menées à l'intérieur des ministères responsables des ressources naturelles [...], il semble possible de rationaliser ces services, *dans l'optique d'accroître les responsabilités du secteur privé dans de telles sphères d'activité* » (c'est nous qui soulignons). Comme nous le verrons plus loin, la gestion des réserves d'eau de la ville de Walkerton, en Ontario, à la fin des années 1990, constitue un exemple du type de partenariat public-privé que préconise le FMI pour faire respecter les normes gouvernementales en matière de sécurité[11].

Malgré le ton poli qui fait que ces remarques paraissent constituer des suggestions, celles-ci n'en émanaient pas moins de l'instance la plus puissante chargée de soutenir le système de valeurs collectif. Paul Martin semble avoir pris très au sérieux chacune d'entre elles. En un rien de temps, les paiements de transfert destinés à la santé et à l'éducation se sont taris ; les laboratoires scientifiques et les organismes de réglementation provinciaux ont été réduits et parfois abolis ; le transport ferroviaire est devenu moribond ; les salles d'urgence des hôpitaux se sont remplies à craquer ; et les cours d'éducation physique, de musique et d'arts plastiques ont été graduellement éliminés dans les écoles. Les très riches — et à plus forte raison les entreprises — paient maintenant beaucoup moins d'impôts. Martin a particulièrement bien réussi à faire baisser le nombre des inscriptions dans les établissements post-secondaires en instaurant un système de prêts étudiants étouffant. Par ailleurs, les coupes budgétaires et les réductions de personnel ont forcé l'Ontario, ainsi que d'autres provinces, à faire appel à des entreprises privées pour vérifier, sans grand succès, en fin de compte, la qualité des approvisionnements en eau et en nourriture destinés à la consommation humaine.

À la lecture de documents tels que Consultation du FMI auprès du Canada, on en vient inexorablement à la conclusion que, même dans un pays industrialisé prospère comme le Canada, les élus sont devenus les gendarmes des décisions d'instances commerciales telles que la Banque mondiale et le FMI. Si la situation semble différente de celle qui a cours dans le tiers-monde, ce n'est que parce qu'elle est masquée par une plus grande prospérité. Des groupes commerciaux internationaux et des entreprises privées interviennent maintenant ouvertement dans nos décisions politiques locales et nationales. C'est, en un sens, un coup d'État — à cette différence près que nous l'avons laissé se produire de plein gré, par notre décision collective d'élever l'argent (et son accumulation continuelle) au rang de première valeur sociale.

De nombreux groupes tentent maintenant de déterminer si nous ne ferions pas mieux de surveiller plus attentivement la santé des écosystèmes et l'état de notre capital biologique, plutôt que de scruter la croissance de l'argent créé par les banques — lequel ne se mange pas. Non seulement Internet, mais les médias alternatifs et des conférences tenues partout dans le monde regorgent de ce type de discussions, qui animent aussi les manifestations altermondialistes et contribuent à créer spontanément un consensus hors des enceintes où se tiennent les sommets financiers et commerciaux.

Changer l'inévitable

> *Même les plus petits conseils municipaux n'ont pas le droit de tenir une séance sans l'annoncer publiquement et permettre aux médias d'y assister. Cela signifie que tous ces sommets importants du FMI, de la Banque mondiale et de l'OMC dont on nous rebat les oreilles seraient illégaux dans votre ville natale, et ce, pour des raisons fondamentalement démocratiques.*
>
> BOB NAIMAN, The Center for Economic Policy and Research

Les formes de la démocratie telle qu'on la pratique un peu partout sur la planète, mais tout particulièrement en Amérique du Nord, ont été élaborées il y a plus de trois cents ans par des aristocrates et grands propriétaires terriens qui étaient profondément suspicieux à l'égard de la règle de la majorité. C'est pourquoi ils ont adopté non pas une démocratie directe, telle qu'on la pratique dans les salles de réunion de la Nouvelle-Angleterre et dans les villages autochtones traditionnels, mais une « démocratie représentative », où les citoyens élisent un chef qui, en théorie du moins, défendra leurs intérêts lors de réunions centrales. Même les démocraties directes doivent avoir recours à la représentation dans une certaine mesure, notamment parce que, sur le plan pratique, il est difficile de réunir un grand nombre de personnes dans un même lieu où tous parlent à la fois, ou de transporter les gens sur de grandes distances. La démocratie représentative, cependant, en plus d'exposer le représentant isolé à de nombreuses tentations et pressions dans les centres du pouvoir, incite les électeurs à penser qu'ils ont fait leur devoir de citoyen simplement en allant voter une fois tous les quatre ans.

On commence à oublier le sens du mot « démocratie » : « doctrine politique par laquelle la souveraineté doit appartenir à l'ensemble des citoyens ». Cette souveraineté signifie que les décisions cruciales ne sont pas simplement déférées à un représentant sur lequel on n'a d'autre pouvoir que celui de ne pas le réélire quelques années plus tard, mais qu'il faut associer un grand nombre de personnes à chacune des décisions. Maintenant que nous possédons de bons moyens de communication de masse et que nous n'avons pas tous à nous transporter à Paris, Washington ou Bogotá pour être entendus, peut-être pouvons-nous espérer un engagement plus direct des citoyens.

Les activistes qui ne se contentent pas de descendre dans les rues mais qui construisent des marionnettes, organisent des activités d'information et mettent sur pied des cuisines collectives lors de manifestations altermondialistes saisissent parfaitement ces enjeux. À maints égards, la manière dont ils se comportent au milieu du chaos, dans des nuages de gaz lacrymogène, est encore plus révolutionnaire que les buts qu'ils poursuivent. À Washington, lors de la manifestation organisée contre le FMI et la Banque mondiale en avril 2001, nous nous sommes rendus à une réunion nocturne de « groupes d'affinités », ces petits groupes de volontaires qui ne dirigent pas les manifestations, mais qui leur donnent le ton. S'ils se composent surtout de jeunes âgés de moins de trente ans, on y compte tout de même environ trente pour cent de trentenaires et de quadragénaires et bon nombre de têtes blanches. La réunion avait lieu dans le hall d'une église située dans un quartier noir pauvre — le seul endroit où on ne leur avait pas interdit l'accès et qui n'avait pas été investi par la police.

Au moins quatre cents personnes étaient présentes. Parce qu'ils risquaient d'être blessés ou arrêtés, on pressait les gens de former de petits groupes de six ou sept personnes afin que l'on ne perde personne de vue. Dans chacun des groupes, un certain nombre de personnes se sont portées volontaires pour risquer de se faire arrêter en se livrant à des actions pour bloquer des autoroutes ou des intersections et en refusant de quitter les lieux. D'autres préféraient prendre part à des activités moins axées sur la confrontation et demeurer en liberté, non seulement pour des raisons personnelles mais aussi dans le but de pouvoir venir en aide aux membres du groupe qui seraient blessés ou incarcérés. Chaque groupe a désigné un représentant chargé d'aller parler en son nom dans un cercle central, sous les yeux attentifs des électeurs. On a entamé d'interminables discussions. Chacun disposait du même temps pour s'exprimer et tous recevaient la même attention, que ce soit pour présenter une stratégie visant à garder les délégués enfermés dans leurs hôtels ou pour peaufiner une foire de marionnettes à l'autre bout de la ville.

À mesure que les heures passaient, les gens étaient gagnés par une fatigue grandissante : ils avaient été aspergés de gaz lacrymogène et avaient marché toute la journée, et ils s'attendaient à pire pour le lendemain. Mais ils ne sont pas partis. Ils voulaient en arriver à un consensus, l'un des processus les plus pénibles qu'aient inventés les êtres humains. Si certaines des suggestions étaient brillantes, d'autres étaient ridicules. Toutes n'en faisaient pas moins l'objet de longues discussions, après quoi l'on passait au vote sur chaque question. Le processus, en plus de prendre un temps fou, était souvent assommant. Il aurait été beaucoup plus efficace d'avoir recours à une organisation hiérarchisée, semblable à celle de l'opposition, où des subalternes exécutent les décisions prises par des stratèges, mais les militants savaient pertinemment qu'adopter une telle conduite équivalait à nier toute leur démarche. Ils apprenaient à faire les choses de manière démocratique, bien conscients qu'ils ne pourraient dénoncer le manque de démocratie de leurs opposants si eux-mêmes n'étaient pas prêts à se montrer démocratiques en toutes choses. Une jeune femme qui avait déjà fait partie des Forces armées canadiennes nous a dit qu'elle avait d'abord cru que l'inefficacité de ce type d'organisation la rendrait folle. Elle était aussi d'avis qu'il s'agissait d'une structure trop ouverte, puisqu'on n'essayait pas d'en dissimuler les secrets aux nombreux agents infiltrés qui se trouvaient sans doute parmi les gens rassemblés. Mais les secrets sont l'antithèse même de la démocratie, l'un des maux que dénoncent les manifestants contre les organismes commerciaux, si bien que les protestataires s'efforcent de les éviter, dans la mesure du possible.

Quand on a fini par en arriver à un consensus, à trois heures du matin, nous avons eu à peine le temps de fermer l'œil avant de mettre en œuvre les différents moyens d'obstruction retenus. Tous savaient cependant précisément ce qu'ils avaient à faire. Aussi, le lendemain, malgré l'absence de chefs ou de plans officiels, les membres des différents groupes ont réussi à paralyser les réunions avec une remarquable efficacité, à déjouer la police et à se faire arrêter en nombre suffisant pour que leur message soit entendu. Cette stratégie de confrontation et d'arrestations adoptée par les manifestants n'est pas démagogique : elle s'inspire de l'action de Gandhi, est un peu effrayante et n'est pas au goût de tous. Les activistes savent cependant que la confrontation oblige les médias à traiter de la problématique ou, à tout le moins, à reconnaître son existence. Et en se faisant molester ou arrêter par la police sans jamais rendre les coups, les manifestants peuvent exprimer leur non-coopération, le retrait de leur consentement.

Ils ont ainsi essentiellement recours à la résistance passive. Même les protestataires qui, à Québec, relançaient les grenades lacrymogènes qu'on leur avait jetées agissaient de manière défensive : les policiers étaient à ce point matelassés, casqués et blindés qu'il est quasi impossible d'imaginer qu'ils aient pu être réellement incommodés, alors que plusieurs manifestants qui ne portaient pas de masque à gaz ont subi des blessures et que tous devaient constamment se replier pour récupérer. Évidemment, les manifestants peuvent parfois blesser les policiers. Au cours d'une émeute raciale qui a récemment eu lieu en Angleterre, des manifestants violents ont atteint au moins un policier au visage avec des cocktails Molotov enflammés, et plusieurs policiers ont dû être hospitalisés. C'est l'absence habituelle de ce type de comportement qui explique que le mouvement est qualifié de non violent, et le fait que ses participants sont prêts à endurer les gaz lacrymogènes et à se faire matraquer ou arrêter, allié à l'extrême rareté des agressions physiques perpétrées contre les policiers. Huit cents personnes ont été appréhendées à Washington, et mille des sept mille protestataires qui ont manifesté à Prague se sont retrouvés derrière les barreaux. À Québec, 50 000 personnes (sans compter des milliers d'habitants de la ville) ont reçu des gaz lacrymogènes, mais les policiers n'ont subi aucune blessure. Même la mort d'un seul manifestant parmi les 200 000 qui se sont massés dans les rues de Gênes aurait pu être évitée si les policiers avaient utilisé des balles de caoutchouc plutôt que de vraies munitions et s'ils ne l'avaient pas visé à la tête.

Nous ne cherchons pas à donner l'impression que les rassemblements et les manifestations sont les seules façons de lutter pour le changement, alors qu'il s'agit en réalité de moyens de dernier recours, que la plupart n'utilisent que lorsque toutes les possibilités démocratiques d'exprimer leur point de vue ont été épuisées. Si la plupart des pays les tolèrent comme ils le font, c'est parce que, dans les régimes où la liberté de manifester n'existe pas, les gens n'ont aucune soupape, aucune manière de s'exprimer sur la façon dont ils veulent mener leur vie ; or, sans la soupape relativement pacifique qu'est la manifestation, ce désir de se faire entendre peut devenir plus qu'impérieux. Même en Occident, la majorité des participants aux manifestations ont un emploi tout à fait normal et ne prendraient pas part à ce genre d'événements — où ils risquent d'être blessés ou appréhendés — s'ils avaient l'impression que leurs élus s'occupent adéquatement des questions qui les préoccupent.

Si l'on compare ces événements relativement calmes et non violents aux attaques terroristes commises contre Washington et New York, il apparaît évident que les manifestations altermondialistes ne visent pas à causer de graves troubles sociaux. Même face à une réponse quasi militaire, les manifestants agissent de façon démocratique, et les autorités le savent bien — c'est d'ailleurs pourquoi elles tolèrent ces manifestations. La bonne nouvelle, c'est qu'en exerçant leur liberté d'expression, de réunion et de dissension, ces centaines de milliers de personnes tout à fait ordinaires font en sorte que cette liberté ne soit pas perdue. Leur grand nombre montre clairement que les valeurs économiques mondiales font l'objet d'un rejet massif. De plus, compte tenu de la taille des foules altermondialistes et de la passion qui les anime — sans parler de l'intimidation et de la répression auxquelles se livrent les autorités —, ces manifestations ont été le théâtre de très peu d'événements violents. Quelques jours après un sommet, tout était rentré dans l'ordre, même à Gênes et à Québec.

En réalité, cependant, ce retrait massif du consentement n'a pas nécessairement à se produire dans les rues, dans le cadre de manifestations. Partout sur la planète, des gens trouvent des moyens qui leur permettent de créer un nouveau système de valeurs, même au sein du paradigme actuel. Des gens qui vivent dans le ventre de la bête répondent maintenant en créant de nouvelles institutions financières dotées de règles différentes. Ils révolutionnent ainsi tranquillement l'économie de pays entiers, qui envisagent maintenant de retirer leur consentement.

La définition de l'espoir

> *Nous en sommes arrivés à un stade où le courage d'individus d'exception ne suffit plus ; c'est maintenant l'humanité tout entière qui doit se montrer héroïque.*
>
> ED AYRES[12]

À la fin des années 1990, quand la Malaisie s'est trouvée dans une situation semblable à celle du Canada, quoique beaucoup plus grave, et que son tour était venu d'accueillir le FMI qui viendrait lui imposer ses politiques d'ajustement structurel, le pays a refusé de se soumettre à ce processus, responsable de l'effondrement de l'économie d'autres tigres asiatiques tels que la Corée du Sud et la Thaïlande. Plutôt que de permettre à la Banque mondiale et au FMI de vendre des institutions publiques, d'appauvrir la classe moyenne du jour au lendemain, de sabrer dans les services sociaux et de supprimer des millions d'emplois, la Malaisie a fait une chose qu'aucun autre pays n'avait jamais osé faire. Défiant les institutions de Bretton Woods et l'ordre économique mondial, le pays s'est retiré du marché international.

La Malaisie souhaitait instituer un contrôle officiel des changes et des capitaux pour empêcher le type de spéculation ayant causé la crise asiatique et ainsi permettre au pays de garder la mainmise sur sa propre devise. Encore aujourd'hui, l'Inde, la Chine et le Chili appliquent de semblables mesures, par lesquelles on limite la quantité de capitaux qui peuvent être sortis du pays ou convertis en d'autres devises, afin d'empêcher la spéculation qui, chez nous, a mené à la dichotomie entre les transactions financières, d'une part, la richesse et la productivité réelles, d'autre part. T. Rajamoorthy, un avocat malais qui s'intéresse particulièrement au FMI, souligne que, lors de la création de l'institution, « le FMI favorisait et encourageait le contrôle des capitaux », mais que, depuis quelques années, « l'un des prérequis pour devenir membre du FMI » est de permettre que sa devise soit l'objet d'une spéculation sans entrave[13].

Le contrôle des capitaux et les déficits gouvernementaux — politiques que Franklin Delano Roosevelt avait instituées aux États-Unis après la Grande Dépression — étaient des instruments fondamentaux de l'économie keynésienne. La Malaisie les a utilisés tous deux. Rajamoorthy affirme qu'« il existait une véritable hystérie dans les centres de l'orthodoxie économique [...]. L'idée selon laquelle, dans un monde où triomphait le néolibéralisme, un pays qui avait été un modèle d'économie ouverte puisse recourir à des mesures que l'on croyait appartenir à l'âge des ténèbres de l'histoire économique, cette idée était tout simplement inacceptable. » Avant longtemps, même les économistes de la Banque mondiale ont cependant dû reconnaître que la stratégie malaisienne semblait porter ses fruits. Dans le reste de l'Asie, les épargnes des citoyens s'envolaient en fumée parce que les spéculateurs désertaient leur devise nationale respective. On bradait d'immenses institutions nationales, ce qui envoyait une plus grande quantité d'argent dans les coffres des entreprises. Trente-quatre millions de personnes qui appartenaient à la classe moyenne ont sombré dans une pauvreté extrême à cause d'une crise économique dont la majorité des analystes s'entendent maintenant à dire qu'elle a été causée — et mal gérée — par les institutions financières mondiales.

Rien de tout cela ne s'est produit en Malaisie, qui s'est remise de la crise bien avant tous les autres pays, même selon les critères de la doctrine économique dominante. Le pays n'a même pas perdu d'investissements étrangers, car sa politique de contrôle des capitaux plaisait aux entreprises, qui savaient exactement à quoi s'attendre. Surtout, selon Rajamoorthy, contrairement aux autres tigres asiatiques et au Canada, il a pu préserver sa souveraineté nationale. Il « n'a pas été forcé d'ouvrir de vastes secteurs de son économie aux capitaux étrangers, comme la Corée du Sud et la Thaïlande l'ont fait en vertu des plans de renflouement du FMI ». Même l'ONU, dans son plus récent rapport sur le commerce et le développement, a appuyé la stratégie malaisienne et suggéré que d'autres pays s'en inspirent et fassent « du contrôle des capitaux [...] un outil essentiel de leur arsenal économique ». En d'autres mots, même de petits pays en développement comme la Malaisie peuvent modifier l'échiquier économique mondial[14].

Au premier abord, ces énormes entités économiques peuvent sembler intouchables, mais le retrait du consentement n'est pas efficace que dans le cadre de manifestations dirigées contre un gouvernement. En imposant une taxe minime (environ 0,05 %) sur tous les investissements spéculatifs, les États-nations obtiendraient un outil puissant permettant de contrôler une attaque spéculative contre une devise, d'endiguer l'évasion fiscale et le blanchiment d'argent et de fournir des fonds pour régler des problèmes pressants, de la lutte contre la faim à la restauration des écosystèmes. Cette idée, baptisée taxe Tobin en l'honneur de son créateur, l'économiste James Tobin, récipiendaire du prix Nobel, s'est répandue sur la planète comme une traînée de poudre. Ne pouvant s'y opposer pour des raisons morales ou juridiques, les institutions commerciales dominantes l'ont tout bonnement déclarée impraticable, et le FMI a même chargé l'un de ses économistes, Rodney Schmidt, ex-conseiller de Paul Martin au Conseil du trésor, de montrer qu'elle serait inapplicable. Schmidt a découvert qu'en ayant recours à des moyens électroniques il serait fort simple d'imposer une taxe Tobin au marché des devises. Quand le FMI a voulu étouffer son rapport, Schmidt, faisant montre d'un rare courage, a alors choisi de démissionner et de diffuser son plan dans Internet (à l'adresse fournie à la fin de l'ouvrage)[15].

L'idée d'instaurer une taxe Tobin est si populaire que des centaines d'ONG sont apparues au cours des deux dernières années pour en faire la promotion ; aujourd'hui, dans presque tous les pays du monde, des organisations telles que War on Want (en Angleterre),

Tobin Tax Initiative (au Canada), Center for Environmental Economic Development (CEED) Tobin Tax Initiative (aux États-Unis) et ATTAC (en France) réclament l'adoption de mesures de contrôle de la spéculation et des investissements électroniques. L'Association pour la taxation des transactions et pour l'aide aux citoyens (ATTAC), notamment, a recruté plus d'un demi-million de membres en moins d'une année d'existence ! De plus, près d'un sixième de tous les représentants de l'Union européenne se sont joints à près de 400 autres parlementaires élus de vingt et un pays du monde pour signer une déclaration qui affirme sans détour : « La liberté de circulation des capitaux déstabilise la démocratie. C'est pourquoi il importe de mettre en place des mécanismes régulateurs. » Si l'on considère ce qui se produit aux niveaux national et international, ce n'est là que la pointe de l'iceberg.

Vous voulez une révolution ?

> *Et si notre économie était axée non pas sur les abstractions de l'économie et de la comptabilité néoclassiques, mais sur les réalités biologiques de la nature ?*
>
> PAUL HAWKEN[16]

Selon Paul Hawken, jadis entrepreneur « classique », fondateur de l'entreprise de jardinage Smith & Hawken et auteur de *Natural Capitalism* et de *The Ecology of Commerce*, ce que la grande variété de groupes participant à la deuxième Révolution industrielle a de formidable, c'est qu'« ils s'entendent — dans une mesure sans précédent — sur une vision de l'avenir extrêmement similaire ». Hawken fait remarquer que l'un des phénomènes les plus remarquables de la fin du XXe siècle consiste en la naissance soudaine de « centaines de milliers d'organisations non gouvernementales (ONG), apparues spontanément au cours des dernières années. Ces organisations se consacrent à toutes les questions, de la justice sociale à la démographie en passant par les réformes électorales et commerciales, la durabilité écologique et l'énergie renouvelable. » Hawken note qu'« elles se conforment aussi aux deux impératifs de Gandhi : certaines résistent, tandis que d'autres créent de nouvelles structures, de nouvelles manières de faire et de nouveaux outils ». La plupart d'entre elles sont « marginales, mal financées, débordées », dit-il, et elles ont l'impression « qu'elles pourraient disparaître en un clin d'œil. En même temps, il y a un mouvement plus profond extraordinaire » : elles cherchent toutes à atteindre un consensus[17].

En plus d'être l'auteur d'ouvrages qui ont influé sur les préoccupations sociales et environnementales de nombreuses grandes entreprises, Hawken a aussi introduit en Amérique du Nord The Natural Step, cet ingénieux système énonçant quatre principes élémentaires à respecter pour qu'une société puisse vivre dans un environnement sain et durable. Hawken affirme que c'est la quatrième condition (« Sans justice sociale, sans répartition juste et équitable des ressources, il ne peut y avoir de durabilité ») qui fait le plus souvent reculer son public, surtout constitué de gens d'affaires, et qui révèle en quoi leur attitude se distingue de celle des militants travaillant en vue de la deuxième Révolution industrielle. Il explique : « L'un des aspects les plus drôles de l'enseignement de The Natural Step dans des entreprises, c'est que lorsqu'on arrive à la quatrième condition [...], les gens d'affaires perdent les pédales. Ils pensent que c'est socialiste, communiste, ils y voient le spectre du gauchisme. Certains sont littéralement dégoûtés. Nous sommes dans un pays qui a été fondé sur "la liberté et la justice pour tous", et si vous soulevez la question dans le milieu des affaires, les cadres en tombent en bas de leur chaise. »

Hawken raconte qu'il demande parfois à ceux qui rejettent la notion de justice sociale s'ils croient à l'inégalité et à l'injustice. Il dit qu'ils protestent alors avec véhémence. Il a donc voulu trouver un moyen de découvrir ce que les gens pensaient réellement, ou de voir si les valeurs et les buts humains étaient désormais profondément dénaturés. Un de ses amis a conçu un atelier à cette fin. L'exercice, destiné aux cadres intermédiaires d'une entreprise de produits chimiques puissante et impopulaire, consistait en un cours d'une journée portant sur la durabilité. Comme ils fonctionnaient résolument à l'intérieur du paradigme de la première Révolution industrielle, non seulement ces gens gagnaient leur vie en fabriquant des produits toxiques dont on a prouvé qu'ils sont cancérigènes, mais ils s'évertuaient à convaincre les autres que ces produits étaient sans danger. Qui plus est, comme l'explique Hawken, ils avaient « déjà rejeté la quatrième condition, qui porte sur la justice sociale et l'équité de la répartition des ressources ». L'ami de Hawken leur a demandé de se diviser en cinq groupes ; chacun devait concevoir un vaisseau spatial qui quitterait la Terre pour un long voyage, avant de ramener ses habitants « vivants, heureux et en santé » cent ans plus tard. À la fin, on voterait pour choisir le vaisseau à bord duquel on souhaiterait s'embarquer, et l'équipe ayant reçu le plus de suffrages remporterait la palme.

Hawken explique : « Comme c'étaient des ingénieurs, ils ont adoré le défi, et le vaisseau spatial gagnant était brillamment conçu. N'oubliez pas que cette entreprise fabrique des pesticides et des herbicides, des produits qui tuent. À bord du vaisseau gagnant, ils ont décidé qu'il leur fallait des insectes. Conséquemment, ils n'emporteraient aucun pesticide. Comme ils ont déterminé que les mauvaises herbes étaient importantes dans un écosystème en santé, ils ont également banni les herbicides. En d'autres termes, leur système d'alimentation était entièrement biologique. Ces ingénieurs et détenteurs de maîtrises en gestion des affaires ont aussi reconnu qu'ils auraient besoin de chanteurs, de danseurs, d'artistes et de conteurs, car on se lasse vite des disques compacts et des vidéos, et un village ne peut être composé que d'ingénieurs. Parmi les nombreuses caractéristiques de leur vaisseau, deux étaient particulièrement intéressantes. D'abord, ils ont convenu qu'aucun des produits qu'ils fabriquaient sur Terre ne serait utile ou bienvenu à bord. Puis, à la fin, on leur a demandé s'ils accepteraient que vingt pour cent des personnes à bord contrôlent quatre-vingt pour cent des ressources. Ils ont tout de suite farouchement rejeté cette suggestion, la qualifiant d'inapplicable, d'injuste et d'inéquitable. Et puis ils se sont rendus compte de ce qu'ils venaient de dire. » Bref, conclut Hawken, « [e]n petit groupe, avec des objectifs et des défis appropriés, nous savons tous quelle est la bonne chose à faire. En tant que société, dans le monde du capitalisme affairiste, nous ne sommes pas très futés. »

« Espérer » ne veut pas nécessairement dire que l'on est rassuré et confiant que tout va pour le mieux. L'espoir consiste plutôt à trouver, depuis le fond d'un puits noir comme l'encre, où est fixée l'échelle qui mène à la lumière, tout là-haut. Il s'agit d'en arriver à une compréhension réaliste du fonctionnement véritable des choses, qui permet de savoir avec quoi l'on est aux prises et, conséquemment, par où commencer. En ce sens, l'espoir est bien là, le monde en est plein, et ce livre aussi. Pour la première fois peut-être dans l'histoire, des millions de personnes, partout sur la planète, en arrivent en même temps à la même conclusion quant à ce qui constitue à long terme le bonheur, la justice, l'égalité et la véritable durabilité. Elles ont atteint ce consensus général voulant que l'on ne puisse séparer les activités humaines de la nature et elles s'efforcent d'élaborer un mode de vie qui ne détruise pas les écosystèmes dont dépend leur survie. Et elles connaissent des succès d'importance : l'invention de technologies durables, le sauvetage de lieux tels que la lagune San Ignacio, la mobilisation contre l'OMC et le FMI.

À tous les niveaux d'organisation humaine, des bureaux gouvernementaux aux épiceries de quartier, l'énergie rayonne. Dans les chapitres qui viennent, où nous traitons des questions pratiques relatives à la gestion durable de nos écosystèmes, nous ferons la connaissance d'autres personnes qui résistent à l'indésirable et construisent le souhaitable. Nous présenterons leurs difficultés aussi bien que leurs triomphes et analyserons la complexité des problématiques, en même temps que leur simplicité fondamentale. Nous vous dirons même comment vous pouvez faire votre part.

CHAPITRE 3

Des coyotes pour faire pousser l'herbe

La restauration de la biodiversité

À jamais sauvage

Deux auteurs ont collaboré à cet ouvrage. Il se trouve que nous habitons chacun à une extrémité du continent américain. La côte de la Colombie-Britannique, où vit David, fait l'envie du monde entier pour la diversité de sa faune et de sa flore et pour sa beauté naturelle intacte. Ses forêts luxuriantes abritent des aigles et des ours; ses rivières scintillantes regorgent de saumons et de truites; dans ses bassins et ses eaux claires vivent des espèces marines qui vont du plancton et des étoiles de mer aux phoques et aux baleines. Ces ressources sont actuellement l'objet de plusieurs luttes, puisque les entreprises forestières, les pêcheurs, les touristes et les promoteurs réclament tous le droit de les exploiter alors même qu'elles se font de plus en plus rares. L'autre extrémité du Canada, où vit Holly, présente un visage très différent. Densément peuplé et exploité depuis plus de trois cents ans, le territoire se caractérise par des villes industrielles grouillantes d'activité, de Montréal et Albany jusqu'à New York. Ici, la lutte entre la diversité naturelle et le développement économique a déjà eu lieu et, dans une mesure remarquable, elle a été remportée par les forces vouées à la préservation.

> *Les gaspareaux* [sont] *en telle multitude que c'en est presque incroyable, serrés dans des eaux si peu profondes qu'ils ont du mal à y nager* [...]. *Si je devais vous raconter comment certains ont tué cent oies en une semaine, ou cinquante canards d'un coup, quarante sarcelles d'un autre, cela pourrait sembler impossible, alors qu'il n'y a rien de plus vrai !*
>
> WILLIAM WOOD,
> Nouvelle-Angleterre, 1630

> *Il ne nous reste presque aucun animal sauvage, hormis quelques petites espèces sans grande utilité sauf pour leur fourrure.*
>
> TIMOTHY DWIGHT,
> Nouvelle-Angleterre, 1801[1]

La vieille ferme laitière de Holly Dressel, située à la frontière entre le Québec et l'État de New York, à une heure seulement du centre-ville de Montréal, illustre bien ce paradoxe. On y trouve plus que les bâtiments, le bois, les pâturages et les champs de foin habituels : elle compte aussi deux familles de castors, une meute de coyotes, une harde de cerfs, des dindes sauvages, des dizaines de canards et d'oies qui y nichent, des aigles, des hiboux, des hérons qui y hivernent, des renards, des martres et des visons aussi bien que des mouffettes, des porcs-épics, des ratons laveurs, des loirs et, de temps en temps, un ours ou un loup de passage. On a même vu un cougar se prélasser près d'une route à seulement six kilomètres de là. Ce miracle de diversité biologique du XXIe siècle est largement imputable au fait que la ferme bénéficie de la flore et de la faune de l'Adirondack Park and Forest Preserve, la réserve forestière des Adirondacks, qui résulte de la première initiative gouvernementale concertée visant à préserver un écosystème dans un contexte d'intense activité humaine.

En effet, le parc des Adirondacks représente l'une des premières tentatives de légiférer dans le but d'assurer la protection d'un écosystème complet, afin de préserver la biodiversité. Ce dernier terme a plusieurs sens. Il renvoie d'abord à la biosphère tout entière, soit la mince couche d'air, d'eau et de terre qui enveloppe la surface de la planète et où la vie telle que nous la connaissons se déploie en un ensemble de systèmes interdépendants. Ces systèmes incluent les milliards de gènes qui constituent les espèces, les millions d'espèces qui forment les écosystèmes aussi bien que l'ensemble des différents écosystèmes présents sur la planète. C'est cette stupéfiante diversité de la vie — allant des habitats à la géographie variée qui recouvrent la Terre jusqu'au gène niché au cœur d'un organisme unicellulaire — que l'on appelle biodiversité.

Nous savons aujourd'hui que la biodiversité est véritablement productrice de vie, dans la mesure où les diverses formes de vie interreliées régénèrent, épurent, nourrissent et créent des conditions favorables à l'apparition de nouvelles formes de vie. Nous avons été ébahis de découvrir, très récemment, que c'est la vie elle-même — les organismes vivants — qui engendre l'eau, l'atmosphère, le sol et toutes les formes d'énergie, à l'exception de la lumière du soleil.

Même les vents dépendent, dans une large mesure, de la végétation qui recouvre le globe. Ainsi, en détruisant à l'aide de produits chimiques les micro-organismes présents dans le sol ou en exterminant le plancton par le biais du réchauffement de la planète, nous annihilons notre propre source de vie, notre capacité à cultiver la terre, à trouver du poisson ou à traiter nos déchets dans un avenir proche. C'est pourquoi des initiatives telles que l'établissement de parcs et de réserves naturelles, qui visent à restaurer et à préserver des écosystèmes complets et bien vivants, sont à ce point importantes pour notre avenir — et pour notre survie même.

Le parc des Adirondacks a été créé par suite du recours à un mécanisme extraordinaire : l'ajout d'un amendement à la Constitution de l'État de New York. Il s'agit non pas d'un parc national mais d'un parc d'État, qui ne couvre pas moins de 2,4 millions d'hectares, ce qui en fait l'une des plus vastes réserves de la planète. La chaîne de montagnes des Appalaches s'étire sur 518 000 kilomètres carrés, des Alleghanys aux Catskills au nord et jusqu'à la frontière canadienne. Bien que le parc des Adirondacks ne forme qu'une partie de cette immense chaîne montagneuse boisée, il semble bien que cette partie soit suffisamment importante pour en avoir permis la conservation. Aujourd'hui encore, si de nombreux secteurs sont couverts de plantations de deuxième ou de troisième générations, la forêt des Adirondacks n'en continue pas moins d'abriter la quasi-totalité des espèces qu'elle comptait à l'origine.

Avant l'arrivée des Européens, le lieu présentait une abondance de vie qui n'avait rien à envier à celle que l'on trouve aujourd'hui sur la côte nord-ouest du Pacifique. Des quantités prodigieuses d'éperlans, de gaspareaux, d'esturgeons et de saumons remontaient les fleuves pour y frayer. Dans des missives expédiées en Angleterre il y a cinq cents ans, on peinait à décrire une telle profusion. Des oiseaux d'innombrables espèces, dont la tourte, maintenant éteinte, assombrissaient littéralement les cieux tant ils étaient abondants. Les cerfs, les ours, les écureuils, les lièvres et tous les autres animaux que nous associons aujourd'hui à la forêt de la côte est étaient si nombreux que les premiers habitants ont institué un système économique dont la monnaie d'échange était la pelleterie, et plus particulièrement la peau de castor. Des rapports datant de 1694, soit une génération à peine après les grandes vagues d'immigration européennes, nous apprennent pourtant qu'il restait si peu de cerfs dans la partie la plus basse des Alleghanys, au Massachusetts, que l'on y a interdit la chasse. Dans les années 1740, les gardiens chargés de la protection des cerfs ne réussissaient pas à protéger les quelques rares animaux restants, et, à la fin du XVIIIe siècle, le colon Timothy Dwight notait que les cerfs étaient « peu communs sous le quarante-quatrième degré de latitude Nord » ; c'est dire qu'ils avaient disparu de tout le territoire de la Nouvelle-Angleterre, à l'exception des secteurs les plus septentrionaux du Vermont, du New Hampshire et du Maine[2].

Le wapiti, l'ours et le lynx avaient déserté la région ; une génération plus tard, dans les années 1840, les castors furent pratiquement décimés, et même à l'extrémité nord de l'État de New York, les ratons laveurs, les lièvres, les mouffettes et les cerfs s'étaient raréfiés et n'étaient plus aperçus que de façon occasionnelle. Les raisons de cette hécatombe nous sont maintenant familières : la chasse excessive et la destruction de l'habitat. Les nouveaux immigrants européens ont détruit les forêts pour aménager des fermes et des villes, ils ont chassé et pêché tout leur soûl, érigé des barrages sur les rivières, détourné et pollué les cours d'eau et ont construit des aciéries et des scieries. Ils ont aussi abattu les arbres le plus rapidement possible. Au milieu du XIXe siècle, non seulement la grande majorité des animaux avaient disparu, mais leur forêt avait elle aussi rétréci comme une peau de chagrin.

L'État de New York a offert à cette époque une leçon qui semble devoir être réapprise à chaque génération. George Perkins Marsh, pionnier de l'écologisme, expliquait dans son ouvrage *Man and Nature*, publié en 1864, que la destruction des forêts provoque des changements climatiques majeurs et entraîne aussi la détérioration des bassins-versants. Au début des années 1870, Verplanck Colvin, employé de l'État de New York, écrivait : « La forêt des Adirondacks renferme les sources qui alimentent nos principales rivières et emplissent les canaux. Chaque été, la réserve d'eau pour ces rivières et ces canaux s'appauvrit, et le commerce en a souffert. » La création du premier

« parc ou réserve forestière » que suggérait Colvin constituait à l'époque une idée strictement pragmatique, un moyen de préserver la forêt pour l'exploiter plus tard ; les réserves d'eau étaient nécessaires non seulement pour la consommation humaine mais aussi pour les cours d'eau, qui étaient les autoroutes de l'époque, et non pas pour quelque considération de biodiversité. Le succès de la démarche est imputable aux milliers de travailleurs, de trappeurs, de fermiers, de résidants et de visiteurs du parc qui aimaient suffisamment la forêt pour se battre et consentir à des sacrifices dans le but de préserver — pour autant qu'il était possible de le faire — une authentique nature sauvage. Et c'est ce qui explique aujourd'hui encore le succès du parc.

En 1883, on a retiré du marché immobilier tous les territoires relevant de l'État de New York, mais les premiers efforts visant à les protéger ont été entravés par les délais bureaucratiques habituels. Des projets de loi tels que la tristement célèbre Cutting Law ont miné le processus et sapé les efforts de préservation en permettant à des entreprises forestières d'avoir accès à la forêt. Il a fallu deux longs étés de sécheresse et d'incendies, en 1893 et 1894, pour que naisse la volonté politique d'ériger une barrière constitutionnelle face aux entreprises forestières qui tentaient sans relâche d'acquérir des droits de coupe à l'intérieur du parc. L'amendement final, rédigé en juin 1894, se lit comme suit : « Les terres de l'État actuellement en sa possession ou ci-après acquises, qui constituent la réserve forestière telle que fixée par la loi, seront *à jamais des territoires forestiers sauvages*. Elles ne seront ni louées, ni vendues, ni échangées, ni saisies par quelque corporation, publique ou privée, non plus que le bois qui s'y trouve ne sera vendu, enlevé ou détruit. » L'amendement a reçu l'approbation d'une vaste majorité des électeurs, qui ont en fait accordé leur appui à la création de deux entités distinctes : l'Adirondack Forest Preserve, ou la réserve forestière des Adirondacks, territoire de quelques centaines de milliers d'hectares, et l'Adirondack Park, le parc des Adirondacks, une portion de forêt beaucoup plus importante dont la plus grande partie appartenait à des intérêts privés.

On prévoyait sans doute que l'État allait acquérir l'ensemble du territoire, mais au fil des années 1890 et au début du XXe siècle, de riches propriétaires terriens comme William Rockefeller et des clubs exclusifs, l'Adirondack League et le Tahawus Club, notamment, en sont venus à contrôler 303 000 hectares du parc. Puisque ces groupes fortunés et dotés de puissantes accointances politiques souhaitaient que le territoire demeure intact pour la chasse et la pêche, l'État a petit à petit oublié son rêve premier d'un lieu public. Comme le raconte Philip Terrie, auteur d'une histoire du parc intitulée *Contested Terrain*, c'était « un parc comme le monde n'en avait jamais vu. Des gens y vivaient et y travaillaient. Il recouvrait des terres appartenant à des particuliers, à des familles, à des clubs et à des entreprises. Des pauvres gens y croupissaient dans des cabanes, alors que plus loin sur la route des millionnaires descendaient en villégiature dans des manoirs. Il comportait des territoires protégés en tant que "forêts à jamais" et des territoires où des bûcherons exploitaient clandestinement et sans vergogne ce qui restait des ressources, dans le but de faire un profit rapide. » Comme beaucoup de solutions durables décrites dans cet ouvrage, la survie de la forêt des Adirondacks est un processus changeant, organique, dont la création du parc ne marquait que le commencement. Son succès repose sur l'acceptation de divers modes de propriété et d'usage — et le tout fonctionne bel et bien, en dépit de ce que beaucoup considèrent comme une fâcheuse complexité.

Le mélange anarchique de terres publiques et privées a atteint un nouveau point tournant près d'un siècle plus tard, dans les années 1970, quand l'État a voulu faire passer de un million à 2,4 millions d'hectares le territoire occupé par la réserve forestière. Avec le concours de groupes écologistes tels que le Nature Conservancy, l'État a acheté plusieurs des anciens clubs et des terrains appartenant à des familles et à des entreprises, au fur et à mesure qu'ils étaient offerts sur le marché. On a mené des études scientifiques dans le but de déterminer quels territoires étaient nécessaires pour faire du parc « une entité viable et durable ». En vue d'une expansion future, on a adopté d'autres règlements pour contrôler les activités des propriétaires privés restants. Le Private Land Plan et le State Land Master Plan de 1972 ont limité l'étalement et le développement et instauré de nouvelles mesures visant à restreindre la coupe, à préserver les zones riveraines et à réintroduire et protéger farouchement la faune. Terrie décrit l'indignation des marchands et des autorités municipales des Adirondacks, qui affirmaient que les nouvelles lois « violeraient leurs droits de propriété et saperaient le potentiel économique ». Les efforts de l'État pour agrandir la réserve représentaient à leurs yeux « un complot pour anéantir l'industrie de la coupe dans les Adirondacks et réserver les terres productives aux touristes bien nantis ». Trente ans après la mise en œuvre du Master Plan, chaque initiative de la Park Agency fait encore l'objet de contestations véhémentes. Comme l'explique Terrie : « Si la région est plus sauvage et mieux protégée, elle est aussi devenue plus moderne, plus développée et minée par des conflits. » Pendant ce temps, la population animale croît, les forêts sont en meilleur état que jamais et les estivants affluent en masse[3].

L'histoire des efforts déployés pour la protection de la biodiversité, dont les initiatives adoptées dans les Adirondacks constituent un bon exemple, recèle plus d'une surprise. Comme de nombreuses autres régions du globe qui ont dû être protégées de toute urgence, le parc des Adirondacks comptait un certain nombre d'habitants avant que l'on songe à en faire une zone de conservation de la faune et de la flore. Il y avait des villes, des villages et des fermes même dans la première réserve forestière, et ceux-ci n'étaient pas occupés, comme c'est souvent le cas, par les autochtones que l'on chasse habituellement sans cérémonie des territoires convoités par l'État ou par d'autres intérêts puissants. Les habitants étaient des contribuables, des électeurs dûment munis de titres de propriété, dont certains, J. P. Morgan, les Rockefeller, William Seward Webb, exerçaient une influence considérable. Il y avait aussi, bien sûr, les citadins, les guides, les fermiers et les forestiers du coin qui veillaient à satisfaire leurs besoins. Ainsi, dès le début, le parc des Adirondacks a reçu un statut particulier, précisément parce qu'on ne pouvait l'isoler des habitations et du développement humains, comme l'ont été d'autres territoires voués à la conservation, tels Yellowstone et Yosemite. De plus, ses forêts avaient été rasées, ses cours d'eau étaient souvent à sec et la plus grande partie de la faune l'avait déserté — comme c'est le cas aujourd'hui dans les pays en voie de développement. Il fallait donc procéder à un travail de réhabilitation concerté. Pour toutes ces raisons, on a adopté à l'intérieur du parc des modes d'usage et de propriété diversifiés. Les nombreuses cabanes, fermes et villes situées sur le territoire du parc ont été assujetties à toute une série de restrictions, de règles et de modes de propriété. On a parfois accordé aux propriétaires de cabanes ou de camps de chasse situés dans la réserve un bail de cent ans, ou valide jusqu'à leur mort ; ils ont parfois obtenu le droit de léguer la propriété à leur famille, mais non de la vendre. On a limité l'expansion des villes, et l'usage de la terre que font les propriétaires terriens est toujours soumis à plusieurs règles, ce qui soulève leur ire encore aujourd'hui. Pourtant, de nombreux propriétaires ont soutenu le parc et les efforts de préservation mis en œuvre, à un point tel que certains ont choisi de lui léguer leur propriété à leur mort.

Comme c'est le cas de tous les autres territoires voués à la conservation qui sont situés dans des zones densément peuplées, le parc des Adirondacks a été soumis à des pressions constantes : on a voulu y couper des arbres, y paver des routes, y construire des barrages, y aménager des pistes de ski et des quais, en plus d'y bâtir des hôtels et d'autres types de logement pour ses nombreux visiteurs. Il est arrivé que les pouvoirs publics fléchissent sous ces pressions, et certaines sections du territoire — en particulier près de Lake George — ne correspondent guère à l'idée que l'on se fait habituellement d'un parc. Mais le parc des Adirondacks a été l'un des premiers territoires où l'on a réintroduit des espèces. L'initiative a débuté dans les années 1920, avec les castors ; cette tentative de réintroduire dans son habitat une espèce-clé a été un franc succès. Depuis lors, les gestionnaires du parc y ont réintroduit diverses autres espèces, des vautours aux dindons sauvages en passant par les orignaux. En général, quelques années à peine après y avoir été réintroduits, ces animaux se sont si bien adaptés que l'on commence à les apercevoir en périphérie du parc ; cinq ans seulement après qu'on eut ramené les urubus à tête rouge, par exemple, ils planaient au-dessus des fermes du sud-ouest du Québec. Aujourd'hui, pour la première fois depuis le début du XIXe siècle, on peut entendre, en fin d'après-midi, tout près de Montréal, le lointain glouglou des dindons sauvages. Pour ce qui est des lapins, des lièvres, des mouffettes, des martres, des visons, des orignaux, des cerfs, des écureuils, des ours noirs et de toutes les autres créatures qui étaient disparues en 1850, ils sont revenus si nombreux que, dans toute la région forestière de la côte est, on tient maintenant leur présence pour acquise. On a tort. Certes, il s'y trouve encore quelques loups, surtout à proximité des castors, mais, pour l'essentiel, les carcajous, les loups et les chats sauvages, comme les cougars et les wapitis, ne sont jamais vraiment revenus — les deux premiers par manque de volonté politique des pouvoirs publics. Les autres grandes espèces se font toujours rares. Peut-être la forêt est-elle trop différente, trop peuplée, ou trop petite pour leur permettre de s'y épanouir.

Il va sans dire que la problématique ne se limite pas aux parcs. Partout autour des Adirondacks, les villages et les villes, du Vermont et de la Pennsylvanie au Québec et à l'Ontario, ont graduellement adopté, en matière de chasse et de trappe, des législations protégeant les populations de cerfs et de gibier à plumes. Cependant, sans l'immense habitat disponible pour les gros animaux le long de toute la chaîne de montagnes, le Nord-Est américain ressemblerait sans doute à l'Europe, où l'on trouve certains oiseaux, des lièvres et des écureuils, mais pas de gros prédateurs, ni de grandes populations de gibiers à plumes ou d'animaux sauvages tels que les castors et les coyotes. Cela signifie que les animaux qui peuplent la ferme des Dressel, dont la majorité sont arrivés près de la vallée du Saint-Laurent depuis cette grande forêt au sud, ont littéralement été sauvés de l'extinction. Ils forment une faune dont l'existence, importante et mystérieuse, a été préservée et assurée par les êtres humains. Si vous vous assoyez près d'un étang à castors dans les Adirondacks au coucher du soleil, les bruits des animaux — les carouges à épaulettes qui poussent leur cri aigrelet dans les quenouilles, les hirondelles qui pépient avec animation en gobant des mouches noires, les hiboux qui hululent dans les bois, les grenouilles qui coassent en quatuors, les canards qui cancanent, les petits poissons qui sautent hors de l'eau, bruits auxquels viendront bientôt se joindre les glapissements des coyotes — étouffent le murmure des tondeuses et des autoroutes, voire celui de la pensée. Si ces créatures s'accouplent, nidifient, hululent et gazouillent, c'est parce que des êtres humains ont jugé que leur vie était suffisamment précieuse pour accepter d'abandonner quelques-unes de leurs activités économiques habituelles, non pas pour un moment, mais pour un siècle et demi et davantage. Cet exemple encourageant montre qu'il est possible de concilier les besoins d'une région peuplée et les exigences de la protection de la nature et de la biodiversité. Malgré ses problèmes et ses lacunes, le parc des Adirondacks prouve bien que nous pouvons préserver des écosystèmes entiers, leurs réseaux hydrologiques, leurs milieux humides, leurs plantes et leurs animaux, au milieu d'importantes populations humaines et d'une activité bourdonnante. Pour peu que nous le voulions vraiment.

Jusqu'au bout du rêve

Si tu le construis, il viendra.

Citation tirée du film *Jusqu'au bout du rêve*

Le parc des Adirondacks, qui visait initialement à préserver un bassin-versant, est devenu l'objet d'une expérience fondée sur la conception de la « nature sauvage » propre au XIXe siècle, avant de se transformer en un effort visant à sauver un écosystème tout entier. La réussite de l'entreprise a autant reposé sur un changement d'esthétique que sur l'avancement des connaissances scientifiques. De la fin du Moyen-Âge jusqu'à l'aube du mouvement romantique, à la fin du XVIIIe siècle, les Européens considéraient les arbres comme des mauvaises herbes géantes et les forêts comme des lieux désolés, enténébrés et glauques. Les seuls paysages dignes d'admiration étaient les champs et les pâturages fertiles aménagés par les hommes. Les New-Yorkais désireux de sauver les Adirondacks formaient l'avant-garde d'un mouvement qui commençait à croire que d'autres types de paysages possédaient peut-être leur beauté et leur utilité, quoique moins évidentes que celles d'un champ ou d'une étable. Les premiers adeptes de ce mouvement d'enthousiastes de la nature se passionnaient plus particulièrement pour les forêts et les montages escarpées, mais, au milieu du XIXᵉ siècle, on a dû constater que, sans les marécages boueux qu'on s'évertuait à combler depuis des siècles, l'eau pure, les oiseaux et le gibier viendraient bientôt à manquer.

Les prairies aussi étaient vues comme des lieux inintéressants, des surfaces vierges qu'il convenait de cultiver ou, tout au moins, d'utiliser comme pâturages pour des animaux européens. Au début du XXᵉ siècle, toutefois, des pionniers tels que le célèbre écologiste américain Aldo Leopold se sont engagés à les restaurer. Par le biais de ses expériences, dont il a rendu compte dans son célèbre ouvrage *Sand County Almanac*, Leopold a été le premier à montrer que les forces naturelles, comme le feu, sont des architectes du paysage au même titre que la géologie, les semences et les pluies. En effet, les travaux qu'il a menés à Curtis Place, une vieille ferme appartenant à l'Université du Wisconsin, ont tourné court quand des arbres exotiques et des herbes se sont inopinément mis à pousser dans les champs labourés où il avait soigneusement semé des graminées indigènes des prairies. Les espèces indésirables se sont imposées de manière si éclatante que Leopold a été obligé d'admettre qu'il devait manquer quelque ingrédient essentiel à ses efforts pour reconstituer l'ancien écosystème. Il a fini par découvrir que cette composante fondamentale était les feux de brousse qui, en plus de faire germer les graines de certaines plantes, avaient aussi pour effet de détruire les pousses et les gaules étrangères et d'attirer dans leurs cendres des pollinisateurs et des agents responsables de la dispersion des graines. Grâce au feu, la prairie restaurée a fini par fleurir, et cette renaissance amorcée dans les années 1930 dure toujours, même si, à Curtis Place, la périphérie de la prairie indigène est encore aujourd'hui envahie par certaines espèces exotiques.

Depuis l'époque de Leopold, de nombreux scientifiques de premier plan se sont consacrés à rétablir la diversité de la prairie vivace nord-américaine, dont Steve Packard, en Illinois, et Wes Jackson, au Land Institute du Kansas. Depuis 20 ou 30 ans, Packard, directeur du Nature Conservancy de l'Illinois, s'efforce de rendre à leur état originel les prairies du nord de l'Illinois et de l'Indiana. Il a d'abord connu un succès mitigé. Les feux ne venaient pas toujours à bout des broussailles étrangères, qui devaient être fauchées chaque saison afin que l'on puisse planter les hautes herbes caractéristiques des prairies. Ces dernières poussaient à merveille, mais parmi elles Packard trouvait sans cesse de nouvelles plantes qu'il n'avait jamais vues : des chardons et des fleurs qui ressemblaient à des gentianes crèmes, des pimprenelles jaunes, des *Liatris scariosa*, une plante des savanes. Il lui fallut des années avant de résoudre l'énigme : les terres épuisées, dont il avait toujours cru, comme les autres botanistes, qu'elles devaient être ramenées à leur état naturel de prairie couverte d'herbes longues, n'avaient en réalité jamais été des prairies. Il s'agissait plutôt de savanes, « des fourrés d'herbes et de hautes graminées poussant sous quelques bosquets d'arbres ». Les pionniers du XIXe siècle avaient qualifié de « barren » ce qu'ils avaient trouvé au sud de Chicago. Comme il ne s'agissait ni d'une prairie où faire paître leur bétail, ni d'une forêt à exploiter, ces terres leur paraissaient totalement improductives. Leur « barren », la savane, constitue un biome distinct de celui de la prairie et son maintien dépend des feux de brousse annuels. Quand les fermiers ont supprimé ces feux, la terre s'est brusquement transformée en un taillis épais, avant de sombrer dans l'oubli.

Fasciné, Packard s'est incliné devant la nature et a entrepris de recueillir des « poignées multicolores de crasse grumeleuse et visqueuse », soit les fruits et les graines des semis naturels de la savane, ainsi que d'autres survivants qui poussaient le long de voies ferrées abandonnées, dans de vieux cimetières et sur des sentiers empruntés par les chevaux. Il a planté ce qu'il avait recueilli et, en deux ans seulement, ses champs foisonnaient d'espèces telles que l'aster à grandes feuilles, la verge d'or, le lychis étoilé et l'asprelle hérisson. Une sécheresse en 1988 a fait mourir plusieurs des envahisseurs non indigènes, mais c'était précisément ce dont les espèces de la savane replantées avaient besoin, et elles ont proliféré. Aujourd'hui, les champs de Packard regorgent d'asclépiade naine, qu'on ne trouve nulle part ailleurs dans l'État, et de fleurs menacées telles que la plathantère à gorge frangée, qui est apparue spontanément. Des merlebleus à poitrine rouge, disparus depuis des décennies, sont venus y faire leur nid, et le papillon classique de la savane, le porte-queue d'Edwards, volette maintenant gaiement au-dessus des fleurs. Packard ignore comment une bonne partie des plantes se sont retrouvées là, sans parler des oiseaux et des papillons. Certes, la plupart des graines ont probablement été dispersées par des animaux, mais pourquoi cela ne s'était-il pas produit plus tôt ? D'autres étaient sans doute restées en dormance dans le sol pendant des dizaines d'années, à attendre la bonne combinaison de feu, de sécheresse et de plantes voisines pour finir par germer.

Cette histoire extraordinaire illustre bien la confusion qui menace quand on tente de restaurer une chose sans l'avoir d'abord correctement identifiée. Ces difficultés sont en partie dues au fait qu'on a appris, comme Newton, à considérer les parties plutôt que le tout. Conformément à l'actuelle division des professions en spécialités étanches, les chercheurs qui se consacrent à la prairie, comme Jackson et Packard, sont des botanistes. Ils ont d'abord tenté de restaurer des prairies, qu'ils voyaient initialement comme une communauté de plantes. Et si nous nous efforcions tous de voir dans les prairies — et dans tout le reste — quelque chose de plus ? Et si la restauration s'effectuait en sens inverse, par la reconstruction, par exemple, d'un habitat pour une forme de vie plus complexe, occupant une place plus élevée dans la chaîne alimentaire ? Comme un oiseau ?

Assembler la complexité

Sur la route de l'extinction, la circulation se fait dans les deux sens.
KENNETH BROWER

Nonsuch Island est une île en forme de croissant d'à peine 6 hectares, située à l'entrée d'un port des Bermudes. Son point le plus élevé se trouve à 15 mètres au-dessus du niveau de la mer. C'est l'un des endroits que l'on imaginerait le moins propice à une restauration de l'habitat, car l'île a subi tous les outrages qu'on peut infliger à un bout de terrain. Elle a d'abord été dépouillée de la plus grande partie de sa végétation naturelle et de ses animaux indigènes au XIXᵉ siècle, quand un particulier l'a utilisée comme pâturage pour son bétail, y introduisant du coup l'équivalent des quatre cavaliers de l'Apocalypse pour une île tropicale : des rats, des chats, des chèvres et des porcs. Plus tard, le gouvernement s'en est servi comme d'un poste de quarantaine et y a construit un hôpital où étaient soignées les victimes de la fièvre jaune, maladie redoutée entre toutes, après quoi il a aussi dû y aménager des morgues et des cimetières. Quand l'hôpital a été désaffecté cinquante ans plus tard, on a bâti sur l'île une station de recherche maritime et une école pour jeunes délinquants. De nombreuses infrastructures (quais, tunnels, rampes à bateaux) ont été ajoutées. En 1947, la pire catastrophe a frappé : *Phyllosticta minima*, responsable de la maladie du cèdre, a anéanti 98,6 % de la couverture forestière des Bermudes[4].

En 1951, Nonsuch n'était plus guère qu'un rocher dénudé, recouvert uniquement des restes squelettiques de cèdres et infesté de rats et de chèvres. La même année, deux naturalistes, Robert Cushman Murphy, de l'American Museum of Natural History, et Louis Mowbray, directeur de l'aquarium des Bermudes, qu'accompagnait un élève de quinze ans du nom de David Wingate, ont découvert sur un îlot rocheux, près de Nonsuch, une créature que l'on croyait éteinte. Les cahows, ou pétrels des Bermudes, oiseaux noirs et blancs de la taille d'un pigeon mais dont les ailes ont une envergure d'un mètre, se comptaient jadis par millions dans l'archipel des Bermudes. Prédateurs remarquables et très doués pour le vol, ils pouvaient survoler le Gulf Stream pendant des mois avant de revenir nicher chaque année dans des terriers, sous les racines des cèdres de Nonsuch et de quelques autres îles des Bermudes. Quatre cents ans plus tôt, des marins espagnols qui passaient par là les avaient baptisés « oiseaux du diable » car, à la saison de la ponte, leurs cris emplissaient l'air de la côte d'un « hurlement étrange et lugubre ». Il y avait des siècles que personne n'avait vu ces oiseaux, mais le petit paquet de plumes que les trois enthousiastes ont extirpé d'un terrier était bel et bien un jeune cahow — et, pour David Wingate, ce fut un véritable coup de foudre.

Les colons étaient arrivés vers 1612. Comme beaucoup d'autres espèces maintenant éteintes, les pétrels des Bermudes étaient amicaux, peu farouches et délicieux, tout particulièrement prisés en période de disette. C'est pourquoi ils ont disparu encore plus rapidement que le cerf du Massachusetts. On a observé le dernier représentant de l'espèce huit ans seulement après l'arrivée des colons, en 1620. Une fois adulte, le jeune David Wingate, qui descendait de ces premiers colons, est allé étudier l'ornithologie à l'université Cornell, avant de revenir chez lui pour soigner les dix-huit couples de cahows restants qui avaient été recueillis par des chercheurs aux Bermudes pendant qu'il poursuivait ses études. Il a bientôt compris que le cahow ne pourrait survivre à moins de pouvoir compter sur un véritable habitat qui ressemble le plus possible à ce qu'étaient les Bermudes avant que les Européens ne viennent s'y installer. Louis Mowbray était parvenu à faire accorder le statut de réserve naturelle à l'île de Nonsuch, même s'il ne s'y trouvait plus guère de nature. Quelques années plus tard, Wingate a entrepris d'y restaurer l'habitat des pétrels des Bermudes. Il commença par planter huit mille cèdres, mais la plupart moururent, victimes de l'ancienne maladie ou abattus par le vent. Wingate a alors décidé, comme l'ont fait plusieurs autres de ceux qui s'efforcent de restaurer des forêts indigènes, de planter des espèces protectrices, c'est-à-dire des plantes non indigènes à croissance rapide qui agiraient à la manière de coupe-vents jusqu'à ce que les cèdres, l'espèce climacique, puissent s'établir. Il a choisi le casuarina, une espèce à feuilles persistantes qui remplit son rôle à la perfection, servant d'écran aux cèdres indigènes jusqu'à ce que ces derniers soient suffisamment forts pour évincer leurs protecteurs.

Mais Wingate n'était guère patient. Il a recouru à des engrais organiques pour accélérer leur croissance. « Je répandais le truc, relate-t-il, et ça poussait à une vitesse folle. » Il a cependant bientôt découvert qu'il ne nourrissait pas que les arbres : le nombre de crabes terrestres a tellement augmenté que l'île est devenue spongieuse, trouée de terriers, et que, la nuit tombée, le sol grouillait de crustacés comme s'il s'agissait de cafards géants. Puisque les hérons des Bermudes (ennemis naturels des crabes, dotés d'un court bec particulièrement bien adapté à leur capture) avaient disparu depuis longtemps,

Wingate est allé chercher leurs cousins en Floride. « Le mieux que l'on pouvait faire, c'était d'introduire leur plus proche parent et d'espérer que l'évolution se remettrait en marche. » Aujourd'hui, il y a plus d'une centaine de ces oiseaux, des bihoreaux violacés, dans l'île de Nonsuch, et la population de crabes est revenue à un niveau normal. L'importation de bihoreaux et l'élimination des rats ont eu un autre effet extraordinaire : la restauration d'une grande partie de la flore de sous-étage, y compris une laiche des Bermudes extrêmement rare, dans laquelle Wingate voit l'équivalent botanique du cahow. « Est-ce que les biologistes auraient pu prédire que la survie de cette laiche dépendait des bihoreaux violacés ? » Non. Du moins pas si l'on se fie à la formation que reçoivent aujourd'hui la majorité des biologistes.

En compagnie de sa femme et de ses enfants, Wingate avait emménagé dans l'île dénudée, qu'il a continué à habiter la fin de semaine et l'été après que ses enfants ont dû la quitter pour aller à l'école. Ce furent ses années les plus occupées, passées à planter des arbres, à soigner de jeunes oiseaux et à abattre des chèvres (dont le nombre déclinait) pour le souper. Pendant les cinq premières années, il n'a connu absolument aucun succès. « Tout cela était à très long terme, explique-t-il. Pas [aussi long] qu'une échelle cosmique [...] ou géologique. Mais il faut penser en fonction d'une échelle beaucoup plus longue que ne le font les politiciens. La nature même de la croissance exponentielle fait que tout semble effroyablement lent au début. Mais soudain, vous commencez à remarquer l'accélération[5]. » Wingate est ensuite devenu agent de conservation pour l'ensemble des Bermudes. Travaillant de concert avec la Bermuda Biological Station for Research et la société Audubon, il a poursuivi sa tâche apparemment irréalisable consistant à ressusciter les morts. Il a recueilli des cahows orphelins auprès des dix-huit couples initiaux et les a élevés lui-même. Il a aménagé des cabanes d'oiseaux souterraines afin de reproduire les crevasses qui apparaissent dans les forêts indigènes quand des arbres sont déracinés par les ouragans annuels. C'était un labeur dicté par la passion.

Aujourd'hui, Nonsuch Island possède une forêt haute de six mètres, faite de cèdres et de palmiers, ainsi que d'olivewood barks, de micocouliers et d'autres plantes de sous-étage. Deux étangs artificiels ont été creusés pour recréer des habitats marécageux d'eau de mer et d'eau douce. Le buccin des Indes orientales, un type d'escargot de mer, y a été réintroduit, mais l'île ne compte ni mammifères ni amphibiens et seulement un reptile, le lézard, qui y pullule. Les sites de nidification des tortues vertes et des tortues carets sont protégés. On trouve aussi cinquante couples de cahows reproducteurs dans les environs, mais ils n'ont pas encore recommencé à faire leurs nids dans l'île, préférant les petits îlots voisins. Ils finiront probablement par se répandre dans Nonsuch Island quand ils seront à l'étroit dans leurs anciens territoires de nidification.

Si tout se poursuit au rythme actuel, Wingate estime qu'il y aura en 2025 mille couples de cahows qui voleront dans le ciel et empliront l'air de leurs cris lancinants pendant la moitié de l'année. À ce moment-là, lui-même n'y sera plus, mais il espère être enterré dans le vieux cimetière de Nonsuch aux côtés de sa femme, décédée dans l'incendie de leur cabane dans l'île à l'époque où leurs enfants étaient encore à l'école. Le reste des Bermudes ressemble toutefois assez peu à son île restaurée, même s'il correspond à l'archétype du paradis tropical : des îles couvertes d'hibiscus, de bougainvillées, de haies de laurier-rose, de flamboyants royaux, qui ont tous en commun d'être des espèces exotiques importés. Wingate admet que la forêt indigène était, en comparaison, « absolument morne », puisqu'il s'agissait d'un écosystème très simple. « Mais les Bermudes primitives, poursuit-il, sont restées stables pendant des dizaines de milliers d'années. » Les Bermudes primitives ont aussi donné naissance au cahow, un prédateur au sommet de la chaîne alimentaire, la créature même qui avait enchanté David Wingate. Ce dernier avoue qu'il est difficile d'expliquer à quoi sert la présence d'un oiseau de mer de plus, même s'il se trouve que celui-ci vit sous terre et hurle les nuits de pleine lune. La réponse que donnerait un biologiste traditionnel est la suivante : le pétrel des Bermudes, et l'écosystème que sa présence a ranimé, a quelque chose à nous apprendre. Les impatients se demanderont si cette leçon en vaut bien la peine, si la connaissance acquise dans l'île de Nonsuch ajoutera vraiment à notre compréhension de la biodiversité, qui nous fournit ce qui est nécessaire à notre existence. Les réponses à ces questions commencent aujourd'hui à arriver de l'Ouest américain, via le veldt africain, et elles touchent des nécessités éminemment pratiques, dont l'agriculture, entre autres, et la prévention de la désertification des prairies.

Des coyotes pour faire pousser l'herbe

> *Des quantités relativement importantes de troupeaux de gros animaux, rassemblés et se déplaçant comme ils le faisaient jadis naturellement en présence de prédateurs, assurent le maintien en bon état des terres dont on croyait qu'ils les détruisaient.*
>
> ALLAN SAVORY, dans *Holistic Management*

Ainsi, la restauration d'un écosystème semble liée à la diversité, à la présence d'un peu de tout : des feux et des papillons, des cahows et des crabes, des hérons et des laiches. Dans un grand nombre de réserves et de parcs en Afrique et dans l'Ouest des États-Unis, toutefois, les administrateurs et les éleveurs s'efforçant de restaurer des forêts et des pâturages n'ont rien trouvé de plus urgent à faire que de décider à quelles espèces ils permettraient de s'implanter. Des éleveurs partout sur le continent ne s'y sont pas pris autrement, comme l'avaient fait les premiers colons dans la prairie de l'Illinois, qui ont exterminé les autochtones et supprimé les incendies et qui se sont efforcés de chasser les prédateurs. Ils se sont aussi évertués à éliminer le plus grand nombre possible d'espèces rivales ; ils cherchaient à favoriser la présence de vastes troupeaux d'herbivores et de pâturages florissants et étaient convaincus que leurs récoltes et leur bétail seraient plus rentables s'ils n'avaient pas à partager la terre avec d'autres espèces. Pourtant, en deux générations seulement, partout dans l'Ouest américain et dans les plaines de l'Afrique, les animaux en pâturage, sauvages ou domestiqués, ont commencé à décliner, ainsi que l'herbe dont ils se nourrissaient. En fait, la désertification avance aujourd'hui aussi rapidement dans l'Ouest des États-Unis qu'en Afrique australe[6].

Allan Savory a entamé sa longue carrière de biologiste de la faune dans le nord de la Rhodésie. L'une des choses les plus étonnantes qu'il a remarquée lorsqu'il était jeune homme, c'est la terrible détérioration des pâturages après le retrait du gibier et du bétail dans le but d'éradiquer la mouche tsé-tsé. Il est ensuite devenu gestionnaire du ministère de la Faune au Zimbabwe. Dans les années 1960, son équipe a voulu réintroduire des éléphants dans des pacages dont on croyait qu'ils déclinaient parce qu'ils avaient été surexploités par les propriétaires. Toutefois, même sans animaux broutant l'herbe, même sans sécheresse, l'herbe a continué à se dégrader, et la terre, de céder à la désertification. Après des années de déception, Savory a publié un article pour témoigner de son désespoir, qu'il a conclu en expliquant que, passé un certain point, il était impossible de ramener à la vie une terre abîmée. Dix ans plus tard, comme de vastes pâturages continuaient de décliner dans les territoires occupés par les éléphants, il a pris ce qu'il qualifie de « décision déchirante » et a abattu une grande partie du troupeau pour permettre à l'herbe et aux arbres de reprendre vie. Les bulletins de nouvelles partout au monde ont fait état de cette mesure pour le moins controversée, dont on aurait tort de croire qu'elle a été prise parce que les gestionnaires n'aimaient pas les éléphants. Savory explique aujourd'hui : « Je croyais qu'il y avait trop d'éléphants. Ce n'est que beaucoup plus tard que j'ai compris à quel point j'avais tort. »

Ce n'est que lorsqu'il s'est rendu au Texas pour étudier la désertification que Savory a commencé à saisir le problème. La désertification consiste en un déclin des formes de vie dans un milieu, c'est-à-dire en une perte progressive de biodiversité. Elle peut se produire dans des milieux humides, comme les plaines de la Colombie, mais est le plus souvent associée à de faibles pluies. Comme tant d'autres scientifiques, Savory avait reçu une formation traditionnelle en biologie de la faune et de l'agriculture, une discipline qui s'est développée en Europe et au centre de l'Amérique du Nord, des continents qui disposent de sols profonds, d'une bonne humidité et qui reçoivent des pluies régulières. En Afrique, les gestionnaires de la faune avaient reçu l'enseignement de mentors de pays industrialisés qui étaient fermement persuadés que la désertification de l'Afrique subsaharienne était due aux pratiques de ses habitants. Les scientifiques et les consultants étrangers présumaient que l'érosion, la disparition des plantes et la dégradation des sols étaient causées par ce qu'ils observaient : un trop grand nombre d'habitants qui possédaient un bétail trop abondant, coupaient les arbres à l'excès, cultivaient des champs en terrasses et se livraient à des cultures nomades. En outre, ces gens étaient collectivement propriétaires de leurs terres, ce qui, aux yeux des gestionnaires classiques, allait à l'encontre de leurs intérêts quand venait le temps de les entretenir. Pauvres et peu instruits, ils n'avaient guère accès aux recherches, aux engrais, aux outils ou aux produits chimiques modernes ; de plus, ils étaient souvent victimes de conflits ou de gouvernements corrompus et subissaient des sécheresses prolongées. C'est pourquoi, à son arrivée au Texas, Savory a été abasourdi de constater que la diversité des graminées, des insectes et des animaux y connaissait un déclin semblable à celui qui affligeait l'Afrique. Pourtant, selon les principes modernes de gestion des terres, le Texas aurait dû être en parfaite condition.

À maints égards, l'État du Texas était le contraire de l'Afrique australe. Il s'y trouvait peu d'habitants, moins de bétail qu'un siècle auparavant et un trop grand nombre d'arbres, lesquels empiétaient sur les pâturages. Les gens de l'endroit pratiquaient une agriculture moderne et stable sur des terres planes dont ils étaient propriétaires, ce qui signifiait qu'ils avaient tout intérêt à ce qu'elles demeurent saines. Ces gens étaient relativement à l'aise et scolarisés ; ils bénéficiaient de nombreuses subventions gouvernementales et disposaient d'engrais, de machinerie et de produits chimiques en abondance. De plus, les années de sécheresse étaient exceptionnelles, et ils vivaient en paix sous l'égide d'un gouvernement à peu près exempt de corruption. Malgré tout cela, l'herbe y avait aussi piètre allure que celle du Zimbabwe et la désertification forçait un nombre grandissant d'éleveurs à abandonner leur métier. Devant ce paradoxe, Savory n'a eu d'autre choix que de conclure que les principes de gestion moderne des terres dans leur ensemble, qui dictaient ses actions aussi bien que celles des gestionnaires du territoire texan, étaient en cause.

Sur le plan écologique, l'ouest du Texas et l'Afrique ont beaucoup en commun. Jusqu'à récemment, ils comptaient tous deux de nombreux pâturages naturels où poussaient d'abondantes graminées vivaces, ainsi que des fleurs et des herbes qui nourrissaient d'immenses quantités d'ongulés. Les deux territoires recevaient des pluies suffisantes, mais par périodes, celles-ci alternant avec de longues périodes de sécheresse et de dormance. À mesure que les deux ensembles de pâturages ont commencé à décliner, ils ont perdu leur capacité d'emmagasiner l'eau à la saison des pluies, ce qui a encore accentué leur dégénérescence. Savory a décidé qu'il convenait de procéder à une nouvelle classification du territoire, non plus selon les anciennes méthodes fondées sur la production des terres (pâturages, zones humides, forêts, etc.) ou sur la quantité d'eau qu'elles recevaient (arides, semi-arides, tropicales, etc.), mais plutôt selon la manière dont ces terres devaient être administrées.

Savory classe les terres selon qu'elles sont « friables » (ou fragiles) ou « non friables », sur une échelle de 1 à 10, où 1 correspond à une forêt tropicale et 10 représente un désert complètement aride. Au sein de cette classification, la différence entre une biodiversité et une productivité pauvres ou riches se mesure par le type de végétation et d'animaux présents. Les techniques agricoles classiques ont été conçues pour ce que Savory appelle des « milieux perpétuellement humides », comme l'Europe et les meilleures terres agricoles de l'Amérique du Nord, où, toute l'année, certaines matières végétales demeurent vivantes alors que d'autres meurent, où des insectes et des micro-organismes restent actifs en tout temps et où les pluies sont régulières et assez prévisibles. L'Afrique et l'ouest du Texas sont, quant à eux, des « milieux fragiles à humidité saisonnière » : la plus grande partie des végétaux de surface sont morts pendant une bonne partie de l'année en raison du manque d'eau, et les insectes et les micro-organismes tombent eux aussi en dormance. Dans un tel système, à moins d'être brûlées ou mangées par des herbivores, les grandes plantes hautes de quelques mètres créeront des masses de matière morte qui étoufferont les nouvelles pousses quand les pluies reviendront. C'est pourquoi les feux sont utilisés depuis le paléolithique comme moyen d'accroître la production végétale et animale dans les pâturages. Savory a cependant découvert que, parmi les plantes que préfèrent les herbivores, certaines ne se régénéreront normalement que si elles sont « récoltées » par des animaux. En effet, quand on les brûle, plusieurs de ces vivaces indigènes disparaissent graduellement. Autrement dit, les herbivores et les plantes dont ils s'alimentent ont évolué de concert jusqu'à former un tout symbiotique : les plantes nourrissent les troupeaux, et les troupeaux font en sorte que les plantes puissent se reproduire.

Savory a cependant compris qu'un autre facteur était en jeu dans les pâturages : les prédateurs. Les lions, les hyènes, les guépards et les dingos ont proliféré en Afrique, comme les loups, les coyotes et les aigles dans l'Ouest américain, parce qu'ils se nourrissaient des énormes troupeaux d'herbivores qui couvraient les pâturages. L'activité des prédateurs chassant les herbivores était aussi essentielle à la santé des pâturages que l'activité des troupeaux broutant l'herbe. Savory a découvert que, dans des zones dépourvues de nouvelle végétation et qu'on croyait impossibles à régénérer, les nouvelles pousses ne prenaient racine que là où le bétail avait subi les assauts de prédateurs. Une fois que les gnous ou les antilopes en proie à la panique s'étaient agglutinés et avaient retourné le sol de leurs sabots, déchiquetant et piétinant les matières végétales mortes, aérant la terre de manière à lui permettre de recevoir des semis et de nouvelles pluies, la régénération était possible. De plus, les animaux apeurés demeuraient le plus souvent rassemblés pendant plusieurs heures, au cours desquelles ils urinaient et déféquaient. Comme le savent tous ceux qui gardent le bétail, les herbivores refusent de brouter à un endroit où ils ont déféqué avant que leurs excréments ne se soient totalement dissous, ce qui nécessite au moins une année dans le climat tempéré du Canada. Cela a amené Savory à faire sa découverte suivante : le *timing*.

Les agriculteurs traditionnels ne se trompaient pas quand ils supposaient que, pour récupérer, les pâturages avaient besoin d'être laissés en repos pendant un certain temps. Cette méthode fonctionne bien dans un climat tempéré comme celui de l'Angleterre. Ce qu'ils n'avaient pas saisi, c'est que, dans des milieux plus « friables », les pâturages se comportent différemment. Ils n'ont nul besoin d'un répit égal sur un vaste territoire ; il leur faut plutôt, sur des aires restreintes, être piétinés pendant une certaine période par des animaux qui paissent intensément, puis bénéficier d'une période de répit, puis de nouveau accueillir des animaux qui y paissent, soit exactement ce qui se produirait si les herbivores les arpentaient en troupeaux serrés et étaient pourchassés par de grands prédateurs. Aujourd'hui, les vaches choisiront naturellement les espèces de plantes qui sont les plus nutritives pour elles ; si elles sont confinées et forcées de consommer toutes les espèces, leur poids en souffrira. D'autres chercheurs africains, notamment le botaniste John Acocks[7], se sont rendus compte que, dans la nature, il n'y aurait pas de plante épargnée qui pourrait s'arroger la prairie et en chasser les autres espèces, comme c'est le cas actuellement dans les pâturages où paissent les vaches, qui sont infestés de bardanes, de lentilles d'eau ou de chardons. En effet, dans la nature, diverses espèces d'herbivores, qui possèdent des régimes alimentaires différents, consomment toutes les plantes également ; c'est là un autre produit de la co-évolution. Évidemment, quand une espèce d'herbivore, des vaches, par exemple, est gardée dans un pâturage trop longtemps, les animaux comme les plantes en pâtissent. Cependant, le problème serait résolu si les animaux se déplaçaient comme le font les troupeaux que, avec l'évolution, l'herbe est parvenue à supporter.

De nombreuses personnes ont adopté les méthodes préconisées par Allan Savory. Aujourd'hui, près de 800 000 hectares de terres, surtout en Oregon, en Idaho et dans l'État de Washington, sont exploitées selon ses méthodes holistiques et prospèrent de manière remarquable. Surtout, les éleveurs ne se contentent pas de suivre religieusement ses consignes, mais ils adaptent ses préceptes aux exigences particulières qu'entraînent la biodiversité, la vocation et la taille d'un territoire donné. Le résultat correspond à ce que l'on qualifie d'agriculture « holistique » et se caractérise par des pratiques ouvertes sur la réalité, par un effort constant de percevoir l'ensemble dans lequel les différents éléments s'inscrivent et, comme cet ensemble est vivant et changeant, par une réponse extraordinairement humble et souple.

Une démarche axée sur les buts et fondée sur les actifs

> *Quand j'ai réussi à me voir comme une partie — et seulement une partie — d'ensembles plus importants, tous les principes de l'agriculture classique sont tombés les uns après les autres : la nature en tant qu'objet passif, l'ingénierie en tant qu'entreprise presque divine, les espèces que l'on divise en « bonnes » et en « mauvaises », la technologie comme ultime solution, ma famille et moi comme indépendants de la manière dont je gagne ma vie.*
>
> Un éleveur argentin

Doc et Connie Hatfield sont membres d'une coopérative d'élevage de l'Ouest américain qui porte le nom d'Oregon Country Beef. Leurs ancêtres sont, comme ceux de leurs voisins, arrivés dans la région il y a plusieurs générations et ont entrepris d'élever du bétail après avoir exterminé les antilopes et les wapitis. La région comptait alors beaucoup d'autres animaux : coyotes, loups, cougars, aigles, chiens de prairie, etc. Les éleveurs voyaient des aigles et des coyotes emporter des veaux et des agneaux, et des loups et des cougars s'attaquer à des adultes en pleine santé ; il arrivait que des vaches ou des chevaux se cassent une patte en posant le pied dans le terrier d'un chien de prairie. Les colons ont donc décidé d'éliminer systématiquement tous les prédateurs et les animaux creusant un terrier, qu'ils se sont dès lors affairés à trapper, abattre ou empoisonner. Pendant un assez long moment, deux ou trois générations peut-être, le bœuf de l'Ouest a régné et les éleveurs ont prospéré. Toutefois, à la fin du XXe siècle, les Hatfield ont vu leur mode de vie s'étioler.

Il est facile d'en observer la cause si l'on roule dans l'est de l'Oregon. Le pays ressemble à une mer jaune pâle. L'herbe, la seule forme de vie végétale que l'on aperçoive, semble être l'une des deux seules espèces restantes (si ce n'est la seule), et il se trouve beaucoup de terres dénudées, le critère premier d'une zone « fragile », selon Allan Savory. Les Hatfield ont commencé à s'intéresser aux méthodes de Savory au début des années 1980. Doc Hatfield raconte qu'il s'est longuement trituré les méninges pour savoir « s'il est possible d'élever du bétail en harmonie avec la terre et sans le recours à des moyens très coûteux comme les combustibles fossiles, les engrais chimiques, la machinerie et la main-d'œuvre ». En 1986, les Hatfield s'inquiétaient non seulement de la condition de leurs pâturages, qui déclinait, mais aussi de l'image publique de la viande de bœuf. En effet, on avait tendance à croire que cette viande faisait engraisser, qu'elle était mauvaise pour la santé et bourrée de cholestérol, de pesticides, d'hormones et d'antibiotiques. Même si l'état de leurs pâturages causait des problèmes aux Hatfield, ceux-ci n'administraient pourtant aucun produit chimique à leurs animaux. Ils ont donc résolu de lancer leur propre campagne de marketing et se sont mis à expédier chaque semaine une dizaine de quartiers de bœuf à des boutiques d'aliments naturels de leur région, avec la garantie que la viande était exempte de produits chimiques.

Ils ont eu du mal à obtenir un financement auprès d'une banque pour ce nouveau projet, car ils employaient des méthodes de moins en moins orthodoxes pour l'élevage de leur bétail. Par ailleurs, ils n'ignoraient pas que leur plus grave problème économique résidait dans la fluctuation importante des prix sur le marché. Ils ont donc fait un autre grand pas en fondant une coopérative de mise en marché du bœuf biologique, afin de fixer les prix de la viande en fonction du coût moyen de production tout en offrant un retour sur l'investissement, de manière à assurer aux membres un profit raisonnable et durable. Cette coopérative leur a permis de maintenir leurs prix, alors qu'ils déclinaient ailleurs. Les Hatfield ont fondé leur coopérative il y a maintenant plus de douze ans et ils sont aujourd'hui responsables du marketing pour la marque Oregon Country, offerte dans les épiceries et les restaurants de l'ensemble de la côte nord-ouest du Pacifique, de Seattle, au nord, jusqu'à San Francisco, au sud. Ce qui distingue surtout l'Oregon Country Beef, ce sont les techniques utilisées dans les pâturages. Les membres de la coopérative laissent le bétail dans les champs pendant des périodes plus courtes et plus intensives dans le but de stimuler la biodiversité naturelle des espèces indigènes, y compris les prédateurs. Ils aiment bien les coyotes et ne s'inquiètent pas outre mesure de la présence des cougars ou des aigles. En fait, ils essaient de déplacer le bétail comme si celui-ci était pourchassé par des prédateurs. Et lorsqu'un prédateur cause un véritable problème, ils s'efforcent de régler celui-ci sans supprimer l'animal responsable ; ils utilisent des chiens et des lamas pour garder les troupeaux et maintenir les prédateurs à une distance respectable du bétail. La philosophie de l'Oregon Country Beef s'est répandue de famille en famille et, après quelques années, il est facile de voir quels sont ceux qui ont adopté ce style d'élevage « respectueux des prédateurs » dans l'est de l'Oregon. D'un côté, les champs sont bruns ou jaunes ; de l'autre, les fermes de la coopérative sont verdoyantes et fournies, il y pousse davantage de fleurs et leur herbe est meilleure. Les membres de la coopérative disposent d'un revenu modeste mais merveilleusement stable, et ils entendent les coyotes chanter à la nuit tombée[8].

Aujourd'hui, pas moins de 600 000 hectares de terres de l'est de l'Oregon sont gérées selon les méthodes de l'agriculture holistique sous l'égide d'Oregon Country Beef. Les animaux appartiennent à des races particulièrement adaptées aux territoires semi-arides et ils sont traités selon les principes « Grazing Well » (« Bon pâturage ») de la coopérative, un ensemble de règles qui ne sont pas sans rappeler les préceptes de CERES ou ceux de The Natural Step exposés au chapitre précédent. Parmi ces principes, le plus important énonce que : « Les rongeurs, les insectes, les oiseaux, les prédateurs et les autres animaux ont tous leur rôle à jouer dans un écosystème sain. On planifie les périodes où les animaux sont en pâturage, de manière à coordonner la présence du bétail et l'enlèvement du fourrage avec les besoins des bassins-versants, de la faune et des êtres humains. » En d'autres mots, il ne s'agit pas de produire un maximum de viande de bœuf ou de profits : l'enjeu consiste plutôt à vivre dans le monde naturel de la biodiversité intégrée et interdépendante, avec la conviction que, à long terme, le bétail ne se portera bien que dans la mesure où les autres formes de vie qui l'entourent subsistent pour l'aider.

Connie Hatfield nous a raconté que la mise en œuvre de cette philosophie holistique n'a pas seulement favorisé la production d'une viande meilleure et l'accession à un marché plus stable, mais qu'elle a également contribué à ramener des fleurs sauvages, des plantes médicinales et d'autres herbes des prairies dont la dernière trace remontait aux journaux des premiers colons. « Et, poursuit-elle, émerveillée, dans certains éviers, on a maintenant de l'eau pendant la plus grande partie de l'année, pour la première fois de mémoire d'homme ! » Ont-ils dû sacrifier leur confort pour ramener ces fleurs et ces coyotes ? « Pas du tout, affirme Doc. Ce qu'on a appris, c'est que l'économique et l'écologique deviennent synonymes à long terme. »

L'un des préceptes fondamentaux de l'agriculture holistique consiste à élaborer un plan puis à surveiller de près son exécution, de manière à s'assurer que tout se déroule bien. Personne ne s'étonne que le processus fonctionne différemment selon la personne qui l'applique et selon l'endroit et le moment où elle le fait. Cette souplesse, qui rend tout le concept un peu difficile à cerner, prend tout son sens quand on met les préceptes en application. Les principes de base de l'agriculture holistique consistent à définir le but ultime visé, à fonder ses actions sur les atouts en place plutôt que sur les lacunes et à savoir faire preuve d'humilité et de souplesse si les premiers plans mis en œuvre ne donnent pas les résultats escomptés. Peter Donovan, un éleveur qui écrit aussi pour une revue trimestrielle publiée par le Savory's Center for Holistic Management au Nouveau-Mexique, souligne que : « [c]e nouveau type d'agriculture émane non seulement des marges du pouvoir, mais aussi des marges de la sécurité économique, c'est-à-dire de gens qui ne sont *pas* financés par les gouvernements, les universités ou même les ONG, soit des fermiers, des éleveurs, des pêcheurs, des bénéficiaires d'aide sociale, des protestataires, etc. Ils sont animés par la nécessité de découvrir d'autres manières de survivre. »

À cet égard, il semble que qualifier de « gestion holistique » les méthodes que découvrent ces gens n'est pas plus juste que de prétendre qu'ils appliquent The Natural Step ou le capitalisme naturel. Les mêmes façons de faire et les mêmes paradigmes, désignés sous ces noms ou d'autres, sont ainsi adoptés et adaptés aux situations propres au Kerala et à Dehli, en Allemagne et au Brésil, à Portland et à Québec. « Ce qu'ils essaient de faire, explique Donovan, qui trouve ses mots avec difficulté, c'est de repérer les forces et les capacités des gens ou des écosystèmes, plutôt que de gérer, comme on le fait maintenant, en cherchant la petite bête — le taux de chômage à dix pour cent, les mauvaises herbes, peu importe — sur laquelle insistent les vieux systèmes. » Il cite en exemple « le développement communautaire qui n'envisage pas Maria comme une adolescente enceinte, mais Maria comme une personne qui a une si jolie voix et qui a tant à donner à sa communauté ». La gestion holistique est d'abord une affaire de *processus* plutôt que d'événements. « On ne se concentre pas sur les coûts, mais sur les investissements pour l'avenir. On ne panique pas au sujet des échéances, mais on travaille en fonction des possibilités qui s'offrent. » Dans ce nouveau paradigme, on fixe un objectif extrêmement élevé, presque une vision, comme le retour du cahow ou la mise sur pied d'un écosystème entier et totalement intégré. C'est cette vision qui garde le processus sur ses rails[9].

Judy Wicks, Ashok Khosla, David Wingate et Truman Collins ont mis au point leurs propres versions de la méthodologie holistique sans jamais avoir entendu Allan Savory, mais en faisant leur chemin dans le monde des affaires, de la confection, de l'habitat des oiseaux ou de la production de bois durable. L'agriculture holistique que nous avons décrite ne constitue qu'une partie d'un mouvement croissant de gestion holistique qui se développe spontanément partout sur la planète. L'aspect le plus important de cette méthodologie est sans doute qu'elle fait appel au biomimétisme, c'est-à-dire qu'elle s'inspire des systèmes naturels biologiquement diversifiés. Comme eux, elle se régit elle-même, elle est non hiérarchique, cyclique, souple, humble, et, comme eux, elle est axée sur le long terme. À l'instar de David Wingate tâtonnant et commettant des erreurs à Nonsuch Island ou d'Allan Savory cherchant à restaurer les pâturages, les tenants de la méthode holistique sont toujours prêts à essayer autre chose et, si cela ne fonctionne pas, à s'ajuster, à revenir sur leurs pas et, avec soin et humilité, à essayer encore une fois quelque chose de différent. Certains seront sans doute d'avis qu'il s'agit là d'une forme de procrastination conservatrice, mais la lenteur du processus holistique s'explique par le fait qu'il cherche sans cesse à atteindre le but ultime qu'est la pleine durabilité environnementale et sociale et qu'il demeure toujours axé sur cet objectif.

La forêt de saumons

> *Les saumons font tout le chemin jusqu'à l'océan. Et voici ce que croyaient les anciens : ces saumons, leurs corps sont sacrés. Ils amassent tous ces aliments, comme nous le faisons. Et ils les rapportent pour nous nourrir. Mais ils nourrissent aussi l'ours. Ils nourrissent l'aigle, le cougar, les animaux, les insectes, les nutriments, la microfaune ; et c'est de cela que se nourrira la prochaine génération de saumons.*
>
> DON SAMPSON, Columbia River
> Inter-Tribal Fish Commission

Dans notre monde moderne, les systèmes de gestion classiques sont très différents des méthodes de l'agriculture holistique. En Colombie-Britannique, par exemple, les forêts relèvent du ministère provincial des Forêts, les grizzlys, du ministère de la Protection de l'eau, de la terre et de l'air tandis que la gestion des saumons relève de trois ministères fédéraux et de certains de leurs équivalents provinciaux, notamment Pêches et Océans Canada, le ministère des Affaires indiennes et du Nord et le ministère du Tourisme. Parmi les autres ministères et organismes responsables de la gestion du saumon, mentionnons les ministères des Affaires urbaines, de l'Agriculture, des Mines, de l'Énergie, de la Science et de la Technologie, et celui de l'Environnement.

Quelles sont les répercussions de cette approche compartimentée sur les « ressources » elles-mêmes, soit les saumons, les forêts, les rivières ? On sait que le saumon a besoin de la forêt. Ce sont les arbres qui rafraîchissent les cours d'eau et qui rendent possible l'existence des poissons. De plus, leurs racines empêchent le sol de souiller les eaux claires essentielles aux saumons, et la forêt emmagasine l'eau et équilibre le climat d'un territoire donné. C'est l'une des raisons qui explique qu'un si grand nombre de ministères se partagent la responsabilité de la gestion des saumons. Tout développement à proximité des rivières, qu'il s'agisse de les draguer pour le transport, de construire des barrages dans le but de produire de l'énergie, d'aménager de nouvelles villes, usines et habitations ou d'exploiter des mines, affecte le volume et la limpidité des eaux. Ainsi, chaque ministère a une perspective différente, selon son mandat, son budget, ses experts et le terrain bureaucratique qu'il défend. En vertu de cette approche, les saumons, les forêts et les rivières (et toute la vie qu'ils alimentent) ne sont jamais traités comme une entité biologique, un tout, ni en fonction d'un objectif à atteindre, comme le retour du pétrel des Bermudes. On a dépensé des milliards de dollars en recherches gouvernementales sur les forêts et les pêches, sans jamais comprendre que les poissons, les forêts, les rivières, les insectes, les oiseaux et les champignons ne sont pas des entités isolées : ils s'inscrivent dans un même tout constitué d'espèces interreliées et interdépendantes, d'ensembles concentriques qui se croisent, se chevauchent et se soutiennent mutuellement. Ces caractéristiques sont pourtant connues depuis longtemps de gens qui considèrent la réalité sous un angle différent.

Don Sampson est membre des Umatilla, une tribu autochtone du sud-est de l'État de Washington, là où l'État touche au nord-est de l'Oregon. Le centre du territoire de la tribu umatilla se trouve au confluent de deux des cours d'eau les plus importantes du continent, le fleuve Columbia et la rivière Snake. Sampson est actuellement à la tête de la Columbia Inter-Tribal Fish Commission, un groupe représentant treize tribus autochtones qui formulent des suggestions sur la gestion de l'écosystème à l'intention des nombreuses instances gouvernementales et industrielles concernées. Si on n'a commencé que tout récemment à les écouter et à leur faire une place aux rencontres réunissant tous ceux qui sont concernés par les cours d'eau, il y a pourtant longtemps qu'ils s'occupent de la gestion du saumon. « C'est parce que les gens ont toujours su, même dans l'ancien temps, que nous avions une réserve de nourriture limitée, explique Sampson. Ils avaient des lois non écrites qui dictaient l'usage de nos ressources. »

Sampson raconte que certains chefs autochtones avaient le savoir et l'autorité nécessaires pour déterminer les lieux et les moments où l'on avait le droit de pêcher. Il cite en exemple le chef Tommy Thompson, né au début du XXe siècle. « Il était capable de reconnaître, simplement par l'abondance et le moment de la montaison et par les caractéristiques physiques des différents saumons, l'endroit où ils étaient destinés à frayer. Ainsi, il savait à quels endroits précis stopper toute pêche. Les anciens avaient un type de science très sophistiqué, mais qui comprenait aussi des croyances religieuses et spirituelles. C'est ce qui gouvernait leur manière de gérer les pêches. » Sampson comprend la science : il est lui-même ichtyologiste. C'est pourquoi les aînés l'ont choisi, comme il le dit, « comme interprète, parce que je vis dans deux mondes. J'ai connu l'enseignement de l'homme blanc et je comprends sa science. En même temps, depuis que je suis petit, on m'a formé à comprendre la philosophie des tribus, nos croyances et les principes selon lesquels nous voulons gérer et vivre. J'interprète la science de l'homme blanc pour nos chefs, et puis j'interprète nos croyances tribales pour les scientifiques. Mais, vous savez, ajoute-t-il en souriant, la majorité des connaissances que j'ai acquises, je ne les tiens pas de l'Université de l'Idaho, du ministère des Pêches. Elles me viennent des pêcheurs et des aînés de la tribu avec qui j'ai travaillé et grandi. »

Sampson fait remarquer qu'en 1977 les membres de son peuple étaient les seuls à comprendre que les saumons étaient en danger, si bien qu'ils ont alors sacrifié leur pêche commerciale du chinook de printemps pour tenter de leur venir en aide. Même si leur pêche n'était responsable que de cinq pour cent de la mortalité des poissons, ils croyaient qu'en la suspendant ils pourraient peut-être permettre aux saumons de récupérer. Il raconte : « Nous nous sommes dit "O.K., nous avons cessé de pêcher et notre récolte a baissé, mais il faut aussi améliorer la gestion des barrages", parce que les barrages étaient responsables de 80 % de la mortalité chez les saumons. Mais les barrages ont continué de tuer des milliers et des milliers de saumons. Vous savez, quand il est question de durabilité, c'est difficile pour les autochtones, qui vivent sous le seuil de la pauvreté, de tenir bon pendant 25 ans sans travailler. Mais personne d'autre n'a pris ses responsabilités et personne n'a fait ce qu'il s'était engagé à faire. »

Dans les années 1990, les tribus ont décidé de traîner les gestionnaires de l'État devant les tribunaux. « C'est à ce moment-là qu'ils ont commencé à nous écouter », dit Sampson. Aujourd'hui, la Commission élabore des plans de restauration complexes, à caractère tant scientifique que culturel, qui remportent l'adhésion d'un nombre croissant de personnes. Le plus grand défi consiste à amener le gouvernement américain, en particulier le Service national des pêches, à reconnaître l'expertise de la Commission et à réglementer d'autres pêcheries non autochtones de manière à ce que les populations de saumons puissent se rétablir. Et l'obstacle le plus important réside dans le fait que tous les organismes de réglementation sont séparés et isolés, ainsi que dans la perspective à court terme que favorisent les systèmes classiques de gestion des ressources, lesquels ne sont pas à l'abri des considérations politiques. « Évidemment, l'ennui, c'est que leurs dirigeants politiques ne pensent qu'aux quelques années à venir et à la manière dont ils peuvent être réélus, commente Sampson. Nos plans prennent le plus souvent en compte les 200 prochaines années, par tranches de 20 ans. Alors que les dirigeants politiques fédéraux ou de l'État ne considèrent, vous le savez, que trois ou quatre ans à la fois, ce qui ne représente même pas le cycle de vie entier d'un poisson. » Les autochtones ont eu tant de mal à amener les différentes instances gouvernementales à voir la situation dans son ensemble qu'ils travaillent maintenant surtout de concert avec d'autres intervenants, des agriculteurs, des industriels, des pêcheurs et des entreprises forestières.

« Nous avons élaboré des projets avec les propriétaires terriens du coin, explique Sampson, qui consistent à acheter des tronçons importants d'aire de frai et à en protéger les populations de saumons, afin que cet habitat ne subisse pas de détérioration. » Dans de nombreux cas, l'Inter-Tribal Fish Commission va jusqu'à racheter les cours d'eau en payant les utilisateurs pour qu'ils retournent ou économisent l'eau d'irrigation. Les autochtones savent pertinemment que les citoyens, qui sont les autres intervenants dans les bassins des cours d'eau, ne les appuieront que si leurs propres problèmes sont résolus. « Il y a quelques années à peine, poursuit Sampson, nous avons proposé un projet pour le fleuve Columbia, qui associait les treize autres tribus de l'Inter-Tribal Commission. Nous avons demandé : "Au bout du compte, à quoi devraient ressembler cette rivière, ce bassin-versant, ce milieu ?" Et puis, nous avons défini précisément la manière dont nous entendions y parvenir. Nous avons dit : "Il faut cesser de considérer la rivière comme une centrale hydroélectrique. Nous devons reconnaître qu'il s'agit d'une rivière, d'une entité vivante, reconnaître son rapport avec nous et avec tout ce qui nous entoure, les animaux, les plantes, les insectes. Il faut penser à l'eau, qui est notre sacrement et notre remède." Et ainsi nous avons conçu notre projet, qui consiste à protéger, à restaurer et à rétablir les poissons et la faune dans le bassin : nous reconnaissions que notre santé, à nous, êtres humains, pouvait fort bien venir de là aussi, et notre santé non seulement physique, mais aussi économique. »

Ce projet s'est traduit par ce que Sampson décrit comme « le succès le plus célèbre de tout le bassin Columbia, le Hematellah River Headwaters Plan. Les tribus ont ensuite travaillé avec les collectivités locales, les fermiers et les bûcherons pour mettre sur pied un plan holistique. Nous avons développé, sous le nom de Hematellah Basin Project, un système où l'on fournit une certaine quantité d'eau du Columbia (quantité qui respecte les critères de durabilité) à ceux qui irriguent. En contrepartie, ceux-ci versent dans la rivière Hematellah une quantité d'eau exactement égale à celle qu'ils ont prélevée dans le Columbia. Ce projet a permis la remise d'une grande quantité d'eau dans la rivière. Nous avons aussi travaillé avec l'État, avec le ministère de la Chasse et de la Pêche et le ministère des Ressources aquatiques, afin de rétablir la population de truites steelhead, la seule population indigène qui avait survécu. Puis, finalement, nous avons réintroduit le chinook d'automne, le saumon coho et le chinook de printemps. »

Cette réintroduction a été extrêmement controversée, car certains des poissons utilisés par le Hematellah Basin Project provenaient de laboratoires d'alevinage ; or, on leur a permis de se reproduire, ce que les puristes considèrent comme dangereux sur le plan génétique. « Mais vous savez, dit Samson, les populations ont immédiatement commencé à remonter. Et le travail que nous faisons sur l'habitat, qui vise à augmenter le débit de la rivière en y remettant de l'eau, ça marche. Les poissons ont recommencé à frayer dans cette rivière, et les nutriments se reforment quand les poissons meurent. Nous observons une diversité d'espèces que nous n'avons pas vue depuis de nombreuses années. Des aigles à tête blanche reviennent à la rivière. Nous voyons revenir le héron bleu et nous avons beaucoup d'oiseaux de proie. Et on voit aussi de plus grands nombres d'ours et de cougars qui reviennent. » La quasi-totalité de ces animaux avaient disparu de la région depuis au moins une génération. Quatre mille cinq cents chinooks de printemps sont revenus ; avant la mise en œuvre du Hematellah Plan, ils étaient moins d'une douzaine à retourner à la rivière.

Cette année, les Umatilla ont eu suffisamment de poissons pour que leur programme d'élevage n'ait recours qu'à des stocks indigènes. La pêche de la tribu et la pêche sportive ont été rétablies. « Et, se réjouit Sampson, nous avons une économie qui ne s'en va pas à vau-l'eau. Tout à coup, il y a des fermiers là-haut ; on pêche même au centre-ville de Pendelton. Les gens du coin disent : "On a tous ces gens qui débarquent. Ils entendent parler de la pêche et ils logent dans nos motels. Ils achètent de l'essence ici. Ils achètent des provisions." Les gens d'ici se demandent : "D'où viennent tous ces gens ?" Et je leur dis : "Hé, ils viennent du saumon !" »

Ainsi, que ce soit aux plans tribal, économique, écologique, social ou personnel, on a tout à gagner si l'on a une vision de l'objectif visé, de la fin à atteindre, et pas seulement des moyens pour y arriver. Aujourd'hui, le saumon a repris sa place dans la culture umatilla. Sampson affirme : « Le plus merveilleux, pour la tribu, et sans doute le plus beau cadeau que j'aie jamais reçu, s'est produit quand nous avons eu notre première pêche au chinook de printemps. Les jeunes, et même les gens de la génération de mon père, n'avaient jamais pu pêcher dans cette rivière, parce que le saumon était disparu. Et maintenant, nous voyons nos fils et nos petits-enfants attraper les poissons. L'une de mes cousines est venue me voir et m'a dit : "Oh, je suis si heureuse ! Mon fils a attrapé son premier poisson." Il a pris un saumon ; il avait du mal à y croire, il était tellement content. Alors il célèbrera sa cérémonie du premier saumon, où il sera reconnu en tant que pourvoyeur. Ils tiendront un souper où il sera honoré. Il a douze ans et il sait maintenant d'où vient la nourriture. Il est fier de savoir qu'il est un pourvoyeur, qu'il a un rôle dans la société. »

Cœurs, corridors et carnivores

> *Si le biote, au fil du temps, a donné naissance à une chose que nous chérissons mais ne comprenons pas, qui, hormis un imbécile, oserait se débarrasser des morceaux apparemment superflus ? Conserver chaque rouage et chaque engrenage est la première précaution du bricoleur intelligent.*
>
> ALDO LEOPOLD, biologiste

Les efforts déployés dans le but de recouvrer un équilibre plus naturel dans les prairies de l'Ouest et de ramener le saumon dans les rivières de la côte du Pacifique ont des conséquences extrêmement bénéfiques pour la santé de la faune et la prospérité humaine. Si les éleveurs de l'Oregon suivent les préceptes d'Allan Savory tandis que le peuple de Don Sampson s'inspire de ses traditions, les méthodes des deux groupes n'en sont pas moins extrêmement semblables et se voient aujourd'hui appuyées par une série d'études scientifiques et de sérieuses recherches en biologie. Quand le parc des Adirondacks a été créé, le mouvement de conservation reposait sur des notions pragmatiques relatives aux bassins-versants, au bois et à la préservation de la faune, mais il a rapidement gagné le territoire de l'esthétique et de l'éthique. La création de Yellowstone et de Yosemite procédait d'appels au patriotisme, au déisme, à l'inspiration spirituelle et à l'esthétique, courant qui a évolué pour devenir le Wilderness Movement, fondé par des biologistes tels que Olaus Murie et Aldo Leopold, convaincus que la protection de la nature était cruciale. Cette opinion allait gagner en popularité au cours des décennies suivantes, mais il n'y a que vingt ou trente ans que les scientifiques cherchent à comprendre le fonctionnement global de la biodiversité sur l'ensemble de la planète.

Le fait que le champ d'intérêt des scientifiques se soit ainsi élargi pour prendre en compte la relation qui unit les espèces dans un écosystème en santé témoigne d'un changement de perspective philosophique. On abandonne une ancienne croyance voulant que les êtres humains soient de meilleurs gestionnaires que la nature, au profit d'une nouvelle attitude caractérisée par une plus grande humilité et le respect des processus naturels. Dans les années 1980, par exemple, des biologistes ont commencé à constater que des mesures dont ils croyaient qu'elles « protégeaient » un territoire contre des bouleversements naturels (tels que des incendies ou des inondations) avaient plutôt pour effet d'en limiter la productivité, puisque le territoire en question avait évolué en étant soumis à ce genre de stress. Ainsi, les forêts de l'Ouest regorgent maintenant, jusqu'à en être étouffées, d'essences vulnérables au feu, lesquelles ont supplanté d'anciennes essences résistantes aux incendies ; conséquemment, les forêts sont beaucoup plus vulnérables à des feux dévastateurs qu'elles ne l'étaient dans leur état naturel.

Aujourd'hui, les biologistes ont bien compris que le meilleur moyen de préserver la faune ne consiste pas à la confiner dans des parcs. Une étude extrêmement importante publiée par le biologiste William Newmark en 1985 a prouvé que les taux d'extinction à l'intérieur des parcs sont inversement proportionnels à la taille de ceux-ci, ce qui signifie que « même des régions aussi vastes que le Greater Yellowstone Ecosystem ne peuvent offrir une résilience démographique et une santé génétique suffisantes pour des animaux-clés tels que les carcajous et les grizzlys[10]. »

C'est de cette révélation qu'est né le concept de « cœurs, corridors et carnivores ». Cette idée censément nouvelle consistant à rendre à l'état sauvage un territoire est en fait basée sur le vieux modèle du parc des Adirondacks ; elle énonce qu'il faut, pour préserver la biodiversité, commencer par établir un « cœur » de territoires protégés — l'équivalent de la réserve des Adirondacks. Il convient ensuite de délimiter des territoires partagés qui sont moins strictement protégés, où les animaux peuvent aussi vivre, à la manière des corridors que forment les villes et les fermes du parc des Adirondacks, qui finissent par rejoindre les autres écosystèmes tels que les Catskills ou les White Mountains du Vermont. Enfin, il faut reconnaître que, sans la présence des organismes qui occupent le sommet de la chaîne alimentaire et tout particulièrement les carnivores (ours, loups, tigres, lions, loutres, aigles, etc.), l'écosystème entier risque de s'effondrer, comme en témoigne la disparition des pâturages au Zimbabwe et dans l'est de l'Oregon. Au cours des quinze dernières années, les données scientifiques confirmant l'importance des trois « C » se sont multipliées.

À titre d'exemple, considérons les carnivores. Comme le souligne Michael Soulé, fondateur de la Society for Conservation Biology, si les cervidés sont si rapides, les orignaux, si forts, et les mouflons, si agiles, c'est parce qu'ils ont évolué de manière à supporter la pression continuelle que leur imposaient les principaux prédateurs de leur écosystème, soit les loups et les grizzlys. Quand on a retiré les loups de l'écosystème de Yellowstone, les coyotes ont pris leur place. Mais ces derniers ont une façon de chasser qui diffère largement de celle des loups et ils ne s'en prennent jamais à un wapiti ou à un orignal. Résultat : la population de renards a chuté, délogée par les coyotes, tandis que le nombre de wapitis a augmenté de manière alarmante. Désormais soustraits à la menace de leurs prédateurs, les cervidés se sont transformés en véritables machines à brouter et ont avalé tout ce qu'ils trouvaient sur leur chemin. On a réintroduit les loups dans le parc Yellowstone et, après trente ans de déclin régulier, on a remarqué le retour des trembles caractéristiques du parc, qui sont réapparus dans les prairies occupées par les castors et les orignaux. En effet, les loups contribuaient à contrôler la population de wapitis et d'autres herbivores tout en les forçant à se déplacer continuellement ; ceux-ci n'avaient donc pas le loisir de se répandre et d'entraver la croissance des plantes. De plus, les saules et les trembles, qui procurent nourriture et abri aux oiseaux, ont offert à des espèces telles que le lagopède la chance de se régénérer.

Les carnivores occupant le sommet de la chaîne alimentaire, tels les lions des montagnes, les tigres, les jaguars et les ours, constituent des espèces-clés en ce qu'elles imposent des limites critiques aux populations d'autres animaux. D'autres animaux-clés créent des structures (les barrages de castors, ou les terriers de colonies de chiens de prairie) qui transforment et enrichissent le paysage. Ainsi, on estime que les castors sont responsables non seulement de l'hydrologie, mais aussi du paysage botanique de la plus grande partie de l'Amérique du Nord. Ils étaient des millions à l'arrivée des Européens, et leur élimination a entraîné l'effondrement brusque de toutes les populations d'animaux, des martres aux loups et aux orignaux en passant par les hérons, les grenouilles, les hiboux et les papillons. De même, les chiens de prairie, les éléphants, les tortues gaufrées, les chauves-souris des forêts pluviales et les oiseaux creusant des cavités jouent tous un rôle-clé dans le maintien des paysages où ils vivent. Et les chercheurs découvrent chaque année de nouveaux synchronismes fascinants.

Vivre ensemble

> *Du Nouveau-Brunswick jusqu'à l'Alabama, il pourrait y avoir des cougars et des parulines azurées.*
>
> DAVE FOREMAN, écologiste et militant

Le concept des trois « C » (cœurs, corridors et carnivores) suppose que les « zones-cœurs » sont suffisamment vastes pour que les animaux puissent s'y reproduire ; c'est notamment ce qu'on cherche à assurer depuis longtemps par le biais des parcs nationaux. En apprenant à mieux évaluer la taille des territoires dont ont besoin les grands prédateurs, les biologistes ont élaboré la notion de corridors, lesquels consistent en des zones boisées longues et étroites reliant les habitats premiers que sont les grands parcs. C'est ainsi que les castors ont d'abord regagné le sud des Adirondacks par les corridors de forêts qui connectent l'État de New York à la Pennsylvanie. De la même manière, les dindons sauvages, les ours et les orignaux du parc sont allés enrichir les territoires du sud du Québec et de l'Ontario. Les animaux n'ont que faire de nos frontières ; la faim, le rut ou l'instinct les poussent à traverser des autoroutes achalandées et des terrains de golf, des banlieues et des fermes, à la recherche de ce dont ils ont besoin. Il arrive souvent qu'ils ne retournent jamais d'où ils sont venus. Comme l'explique Michael Soulé, si l'on entend préserver les habitats riches en espèces qui purifient l'air et l'eau, où poussent des arbres et où le sol est régénéré, il nous faut apprendre à vivre non pas à côté mais *au sein même* des systèmes naturels. « Nous devons préserver ou restaurer des liens et des corridors entre [des zones d'habitat centrales]. C'est fondamental. Nous ne pouvons plus continuer de concevoir les aires protégées comme des îlots. » Aujourd'hui, le plus ambitieux projet de corridor faunique au monde a passé sans encombre le stade de la planification et deviendra bientôt une réalité. Le Y-2-Y Wildlands Project s'étend du parc Yellowstone, au sud, aux parcs de Banff et de Jasper via le nord des Rocheuses, jusqu'au Yukon.

Le Y-2-Y Wildlands Project rappelle la mosaïque d'aires protégées, de zones spéciales et de propriétés privées qu'on retrouve dans l'État de New York. Il couvrira 43 000 kilomètres carrés et traversera de nombreux territoires politiquement distincts : le Wyoming, le Montana, l'Idaho, la Colombie-Britannique, l'Alberta, les Territoires du Nord-Ouest et le Yukon. Il sera complexe, difficile à administrer et souvent controversé. Et le Y-2-Y ne constitue qu'un exemple : il y a aussi le Sky Islands Wilderness Network, projet officiellement lancé l'automne dernier, qui couvre quatre millions d'hectares de « mégadiversité » et en vertu duquel des corridors relieront les célèbres Sky Islands du Nouveau-Mexique, de l'Arizona et du nord du Mexique, où l'on trouve la moitié de tous les oiseaux reproducteurs de l'Amérique du Nord. Les Sky Islands sont des sommets de montagnes qui abritent des espèces et des écosystèmes de milieu tempéré aussi bien que désertique et qui, à différentes altitudes, présentent une extraordinaire diversité de vie.

Si le Y-2-Y et le Sky Islands Network sont situés dans l'Ouest, dans des régions relativement peu peuplées, l'Est n'est pas en reste pour autant. L'État de New York et l'Ontario travaillent actuellement à mettre sur pied un projet inspiré du protocole d'utilisation multiple éprouvé du parc des Adirondacks, qui vise à relier celui-ci au parc Algonquin. Il existe également un plan, l'Appalachian Wildlands Project, visant à étendre ce même corridor jusqu'en Floride, lequel a été conçu quand l'État du Maryland a voulu protéger les régions qui alimentent l'écosystème-clé, à la fois côtier et maritime, de la baie de Chesapeake. En arpentant le territoire, les scientifiques ont constaté que, sur l'ensemble de la côte est, la disparition des oiseaux chanteurs confine à l'hécatombe. Cette disparition n'est pas uniquement due à la perte de leur habitat : l'absence de grands prédateurs (loups, lynx, cougars) a entraîné l'explosion des populations de prédateurs de taille moyenne, tels que les mouffettes, les ratons laveurs et les chats domestiques, qui se nourrissent presque exclusivement d'œufs et d'oisillons. De plus, les routes qui recouvrent quasiment chaque centimètre de la côte est — y compris des chemins de coupe et des sentiers de VTT illégaux — déciment les salamandres, les crapauds et d'autres amphibiens, créatures qui, comme les invertébrés vivant dans le sol, occupent le bas de la chaîne alimentaire, et sans lesquelles aucune autre ne peut subsister.

La préservation de territoires fauniques vise à stopper la disparition d'espèces occupant le bas aussi bien que le sommet de la chaîne alimentaire, par l'établissement de cœurs, de corridors et de carnivores jusque dans l'Est. « La clé de la vision du Wildlands Project — et de son succès —, selon Dave Foreman, fondateur de EarthFirst! et célèbre défenseur de la faune, ça a été les bonnes relations avec les propriétaires terriens. Mais il nous faut continuer à sensibiliser les gens aux occasions qui s'offrent à eux. » Par exemple, aux États-Unis (mais pas encore au Canada), le Service des pêches et de la faune a alloué des fonds aux fermiers qui souhaitent restaurer des zones humides sur leurs terres et qui promettent ensuite de ne plus y toucher. Comme c'est le cas un peu partout dans le monde lorsqu'on réintroduit des prédateurs dans un milieu, les fermiers qui perdent du bétail recevront des compensations. Dans tout l'Ouest des États-Unis, le groupe Defenders of Wildlife, organisme extrêmement efficace, utilise des fonds recueillis lors de collectes privées pour dédommager des éleveurs en cas de pertes causées par les prédateurs.

Lions, tigres, ours... et cinq ou six ratons laveurs

> *Ce que j'ai vu dans la destruction de la faune reflète la condition de l'humanité et de toute vie sur cette planète. Les problèmes fauniques auxquels je me suis d'abord intéressé n'étaient rien de plus que des bourrasques annonciatrices des violentes tempêtes qui menacent la planète entière.*
>
> ALLAN SAVORY

On est en droit de se demander si les pays véritablement pauvres peuvent se permettre d'adopter une philosophie de protection des animaux puisque, dans un environnement où les ressources sont limitées, « les besoins des êtres humains doivent avoir préséance ». Et comme il y a tant de pays — l'Inde, la Chine, de grandes parties de l'Afrique et de l'Amérique du Sud, notamment — qui comptent des multitudes d'êtres humains dans le besoin, il semblerait bien que le sort des animaux et des plantes sauvages en soit jeté : quand les besoins des hommes auront été comblés, la faune et la flore sauvages auront disparu. Nous nous sommes donc rendus en Inde pour visiter TRAFFIC, la section du World Wildlife Fund for Nature chargée d'intervenir en matière de commerce d'animaux menacés, afin de découvrir si telle est bien la réalité. Dans un pays qui compte une extraordinaire biodiversité tropicale et une non moins extraordinaire quantité d'êtres humains dans le besoin, nous aurions pu nous attendre à ce que les nouvelles soient terribles. Nous avons discuté avec Manoj Mishra, le directeur de TRAFFIC, qui est biologiste de la faune et qui a étudié au Wildlife Institute de Dehra Dun, au pied de l'Himalaya. L'homme carré, de petite taille, âgé d'une quarantaine d'années, dégage une énergie chaleureuse et une tranquille confiance en soi. Il nous a appris que la situation en Inde est loin d'être aussi désespérée que nous l'avions cru.

« 1972 a été l'année charnière pour la protection de la faune et de l'habitat en Inde. C'est à ce moment qu'a été adoptée la première loi globale de protection de la faune pour le pays entier. Avant cela, nous n'avions que des lois qui visaient essentiellement à réglementer la chasse dans les États. Avant l'indépendance, poursuit-il, les animaux étaient surtout là pour amuser les gens ; il semblait y en avoir en abondance et personne ne songeait à les protéger. Un maharajah du Madra Pradesh, par exemple, a massacré 1 500 tigres à lui seul. Et puis, au cours des vingt années qui ont suivi l'indépendance, l'Inde s'est ouverte aux chasseurs de gros gibier. Il y a eu des boucheries organisées tout au long des années 1950 et 1960. Les animaux n'avaient pas la moindre chance d'y échapper. » On a tiré la sonnette d'alarme quand l'Union mondiale pour la nature a tenu son assemblée générale à Delhi en 1969. L'Inde est fière de ses actifs, qu'il s'agisse de ses citoyens, des religions, de la culture, de l'histoire, des forêts, des animaux ou de sa cuisine. « On nous a dit que nous étions en train de perdre totalement cette ressource. Indira Gandhi s'est alors battue pour l'adoption de notre première loi de protection de la faune, qui interdit complètement toute chasse sur l'ensemble du territoire indien. La seule forme de chasse permise, c'est quand les gardes forestiers doivent abattre des animaux qui s'échappent d'un parc et s'en prennent à des animaux de ferme. »

Bien qu'elle soit quelquefois enfreinte par des braconniers, l'interdiction de chasser est assortie de mesures musclées qui visent à la faire respecter. Les gardes forestiers n'hésitent pas à faire feu sur les contrevenants ; au cours des cinq dernières années seulement, plus de cent cinquante braconniers ont ainsi été abattus pour assurer la protection des animaux. À nos yeux, cela peut sembler passablement inhumain, mais, comme l'explique Mishra : « Il y a une longue tradition de commerce de produits comme le musc (qui vient des cerfs), l'ivoire, les essences exotiques, les oiseaux, la bile d'ours et la peau de loutre, surtout pour répondre à la demande constante de l'Extrême-Orient. » Mais, depuis quelques années, ce ne sont plus les membres des tribus ou les gens du coin qui se livrent à ce commerce. « Jusque dans les années 1970, le trafic d'animaux sauvages était assez improvisé. Aujourd'hui, il est beaucoup plus organisé. Une seule peau de tigre peut valoir cent mille dollars. Ces jours-ci, le trafic d'animaux est mêlé à celui de la drogue et des armes. Il y a beaucoup plus d'argent en jeu, et les contrevenants n'hésitent pas à risquer leur vie. » Lors de notre séjour en Inde, on a trouvé cinq éléphants abattus pour leurs défenses dans l'un des parcs les plus en vue, dans le nord du pays. L'événement a cependant eu ceci d'encourageant qu'il a suscité l'indignation dans l'Inde toute entière. Des milliers de kilomètres plus loin, des villageois s'en affligeaient, et pendant des semaines les journaux ont commenté l'histoire, qui a provoqué un intérêt semblable à celui soulevé, au Canada, par le drame de l'eau contaminée à Walkerton. Les braconniers de gros gibiers sont vus comme des mafieux — ce qu'ils sont souvent effectivement. C'est pourquoi plusieurs employés de TRAFFIC doivent travailler sous des noms d'emprunt et s'assurer que leurs adresses demeurent secrètes, sans quoi les saisies d'oiseaux, de peaux et de serpents destinés à la contrebande, comme les poursuites qu'ils entament, pourraient entraîner leur mort ou celle des membres de leurs familles. Cela ne refroidit cependant pas leur ardeur. Quand nous avons visité les bureaux de TRAFFIC à Delhi, c'était jour de fête nationale, mais plus de la moitié des employés étaient pourtant là, y compris les deux directeurs, et tous travaillaient dans une atmosphère de fébrilité contenue. Pendant que nous nous installions à son bureau pour consulter des tableaux, des cartes et des graphiques, Mishra a expliqué : « La mondialisation est un grave problème pour nous, avec la déréglementation, la libéralisation des marchés, la baisse des tarifs et la rationalisation des organismes gouvernementaux. Résultat : toutes sortes de mesures deviennent moins strictes, et il y a moins d'inspecteurs et de fonctionnaires. Les tueurs deviennent de plus en plus riches et de plus en plus futés. Les forces de l'ordre doivent faire de même. »

En dépit d'une croissance démographique assez alarmante de 2 % par année (qui fera de l'Inde le pays le plus peuplé du monde au cours du XXIe siècle), des sécheresses et d'un long passé de déforestation et de dégradation, l'habitat faunique sauvage du pays s'est étendu depuis quelques décennies. Cet exploit improbable est dû à la loi sur la conservation des forêts de 1980, qui a été conçue comme un complément nécessaire à la loi sur la faune. Elle stipule, expose Mishra, que « le gouvernement d'un État ne peut dézoner des forêts classées comme réserves sans obtenir l'autorisation préalable du gouvernement national ». Dans le contexte canadien, cela signifierait que la Saskatchewan n'aurait pas eu le droit de vendre la moitié de ses forêts au Japon sans l'accord d'Ottawa. « Cette seule disposition a mis un terme à la déforestation sur 400 000 hectares par année », ajoute Mishra. « Aujourd'hui, le couvert forestier indien est à la hausse. Des images satellites le montrent, et ce n'est ni de la canne à sucre ni du bambou ; de bonnes forêts sont vraiment en train de se reconstituer. Il y a un énorme lobby politique qui souhaite l'assouplissement de cette loi, bien sûr, mais les forestiers le combattent bec et ongles. »

« La deuxième étape importante en matière de protection de la forêt a été l'interdiction de toutes les exportations de bois en 1995, poursuit Mishra, et l'abattage est en train de cesser dans la plus grande partie du pays. » Quand il parle des forêts de l'Inde, il importe de savoir ce que cela signifie : ces forêts abritent des meutes de chiens sauvages, de grandes quantités de perroquets et de toucans, des faisans, des mainates, des capucins et des hiboux, des pythons, des cobras et des singes. Il s'y trouve un éventail extraordinaire de végétaux et d'insectes, ainsi que de petits mammifères. Des plans visent également à relier les plus grands parcs à l'aide de corridors forestiers, comme le fera le Y-2-Y Wildlands Project, tout particulièrement dans le nord, où se trouvent plusieurs vastes parcs relativement rapprochés. Mais le plus spectaculaire, annonce Mishra avec fierté, c'est que « l'Inde est le seul pays au monde à avoir conservé et protégé les six plus gros mammifères terrestres toujours vivants : le rhinocéros, le léopard, le lion, le buffle, l'éléphant et le tigre. Cela offre de bonnes raisons d'espérer : nous possédons toujours les mégavertébrés. L'habitat reprend de la vigueur. Nous avons adopté de bonnes lois. Tout ce qu'il nous faut, c'est une mise en œuvre efficace et des gens motivés. Avec une meilleure formation et de meilleures mesures incitatives, nous pourrions y arriver. Nous pourrions tous les sauver pour le bénéfice de la planète entière. Dix-neuf pour cent du territoire de notre pays, qui compte un milliard de citoyens, est toujours couvert de forêt, offre toujours un habitat pour la faune. Ce n'est pas rien. »

Quand Mishra explique fièrement que les citoyens de l'Inde ont préservé ces espèces, il dit vrai. L'Inde est semblable au parc des Adirondacks, mais à une échelle immense. Les animaux présents dans le pays sont ceux que les citoyens ont décidé de conserver, pour lesquels ils se sont battus et ont accepté de faire des sacrifices. Sur sa lancée, Mishra nous a raconté deux des plus grands succès du pays. « Au début du XXe siècle, il ne restait plus que quinze ou vingt rhinocéros unicornes dans toute l'Inde. Le parc national Kaziranga a été créé parce que c'est là que vivaient les derniers spécimens. Aujourd'hui, ils sont plus de 1 500 ! » On a beaucoup débattu des dangers de reconstituer une population à partir d'un bassin génétique aussi limité, mais les chercheurs n'ont trouvé chez les rhinocéros aucune anomalie génétique, ni maladie, ni malformation congénitale. L'histoire du lion asiatique est plus remarquable encore. « En 1905, il n'y avait plus que seize ou dix-sept lions asiatiques dans tout le pays, voire dans l'Asie entière, et tous vivaient au même endroit : la forêt Gir, dans le Gujarat. Le fait qu'ils y aient survécu relève d'un caprice du hasard : quinze ou vingt ans auparavant, à la fin du XIXe siècle, le maharajah de l'endroit était allé à la chasse au lion et avait constaté qu'il en restait très peu. Plutôt que de tuer les derniers spécimens, il a déclaré que le territoire constituait une réserve et l'a fait strictement protéger. À ce moment-là, il restait de nombreux lions dans d'autres régions de l'Inde, si bien que le geste du maharajah visait uniquement à protéger son écosystème personnel. »

« Alors que cette population de lions est demeurée dans la forêt Gir, raconte Mishra, ailleurs, elle a disparu, et aujourd'hui on ne trouve plus de lions asiatiques nulle part ailleurs en Inde ni ailleurs sur la planète. Lorsque le pays a accédé à l'indépendance, il restait une centaine de lions. Aujourd'hui, on compte 300 lions asiatiques dans la forêt Gir, et, pour l'essentiel, ils sont sains sur le plan génétique ! Le gouvernement est en train d'aménager un deuxième habitat à leur intention, au Kuno Sanctuary dans le Madha Pradesh. Le premier groupe devrait être envoyé là-bas l'an prochain. » Lorsque nous lui avons demandé ce qu'il en était des proies là-bas, Mishra nous a expliqué : « Il y a déjà des nilgauts, des bobuls, des antilopes indiennes, des chimcaras, des axis et des sangliers sauvages. Comme l'habitat est très similaire à leur territoire dans la forêt Gir, nous croyons qu'ils y seront très bien. » La survie des rhinocéros et des lions en Inde n'est pas sans rappeler la situation dans les Adirondacks. Ce n'est ni la nature, ni le « marché », ni la richesse de la population dans son ensemble qui ont sauvé ces animaux de la chasse et de l'extinction. Si leur habitat menacé a été préservé, c'est grâce à l'appui et au sacrifice d'habitants de l'endroit, souvent pauvres, et à des lois qui ont reçu l'aval de la population. Dans les espaces qu'on lui avait laissés, la nature a réussi à ramener les plus grands prédateurs — ce qui signifie, par définition, que le reste de l'écosystème est en bon état.

D'aucuns estimeront que les Indiens ne peuvent se permettre de consacrer des efforts et des capitaux à de tels objectifs. En théorie, les ressources que le pays emploie à préserver la nature pourraient aider des malades et des affamés qui n'ont ni eau potable, ni écoles, ni routes. Pourquoi ne pas d'abord s'occuper d'eux, accroître la classe moyenne, puis, quand les citoyens en auront les moyens et le loisir, prendre le temps de sauver les créatures superflues et assez encombrantes que sont le rhinocéros et le tigre ? Cet argument, qu'il a entendu à de multiples reprises, suscite chez Mishra une réponse sans appel : « Oh, bien sûr ! Le fait que tous ceux qui appartiennent à la classe moyenne puissent se procurer une voiture, voilà ce qui va sauver la nature ! Eh bien, ça ne fonctionne pas comme ça et ce n'est pas ce que veulent les Indiens. Même si nous sommes pauvres, nous devons sauver nos animaux. C'est le fondement de la vie, c'est notre identité, c'est la morale, c'est notre héritage, et nous le savons. Et c'est pourquoi ces efforts reçoivent un si grand appui de la population. » Il fait une pause avant de conclure avec émotion : « La nature est si bonne ici — nous n'avons aucune excuse pour ne pas la sauver. »

Nous avons donc demandé à Mishra comment il était possible, précisément dans un pays si pauvre, de « gérer » la nature de manière qu'elle puisse soutenir la nombreuse population de l'Inde pour toutes les années à venir. Sa réponse pourrait servir de modèle presque partout sur la planète où l'on souhaite préserver la biodiversité. Il a dit : « Ce qu'il faut faire, c'est accorder du pouvoir aux citoyens, mais ne jamais céder d'immenses pouvoirs à une instance décentralisée telle qu'un État ou une province, qui sont trop vulnérables à la corruption, ce qui n'augure rien de bon pour l'environnement. En d'autres mots, dès que c'est possible, il faut donner les pouvoirs de gestion à des citoyens, à des villageois, à des tribus, à des groupes de fermiers, etc., mais pas à l'État. Et puis, se servir d'une instance plus vaste, centralisée — le pays, la Cour suprême, etc. — comme chien de garde afin de fixer des normes nationales et d'élaborer une réglementation sous-jacente qui aide les citoyens à obtenir un environnement équilibré. »

Étonnante complexité

> *Les patients affligés d'un vaste éventail de maladies présentent souvent une dynamique étonnamment prévisible et ordonnée. [...] Ils perdent des éléments de leur variabilité individuelle, et leur dynamique pathologique, leur apparence ou leur comportement offrent une remarquable ressemblance [...]. Une telle stéréotypie se distingue de manière frappante de la variabilité et de l'imprévisibilité caractéristiques d'une structure et d'un fonctionnement sains. En effet, les cliniciens se fient largement à cette perte de variabilité pathologique quand vient le temps de poser un diagnostic.*
>
> ARY GOLDBERGER, Faculté de médecine, université Harvard

Pour constater que la maladie est ordonnée, simple et prévisible, comme l'affirme l'éminent médecin Ary Goldberger, il suffit d'observer un électro-encéphalogramme s'aplatir en une ligne droite. Bien qu'on soit instinctivement porté à croire le contraire, la santé, quant à elle, est diverse, imprévisible et brouillonne. De plus en plus, les scientifiques découvrent qu'un grand nombre de leurs hypothèses fondées sur la « logique » ne rendent aucunement compte du fonctionnement réel du monde. Pendant plusieurs années, par exemple, biologistes et généticiens ont présumé que les espèces, en évoluant au fil du temps, tendraient vers la simplicité, l'homogénéité et l'ordre. Ils croyaient qu'elles élimineraient graduellement les gènes superflus et moins bénéfiques tandis qu'elles s'adaptaient à leur environnement pour devenir algue, tortue ou autruche, des créatures spécialisées. Ainsi, ils supposaient qu'une espèce « florissante » — c'est-à-dire qui a réussi à survivre pendant des millions d'années — se caractériserait par l'homogénéité génétique, phénomène simple, prévisible et ordonné. Au début des années 1960, toutefois, les généticiens ont commencé à utiliser les outils de la biologie moléculaire dans l'étude de gènes spécifiques chez des spécimens d'animaux et de plantes. À leur grande surprise, ils ont découvert que les individus n'étaient pas uniformes et simples, mais que les formes génétiques variaient énormément d'un spécimen à un autre, et ce, même au sein d'une espèce florissante. Ce phénomène, baptisé « polymorphisme génétique », est l'essence même d'une espèce saine et vigoureuse.

Pourquoi en est-il ainsi ? Probablement parce que les conditions sur la planète changent continuellement, le plus souvent très lentement, mais tout de même radicalement. Avec le temps, par exemple, le Soleil est devenu 20 % plus chaud qu'il ne l'était quand la vie est apparue sur Terre. L'atmosphère était alors dépourvue d'oxygène, substance qui en constitue aujourd'hui une grande partie. Les pôles magnétiques se sont inversés à deux reprises. À répétition, des océans sont nés et ont disparu, notamment dans le Midwest américain. Les climats ont changé du tout au tout : aux paradis tropicaux abritant d'énormes reptiles à sang froid ont succédé des ères glaciaires et leurs géants à sang chaud et couverts de laine. À travers tout cela, la vie a subsisté. La stratégie qui lui a permis de survivre à ces changements continuels et apocalyptiques mise sur la diversité, la complexité et l'imprévisibilité. Cela signifie que chaque échelle de vie possède sa propre diversité : un bassin de plusieurs types de gènes au sein de chaque spécimen de plante ; un bassin de plusieurs types de spécimens dans chaque espèce ; un bassin de plusieurs types d'espèces dans chaque écosystème, et plusieurs types d'écosystèmes sur la planète. De cette manière, quoi qu'il arrive, des individus ont toujours pu survivre. C'est l'ensemble de ces échelles de vie que l'on nomme « biodiversité », et les scientifiques ont finalement compris que cette dernière se trouve au cœur même de la résilience et de l'adaptabilité qui caractérisent le vivant. Une constance rigide se solde par la maladie et la mort, ainsi que nous en sommes témoins tous les jours — peut-être sans nous en émouvoir suffisamment. La monoculture, qui consiste en la culture d'une souche génétique ou d'une espèce uniques en agriculture, en foresterie ou dans les pêcheries, est extrêmement dangereuse car elle mine la résilience des organismes quand apparaissent un nouveau parasite, une nouvelle maladie ou un changement climatique.

Ainsi, si nous habitions un monde où tous les êtres humains se nourrissaient d'une même espèce de plante, portaient les mêmes vêtements et pensaient tous de la même manière, ils seraient évidemment moins susceptibles de survivre à un nouvel assaut que dans un monde où ils ont une variété de plantes et d'animaux à manger, plusieurs types de fibres à porter et plusieurs philosophies pour appréhender la réalité. En réduisant la variété des formes de vie qui nous entourent — que ce soit par ignorance, par appât du gain ou simplement par négligence —, nous nous trouvons à simplifier notre écosystème et, partant, à réduire considérablement nos chances de survie. Comme nous l'avons vu, l'introduction d'un grand prédateur dans un écosystème déclinant, simplifié et fragilisé a pour effet d'accroître la complexité des relations qu'y entretiennent toutes les espèces, ce qui se traduit par une amélioration soudaine de la santé et de la vie de tout ce qui constitue cet écosystème. En réintroduisant des hérons, on obtient des laiches ; en ramenant des loups, on obtient des fleurs des prairies et davantage d'eau ; en s'assurant que le sol regorge d'organismes, on permet aux cultures de se nourrir quasi à jamais. Cela tient presque du miracle. Partout sur le globe, nous commençons à voir la planète non pas comme une machine faite d'éléments distincts et indépendants, mais comme un tout complexe constitué d'ensembles interreliés dont la préservation est tout à la fois un devoir, une nécessité et — surtout — une joie pour nous tous.

CHAPITRE 4

Et au milieu coule une rivière

Sauver l'eau

Le sang de la vie

Sans eau, la vie telle qu'on la connaît n'existerait pas. L'eau est à ce point essentielle aux plantes, aux animaux et même aux micro-organismes que les formes de vie qui n'habitent pas les océans, les lacs et les rivières ont conçu des moyens de porter de l'eau en elles sous forme de sang ou de liquides corporels. Les êtres humains, par exemple, sont faits de 60 % d'eau. Les végétaux et les animaux complexes doivent non seulement retenir l'eau, mais la faire circuler continuellement, comme si des rivières coulaient en eux. Si l'on se représente la mince couche de vie qui recouvre la planète comme une sorte de superorganisme, on constate qu'elle aussi est parcourue d'eau : les rivières et les lacs en sont les artères et les veines, tandis que les océans et le cycle hydrologique agissent à la manière d'un cœur.

> *Il existe d'immenses méprises, surtout dans les régions les mieux nanties du globe, quant à la qualité et à la quantité des réserves d'eau de la planète.*
>
> MAUDE BARLOW

En fait, l'eau est si présente dans notre environnement et en nous-mêmes que nous avons tendance à la tenir pour acquise. Après tout, elle tombe du ciel, tout bonnement ; on en trouve partout sur le sol, dans des ruisseaux, des étangs, des rivières et des marais, elle s'écoule par des millions de robinets dans toutes les grandes villes, partout sur le globe. Les citoyens de l'Afrique du Nord, de l'Inde ou de certaines régions de la Chine et de l'Amérique du Sud ne partagent sans doute pas cette illusion, mais il y a fort à parier qu'ils seraient eux aussi étonnés d'apprendre combien il y a peu d'eau douce utilisable sur la Terre. En effet, moins d'un demi pour cent de l'eau sur la planète peut être utilisée par des formes de vie non marines ; le reste est de l'eau de mer ou de l'eau gelée dans les calottes glaciaires. La seule manière dont on peut obtenir cette eau douce, c'est par la pluie. L'eau de pluie est absorbée par des réservoirs, des lacs, des rivières, des aquifères et des sols perméables ; pour qu'on puisse l'utiliser, elle doit tomber sur les masses continentales et non dans les océans. Des millions de litres d'eau dorment juste sous la surface du sol, et l'on peut y accéder en creusant des puits peu profonds. L'eau est aussi recueillie et emmagasinée dans des aquifères, qui sont des enchevêtrements de mystérieuses rivières et d'immenses grottes souterraines profondément enfouies au sein du socle rocheux et accessibles uniquement par le forage.

Pendant des millénaires, on a tiré l'eau en plongeant des seaux dans des puits peu profonds, tandis que l'eau de pluie filtrait dans le sol pour reconstituer la réserve. D'autres méthodes traditionnelles étaient aussi utilisées pour obtenir de l'eau : la collecte dans de petits barils ou des citernes, la construction d'énormes réservoirs voire de lacs artificiels capables d'alimenter des villes entières, et la rétention dans des systèmes prévus à cet effet, tels les barrages de régularisation, les étangs artificiels, les terrasses, les galeries de dérivation et d'ingénieux canaux souterrains. Ces anciennes technologies se limitaient essentiellement à recueillir l'eau venue du ciel, sans extraire celle qui se trouvait sous terre.

Notre capacité d'aller chercher l'eau emmagasinée à plusieurs centaines de mètres sous la surface terrestre est assez récente. La construction de puits très profonds qui exploitent d'immenses aquifères souterrains (l'aquifère Ogallala, par exemple, qui se déploie sous la quasi-totalité du territoire de l'Ouest américain) n'a commencé qu'au tournant du XXe siècle, après que l'on eut mis au point des foreuses à essence capables de percer le roc. Cette nouvelle technologie impressionnante a permis à des gens d'avoir accès à de l'eau là où il n'y en avait jamais eu et de « faire fleurir les déserts », comme le disait le slogan en vogue dans les années 1950. De plus, comme les anciennes technologies nécessitaient un travail et un entretien importants, c'était souvent un soulagement de les abandonner au profit de nouveaux puits profonds, forés plutôt que creusés. Tandis que la nouvelle technologie se répandait, la plupart des vieilles citernes, des anciens barrages de régularisation, et des autres mécanismes traditionnels ont été abandonnés un peu partout dans le monde.

Évidemment, un autre moyen moderne d'accéder à l'eau consistait à ériger des barrages et à altérer le cours des rivières. Comme nous le verrons, les barrages construits depuis le début du XXe siècle sont très différents de ceux qui existaient depuis des millénaires, qui consistaient essentiellement en de simples digues de terre aménagées dans le but de détourner une partie des eaux d'une rivière à des fins d'irrigation. À l'aide de machines, on pouvait désormais pomper l'eau sur de grandes distances et en emmagasiner d'immenses quantités derrière des barrages toujours plus imposants pour la rediriger ailleurs ; en fait, des rivières tout entières pouvaient être détournées. Des territoires s'ouvraient qui n'avaient jamais reçu suffisamment d'eau pour être cultivés : le désert de la Californie, Israël, la Jordanie et beaucoup d'autres terres arides se sont couvertes tout à coup de vertes cultures. Les grands barrages procuraient aussi de l'électricité aux villes et permettaient de pomper encore plus d'eau, augmentant la capacité des êtres humains de contrôler la quasi-totalité du sang de la planète.

Cette situation présente toutefois un problème. Comme le savent déjà tous ceux qui comprennent le fonctionnement du cycle hydrologique, l'eau est sans doute, de tous les systèmes naturels de la planète, le plus nettement limité, puisque c'est exactement le même liquide qui fait et refait sans cesse le tour du globe depuis la nuit des temps. Des gouttelettes qui ont étanché la soif d'un dinosaure et lavé Jules César peuvent fort bien se retrouver dans votre café matinal. La plus grande partie de l'eau qui tombe en pluie puis qui est aspirée vers le ciel par évaporation avant de retomber en pluie demeure dans le cycle. Mais une partie de l'eau restée stockée pendant de longues périodes dans de profonds aquifères souterrains est elle aussi entrée dans le cycle de l'eau hors terre, et une grande proportion de ce précieux liquide est polluée ou gaspillée. Il y a tant eu de forages, de barrages, de pertes et de contaminations que les experts en eau du monde entier s'entendent pour dire que nous faisons maintenant face à une véritable crise[1].

Comme l'explique sans détour Allerd Stikker, de l'Ecological Management Foundation basée à Amsterdam : « Le problème, aujourd'hui, [...] c'est que, alors que la seule source renouvelable d'eau douce est la pluie continentale, la population mondiale continue d'augmenter d'environ 85 millions de personnes par année. Donc, l'eau douce disponible *per capita* diminue rapidement[2]. » Mais l'eau n'est pas consommée uniquement pour éponger la soif des êtres humains nouvellement arrivés sur la planète : l'agriculture est responsable de près de 70 % de la consommation d'eau, les industries, de 25 %, alors que moins de 10 % va aux citoyens et aux municipalités. La quantité d'eau consommée par ces trois catégories d'utilisateurs double cependant tous les vingt ans ; comme cette augmentation est deux fois plus forte que la croissance démographique, il est évident que d'importantes quantités d'eau sont tout simplement gaspillées. L'aquifère des Hautes Plaines d'Ogallala mentionné plus haut, l'un des réservoirs naturels les plus volumineux au monde, se vide huit fois plus rapidement que la nature ne le remplit. Son eau arrose les fruits et les fleurs de luxe que l'on cultive dans les zones semi-désertiques de la Californie, elle remplit des piscines dans tout le Sud-Ouest américain, elle alimente des arrosoirs qui permettent de faire pousser du gazon au beau milieu du désert, elle circule dans des climatiseurs dont certains rafraîchissent des terrasses extérieures afin que leurs propriétaires n'aient jamais à supporter le climat naturel. Résultat net : en plusieurs endroits, la nappe phréatique sous la vallée de San Joaquin, épicentre de l'agriculture californienne, a baissé de près de dix mètres au cours des cinquante dernières années. C'est une trentaine de centimètres d'eau par année qui ont été irrémédiablement perdus.

Les systèmes de forage de puits profonds dont nous avons salué l'apparition avec tant de bonheur il y a cinquante ou soixante ans sont maintenant qualifiés de systèmes d'exploitation de « mines d'eau ». Non seulement ils épuisent l'eau sur laquelle reposait l'équilibre d'écosystèmes entiers, mais ils font en sorte que le sel envahit les aquifères d'eau douce. Dans les « aquifères fossiles », des zones de stockage d'eau souterraine très anciennes, l'exploitation intensive de ces « mines d'eau » peut entraîner l'effondrement des cavernes rocheuses qui contenaient l'eau, ce qui a pour effet de réduire à jamais la capacité de la terre à emmagasiner le liquide. En Californie seulement, le rythme auquel on consomme l'eau se traduira, dans une quinzaine d'années, par un manque à gagner équivalant à la quantité d'eau actuellement utilisée par toutes les villes de l'État. De surcroît, comme le savent la plupart d'entre nous, la pollution causée par l'industrialisation a déjà contaminé presque toutes les rivières et de nombreux lacs des pays industrialisés. Une grande partie de cette eau est polluée par tant de produits toxiques qu'elle est inutilisable même à des fins industrielles. Pendant que les pays en développement entrant dans la course à la mondialisation s'industrialisent rapidement, des métaux lourds, des acides et des pesticides gagnent leurs cours d'eau. Selon un rapport rendu public par l'ONU et le Stockholm Environment Institute, en 2025, les deux tiers de la population du globe manqueront d'eau.

Plutôt que de multiplier les détails susceptibles de faire naître chez le lecteur le besoin de boire un verre contenant quelque chose d'autrement plus fort que de l'eau, nous aimerions visiter l'un des endroits les plus pauvres du globe, qui abrite une population affamée et en pleine croissance, et où on ne trouve presque pas d'eau, afin de découvrir ce qu'y ont fait les gens pour se réapproprier le précieux liquide.

La prévention de la sécheresse

> *Peu importe la quantité d'eau de pluie reçue, si elle n'est pas captée, une zone peut tout de même souffrir d'un manque d'eau. Incroyable mais vrai : le Cherrapunji, qui reçoit 11 000 mm de pluie chaque année, manque tout de même cruellement d'eau potable.*
>
> Centre for Science and Environment,
> New Delhi, Inde

L'Uttar Pradesh, au centre de l'Inde, offre un exemple de la situation qu'ont connue de nombreux autres territoires au cours du siècle dernier. La région, jadis appelée Bundelkhand, « la terre des rois Bundel », était au bord du désastre. Occupé depuis longtemps par des bergers, le territoire était jadis parsemé de pâturages, de forêts et de rivières. Dès 1940, le réseau ferroviaire mis en place par les Britanniques a nécessité l'abattage des forêts voisines, dont le bois était nécessaire pour alimenter les trains à vapeur. Après l'indépendance, en 1947, on a coupé de plus belle, cette fois afin d'obtenir les capitaux dont on avait grandement besoin. Aujourd'hui, les forêts ont disparu — et l'eau aussi. Même maintenant, le Bundelkhand continue toutefois de recevoir près de 1 200 cm d'eau de pluie par an, ce qui suffirait amplement à combler les besoins de la population si les pluies étaient réparties au long de l'année. Malheureusement, elles arrivent toutes en même temps, au cours des six ou huit semaines de la mousson.

En raison de la déforestation et de la nature des sols de la région, qui sont pauvres et rocheux, la terre n'a aucun moyen de retenir cette eau qui forme des fleuves torrentiels et éphémères, lesquels coulent sans s'arrêter à côté des plantes et des habitants assoiffés, emportant toute l'eau à la mer. Un mois ou deux plus tard, il n'en reste plus une goutte, et seules les larges cicatrices que forment les lits de rivières décolorés et asséchés témoignent de son passage. Des solutions de fortune issues de la technologie moderne ont aggravé considérablement le problème. En effet, de 1960 à 1980, des instances gouvernementales et des ONG étrangères bien intentionnées ont sillonné le pays en forant des puits profonds dans la nappe phréatique. La population est bientôt devenue presque entièrement dépendante de ces puits, dont on tirait l'eau pour la consommation humaine, les besoins des animaux et l'irrigation. Aujourd'hui — c'est-à-dire, dans certains cas, une décennie plus tard — le niveau d'eau de la nappe phréatique a énormément baissé : en certains endroits de la plaine du Gange, on doit creuser à une profondeur de 274 mètres pour trouver de l'eau. Sans forêts ni rivières pour absorber la pluie, la réserve d'eau des aquifères souterrains, extraite sans relâche, ne peut se reconstituer.

Si l'ombre, l'eau, les pâturages et le fourrage disparaissent, le bétail et les chèvres, eux, demeurent. Dans certaines régions du Bundelkhand, ces animaux sont plus nombreux que les êtres humains. L'État compte onze animaux pour dix citoyens, soit presque trois fois la moyenne indienne, déjà élevée, de quatre animaux par dix habitants.

Ce vaste territoire de la plaine centrale du Gange, qui était autrefois une forêt productive, fait l'objet d'un surpâturage extrême et est en voie de devenir un désert totalement inutilisable. Pendant que nous roulions à l'extérieur de la vieille ville de Jhansi, observant les hectares de terre desséchée et de pierres, les vaches rachitiques qui fouillaient tristement des buttes rocheuses dénudées, collines jadis recouvertes de forêts où s'accumulent maintenant des monceaux de détritus, nous avions du mal à croire à quel point tout cela s'était produit rapidement.

Notre guide dans la région, Surrendra Sahni, septuagénaire autrefois général dans l'armée de l'air indienne, nous a montré plusieurs monticules de roc qui n'auraient pas suffi à soutenir même un oiseau et a raconté ceci : « Quand j'étais jeune, ces collines étaient encore couvertes de forêts et les gens venaient de partout pour chasser les tigres. » Sahni est mince, droit et vif; ses gestes sont ceux d'un homme de trente ans. Il y a une dizaine d'années, il s'est engagé dans l'organisme Development Alternatives (DA) d'Ashok Khosla, présenté au chapitre un. Natif de la région, il a passé une grande partie de sa carrière dans l'important complexe militaire de Jhansi. Plutôt que de se reposer après avoir pris sa retraite, il a choisi de consacrer les dix dernières années à travailler à des enjeux cruciaux pour les habitants de cette région pauvre et déshéritée. Et aucun enjeu n'est plus crucial que celui de l'eau.

Même avant que les forêts ne soient rasées et l'aquifère exploité, les gens de l'endroit avaient besoin de stabiliser leurs réserves d'eau. En effet, la forêt la plus dense ne peut retenir 1 270 cm d'eau d'un coup, et la région ne comptait que quelques lacs susceptibles de l'emmagasiner, bien que beaucoup de rivières maintenant à sec aient autrefois coulé toute l'année. Sahni et Development Alternatives ont voulu voir s'ils réussiraient à tirer de ces vestiges un peu d'eau utilisable pendant quelques mois de plus par année. Ils savaient que, avant qu'on ne se soit mis à forer des puits de plus en plus profonds, les régions rurales de l'Inde dépendaient de systèmes extrêmement complexes de cueillette et de stockage de l'eau, lesquels variaient en fonction de la topographie, des besoins et des gouvernements locaux. Le plus souvent, le maharajah était responsable des structures les plus importantes, y compris les grands barrages, les citernes (parfois de la taille d'un lac), certains puits et d'autres installations coûteuses. Les habitants de la région y contribuaient par leur travail et entretenaient de plus petites installations d'irrigation et de stockage d'eau, le tout selon un système de travail volontaire, le *goam*, qui n'est pas sans rappeler le *mit'a* des Incas.

Dans cette région, en plus des citernes et des réservoirs artificiels, les habitants utilisaient tout particulièrement le *bund*, ou « barrage de régularisation », qui est une structure semblable — en plus grand — à celle qu'érigent les castors. Un cours d'eau est obstrué à l'aide de terre, de branches et de roches, de manière à créer un petit lac en amont du barrage, ce qui permet de contrôler la quantité d'eau qui coulera en aval. Ces réservoirs, comme ceux créés par les barrages de castors, ne servent pas seulement à emmagasiner l'eau pendant de nombreux mois, mais ils lui permettent également de percoler dans le sol jusqu'à atteindre la nappe phréatique et des aquifères plus profonds, ce qui régénère, du coup, les puits situés à l'intérieur d'un rayon donné. Development Alternatives a jusqu'à maintenant érigé dans la région trente petits barrages de régularisation faits de ciment dans le but d'endiguer les eaux de la mousson et de les détourner vers plusieurs rivières asséchées. Ces barrages, larges de 18 à 30 mètres et habituellement hauts de 6 mètres tout au plus, sont conçus spécifiquement en fonction de chaque rivière. Ils fournissent aujourd'hui de l'eau à une trentaine de villages et arrosent environ 1 000 hectares de champs, qui ont recommencé à donner deux récoltes par année. Les villages doivent assumer 10 % des coûts de construction des barrages, qui sont de 5 000 à 7 000 $ US. Les villageois doivent donc réussir à trouver de 500 $ à 700 $, ce qui n'est pas une mince affaire, car ils ont appris à se méfier des projets extérieurs qui font souvent long feu en raison de la corruption qui mine les structures locales. De plus, depuis des années, la population est habituée à ce que de tels projets soient entièrement financés par le gouvernement ou des groupes d'aide étrangers. Le fait qu'on s'attende à ce qu'ils investissent leur temps et leur argent, tous deux rares et précieux, dans un projet à l'avenir difficile et incertain constitue pour eux une expérience inédite. Mais DA a aussi ressuscité le concept de *goam*. Les villageois doivent collaborer au financement — et apprendre l'entretien — de la nouvelle technologie.

Le premier barrage de régularisation construit par Development Alternatives se trouve près de TARA Kendra, ou centre TARA, un village industriel expérimental situé entre Jhansi et Orchha et déjà mentionné au chapitre un. La région avait subi une désertification aussi prononcée que les autres territoires, et le centre avait besoin d'eau afin de faire fonctionner l'usine de papier et les autres entreprises qu'il prévoyait fonder. Les ouvriers ont donc érigé, derrière le centre, un barrage de régularisation très simple, en espérant qu'il contribuerait à combler leurs besoins. La première année, ils ont eu de l'eau pendant quatre mois plutôt que deux. L'année suivante, ils ont été ravis d'obtenir de l'eau pendant sept mois. Aujourd'hui, à peine deux ans plus tard, la rivière est de nouveau permanente : c'est un miracle totalement inattendu, semblable à l'éclosion des fleurs sauvages qui a suivi l'adoption de méthodes agricoles holistiques dans l'est de l'Oregon. Le fait d'endiguer les eaux saisonnières pendant quelques mois seulement semble expliquer le phénomène. Il permet de regarnir les aquifères suffisamment pour que les arbres et les buissons connaissent une croissance extraordinaire, comme on pourrait s'y attendre dans un tel climat. Leur feuillage et leurs racines captent plus d'eau, un plus grand nombre de plantes poussent dans le sol revitalisé, plus de pluie percole dans le bassin-versant et le cycle connaît une croissance rapide. Les ouvriers du centre TARA ont ressuscité une rivière morte, et ce qui était jadis un désert foisonne désormais de grenouilles, d'aigrettes et de papillons — tout cela, grâce à un investissement de 5 000 $ consacré au béton et à l'ingénierie.

Small is Beautiful

> *La clé de la prévention des sécheresses ne réside pas dans des méga-projets de stockage d'eau à l'aide de moyens et grands barrages. Elle réside dans des structures de stockage d'eau modestes, construites à l'échelle des fermes et des villages.*
>
> Centre for Science and Environment,
> New Delhi, Inde

Alors qu'il étudiait les anciennes méthodes de stockage d'eau de pluie dans le désert du Néguev, le scientifique israélien Michael Evenari a fait une découverte de taille, qui répond à tous les critères de durabilité que nous avons présentés, et tout particulièrement à celui voulant que les systèmes naturels fonctionnent mieux dans des territoires restreints. Ses études révolutionnaires ont montré qu'un petit bassin-versant produit davantage d'eau par hectare qu'un plus gros. Un bassin-versant d'un hectare dans le désert du Néguev fournissait annuellement jusqu'à 95 mètres cubes d'eau par hectare, tandis qu'un bassin-versant de 345 hectares n'en fournissait que 24 mètres cubes, soit environ le quart. Les autres organismes et ONG œuvrant à la construction de barrages en Inde ont eux aussi appris à travailler à l'échelle des petites communautés, conscients du fait que les écosystèmes changent graduellement et que les initiatives monumentales visant à gérer de vastes territoires par une solution unique se soldent presque toujours par un échec.

Sahni nous a aussi emmenés voir l'une des réalisations les plus impressionnantes de DA, passé l'ancien village de Rajpura, à deux heures de Jhansi par un mauvais chemin. Rajpura date de 600 ou 700 ans au moins, et ses maisons décrépites de brique et de pierre, peintes en bleu et en jaune délavés, sont construites autour d'un puits de pierre creusé à la main, d'une profondeur de trente mètres. Les vaches ont des cornes particulièrement longues, les habitants sont timides et épris de leurs traditions. Un sâdhu (l'un de ces saints personnages indiens à demi nus, au crâne couvert de tresses de rastas et à la peau enduite de cendres) est en résidence près du puits ; les femmes ont le visage couvert et ne se montrent pas souvent. Comme le chemin est difficile, il est rare que des villageois s'éloignent de chez eux de plus de quelques kilomètres, et la rivière les sépare de la grande ville. Rajpura se trouve ainsi isolé dans le temps comme dans l'espace.

Des enfants mènent leurs buffles devant les vieilles maisons jusqu'à un sentier qui serpente dans des champs luxuriants où poussent le blé et la moutarde. Le long du sentier, des tuyaux entourés d'une toile noire aboutissent à des fossés d'irrigation. À la rivière, pas moins de cinq pompes au diesel aspirent l'eau de l'étang qui s'étend sur plusieurs acres derrière le barrage, pour la faire parvenir aux cultures en contrebas. Ce procédé plonge Sahni dans l'embarras ; il explique que « Development Alternatives préférerait que les villageois se servent de leurs puits regarnis pour l'irrigation, car l'eau est beaucoup plus bénéfique à tout l'écosystème si on lui permet de s'infiltrer dans le sol, plutôt que de l'extraire directement du réservoir avant qu'elle n'ait pu être absorbée. Pomper directement à la source équivaut à dépenser son capital plutôt que ses intérêts. Mais, évidemment, nous n'avons pas beaucoup de contrôle sur les actions des gens une fois que les structures sont en place. Et s'il leur faut vraiment pomper, nous préférerions qu'ils utilisent quelque chose de plus efficace que ces trucs au diesel bon marché qui fonctionnent mal ». Sahni affirme que les terres jadis dénudées peuvent être ensemencées non pas une, mais deux fois par année. « Mais même s'ils gagnent davantage, les fermiers dépensent leurs nouveaux revenus pour de meilleurs vêtements et pour la scolarisation de leurs enfants, plutôt que pour l'achat d'une pompe moins énergivore. »

Si DA tient tant à étudier les technologies du passé, c'est entre autres parce qu'il n'existait pas jadis de pompes motorisées polluantes et chères. La technologie était plus ingénieuse, utilisait la gravité et reposait sur des méthodes simples — balanciers ou roues hydrauliques — qu'emploient toujours les fermiers au bord du Nil. Ces mécanismes activés par l'énergie humaine ou animale sont aujourd'hui perfectionnés et adaptés à l'usage moderne. Dans plusieurs pays africains, par exemple, on utilise un carrousel conçu de manière à pomper l'eau du village pendant que les enfants jouent ! Sahni raconte : « Il y a une colline près du barrage où je pourrais, avec une seule pompe, aspirer l'eau vers un réservoir puis laisser la gravité la disperser chez tous les fermiers locaux : ça leur épargnerait, et à l'environnement aussi, tellement d'émissions de diesel ! Mais nous n'avons pas les fonds nécessaires en ce moment. Pour ce qui est des pompes solaires, c'est un rêve que nous continuons à entretenir en espérant qu'il deviendra plus abordable. C'est une source d'énergie absolument parfaite pour ce climat. »

Comme tant d'autres initiatives visant à vivre selon ses moyens, les barrages de régularisation de DA ne sont pas parfaits, peu s'en faut. Il n'en demeure pas moins que le barrage lui-même était splendide, après les deux heures passées à cahoter sur des cailloux et à regarder des chèvres faméliques tenter d'arracher de la nourriture à un sol nu. Dans un oasis vert qui s'étirait presque à perte de vue, six petits garçons attrapaient des vairons pour les rapporter chez eux en vue d'un cari ; ils s'éclaboussaient, nageaient et criaient comme le font partout au monde les petits garçons dans les mares. Des dizaines d'aigrettes s'envolaient avant de se reposer à la surface, où il y avait aussi quelques canards et des faisans d'eau, des papillons et des grenouilles. La surface de l'étang était couverte de plantes à fleurs roses. Sans Development Alternatives, sans Sahni, sans ceux qui leur prêtaient appui, sans les villageois et les autres personnes participant à ce rêve singulier, cet endroit, au mois de mars (quatre mois avant la mousson), aurait été semblable à tous les lieux que nous avions croisés sur notre chemin : un lit de pierres chauffées par le soleil dans un quasi-désert où ne pousse qu'une herbe sèche. Il n'y aurait pas eu de blé mûrissant au soleil, pas de petits garçons rieurs, pas d'aigrettes, pas d'eau dans toute sa beauté. Pendant le court moment où nous sommes restés là, nous avons vu des poissons sauter hors de l'eau et un serpent disparaître à la base du barrage. Sans qu'on sache comment, ils avaient eux aussi réapparu dans cette rivière pérenne ressuscitée.

Il existe, dans des villages d'autres États, des projets semblables, pilotés par d'autres ONG. À Raj-Samadiyala, dans le Gujarat, par exemple, quatorze barrages de régularisation sur la rivière Machchan ont fourni aux villageois suffisamment d'eau pour leur usage domestique et pour obtenir une récolte par année, tandis que les femmes des villages voisins, qui ne sont pas dotés d'installations de rétention, doivent chaque jour marcher huit kilomètres pour rapporter chez elles deux seaux d'eau brune. Dans tout le Gujurat, il y a également des projets d'étangs, de barrages en terre, de barrages de régularisation en ciment et de reforestation. Dans un autre État, le Rajasthan, éprouvé par la sécheresse, les habitants du village de Neemi en étaient réduits à braconner dans la forêt voisine ou à s'exiler pour travailler à Jaipur, ville lointaine et surpeuplée. Le reste du temps, les hommes buvaient, désespérés de ne pouvoir vendre leur terre ni la cultiver. Il y a environ cinq ans, Tarun Bharat Sangh, une ONG locale, a aidé les villageois à instaurer un plan holistique dont la première étape était l'interdiction volontaire du braconnage et de l'alcool, après quoi on a recueilli des fonds, construit plusieurs barrages de régularisation et rénové les vieux réservoirs d'eau calcifiés ; on a planté des arbres et ouvert une laiterie biologique. Aujourd'hui, les salaires ont augmenté de 300 %, le prix des terres a grimpé en flèche, les villageois disposent d'une forêt qui conserve l'humidité et les fermiers produisent jusqu'à trois récoltes par année en utilisant des méthodes entièrement biologiques. Personne n'a plus à quitter la région ni à recourir au braconnage.

Sur tout le territoire indien, on construit des centaines de structures de rétention d'eau similaires, dont chacune est autofinancée et conçue de manière à répondre aux besoins spécifiques de l'endroit où on l'érige. Pourtant, à une échelle plus vaste, le gouvernement central tend à saper ces efforts en construisant des mégabarrages qui entraînent le déplacement de millions de personnes et d'écosystèmes entiers. En effet, le gouvernement indien, comme tant d'autres, voit dans la mondialisation et les solutions techniques à grande échelle les principales sources de prospérité future et ne se presse pas de faciliter la mise en place de projets plus modestes. Par ailleurs, personne — et en particulier personne à l'extérieur des régions concernées — n'est susceptible de faire fortune grâce aux barrages de régularisation et aux autres anciennes techniques de rétention d'eau. Ces initiatives sont totalement négligées par les grands investisseurs tels que les entreprises et la Banque mondiale, qui allouent chaque année des milliards de dollars à des projets capitalistiques.

La situation déplorable de plusieurs États indiens et l'efficacité avérée des solutions à petite échelle commencent cependant à attirer l'attention. L'année dernière, une autre ONG de New Delhi, le Centre for Science and Environment, fondé par Anil Agarwal, a collaboré à l'organisation de la Conférence nationale sur l'eau au Rajasthan, à laquelle ont assisté plus de 5 000 villageois venant des régions les plus touchées par la sécheresse. Fait encourageant, Balabhbhai Kathuriya, ministre fédéral de l'Industrie lourde, s'y trouvait aussi. Les participants se sont engagés à devenir des « guerriers de l'eau » et à construire, pour reprendre ses paroles, « non pas un, mais des milliers de barrages pour s'assurer d'avoir un surplus d'eau[3]. »

Ne pas gaspiller ce que l'on a

> *Dans le Sind, l'une des deux grandes provinces du Pakistan, 49 % des terres agricoles étaient modérément ou sévèrement engorgées, 50 % étaient hautement salines et 27 %, modérément salines. Dans le Pendjab, l'autre principale province agricole, plus de 30 % de toutes les terres agricoles sont affectées par la salinisation.*
>
> Données de l'ONU

Ramener l'eau qui a disparu, comme on le fait en Inde, est un moyen efficace de s'assurer qu'il y en a suffisamment pour faire vivre les écosystèmes et les habitants. Dans de nombreuses régions du monde qui se sont desséchées et dénudées longtemps avant la désertification de l'Inde, il est maintenant crucial de trouver des façons d'économiser l'eau qui reste. Il y a quelque temps, Joyce Starr, du Global Water Summit Initiative de Washington, a fait remarquer ceci : « Des pays comme Israël [...] adoptent rapidement un comportement qui consiste à utiliser toute l'eau dont ils disposent. Ils n'ont plus qu'une dizaine d'années avant que leur agriculture et, au bout du compte, leur sécurité alimentaire ne soient menacées[4]. »

C'est déjà le cas de la Jordanie, où de bonnes terres restent en jachère faute d'eau pour les irriguer. En 1995, toutes les sources d'eau connues dans l'ensemble du pays étaient déjà exploitées, et la demande pour le précieux liquide continue de croître en raison d'un afflux de jeunes réfugiés en provenance de la Palestine et d'une augmentation générale du niveau de vie. D'autres habitants de pays du Moyen-Orient n'ont pratiquement pas d'eau pour vivre, comme le démontrent les statistiques compilées au cours de la dernière décennie. Par exemple, on estime que chaque citoyen américain dispose d'un potentiel d'eau douce de 10 000 mètres cubes par année, tandis qu'un citoyen irakien n'en a que la moitié ; en Turquie, chaque personne ne dispose plus que de 4 000 mètres cubes par an. Mais même le potentiel égyptien de 1 100 mètres cubes semble généreux en comparaison de ceux d'Israël et de la Jordanie, qui sont respectivement de 460 et 260 mètres cubes d'eau par personne par année. C'est pourquoi ces deux derniers pays se sont montrés extrêmement innovateurs en matière d'utilisation de l'eau.

Parmi les ancêtres des Jordaniens d'aujourd'hui figurent les anciens Nabatéens, peuple arabe qui a construit les merveilleuses villes et les temples de la région il y a 1 600 ans. Comme les anciens Indiens, les Nabatéens avaient mis au point plusieurs méthodes ingénieuses pour conserver l'eau de pluie et l'eau des rivières. Des archéologues ont découvert presque autant de techniques pour retenir l'eau que nous en avons observées en Inde, parmi lesquelles d'énormes citernes et des canaux de pierre creusés à même les falaises, ainsi que des inscriptions gravées faisant référence à la nécessité de stocker et de conserver le précieux liquide. Une méthode d'irrigation nabatéenne consistait à ériger des murs bas autour de petits lopins de terre, de manière à empêcher l'écoulement, puis à semer dans le sol marécageux des plantes qui pousseraient à mesure que l'eau s'infiltrerait dans la terre.

Avec l'arrivée de l'ère moderne et l'apparition de puits profonds permettant de pomper l'eau non seulement de la nappe phréatique mais même des aquifères, le complexe réseau de citernes, de réservoirs et de canaux destiné à recueillir l'eau de pluie s'est effondré, comme ce fut aussi le cas en Inde. Comme les niveaux d'eau de l'aquifère et de la nappe phréatique chutent fortement, on ressuscite maintenant plusieurs techniques nabatéennes. La méthode consistant à ériger des murs bas est utilisée en Israël, à l'instigation de l'Université Ben-Gourion du Néguev ; les Jordaniens ont aussi compris qu'il était aberrant de puiser à même la nappe phréatique et les aquifères. Aujourd'hui, ils continuent à développer de nouvelles méthodes destinées à stocker l'eau de pluie et à faire un meilleur usage de l'irrigation, afin de regarnir les aquifères et de ne pas contaminer le peu de pluie qu'ils reçoivent.

On utilise l'irrigation depuis des milliers d'années pour acheminer l'eau des lacs, des rivières et des puits jusqu'aux cultures. Comme l'explique Marq de Villiers dans son ouvrage *L'Eau* : « [s]'il existe de bons dispositifs de drainage et si les sols ne sont pas naturellement alcalins, un système d'irrigation soigneusement géré peut durer pendant des siècles sans causer de dégâts. Dans les régions où l'irrigation constitue un complément et non l'ensemble de la diète hydrique, le sol ne risque guère de souffrir. » Mais l'irrigation présente des risques quand on prétend cultiver des plantes dans le désert, où les sols sont pauvres et le drainage est inadéquat. Une irrigation excessive, conjuguée à un drainage insuffisant, comme c'est le cas dans l'Uttar Pradesh, dans l'Ouest américain et au Moyen-Orient, où la pluie tombe d'un coup ou pas du tout, provoque des ruissellements remplis de produits chimiques ainsi que de sels et de minéraux naturels. Si les océans sont salés, c'est parce que l'eau filtre le sol pour en extraire des minéraux qu'elle emporte jusqu'à la mer. Les produits chimiques fabriqués par l'homme et présents dans des matériaux et des substances comme l'asphalte, les déversements de gaz et de pétrole, les pesticides et herbicides prennent le même chemin.

Lorsque l'eau utilisée à des fins d'irrigation s'évapore sous le soleil du désert, les sels et les produits chimiques précipitent à la surface des sols, où ils tuent les organismes qui y vivent, rendant du coup le sol stérile. De plus, quand les champs sont mal drainés, le niveau de la nappe phréatique monte et le sol devient trop saturé d'eau pour que les plantes puissent y pousser. À ces problèmes s'ajoute celui, relativement récent, que pose l'usage des engrais pétrochimiques, qui détruisent toute matière organique jusqu'à ce que le sol devienne aussi dur que du ciment, et des pesticides, qui anéantissent aussi la vie organique présente dans le sol et menacent en outre la santé des êtres humains. L'irrigation et l'agriculture industrielle détruisent donc à un rythme alarmant des territoires agricoles fertiles. Des millions d'hectares de terres partout sur la planète ont succombé à la salinisation et à la contamination dues à l'irrigation, et des millions d'autres risquent de connaître le même sort à moins que nous ne trouvions de meilleures manières de transporter l'eau.

Dans la célèbre vallée de San Joaquin, en Californie, d'où proviennent la quasi-totalité des fraises et des laitues qu'on trouve dans les supermarchés nord-américains, environ 160 000 hectares de terres agricoles sont altérées par des nappes phréatiques élevées et saumâtres, symptôme de saturation et de salinisation avancées. Sur les 3,4 millions d'hectares de terres irriguées que compte l'État, plus d'un million deviendront définitivement inexploitables à moins d'être drainées à l'aide de tuyaux souterrains. Mais même en Californie, région aisée, les agriculteurs sont peu enthousiastes à l'idée d'un tel investissement, qui ne constitue de toute manière qu'une solution à court terme, puisque l'eau pleine de sels et de pesticides qui est ainsi drainée cause des problèmes en aval.

La nécessité est la mère de l'invention ; aussi est-ce dans les déserts d'Israël qu'on a mis au point une technologie d'irrigation de rechange. Il y a déjà plus de quarante ans que les ingénieurs de l'Institut de technologie Technion-Israel à Haïfa ont conçu le système d'irrigation goutte à goutte, qui utilise des tuyaux perforés afin d'acheminer directement aux racines des végétaux des quantités d'eau beaucoup moindres. Cette technique permet d'éviter tant le ruissellement que la saturation, puisque 95 % de l'eau utilisée va nourrir la plante, comparativement à 20 % ou moins avec l'irrigation traditionnelle. Pour ce qui est de l'irrigation par aspersion, 92 % de l'eau y est perdue par évaporation ! L'irrigation au goutte à goutte est utilisée dans 140 pays du monde ; des villageois pauvres d'Égypte, de Chine, du Pérou, du Mali, du Niger et du Sénégal en bénéficient, et, depuis de nombreuses années, des milliers d'entreprises fournissent aux pays industrialisés l'équipement nécessaire à ce type d'irrigation.

Mais la méthode goutte à goutte a encore du chemin à faire. Bien qu'elle augmente de 20 à 50 % le rendement des récoltes, seuls 2 % des champs irrigués sur la planète le sont à l'aide de cette technologie. Les Israéliens sont même en train de développer une technique du nom d'« irrigation minute », fondée sur des émetteurs de gouttes qui créeront des relations air-eau optimales à la hauteur des racines, ce qui permettra de préserver encore plus de sols et de cours d'eau. Même si l'achat des tuyaux perforés nécessite un investissement en capital, l'irrigation goutte à goutte demeure moins chère que le drainage à l'aide de tuyaux souterrains. Les mêmes subventions qui financent aujourd'hui la construction de grands barrages, les produits agrochimiques nocifs et les modifications génétiques douteuses, tous dangereux sur le plan écologique, pourraient plutôt aider les agriculteurs à acheter ou à louer à long terme l'équipement nécessaire à l'irrigation goutte à goutte. Comme nous le verrons au chapitre cinq, certains pays ont déjà amorcé un virage dans cette direction.

Des toits verts et des toilettes à compost

> *En cas de pénurie d'eau, les options sont la conservation, les innovations technologiques ou la politique de la violence.*
>
> Marq de Villiers

On parle beaucoup des guerres futures qui auront l'or bleu comme enjeu, mais jusqu'à maintenant, Israël, la Palestine et la Jordanie, notamment, administrent leur eau de manière relativement civilisée, même en temps de guerre. Et des pays comme l'Irak, la Syrie, l'Arabie Saoudite et la Turquie, qui ne s'entendent pas sur grand-chose d'autre, ont jusqu'à maintenant réussi à se partager les mêmes fleuves et les mêmes bassins-versants, bien que la situation se complique parfois à l'intérieur des frontières d'un pays. Ainsi, la plupart de ceux qui manquent d'eau, en plus de s'assurer qu'ils jouissent d'une certaine compétence sur les fleuves ou les aquifères qui traversent leur territoire, cherchent à conserver l'eau qu'ils possèdent.

En Jordanie, par exemple, le rationnement de l'eau est devenu un véritable mode de vie, réalité qui se reflète dans une législation inspirée des technologies nabatéennes. Le toit des maisons et des édifices à logements nouvellement construits doit être muni de citernes, réservoirs d'eau alimentés par l'écoulement de l'eau de pluie. C'est aux femmes jordaniennes qu'a toujours incombé la tâche de se procurer de l'eau pour la maisonnée, et il n'est pas rare que des maisons modernes soient alimentées par trois sources distinctes. L'eau du robinet, parfois d'assez piètre qualité, sert à faire la lessive et à arroser le jardin ; l'eau de source, qu'on achète en période de sécheresse, est utilisée pour faire la cuisine et se désaltérer ; pour la consommation humaine, on préfère cependant, lorsque c'est possible, utiliser l'eau de pluie qu'on a recueillie. On encourage aussi les Jordaniens à adopter des méthodes d'économie quotidienne : déposer une brique dans le réservoir de toilette afin de diminuer la quantité d'eau qui s'écoule lorsque la chasse est tirée, arroser les plantes le matin ou le soir pour réduire l'évaporation, garder l'œil sur les jauges à eau et moduler sa consommation en conséquence, réutiliser l'eau de la lessive (« eau grise ») et s'assurer que les tuyaux et les réservoirs sont en bon état afin d'éviter les fuites. Ces initiatives, d'abord instaurées dans les écoles et maintenant implantées avec succès en Palestine, en Cisjordanie et en Égypte, sont renforcées à coups de campagnes télévisées.

S'il semble tout naturel que des pays désertiques adoptent de telles mesures, il est intéressant d'apprendre qu'en Allemagne, où la pluie est abondante, la végétation, luxuriante, et où les cours d'eau et les nappes phréatiques sont bien garnis, les gens prennent des précautions semblables. En fait, sur la plus grande partie du territoire européen, les toilettes sont munies de deux chasses — une petite quantité d'eau pour l'urine et une plus grande pour, comme le disent les Allemands, « les plus grosses affaires ». Les pommeaux de douche à débit réduit sont la norme, et des compteurs d'eau et d'électricité sont installés bien en vue dans les maisons et les appartements, de manière que les gens puissent suivre leur consommation. Les eaux « grises » sont souvent recyclées automatiquement par les systèmes de traitement des villages ou des villes, et on inspecte régulièrement les systèmes d'aqueduc municipaux pour repérer les tuyaux qui coulent, lesquels peuvent causer des dégâts, voire une contamination et des maladies.

Même dans des régions telles que le nord-ouest des États-Unis — où l'eau semble poser un problème en raison non pas de sa rareté, mais au contraire de sa surabondance —, des villes ont mis en œuvre diverses stratégies pour éviter que le précieux liquide ne soit gaspillé ou pollué. Dans une ville comme Portland (Oregon), les eaux de pluie abondantes amassent des contaminants sur les toits goudronnés, dans les stationnements, sur les trottoirs et dans les industries, avant de se déverser dans les systèmes d'égout municipaux, qui débordent et contaminent les rivières. Autrement dit, une trop grande quantité d'eau est aussi susceptible d'entraîner des pertes, car nos terrains de stationnement et nos édifices, comme l'argile durcie et les déserts dénudés, l'empêchent d'être absorbée par le sol et de regarnir la nappe phréatique.

Eric Sten et Dan Salzman, commissaires à la durabilité pour la Ville de Portland, ont instauré une approche axée sur les récompenses et les sanctions en matière de conservation de l'eau. Salzman explique : « Les propriétaires qui veulent aménager des toits verts pour absorber et purifier l'eau de pluie reçoivent des subventions et des crédits d'impôt. On offre des subventions importantes pour que l'eau qui s'écoule des toits soit dirigée vers les pelouses et les arbustes avant d'aller s'engouffrer dans les égouts. Ou bien, on fait tout nous-mêmes, et les endroits qui ne font rien s'exposent à des amendes. » Le concept de toit vert est en train de se répandre : en Europe et en Amérique du Nord, des jardins, des pelouses, des arbustes et même de petits arbres poussent sur les toits plats qui coiffent les édifices à logements ou à bureaux. La végétation y a fière allure, et l'ensemble sert parfois de parc pour les locataires. Surtout, le toit vert absorbe l'eau de pluie qui autrement s'écoulerait dans le système d'égout, et il lui permet plutôt de suivre le cycle prévu par la nature, au cours duquel l'eau est emmagasinée dans le sol et dans les plantes, qui en libèrent ensuite l'excès sous forme de vapeur et d'oxygène.

Pour ce qui est des eaux usées, les plans (assez populaires aux États-Unis) visant à épandre les boues traitées par les municipalités sur les champs en guise d'engrais seraient plus intéressants si lesdites boues ne contenaient pas d'importantes quantités de polluants industriels, y compris des pesticides, des BPC et des métaux lourds. Le sol peut en effet être contaminé par des produits chimiques toxiques, susceptibles de répandre des maladies comme la méningite, si on prétend que ces boues sont biologiques alors qu'elles ne le sont pas. C'est d'ailleurs le thème d'un livre encensé par la critique, petit bijou d'humour noir, *Toxic Sludge Is Good for You*, de Sheldon Rampton et John Stauber. Des organisations comme le Citizen's Clearing House on Hazardous Waste et les chiens de garde de Lois Marie Gibbs, qui se consacrent fort efficacement à contrôler l'utilisation des produits toxiques (voir à ce sujet le chapitre huit), repèrent aussi les problèmes qu'entraîne cette pratique. L'épandage de boues toxiques cause à nos sols et à notre eau des dommages permanents et si sévères qu'une conclusion s'impose : soit nous trouvons un moyen d'empêcher que les produits toxiques — y compris les savons et les nettoyants domestiques — ne se retrouvent dans les égouts, soit nous traitons différemment les eaux usées.

Les toilettes à compost inventées dans les années 1960 (qui ont fait découvrir à toute une génération l'odeur des latrines de naguère) ont connu un succès très limité. Aujourd'hui, grâce à de nouvelles technologies — de meilleurs ventilateurs et réservoirs —, ces toilettes sèches constituent une solution plus intéressante, même dans des édifices publics où la circulation est importante. Comme il est véritablement possible d'en traiter les boues de manière à pouvoir les utiliser sans danger sur des terres agricoles, ces toilettes offrent une réponse aux problèmes posés tant par les déchets toxiques que par les eaux usées. L'un des meilleurs systèmes actuels dessert quotidiennement 560 étudiants dans un nouvel édifice de la faculté de droit de l'Université du Vermont. Un autre moyen de traiter les boues et les eaux usées consiste à leur faire subir un traitement analogue au processus de purification naturelle, c'est-à-dire à laisser des marais soigneusement aménagés les filtrer.

Si nous persistons à fermer les yeux sur les déchets qui accompagnent les eaux usées et les eaux de ruissellement, nous finirons par connaître des pénuries, non pas d'eau à strictement parler, mais du moins d'eau propre à la consommation, même en Oregon et en Allemagne. Les règlements adoptés dans ces deux endroits semblent refléter le simple bon sens, qui veut que l'on prenne soin de ce que l'on possède. Mais les écologistes ont appris au fil des ans que les changements législatifs n'entraînent des changements d'habitudes et de comportements dans la vie quotidienne que si ces législations répondent, du moins en partie, à une demande de la communauté. L'Oregon et l'Allemagne ont tous deux porté au pouvoir des gouvernements régionaux et municipaux soucieux de durabilité écologique. Non seulement ces instances peuvent compter sur l'appui de leurs citoyens quand elles mettent sur pied des programmes d'installation de toits verts et de toilettes sèches, mais la demande pour ces programmes vient le plus souvent des citoyens eux-mêmes. Cela signifie que, lorsque des individus qui ont à cœur la qualité de l'eau, du sol ou de l'air s'engagent en politique au niveau local, leur engagement peut engendrer des effets importants à long terme partout sur le globe.

Cinq millions d'enfants par année

> *Même les estimations les plus élevées des sommes nécessaires pour fournir un accès universel à l'eau et à des toilettes ne représentent que 7 % du total des dépenses militaires. Une réorganisation relativement mineure des priorités et des investissements sociaux — et une définition plus large de la notion de sécurité — pourrait permettre à tous de bénéficier d'une eau propre et de toilettes adéquates.*
>
> SANDRA POSTEL, Global Water Policy Project[5]

Le village de Lalliput, au centre de l'Inde, illustre parfaitement à quelle vitesse et avec quelle facilité les changements peuvent se répandre au sein d'une collectivité, pour peu qu'un projet dispose d'un appui solide au sein de la population. Ici, Development Alternatives a trouvé une alliée inattendue : une adolescente du nom de Pinkie, fille du chef de l'endroit. Comme l'avoue candidement Sahni, agent de liaison pour le projet : « C'est à cause d'elle que nous avons connu un si grand succès ici. » Pinkie est une rebelle, la seule jeune fille qu'il ait jamais vue dans la campagne indienne à porter un pantalon et une casquette de baseball plutôt qu'un sari et des boucles d'oreille. Avec ses deux sœurs, vêtues de manière plus conventionnelle, elle dirige le service Internet tout neuf, basé dans leur propre demeure. Il s'agit d'une grande maison blanche qui se dresse sur la seule colline du village, à l'intérieur simple, au sol recouvert de carreaux polis, sur le toit de laquelle un bougainvillée et du millet mis à sécher côtoient l'antenne parabolique de DA. Ici, dans une pièce ornée d'affiches aux couleurs vives représentant les dieux hindous Hanuman et Ganesh et de dessins d'enfants réalisés à l'aide du logiciel Paintbox de Microsoft, Pinkie et ses sœurs initient les enfants du coin aux mystères de WordPerfect et d'Internet. Pinkie a cependant consacré davantage d'efforts à solliciter l'appui de la communauté pour que Lalliput dispose de son propre système d'eau et d'égout.

Pinkie a aidé DA à installer un autre barrage de régularisation afin d'alimenter en eau un système bâti et géré par les villageois. Elle a aussi travaillé au projet — beaucoup plus délicat sur le plan social — visant à introduire un système de toilettes biologiques soigneusement conçues, situées là où elles ne pollueront pas de sources de nourriture ou d'eau. Ces petites huttes discrètes offrent maintenant aux femmes de Lalliput une intimité qui fait défaut dans la majorité des villages. En effet, pour des raisons de pudeur, la plupart des femmes en Inde rurale doivent aujourd'hui encore attendre la nuit avant de se faufiler à l'extérieur des villages pour faire leurs besoins dans les champs. Non seulement cette ancienne coutume est extrêmement nocive pour leur santé, mais elle les expose aux piqûres et aux morsures des scorpions et des cobras qui sortent chasser à la nuit tombée. Sans compter, évidemment, que le fait d'utiliser les champs comme toilettes peut répandre des maladies telles que le choléra et la dysenterie, causée par *E. coli*, le cryptosporidium, le campylobacter et d'autres parasites ou bactéries, autant de maladies souvent fatales, surtout chez les enfants.

Les données recueillies par l'ONU révèlent que cinq millions d'enfants meurent chaque année après avoir bu de l'eau contaminée.

Des étrangers s'arrêtent dans la région pour y répéter ce message depuis 40 ans, mais, lorsque vient le temps de décider comment traiter ces questions délicates, les coutumes sont beaucoup plus fortes que la foi que l'on accorde à l'opinion d'un étranger. Il a fallu une femme de l'endroit pour convaincre ses paires de procéder à un changement extrêmement simple en matière d'hygiène, mais révolutionnaire sur le plan social. Les toilettes biologiques sont idéales dans ce climat chaud et sec, car elles permettent aux déchets de se décomposer sans danger, loin des réserves d'eau. Et si Pinkie affirme que les habitants de Lalliput ont déjà observé une importante diminution des cas de maladies depuis l'installation du système, elle ne saura jamais combien de personnes lui devront la vie dans les années à venir. Certes, en matière d'hygiène de base, il prévaut en Inde une attitude plutôt relâchée quasi légendaire ; c'est même l'une des principales raisons de la forte pollution des fleuves aujourd'hui. On aurait cependant tort de croire que ce n'est que dans les pays du tiers-monde que la mauvaise gestion de l'eau entraîne une multiplication des maladies. De même, les solutions à la contamination de l'eau dans les pays industrialisés sont souvent tout aussi simples que celle évoquée plus haut.

Tout récemment, dans la prospère campagne ontarienne, sept personnes ont perdu la vie et plus de 2 000 autres ont été terriblement malades après avoir bu de l'eau contaminée. La population de Walkerton n'a pas été victime d'un déversement accidentel de produits chimiques industriels, ni d'une fuite de pesticides agricoles qui auraient gagné les puits : il s'agissait d'une contamination organique, causée par des excréments. Des vaches vivent dans le bassin d'écoulement des eaux de la ville. Après un printemps extrêmement pluvieux, l'un des plus anciens puits d'où la ville tirait l'eau destinée à la consommation humaine a été contaminé par des écoulements provenant d'un important parc d'engraissement de bétail. Ce sont des choses qui arrivent. Mais, dans les pays industrialisés, on sait depuis de nombreuses années que l'eau contaminée peut être dangereuse, et c'est pourquoi de coûteux processus de réglementation et d'inspection ont été mis en place, de même que des méthodes de purification chimique, afin de s'assurer que l'eau des villes et des municipalités est sans danger. Un ensemble de croyances force les femmes indiennes à se glisser dans les champs infestés de serpents à la nuit tombée. Au Canada, les garanties quant à la qualité de l'eau ont été mises en péril non pas par l'ignorance de réalités scientifiques ou à cause de la pauvreté sévissant au sein de la population, mais bien en raison d'une croyance aussi dangereuse que celle qui menace la qualité de l'eau de Lalliput.

Comme nous l'avons expliqué au chapitre deux, le néolibéralisme économique et la mondialisation postulent que les organismes publics doivent être financièrement autonomes : des services tels que les soins de santé, l'éducation ou les tests d'inocuité des aliments et de l'eau apparaissent trop onéreux quand ils sont administrés comme des services publics à but non lucratif par les gouvernements provinciaux ou municipaux. Dans cette perspective, on présume que des entreprises privées, qui visent la rentabilité et que l'on dit plus efficaces et moins « gourmandes », fourniront ces mêmes services de manière plus satisfaisante. Comme nous l'avons aussi vu au chapitre deux, ce n'est pas uniquement l'idéologie néolibérale qui a provoqué les récentes compressions dans ces services publics et la mise en place de partenariats public-privé : ces mesures répondaient aussi à une exigence claire de la Consultation sur le Canada du FMI, en 1995. Dans le but de s'y conformer et d'accroître son efficacité, le gouvernement ontarien a alors entrepris de se retirer du domaine des tests à but non lucratif. Vers 1997, il a commencé à sous-traiter les tests de l'eau de Walkerton à une entreprise privée située dans le lointain État de l'Arkansas. Le gouvernement de l'Ontario s'est dissocié encore plus de la question de la qualité de l'eau en n'exigeant pas que l'entreprise en question, A&L Laboratories, avise les responsables de l'environnement ou de la santé publique si elle relevait des irrégularités ; l'entreprise n'avait qu'à prévenir le directeur du service d'aqueduc municipal — lequel était à peu près dépourvu de formation en la matière[6].

En vertu de l'ancien système public qui était encore en place quelques années auparavant, l'eau de toute la province était testée localement, à intervalles réguliers, par une équipe d'inspecteurs gouvernementaux dûment formés, qui devaient rapporter toute contamination, dès sa détection, tant aux responsables locaux qu'au ministre de la Santé. Ce système fonctionnait bien. En 1994, plus de 75 % des usines de traitement de l'eau étaient soumises à des inspections annuelles. En 1999, elles n'étaient plus que 30 %. Dans « Blue Gold », dossier spécial sur la crise mondiale de l'eau, Maude Barlow (aussi auteure, avec Tony Clarke, de l'ouvrage du même nom) souligne que : « Nous avions pourtant un bon système en Ontario. Nous avions une bonne gestion du bassin-versant, nous avions des tests rigoureux dans les régions. Il y avait sans doute des procédés qui auraient pu être améliorés, mais, plutôt que d'être renforcé, ce que nous possédions a été régulièrement déréglementé, morceau par morceau. On a sabré dans les tests, et les règlements auxquels étaient soumises les fermes industrielles ont été abolis de manière à ne pas "nuire à notre croissance économique". Mais il n'y a pas de raison de croire qu'un système gouvernemental adéquatement financé et disposant d'un appui politique n'aurait pas continué de nous fournir de l'eau propre. »

Les personnes infectées par les micro-organismes qui avaient contaminé l'eau de Walkerton ne souffraient pas que d'une simple diarrhée : deux des jeunes enfants touchés ont subi un grave trouble altérant les plaquettes sanguines, semblable à l'hémophilie, et ils ne connaîtront peut-être jamais plus une existence normale. Plusieurs autres résidants ont été traumatisés par les traitements douloureux et invasifs que nécessitait leur état ; sans compter, bien sûr, que sept personnes ont perdu la vie[7]. Si, en Inde, les morts continuent de se succéder à cause d'une croyance, à Walkerton, les décès auraient aisément pu être évités. Dans les deux cas, les solutions sont d'une simplicité presque ridicule.

Plusieurs groupes de défense de l'intérêt public, notamment l'Association canadienne du droit de l'environnement, réclament actuellement des lois provinciales, voire fédérales, sur la salubrité de l'eau. Leur requête a récemment été rejetée par le ministre de l'Environnement de l'Ontario, mais la question ne peut être éternellement laissée en plan. Les États-Unis ont adopté une loi sur la salubrité de l'eau potable en 1974, et en 2001 la Colombie-Britannique a promulgué une loi spéciale pour protéger l'eau potable. Ici, dans ce que l'on appelle le « Premier Monde », il n'y a pas de raison que l'on n'ait pas toujours accès à de l'eau propre. Il va sans dire que les contaminants organiques tels que *E. coli* ne constituent qu'une partie du problème. Les produits pétrochimiques que nous brûlons, les métaux lourds que nous extrayons du sol, les plastiques et les autres matières non dégradables que nous jetons dans les dépotoirs ont tous contaminé notre eau de manière encore plus inquiétante. Mais, comme nous le verrons au chapitre huit, il y a des façons d'éviter — et même de purifier — ces produits toxiques persistants. Aujourd'hui, il faut nous demander si nous avons véritablement besoin de certains articles et, le cas échéant, trouver d'autres manières de les fabriquer. Si Nike a banni les PCV et si les conditions de The Natural Step sont axées sur l'élimination des rejets de produits toxiques dans l'environnement, c'est, en grande partie, afin de préserver la pureté de l'eau. Car, peu importe où sont rejetés ou stockés les produits toxiques industriels, ils finissent presque toujours par se retrouver dans notre eau.

La rage des barrages

> À l'origine, les grands barrages n'étaient pas une entreprise cynique ; ils relevaient d'un rêve. Ils se sont transformés en cauchemar. Il est temps de se réveiller.
>
> ARUNDHATI ROY, auteur[8]

Depuis le début du XXe siècle, on considère les barrages comme une réponse aux problèmes de rareté de l'eau partout sur la planète, et plus particulièrement dans les pays pauvres. Ils détournent l'eau d'une zone à une autre à l'intérieur d'un bassin-versant, contrôlent les inondations de sorte que les gens peuvent s'établir sur une plaine inondable, ouvrent de nouveaux cours d'eau au commerce et transforment des territoires arides en terres cultivables. Comme l'eau ainsi contrôlée peut être acheminée vers des turbines afin de produire de l'énergie, on fait d'une pierre deux coups en réglant des problèmes de manque d'électricité. Mais un simple barrage de captage destiné à garder l'eau de pluie dans une rivière à sec ne ressemble en rien à une énorme installation qui altère un bassin-versant tout entier. Les petits barrages n'affectent pas le cours normal d'une rivière ; comme à TARA Kendra et Rajpura, ils réussissent souvent à restaurer et à préserver un cours d'eau en permettant à l'eau de percoler dans le sol, où elle regarnit la nappe phréatique et restaure graduellement tout le système hydrologique. Les grands barrages, quant à eux, peuvent être conçus de manière à contrôler le débit naturel d'une rivière et à activer d'énormes turbines qui produiront de l'électricité. Mais ils entraînent des changements immenses dans le paysage. L'un des plus grands réservoirs du monde, près du barrage Akasombo, au Ghana, par exemple, a inondé 4 % de tout le territoire du pays. Il n'est pas rare que des bassins ou des systèmes fluviaux entiers soient détournés de leur cours, asséchés ou grandement élargis ; il arrive même qu'on en change la direction et que l'eau finisse par drainer un autre bassin-versant.

Tout à notre désir de contrôler nos réserves d'eau et de déplacer le précieux liquide, nous ne nous sommes jamais attardés à réfléchir aux conséquences d'une telle réorganisation du système circulatoire de la Terre. Nous avons oublié que les cours d'eau sont les veines et les artères où coule le sang de notre planète. Aujourd'hui, on commence à peine à reconnaître les effets négatifs d'une ingérence aussi importante dans l'hydrologie naturelle. Le limon qui fertilisait les plaines agricoles et les estuaires, nourrissant les cultures, est retenu ; des espèces dont la reproduction, la couvaison ou la migration dépendaient de l'arrivée saisonnière de la pluie souffrent maintenant de son absence. Le haut barrage d'Assouan sur le Nil est à cet égard un exemple particulièrement révélateur. La structure retient aujourd'hui 98 % des 124 millions de tonnes de sédiments qui fertilisaient jadis les champs égyptiens chaque année lors du retrait des crues, ce qui entraîne une diminution de la profondeur et du rendement des sols du delta du Nil, de même que des changements désastreux pour l'estuaire et les poissons de la Méditerranée. On commence à comprendre que le harnachement de cours d'eau destiné à répondre à nos besoins immédiats peut avoir des effets très graves sur l'ensemble du tissu de la vie. Aujourd'hui, environ 20 % des 8 000 espèces d'animaux d'eau douce connues sont menacées d'extinction, et les biologistes s'entendent pour dire que le facteur le plus déterminant dans ce déclin est la présence des grands barrages.

Comme c'est souvent le cas en matière de développement humain, nous avons appris à maîtriser les compétences technologiques nécessaires pour procéder à ces changements titanesques avant d'en avoir compris les répercussions profondes. Mais les techniques d'ingénierie à l'œuvre dans la réorganisation des artères et des veines de la planète sont pour le moins spectaculaires, et à la vue des lumières s'allumant dans les vallées et de l'eau coulant à flots dans des champs secs, le jeu semblait en valoir la chandelle. Comme l'explique Arundhati Roy, auteur et militante, dans la plupart des pays la capacité de réaliser de tels exploits est associée aux concepts de modernité et de progrès ; ainsi, les barrages étaient vus comme « une sorte de drapeau en béton du patriotisme ». Ils sont apparus dans les vallées de presque tous les pays du monde, comme autant de preuves de l'industrialisation et de l'expertise technologique nationale, ce qui explique qu'on en érige toujours en Afrique, en Amérique du Sud et en Chine.

Les États-Unis ont ouvert la voie à ce nouvel univers de contrôle planétaire de l'eau il y a plus d'un siècle. Dans les années 1930, deux organismes et un réservoir de main-d'œuvre avaient été mis sur pied aux États-Unis spécifiquement pour la construction des grands barrages : le Bureau of Reclamation, la Tennessee Valley Authority (TVA) et le Army Corps of Engineers. Pendant la Grande Dépression, les grands barrages étaient vus comme le remède à la pauvreté chez les Américains des régions rurales, de même qu'ils sont de nos jours perçus comme une réponse technologique à l'indigence dans le tiers-monde. Aujourd'hui encore, ces immenses ouvrages sont impressionnants. Mais les grands barrages en matériaux meubles, employés pour fermer l'extrémité d'une large vallée, sont devenus les structures les plus massives jamais construites par l'humanité. Le monstre par excellence, le barrage Tarbela, au Pakistan, contient 106 millions de mètres cubes de terre et de roc, soit plus de quarante fois le volume de la Grande Pyramide.

Aux États-Unis, où ces énormes structures ont d'abord été construites, un grand nombre de barrages de petite et de moyenne taille ont cependant atteint la fin de leur durée de vie. Ils ont rempli leur mission : ils ont irrigué des vallées entières, rendus habitables les déserts et les plaines inondables et ont apporté de l'électricité à un grand nombre de personnes. Ce faisant, on a cependant découvert qu'ils laissaient un lourd héritage : des sols salinisés ou saturés d'eau, des réservoirs remplis de limon, des estuaires désséchés, des forêts détruites et des champs au rendement réduit par l'altération des crues saisonnières. Ils ont aussi entraîné la disparition de millions de plantes et d'animaux qui dépendaient des habitats riverains et, dans les tropiques, la mort de milliers d'êtres humains qui ont succombé à des maladies telles que la schistosomiase et la malaria. Même la Tennessee Valley Authority (TVA), qui a pourtant inspiré le développement de nombreux bassins fluviaux partout sur la planète, a connu des résultats plutôt décevants dans son propre État. Comme le déplore Patrick McCully dans *Silenced Rivers : The Energy and Politics of Large Dams* : « Malgré les dizaines de milliards de dollars dépensés par la TVA, la population du bassin du Tennessee est à maints égards plus pauvre que celle des régions voisines n'ayant pas "bénéficié" des réalisations de la TVA. » De plus, nous avons aujourd'hui mis au point d'autres manières de produire l'électricité, qui rendent ces barrages obsolètes[9].

Bref, dans les pays industrialisés, on a appris que ces barrages ne créent pas d'eau : ils ne font que la déplacer d'un endroit à un autre. S'il y a plus d'eau en amont pendant les cinquante ans que dure en moyenne un barrage, il y en aura moins en aval — et une multitude d'autres problèmes se présenteront auxquels on n'avait jamais songé, pas plus qu'on ne pense au fait que son cœur bat avant de se mettre à boucher ses artères avec des graisses saturées. C'est pourquoi il existe aujourd'hui, dans presque tous les pays industrialisés, un moratoire sur la construction de grands barrages ; ailleurs sur la planète, un mouvement est apparu pour en stopper l'érection où que ce soit, et il connaît un succès croissant. De nombreux groupes réclament même que l'on démantèle les vieux barrages pour rendre aux rivières leur cours naturel, avant que nous ne perdions davantage des bénéfices de l'hydrologie naturelle de la planète au profit de cette technologie axée sur le court terme.

L'International Rivers Network, principale ONG engagée dans la lutte contre les barrages, affirme : « Ceux qui s'opposent aux grands barrages ne prétendent pas qu'on ne devrait jamais en construire. Ils croient cependant que l'érection de barrages et les autres projets de développement ne devraient être entrepris que si toute l'information relative au projet a été rendue publique, si les prétentions des promoteurs quant aux bénéfices sur les plans économique, environnemental et social, de même que les coûts du projet, ont été vérifiées par des experts indépendants et si les groupes affectés par le projet et ceux en bénéficiant sont d'accord pour sa mise en œuvre[10]. » Ces conditions ne sont que raisonnables ; là où elles ont été adoptées en Amérique du Nord, elles ont révélé que presque tous les grands barrages se soldent par un échec financier. Elles pourraient jeter la même lumière en Chine, en Inde et partout où se déploie le système circulatoire de la planète.

La restauration suprême de l'habitat

> *Aux États-Unis, le deuxième pays au monde pour ce qui est du nombre de barrages (on en compte 5 000), nous avons cessé de construire de telles structures et consacrons actuellement d'importantes sommes à tenter de résoudre les problèmes causés par les barrages existants.*
>
> International Rivers Network

Les barrages ont une durée de vie limitée. Comme ils ont été les premiers érigés, les barrages de l'Amérique du Nord seront aussi les premiers à se détériorer. Ils se fissurent, leurs réservoirs se calcifient, ce qui fait que l'eau ne passe plus dans les turbines ou ne coule plus en aval comme prévu. Aux États-Unis et au Canada seulement, on estime actuellement que 2 200 barrages ont dépassé leur durée de vie utile, quand ils ne sont pas carrément considérés comme dangereux. Au cours des vingt prochaines années, ce sont 85 % de tous les barrages appartenant au gouvernement américain qui auront dépassé leur durée de vie. De plus, 500 propriétaires de barrages hydroélectriques privés devront aussi renouveler les contrats qui les lient à la Federal Energy Regulatory Commission au cours de la décennie à venir. La désaffectation des barrages est déjà entamée dans les pays industrialisés, où l'on fait des découvertes étonnantes sur la marche à suivre ainsi que sur les bénéfices récoltés. En 1999, une année seulement après qu'on eut démantelé l'ancien barrage Edwards sur la rivière Kennebec, dans l'État du Maine, des millions de gaspareaux (une espèce de poisson migrateur comestible qui remonte le courant pour le frai) ont regagné une section de la rivière qui n'avait pas vu l'ombre d'un gaspareau depuis 160 ans. En plus d'être bénéfique au saumon de l'Atlantique, espèce de plus en plus menacée, le démantèlement du barrage devrait aussi avoir des effets favorables sur le bar d'Amérique et l'esturgeon à museau court, une espèce rare. Dans la rivière Baraboo, au Wisconsin, le nombre d'espèces de poissons a plus que doublé, passant de 11 à 24, quand, après la démolition du barrage, l'eau s'est remise à couler librement pour la première fois depuis 1850. En 2002, deux autres barrages qui harnachaient le même cours d'eau ont été démantelés, ce qui a retourné, sur près de 200 kilomètres, la rivière à son cours et à son débit naturels. D'autres pays emboîtent le pas. En France, on a démantelé deux barrages sur des affluents de la Loire en 1998, principale mesure visant à restaurer le seul fleuve du pays où vit encore le saumon sauvage. On a fait exploser un barrage haut de 12 mètres qu'exploitait l'entreprise d'électricité nationale, ce qui a ramené l'estuaire entier à l'état sauvage. Fait plus remarquable encore, un mégabarrage chancelle aussi.

En Thaïlande, le barrage Rasi Salai, le premier d'un énorme projet prévoyant la construction de onze barrage sur les rivières Chi et Mun, a été si mal conçu que son réservoir repose sur un dôme de sel géologique, ce qui fait qu'il ne peut remplir sa mission première, l'irrigation. Des milliers de personnes ont occupé le site du barrage pendant plusieurs mois, réclamant qu'on le démantèle et qu'on leur cède la rivière. En juillet 2000, Arthit Urirat, ministre de la Science, a ordonné que les vannes demeurent ouvertes pendant deux ans afin de restaurer le territoire et de procéder à une évaluation environnementale dans les règles. C'est là un précédent remarquable, et on a bon espoir qu'il se soldera par la désaffectation du barrage.

Au Canada, le démantèlement d'un autre barrage a pour effet de revitaliser une pêcherie de saumons. La rivière Theodosia, en Colombie-Britannique, comptait jadis des populations de 100 000 saumons roses, 50 000 saumons communs et 10 000 saumons cohos, mais, après la construction du barrage, il ne restait plus que quelque 2 000 saumons communs et quelques dizaines de cohos. « Les barrages n'étaient pas destinés à rester là pour toujours », affirme Mark Angelo, l'un des principaux militants pour le démantèlement du barrage sur la Theodosia, directeur du département de la faune et des poissons de l'Institut de technologie de la Colombie-Britannique. Il ajoute : « Le démantèlement d'un vieux barrage est la mesure suprême en matière de restauration de l'habitat. » Le barrage de la rivière Theodosia devait à l'origine alimenter en électricité une papetière, mais il détourne 80 % des eaux de la rivière même quand la papetière n'en a aucun besoin. Angelo raconte que, lorsque son groupe, le River Recovery Project, a commencé à étudier la possibilité de démanteler le barrage, la papetière s'est rebiffée. « Il y avait une réaction d'opposition au départ ; mais quand nous avons examiné la manière dont l'eau était utilisée, tout le monde a pu constater que le barrage apportait très peu de bénéfices, même les représentants de la papetière. Ils ont compris qu'ils pouvaient se passer de cette eau en utilisant plus efficacement celle dont ils disposaient ; et aujourd'hui, nous avons d'excellentes relations avec eux. »

Non loin de la Theodosia, dans le nord-ouest de l'État de Washington, si l'immense barrage de Glines Canyon (haut de 82 mètres) et celui de l'Elwha (d'une hauteur de 32 mètres) sont toujours debout, c'est uniquement parce que le gouvernement est en train d'amasser les fonds nécessaires pour leur démantèlement. Les deux structures ont été érigées au début des années 1900 afin d'alimenter en électricité les scieries dans ce qui est aujourd'hui l'Olympic Peninsula National Park. À elles seules, elles ont réduit à néant les montaisons des saumons de l'endroit. Le sockeye a disparu de la rivière Elwha, et les dix autres espèces du cours d'eau ont connu un déclin abrupt, comme toutes les créatures qui en dépendaient. En 1999, après vingt-cinq ans d'efforts soutenus menés par la Lower Elwha Klallam Nation et des groupes écologistes, le Congrès américain a acheté les barrages et il les démolira sous peu, à un coût de plus de 100 millions de dollars.

Le coût du démantèlement des barrages est cependant trompeur, dans la mesure où, dans presque tous les cas, il est beaucoup moins onéreux de procéder à ce démantèlement que de réparer les vieilles structures, même sans tenir compte du double dividende qu'entraînent la restauration de l'habitat de la faune et le retour des poissons. Sur la rivière Baraboo, au Wisconsin, par exemple, il en a coûté 30 000 $ pour retirer le petit barrage d'Oak Street, tandis qu'il aurait fallu dix fois plus d'argent pour le réparer. Il serait beaucoup plus onéreux de dédommager le peuple elwha, dans l'État de Washington, où le barrage enfreint les droits de pêche reconnus par traité, que de retirer les vieux barrages.

Robert Bourassa, l'ancien premier ministre du Québec qui fut l'instigateur du projet de la baie James, était d'avis que, en laissant l'eau des fleuves couler jusqu'à la mer, on gaspillait une grande quantité d'eau douce, et que de grands réservoirs étaient aussi valables que des lacs naturels. Sandra Postel, célèbre experte de l'eau, fait remarquer que cette attitude témoigne d'« une compréhension assez minimale de la fonction première d'un fleuve ou d'un lac » ; de plus, on a découvert que les réservoirs émettent des quantités importantes de gaz à effet de serre, ce qui ajoute encore aux problèmes liés aux changements climatiques[11]. Postel explique qu'il y a dix ans à peine, l'idée de fixer des débits minimaux afin de préserver le bon état de chaque système fluvial « aurait pu sembler radicale. Mais grâce à une multitude de décisions judiciaires, d'actions législatives, de décisions administratives et de campagnes de citoyens, le processus est enclenché ».

Au début des années 1990, le Congrès américain a décrété que 987 kilomètres cubes d'eau qui irriguent annuellement le centre de la Californie devaient demeurer dans le système fluvial afin que les poissons et l'habitat faunique s'y maintiennent intacts. Il a également fixé un objectif pour rétablir la production naturelle de saumons et d'autres poissons qui migrent vers l'océan, afin qu'elle atteigne deux fois son niveau moyen actuel. Les agriculteurs qui détournaient l'eau de l'estuaire extrêmement productif de la baie de San Francisco (qui abrite 120 espèces de poissons) doivent réserver 49 000 hectares-mètres d'eau pour l'écosystème. Les années de sécheresse, il se peut que la ville doive réduire sa consommation pour atteindre cet objectif, mais, comme l'explique Postel : « Tous les Californiens en bénéficieront au bout du compte, tandis que l'activité économique s'équilibrera mieux avec l'eau qui la rend possible. »

Richesse liquide

> *Que se passe-t-il quand on « privatise » une chose aussi essentielle à la survie humaine que l'eau ? Que se passe-t-il quand on fait de l'eau un produit et qu'on décrète que seuls ceux qui ont l'argent pour la payer au « prix du marché » peuvent se la procurer ?*
>
> ARUNDHATI ROY

Il existe des solutions à toutes les difficultés majeures touchant aux réserves d'eau de la planète. Comme nous l'avons vu, un peu partout sur le globe, des mouvements actifs et des technologies éprouvées sont déjà en place et contribuent à régler les problèmes qu'entraînent le manque et le gaspillage d'eau, les barrages et autres altérations des processus de drainage naturels, ainsi que la contamination par des agents organiques infectieux et des produits chimiques toxiques. Mais le dernier problème que pose l'eau est sans doute le plus épineux : la propriété. Bien que l'eau soit absolument nécessaire à la vie et que nous ayons conçu plusieurs manières de la déplacer et de la conserver, nous n'avons toujours pas décidé à qui appartient l'or bleu. Le contrôle de l'eau varie selon les pays, et nous n'avons que récemment commencé à nous interroger sur les modes de propriété à retenir.

En Inde, par exemple, où, en vertu de la loi, tous les cours d'eau appartiennent au peuple, Development Alternatives n'a pas à obtenir d'autorisation spéciale d'un propriétaire terrien pour ériger ses barrages qui sauvent des vies, tout comme les Indiens n'ont pas à demander l'autorisation de marcher ou de pêcher le long du littoral du pays. C'est aussi le cas au Mexique. Mais de nombreuses études ont révélé que, là où l'eau est considérée comme un bien commun de manière à pouvoir être offerte au plus faible coût possible (comme sur la majeure partie du continent nord-américain), le précieux liquide est souvent gaspillé. Et là où l'usage agricole est subventionné, ce gaspillage devient éhonté : l'eau est vaporisée dans les airs, où 90 % du liquide s'évapore, ou bien on en asperge les champs avec une telle prodigalité qu'elle finit par détruire les sols qu'elle devait nourrir. Par ailleurs, comme le demande Arundhati Roy, que se passerait-il si l'eau était une propriété privée dont le prix reflétait la valeur réelle ? Comment des organisations à but non lucratif, un village ou des miséreux pourraient-ils y avoir accès ?

En 1999, en Bolivie, nous avons découvert ce qui arriverait si l'eau coûtait trop cher pour que les pauvres puissent se la procurer. Le contrôle de l'eau dans tout le pays avait été cédé à une entreprise privée américaine, et le prix a alors connu une hausse vertigineuse — contrairement au service. Lors de manifestations où les citoyens réclamaient que le gouvernement résilie le contrat de privatisation, 36 Boliviens ont été abattus par la police, 175 autres blessés et deux enfants ont perdu la vue. Les guerres de l'eau, dont on s'imagine qu'elles se déchaîneront entre Israël et la Jordanie, par exemple, risquent plutôt, dans des cas tels que celui de la Bolivie, d'opposer les simples citoyens à un gouvernement qui protège les intérêts des entreprises. La privatisation a certains avantages, bien évidemment. Dans des pays comme l'ancienne Union soviétique et d'autres pays de l'Europe de l'Est qui sont à court de capitaux, les systèmes d'aqueduc ont été si négligés qu'ils doivent être presque entièrement remplacés ; ces pays ne peuvent cependant prélever les impôts nécessaires pour procéder aux travaux devenus indispensables. Il y a peu de temps, la ville de Bucarest, en Roumanie, a signé un contrat avec la Générale des Eaux, géant français qui fait partie du groupe Vivendi, en vue de réhabiliter son réseau d'aqueduc. Peut-être y parviendra-t-on. Mais il arrive trop souvent que les ententes qui lient les gouvernements municipaux et nationaux à de grandes entreprises pour d'énormes projets soient altérées par la corruption politique[12].

Il y a une douzaine d'années, le maire de Grenoble, l'une des villes les plus charmantes et les plus prospères de France, a pris une décision qui n'est pas sans rappeler celle du gouvernement conservateur ontarien avant la tragédie de Walkerton, qui semblait relever de la même philosophie. Il décida de privatiser les services d'eau de la ville afin de les rendre meilleurs et plus efficaces. Sous l'égide d'une entreprise privée, l'aqueduc de Grenoble procurerait des profits aux actionnaires et échapperait du coup à l'incompétence, à l'inefficacité et au manque de productivité dont on taxe souvent les services d'aqueduc publics. COGESE, filiale de la Lyonnaise des Eaux, autre géant français de l'eau, a obtenu le contrat. Comme à Walkerton, de nombreuses personnes s'opposaient à la privatisation, mais celle-ci récoltait un appui suffisant pour qu'on y procède tout de même.

Or, là aussi, les tarifs d'eau ont grimpé en flèche, contrairement à la qualité des services. On a découvert plus tard que, entre 1990 et 1995, l'augmentation des tarifs a rapporté plus de dix millions de dollars américains en profits supplémentaires à la Lyonnaise des Eaux pour les services d'aqueduc, et près de quatre millions de plus pour le traitement des eaux usées. Même après des renégociations de contrat imposées en 1995, l'entreprise a tout de même récolté plus de deux millions de dollars grâce à l'eau de la ville et plus de 300 000 $ grâce aux eaux usées. Comment s'y était-elle prise pour réaliser un tel profit en fournissant un service jadis non lucratif et payé par les impôts des citoyens ? Le procès subséquent a révélé qu'au cours des six premières années de la privatisation, l'entreprise avait facturé à ses utilisateurs 51 % plus d'eau qu'ils n'en consommaient réellement, ce qui lui a fourni un joli profit de trois millions. Elle a indexé les tarifs sur l'inflation de manière à pouvoir imposer des hausses de prix non nécessaires de 4 et 5 % pour chaque mètre cube d'eau consommée ou d'eaux usées traitées. Quant à l'idée voulant qu'en fixant un prix élevé à l'eau on encourage les utilisateurs à l'économiser, en vertu du système mis en place par la Lyonnaise des Eaux, les plus grands consommateurs d'eau auraient profité de tarifs réduits tandis que ceux qui l'économisaient auraient payé le gros prix. Cette distinction était cependant sans grande importance, puisque les quotas de consommation se traduisaient presque toujours par une augmentation de tarifs.

Comme les Grenoblois voyaient leurs services d'eau se dégrader, deux ONG ont été créées : l'ADES (l'Association Démocratie-Écologie-Solidarité) et Eau Secours, lesquelles ont mené une lutte qui s'est soldée par la condamnation du maire de Grenoble et d'un cadre de la Lyonnaise des Eaux, tous deux reconnus coupables d'avoir accepté et versé des pots-de-vin. Non seulement l'entreprise avait assumé les coûts de la campagne du maire, mais on a prouvé qu'elle avait récupéré ces pots-de-vin offerts au maire et à d'autres, y compris des membres du conseil municipal, pour un total d'environ 6,5 millions de dollars, en facturant cette somme aux utilisateurs des services d'eau ! Comme Emanuele Lobina l'a écrit dans le numéro de février 2000 de *Focus on the Public Services* : « La corruption est l'une des pratiques adoptées par les multinationales françaises de l'eau pour s'assurer d'énormes profits. Un nombre croissant de preuves révèlent les irrégularités et les coûts du système français de gestion déléguée, dont on ne devrait pas faire la promotion en tant que modèle global. » Aujourd'hui, Grenoble a retrouvé son système municipal de gestion de l'eau éprouvé et les tarifs sont revenus à la normale. Les citoyens, en revanche, prêtent une plus grande attention à la question.

Si ce n'est pas cassé, pourquoi le réparer ?

> *Aujourd'hui, des entreprises telles que Suez en France se hâtent de privatiser l'eau, qui constitue déjà une industrie mondiale de 400 milliards de dollars. Ils parient que l'H_2O sera au XXIe siècle ce que le pétrole a été au XXe.*
>
> Fortune Magazine, 15 mai 2000

La situation décrite dans cette épigraphe, tirée de l'article publié par Shawn Tully dans *Fortune Magazine*, est exactement celle contre laquelle Maude Barlow, présidente du Conseil des Canadiens, nous met en garde depuis des années. C'est la raison qui l'a poussée à écrire « Blue Gold » et à organiser la première conférence canadienne sur l'eau, qui a eu lieu au mois d'août 2001. Parmi les autres mesures musclées visant à protéger l'eau canadienne de la privatisation et de l'exportation, notons la création des comités locaux de surveillance de l'eau mis sur pied par le Conseil des Canadiens et maintenant actifs dans tout le pays, où des militants bénévoles sont à l'affût des entreprises qui réaliseraient tout à coup de petites fortunes grâce à l'eau. Il est certainement souhaitable que des citoyens fassent ainsi preuve de vigilance. Comme l'affirmait le *Wall Street Journal* en 1998 : « Après le téléphone, le gaz et l'électricité, l'eau sera le prochain service à être ébranlé par la concurrence internationale. » En plus de la corruption alléguée et de l'augmentation des coûts, Barlow mentionne Walkerton et déplore ceci : « Quand on privatise l'eau, le public perd souvent son droit d'être informé de la qualité de l'eau et des normes en vigueur. » Par exemple, quand Hydro Ontario a été scindée en trois entreprises privées en 1999, le gouvernement ontarien a annoncé son intention d'abolir les lois d'accès à l'information. Or, le manque d'accès à l'information peut être dangereux. À Sydney, en Australie, où l'eau est sous le contrôle de Suez-Lyonnaise des Eaux, on a découvert en 1998 qu'elle contenait de hautes concentrations de giardia et de cryptosporidium, des parasites dangereux. L'entreprise était au fait de la situation depuis un certain temps, mais elle n'avait pas jugé bon d'en avertir le public.

Un récent article intitulé « Public Sector Alternatives to Water Supply and Sewerage Privatization : Case Studies[13] » montre qu'il est extrêmement rare que des entreprises privées actives dans le secteur de l'eau, où que ce soit sur la planète, adoptent des pratiques saines pour l'environnement, comme la restauration des fleuves ou la séparation des boues organiques et des déchets chimiques. La raison en est, bien sûr, le coût, ainsi que l'illustrent des tableaux détaillant, pour l'année 1998, les coûts et le rendement sur investissement en Suède, où la gestion de l'eau est du ressort des municipalités, et en Angleterre, où elle est une activité générant des profits. En Suède, les consommateurs devaient débourser en moyenne 0,29 $ US par mètre cube d'eau, tandis que les consommateurs de Wrexam, en Angleterre, payaient plutôt 1,25 $. En général, et surtout en matière de rendement sur investissement, les systèmes publics étaient beaucoup moins onéreux pour le consommateur ; évidemment, des tarifs moins élevés ne sont pas toujours souhaitables dans des pays prospères : ils pourraient se traduire, par exemple, par un gaspillage accru, ce qui justifierait de procéder à un certain ajustement des prix.

Il y a plus significatif encore : les coûts d'exploitation étaient beaucoup plus bas chez les entreprises d'eau municipales que chez les sociétés privées, ce qui semble contredire les idées reçues quant aux vertus des entreprises de services privées par rapport aux entreprises de services publiques. Autrement dit, des tarifs plus élevés ne sont pas garants d'efficacité. Des études comparatives semblables l'ont démontré à maintes reprises : « La privatisation présente des risques significatifs pour l'eau et les systèmes sanitaires, compte tenu de la nature du service, qui est un monopole naturel, de l'absence de facto de concurrence internationale, de la difficulté de réglementer les entreprises multinationales et, tout particulièrement dans les pays en voie de développement, des coûts économiques et sociaux potentiellement très élevés qu'entraîne le comportement monopolistique d'exploitants privés[14]. »

D'où vient donc cette idée voulant que les services publics offerts par les municipalités soient de piètre qualité ? À Walkerton, la plupart de ces services fonctionnaient plutôt bien, mais ils ont souffert, à la fin des années 1980 et au début des années 1990, de la rationalisation du gouvernement et des nouvelles exigences de profits dans tous les domaines. Et, bien sûr, certains services étaient à court de financement depuis si longtemps, ou avaient été si mal administrés depuis le début, qu'ils étaient réellement de piètre qualité. Le Servicio Nacional de Aguas y Alcantarillados (SANAA) du Honduras constitue un exemple intéressant. Créé en 1961 en tant que service d'aqueduc et d'égout du pays, le SANAA était mal conçu et trop centralisé ; il comptait trop d'employés et, comme plusieurs grosses bureaucraties, souffrait d'un manque de communication entre les différents départements, en plus de ne pas avoir de stratégie de développement claire. Les salaires y étaient peu élevés, les syndicats fulminaient, le moral des employés était au plus bas et les consommateurs n'étaient guère plus satisfaits. En 1994, le désormais célèbre « consensus de Washington » a été proposé par la Banque interaméricaine de développement : privatiser l'eau.

L'ultimatum a galvanisé la fonction publique hondurienne ; avec l'appui des syndicats, le gouvernement a plutôt décidé de procéder à une réorganisation complète. Fait intéressant, on a appliqué pour ce faire les principes holistiques présentés au chapitre trois ; non seulement on s'attacherait à réparer ce qui ne tournait pas rond dans l'immédiat, mais on nourrirait une noble vision de l'avenir collectif. Le SANAA a incité ses employés à se congratuler mutuellement en utilisant des termes-clés tels que « dévouement, intégrité, fierté, unité » et a favorisé l'autonomie à tous les niveaux, sur les plans tant administratif qu'organisationnel. On a procédé à une décentralisation, réduisant de 35 % le nombre d'employés, la facturation a désormais été administrée localement (amélioration de taille) et, tout en augmentant le prix de l'eau, on a accordé une subvention grâce à laquelle les 20 premiers litres étaient gratuits, ce qui assurait que les gens dans le besoin continueraient d'y avoir accès. On a ensuite triplé le réseau de conduites d'eau et, pour la première fois dans l'histoire du pays, les Honduriens ont eu de l'eau du robinet 24 heures sur 24. En réparant les infrastructures pour diminuer le nombre de fuites, on est parvenu, dans la seule capitale de Tegucigalpa, à épargner 100 litres à la seconde, une quantité colossale. Grâce à ces efforts, non seulement on a réussi à éviter que l'eau et les égouts ne soient cédés à l'entreprise privée, mais le SANAA a aussi gagné en reconnaissance puisque l'ONU l'a désigné, en 1999, Projet modèle des Nations Unies.

Évidemment, les services d'eau privés ne se livrent pas tous à des agissements aussi répréhensibles que ceux de la Lyonnaise des Eaux à Grenoble, et les services d'eau publics ne sont pas tous des modèles inspirants comme le SANAA. Il demeure qu'il n'existe aucune preuve attestant qu'un service d'eau public soit moins efficace qu'une entreprise d'eau privée. Et comme le premier n'a pas à dégager de profits pour ses investisseurs, les statistiques montrent qu'il fournit l'eau à un meilleur prix. Les services publics peuvent aussi prendre différentes formes. Ils peuvent notamment solliciter des investissements comme le ferait une entreprise, et auprès des mêmes sources : banques, fonds gouvernementaux, organisations internationales telles que la Banque mondiale ou la Banque asiatique de développement, marchés des obligations, etc. À titre d'organismes à but non lucratif, ils peuvent également bénéficier de subventions et de diverses formes d'aide ; la ville de Lodz, en Pologne, par exemple, a découvert que les subventions du Fonds national polonais pour la protection de l'environnement financeraient sa nouvelle station d'épuration des eaux usées à un bien meilleur coût que ce que lui proposait Vivendi. Les services d'eau peuvent aussi être des coopératives, dont la plus importante est la SAGUAPAC, à Santa Cruz, en Bolivie. Et même si l'on prétend que les pays en voie de développement ont besoin de l'expertise du secteur privé en raison de leurs infrastructures défaillantes, il existe aujourd'hui un vaste système florissant de partenariats public-public par lesquels les services d'eau publics d'un pays industrialisé fournissent de l'expertise et aident à financer un nouveau service dans un pays en voie de développement. Dans le secteur privé, des ententes et des initiatives semblables sont extrêmement rares — et pourquoi existeraient-elles ? Elles n'augmentent pas les profits.

Le programme des travaux

> *Pour les plus pauvres et les plus faibles, l'eau sert à se désaltérer, pas à se disputer.*
>
> KADER ASMAL, lauréat du Prix de l'eau de Stockholm

Le contrôle et le commerce de l'eau par des intérêts privés qui n'ont de compte à rendre à personne sont certes inquiétants, mais il importe de se rappeler qu'ils ne sont pas pour autant répandus. En réagissant maintenant, les gens peuvent exprimer leur désaccord au sujet de la philosophie sur laquelle repose cette transformation de l'eau en profit. Comme l'explique Maude Barlow : « Jusqu'à maintenant [...], les torts causés à l'eau ont été largement non intentionnels et passifs, une combinaison de simple négligence, d'ignorance, d'appât du gain, de demandes trop importantes par rapport à une ressource limitée, de pollution par négligence et de détournement irresponsable. » Dans son rapport intitulé « Blue Gold », elle suggère dix principes communs pour orienter notre approche en matière d'eau ; le plus important veut que l'eau doive être laissée là où elle se trouve chaque fois que c'est possible. Barlow poursuit : « L'un de mes principes-clés, c'est que la nature met l'eau là où il en faut. Plus nous nous en mêlons et plus le système entier est menacé d'effondrement. Faire de l'eau un produit dans le but, disons, de prendre de l'eau dans le nord du Canada et de l'acheminer jusqu'au Nevada (ce qui est vraiment l'un des plans grandioses envisagés) ne contribuera pas seulement à favoriser une culture du gaspillage aux États-Unis, cela appauvrira aussi tout l'écosystème nordique. C'est se prendre pour Dieu. Et la nature va montrer les dents. »

Sandra Postel souligne qu'il est essentiel de contrôler la quantité d'eau utilisée par l'agriculture, qui représente de 70 à 90 % de l'eau utilisée sur la planète. « En réduisant les besoins en irrigation de 5 ou 10 % seulement, on pourrait libérer des quantités substantielles d'eau. Troquer une culture qui demande énormément d'eau, comme la canne à sucre ou le riz [ou des fleurs destinées à l'exportation], contre une autre moins gourmande [comme du blé ou du maïs], investir dans des systèmes d'irrigation goutte à goutte ou dans des arroseurs à basse pression, programmer l'irrigation de manière à épouser plus étroitement les besoins en eau d'une culture, ce ne sont là que quelques-unes des mesures qui permettraient aux agriculteurs d'économiser. » Pour ce qui est de l'épineuse question de la propriété, Postel est d'avis, comme plusieurs autres analystes, que l'eau ne devrait être gratuite que pour l'usage essentiel à la survie. « Si les agriculteurs devaient acheter l'eau à des prix qui reflètent son coût réel, beaucoup adopteraient ces mesures pour accroître leur efficacité. En subventionnant lourdement l'eau, les gouvernements laissent faussement croire que la ressource est abondante et qu'on peut se permettre de la gaspiller, alors même que des rivières s'assèchent, que des pêcheries s'effondrent et que des espèces s'éteignent. Et pourtant, la quasi-totalité des gouvernements subventionnent l'eau, le plus souvent en édifiant d'énormes projets comme des barrages, puis en ne facturant aux agriculteurs qu'une fraction des coûts réels de l'eau[15]. »

Maude Barlow semble avoir une opinion un peu différente. Bien qu'elle croie aussi que l'eau constitue un droit humain fondamental et doit demeurer un bien commun et public, et non un produit de consommation, elle affirme que, au-delà de ces prémisses, la commercialisation a un rôle à jouer. « Nous pouvons discuter de prix si nous nous entendons sur une chose : pas de profits. Il faut garantir une certaine quantité d'eau par personne, et il existe même une clause à cet effet dans la Constitution de l'Afrique du Sud ! On pourrait donc établir des priorités : l'eau, c'est d'abord pour les êtres humains, ensuite pour la nature, et en troisième lieu pour l'industrie. Au-delà, on peut lui fixer un prix, mais non pas afin de faire des profits ; pour les dépenses en infrastructures, pour l'assainissement par suite d'une pollution, pour la réparation des systèmes, pour le rétablissement des rivières ou l'épuration des eaux usées ; pour redistribuer aux pauvres, aider la nature, peu importe. Si nous arrivons à nous entendre sur ces prémisses fondamentales, alors nous pouvons discuter de prix[16]. » Si les écosystèmes et les besoins des êtres humains sont protégés par la loi, la commercialisation de l'eau peut avoir des effets positifs, comme nous l'avons vu au chapitre trois, lorsque la tribu de Don Sampson a acheté les droits d'irrigation pour sauver les saumons, par exemple ; par ailleurs, les citoyens des villes se montreront plus vigilants s'ils doivent payer pour l'eau un prix qui se rapproche de sa véritable valeur. L'option privilégiée par le SANAA, qui consiste à fournir gratuitement une certaine quantité d'eau puis à facturer ensuite selon l'usage, paraît indiscutablement judicieuse.

En examinant les exemples présentés, de Bundelkhand et Walkerton au barrage Elwha et au SANAA, les mesures les plus efficaces pour la gestion quotidienne de nos réserves d'eau semblent faire écho au conseil de Barlow : « Les meilleurs défenseurs de l'eau, ce sont les collectivités et les citoyens, qui doivent participer à titre de partenaires, sur un pied d'égalité avec les gouvernements[17]. » Les membres du Contrat mondial de l'eau, organisation basée en Europe, cherchent des moyens pour que ces principes deviennent réalité, par le biais, notamment, de la création d'un réseau de parlements de l'eau et de la mise sur pied d'un Observatoire des droits de l'eau. L'organisation, qui compte des sections actives à Montréal, à Toronto et un peu partout au pays, s'efforce de faire adopter par l'ONU et par d'autres instances internationales le manifeste qu'elle a rédigé.

Les militants du Contrat mondial de l'eau souhaitent aussi l'adoption d'un traité mondial de l'eau qui exclurait le précieux liquide des ententes commerciales internationales, l'empêchant ainsi de devenir un vulgaire produit de consommation selon le modèle privilégié par l'OMC. Qualifiant l'agriculture de première responsable du gaspillage d'eau sur la planète, ils réclament la mise en œuvre de solutions telles que l'irrigation goutte à goutte et des systèmes de captage d'eau ; ils souhaitent enfin un moratoire de quinze ans sur la construction de tout barrage important. Lancé au Portugal par l'ex-président Mario Soares, le mouvement compte maintenant des membres de la Suède à l'Italie en passant par le Maroc et le Bangladesh. Les coordonnées du Contrat mondial de l'eau, du Conseil des Canadiens et de plusieurs autres organisations sont fournies à la fin de cet ouvrage. Tout ce dont ils ont besoin, c'est d'un coup de pouce.

CHAPITRE 5

On est ce que l'on mange

Produire des aliments sains

Un petit paradis

Riche royaume de montagnes et de plages dorées baignées de mers tropicales, l'île de Bali, dans l'archipel indonésien, est un véritable petit paradis terrestre. Les Balinais ont jadis transformé leurs forêts en terrasses perchées sur les flancs des volcans dans le but d'y faire pousser du riz, des légumes et des fruits en quantité suffisante pour nourrir une grande population. Au cours des mille dernières années, leur mode de vie délicat et prospère n'a que très peu changé : les habitants de l'île sont bien nourris, merveilleusement vêtus, et ils disposent de suffisamment de richesse et de loisirs pour continuer à se livrer à la pratique d'arts traditionnels tels que le tressage de guirlandes de fleurs pour les temples, leur célèbre théâtre d'ombres, la danse, la musique et l'organisation de divers festivals. Leur île convient parfaitement à la culture du riz aquatique, et le riz est la source non seulement de la prospérité des Balinais, mais aussi de leur culture et de leur religion.

> *Les rizières en terrasses forment le système agricole le plus stable et le plus productif jamais inventé, capable de nourrir indéfiniment une forte population.*
>
> STEPHEN LANSING,
> anthropologue et auteur [1]

La plupart des formes d'agriculture sur la planète exploitent des sols jadis recouverts de forêts ; les fermiers abattent les arbres afin que les nutriments déposés par la décomposition de végétaux au cours des siècles nourrissent leurs cultures. Cependant, s'ils ne sont pas gérés avec vigilance, ces sols jadis forestiers s'épuisent plutôt rapidement. Les terres agricoles irriguées sont moins viables encore, puisque l'irrigation entraîne un déclin graduel de la fertilité du sol ainsi que la saturation en eau et la salinisation, problèmes abordés au chapitre quatre, en pas plus de deux générations ou, au mieux, un siècle ou deux après que les arbres ont disparu. Les Balinais ont pourtant recours à l'irrigation : les systèmes grâce auxquels l'île est demeurée un luxuriant jardin pendant mille ans sont aussi responsables de l'adoption d'une forme avancée de planification sociale. En fait, on pourrait croire que la civilisation balinaise s'est développée afin d'administrer à la fois l'eau et le riz.

L'anthropologue américain Stephen Lansing, l'un des principaux experts de Bali, a passé de nombreuses années en Indonésie à étudier la culture du pays et il s'est vite rendu compte que, pour saisir la religion de Bali, il lui fallait d'abord comprendre les techniques agricoles utilisées dans l'île. Lansing a commencé par s'intéresser à la religion traditionnelle balinaise, axée sur la déesse de l'eau, Dewi Danu. On a construit en l'honneur de cette dernière, qui est servie par un grand nombre de prêtres, de prêtresses et d'adorateurs, un réseau de temples au bord des cours d'eau qui sillonnent Bali. On prétend que la déesse vit dans un lac vaste et profond tout au sommet de l'île, qui serait l'unique source de ses rivières et ses ruisseaux. Lansing s'est demandé si les cérémonies complexes que célèbrent les prêtres dans les temples de la déesse — temples situés en amont de chaque palier de terrasse et au bord du lac lui-même — pouvaient avoir une visée pratique en plus d'une signification culturelle. Les systèmes d'irrigation balinais, explique-t-il, « sont parfois extraordinairement complexes ». Environ la moitié des cours d'eau de l'île ne coulent que six mois par an, à la mousson ; comme ils ont creusé de profonds lits dans les flancs des volcans, il est très difficile d'avoir accès à l'eau. Pour surmonter ce problème, raconte Lansing, « les Balinais aménagent des déversoirs et des barrages de diversion sur une rivière, pour en détourner le cours dans un tunnel qui refait surface parfois à un kilomètre en aval, à une plus faible élévation ; de cet endroit, l'eau est dirigée par un système de canaux et d'aqueducs jusqu'au sommet de la colline voisine ».

La cosmologie de leur religion n'est pas moins complexe. Elle repose en grande partie sur le caractère sacré de l'eau et plus particulièrement sur le moment de sa dispersion. Les adorateurs de tous les temples, du fermier seul devant son autel jusqu'au temple uni, près du lac, tiennent chaque année une rencontre où le grand prêtre, le *Jero Gde*, fixe le moment de la distribution de l'eau aux fins de l'irrigation à chacun des villages qui se partagent le précieux liquide, les *subak*, et, par conséquent, à chacun des fermiers. Le moment de la distribution des eaux sacrées influe naturellement sur les dates d'ensemencement, la variété de riz planté, le moment de la récolte et la planification des jachères. Autrement dit, comme l'a compris Lansing, le grand prêtre contrôle le cycle agricole tout entier et est aussi chargé d'arbitrer les conflits relatifs à l'usage de l'eau ou des terres.

Quand Lansing est arrivé pour la première fois dans le pays, en 1970, l'importance des temples de l'eau et des prêtres était intacte, et les rizières se trouvaient dans leur état original. Au cours des années 1970 et 1980, il a vu les anciennes coutumes être remplacées par une politique du gouvernement central favorisant les méthodes modernes : culture de riz hybride et recours aux engrais et aux pesticides. Il a fini lui-même par influer sur l'issue de cette expérience nationale en agriculture industrielle. Ce qui est advenu des temples de l'eau de Bali offre une leçon d'importance et illustre comment fonctionnent les systèmes naturels et comment les êtres humains peuvent travailler de concert avec eux ou les détruire, selon leur approche.

Un peu de respect

> *Ces gens-là n'ont que faire d'un grand prêtre, ce qu'il leur faut, c'est un hydrologue !*
>
> Ingénieur américain en irrigation, à Bali
> (cité par Lansing dans *The Balinese*)

Même lors de sa première visite à Bali, Lansing avait commencé à soupçonner que les festivals, danses et autres cérémonies hautes en couleur tenues à chacun des temples, de même que les bruyantes activités publiques entourant ce que les étrangers appelaient « le culte de l'eau » ou « le culte du riz », dissimulaient le rôle de gestionnaire écologique que jouait le prêtre. Il a compris que le flux de l'eau — l'alternance planifiée de phases sèches et de phases humides orchestrée par les temples — ne servait pas qu'à déterminer à quel moment l'eau était disponible pour les semences, mais gouvernait aussi « le processus biochimique fondamental de tout l'écosystème des terrasses ». Lansing était au fait de la grande théorie écologique selon laquelle les systèmes bénéficiant d'une alimentation régulière et uniforme en nutriments sont moins productifs que les systèmes où le cycle des nutriments varie. Les apports d'eau contrôlés dans les rizières, de même que les périodes sèches planifiées, créent ce que l'on appelle des « pulsations » dans les cycles biochimiques. Le cycle de l'eau qui se déverse avant de se retirer entraîne des fluctuations du pH et fait circuler des nutriments minéraux comme le potassium et l'azote. Cette alternance entre des conditions aérobies et anaérobies dans le sol fait aussi varier les types de micro-organismes qui y vivent, dissuade les mauvaises herbes de s'y installer, stabilise la température du sol et va jusqu'à favoriser la croissance d'algues qui fixent l'azote. Enfin, et c'est probablement l'aspect le plus décisif en ce qui a trait à la longévité de l'écosystème des terrasses, cette alternance crée sous le sol une sorte de substrat ou de fondation prévenant le drainage que subissent habituellement les sols volcaniques, lequel entraîne le plus souvent les nutriments dans le sous-sol, où ils ne sont d'aucune utilité aux plantes.

Ces cycles biochimiques ont également une influence sur la présence de la vie dans le sol, ce qui nous amène à l'un des résultats pratiques les plus importants du complexe système de réserves d'eau des temples. Les infestations d'organismes nuisibles dépendent de la disponibilité de la nourriture et d'autres systèmes de soutien de la vie. Là où il y a une grande quantité d'une même nourriture, ces organismes se multiplieront pour en profiter. Dans le cas contraire, ils demeureront relativement peu nombreux. Certaines techniques permettent de contrôler les infestations, notamment les inondations et le brûlage des tiges de riz, mais, comme l'explique Lansing, le processus dépend de la coopération entre les fermiers car, appliquées sur un territoire trop restreint, ces mesures ne servent à rien. « Il serait inutile pour un fermier seul de tenter de lutter contre les insectes présents dans son champ sans coordonner ses efforts avec ceux de ses voisins, puisque les bactéries ou les insectes se contenteraient alors de quitter un champ pour un autre. » Les deux méthodes mentionnées, les feux et les inondations dans des zones plus ou moins étendues, sont cependant d'un emploi très délicat. En effet, les fermiers cherchent non seulement à éradiquer les nombreuses bactéries et maladies virales qui attaquent le riz, mais ils veulent aussi se débarrasser des insectes et des rongeurs. Ainsi, comme l'explique Lansing, « le nombre d'hectares qui doivent être laissés en jachère et la durée de cette jachère dépendent des caractéristiques de chaque espèce de parasite qui s'en prend au riz ». Bref, pour préserver le bon état des terrasses, il faut une connaissance approfondie de tous les aspects (à l'échelle tant microscopique que macroscopique) de l'écosystème des rizières.

Il est un autre facteur à considérer. Si tous les fermiers sèment et récoltent à peu près au même moment, la période de jachère subséquente viendra à bout de plusieurs parasites en les privant d'abri et de nourriture. Toutefois, si tous sèment la même variété de riz ou de plante, tous auront besoin d'eau au même moment et les réserves ne suffiront pas. « Il n'est pas simple d'atteindre un équilibre entre ces deux contraintes, commente Lansing, dans la mesure où les choix que font les fermiers en amont se répercutent sur leurs voisins en aval et où des facteurs comme la quantité d'eau disponible pour l'irrigation varie selon le lieu et la saison. » Il y a d'autres considérations encore : bien que l'on cultive surtout le riz, les rizières gérées par les temples fournissaient aussi des protéines à la population en abritant des anguilles, des grenouilles et des poissons pendant les inondations. On mangeait même les libellules voletant au-dessus des étangs, et la présence des nombreux canards devait être gérée avec soin de manière que les oiseaux gobent les insectes tels que les delphacines brunes du riz, qui attendaient la prochaine récolte dans les champs moissonnés, mais n'abîment pas les jeunes pousses de riz.

De nos jours, cependant, il arrive souvent que dès qu'un anthropologue fait une découverte, ce qu'il a observé disparaît — et le système de gestion de l'eau des temples n'a pas fait exception à la règle. La chute en 1965 de Sukarno, dictateur indonésien, a coïncidé avec ce qu'on saluait à l'époque comme une percée scientifique dans le domaine de l'agriculture. D'abord aux États-Unis puis à l'Institut international de recherche sur le riz (IIRR) aux Philippines (qui fait encore la manchette aujourd'hui en raison de ses travaux sur le « riz doré » transgénique), des agronomes et des généticiens des végétaux ont mis au point de nouvelles souches de riz hybrides grâce auxquelles, assurait-on, on pourrait éliminer la faim chez les pauvres. Les populations croissaient et les pays avaient des raisons tant économiques que politiques de chercher à atteindre l'autonomie alimentaire : ils souhaitaient produire plus de riz afin de le vendre pour se procurer des devises étrangères et convertir leur économie fondée sur l'agriculture de subsistance en économie industrialisée.

Au milieu des années 1960, l'IIRR a mis au point un produit que l'on croyait parfait : un riz du nom de IR-8, qui parvenait à maturité en 125 jours seulement et produisait 6 500 kg par hectare (quantité inouïe) sur les parcelles d'essai. Convaincue des mérites de cette nouvelle variété, l'Indonésie a mis sur pied, par le biais des gouvernements régionaux et locaux, un ambitieux programme visant la conversion du système agricole. Comme le rendement du nouveau riz reposait lourdement sur l'usage de produits chimiques, le gouvernement a institué un programme de subventions pour l'achat de fertilisants et de pesticides. On est allé jusqu'à fonder la Banque du peuple pour offrir du crédit aux petits fermiers afin qu'ils puissent se procurer les produits chimiques et la machinerie essentiels au nouveau « riz miracle ». Les résultats ne se sont pas fait attendre. En 1974, on avait planté du riz IR-8 sur 48 % des terrasses du centre-sud de Bali ; en 1977, 70 % en étaient recouvertes[2].

Les adeptes de la Révolution verte se fondaient alors (et se fondent toujours) sur la prémisse réductionniste selon laquelle l'agriculture est un processus purement technique ; dans cette perspective, il est possible d'optimiser la production si tout le monde plante des variétés à haut rendement le plus souvent possible. Comme le fait le système financier à croissance continue sur lequel repose cette Révolution, ils ignorent aussi des facteurs tels que le bon état du sol, la capacité des systèmes naturels à absorber les déchets chimiques qu'entraînent ces pratiques, et les rapports sociaux qu'entretiennent les fermiers eux-mêmes — sans parler des impacts sur les autres espèces et l'écosystème faunique. Ils sont convaincus que, pour peu qu'un projet fonctionne dans un laboratoire philippin ou une parcelle d'essai en Iowa, le succès en est assuré dans une culture en terrasses de sol volcanique à Bali. Dans cette perspective, les problèmes de fertilité du sol et de parasites peuvent être réglés à l'aide de produits pétrochimiques, tandis que les problèmes d'eau peuvent être résolus par le forage de puits profonds ou l'érection de nouveaux barrages.

Mais l'eau n'a pas été le premier problème à se manifester. Trois ans seulement après qu'on l'eut planté à Bali, le riz IR-8 s'est révélé particulièrement vulnérable à la delphacine brune du riz, qui a détruit deux millions de tonnes du nouvel hybride sur le territoire indonésien en 1977 seulement. Les scientifiques de l'IIRR ont eu tôt fait de développer l'IR-36, riz qui résistait à la delphacine et qui, de surcroît, parvenait à maturité plus rapidement encore. Le gouvernement indonésien était si heureux de cette nouvelle avancée qu'il a interdit aux fermiers balinais de planter les anciennes variétés de riz. Les experts affirmaient alors (et continueraient longtemps de le faire) que les variétés indigènes étaient trop longues à parvenir à maturité, qu'elles étaient moins réceptives aux engrais et produisaient moins de grains. Rêvant de rembourser ses dettes et d'engranger des devises étrangères qui lui permettraient de se moderniser et de s'enrichir, le gouvernement a obligé les fermiers à faire deux, voire trois récoltes d'IR-36 et d'autres hybrides à rendement élevé. Ce qu'il y a de plus important encore, relate Lansing, c'est qu'« on ordonnait aux fermiers d'abandonner les rythmes de culture traditionnels et de planter les variétés à rendement élevé le plus souvent possible », autrement dit, d'utiliser l'eau pour semer sur leurs terrasses sans égard au cycle d'irrigation ni aux besoins de leurs voisins. Des consultants étrangers, américains pour la plupart, appelés pour aider à moderniser les systèmes d'irrigation de l'île, ont formé le Bali Irrigation Project (BIP), financé en 1979 par la Banque asiatique de développement, branche de la Banque mondiale. Le pays avait emprunté quelque 40 millions de dollars américains pour construire trente-six nouveaux barrages et canaux. Ce projet ne visait pas à accroître le territoire cultivable, mais à fournir aux fermiers suffisamment d'eau pour semer à longueur d'année, ce qui devait en retour faire entrer au pays des devises étrangères grâce auxquelles l'Indonésie pourrait rembourser le prêt consenti pour le projet.

À la fin des années 1970, les prêtres de l'eau n'avaient plus guère d'influence ni sur l'irrigation ni sur les rythmes des récoltes. Les temples demeuraient des lieux de culte religieux, mais les rituels dans les champs ne correspondaient plus aux étapes de la culture. Pour atteindre les rendements prévus, dès une récolte terminée, il fallait semer de nouveau du riz, sans période de jachère ni culture de légumes préalable. Bientôt, raconte Lansing, « les bureaux de districts agricoles ont commencé à rapporter "une situation chaotique dans la planification de la répartition de l'eau" et des "explosions des populations de parasites" ». Même s'il résistait à la delphacine brune du riz, le riz IR-36 était vulnérable à une affection virale du nom de tungro. Le bureau de district de Gianyar a rapporté en 1980 qu'« un remède temporaire avait été trouvé, sous la forme d'une nouvelle variété de riz, le PB-50. En une saison de récolte, le tungro a diminué, mais immédiatement après, le nouveau riz a été la proie du *Helminthosporium orizae* ». Le PB-50 s'est révélé être tout aussi vulnérable à *Magnaporthe grisea*, terrible maladie fongique répandue sur le territoire asiatique par nul autre que l'IIRR, qui avait importé le champignon dans le cadre de ses travaux de recherche. De plus, les produits chimiques utilisés pour lutter contre les insectes nuisibles et fertiliser le sol étaient en train d'anéantir les poissons et les anguilles, qui constituaient l'essentiel de l'apport en protéines des villageois. Même les oiseaux disparaissaient. Enfin, le taux de cancer des testicules chez les fermiers a grimpé de manière alarmante ; or, ce type de cancer est lié à l'exposition aux pesticides.

« Au milieu des années 1980, écrit Lansing, les fermiers balinais étaient prisonniers d'une lutte qui les forçait à tenter de constamment devancer la prochaine épidémie affectant le riz en plantant toujours la dernière variété résistante. » Ils avaient en outre un piètre régime alimentaire et éprouvaient des problèmes de santé plus nombreux qu'auparavant. Ainsi, « malgré les profits réalisés grâce au nouveau riz, plusieurs fermiers réclamaient un retour à l'irrigation programmée par les temples de l'eau dans le but d'endiguer les populations d'organismes nuisibles ». Mais il y avait à Bali une rupture culturelle, comme on en a déjà vu en si grand nombre. Les experts qui conseillaient le gouvernement central étaient, comme l'élite indonésienne ayant fréquenté les universités occidentales, fermement convaincus que la culture et la religion n'ont rien à voir avec l'agriculture puisqu'elles ne relèvent pas du domaine de la science. Lansing explique : « La proposition consistant à redonner le contrôle de l'irrigation aux temples de l'eau a été reçue comme l'expression d'un conservatisme religieux et d'une résistance au changement. La réponse aux infestations, c'était les pesticides, et non les prières des prêtres. Ou, comme me l'a dit un ingénieur américain en irrigation à bout de patience : "Ces gens-là n'ont que faire d'un grand prêtre, ce qu'il leur faut, c'est un hydrologue !" »

Et un peu d'humilité

> *Les types de raisonnements qui nous ont mis dans cette situation ne sont pas ceux qui vont nous en sortir.*
>
> ALBERT EINSTEIN

Aux yeux des dirigeants du BIP et de la Banque asiatique de développement, le déclin des temples de l'eau n'était rien de plus qu'une perte sur le plan culturel, le « résultat presque inévitable du progrès technique ». Au milieu des années 1980, toutefois, l'irrigation était devenue si chaotique et désorganisée et le riz était la proie d'un si grand nombre d'insectes et de maladies que le ministère des Travaux publics de Bali a chargé une équipe d'agronomes de l'Université Udayana d'enquêter sur la situation. Ceux-ci ont affirmé que le gouvernement devait reconnaître les « relations entre le système des temples *subak* et le rythme des récoltes ». C'est à ce moment que Lansing s'est engagé personnellement. Avec la collaboration de James Kremer, écologiste des systèmes, il a entrepris de créer un modèle informatique des diverses méthodes de gestion de l'eau afin que les temples passent du domaine de la foi et de la superstition au monde de la science, que les experts modernes pourraient comprendre. Ils ont donc élaboré un modèle simple, basé sur deux bassins balinais réels, qu'ils ont soumis à une simulation de différents systèmes de récoltes et d'irrigation : on assignait arbitrairement à chaque *subak* un rythme de plantation qui lui était propre ; tous les *subaks* suivaient le même rythme de plantation (méthode préconisée par la Révolution verte) ; finalement, les *subaks* étaient ensemencés par petits groupes imitant ceux aménagés par les temples de l'eau.

Quand on simulait un ensemencement arbitraire, les modèles montraient une récolte moyenne de 4,9 tonnes par hectare ; quand on suivait plutôt les rythmes établis par les temples de l'eau, cette récolte atteignait 8,57 tonnes par hectare. On a également programmé les modèles pour qu'ils tiennent compte des infestations de parasites et des hybrides modernes ; les variétés de riz privilégiées par la Révolution verte fournissaient de meilleurs rendements (jusqu'à 10 tonnes par hectare) pendant *un an*, après quoi elles étaient victimes d'infestations et subissaient des pertes qui représentaient parfois la totalité de la récolte la saison suivante — ce qui correspondait exactement à ce qui s'était produit sur le terrain. La méthode contrôlée par les temples, en revanche, maintenait un équilibre productif entre les rendements du riz et les parasites, et produisait environ 17 tonnes en deux ans, alors que la Révolution verte n'en produisait que 9 pour la même période. Lansing a procédé à plusieurs expériences qui l'ont convaincu que la méthode des temples avait dû débuter par des plantations aléatoires, puis évoluer en s'adaptant au fil des ans. Les modèles montrent, explique-t-il, que « les réseaux des temples sont intrinsèquement capables de fournir de meilleurs résultats que la culture non coordonnée (le système du "chacun pour soi" de la Révolution verte) et que le contrôle gouvernemental centralisé ». Et ils favorisent la coopération : « Tous les fermiers qui partagent l'eau d'une même source doivent collaborer aux travaux de construction et d'entretien, à la distribution de l'eau et à la résolution des disputes. »

Comme la plupart des méthodes à grande échelle qui visent la coopération entre les hommes, l'agriculture traditionnelle balinaise fonctionne grâce à un système visible de réseaux sociaux. Les petits autels aménagés au point le plus en amont de chacune des terrasses relient les tunnels et les fossés d'irrigation à l'univers social des grands temples et, ce faisant, aux villageois assistant aux services qui y sont célébrés. Les rituels pratiqués dans ces temples, où l'on présente des offrandes non seulement aux dieux locaux mais aussi aux dieux d'autres cours d'eau du système, aident les membres de la congrégation à se rappeler et à reconnaître la relation qui les lie aux autres fermiers en amont et en aval. Quant au modèle informatique, il a permis de transformer ces rituels — les fleurs, l'encens, les vierges qui dansent, les cloches qui tintent, les cors qui résonnent — en une sorte de tableau mathématique que les planificateurs modernes sont capables de saisir. Après un certain temps, tout le monde (du BIP à la Ford Foundation en passant par la Banque asiatique de développement) a fini par comprendre. Un rapport de la fin des années 1980 publié par le BIP, jadis hostile à l'idée, affirme que : « [l]a mise en œuvre d'une solution "bureaucratique de haute technologie" dans ce cas-ci s'est révélée contre-productive et a été le principal facteur du déclin des rendements et des zones cultivées. [...] Cette incompréhension des mérites du régime traditionnel a eu un coût élevé. L'expérience de ce projet met en lumière le fait que les rizières en terrasses irriguées de Bali forment un écosystème artificiel complexe qui est reconnu par les gens de l'endroit depuis des siècles[3]. »

À Bali, tout est bien qui finit bien. L'île est toujours un paradis. Après une décennie de récoltes catastrophiques, les temples de l'eau, maintenant reconnus par la bureaucratie gouvernementale, ont *de facto* repris le contrôle informel du système agricole. Les fermiers sont parvenus à retrouver plusieurs de leurs semences jadis interdites et ont recommencé à les utiliser ; surtout, ils jouissent maintenant du respect des bureaucraties occidentales, qui vont jusqu'à les consulter. Dans un document officiel issu de l'une des récentes missions d'évaluation de projet d'un État, on exprime de la gratitude pour les « conseils techniques » des *subaks* sur le développement des sources, les questions de distribution d'eau et la construction de canaux et de tunnels. On ajoute, en des termes non équivoques : « Au regard du succès minimal obtenu par le BIP dans le développement de nouvelles aires d'irrigation, [nous] suggérons qu'il serait avantageux de solliciter les conseils des [*subaks*]. Au moins, cet exercice servirait à rapprocher les deux organismes de développement et de gestion de l'eau et pourrait avoir des effets considérables[4]. » On ne saurait mieux dire.

Obtenir plus avec moins

> *La faim n'est pas causée par un manque de nourriture, mais par un manque de démocratie.*
>
> FRANCES MOORE LAPPÉ, auteur

Miguel Altieri, expert en agriculture fort respecté qui enseigne à l'Université de Californie à Berkeley, fait remarquer que nous disposons sur le globe de près d'une fois et demie la quantité de nourriture nécessaire pour alimenter la population humaine. « La planète produit plus de nourriture par habitant aujourd'hui qu'à n'importe quel moment dans l'histoire [...] : deux kilos par personne par jour ; un kilo de céréales, de haricots et de noix quotidiennement, un demi-kilo de viande, de lait et d'œufs et un demi-kilo de fruits et de légumes. Les vraies causes de la faim sont la pauvreté, l'inégalité et le manque d'accès à la nourriture[5]. » La quasi-totalité des spécialistes en matière de nourriture et de faim dans le monde se font l'écho des paroles d'Altieri. Frances Moore Lappé, qui a écrit le célèbre ouvrage *Diet for a Small Planet* il y a trente ans, décrit la principale raison de l'inégalité de l'accès à la nourriture : « De plus en plus, le débat public sur la nourriture et la faim est encadré par la publicité d'entreprises multinationales qui contrôlent non seulement la transformation et la distribution des aliments, mais les intrants agricoles et les brevets sur les semences. » C'est dire que les entreprises agro-industrielles et de produits chimiques ont tout à gagner si elles réussissent à influencer notre opinion quant à la meilleure manière de faire pousser des plantes alimentaires. Elle fait remarquer que la faim « ne pourra jamais être éradiquée par de nouvelles technologies, même si elles s'avéraient "sans danger". Elle ne peut être éliminée que si les citoyens créent des démocraties où le gouvernement a des comptes à leur rendre à eux, et non aux entités commerciales privées[6]. »

Lappé se montre notamment critique à l'égard des pratiques modernes d'alimentation du bétail. Si nous donnons des céréales à manger aux ruminants, explique-t-elle, ce n'est pas parce qu'ils en mangeraient dans la nature, mais bien parce que nous voulons les engraisser plus rapidement. Jadis, on convertissait des végétaux non comestibles pour les humains en protéines de qualité supérieure. Aujourd'hui, la moitié des céréales produites sur la planète servent non pas à nourrir les êtres humains mais à engraisser des animaux — et ces céréales ne se transforment pas toutes en viande, peu s'en faut. Plus de la moitié de ces aliments sont excrétés par le bétail ou utilisés pour produire de l'énergie. Lappé qualifie le bétail de « broyeurs de protéines » plutôt que d'« usines de protéines ». « Et aujourd'hui, affirme-t-elle, nous reprenons le même truc de prestidigitation avec les réserves halieutiques de la planète, dans les piscicultures, où l'on nourrit le poisson avec du poisson. » Pourquoi avons-nous adopté des pratiques agricoles à ce point inefficaces ? Lappé croit que c'est parce que nous produisons pour le marché plutôt que pour nourrir ceux qui ont faim. « Les centaines de millions de personnes qui souffrent de la faim ne peuvent créer une "demande de marché" suffisante pour les fruits de la Terre. C'est pourquoi, de plus en plus, ceux-ci sont donnés au bétail, qui les convertit en une nourriture que peuvent s'offrir les mieux nantis. Le maïs se transforme en filet mignon. Les sardines deviennent saumons. »

Vandana Shiva, physicienne indienne, elle aussi militante en matière d'agriculture et d'alimentation, a reçu le Right Livelihood Award, « prix Nobel alternatif », pour ses nombreuses publications portant sur la production des aliments. En se référant à des études publiées par des universités, l'ONU et l'Organisation des Nations Unies pour l'alimentation et l'agriculture (FAO), elle montre que nos monocultures modernes qui s'étendent sur des champs immenses où ronronne le tracteur ne constituent pas la forme d'agriculture la plus productive ; les petites parcelles où sont plantées différentes variétés (ce que l'on appelle la « polyculture ») et où le travail est fait à la main se révèlent beaucoup plus efficaces. Comme nous l'avons vu en ce qui a trait à l'eau, au bétail et, maintenant, à l'agriculture, les lois physiques régissant la nature sur la planète tendent à favoriser la diversité et de petites productions localisées. Les diagrammes de la FAO sur des pays comme le Soudan, le Nigeria, l'Ouganda, la Birmanie, l'Inde et le Népal montrent tous une productivité maximale dans des fermes minuscules, qui couvrent de un à deux hectares[7].

En effet, quand une ferme s'agrandit, sa productivité décline. Au Brésil, par exemple, Shiva fait remarquer que « la productivité d'une ferme de 10 hectares ou moins était de 85 $ par hectare, tandis que la productivité des fermes de 500 hectares n'était que de 2 $ par hectare. En Inde, les fermes de deux hectares ou moins avaient une productivité de 1 840 roupies par hectare, alors que les fermes de 14 hectares avaient une productivité deux fois moins élevée[8] ». Les méthodes privilégiées par la Révolution verte, qui exigent de la machinerie, des produits chimiques onéreux et des monocultures, ne conviennent pas aux petites fermes, et les généreuses subventions et mesures incitatives offertes par les gouvernements à ceux qui les adoptent exigent elles aussi de vastes champs. Cela signifie que, au cours des trente ou quarante dernières années, les subventions gouvernementales ont été versées à des fermes et à des agro-industries plus grosses et moins efficaces, plutôt qu'aux petits fermiers plus productifs.

En Inde, raconte Shiva, « le remplacement de plusieurs cultures, un mélange de céréales, de légumes et de graines oléagineuses, par des monocultures de variétés à haut rendement (VHR) destinées à l'exportation a miné l'autonomie alimentaire de façon draconienne ». La fermière qui produit de la nourriture pour sa famille et ne cultive pas les variétés payantes est supplantée par des fermiers plus importants et subventionnés, et elle n'a plus accès à la nourriture qu'elle produisait pour elle-même. Curieusement, plusieurs statistiques nationales comptabilisaient cette perte comme un « surplus ». V. K. R. Rao, économiste indien, et C. Gopalan, nutritionniste, partagent l'avis de Shiva et estiment aussi que les réserves de nourriture en « surplus » qui se sont accumulées en Inde depuis la Révolution verte — de 63 millions de tonnes en 1966 à 128 millions de tonnes en 1985 — sont imputables non pas à de meilleurs rendements, mais au fait que les gens ont été dépouillés de leur terre et se sont appauvris. En d'autres mots, si ces céréales vont garnir les entrepôts, c'est parce qu'un nombre grandissant d'Indiens ne peuvent les acheter. Les statistiques montrent par ailleurs que, au cours de la même période, « la consommation quotidienne de nourriture a chuté de 480 grammes par personne en 1965 à 463 grammes en 1985[9] ». Cela n'incite guère à croire que l'agriculture industrielle sert à nourrir les moins bien nantis.

Malgré les efforts incessants et les pressions mondiales des industries et des gouvernements, toutefois, cette situation n'est pas aussi désespérée qu'il n'y paraît, puisque la majorité des terres arables du tiers-monde sont toujours exploitées par des paysans qui les cultivent efficacement, en petits champs. Contre toute attente, sans aucune forme d'aide extérieure, ils continuent de produire leur propre nourriture en utilisant les seules méthodes dont nous savons qu'elles passent le test de la durabilité. Shiva affirme : « On n'exagérerait pas en disant que les petites fermes familiales sont la réponse aux problèmes terribles que posent le déclin de la productivité agricole et l'étiolement de la biodiversité[10]. » Les pays qui, pour diverses raisons politiques et économiques, ont renoncé à l'agriculture industrielle à grande échelle — particulièrement quand ils ont également mis à profit le savoir traditionnel — ont récolté des bénéfices spectaculaires en matière de production alimentaire.

En Indonésie, on a imposé des restrictions à l'usage de 57 pesticides employés dans la culture du riz et on a aboli en 1987 les subventions pour l'usage de pesticides. En 1990, non seulement celui-ci avait décru de 50 %, mais les rendements du riz avaient, quant à eux, grimpé de 15 %. Les revenus nets des fermiers avaient augmenté de 18 $ par fermier par saison, et le gouvernement épargnait ainsi 120 millions de dollars annuellement, somme qui, maintenant qu'elle n'allait plus enrichir les grandes entreprises de produits chimiques, pouvait désormais être utilisée pour financer des programmes sociaux plus que nécessaires[11]. Au Bangladesh, un programme de lutte contre les parasites a mené à une diminution de 76 % de l'usage de pesticides. Ce faisant, loin de voir la production de riz décliner, comme on l'avait craint, on l'a plutôt vue faire un bond de 11 % !

Un projet du Programme des Nations Unies pour le développement (PNUD) portant sur l'agriculture durable a introduit dans les pays sud-américains voisins un système de champs surélevés mis au point dans l'Altiplano andin. Grâce à ce système, les rendements ont triplé et quadruplé au Honduras, par exemple ; de 400 kilos par hectare, ils ont atteint de 1 200 à 1 600 kilos par hectare. Enfin, le World Resources Institute, groupe de réflexion basé à Washington, a examiné les projets d'agriculture durable touchant près de deux millions de ménages dans le tiers-monde et a découvert que la production de blé, de maïs et de sorgho doublait quand les fermiers délaissaient l'agriculture industrielle, nécessitant de nombreux intrants extérieurs, au profit de polycultures biologiques, « fondées sur la biodiversité, qui nécessitaient peu d'intrants[12] ».

Ainsi, même en employant un système extrêmement inefficace (l'agriculture industrielle destinée aux marchés d'exportation), nous disposons d'une fois et demie la quantité de nourriture nécessaire pour alimenter la planète. Si nous implantions davantage de petites polycultures, nous pourrions nourrir beaucoup plus de personnes, qui jouiraient, de surcroît, de la sécurité que leur procure leur terre et qui pourraient de la sorte subvenir à leurs besoins sans avoir recours à des programmes de redistribution onéreux. C'est peu dire que d'affirmer que les petites polycultures répondent aux critères durables des doubles dividendes, puisque les pays qui ont maintenu ou introduit de tels programmes ont non seulement évité que leurs terres et leur eau ne soient contaminées par de dangereux produits toxiques, mais ils ont aussi atteint l'objectif que visait l'usage même de ces produits : l'accroissement de leur réserve de nourriture. Cette conclusion est à ce point contraire à ce que l'on nous serine au sujet de l'agriculture industrielle depuis les cinquante dernières années que nous avons eu du mal à y croire ; aussi avons-nous consacré de longues recherches à la question. Partout sur le globe, dans tous les types de productions agricoles, nous avons constaté que ce n'est pas en appliquant ce que nous ont martelé les agro-industries et les entreprises multinationales de produits chimiques que l'on réussit à accroître la production alimentaire.

Il est temps de tourner la page

> *Les preuves s'accumulent qui montrent que l'ère industrielle est déjà terminée dans maints secteurs de l'économie autres que l'agriculture, et que celle-ci suivra bientôt.*
>
> JOHN IKERD, agroéconomiste

Des milliers d'exemples issus de recherches scientifiques menées partout dans le monde par des gouvernements, des ONG et des universités confirment ce constat : que ce soit dans les pays industrialisés ou dans le tiers-monde, on a grandement exagéré les bénéfices de l'industrialisation pour les agriculteurs, alors qu'elle présente plutôt une contradiction terrible. Si autant de fermiers sur la planète ont été chassés de terres de plus en plus altérées et empoisonnées depuis le début de l'industrialisation de l'agriculture, c'est parce que nous avons collectivement décidé de préférer le type de richesse que produit l'industrialisation à celui que produit la nature.

Pour ceux, tels les paysans du Bangladesh ou les producteurs de blé du Dakota du Sud, qui s'évertuent à produire de la nourriture, la tragédie réside dans la visée même de l'agriculture « industrialisée », qui a été créée non pas pour venir en aide aux fermiers, mais pour offrir une nourriture peu chère à une population urbaine croissante qui constituait la main-d'œuvre des industries en pleine expansion. En d'autres mots, comme l'explique John Ikerd, agroéconomiste : « Les bénéfices de fermes durables sont intrinsèquement contraires à l'agriculture industrielle », dont le but n'est pas d'assurer la prospérité des fermiers et de leur permettre de demeurer sur leurs terres, mais bien de les en évincer. Cela permet notamment d'expliquer pourquoi l'industrialisation de l'agriculture au tiers-monde s'accompagne du chaos et de la misère et pourquoi les promoteurs de cette industrialisation semblent si peu s'émouvoir de cette détresse[13].

Ikerd souligne que, au début des années 1900, soit avant le début de l'industrialisation de l'agriculture, plus de la moitié des habitants des États-Unis étaient des fermiers, et il fallait près de la moitié du total des ressources du pays — en argent, en temps et en effort — pour produire la nourriture et les vêtements dont la population avait besoin. Les planificateurs du gouvernement ont compris que, pour produire plus de biens et offrir plus de services et pour profiter des avantages des nouveaux produits et du confort qu'offraient les nouvelles technologies de la Révolution industrielle, ils devaient libérer les gens de l'obligation de produire de la nourriture afin qu'ils puissent aller travailler dans les usines et les bureaux qui apparaissaient avec l'économie émergente. Ils devaient également veiller à ce que le coût de la nourriture et des vêtements soit suffisamment bas pour qu'un grand nombre de personnes puissent se procurer aussi les biens que les nouvelles industries allaient produire. Bref, explique-t-il, « il nous fallait faire en sorte qu'un plus petit nombre de fermiers puissent nourrir un plus grand nombre de personnes à un moindre coût [...]. Par le biais de la spécialisation, de la mécanisation et de la simplification, nous avons assujetti la nature à nos besoins [...]. Les champs et les pâturages sont devenus des chaînes de montage biologiques, avec des matières premières qui entraient d'un côté et des produits qui sortaient de l'autre ».

Résultat : une agriculture extrêmement efficace, si l'on mesure l'efficacité par le petit nombre de personnes nécessaires pour produire la nourriture et le peu de valeur accordée aux produits alimentaires sur le marché (comme d'habitude, cette valeur ne reflétait pas le coût des apports et des pertes écologiques). Quoi qu'il en soit, les fermiers maintenant « libérés » du travail de la ferme sont allés s'installer dans les villes, où ils ont contribué à l'essor d'une économie plus diversifiée et, comme on aime à le dire, « nous ont amenés là où nous sommes aujourd'hui ». Mais aujourd'hui, explique Ikerd, les méthodes agricoles que nous utilisons sont si efficaces — elles coûtent si peu cher et nécessitent si peu de personnel — qu'elles ne peuvent plus guère être optimisées : aujourd'hui, moins de 2 % de la population des États-Unis produit toute la nourriture, et les Américains n'ont qu'à dépenser 10 cents par dollar gagné pour se nourrir. En outre, de ces dix cents, le producteur n'en reçoit qu'un, tandis que les neuf autres vont enrichir les entreprises de marketing et de produits chimiques. Nous payons plus cher pour l'emballage que pour la nourriture qui se trouve à l'intérieur.

Ainsi, comme l'expose Ikerd, « [l]es profits résultant d'un accroissement de l'industrialisation de l'agriculture doivent être prélevés sur ce cent qui revient à l'agriculteur. [Cela signifie que] la société ne se soucie guère qu'il y ait plus ou moins d'agriculteurs, ou que ceux-ci soient plus ou moins efficaces ». Par ailleurs, il ne servirait à rien de faire en sorte que les fermiers quittent la campagne pour la ville dans la mesure où « il ne reste plus d'emplois bien rémunérés dans les usines, pas plus pour les fermier déplacés que pour qui que ce soit d'autre ». Si les fermiers étaient des esclaves qui ne reçoivent aucun salaire pour leur travail, le consommateur moyen n'épargnerait qu'un cent sur chaque dollar dépensé pour l'alimentation. On peut donc offrir la nourriture à meilleur prix par l'intensification, la verticalisation ou la mécanisation, tout en fournissant moins de travail aux agriculteurs.

Selon l'analyse d'Ikerd, le deuxième problème inhérent à l'agriculture industrialisée consiste en ce que, « tandis que les bénéfices d'une agriculture industrialisée pour la société ont décliné, les menaces que présente cette agriculture — pour l'environnement mondial, les ressources naturelles, la qualité de vie des fermiers, les habitants des campagnes et la société dans son ensemble — se sont aggravées ». Ces sources d'inquiétude — illustrées à merveille par l'histoire de Bali — sont bien documentées et ont mené à la croissance de ce que l'on appelle des « marchés de niche » pour différents biens produits à l'aide de méthodes plus durables. Puisque la nourriture est maintenant si peu chère, en raison de l'industrialisation de l'agriculture, même si les fermiers souhaitaient voir leur part du prix de vente augmenter de 50 % (ce qui correspondrait, pour le consommateur, à une dépense supplémentaire de 5 cents par dollar consacré à l'alimentation), le prix au détail des produits alimentaires n'augmenterait que de 2 %, ce qui signifie que le consommateur moyen consacrerait 2 % de plus de son revenu total à l'alimentation. À l'évidence, ce choix n'a rien d'irréaliste, surtout dans les pays industrialisés, et le mouvement semble déjà entamé. Une variété de nouveaux produits alimentaires a commencé à faire son apparition, d'abord dans les boutiques d'aliments naturels et les marchés publics, et, aujourd'hui, même dans les chaînes de supermarchés. Ikerd qualifie ce nouveau mouvement d'« agriculture postindustrielle » et énumère les nombreux noms qu'on lui donne : culture biologique, agriculture alternative, agriculture humaine, culture biodynamique, agriculture soutenue par la communauté, systèmes alimentaires locaux, permaculture, lutte intégrée contre les parasites, les viandes produites sans cruauté envers les animaux présentées au chapitre 3 et une pléthore d'autres mouvements « qui, d'une manière ou d'une autre, touchent la vaste question de la durabilité ».

Il ne servirait à rien de décrire longuement chacun d'eux ; s'ils se distinguent par certains aspects, ils visent tous des buts similaires. Les agriculteurs biologiques bannissent les pesticides, mais ne promettent pas de traiter sans cruauté les animaux qu'ils élèvent ; les vaches ou les cochons qui donneront de la viande biologique pourront avoir passé leur vie entassés les uns sur les autres dans un parc d'engraissement ou dans un enclos d'élevage surpeuplé à manger des céréales cultivées sans pesticides. Dans la plupart des pays, le label « certifié biologique » demeure cependant le meilleur moyen pour les consommateurs d'éviter de s'exposer à des produits cancérigènes et à des maladies transmises par la nourriture, telles que la maladie de Creutzfeldt-Jakob et la contamination par *E. coli* ; en outre, les agriculteurs biologiques ont le plus souvent — quoique pas toujours — soin d'employer des pratiques durables : économiser l'eau, travailler en harmonie avec la nature, protéger la biodiversité, etc. ». Et, comme dans tous les systèmes de gestion que nous avons vus jusqu'à maintenant, les praticiens de l'agriculture biologique cherchent toujours à atteindre à la durabilité, en se montrant flexibles, en apprenant de leurs erreurs, en discutant et en ne perdant jamais de vue leur visée première : produire des aliments de haute qualité sans nuire aux ressources de base. Pas un seul ne prétend être parfait, mais tous apprennent à produire de la nourriture à l'ère postindustrielle.

Heureux comme un cochon...

> *Nous pouvons disserter tant et plus sur l'environnement et les aliments sains, mais si nos fermes ne sont pas agréables, pas rentables, si elles exigent trop de travail, nos enfants n'en voudront pas, et nous crachons contre le vent. Le test ultime de la durabilité, c'est d'arriver à séduire la prochaine génération.*
>
> JOEL SALATIN, producteur de porcs en Virginie

Producteur de porcs biologiques au cœur d'une des régions où l'on élève le plus de porcs au monde, soit le corridor Caroline du Nord-Virginie, Joel Salatin constitue un bon exemple d'agriculteur postindustriel. Dans un seul comté de la Caroline du Nord, on dénombre 2,3 millions de cochons ; ces derniers sont plus nombreux que les habitants. Ces porcs élevés industriellement sont entassés, le plus souvent dans des baraques de métal qui en abritent de 20 000 à 100 000, enchaînés de manière qu'ils ne puissent se coucher, nourris par quelques ouvriers qui doivent porter des masques chirurgicaux et des combinaisons spéciales pour éviter les maladies. Ces bêtes, qui consomment une bouillie industrielle faite de protéines d'engraissement, d'hormones, de déchets et de médicaments, sont envoyées à l'abattoir dès que possible. Le fumier que de tels endroits produisent en quantité stupéfiante est gardé dans d'énormes bassins de purin à l'extérieur des bâtiments. La pollution que ces effluents porcins sont susceptibles d'entraîner suscite de graves inquiétudes. Au cours d'une récente inondation causée par un ouragan, les fonctionnaires de la Caroline du Nord n'ont pu que croiser les doigts pendant que les eaux qui s'écoulaient des bassins de purin menaçaient de contaminer la nappe phréatique de la région tout entière. Aujourd'hui, l'État cherche à retirer graduellement les permis de certains producteurs de porcs, trop nombreux sur son territoire, et à faire face aux conséquences d'une exploitation industrielle excessive de l'animal, qui a aussi mené à des hécatombes chez les poissons et à de mystérieuses maladies chez les êtres humains vivant autour de la baie de Chesapeake[14].

Ces effets secondaires désagréables du porc à bon marché sont le reflet d'une réalité purement physique : les systèmes naturels ne peuvent traiter les produits toxiques à ce rythme. Même une créature comme le cochon, dont les excréments sont bénéfiques pour le sol dans le milieu où il a vécu, peut devenir un dépotoir de produits toxiques s'il n'est pas élevé selon les lois élémentaires de la planète en matière d'hydrologie et de décomposition. On nous répondra que l'on a besoin de nourriture abordable, mais il y a tout de même un prix minimum en deçà duquel on ne peut plus la produire sans danger. Les coûts doivent refléter la réalité, et, en tâchant de rendre la richesse naturelle du porc conforme à la richesse artificielle du dollar, nous créons des problèmes monumentaux.

Des gens comme Joel Salatin peuvent nous montrer comment nous en sortir. Auteur de quatre ouvrages, dont le dernier s'intitule *Family-Friendly Farming*, et d'articles publiés dans plusieurs magazines, notamment *The Smithsonian*, il élève des animaux — porcs, bovins et volailles — sur une terre de 220 hectares à Swoope (Virginie). Salatin envoie chaque année à l'abattoir 600 porcs et 60 bœufs de son troupeau de Brahma/Shorthorn/Angus. La ferme élève aussi 10 000 poulets par an, et 3 000 poules pondeuses y produisent annuellement 50 000 douzaines d'œufs. Salatin, qui vend actuellement ses produits à quelque 400 familles et à une trentaine de restaurants de la région, applique la quasi-totalité des méthodes dont nous avons traité dans ce livre : la gestion holistique, qui ne consiste pas à gérer des crises mais à accorder ses buts avec ses plus hautes aspirations, le biomimétisme, comprenant l'essai de systèmes de production qui imitent ceux de la nature, et il incarne les valeurs qui vont de pair avec ces méthodes, puisqu'il est soucieux de l'essentiel, soit le bien-être de ses animaux, la satisfaction de ses consommateurs, la santé de la communauté et le bon état de la terre. Sans compter que, bien sûr, il dégage un profit. La ferme fait des profits de 250 000 $ par année et emploie quatre adultes qui gagnent l'équivalent de ce que rapporterait un emploi de 35 000 $ en ville.

La ferme doit être économiquement viable, sans quoi Salatin ne pourrait continuer de l'exploiter. « Je n'ai pas honte d'être capitaliste, affirme-t-il. Mais le capitalisme sans éthique n'est que de la cupidité. » Il voit les animaux de sa ferme non pas comme des unités économiques à exploiter, mais comme des partenaires qui l'aident à garder la terre en bon état et sa famille en bonne santé. « Le point de départ de l'élevage d'animaux, c'est de laisser la bête exprimer son caractère unique. » Il veut dire par là qu'il considère l'existence que voudrait mener un porc, et qu'il adapte ses activités de manière à maximiser ce potentiel à son avantage. « Par exemple, explique-t-il, nous incitons le porc à travailler pour nous, remplaçant du coup de la machinerie et de l'essence. L'hiver, tous les deux jours, nous faisons un lit de paille, de copeaux de bois ou de feuilles pour les vaches dans la grange, pour emprisonner les nutriments dans du carbone, afin de minimiser les fuites ou l'évaporation. Entre ces couches, nous ajoutons du maïs entier. Au printemps, quand les vaches sortent pour brouter, nous plaçons les porcs dans cette litière anaérobie, qui a fait fermenter le maïs. » Le maïs partiellement fermenté et les autres nutriments dégagent des effluves irrésistibles pour les porcs, qui se mettent à fouiller la litière avec énergie à la recherche des morceaux comestibles ; ce faisant, ils aèrent le tout et entament un processus de compost aérobie. Salatin explique : « Ça évite d'avoir à procéder à l'andainage [à l'aide d'une machine fonctionnant à l'essence]. Ça crée aussi un milieu de vie parfait et stimulant pour un porc, tout en remplaçant les tracteurs qui rouillent et se déprécient par des animaux qui, eux, croissent et s'apprécient ! »

Salatin connaît les méthodes que privilégie Allan Savory et qui consistent à imiter les effets de troupeaux de bétail poursuivis par des prédateurs afin de rendre les pâturages plus fertiles (voir à ce sujet le chapitre trois). Il a découvert — en Virginie, où l'espace est compté — un moyen ingénieux de faire paître tous ses animaux de la sorte. Il raconte : « Dans notre ferme, nous plaçons trente cochons à la fois sur un dixième d'hectare et nous les déplaçons tous les dix jours. Nous avons des zones couvertes de ronces, de bruyère, de buissons et d'arbustes. Nous ne nous servons pas des bulldozers pour nous en débarrasser : nous utilisons les cochons pour convertir ces broussailles en un pâturage sain. Ce qu'ils commencent par faire est affreux : on jurerait qu'on a détruit la terre. Mais nous fournissons aux cochons le type d'habitat que la nature leur offrirait. Ils expriment le caractère distinct de leur physiologie en fouillant et en arrachant tout. Quelques semaines plus tard, ce carnage a stimulé l'apparition et la succession de plus d'espèces utiles qu'il ne s'en trouvait là à l'origine. C'est un processus qui favorise la régénération naturelle et qui est tout naturel pour les cochons comme pour la terre, qui a évolué de concert avec ce type de bouleversement. Ainsi, en une saison seulement, nos cochons ont converti la broussaille en herbes vivaces et en trèfle où l'on peut faire paître les vaches. »

Salatin dit qu'il a lu les classiques de l'agriculture et qu'il saisit bien que les grandes plaines et les grands pâturages du monde deviennent fertiles non pas « grâce aux labours et aux engrais, mais par la co-évolution avec d'importantes populations d'herbivores. L'antilope et le gnou dans les plaines africaines, les immenses troupeaux dans les steppes, le bison ici — tous les animaux que vous voudrez —, il y a toujours eu une relation symbiotique entre les herbivores et les animaux de pâturage ». Salatin suit donc les principes élémentaires de pâturage énoncés par Savory, en rassemblant les animaux qui broutent de sorte qu'ils remuent le sol, puis en les retirant pour que celui-ci puisse se reposer. Le calcul du territoire nécessaire à chaque vache exige un certain talent. « C'est un art, pas une science, commente Salatin. Cela varie selon que les vaches allaitent ou pas, selon le moment de l'année, le type de pâturage. Mais ce n'est pas de la trigonométrie : si vous connaissez votre terre et vos animaux, vous pouvez y arriver. Ça dépend surtout du paradigme sur lequel vous vous fondez. Vous n'atteindrez jamais le bon équilibre si vous vous basez sur le paradigme industriel, en traitant des créatures vivantes et singulières comme si elles étaient des choses sans vie, des chiffres dans votre marge de profit. » Saladin est d'avis que tout le monde doit vivre dans le respect si l'on souhaite avoir des aliments de qualité et mener une existence heureuse et saine. « On ne peut nier le caractère distinctif de ces créatures et vivre dans une société qui respecte les individus. Si nous frelatons la vie pour n'en faire que des unités de profit, si nous nous mettons à considérer les animaux et les plantes comme des ensembles inertes d'électrons, de neutrons ou de gènes, bientôt nous ne serons plus nous-mêmes si différents d'un ensemble de neutrons que l'on peut vendre, comme une poupée de plastique ou une ferrure de cuivre. »

Les poules aussi ont des droits

> *Ça m'a stupéfié, je suis devenu très gentil et j'ai libéré mes poules.*
>
> GILBERT SHELTON, bédéiste

L'intérêt de Salatin pour les droits de chaque individu s'étend jusqu'à ceux des poules. Vendus sous la bannière « Pastured Poultry », les poulets qu'il produit ont le loisir de se déplacer de-ci de-là, comme les vaches et les cochons. Salatin utilise plusieurs roulottes (qu'il appelle des « œufmobiles »), qu'il relie à la manière des wagons d'un train afin de transporter ses poulets en toute sécurité. Ils suivent les vaches, à quelques jours d'intervalle, gobant les larves de mouches et les autres insectes dont les œufs éclosent dans la bouse de vache, ce qui donne à leurs œufs un jaune vif et brillant tout en contribuant à épandre le fumier et à éliminer les insectes nuisibles — sauterelles, chenilles, etc. — qui pourraient s'attaquer le bétail. Salatin affirme que cent poules peuvent manger jusqu'à trois kilos et demi d'insectes par jour, et il les utilise « pour désinfecter, après le passage des ruminants, et améliorer le pâturage, tout en produisant de la bonne viande de poulet ». L'autre modèle qu'il emploie a pour nom « filet à plumes » et consiste en deux ovales de 150 mètres de filet électrique qui retiennent 1 000 oiseaux sur un territoire d'environ un dixième d'hectare.

La majorité des producteurs de volailles enferment leurs poules, qui ne voient pas la lumière du jour de toute leur vie. En effet, les prédateurs — chats, chiens, hiboux, aigles, belettes, rats — peuvent causer de lourdes pertes chez les volailles. Salatin a toutefois trouvé une façon de laisser ses poules dehors sans pour autant les offrir en pâture aux aigles. La clôture en question est faite de plastique tissé de fil électrique ; à l'intérieur de chaque filet se trouvent deux serres-tunnels montées sur patins qui offrent de l'ombre, un abri contre les intempéries et des nichoirs pour les oiseaux. Le tout est relié à des traîneaux-mangeoires et transporté dans un nouveau pâturage tous les trois jours environ. Ces installations peuvent sembler onéreuses et complexes mais, en fait, explique Salatin, « l'investissement initial est d'à peu près 2 000 $ pour 1 000 oiseaux, et c'est un investissement unique, amorti sur dix ans ». Il a mis au point ce mécanisme en s'inspirant d'un système australien similaire et affirme obtenir « des œufs extraordinairement savoureux », 125 douzaines par jour, qu'il peut vendre à fort prix : 1,75 $ US la douzaine. (Au Canada, de tels œufs coûtent jusqu'à 6 $ la douzaine.) Salatin jure qu'une seule personne suffit à recueillir les œufs et à faire fonctionner le tout, qui ne requiert que sept heures de travail par semaine et dégage un profit de 10 000 $ par année. Mieux encore, les poules ont la chance de vivre dehors, elles peuvent battre des ailes et se promener, interagir ensemble et manger ce que l'évolution leur a appris à manger.

Pourquoi donc tout le monde ne fait-il pas de même, plutôt que de brûler les becs des oiseaux et de les clouer à leurs perchoirs, de les nourrir de leurs propres excréments et des restes de leurs camarades, créant ce que Salatin qualifie d'œufs provenant d'« usines fécales », pour un profit moindre par travailleur ? Il explique que la réponse réside dans la différence entre les visées de l'agriculture durable et celles de l'agriculture industrielle. Cette dernière recourt le moins possible au travail d'êtres humains. « C'est censé être désagréable de travailler dans une ferme, alors on essaie d'avoir recours à très peu d'employés. » Les animaux domestiqués ont cependant besoin de soins et — comme c'est aussi le cas quand les ratios professeur-élèves ou infirmière-patients baissent — en diminuant le nombre d'êtres humains, on diminue d'autant la qualité des soins, ce qui explique qu'on ait besoin d'ajouter à la nourriture des antibiotiques et d'autres médicaments. Mais le pire, selon Salatin, c'est qu'on considère que travailler dans une ferme est un dur labeur. « On pense qu'il est beaucoup mieux de vivre dans un appartement en ville et d'être salarié. Le ministère de l'Agriculture des États-Unis est très fier du fait qu'un seul fermier puisse nourrir tant de milliers de personnes. Mais c'est l'une des grandes différences entre ce que l'on fait maintenant et les méthodes durables. Les éleveurs biologiques ne devraient pas s'excuser d'avoir besoin de plus de monde pour exploiter des fermes durables, mais le paradigme industriel prétend que si vous avez des employés — si vous procurez du travail à votre famille — c'est un inconvénient. »

Madame est servie

> *Dans son plus récent rapport, le vérificateur général, Denis Desautels, concluait que l'Agence canadienne d'inspection des aliments manque à ce point de personnel qu'elle ne peut garantir que la viande canadienne est sans danger.*
>
> Cité par BRAD DUPLISEA, du Sierra Club [15]

Quand David Suzuki et Holly Dressel étaient enfants, on se faisait une fête d'amener les tout-petits à la ferme, où ils pouvaient voir les cochons dans leur soue et les vaches dans le champ, flatter le poney de la famille et nourrir les poulets qui picoraient toujours autour de la galerie, derrière la maison. Aujourd'hui, il n'est pas un parent sain d'esprit qui souhaiterait montrer à son enfant comment vivent les animaux élevés pour la viande, ni même le voir courir dans un champ de maïs en faisant semblant que c'est une jungle, comme le faisait Holly, ou patauger toute la journée dans un fossé d'irrigation, comme s'y amusait David, de crainte qu'ils ne soient exposés aux pesticides et aux herbicides présents dans le sol et dans l'eau. À bien des égards, la ferme moderne industrielle est devenue l'équivalent d'un camp de concentration pour les cochons, les vaches ou les poules, et nos fruits et nos légumes les plus nutritifs et les plus savoureux, les épinards et les fraises, par exemple, sont maintenant recouverts de produits toxiques [16].

Joel Salatin est d'avis que, dans la mentalité moderne, le travail de ferme est perçu comme sale et dégradant ; toutefois, plus ce travail délaisse les méthodes traditionnelles, plus il devient véritablement sale. Salatin a récemment fait analyser la fiente de ses poules, et elle ne contient pas la moindre trace de salmonelle — pas plus que ses oiseaux et leurs œufs. « *E. coli, Campylobacter*, tous ces contaminants que les gens s'inquiètent de trouver dans leur poulet ou leur viande hachée ne sont pas un problème inhérent aux animaux sains : ils sont un symptôme de ce qui cloche en agriculture moderne. » Si les animaux souffrent d'infections et d'autres problèmes de santé, c'est parce qu'ils sont entassés les uns sur les autres et qu'on les nourrit de produits artificiels que leur système digestif n'a pas appris à traiter au cours de l'évolution.

Le Carbodox est un médicament utilisé pour accélérer la croissance des cochons et prévenir la dysenterie qui se déclare souvent quand les animaux sont empilés les uns sur les autres. Le produit est si cancérigène qu'il présente un grave risque pour la santé des travailleurs agricoles qui entrent en contact avec lui. Les scientifiques de Santé Canada ont réclamé que son utilisation soit soumise à un moratoire « d'urgence », mais les responsables politiques traînent les pieds. Depuis les années Reagan et Mulroney, les organismes de vérification des aliments, tels que la Food and Drug Administration (FDA) américaine et l'Agence canadienne d'inspection des aliments, ont troqué le « principe de prudence » contre une approche axée sur la « gestion du risque ». En vertu de cette approche, plutôt que de contrôler l'usage de toute substance soupçonnée d'être dangereuse jusqu'à ce que des recherches plus approfondies soient menées, l'organisme a la liberté de déterminer le nombre de personnes qui peuvent contracter une maladie, voire le nombre de personnes qui peuvent perdre la vie, avant que la substance ne soit déclarée suffisamment dangereuse pour qu'on la soumette à un contrôle.

À l'été 2000, on a procédé à un rappel de classe 1 — le rappel le plus urgent qui soit — sur la viande de porc dans les supermarchés québécois, car un vétérinaire avait découvert par hasard que des producteurs de porc injectaient illégalement du Carbodox à leurs bêtes quelques jours à peine avant de les envoyer à l'abattoir. Les résidus de ce médicament sont si puissants que les chercheurs craignent même que les excréments des animaux auxquels on l'administre ne contaminent l'environnement. Récemment, la Canadian Health Coalition a réclamé qu'on retire le Carbodox des tablettes, mais l'interdiction n'est pas encore effective[17]. Pourquoi acceptons-nous de jouer à la roulette russe avec une telle substance ? Si on l'utilise, c'est qu'elle masque les maladies que contractent les porcs à force de mener une existence inadaptée et d'être soumis à un régime alimentaire contre nature. Les partisans de l'agriculture industrielle prétendront qu'ils n'ont pas d'autre choix s'ils veulent que leurs bêtes atteignent un poids qui leur permettra de faire des profits. Mais les fermiers comme Salatin sont leurs concurrents. Celui-ci affirme : « Je n'ai pas souffert de ne pas utiliser d'hormones. Ça m'importe peu que les bêtes engraissent aussi vite. Je veux un produit non frelaté, sain. Et s'il faut 30 % plus de temps aux cochons pour engraisser, eh bien il leur faudra 30 % plus de temps. »

Les viandes et les fruits et légumes biologiques ne présentent aucun des risques catastrophiques qui entachent les aliments que nous consommons. S'il existe des moyens aussi simples de s'y soustraire, comment expliquer que nous n'y ayons pas recours ? Cette interrogation nous ramène aux systèmes de valeurs. L'agriculture industrielle coûte moins cher — ou, du moins, elle est censée coûter moins cher — et, chose certaine, elle facilite la vie des grandes entreprises de produits chimiques qui fabriquent les intrants. Si nous avons accordé une si grande importance aux marchés dans cet ouvrage, c'est qu'ils permettent de constater la valeur que l'on accorde aux systèmes naturels et aux créatures qui les habitent. Il arrive toutefois que les méthodes modernes et compliquées ne soient même pas si rentables : Salatin note que le rapport coût-bénéfice d'un producteur de viande est de quatre dollars de produits pétrochimiques, de semences hybrides, d'hormones, de médicaments et d'autres intrants pour chaque dollar de profit — ce qui explique que tant d'agriculteurs déclarent faillite. Salatin affirme que, chez lui, le ratio n'est que de cinquante cents pour chaque dollar de profit — soit une amélioration de 800 % par rapport à l'agriculture industrielle. Il explique : « Plutôt que de payer pour de la machinerie qui fera fonctionner la ferme, nous laissons les animaux faire le travail... Nous ne recevons pas de factures et nous obtenons un bon prix pour tout ce que nous vendons ; nos produits sont vraiment plus savoureux et plus nutritifs. »

Les agriculteurs biologiques comme Salatin doivent cependant vendre leurs produits à un prix qui leur permettra de continuer à faire des affaires en marge du modèle chimio-industriel et de l'économie mondialisée. Il y arrive grâce à ce qu'il appelle du « marketing relationnel ». « L'industrie agricole dépense temps et argent pour entretenir des marchés au Sri Lanka et au Japon. Et si on allait plutôt frapper à la porte du voisin pour lui proposer de bons aliments sains ? Il nous faut des modèles de marketing qui incitent les consommateurs à renouer avec la "ferme de grand-papa" et qui instaurent des relations nous menant à apprendre les uns des autres. » Il trouve donc ses clients dans son milieu local et approvisionne les familles et les restaurants du coin. À ceux qui prétendraient qu'il est égoïste de produire des aliments biologiques de luxe pour des Nord-Américains qui peuvent se les permettre alors que les miséreux ont besoin de sources de protéines peu chères et produites en masse, contentons-nous de répondre par une évidence : toute la viande produite à faible coût ne va pas nourrir les affamés. Elle va nourrir des gens qui ont les moyens de se procurer des produits locaux, mais dont les producteurs locaux sont évincés de leurs terres parce que leur marché a été mis sens dessus dessous par les produits d'importation sous-évalués.

Il n'est pas facile pour les agriculteurs biologiques d'aller à contre-courant de ce mouvement mondial. Des abattoirs aux réglementations, des taxes aux systèmes de subventions et jusqu'aux niches de marché, tout joue contre eux. Salatin le déplore : « Le principal facteur qui limite l'usage de méthodes biologiques durables, ce sont les réglementations gouvernementales, qui favorisent la grande industrie. Elles ne sont pas conçues de manière à favoriser des aliments sains, mais ceux produits par le système industriel. » Une petite laiterie qui souhaite se convertir au biologique ou ne pas utiliser la somatotropine bovine, une hormone de croissance, ne pourra proposer son lait sur le marché : les camions-citernes le mêleront à du lait contaminé par cette hormone, quand ils ne refuseront pas simplement de se déplacer pour une si petite quantité. Il y a de semblables contraintes dans les abattoirs et les usines d'empaquetage de la viande, mais grâce à la demande des consommateurs, on commence à résoudre ces problèmes par le biais de législations. Il nous faut accorder la priorité à la production de nourriture saine, comme l'ont fait les Européens.

Si nous voulons des aliments sains, affirme Salatin, il nous faut faire preuve d'ouverture d'esprit et considérer d'un autre œil la manière dont les systèmes naturels ont évolué et la vie tout entière. Après tout, parce qu'il croit à l'agriculture holistique, il a trouvé un moyen pour que ses cochons et ses poules se déplacent dans sa petite ferme de la Virginie comme s'ils étaient poursuivis par des lions à travers le veldt africain. « Notre paradigme influence tellement ce qu'on est prêt à voir, explique-t-il. Il limite les questions que l'on pose, et à leur tour ces questions limitent nos réponses. [Même si l'on] demande : "Comment produire du bœuf avec des céréales biologiques dans des parcs d'engraissement ?" On devrait en réalité demander : "Pourquoi un parc d'engraissement ? Pourquoi donner des céréales aux ruminants ?" Imaginez ce qui arriverait à la Chambre de commerce de Chicago et aux entreprises multinationales si les 70 % de toutes les terres cultivées qui, aux États-Unis, sont actuellement consacrées à la culture de céréales pour le bétail, étaient retournées à des polycultures vivaces et gérées de manière à servir de pâturage intensif pour de courtes périodes ! »

Des facteurs de survie

> *Toutes les espèces menacées doivent être conservées comme des polices d'assurance en cas de circonstances imprévues.*
>
> LAWRENCE ALDERSON, *Rare Breeds*

Si les pays d'Europe partagent une caractéristique culturelle, c'est un profond intérêt pour la nourriture ; comment produire les aliments, les récolter, les apprêter, que convient-il de mettre à vieillir, que devrait-on servir frais, chambré ou frappé ? À chaque repas, il s'agit de rechercher la saveur la plus fine et la plus grande qualité. Dernièrement, leurs réserves de nourriture ont cependant infligé plusieurs traumatismes aux Européens, en commençant par la nourriture des animaux. Quand l'agriculture industrielle s'est mise à nourrir des ruminants herbivores (des vaches, notamment) avec des protéines issues de carcasses animales, les scientifiques ont assuré à la population que les ingrédients animaux qui entraient dans la composition de la moulée, réduits à leurs constituants fondamentaux, n'étaient plus que des atomes et des molécules, des protéines génériques impossibles à distinguer de protéines issues de sources végétales.

Puis la maladie de la vache folle a frappé la Grande-Bretagne. De nombreux analystes politiques estiment que si le gouvernement conservateur a été défait, c'est en raison du sentiment de trahison que cette crise a éveillé chez l'électorat. Le reste de l'Europe a réagi par le déni : on a interdit l'importation de bœuf anglais, certes, mais en continuant de consommer la viande produite chez soi. Les Français ont protesté quand ils ont compris à quel point ils avaient perdu le contrôle de leurs aliments, et ils ont exigé une intervention politique. Le mouvement biologique jouit aujourd'hui en France d'un très fort appui ; il constitue un marché de plus de 2,5 milliards de dollars américains et croît de près de 25 % par an. Ce mouvement biologique a cependant connu un nouvel essor dans l'Europe tout entière à l'hiver 2000-2001, quand l'Allemagne et les Pays-Bas ont commencé eux aussi à tester leurs troupeaux de vaches pour découvrir si des animaux étaient atteints de l'encéphalopathie spongiforme bovine. C'était bien le cas. En fait, on s'est bientôt rendu compte que si l'on n'avait pas trouvé de trace de la maladie auparavant, c'est uniquement parce qu'on n'avait pas fait les tests nécessaires pour la dépister (« méthode » qu'on continue d'employer en Amérique du Nord[18]). Des milliers de bêtes ont été abattues, ce qui a entraîné non seulement des pertes économiques importantes, mais aussi un lourd tribut sur le plan émotif. Quand nous étions en Europe, au mois de janvier 2001, presque personne ne mangeait de bœuf. Le porc et le poulet étaient devenus les mets de choix, mais si les consommateurs avaient été au fait de l'usage du Carbodox et des « usines fécales », ils n'auraient sans doute pas accepté d'y toucher non plus. En fait, un grand nombre de personnes ont effectivement refusé de continuer à consommer de la viande produite de façon industrielle, et un énorme mouvement de pression en faveur de l'agriculture biologique a balayé l'Europe et a même gagné les pays de l'Est.

En Angleterre, un projet de loi du nom de Organic Targets (objectifs biologiques) déposé au parlement prévoit que le tiers de toutes les terres agricoles du Royaume-Uni seront converties à l'agriculture biologique au cours des neuf prochaines années. En Allemagne, on est allé plus loin encore, puisqu'une telle loi est déjà adoptée ; en 2010, 20 % du territoire allemand sera bio. Le ministère de l'Agriculture est devenu le ministère de la Sécurité des consommateurs, des aliments et de l'agriculture, éliminant du coup le fossé qui séparait la bureaucratie responsable de la qualité des aliments et celle chargée des questions agricoles, fossé en partie responsable des problèmes de contamination. L'ancien ministre a été remplacé par un membre du Parti vert jouissant d'une grande popularité. Surtout, le gouvernement ne s'est pas contenté d'énoncer de nobles intentions, mais il a alloué l'argent nécessaire à la mise en œuvre de véritables réformes, notamment en offrant des subventions aux agriculteurs biologiques et en cessant d'appuyer les fermes industrielles. Le tout sera évidemment implanté petit à petit, de manière à laisser aux agriculteurs le temps de s'adapter.

Il existe une autre raison d'adopter des pratiques agricoles biologiques et durables. L'abattage massif de vaches et de moutons en Angleterre, en Allemagne et en France au cours de l'épidémie de fièvre aphteuse — qui a entraîné la mort (inutile) de toutes sortes de bêtes, des taureaux champions et amoureusement élevés aux agneaux domestiques — a été rendu nécessaire non pas par le danger que présentait la maladie elle-même, mais par notre adhésion à l'économie mondiale. En effet, la fièvre aphteuse est une maladie relativement bénigne, qui touche les animaux à sabot fendu tels que les vaches, les porcs et les moutons. Il est extrêmement rare que les bêtes y succombent ; chez les vaches, la maladie peut réduire la production de lait, mais elle n'affecte nullement les êtres humains qui consommeraient la viande de l'animal atteint. Dans plusieurs pays, en Inde, notamment, la fièvre aphteuse est endémique : la population s'en accommode sans problème, comme nous nous accommodons de la varicelle ou d'autres maladies infantiles bénignes. La fièvre aphteuse vient cependant gêner le commerce du bétail par-delà les frontières nationales. Un pays où la maladie ne s'est pas déclarée refusera d'importer du bétail infecté. La raison de ces bûchers où s'empilaient les carcasses n'était donc pas que les animaux allaient mourir de toute façon ou transmettre à tous les troupeaux une terrible maladie, ni même que cette maladie affectait leur valeur réelle, réduisant leur capacité de produire du lait ou diminuant la qualité de leur viande. Non, ce que leur maladie affectait, c'était le commerce agricole mondial. Et si la fièvre aphteuse s'est répandue en Europe comme la pyriculariose dans un champ de riz IR-8, c'est parce qu'on élève maintenant les animaux — comme on cultive les fruits et légumes — en monocultures industrielles.

Les bovins, les porcs et les autres animaux domestiques étaient jadis sélectionnés et élevés en fonction des conditions climatiques, de la nourriture disponible et des marchés de différentes localités — qui, en certains endroits, préféraient la viande maigre et le lait gras, par exemple, alors qu'ailleurs on payait le fort prix pour obtenir exactement l'inverse. En Europe seulement, il existait des milliers de variations chez les animaux à sabot fendu ; un grand nombre d'entre elles sont décrites par Lawrence Alderson dans son ouvrage *Rare Breeds*. Il y avait la vache mince à longues pattes capable de traverser les terrains accidentés de l'est de la Hongrie, et la petite Auroise des Pyrénées, qui pouvait tirer des fardeaux aussi bien que produire du lait. Il y avait l'ancienne et docile White Park du pays de Galles, à l'allure étonnamment féminine avec son blanc manteau, son museau, ses oreilles et le bout de ses pattes noirs, et la Kerry d'Irlande, toute noire, courtaude, capable de produire du lait sur un pâturage où pas une autre vache ne survivrait. Le mouton Wiltshire Horn n'a pas de laine, mais un pelage matelassé qui peut être simplement pelé. Le mouton Soay, des Hébrides extérieures, une bête brun foncé qui rappelle la chèvre, remonte à l'âge de bronze ; on dit qu'il s'agit de la viande de mouton au goût le plus délicat du monde. L'Hebridean aux yeux pâles et à la toison foncée peut avoir jusqu'à six cornes et a l'estomac assez solide pour brouter des plantes coriaces, ce qui lui confère « une valeur considérable pour les projets écologiques visant à contrôler les mauvaises herbes envahissantes[19] ».

Parmi les anciennes espèces porcines, on trouvait la Blonde Magalitza hongroise, qui rappelle un peu la gargouille, un animal au pelage frisé, au lard abondant et aux défenses volumineuses, et la Tamworth britannique qui, originaire de la Barbade, a été exportée avec succès dans d'autres pays tropicaux. De nombreux porcs ont des habitudes qui semblent confirmer les théories de la coévolution sur lesquelles est axée l'agriculture holistique. Le Bentheimer allemand, par exemple, nettoie des pâturages entiers de l'herbe qui y pousse et n'y laisse que les mauvaises herbes ; le Rotbunte, quant à lui, préfère les joncs. Parmi ces races, beaucoup ne sont conservées que par des fermiers amateurs ou grâce à des programmes gouvernementaux qui visent la préservation de la diversité génétique. Il existe de nombreuses autres races en Amérique du Sud, en Afrique et en Asie, en plus des centaines qui sont aujourd'hui éteintes. Pourtant, en cette ère où l'on s'enorgueillit de la liberté de choix du marché, seules quelques races bovines européennes — Holstein, Jersey, Hereford, Black Angus, et un plus petit nombre encore de variétés de porcs et de moutons — sont facilement disponibles ; dans des conditions optimales, ces races peuvent produire plus de viande ou de lait par kilo et en moins de temps que les anciennes variétés locales. Mais cela ne signifie pas qu'elles soient résistantes aux maladies locales (comme le riz IR-8, qui s'est révélé vulnérable aux organismes nuisibles), ou qu'elles puissent prospérer dans certains climats en mangeant la nourriture de l'endroit. En d'autres mots, si les races populaires aujourd'hui ont évincé du marché des milliers de races locales, dont certaines ont disparu, ce n'est pas parce que leur viande est meilleure au goût ou parce qu'elles possèdent une meilleure laine, ni parce qu'elles résistent mieux aux maladies ou sont plus endurantes, mais bien parce qu'elles produisent plus d'argent dans un milieu industriel.

Bon nombre de ces anciennes variétés étaient appréciées pour leur résistance aux maladies et pour leur endurance. Compte tenu de ce que nous savons de la diversité chez les végétaux, il n'est guère étonnant d'apprendre que les vaches Jersey et Holstein ont besoin de lourdes doses d'antibiotiques et d'hormones simplement pour survivre dans certaines régions du globe, ni que, élevés en monocultures, ces animaux ont succombé à la pire épidémie de fièvre aphteuse de l'histoire. Il se peut que les races aujourd'hui plus rares soient résistantes à cette maladie ; on n'en sait rien. Elles ont été condamnées parce qu'elles supportent moins bien les conditions industrielles, ce qui signifie qu'on ne peut les entasser et les nourrir de manière aussi peu naturelle qu'on le fait pour d'autres races. Il est temps de commencer à songer qu'il pourrait être préférable pour nous d'élever des animaux qui exigent de meilleurs soins. À moins que nous ne soyons prêts à préserver des variétés animales et végétales locales et à apprendre d'elles, les tragédies continueront de se succéder et on n'aura pas fini de voir s'élever des montagnes de carcasses calcinées. Il y a cependant un aspect encourageant à tout ceci : des maladies telles que la maladie de la vache folle et la fièvre aphteuse peuvent être éradiquées pour peu que nous adoptions des méthodes agricoles biologiques qui éliminent les produits toxiques et enrichissent les sols. La réintroduction de races locales contribuera à diversifier notre alimentation et nos sources de fibres naturelles, en même temps qu'à nous protéger contre la maladie en nous forçant à nous montrer plus humains à l'égard de nos animaux d'élevage.

Les pauvres aussi ont du goût

Une plante qui a reçu de l'engrais pousse d'abord très vite, et puis elle s'effondre. Nos plantes sont vigoureuses et en santé.

Fermier biologique bengalais

Dans les années 1970 et 1980, quand elle a commencé à constater les conséquences d'une pleine industrialisation de l'agriculture en Inde, Vandana Shiva a participé à la fondation d'une nouvelle organisation du nom de Navdanya, dont la mission consistait à conseiller et à épauler les paysans des villages indiens qui souhaitaient conserver leurs anciennes manières de faire mais qui en étaient dissuadés par des experts ou se voyaient évincés de leurs marchés traditionnels. Aujourd'hui, le mouvement est actif dans plusieurs centaines de villages de nombreux États du pays et vient en aide à quelque 20 000 fermiers qui continuent de cultiver 2 000 variétés indigènes de riz et au moins un millier d'autres plantes alimentaires. Nous avons visité le siège social de Navdanya, une parcelle de trois hectares à une quinzaine de kilomètres de la ville de Dehra Dun, dans le nord du pays.

Des papillons et un aigle noir et blanc volaient et piquaient sur nous pendant que nous explorions les champs de la ferme, où poussent 245 variétés de riz, vingt sortes de blé et dix espèces d'orge, en plus de variétés locales de moutarde et d'autres plantes. Deux édifices en briques de terre décorés de motifs tribaux abritent des spécimens de semences qui viennent de toute l'Inde. Dans un autre édifice, on entrepose les semences biologiques que Navdanya offre à ses clients. Sur une terrasse, entourés du chiot, des chats et de l'âne de la ferme, la gérante de l'endroit, une femme accorte prénommée Bija, nous a servi un lunch biologique. Elle nous a proposé un choix de chapatis au millet, à l'amarante, au blé ou au maïs, du yogourt, du chutney à la menthe sauvage fait maison, un cari saag aux betthuas (quartiers d'agneau), un plat de haricots secs, un dessert au millet et au lait caillé et maints autres délices. Les plats étaient savoureux et faciles à digérer pour un estomac étranger. Évidemment, tout venait de la ferme. Après le lunch, nous avons retraversé à pied les champs de moutarde et de blé pour aller rencontrer les fermières. Près de la moitié du groupe de l'endroit, qui compte quatre-vingts membres, s'est présenté ; que des femmes, la plupart jeunes et toutes vêtues de leur plus beau sari pour l'occasion. On nous avait présentés comme un groupe d'experts étrangers qui viendraient les entretenir de questions alimentaires. Jorg Haas, responsable de l'écologie et du développement durable à la Fondation Heinrich-Böll de Berlin, a pris la parole le premier.

Il a éloquemment décrit la crise qui faisait rage en Allemagne au moment de son départ. On venait de détecter la maladie de la vache folle dans des troupeaux allemands et, comme il semblait que la maladie se propageait parce qu'on nourrissait les vaches avec de la viande transformée, le gouvernement avait adopté des lois sévères et instauré des mesures d'incitation à l'agriculture biologique. Pendant qu'il parlait, les femmes se sont mises à chuchoter entre elles. Nous avons d'abord cru que le récit d'événements si lointains ne les intéressait pas, mais nous nous trompions. Vandana Shiva nous avait déjà expliqué que la Banque mondiale avait mis en place un Watershed Program dans cette région des contreforts de l'Himalaya, y introduisant l'attirail complet nécessaire à l'agriculture industrielle, distribuant avec prodigalité des tracteurs et des semences hybrides, et tout particulièrement des pesticides et des fertilisants gratuits. Puis, comme cela se produit souvent dans les pays du tiers-monde, après quelques saisons, les échantillons de produits chimiques offerts gratuitement se sont épuisés. De nombreux fermiers avaient déjà appauvri leur sol et étaient désormais dépendants des semences hybrides : il leur fallait maintenant trouver de l'argent pour se procurer les produits chimiques dont ils ne pouvaient plus se passer.

Les femmes à qui nous nous adressions avaient vécu cette expérience. Elles avaient toujours pratiqué la polyculture biologique traditionnelle de la région, jusqu'à ce que le programme de la Banque mondiale leur distribue de l'urée et d'autres produits chimiques gratuits, qu'elles ont utilisés. Les résultats ont été catastrophiques. Comme presque tous les fermiers indiens, les gens de l'endroit cultivent de petits lopins de terre, sans tracteur ni équipement mécanique. Les fermières ont épandu à la main l'urée, un fertilisant azoté dérivé de produits pétrochimiques. Elles travaillaient sur des sols qui en étaient saturés et, bien sûr, elles allaient pieds nus. Les femmes ont raconté que leurs mains et leurs pieds « ont commencé à fondre ». Elles ont expliqué que leur peau devenait « molle » et qu'elles éprouvaient des douleurs, faisaient de l'eczéma, avaient des poussées de fièvre. Nous leur avons demandé : « Pourquoi, après avoir subi de façon si directe son effet toxique, les gens ont-ils continué d'utiliser de l'urée ? » Une vieille femme a répondu : « En théorie, tout le monde sait que ce n'est pas bien, mais nous sommes tellement endettés envers les vendeurs de produits chimiques, qui nous répètent que tout rentrera dans l'ordre si nous en utilisons davantage, que nous ne pouvons y échapper. »

Navdanya était déjà active dans la région. L'organisation distribuait des dépliants, organisait des rencontres et présentait sa ferme rentable, preuve de l'efficacité de ses méthodes. Ces femmes ont donc enfin trouvé l'information et l'appui nécessaires pour cesser d'utiliser les produits chimiques. Leurs mains et leurs pieds ont guéri, et elles racontent que leurs aliments ont retrouvé leur goût et les gardent en bonne santé. Il serait difficile de trouver un groupe plus attaché à une organisation ou plus satisfait de la façon dont celle-ci a changé leur vie pour le mieux. Pourtant, la majorité des fermiers de la région achètent toujours des intrants chimiques.

Comme Jorg Haas continuait de parler de la maladie de la vache folle et des 400 000 bêtes abattues et brûlées en Allemagne, l'agitation grandissait dans le public. Nous nous demandions si les femmes réagissaient ainsi au récit du massacre inutile du bétail ; après tout, elles étaient hindoues et croyaient qu'on ne devrait jamais tuer les vaches, même pour en manger la viande. Mais il s'est avéré qu'on leur avait récemment offert des paquets gratuits de « nourriture à bétail » grisâtre à donner à leurs vaches laitières, de nouveau une gracieuseté du programme de la Banque mondiale. La liste des ingrédients ne figurait pas sur les emballages, et les fermières ont immédiatement pensé que l'Europe cherchait à leur refiler sa nourriture empoisonnée. Pour notre part, nous n'étions pas si prompts à sauter à cette conclusion, mais peu de gens connaissent aussi bien le fonctionnement des choses que des paysans du tiers-monde et peu de gens ont autant de raisons de se montrer méfiants.

Quand est venu le temps des questions et des réponses par le truchement d'interprètes, l'atmosphère était électrique : les femmes étaient dans une colère bleue. Une fermière d'une quarantaine d'années drapée dans un châle lilas s'est levée, pleine d'assurance, et a déclaré : « J'ai été l'une des premières membres de Navdanya. J'ai cessé d'utiliser de l'urée. Aujourd'hui, je vois que nos membres sont plus nombreux ; nous devons faire comprendre aux autres ce qui est en train d'arriver à nos fermes et à nos aliments ! » Shiva vendait les fruits et légumes excédentaires de ses membres à une coopérative alimentaire de Delhi, située à des centaines de kilomètres de là. Une femme a suggéré de fonder leur propre marché biologique à Dehra Dun, la ville voisine, et de prendre soin d'attirer suffisamment de nouveaux membres pour qu'il soit toujours bien garni. Elle a fait remarquer : « Il est impossible que les autres marchés puissent égaler la qualité des aliments que nous produisons ! » Ce défi a été accueilli avec un grand enthousiasme, et les femmes se sont divisées sans tarder en groupes plus petits, babillant comme des oiseaux, pour planifier leur nouveau marché. Shiva nous a dit plus tard que les fermiers de Navdanya saisissent rapidement les répercussions des influences internationales sur leur existence ; elle était heureuse que nous en ayons été témoins.

Avant notre départ, quelqu'un a demandé aux femmes de décrire leurs rêves pour l'avenir et les a priées de définir leur vision holistique d'une vie durable. Une femme du nom de Maya a dit ceci : « Mon premier rêve, c'est que la force de mon corps ne m'abandonne pas, et la même chose pour nos enfants, et, bien sûr, nous avons besoin de nos fermes pour être fortes et en bonne santé. » Une belle jeune femme avec un bambin de cinq ans environ à ses pieds a poursuivi : « Mes enfants marchent chaque jour tout seuls un kilomètre pour aller à l'école et un kilomètre pour en revenir. La nourriture est le centre de leur vie, alors c'est le centre de la mienne. » Elle a raconté que son petit garçon était beaucoup plus heureux quand elle l'attendait à son retour de l'école avec des chapatis au millet, qu'elle ne peut cultiver que biologiquement, car il n'existe pas de semences de millet hybrides. Quelqu'un d'autre a demandé si, comme le prétendent les fermiers industriels, le rendement de la production biologique n'était pas plus faible et si cela ne risquait pas de se traduire par un manque de nourriture. Une femme du nom de Lila Wati a répondu ce que nous avions déjà entendu répondre partout, de Bali à l'Oregon, de l'Allemagne au Québec : « Si nous faisons un bon compost une fois tous les trois ans, nous avons de bons rendements. Les fortes doses d'urée font paraître la récolte plus abondante la première année, mais les aliments ainsi produits ne vous nourrissent pas et, de toute manière, ce rendement ne dure pas. »

Le beurre et l'argent du beurre

> *La technologie transgénique est-elle vraiment essentielle [...] ou ne sert-elle, comme l'énergie nucléaire, qu'à nous éloigner de solutions de rechange disponibles et supérieures, mais systématiquement mises à l'écart et négligées ?*
>
> AMORY LOVINS, cofondateur
> du Rocky Mountain Institute

Dans les premiers chapitres de cet ouvrage, nous avons examiné la façon de déterminer si une technologie ou une pratique est durable à long terme sur le plan social. Nous avons analysé les préceptes de la gestion holistique, les quatre conditions de The Natural Step et les définitions de la première et de la deuxième Révolutions industrielles proposées par l'architecte Bill McDonough. En matière d'agriculture, la technique la plus récente et la plus controversée est la biotechnologie, qui consiste notamment à extraire des gènes d'un organisme — une araignée, par exemple — pour les greffer à un autre — comme une pomme de terre. On nous affirme que cette technologie est sans danger, qu'elle offre tout ce qu'il y a de plus moderne et qu'elle présente un potentiel énorme. Mais, compte tenu de l'état du monde naturel et de notre dépendance envers l'agriculture, source de toute nourriture, la véritable question est la suivante : la biotechnologie est-elle une pratique durable ?

On nous assure que le matériel génétiquement modifié se disperse simplement dans la nature ; or, il se révèle remarquablement tenace. On a découvert que des gènes et de l'ADN transgéniques subsistaient dans des organismes présents dans le sol, dans des insectes, dans du pollen et tout particulièrement dans l'eau ; on a retrouvé de ces composantes dans des fossés agricoles situés à un kilomètre de leur lieu d'origine. Des gènes marqueurs résistants aux antibiotiques ont survécu après avoir été digérés par du bétail et même par des abeilles, et risquent ainsi d'augmenter la résistance aux antibiotiques de tous les organismes qui constituent la chaîne alimentaire. C'est l'une des raisons pour lesquelles cette technologie est sous le coup d'une interdiction dans toute l'Europe[20]. Les gènes ne restent pas confinés dans la plante brevetée où on les a insérés, mais ils peuvent se répandre, grâce au vent et au pollen, à d'autres spécimens de la même culture, voire à des plantes parentes sauvages. Le Canada connaît d'ores et déjà d'immenses problèmes avec le canola génétiquement modifié, dont la résistance aux herbicides non seulement s'est transmise à d'autres types de canola, mais affecte aussi maintenant plusieurs de ses parentes sauvages, créant ce que l'on appelle des « super mauvaises herbes ». La situation est à ce point grave que la Commission canadienne du blé lutte déjà activement contre l'introduction du blé transgénique résistant aux herbicides, car — mis à part les considérations commerciales — l'espèce a plusieurs parentes sauvages qui seraient irrémédiablement contaminées par la résistance à l'herbicide[21].

Bacillus thuringiensis, ou Bt, est un insecticide naturel. Un gène responsable de la caractéristique mortelle de ce bacille a été injecté dans de nombreux types de cultures, dont le maïs, la pomme de terre et le coton, bien qu'il n'affecte pas que les insectes nuisibles, mais s'attaque aussi à des organismes sans danger tels que le papillon monarque et les chrysopes, des micro-organismes bénéfiques vivant dans le sol. On craint qu'à long terme il ne présente des dangers pour la consommation humaine[22]. Les firmes de biotechnologie admettent aussi que les cultures modifiées de manière à contenir le gène Bt accéléreront le processus de résistance naturelle des insectes qui a déjà rendu désuets un si grand nombre de pesticides. Pour cette raison, elles suggèrent un système compliqué consistant à ensemencer des « refuges » de plantes qui ne comportent pas le gène Bt et qui sont à des distances données de la culture principale, afin de s'assurer qu'il subsiste dans la région des insectes qui n'ont pas acquis une tolérance génétique au gène Bt. Non seulement ces refuges sont complexes et difficiles à entretenir, mais des études ont montré qu'un petit nombre d'agriculteurs — même dans les pays industrialisés — utilisant les cultures Bt obéissent à ces réglementations, qui ne ralentissent que faiblement le processus de résistance dans un secteur donné. Quand tous les insectes seront résistants au Bt, prédisent les critiques, les entreprises de biotechnologie produiront des pesticides de plus en plus nocifs pour nos plantes alimentaires.

Comme tous les produits issus de la Révolution verte, les semences transgéniques tendent à remplacer les diverses cultures locales par une seule variété brevetée ; en fait, du point de vue de l'entreprise qui les développe, c'est le but premier visé. Ainsi, comme le riz IR-8 ou les vaches Holstein, le maïs Bt et le soya Round-up Ready supplantent déjà de nombreuses variétés non hybrides et non génétiquement modifiées qui pourraient s'éteindre comme tant d'autres avant elles — entraînant la disparition de leur potentiel génétique. Enfin, comme toutes les variétés issues de la Révolution verte, les cultures transgéniques exigent de grandes quantités d'eau et des régimes stricts de produits chimiques : fertilisants, herbicides et, sauf pour les variétés Bt, pesticides. Non seulement ces régimes sont-ils difficiles à respecter pour les petits fermiers les plus à même de produire de grandes quantités de nourriture, mais les produits chimiques industriels qui leur sont nécessaires et la pollution de l'eau dont ils s'accompagnent imposent un lourd fardeau à la terre.

Il est évident, même après cette analyse succincte, que les biotechnologies répondent à quatre des six critères par lesquels Bill McDonough caractérisait la première Révolution industrielle : « Elles polluent le sol, l'air et l'eau ; elles nécessitent des milliers de règlements complexes, elles détruisent la biodiversité et la diversité culturelle et elles engendrent des produits si toxiques qu'ils obligeront des milliers de générations à exercer une vigilance constante. » En effet, si les biotechnologies sont susceptibles d'entraîner de grands bénéfices, elles peuvent aussi avoir des effets qui frisent la catastrophe. Certains produits biotechnologiques, comme le gène « terminator » récemment ressuscité, pourraient, s'ils étaient transmis par le pollen à d'autres plantes, anéantir la capacité de reproduction d'un grand nombre d'espèces végétales, ce qui aurait sur la productivité agricole des conséquences cataclysmiques.

Les entreprises de biotechnologies contreviennent aussi aux quatre conditions de The Natural Step. C'est pourquoi elles sont rejetées par les entreprises qui s'efforcent de respecter la ligne de conduite dictée par TNS, de Nike au White Dog Café en passant par Collins Pine et le groupe allemand d'évaluation de produits Stiftung

Warentest. Elles reposent sur des matières extraites de la croûte terrestre, elles soumettent systématiquement la nature à des concentrations croissantes de substances produites par la société, c'est-à-dire les produits chimiques et les semences artificielles elles-mêmes. Elles assujettissent la nature à « la surrécolte ou à d'autres formes de manipulation de l'écosystème », c'est-à-dire qu'elles poussent les sols, l'eau et les semences à des extrêmes qui ne leur permettent pas de récupérer naturellement et qui finiront, avec le temps, par détruire l'écosystème. Enfin, elles ne permettent pas que les ressources soient utilisées équitablement et efficacement dans le but de combler les besoins fondamentaux des êtres humains sur toute la planète. Au contraire, elles s'approprient les semences, que les fermiers ont mises de côté pour leur propre usage ou qu'ils se sont échangées pendant des milliers d'années, et qui ne se retrouvent dans les mains que de quelques rares entreprises extrêmement riches. Avec le temps, elles pourront exiger le prix qui leur plaît pour un nombre décroissant de semences et pour les produits chimiques qui font pousser celles-ci. Cela n'est ni démocratique ni juste. Pire encore, peut-être : comme nous l'avons vu tout au long de ce chapitre, puisqu'il a été prouvé que de petites parcelles biologiques où poussent une variété de plantes produisent, à long terme, plus de nourriture par hectare, les biotechnologiques feront également diminuer la quantité de nourriture disponible.

Mais nous vivons dans une ère de haute technologie, et les gens souhaitent que l'on mette au point des cultures résistantes à la sécheresse ou aux organismes nuisibles et des aliments plus nutritifs, qui se conservent mieux et résistent mieux aux maladies, tout en contenant moins de gras. Si l'on est convaincu que de tels avantages sont absolument nécessaires, notons que des méthodes qui n'ont rien à voir avec les manipulations génétiques permettent aussi de les obtenir, des méthodes moins chères et tout à fait sûres. Par exemple, l'International Crops Research Institute for the Semi-Arid Tropics (ICRISAT), basé dans l'Andhra Pradesh, un État de l'Inde, a conçu, par des techniques d'hybridation traditionnelles deux variétés de pois chiches résistants à la sécheresse « qui ont complètement renversé la situation de pauvres fermiers [...] qui souffraient cruellement du manque d'eau ». Ces pois chiches parviennent rapidement à maturité, en 85 à 100 jours, et échappent ainsi à la sévère sécheresse de la fin de saison. Bien que les conditions climatiques aient été particulièrement difficiles en 1999, les fermiers cultivant les nouvelles variétés ont récolté jusqu'à 1,7 tonne par hectare, ce qui leur a permis d'échapper à des pertes de récoltes qui, par le passé, entraînaient des migrations massives, la malnutrition et le suicide de certains fermiers.

Depuis que le maïs a été introduit en Afrique dans les années 1930, il est devenu l'un des aliments de base du continent et un pilier de l'économie. Comme il représente plus de 40 % de toutes les récoltes de céréales dans l'Afrique subsaharienne, « de plus hauts rendements de maïs signifient une plus grande quantité de nourriture et plus de revenus pour les fermiers pauvres », selon Ian Jonhson, président du Consultative Group on International Agricultural Research (CGIAR). Une autre ONG, le Centre International pour l'Amélioration du Maïs et du Blé (CIMMYT), a travaillé avec les fermiers afin de mettre au point des caractéristiques qui seraient appréciées non pas des marchés étrangers, mais des cultivateurs eux-mêmes, comme du maïs qui peut être consommé lorsqu'il est « vert » et qui prospère malgré la sécheresse et un sol pauvre. Moins de 5 % des fermiers de la région ont suffisamment de terre pour appliquer les technologies de la Révolution verte ; la nouvelle variété de maïs a donc été conçue spécifiquement pour des parcelles d'un demi à trois hectares. Les nouvelles semences ne sont pas des hybrides : comme les fermiers pauvres ne peuvent se permettre d'acheter des semences chaque année, il est presque impossible d'imaginer que les cultures dispendieuses produites par les biotechnologies puissent les nourrir. Pendant des milliers d'années, ils ont mis de côté ce qui était nécessaire à la récolte de l'année suivante. Or, même les semences hybrides qui ne sont pas brevetées (et qui n'exigent donc pas que les fermiers versent des redevances, comme dans le cas de semences transgéniques) perdent de leur vigueur ou ne germent tout simplement pas. Les variétés traditionnelles à pollinisation ouverte, comme la nouvelle semence Zm 521 produite par le CIMMYT, permettront aux fermiers pauvres de passer outre à l'économie monétaire et de nourrir leurs enfants.

Même le berceau de la Révolution verte, l'Institut International de Recherche sur le Riz (IIRR) des Philippines, commence à constater que sa méthodologie industrielle n'est pas exempte de contradictions. Comme on l'admet candidement dans le site Internet de l'institut : « Il semble que la Révolution verte ait eu un impact immense sur le régime alimentaire. Certaines maladies, telles que la pellagre et le neurolathyrisme en Inde, ont disparu grâce à la plus grande disponibilité du riz et du blé ; cependant, en augmentant la consommation de ces céréales, on a peut-être fait grimper la malnutrition en micronutriments. Dans leur tentative d'éviter une vaste famine et de nourrir un nombre de bouches croissant, les scientifiques ont pour la plupart négligé le contenu nutritif des variétés de riz et de blé. Les fermiers ont aussi cessé de planter des cultures aux nutriments équilibrés [...], au profit de nouvelles variétés de céréales à haut rendement[23]. »

Les scientifiques de l'IIRR ont annoncé qu'ils avaient « découvert » une variété traditionnelle de riz qui s'est par hasard révélée renfermer de hautes concentrations de fer et de zinc, deux micronutriments qui, comme la vitamine A, font cruellement défaut dans le régime alimentaire des habitants du tiers-monde. Il semblerait bien que ce riz pourrait résoudre les problèmes d'anémie qui affectent les pays pauvres ; à titre d'exemple, de 40 à 60 % des femmes et des enfants en Asie présentent des carences en fer. Ronald Cantrell, directeur de l'IIRR, reconnaît que « [l]'un des aspects les plus stimulants de cette recherche, c'est que les résultats ont été atteints grâce à la science traditionnelle, sans recours aux biotechnologies ». L'IIRR a recueilli les semences locales qu'il avait, avec d'autres grands organismes agricoles et économiques, convaincu les fermiers de cesser d'utiliser. Le riz ainsi redécouvert a une saveur et un arôme merveilleux, donne un rendement élevé et tolère des températures basses. Bien que leurs vertus soient nouvelles pour les scientifiques qui s'activent dans les laboratoires, les anciennes variétés de riz que la Révolution verte a souvent évincées ont des noms qui indiquent que les gens les ayant développées localement connaissaient fort bien leurs propriétés. La variété laotienne, dont le nom peut se traduire par « champs négligés », est un riz qui croît dans des conditions difficiles ; le « Fat Duck » a bon goût, tandis que le Leum Phua (« Oublié Mari »), produit tant de grains que la fermière doit négliger sa famille pour s'en occuper.

Dans les champs du tiers-monde, il n'existe à l'heure actuelle aucune variété de culture transgénique qui soit résistante à la sécheresse, supernutritive ou à haut rendement. Plusieurs variétés sont en développement depuis des années, mais elles n'ont pas produit les résultats escomptés, à cause des limites systémiques et scientifiques de la technologie, questions que nous avons abordées plus en détail dans notre dernier ouvrage, *From Naked Ape to Superspecies*. Presque toutes les solutions obtenues à l'aide de méthodes traditionnelles ont été financées par des fonds publics, ce qui signifie que les chercheurs qui les ont mises au point tentaient de trouver des solutions à des problèmes sociaux et environnementaux ; à l'évidence, les investissements privés qui financent les manipulations génétiques visent d'autres buts.

Personne ne nous a rien demandé

> *Personne au gouvernement ou dans ces entreprises ne nous a jamais demandé quels étaient nos problèmes. Je suis sûr qu'ils s'en fichent. Tout ce qu'ils veulent, c'est faire des profits.*
>
> ORLY MARCELLANA, fermier philippin

Quand l'industrie des biotechnologies se félicite de ses avancées censées améliorer la qualité de vie des pauvres, comme les patates douces ou les papayes résistantes à la rouille, elle ne fait en réalité référence qu'à une seule variété de papaye, manipulée de manière à résister au virus des taches annulaires de la papaye, une maladie qui ne cause aucun problème aux fermiers pauvres puisqu'elle ne frappe que les monocultures de papayes récemment aménagées dont les fruits sont destinés à l'exportation. On a aussi fait grand cas d'une variété de riz transgénique, le riz doré, conçu pour produire du bêtacarotène dans le but d'éradiquer la cécité infantile chez les pauvres du tiers-monde. L'industrie des biotechnologies a claironné dans la revue *Time* et sur les ondes de PBS qu'un demi-million d'enfants chaque année échapperaient à la cécité grâce à ce nouveau produit ; l'ex-président américain Clinton a déclaré : « Il pourrait sauver 4 000 vies par jour ! » Cependant, même la Fondation Rockefeller, qui finance la plus grande partie du développement de riz transgéniques, a concédé que ces prétentions exagéraient grandement les bénéfices possibles. Il n'y a encore aucune preuve que le bêtacarotène présent dans ce riz peut être absorbé par l'organisme humain — et même si c'était le cas, les enfants souffrant d'une carence en vitamine A devraient en consommer chaque jour neuf kilos pour obtenir la dose minimale recommandée.

Charlie Kronick, qui fait campagne pour Greenpeace, affirme : « À notre sens, les milliards de dollars qui ont été dépensés pour mettre au point ce riz, et les faux espoirs qu'il a fait naître, [ont] détourné de précieuses ressources qui auraient pu être utilisées pour s'attaquer plus efficacement à la carence en vitamine A. Loin de sauver la vue des enfants, le riz doré empêche que d'autres méthodes plus sûres ne soient développées[24]. » Ces méthodes « plus sûres » sont, encore une fois, d'une simplicité désarmante, mais elles n'offrent à personne la chance de récolter la gloire ou la fortune. Elles incluent l'enrichissement du riz en vitamine A, selon une technique éprouvée, la sensibilisation des mères, à qui l'on enseigne de mêler des carottes ou des pois en purée au riz qu'elles servent à leurs enfants, et la suggestion véhémente de Vandana Shiva, qui supplie que l'on cesse d'utiliser des produits chimiques et que l'on permette de nouveau aux femmes et aux enfants de cueillir les herbes indigènes qu'ils ajoutaient à leur nourriture avant que l'on ne se mette à épandre des herbicides dans les champs.

Les cultures transgéniques ont un rendement inégal, même sur le plan de la rentabilité. Des déformations étranges et coûteuses sont apparues sur le coton Bt, et il est devenu nécessaire de l'arroser avec des pesticides plus puissants, même si les semences spéciales étaient censées éviter aux cultivateurs d'avoir à recourir à quelque intrant que ce soit. L'industrie prétend que ces problèmes sont des « anomalies » attribuables à des conditions météorologiques ou à des sols particuliers. C'est un argument intéressant. Les semences génétiquement modifiées viennent d'une sorte de cuisine chimique centrale qui ne ressemble en rien aux systèmes sociaux et environnementaux où elles seront par la suite plantées. Quand on souhaite plutôt miser sur la diversité et les actifs locaux, on met au point des techniques de lutte contre les insectes et les mauvaises herbes qui sont très différentes. L'International Centre of Insect Physiology and Ecology (ICIPE) de Nairobi, par exemple, a récemment fait une percée importante : on y a découvert deux nouvelles méthodes qui permettent d'endiguer deux fléaux qui menacent les cultures vivrières en Afrique de l'Est et en Afrique australe, soit un insecte du nom de pyrale et la *Striga hermonthica*, une herbe parasite, le tout sans produits chimiques ni quelque autre intrant spécialisé et coûteux.

Gestion intégrée des organismes nuisibles

> *Tout ceci est accompli en ce moment même, par le biais de semences hybrides déjà disponibles et sans recours à des produits coûteux tels que des pesticides ou des fertilisants synthétiques ou encore des semences transgéniques.*
>
> International Centre for Insect Physiology and Ecology, Nairobi

Le maïs est la culture la plus importante de l'Afrique orientale et australe. La pyrale y cause des pertes qui représentent de 15 à 40 % des récoltes et la *Striga* est responsable de 10 ou 20 % de pertes supplémentaires. « Quand ces deux organismes nuisibles apparaissent en même temps, rapporte l'International Centre for Insect Physiology and Ecology au Kenya, il arrive que les fermiers perdent leurs récoltes entières. En prévenant ces pertes, de six à huit millions de personnes de la région peuvent avoir à manger. » Depuis des années, les fermiers savent qu'en semant certaines plantes ensemble, ce qu'on appelle la culture intercalaire, on peut en augmenter la fertilité tout en empêchant les insectes et les mauvaises herbes de s'y attaquer. On a raffiné ce savoir et, aujourd'hui, la gestion intégrée des organismes nuisibles (GION), méthode mise au point dans les années 1970, est de plus en plus répandue.

La GION a introduit, ou plutôt ressuscité, une méthode du nom de « *push-pull* ». On sème une plante vivrière donnée avec deux autres types de plantes ; l'une éloignera les insectes (le « *push* »), tandis qu'une autre les attirera (le « *pull* »). Dans le cas qui nous occupe, le chercheur kényan a planté de l'herbe de mélasse *(Melinis minutifolia)* et une légumineuse, le desmodium à feuilles argentées *(Desmodium uncinatum)* entre les rangs de maïs. L'herbe éloigne aussi les tiques, alors que le desmodium fixe l'azote. Grâce à la présence combinée de ces plantes (qui servent aussi de fourrage nutritif pour les animaux), la concentration de *Striga* était quarante fois moindre que celle qu'on trouve dans une monoculture de maïs. Comme dans les systèmes de polyculture indiens, les fermiers kényans utilisaient aussi la culture intercalaire dans le passé. Reprendre leurs méthodes en les enrichissant d'une nouvelle compréhension scientifique « aide à restaurer l'équilibre de la nature que l'humanité a troublé par [...] des pratiques telles que les monocultures surintensives, le mauvais usage de pesticides et l'appauvrissement des sols », affirme l'ICIPE[25].

Le projet a également identifié plus de trente herbes sauvages susceptibles de servir d'hôtes à la *Striga* et d'être utilisées pour attirer l'insecte hors des champs. La technique a été mise à l'épreuve dans plus de 450 fermes de deux districts du Kenya, avant d'être diffusée pour usage général. « Les fermiers participants dans [la région] rapportent une augmentation de 15 à 20 % du rendement en grain. » Il y a d'autres doubles dividendes : un fourrage de meilleure qualité contribue aussi à une augmentation de la production de lait. Quand ils utilisent ce système de polyculture, les fermiers obtiennent un rendement de 2,30 $ pour chaque dollar investi, comparativement à 1,40 $ quand ils ne cultivent que le maïs.

Ceux qui utilisent l'agriculture industrielle et les biotechnologies gèrent des crises, ils s'attaquent au « problème » que présentent une maladie ou un insecte donnés, mais ils n'ont jamais de vision holistique de tout l'écosystème et de ses composantes valables qu'il convient de protéger et de nourrir. Dans cette perspective, les mauvaises herbes et les insectes sont vus comme des ennemis à anéantir au terme d'une lutte sans merci. Leur conception de l'avenir idéal : un écosystème où croîtront les cultures — animales et végétales — que les humains ont décidé d'y insérer, et rien d'autre. La GION n'est pas une technologie biologique et elle n'emploiera les pesticides qu'en dernier recours ; pour cette raison, elle a été quelque peu compromise par ses clients industriels. Mais elle est toujours axée sur la reconnaissance du droit fondamental à l'existence des « organismes nuisibles » et repose sur trois principes : en premier lieu, même si l'on ignore la raison de la présence d'un insecte ou d'une mauvaise herbe, ceux-ci font partie de l'écosystème et doivent, d'une manière ou d'une autre, contribuer à la santé et à l'intégrité générale de celui-ci ; deuxièmement, comme le comportement agressif de ces organismes nuisibles résulte souvent de l'introduction de cultures dans la région, il n'est pas naturel et indique un déséquilibre ; enfin, la nature offre des antidotes dans presque toutes ces situations.

Reprendre ses billes et rentrer chez soi

> *Ce serait préférable pour nous si tous ceux qui tentent de nous « aider » rentraient chez eux. Ainsi, les gens du pays pourraient proposer leurs propres idées.*
>
> FARHAD MAZHAR, cofondateur de Nayakrishi,
> la Nouvelle Agriculture, Bangladesh

L'un des aspects les plus alarmants des méthodes agricoles industrielles modernes telles que les manipulations génétiques est le suivant : une fois qu'une entreprise a isolé un gène et l'a inséré dans un organisme — quelque mineur ou insignifiant que soit le résultat —, elle peut breveter ce nouvel organisme et imposer une redevance sur son usage. Comme nous l'avons vu en matière de recherche végétale et animale, les « produits » entrant dans la composition des nouveaux organismes ont pourtant été développés par des fermiers locaux au fil des siècles, à force de minutie et de labeur. Le nouveau système fait fi de leur contribution ; pire, il s'empare du savoir du fermier pour en faire un vulgaire produit, puis il exige que le fermier paie pour le ravoir. Les fermiers du tiers-monde sont beaucoup plus au fait de cet aspect des biotechnologies que ne le sont les agriculteurs des pays industrialisés, et c'est pourquoi leurs protestations ont souvent été plus véhémentes, voire violentes. Dans le nord de l'Inde, toutefois, des mouvements cherchent à saper ce système qui industrialise à la fois la nourriture et le savoir.

Dans soixante-dix villages au nord de Dehra Dun, des fermiers se sont unis pour refuser d'employer quelque produit chimique que ce soit et sont devenus ce qu'ils appellent des *beej rakshaks*, ou « gardiens des semences ». De concert avec les paysans, Navdanya et le Research Foundation for Science, Technology and Ecology de Vandana Shiva ont élaboré une stratégie d'autoprotection, « le brevetage préventif », par lequel ils prélèvent les nombreuses variétés locales qu'ils cultivent, stockent et partagent depuis longtemps et les font breveter pour le village ou la collectivité locale. Le brevet stipule que ces semences ne peuvent jamais être vendues pour de l'argent ni retirées de l'usage général des fermiers de la région. Ainsi, quand les ingénieurs des entreprises de biotechnologie se manifestent, le matériel a déjà été juridiquement protégé et mis hors de leur portée.

La plupart des fermiers de Navdanya vivent sur des terres marginales, où la diversité de cultures n'a pas encore cédé la place aux variétés hybrides, en raison de la pauvreté du sol ou de la rigueur du climat. Comme ces fermiers ne peuvent pas réellement participer à l'économie monétaire, leur survie dépend des semences qu'ils mettent de côté chaque année pour l'année suivante. Certains de leurs voisins plus fortunés qui ont essayé les nouveaux hybrides ont compris avec le temps qu'ils risquaient de perdre à la fois leur sécurité alimentaire et la propriété de leurs terres à cause du coût élevé des semences, des fertilisants et des pesticides ; ils ont donc repris les cultures développées localement. Les deux types de fermiers conservent les variétés locales *in situ* (c'est-à-dire dans leur milieu naturel), ce qui s'est avéré beaucoup plus efficace que les banques génétiques mises sur pied par les gouvernements et des organismes tels que le CGIAR, l'IIRR et l'ICRISAT, déjà mentionnés.

Au cours des dix ou quinze dernières années, les chercheurs ont découvert avec surprise que la majorité des semences conservées dans des banques de gènes ne sont plus fertiles. Les semences locales sont bien vivantes et, comme les fermiers les réutilisent chaque année, elles poursuivent un cycle d'évolution normal. Mais les terres sont rares et il est difficile pour un agriculteur de cultiver une variété traditionnelle dont la valeur n'est pas évidente. C'est pourquoi les gardiens de semences reçoivent l'aide de la collectivité pour conserver l'ensemble des variétés.

Jusqu'à maintenant, ces mouvements ont sauvegardé quelque 3 000 variétés de semences, en plus d'être à l'origine de plusieurs poursuites judiciaires contre les détenteurs de brevets. Shiva, ses organisations et ses alliés ont notamment réussi à faire annuler deux brevets célèbres : l'un qui couvrait tous les produits du neem, un arbre dont on tire des pesticides et des antiseptiques naturels depuis des millénaires, et l'autre, le riz basmati, qui avait été breveté sous toutes ses formes par un conglomérat texan. Ces deux brevets étrangers ont fini par être annulés par les tribunaux, au terme d'une lutte longue, coûteuse et épuisante.

Non, c'est non

> Monsanto est la première entreprise d'importance à avoir été [presque] détruite par la société civile.
>
> PAUL GILDING, conseiller en affaires, groupe ECOS[26]

Il est impressionnant de constater le nombre de communautés affectées par les biotechnologies qui résistent à un mouvement bénéficiant de l'appui de tant d'énormes organismes économiques. En fait, cette résistance massive et bien organisée qui unit un si grand nombre de gens sur la planète est sans précédent dans l'histoire de l'humanité. Les Européens, en particulier, échaudés par la maladie de la vache folle, ont refusé de se laisser convaincre de l'innocuité d'un nouvel ajout industriel à leurs sources de nourriture. Ils ont très rapidement fait en sorte que les ingrédients génétiquement modifiés soient clairement identifiés sur les emballages de produits alimentaires partout sur le continent, en plus de mettre le holà à la culture commerciale d'OGM et d'empêcher que ceux-ci ne soient utilisés pour nourrir le bétail. Ils y sont parvenus grâce à des manifestations, des sit-in, des boycottages, des pétitions et des barrages ainsi qu'à l'envoi de milliers de lettres à des entreprises alimentaires et aux gouvernements. En Angleterre, en Irlande et en Allemagne, notamment, de nombreuses personnes ont arraché les cultures des champs, au risque d'être arrêtées par la police; des centaines de fermiers se sont introduits dans des entrepôts pour y saboter les semences génétiquement modifiées.

L'Europe a été rejointe par de nombreux pays, dont la Thaïlande, le Sri Lanka, le Brésil et, plus récemment, la Colombie, qui ont tous soumis ces cultures à un moratoire sur leur territoire national. Beaucoup d'autres nations, dont le Japon, ont exigé et obtenu un étiquetage détaillé, ce qui a sérieusement affecté le marché international de produits tels que le maïs et le soya américains et le canola canadien. D'autres pays encore, tels que l'Inde et la plus grande partie de l'Afrique, absorbent les biotechnologies petit à petit et tentent de gagner du temps, de trouver un équilibre entre les pressions économiques impérieuses et la véritable richesse de la biodiversité, qu'ils craignent de voir disparaître. En somme, seuls les centres industriels (les États-Unis, le Canada, l'Australie) ont adopté les biotechnologies sans les soumettre à des mesures de contrôle. Même aux États-Unis, toutefois, maintes causes actuellement devant les tribunaux sont susceptibles de faire renverser la vapeur. Des campagnes américaines s'en prennent actuellement à McDonald's et à Nestlé, qui ont retiré tous les ingrédients génétiquement modifiés des produits qu'ils distribuent en Europe, mais qui continuent de les employer en Amérique, simplement parce que les Nord-Américains ne se sont pas encore élevés avec suffisamment de force contre cette pratique. Des poursuites ont également été engagées contre l'Environmental Protection Agency des États-Unis, accusée d'avoir accordé des permis sans tests ni évaluations convenables. Même le Canada a interdit un produit génétiquement modifié, la somatotropine bovine, une hormone de croissance qui double la production de lait des vaches mais dont on a prouvé qu'elle présentait des risques pour la santé des animaux.

Amory Lovins, du Rocky Mountain Institute, estime que la vague d'inquiétude que soulèvent ces nouvelles technologies rappelle la lutte contre l'énergie nucléaire livrée et presque gagnée vingt-cinq ans plus tôt. « Avec les cultures transgéniques comme avec la fission nucléaire, le choix ne se limite pas à des options indésirables : des ogives nucléaires ou l'asservissement, l'énergie nucléaire ou geler dans le noir, des cultures transgéniques ou la famine, des cultures transgéniques ou des maladies incontrôlées. » À ses yeux, la seule technologie durable du futur rejette « ces mauvaises solutions et choisit des avenues inspirantes, qui n'appartiennent pas à l'orthodoxie ». Comme nous l'avons vu, il existe effectivement de nombreux choix hors de l'orthodoxie, et ils ne sont nullement coûteux. Ils exigent cependant que nous changions notre perspective issue de la Première Révolution industrielle quant à la maîtrise des organismes nuisibles et que nous cessions de croire que nous sommes plus malins que la nature. Ils nécessitent que nous comprenions que nous vivons déjà dans un monde postindustriel et qu'il n'est pas nécessaire — ni sans danger — de forcer le reste du monde à répéter nos erreurs.

Miam...

> *Une part importante du plaisir de manger réside dans la conscience aiguë des vies et du monde d'où vient la nourriture.*
>
> WENDELL BERRY, « The Pleasures of Eating[27] »

Le temps est venu de manger mieux, dans tous les sens du terme. Et voici la meilleure des nouvelles : dans presque toutes les villes du monde, il est encore possible de trouver des aliments relativement sains, non altérés et non contaminés. Dans les grands supermarchés de Paris, Chicago, Seattle et Francfort, les gens peuvent se procurer des aliments biologiques ou cultivés selon des méthodes durables. Navdanya les offre même aux habitants pauvres de la ville de Dehra Dun, dans le nord de l'Inde, comme le fait le Nayakrishi, ou mouvement de la Nouvelle Agriculture, à Dhaka, au Bangladesh. Évidemment, ces aliments ne sont pas disponibles partout ; les consommateurs doivent effectuer quelques recherches par Internet ou s'informer auprès de leurs voisins, et ils n'arriveront probablement pas à dénicher de pêches biologiques au milieu de l'hiver. Le prix de ces aliments est habituellement plus élevé et varie selon le lieu. Chaque molécule de ces produits n'est certes pas parfaite, mais ceux-ci permettent à tout le moins de réduire les risques d'exposition à un cocktail de produits cancérigènes, à des parasites, *E. coli*, la salmonelle, la maladie de la vache folle et des perturbateurs endocriniens.

Par ailleurs, une fois qu'ils ont fourni cet effort, les gens découvrent un bénéfice inattendu : tous affirment que les aliments ont meilleur goût et ils jurent avoir plus d'énergie après avoir mangé des aliments biologiques, biodynamiques, issus de fermes familiales, etc. Faut-il ne voir là qu'une illusion collective ? La pomme de terre jaune sans nom qui est cultivée dans le jardin biologique de Holly, par exemple, appartient à la même variété qu'une pomme de terre Idaho dont le plant a été aspergé de produits chimiques et qui a voyagé 2 000 kilomètres avant d'atterrir dans son assiette, mais demandez à quiconque a goûté aux deux spécimens si c'est du pareil au même. Ses tomates d'espèces oubliées ont chacune un goût bien particulier : certaines sont d'un violet foncé, d'autres, vertes à rayures ou jaunes et veloutées. Elles ne produisent pas le même volume de fruit que les espèces commerciales, mais elles sont infiniment savoureuses et remarquablement résistantes aux maladies et aux insectes. Les pommes de son verger négligé ont une dizaine de formes et de teintes différentes, et chacune des espèces anciennes a une saveur étonnamment distincte de celle de ses voisines. Quelques-unes possèdent une chair farineuse et dorée, d'autres, translucides, ont un goût d'une fraîcheur extraordinaire. Leurs peaux arborent toutes les nuances, du blanc strié de rose au vermillon, du jaune vif au bronze foncé. Et elles mûrissent, résistent aux insectes et produisent des fruits à des rythmes différents : la biodiversité à l'œuvre. Nous avons présenté les motivations sociales, politiques, écologiques et physiologiques sur lesquelles reposent les mouvements de promotion de la culture et de l'alimentation traditionnelles et biologiques. Mais nous n'avons pas abordé la motivation la plus séduisante : la saveur même de ces aliments et leur effet sur l'organisme quand on s'en nourrit.

Bien sûr, il se trouvera des gens pour dire que tout cela est très bien pour de riches yuppies de l'Oregon ou des fermiers autarciques de l'Inde, qui peuvent se permettre de s'en tenir à des aliments produits selon les méthodes traditionnelles. Ceux-là diront qu'il est impossible de nourrir de grandes populations urbaines en respectant ces principes et sans provoquer de souffrances ou de famines. Ils diront que les efforts déployés pour atteindre à la durabilité ne seront jamais assez répandus pour avoir un effet réel ; bref, ils diront que l'on n'a d'autre choix que d'endurer les « risques acceptables » que présentent les produits chimiques et la pollution continuelle du sol et de l'eau. Les arguments que nous avons mis en lumière, qui montrent que l'agriculture biologique diversifiée à petite échelle non seulement est durable à long terme, mais qu'elle s'avère aussi plus productive, n'ont pas encore persuadé la plupart des gouvernements ou des organismes tels que la Banque mondiale de prêter l'oreille. Quant à les convaincre de leur bien-fondé, il y a loin de la coupe aux lèvres. Alors, que faudra-t-il faire ?

Et si un pays tout entier se convertissait au bio, tout d'un coup, du jour au lendemain ? Sombrerait-il dans la famine et la misère sans la machinerie lourde, les produits pétrochimiques et les grandes entreprises mondiales comme Cargill et ADM ? Le système alimentaire du pays, la santé de ses citoyens et leur culture péricliteraient-ils massivement ? Il se trouve qu'une telle expérience s'est déroulée au cours de la dernière décennie, avec des résultats pour le moins inattendus.

Disparition des produits chimiques, amélioration des aliments

> *Nous sommes en train d'atteindre un équilibre biologique. Les populations d'insectes sont contrôlées par la présence constante de prédateurs dans l'écosystème. Je n'ai guère besoin d'appliquer quelque substance que ce soit pour les éliminer.*
>
> Le président d'un jardin intensif de La Havane

Quand l'Union soviétique s'est effondrée, Cuba, depuis longtemps isolé de tous les marchés occidentaux, a perdu son unique source de commerce extérieur ; l'île fournissait depuis des années aux Soviétiques la quasi-totalité du sucre qu'ils consommaient, mais les ex-républiques soviétiques n'avaient plus les moyens de se le procurer. En n'ayant plus accès au pétrole et au gaz russes, Cuba a perdu toutes ses sources de produits pétrochimiques destinés à l'agriculture. L'île avait connu l'évolution typique des anciennes colonies, produisant des aliments de luxe (sucre, bananes, noix de coco, café) pour l'exportation tout en important les produits dont le pays avait besoin pour nourrir ses propres habitants. En 1990, 30 % de la nourriture consommée dans l'île était importée. On avait tout particulièrement privilégié la culture de la canne à sucre et sa transformation en tant que source de devises étrangères qui permettraient à l'île de prospérer, et le sucre représentait 80 % des revenus d'exportation cubains. Ainsi, on pouvait observer sur le territoire cubain toutes les caractéristiques habituelles de la Révolution verte dans le tiers-monde : un déclin de l'état des sols, une contamination étendue de l'eau et des terres et un exode des communautés rurales vers les villes pendant que les monocultures gagnaient les champs. Les citoyens étaient dangereusement dépendants de sources de nourriture étrangères et d'énergie non renouvelable. Bien que les révolutionnaires cubains aient prétendu qu'ils rectifieraient la situation, cette dépendance a perduré jusqu'à l'épuisement de l'aide soviétique en 1989. À cette époque, des millions de tonnes de fertilisants, de pesticides et d'herbicides ont disparu du marché ; Cuba n'a eu d'autre choix que de révolutionner son agriculture pour nourrir ses 11 millions d'habitants.

Au cours des dix années subséquentes, les disettes et le rationnement se sont multipliés, mais il n'y a eu ni famine, ni malnutrition, ni crise grave. À ce jour, Cuba jouit de l'un des taux d'alphabétisation les plus élevés, qui atteint 98 % ; le taux de mortalité infantile de 9 sur 1 000 se compare avantageusement à celui de la plupart des pays industrialisés et est considérablement moins élevé que celui des enfants américains noirs ; de plus, ce taux a encore *baissé* depuis la crise alimentaire. Il demeure que le pays a dû passer, sans transition, d'une dépendance quasi absolue envers les produits chimiques agricoles à une absence totale de ces produits. Les grandes fermes collectives qui étaient les producteurs les plus importants ont connu des changements de taille ; on a notamment permis aux ouvriers de ces fermes de produire leur propre nourriture dans de petites polycultures biologiques qui devaient compenser le gel des salaires. Cuba a aussi inventé l'agriculture urbaine, une nouvelle forme de production alimentaire qui croît à un rythme formidable de 250 à 350 % par année.

Les villes cubaines produisent aujourd'hui presque toute la nourriture qu'elles consomment, ce qui fait que les campagnes peuvent se consacrer à des cultures destinées à l'exportation, lesquelles reçoivent aussi très peu d'intrants chimiques. Dans des villes comme La Havane, les pesticides chimiques sont tout simplement interdits. Le programme national d'agriculture urbaine vise à ce que chaque ville produise suffisamment de fruits et de légumes frais pour tous ses citoyens, et plusieurs villes ont déjà dépassé cet objectif. Les fermiers figurent maintenant parmi les plus hauts salariés de l'île, et tout le monde a accès, à prix régulier, à des aliments biologiques.

Des « jardins d'auto-approvisionnement » liés aux écoles et aux entreprises produisent les aliments que préparent leurs cafétérias ; on cultive, pour les vendre au public, des légumes, des herbes et des épices dans des contenants. Des « jardins intensifs », parcelles urbaines ensemencées de manière à donner le plus haut rendement possible, mettent à profit les méthodes biologiques et bio-intensives de pointe ; d'autres programmes favorisent la production d'œufs, de fleurs, de lapins, de plantes médicinales et de miel, entre autres. Food First, une ONG basée à San Francisco qui s'intéresse particulièrement aux rapports entre l'alimentation durable, les droits de l'homme et la justice, a dépêché à Cuba son directeur de programme en matière d'agriculture durable, Martin Bourque, afin qu'il constate lui-même la situation.

Bourque explique que le virage biologique constituait à l'origine un plan de crise, la seule manière dont les autorités pensaient pouvoir survivre au terrible abandon des éléments nécessaires à la production alimentaire moderne. « Quand ils ont entamé cet effort, raconte-t-il, la plupart de ceux qui élaborent les politiques ne pouvaient imaginer qu'il était possible de cultiver une grande quantité de riz [par exemple] à Cuba sans tout l'attirail technologique de la Révolution verte. Mais en 1997, la production de riz à petite échelle a atteint 140 000 tonnes, soit 65 % des besoins du pays. » Aujourd'hui, dit Bourque, « tout le monde s'entend pour dire que la nouvelle agriculture biologique a joué un rôle de premier plan quand est venu le temps de nourrir le pays et qu'elle a permis d'économiser des millions de dollars ». En 1999, les cultivateurs urbains biologiques ont produit à eux seuls, en plus du riz, 46 % des légumes frais consommés dans l'île, 38 % des fruits autres que les agrumes et 13 % de tous les tubercules, légumes-racines et plantains. Les aliments coûtent encore cher selon les normes occidentales, mais les programmes de rationnement font en sorte que tout le monde dispose du nécessaire et « il ne fait aucun doute que Cuba s'est sorti de la crise alimentaire du milieu des années 1990 ». Aujourd'hui, l'enseignement de l'agriculture durable à d'autres fermiers, à des chercheurs, à des universitaires et à des militants provenant de partout dans le monde est devenu une industrie en pleine croissance à Cuba[28].

Les autorités cubaines, qui estiment toujours que leur situation constitue une réponse à une crise, ont encore tendance à exploiter leurs grandes fermes communales selon le modèle soviétique lourdement mécanisé, où la taille est garante de la qualité. De façon générale, leur engagement envers l'agriculture biologique est dicté par la nécessité plutôt que par un souci de durabilité. Le modèle socialiste de développement a toujours été à peu près impossible à distinguer du modèle capitaliste, en ce qu'ils partagent tous deux une externalisation des intrants naturels et refusent de reconnaître que l'air, le sol et l'eau sont en quantité limitée. Le nouveau paradigme de l'agriculture postindustrielle n'a cependant pas pénétré l'ancien modèle socialiste, ce qui se révèle particulièrement dans l'adhésion de Cuba aux biotechnologies. Des expériences désastreuses menées sur des rats et des poissons génétiquement modifiés ont suscité des critiques sévères de la part de la communauté internationale. Aujourd'hui, le Brésil lutte contre l'introduction du tilapia cubain, dont on craint qu'il ne contamine le bassin génétique des poissons en milieu océanique. Cuba a accueilli ces critiques avec surprise et perplexité : le gouvernement n'est pas peu fier de ses exploits en matière d'agriculture biologique, ainsi que de sa capacité croissante à introduire des gènes étrangers dans des créatures vivantes, sans voir que la seconde technologie menace la première. À cet égard, personne, dans le mouvement pour une agriculture durable, ne perçoit le système cubain comme un modèle, mais le pays a tout de même prouvé que l'on peut produire de la nourriture en quantité tout à fait adéquate, sans produits chimiques, pour une population nombreuse. On peut même y arriver presque du jour au lendemain. Mais cela n'est pas nécessaire.

Ceux qui critiquent l'agriculture biologique s'inquiètent d'un éventuel manque de nourriture si tout le monde s'avisait d'adopter des méthodes biologiques du jour au lendemain. Ils n'ont peut-être pas tort : les légumes, les fruits et les viandes biologiques sont déjà fort en demande et les producteurs actuels ont du mal à approvisionner le marché croissant. Mais chaque année voit l'apparition de nouveaux producteurs et, comme nous l'avons expliqué, les gouvernements pourraient fort bien instaurer des programmes qui récompensent les pratiques durables, plutôt que d'encourager les entreprises agroalimentaires à cultiver du soya génétiquement modifié qui doit ensuite être donné sous forme d'aide alimentaire parce que personne n'en veut[29]. Ces changements s'effectuent lentement ; il faudra du temps. Même si nous souhaiterions qu'ils surviennent un peu plus rapidement, il est peu probable qu'ils nous fondent dessus sans avertissement. Et si tel était le cas, eh bien, nous n'avons qu'à nous rappeler ce qui s'est produit à Cuba...

CHAPITRE 6

Le cri du jaguar

À qui appartiennent les forêts ?

La vie communautaire

Depuis que l'homme a adopté la station verticale pour marcher hors des bois et gagner les savanes, l'humanité est constamment revenue aux forêts pour en tirer la plus grande partie de ce qui était nécessaire à son existence : eau de source ou de ruisseau, poisson, gibier, feuilles, racines, fruits, champignons et noix comestibles, matériaux pour la construction d'abris, plantes médicinales, plumes et teintures pour les vêtements. Cette liste ne rend cependant pas compte de la réelle valeur des forêts, qui non seulement produisent mais retiennent aussi un important pourcentage des sols fertiles de la planète, substance dont nous tirons notre nourriture. Elles absorbent en outre l'eau dans le sol, la protègent et la purifient dans des lacs et des cours d'eau. Nous avons appris à nos dépens — c'est-à-dire à la suite de la déforestation — que la transpiration des feuilles des arbres ainsi que la capacité de ces dernières de capter les nuages et le brouillard sont responsables de la pluie que reçoit une région donnée. Sans compter, bien sûr, que les forêts fabriquent notre air, absorbant le dioxyde de carbone (substance toxique pour les êtres humains) dans leurs tissus pour exhaler l'oxygène dont nous avons besoin pour vivre. On a aussi récemment découvert que la présence de forêts tempère considérablement le climat (réchauffant les climats froids, rafraîchissant les climats chauds en atténuant l'effet du vent et du gel), à un degré que nous n'avions jamais soupçonné avant qu'elles ne commencent à disparaître. Tous les éléments nécessaires à la survie des complexes formes de vie

> *Nous devrions insister moins sur la compétition entre les plantes [de la forêt] et davantage sur [la manière dont] elles distribuent les ressources dans leur milieu.*
>
> DAVID READ, Université de Sheffield, Royaume-Uni [1]

« supérieures » — le sol, l'eau, l'atmosphère, un climat tempéré — viennent de la vie collective qui forme les forêts de notre planète.

L'idée pour le moins étrange voulant qu'une forêt ne soit rien de plus qu'une multitude d'arbres et qu'il n'y ait pas de différence entre une plantation en monoculture d'eucalyptus génétiquement modifiés pour émettre des pesticides et une communauté ancienne où se mêlent les hêtres, les ronces, les vignes, les fougères, les champignons, les fleurs, les animaux, les oiseaux et d'autres créatures présentes dans une forêt naturelle est l'un des symptômes les plus frappants qui révèle combien la réalité de la nature est devenue étrangère à notre culture moderne. On a toutefois aussi découvert autre chose : les arbres ne font pas qu'offrir protection et nourriture à d'autres organismes, dont les champignons et les oiseaux : ils se protègent et se nourrissent les uns les autres. Des recherches récentes ont permis de constater que les arbres de certaines essences, comme les peuplements de trembles, partagent un même réseau racinaire et constituent ainsi un seul organisme. De plus, il arrive que des arbres d'essences différentes se prêtent main-forte en cas de besoin. Nous avons eu tendance, peut-être à cause des paradigmes qui encadrent nos propres sociétés, à concevoir la croissance de la forêt comme une compétition pour la lumière et pour l'espace, une sorte de lutte darwinienne se soldant par la « victoire » d'un arbre qui ferait de l'ombre à tous les autres. Cela n'est pas faux, mais nous découvrons aujourd'hui que les arbres coopèrent et se nourrissent mutuellement tout autant qu'ils luttent les uns contre les autres.

Certains arbres procurent ainsi à leurs voisins plongés dans l'ombre du dioxyde de carbone, c'est-à-dire de la nourriture, par le biais des champignons souterrains qui aident leurs racines à absorber l'eau et les minéraux du sol. Les plantes doivent avoir accès à la lumière du soleil pour capter du CO_2 ; c'est pourquoi, quand elles se trouvent à l'ombre, elles ne peuvent se nourrir aussi facilement. Des expériences menées à Kamloops (Colombie-Britannique) par le ministère des Forêts ont révélé que non seulement les bouleaux profitant du soleil fournissent des nutriments aux sapins voisins, mais qu'ils le font davantage quand les sapins se trouvent à l'ombre. Elles nous aident à comprendre comment les jeunes arbres qui poussent dans une forêt peuvent survivre avec le peu de lumière dont ils disposent : c'est parce que leurs voisins, même ceux appartenant à des essences différentes, les nourrissent. On n'a pas encore compris ce qu'en retirent les champignons responsables du transport de ces nutriments, mais, chose certaine, il appert maintenant que la forêt est bien plus qu'une multitude d'arbres. Elle constitue plutôt une sorte d'organisme composite réunissant des formes de vie interreliées qui tout à la fois luttent et coopèrent. David A. Perry, de l'Université d'État de l'Oregon, explique : « Quand on regarde au-dessus du sol, on ne voit qu'un tas d'individus. Quand on regarde dessous, on aperçoit tous les liens, et cet individualisme devient beaucoup moins évident[1]. » Suzanne Simard, chercheuse britanno-colombienne qui a découvert la présence de ce lien souterrain en fournissant aux arbres différents isotopes de carbone, souligne que, guidés par les principes de la foresterie moderne, les forestiers éliminent des essences comme le bouleau parce qu'ils croient qu'elles rivalisent avec les essences désirables, telles que le sapin de Douglas. Elle explique : « Ces essences que nous percevons comme des "mauvaises herbes" ou des "arbres de camelote" servent de lien critique, et une fois que nous rompons ces liens, nous affectons la stabilité de tout l'écosystème[2]. »

Ces découvertes suggèrent aussi fortement que les petits fruits, les champignons, les fleurs sauvages, les mousses et les herbes d'une forêt — sans parler des micro-organismes, des biotes du sol, des insectes, des oiseaux, des chauves-souris et des autres mammifères — ont aussi un rôle à jouer dans le fonctionnement du système. Comme nous l'avons vu dans le cas de nombreux autres systèmes naturels, la productivité d'une forêt donnée dépend de la diversité des formes de vie qui s'y trouvent. Aussi, la diversité de vie végétale et animale est-elle essentielle à la survie d'une forêt saine. Celle-ci a également une grande valeur économique pour les collectivités humaines qui vivent à proximité. Les clairières et les orées des forêts offrent, ainsi que l'explique l'anthropologue Scott Atran, « la source de produits qui fournit le plus haut rendement et exige le moins d'efforts que les êtres humains aient jamais connue ». Quand les forêts seront appréciées en tant qu'organismes interreliés et autonomes, quand on permettra à leur riche diversité de s'épanouir, elles continueront de fournir presque indéfiniment des milliers de produits et de bénéfices.

Quant à savoir qui doit gérer les forêts et qui devrait pouvoir en récolter ces produits et ces bénéfices — y compris la production forestière de « systèmes d'entretien de la vie » tels que le sol, l'eau et l'air —, la question a toujours été cruciale. Aujourd'hui, alors que les forêts rétrécissent comme des peaux de chagrin, victimes de la forte densité de la population humaine et de pressions économiques mondiales, ces questions de gestion et de propriété de la forêt ont un caractère d'urgence. Heureusement, un peu partout sur la planète, beaucoup de personnes s'affairent à trouver des réponses.

À qui appartient la forêt ?

> *La stratégie de production qui fournit le plus haut rendement et qui exige le moins d'efforts que connaisse l'humanité.*
>
> SCOTT ATRAN, anthropologue

Pendant la majeure partie du passé de l'humanité, les êtres humains ont utilisé les produits issus des forêts voisines comme ceux qu'ils récoltaient dans leurs jardins et leurs lotissements agricoles ; forêts et jardins étaient exploités et gérés de la même façon par les hommes qui vivaient des produits de l'écosystème dans son ensemble. Aujourd'hui, on se rend de nouveau compte que l'on n'a pas besoin d'abattre les forêts pour qu'elles fournissent de quoi nous nourrir. Même dans des régions reculées telles que l'Amazonie ou le Congo, les forêts sont rarement vierges, ou même naturelles. Depuis des millénaires, elles sont soigneusement administrées par les êtres humains qui en brûlent des sections, plantent d'autres arbres et procèdent à des coupes sélectives dans le but de favoriser certaines espèces et certains types d'habitats fauniques. Cet usage, qu'on appelle « agroforesterie traditionnelle », est souvent si discret que des scientifiques peuvent traverser une forêt ainsi administrée par ses utilisateurs locaux depuis des siècles et croire qu'ils se trouvent dans un milieu naturel intact, voire que la forêt a été terriblement négligée et a grand besoin d'être prise en main.

Francis Hallé, célèbre botaniste des tropiques français, est celui qui décrit le mieux l'agroforesterie. « Imaginez un cercle, propose-t-il. À l'intérieur se trouve la forêt primaire, une vraie jungle, ou une forêt pluviale habitée par des myriades de créatures qui ont évolué en ces lieux, des insectes aux moisissures en passant par les oiseaux et les grands mammifères. Imaginez un autre cercle à l'extérieur du premier, formant un anneau. » C'est ce que Hallé appelle la « forêt secondaire », qui renferme ce que d'aucuns nomment les jardins forestiers ou jardins communautaires. En périphérie de ce deuxième cercle se trouve le village. De là, les gens se rendent à leur parcelle familiale, qui ne se trouve le plus souvent qu'à une journée de marche, à l'intérieur du deuxième cercle. Ils possèdent habituellement plusieurs parcelles dans le même secteur, mais il arrive que celles-ci soient plutôt dispersées. Ces parcelles, aménagées en débroussaillant et en brûlant certaines parties de la forêt, sont de taille très modeste, le plus souvent moins d'un tiers d'hectare. Une grande variété d'espèces y sont plantées en rangs serrés, ce qui est caractéristique des petites polycultures dans lesquelles Vandana Shiva, l'ONU et l'Organisation des Nations Unies pour l'alimentation et l'agriculture (FAO) voient le modèle même de la durabilité.

Au Guatemala, par exemple, on y fait pousser du maïs, des haricots, des courges et des légumes-racines tels que la patate douce, le manioc et l'igname. Les bananiers, palmiers et autres arbres fruitiers offriront leur ombre aux plantes qui en ont besoin, comme les patates douces. Sur d'autres parcelles, on fait pousser un aussi grand nombre d'espèces à différents moments et en fonction du type de sol et du drainage, afin d'obtenir plusieurs récoltes et d'éviter les dégâts que pourraient causer les animaux, les insectes ou le mauvais temps. Ces parcelles sont l'objet de soins relativement constants durant la saison ; l'une des tâches les plus difficiles consiste à les protéger des animaux quand le temps de la récolte approche. Si une ou deux parcelles sont détruites, cependant, les autres subsistent. Afin de compléter l'apport de ces jardins, les habitants soignent aussi des arbres, des arbustes et d'autres végétaux utiles. Il se peut qu'ils aient planté ces plantes sciemment, à partir de graines ou de pousses récoltées dans la forêt vierge, ou qu'ils se soient contentés de désherber, de protéger des pousses découvertes dans le secteur et de leur fournir de l'engrais. Ces végétaux — palmiers, bananiers, arbres produisant des fruits ou des noix, herbes médicinales rares, par exemple — sont dispersés au petit bonheur. On considère qu'ils appartiennent à celui qui les a plantés ou qui s'est le premier occupé d'eux, et si un voisin s'avisait de s'approprier les noix produites par un arbre appartenant à quelqu'un d'autre, il s'attirerait des ennuis semblables à ceux d'un voleur de bétail tentant de s'en prendre à la propriété d'un éleveur. La récolte sera âprement défendue, et le coupable sera forcé de rendre les fruits de son larcin sous peine d'être humilié devant les aînés ; il arrive même qu'il soit mis à l'amende ou battu.

Dans ces systèmes, ce ne sont ni les jardins ni les arbres précieux qui sont la propriété de tous, mais la forêt primaire. En prenant soin de certains arbres et en en récoltant les fruits, on en devient en quelque sorte propriétaire, mais il s'agit d'un usufruit, type de propriété qui signifie essentiellement que l'on peut faire usage d'une chose et en tirer profit. Il s'accompagne parfois de titres de propriété ou de contrats écrits. On peut ainsi aménager des plantations de certaines essences utiles pour la construction dans la forêt primaire et les laisser pousser pendant cinquante ans ou davantage, afin que les générations à venir disposent des matériaux dont elles auront besoin. On abat un petit nombre d'arbres à la fois, nombre habituellement déterminé par la tradition ou même des prescriptions religieuses. Dans un petit village, il est impossible de rapporter de nombreux troncs de vingt mètres de long sans que tous les voisins ne sachent immédiatement que vous avez pris plus que votre part ; il n'y a donc ni raison ni occasion de surexploiter la forêt. Selon ce système, tout le monde a droit aux matériaux utiles issus de la forêt, mais à l'intérieur de certaines limites.

Dans la plupart des pays du monde, on considère encore que les terres boisées appartiennent à la collectivité, et elles sont souvent gérées par l'État. Même aux États-Unis, champion de la libre entreprise, des millions d'hectares de forêts sont gérés par l'État ; au Canada, la quasi-totalité des immenses forêts boréales et tempérées appartiennent à la Couronne. En Allemagne, il y a des forêts fédérales, provinciales et même municipales, où tout un chacun peut ramasser du bois mort pour le feu ou chasser le lièvre ou le sanglier ; personne n'a cependant le droit d'y couper les arbres pour transformer la forêt en autre chose. Dans les pays du tiers-monde, les forêts appartiennent pour l'essentiel à l'État et sont laissées aux bons soins des habitants du pays jusqu'à ce qu'on commence à y trouver quelque chose de valeur. À ce moment-là, l'État accorde, sous la forme d'un bail ou d'un contrat écrit, des droits d'exploitation à des promoteurs agricoles ou récréatifs ou à de grandes entreprises forestières, et les forêts peuvent être abattues en tout ou en partie. Le principe sous-jacent demeure cependant le même : les forêts qui restent sont toujours censées relever de l'État, qui les gère pour le bénéfice de la population dans son ensemble. Si ce principe semble en théorie plutôt équitable, en pratique il a été appliqué tout autrement, en grande partie à cause de problèmes inhérents à la Première Révolution industrielle que nous avons déjà examinés : la surexploitation à des fins industrielles, une compréhension fragmentaire des vraies valeurs que renferme une forêt, une confusion quant à la philosophie fondamentale sur laquelle se fonde l'idée de propriété commune.

Le concept d'usufruit forestier moderne repose sur la notion qu'une entité importante (gouvernement, firme forestière, entreprise privée) exploite une forêt d'abord dans le but de faire des profits. La théorie de la « tragédie des richesses communes » élaborée par le professeur Garrett Hardin en 1968 explique les fondements de notre conviction voulant qu'il s'agisse de la meilleure manière de gérer les forêts. Elle suppose que, « quand des ressources telles que les arbres sont "gratuites" ou disponibles pour tous, les coûts découlant de leur usage et de leur abus peuvent être refilés à d'autres. L'individu rationnel est incité à s'emparer de tout ce qu'il peut prendre avant que quelqu'un d'autre ne le fasse. Personne n'a de motivation à assumer la responsabilité des ressources. Parce qu'elles appartiennent à tous, personne ne les protège. Les causes de la surpopulation, de la dégradation de l'environnement et de l'appauvrissement des ressources résident dans [cette] liberté et cette égalité[3] ».

On a considéré jadis qu'une ressource « appartenait » à ceux qui l'utilisaient — le plus souvent des peuples indigènes, mais aussi des agriculteurs qui habitaient le secteur depuis longtemps — mais, dans les années 1960, on a décrété qu'un tel usufruit collectif n'était pas bon pour la ressource. Gouvernements et industries de produits forestiers se sont donc hâtés de l'abolir. Paradoxalement, l'idée était fondée sur la perception du concept de « richesses collectives » élaboré par une autre idéologie occidentale moderne : le communisme. Il se trouve que ni les gouvernements et les industriels ni les socialistes ne comprenaient comment les utilisateurs traditionnels des forêts administraient celles-ci.

Comme nous l'avons exposé plus haut, les peuples forestiers possèdent une idée très nette de l'usufruit forestier, ainsi que des méthodes qui permettent de limiter l'usage qui est fait de la ressource et d'assurer sa protection à long terme. Malheureusement, ces limites disparaissent dès qu'une entreprise forestière ou minière s'installe, avec la bénédiction de l'État, et se met à abattre des arbres que les familles de l'endroit attendent de récolter depuis quarante ans. Ce comportement provoque la panique chez les résidants, qui entrevoient un gain immédiat s'ils font de même (se livrant à ce que l'on pourrait qualifier d'« abattage préventif ») et qui cèdent souvent devant les changements parce que ces nouvelles méthodes, qui sapent les racines mêmes de leurs systèmes culturels, sont impossibles à assimiler et à comprendre. Les systèmes de gestion de la forêt font partie intégrante de la culture et de la conception de la vie des peuples traditionnels, à un point tel que ceux-ci ont du mal à les décrire à des étrangers. Il arrive que des bouleversements extrêmement prononcés ne suscitent qu'une faible résistance concertée, mais depuis une dizaine d'années, à Bornéo, dans le nord du Québec et en Amazonie notamment, cela tend à changer. Et la dernière génération de chercheurs en date — qui se montrent particulièrement sensibles à la situation des indigènes dont ils parlent la langue, comme Stephen Lansing à Bali, par exemple — a aussi aidé les membres de ces peuples à mettre en mots ce qu'ils tenaient pour acquis.

Certains des témoignages sur lesquels repose la théorie de la « tragédie des richesses communes » ont été écrits par des scientifiques modernes qui n'avaient observé des forêts ou d'autres écosystèmes gérés par leurs utilisateurs qu'une fois qu'ils avaient déjà été altérés. Autrement dit, les Occidentaux sont arrivés après que les règles traditionnelles des peuples indigènes eurent été enfreintes et que ceux-ci eurent adopté des pratiques venues de l'extérieur comme moyen d'autodéfense (se livrant, notamment, à la chasse ou à la récolte « préventives », comme l'ont fait les Cris du nord du Québec quand on a ouvert leur territoire aux chasseurs amateurs). On a souvent cru que les pratiques employées dans un système social bouleversé étaient révélatrices de la manière dont les gens avaient toujours traité le « territoire commun », simplement parce que telle était la situation que découvraient les observateurs industriels ou coloniaux à leur arrivée. En réalité, les règles qui gouvernent l'usage d'un territoire commun — quand elles sont intactes — sont plus contraignantes que celles qui s'appliquent à la « propriété privée ». Dans notre société, les « droits » de propriété autorisent leurs détenteurs à dépouiller complètement le territoire de ses arbres et de ses animaux et à déverser des produits toxiques dans des cours d'eau communs. Quand leur comportement menace sérieusement l'avenir du système dans son ensemble, ils n'ont rien d'autre à craindre que d'être mis à l'amende. Dans le système traditionnel, les contrevenants sont également tenus de payer une amende, mais ils peuvent aussi être humiliés publiquement, perdre leurs droits d'usufruit, être ostracisés ou pire encore. Ainsi, en Afrique de l'Ouest, les individus qui prennent plus que les quantités strictement spécifiées de bois vivant et de bois mort dans les zones de mangrove communes sont menacés de mort, de maladie et de ruine familiale par les prêtres, qui se font les porte-parole des esprits des arbres en colère. La punition peut sembler un peu dure, mais il n'en demeure pas moins que les seules zones de mangrove saines de tout le Bénin se trouvent dans des régions où l'on pratique encore le voudoun, la religion indigène ; dans les régions chrétiennes ou musulmanes, la mangrove a été rasée.

Les gouvernements fédéraux, qui sont souvent éloignés des forêts (surtout dans les pays industrialisés), s'en remettent le plus souvent aux bons conseils de différents groupes d'experts bien au fait des sciences modernes. Quand ils deviennent les gestionnaires des richesses communes d'une forêt nationale, ils soumettent habituellement les territoires dont ils ont la charge à divers styles de gestion, au gré des théories forestières qui se succèdent. C'est ainsi que l'Allemagne a transformé ses merveilleuses forêts denses en proprettes monocultures de pins écologiquement fragiles, lesquelles ont été dévastées par des tempêtes de vent, les insectes et la pollution. Aujourd'hui, les forestiers allemands sillonnent la planète dans l'espoir de réapprendre la polyculture forestière naturelle auprès des indigènes et des propriétaires privés. Aux États-Unis et au Canada, dans les années 1950, on a adopté avec enthousiasme des mesures visant à éradiquer les feux naturels, en raison des dégâts qu'entraînaient les incendies et du nombre croissant d'habitants vivant à proximité des forêts. Résultat : dans plusieurs forêts, tout particulièrement dans l'Ouest, les espèces climaciques disparaissent, ainsi qu'une grande partie de la diversité. Aujourd'hui, ces forêts sont encombrées d'arbres appartenant à de petites essences qui, paradoxalement, sont beaucoup plus susceptibles de nourrir des incendies dévastateurs. Un autre style de gestion est donc nécessaire, et il faut procéder à des feux contrôlés. Mais quand les êtres humains qui utilisent la forêt y vivent, elle garde habituellement sa résilience naturelle.

La forêt comestible

> *Nous, dans le passé, ne coupions pas beaucoup de forêt. Eux plantent seulement du maïs ; alors, ils coupent beaucoup de forêt : du cèdre, de l'acajou... Ils ne plantent pas grand-chose. Pour cette raison, si ça ne va pas bien cette année, l'année prochaine, ils couperont encore plus de grande forêt... alors, aujourd'hui, il est impossible d'avoir plus de forêt.*
>
> Fermier maya itzá[4]

Au Guatemala, il y a environ huit ans, le jeune anthropologue Scott Atran a appris par lui-même un dialecte maya en voie de disparition afin d'interpréter et de transmettre le savoir du peuple de la péninsule de Petén en matière de forêt. Atran affirme que le mode de culture pratiqué par les Mayas Itzás a fait vivre les sociétés autochtones de la région, tant anciennes que modernes, en régénérant la biodiversité de leur forêt, et ce, depuis la nuit des temps. Autrement dit, les habitants ne se contentaient pas de cueillir ou de récolter les produits de la forêt, mais ils avaient appris à entretenir et à soigner celle-ci à la manière d'une culture immense et complexe. Atran a vécu chez les Itzás, les interrogeant dans leur langue. En étudiant les anciens noms des cultures mayas, il a découvert que les végétaux aujourd'hui considérés comme sauvages sont en fait des plantes que les Mayas Itzás cultivaient dans les forêts.

Atran souligne que, des conquistadors espagnols jusqu'aux récentes vagues d'immigrants venus des villes, les étrangers ont toujours négligé ce qui n'appartenait pas au régime alimentaire européen typique, fait de bœuf et de quelques céréales, agrémentés seulement de fèves, de courges, de piments et d'autres plantes cultivées dans les champs, jusqu'à négliger la nourriture que leurs voisins mayas tiraient tous les jours en grande quantité de la forêt. Ce n'est pas un hasard si le châtaignier est l'essence la plus abondante dans la péninsule de Petén. L'arbre a été amoureusement soigné par des générations de Mayas pour ses feuilles, ses fruits et son écorce, tous comestibles ; sa valeur nutritive se compare à celle du maïs, sauf pour ce qui est des acides aminés, où il lui est supérieur. Des Itzás contemporains confirment que leurs ancêtres se nourrissaient de cet arbre « avant le maïs ». Ils l'appellent toujours le « *milpa animal* » (jardin animal) et énumèrent trente espèces dont la survie dépend de cet arbre, parmi lesquelles les singes hurleurs et les singes-araignées, les catamundis, les tapirs, les écureuils, plusieurs sortes de perroquets, les toucans et les aras.

Loin de comprendre l'utilité d'une forêt mature, les Espagnols se plaignaient, lors de leurs mauvaises récoltes de céréales (plutôt fréquentes), d'être « forcés » de manger des châtaignes, des patates douces, du manioc, des plantains, des abricots et des sapotes. Le fait que ces aliments aient été toujours disponibles, contrairement aux cultures exotiques des Espagnols, prouvait qu'ils étaient particulièrement bien adaptés au sol et au climat et que les indigènes les cultivaient pour leur propre usage. Comme tous les adeptes de l'agroforesterie, les Mayas Itzás exploitaient de petites parcelles dispersées dans la forêt secondaire, plusieurs par famille ; comme les sols, les plantes et les moments des semences variaient, ils n'étaient jamais, contrairement aux Européens, à la merci d'une récolte entièrement mauvaise. La diversité des plantes cultivées leur procurait en outre une alimentation merveilleusement variée : quarante essences d'arbres et trente autres végétaux leur offraient des fruits, des féculents, des assaisonnements, en plus de résines et de matériaux de construction. On y trouvait, à titre d'exemples : le piment de la Jamaïque, l'ananas sauvage, l'annone des marais, l'abricot de Saint-Domingue, le chiclé, le cèdre, l'acajou, le campêche, le robinier, un palmier du nom d'*Acrocomia aculeata*, le sabal et d'innombrables plantes médicinales. Ces forêts sont situées sous les tropiques, où les plantes alimentaires se font beaucoup plus luxuriantes que dans une forêt tempérée. Mais c'est justement dans les pays tropicaux que le manque de nourriture est le plus criant — raison de plus de s'alarmer de la perte de réservoirs de carbone et de stabilisateurs atmosphériques, qui disparaissent quand on rase des forêts immenses. Il n'est pas inutile de rappeler que les forêts peuvent fournir des récoltes et satisfaire les besoins (tant physiques qu'économiques) des êtres humains sans qu'on en abatte les arbres.

Atran qualifie les jardins locaux de « forêts tropicales artificielles », car ils offrent un rendement extrêmement élevé et nécessitent peu d'efforts. Il affirme que ces jardins imitent la diversité caractéristique d'une forêt mature et préservent le cycle de ses nutriments, tout en favorisant les espèces qui sont le plus utiles aux hommes. Les arbres n'y sont pas tous abattus, mais éclaircis, de manière à faire de l'ombre là où il en faut. Plutôt que d'arracher les mauvaises herbes, on les évince en plantant des vignes et des tubercules tels que le manioc et la courge. La rotation des cultures diminue l'impact des organismes nuisibles qui s'en prennent à une espèce donnée, de la sécheresse ou d'une pluie trop abondante. Ces jardins ont nourri des centaines de milliers de personnes, sans subir de changement ni d'agrandissement. Même si on procède à des jachères et si une récolte est perdue de temps à autre, ils peuvent produire jusqu'à 320 kilogrammes de nourriture par hectare, un rendement extraordinaire qui se compare avantageusement à celui de nombreuses cultures modernes. Surtout, des découvertes archéologiques et linguistiques révèlent que ces pratiques durent depuis au moins 400 ans ; en effet, les listes de sources de nourriture des Mayas et les restes découverts dans leurs ordures correspondent exactement à la composition des jardins mayas itzás actuels.

Atran et plusieurs de ses collègues du Center for Cognitive Studies of the Environment, dans la réserve de Bio-Itzáj, à San José-Petén, au Guatemala, ont analysé les différences entre la façon dont les Itzás soignaient la forêt et le traitement que lui réservent les immigrants latinos arrivés des villes depuis peu. Comme le révèle la citation offerte en exergue de cette section, les nouveaux arrivants utilisent des méthodes modernes pour pratiquer la monoculture de maïs, de fèves ou de tomates. Dans cet écosystème tropical et luxuriant, les organismes nuisibles abondent, et une monoculture ne dure pas longtemps. Les produits chimiques employés pour soutenir un mode d'agriculture étranger polluent le sol si rapidement que les nouveaux fermiers doivent continuellement abattre de nouvelles portions de forêt pour gagner des sols fertiles. Comme leurs méthodes assèchent et appauvrissent les sols, les arbres y repoussent avec difficulté. Chez les Mayas Itzás, comme chez les prêtres de l'eau à Bali, les pratiques d'agroforesterie s'inscrivent dans un ensemble social, culturel et spirituel où l'environnement et toutes ses espèces — y compris les êtres humains — sont très profondément dépendants les uns des autres.

Les Itzás qui restent ont vu disparaître de larges parties de leur territoire fertile et cultivable. Aujourd'hui, ils disent : « Tendez l'oreille pour entendre le cri du jaguar. Quand il n'y aura plus de jaguars, il n'y aura plus de forêt. Et alors il n'y aura plus de Mayas. » Cette image correspond aussi à un constat de la science moderne : la forêt est beaucoup plus qu'une multitude d'arbres. Compte tenu de ce que l'on a appris au cours des dernières années sur la nature holistique des écosystèmes forestiers, sur l'interdépendance des arbres, des chauves-souris, des oiseaux, des champignons, des micro-organismes, des fougères, des fleurs, des insectes, des reptiles — jusqu'aux plus grands des prédateurs-clés, tels que les jaguars et les hommes —, il est évident que le cri du jaguar est davantage qu'une métaphore poétique : les Mayas, peuple de la forêt, savent que celle-ci ne peut survivre sans son plus grand carnivore. Grâce aux rares utilisateurs de la forêt qui restent encore aujourd'hui, tels que les Itzás, et à des chercheurs innovateurs de la trempe de Scott Atran, on commence enfin à saisir ce qu'est une forêt et à comprendre comment en tirer profit tout en la préservant. Il est encourageant de constater qu'on retient de semblables leçons partout sur la planète — même aux États-Unis.

Les géants de la forêt

> *Que le savoir et le contrôle locaux soient au cœur du processus de décision et de planification.*
>
> Quatrième principe des Principes écologiques pour la foresterie durable

On pourrait ne voir qu'une jolie historiette teintée d'exotisme dans ce récit de la découverte récente du fonctionnement de l'agroforesterie traditionnelle pratiquée par les peuples indigènes. Si elle semble éloignée, tant dans le temps que dans l'espace, des controverses relatives à la foresterie industrielle qui touchent les pays industrialisés, cette histoire s'applique en réalité aux forêts modernes exploitées à l'aide de méthodes industrielles. Ainsi, il existe, au milieu du territoire nord-américain de coupe et d'industrie forestières, à la frontière entre l'Oregon et le centre de l'État de Washington, une immense forêt gérée par des résidants et des utilisateurs fort bien établis, la tribu amérindienne des Yakamas, qui en ont l'usufruit depuis toujours.

Un traité relativement généreux signé au XIXe siècle a accordé aux Yakamas le contrôle absolu de plus de 267 000 hectares de forêt dans leur réserve de 566 000 hectares, ainsi que des droits de récolte et de gestion considérables sur des forêts et des prairies situées hors de la réserve. Le territoire entier compte quelque 5,5 millions d'hectares, couvre neuf comtés et plus de quarante bassins-versants — soit près du quart de l'État de Washington. Les 9 000 membres de la tribu des Yakamas récoltent du bois pour une valeur de 40 millions de dollars annuellement ; ils sont des piliers de la ville de Yakima, où ils procurent des emplois à un grand nombre d'habitants, et leur savoir en matière de gestion du bois de coupe a attiré des chercheurs du monde entier. Les Yakamas sont en mesure d'exercer une influence sur une part importante d'un écosystème naturel situé au cœur d'un pays industrialisé, un fait rarissime pour les membres d'un peuple autochtone.

Le seul moment où les Yakamas ont vu la gestion de leur forêt leur échapper a été au cours des années 1930 à 1970, lorsque le gouvernement fédéral américain, par le biais du Bureau des affaires amérindiennes (BAI), s'est approprié le territoire pour l'administrer selon les règles en vogue à l'époque. Heureusement, on n'a pas procédé à une coupe à blanc ni à la plantation d'immenses monocultures d'une essence à la croissance rapide ; les Yakamas contrôlaient toujours la quantité de bois vendue, et la coupe à blanc et la monoculture étaient toutes deux interdites. Le BAI a cependant adopté des mesures sévères visant à supprimer les feux de forêt, mesures qui, comme nous le verrons, ont entraîné le premier problème écologique à toucher la forêt. Dans les années 1970, les Yakamas étaient si insatisfaits des actions du BAI qu'ils ont résolu de s'occuper eux-mêmes des territoires relevant de leur compétence. Les terres boisées situées dans d'autres parties de l'État, y compris des réserves voisines, ont été en grande partie ruinées par les politiques de suppression des incendies du BAI, qui reposaient sur la coupe à blanc et la récolte des arbres les plus hauts. Les Yakamas sont les seuls à avoir conservé une forêt ancienne ayant atteint son climax grâce à sa grande stabilité.

Il s'y trouve toujours 14 500 hectares d'immenses pins ponderosas qui baignent de leur ombre des sols herbus regorgeant de gibier, de fleurs, de petits fruits et d'oiseaux. On y a un aperçu de ce que sont depuis des siècles les anciennes forêts naturelles de cette région du monde. La partie la plus intacte de la forêt yakama est nichée au pied de la chaîne des Cascades, près du mont Adams et du mont Baker, dont la blancheur scintillante et presque surnaturelle fait que les arbres géants semblent minuscules. Mais cette partie représente moins de 20 % du territoire des Yakamas. Le reste de leur forêt constitue leur unique source de revenus, et sa gestion commerciale force l'admiration. Les revenus de la forêt couvrent l'ensemble du budget de la tribu, y compris les édifices, les dépenses du Conseil de bande, les installations récréatives et culturelles, l'éducation des enfants et jusqu'à de petits suppléments de revenu versés à chacun des membres de la tribu. La forêt fait également vivre à temps plein 300 employés des ressources naturelles. La tribu dispose de ses propres biologistes de la faune et de ses propres icthyologistes et n'a que rarement recours à des experts scientifiques hors de ses frontières.

Carroll Palmer est un bel homme tranquille d'une quarantaine d'années. Amérindien traditionnel, il est également forestier et directeur du Département des ressources naturelles des Yakamas. Il raconte : « Avant que nous ne reprenions le contrôle dans les années 1970, la forêt était administrée uniquement en vue de bénéfices économiques. On coupait régulièrement les beaux grands arbres d'un mètre de diamètre et on aménageait des chemins de transport dans les prairies où les gens venaient autrefois cueillir des plantes médicinales et des myrtilles. Mais au moins, depuis les années 1940 environ, ou même avant, il n'y avait plus de coupe à blanc. Cela signifie que, lorsque nous avons repris les choses en main, nous avions plus d'options pour l'implantation d'une gestion holistique. » Aujourd'hui, la tribu respecte des plans décennaux intensifs et consulte régulièrement la population. Cette manière de faire assure que les objectifs demeurent divers et démocratiques et que l'on évite de céder à la dictature d'« experts », tendance qui affecte la culture occidentale moderne. « Les gens se tiennent au fait des décisions du Conseil de bande sur une base quotidienne, dit Palmer. On sait tout de suite si l'on fait quelque chose qui déplaît à quelqu'un. »

Le but visé par les Yakamas est simple : ils veulent une forêt comprenant la plus grande diversité d'espèces, d'âges, d'écosystèmes et d'usages possible. À cette fin, ils ont notamment réhabilité quelques centaines d'hectares de myrtilles qui avaient été envahis par les broussailles et les jeunes pousses d'arbres, en raison des politiques d'éradication des incendies. « Aujourd'hui, les gens vont s'y installer pendant des mois, ils font la cueillette et campent là », raconte Palmer avec un soupir de regret, comme si lui-même préférerait s'y trouver plutôt que d'être enfermé dans son bureau. Après un voyage de deux heures en jeep entre le quartier général du Conseil de bande et les prairies où poussent les petits fruits, nous avons découvert pourquoi. Des hectares de hauts buissons de myrtilles s'y déployaient, entourés de toute part de forêts magnifiques et vierges de tout chemin ; on apercevait de loin en loin un camp rudimentaire à moitié dissimulé par les broussailles, avec en toile de fond le mont Adams qui, semblable à un mirage, s'élevait depuis la ligne d'horizon pour couvrir la moitié du ciel.

Palmer raconte qu'une importante proportion des Yakamas continuent de pratiquer la cueillette des fruits et la chasse, et qu'un Yakama sur dix tire sa subsistance exclusivement de la terre. Comme ils cueillent aussi plus de soixante-dix autres espèces de plantes comestibles et médicinales, « il faut nous montrer sensibles à ce que les chasseurs disent au sujet des problèmes d'habitat ou du déclin d'une espèce de plante ou d'oiseau, ainsi qu'à la protection de toutes les rivières à saumons ». En ce qui a trait à la faune, il y a fort à faire. On trouve, sur le territoire yakama, tous les animaux indigènes des grandes forêts de l'Ouest : des cerfs, des marmottes et des tamias, jusqu'aux créatures spectaculaires telles que les chèvres des montagnes perchées sur les rochers et les glaciers à flanc de montagne. Il y a des faucons, des aigles et les fameuses chouettes tachetées, ainsi que beaucoup de grands carnivores tels que des ours et des cougars, en nombre suffisant pour être une cause d'inquiétude pour les forestiers au travail. La forêt yakama contient aussi maints ruisseaux de montagne tumultueux et de nombreuses petites rivières, y compris un cours d'eau où viennent frayer les saumons, grâce à la réintroduction de poissons d'élevage. Les gens sont fébriles à l'idée de rétablir le saumon dans ces eaux, car celui-ci est au cœur de la vie collective, comme le maïs pour les Hopis ou les vaches pour les villageois du centre de l'Inde.

On entretient la forêt afin que toutes les espèces, y compris le saumon, puissent y prospérer ; pour ce faire, on a recours à des moyens démocratiques, bien conformes aux modes traditionnels de gestion agroforestière employés par des utilisateurs de la forêt partout dans le monde. On tient chaque année une assemblée générale du Conseil de bande, où tous les individus de plus de 18 ans votent afin d'élire un conseil plus restreint comptant quatorze membres, lesquels se répartiront pour former huit comités de quatre membres responsables de superviser les activités de gestion quotidiennes. L'un de ces comités, Administration de la tribu, est divisé en trois entités : Ressources humaines, Loi et ordre et Ressources naturelles. Le tout est conçu de manière à être hautement démocratique, simple, direct et facile à influencer ; comme le raconte Palmer, il se passe bien peu de temps entre l'instauration d'un changement et les commentaires des membres. Les Yakamas ne sont pas égoïstes : il existe des lieux où les étrangers peuvent venir camper, faire de la randonnée et se baigner, bref, profiter de ces extraordinaires richesses.

Le feu de l'évolution

> *Restaurer les paysages, les forêts et les sites dégradés.*
> Huitième principe des Principes écologiques
> pour la foresterie durable

À l'automne 2000, le Conseil yakama cherchait à combattre une grave infestation de tordeuses des bourgeons de l'épinette. Mike Johnson, un entomologiste sous contrat avec la tribu, travaille avec les administrateurs forestiers pour régler le problème selon des techniques de gestion intégrée des organismes nuisibles (voir à ce sujet le chapitre 5). Johnson, un homme mince à l'enthousiasme juvénile, se concentre avec une extrême attention sur les insectes qui sont sa spécialité ; il nous a emmenés faire un tour dans la forêt afin que nous puissions constater la situation nous-mêmes. « La tordeuse des bourgeons de l'épinette occidentale est indigène à cette région, explique-t-il, et, au cours de l'histoire, elle ne s'est pas montrée si redoutable. Le problème, c'est la suppression des incendies depuis les derniers 80 ou

100 ans. Le sapin de Vancouver et le sapin de Douglas sont les arbres hôtes. Quand elles sont petites, ces essences sont des vecteurs parfaits pour les insectes. Il se trouve que ceci est une forêt de pins ponderosas qui compte maintenant trop de sapins de Vancouver et de sapins de Douglas. » Jadis, ces sapins auraient été éclaircis par des feux naturels ou allumés par des Amérindiens — en fait, cette forêt a évolué de manière à supporter les assauts de feux périodiques, comme la prairie a évolué de manière à tolérer les perturbations causées par les sabots des ruminants. Les pins ponderosas résistent très bien au feu et ils étaient ici l'essence dominante. Les pressions de l'évolution ont fait en sorte qu'il s'agit d'arbres non seulement extrêmement hauts, mais aussi extraordinairement étendus. On ne trouve que très peu de broussailles ou de ronces à leur base, uniquement une herbe fine. Dans les pinèdes, les feux éliminaient aussi les broussailles et les essences rivales (comme les épinettes), et les pins eux-mêmes venaient à bout de la compétition en la plongeant dans l'ombre.

Les Yakamas cherchent à instaurer les principes de base de la gestion holistique, c'est-à-dire à imiter les systèmes biologiques qui se sont montrés si productifs par le passé. Johnson explique : « Pour travailler de concert avec la nature autant que possible, les Yakamas basent une grande partie de leur action sur les journaux des anciens colons et sur d'autres témoignages, qui mentionnent régulièrement des choses comme "quatre hommes peuvent traverser la forêt de front à cheval sans difficulté." Ils recueillent aussi les souvenirs des membres de la tribu quant au nombre de tipis que l'on pouvait ériger dans la forêt à un moment donné. » En poussant, les pins ponderosas perdent leurs branches les plus basses, si bien que leur tronc en est dépourvu depuis le sol jusqu'à une hauteur de deux mètres. Les quinquagénaires et les sexagénaires se rappellent bien ce type de forêt idyllique, ouverte comme dans un rêve d'enfant, qui invitait les gens à s'y aventurer. De telles forêts ont maintenant presque toutes disparu, même dans l'Ouest. Aujourd'hui, les forêts sont denses et impénétrables, pleines de petits arbres, de broussailles et de ronces, et elles rappellent les forêts basses de l'Est.

Comme elle subissait régulièrement les assauts de la foudre et d'autres feux naturels, la forêt a développé divers moyens d'en tirer le meilleur parti. Plusieurs graines, dont celles du pin ponderosa, ne se propagent qu'après un feu, alors que d'autres semences seront détruites par le même incendie. Les nombreux autres arbres et arbustes qui étouffent aujourd'hui la forêt sont quant à eux devenus, toujours grâce à l'évolution, des résidants à court terme, qui fixent l'azote et enrichissent le sol entre des feux et ne laissent que quelques individus atteindre l'âge adulte sous la canopée des pins ponderosas. Maintenant que l'équilibre des essences a été altéré, la forêt offre moins de vigueur et moins de résilience aux attaques d'organismes nuisibles.

Mike Johnson explique que l'une des choses qu'ignoraient les partisans de la suppression des feux, « c'est que la tordeuse des bourgeons se propage en hibernant dans un cocon de soie. Elle en sort au printemps, monte le long de l'arbre, fabrique une sorte de ballon de soie et vogue jusqu'à l'hôte voisin. Si les arbres sont largement espacés et qu'il n'y a pas trop d'épinettes, leurs hôtes préférés, la plupart des chenilles vont tomber par terre et mourir ». Dans des conditions normales, la population de chenilles reste peu élevée. Mais si on élimine artificiellement les feux, les chenilles dans leur ballon toucheront des hôtes partout où elles vont, et la plupart vont survivre et devenir un fléau qui finira par infester même les hôtes moins désirables, tels que les pins ponderosas. Aujourd'hui, tout ce que la tribu peut faire, c'est éclaircir à la main les zones de sapins de Douglas et de grandes épinettes. « On n'arrive pas à le faire assez rapidement, déplore Johnson. On a 80 ans de retard. »

Les gestionnaires des forêts emploient des techniques de lutte intégrée contre les parasites et épandent *Bacillus thuringiensis* (Bt) afin de protéger un bosquet d'arbres en attendant de pouvoir s'en occuper. L'insecticide commercial Bt est produit naturellement par des bactéries au moyen d'un unique gène; des généticiens ont isolé ce gène et l'ont inséré dans certaines plantes, et de nombreux parasites peuvent désormais lui résister. Aujourd'hui, en pulvérisant la substance à l'ancienne, on réussit encore à ralentir la progression de la tordeuse. Ironie du sort, les petits arbres et les broussailles qui ont prospéré grâce aux mesures de suppression des feux sont susceptibles de nourrir des incendies autrement plus dangereux que les feux naturels qui se sont succédé dans le passé. En effet, quand ils ont beaucoup de combustible, les incendies peuvent devenir extrêmement chauds et détruire même les pins ponderosas et les autres espèces qui pouvaient survivre aux feux moins importants. C'est pourquoi les feux de forêt sont de nos jours si dangereux et si susceptibles d'échapper à tout contrôle, dévastant une région pour des générations à venir.

Les ouvriers forestiers yakamas ont la chance de disposer encore d'une sorte de modèle vivant sur lequel fonder leurs idées : la plus belle forêt qu'il sera donné à la majorité d'entre nous de voir. Quand ils administrent les terres relevant de leur compétence, les Yakamas prennent pour modèle les précieux 14 500 hectares qui leur restent. Les arbres géants n'ont échappé aux scies du BAI dans les années 1940 que parce qu'ils étaient trop éloignés. Mike Johnson n'avait que survolé cette forêt et il a été ravi de l'explorer à pied en notre compagnie. « Elle est parfaite ! s'exclamait-il en courant d'un énorme pin ponderosa à un autre tout aussi gigantesque. Regardez les sapins de Douglas, il n'y en a que quelques-uns ! Et regardez la distance que la soie des tordeuses devrait parcourir pour trouver un hôte. Elle n'y arriverait jamais ! » En effet, les parasites ne causaient ici aucun problème, même pour les rares épinettes. Avec les glaciers du mont Adams en toile de fond, les imposants pins ponderosas ressemblaient aux colonnes monumentales d'une glorieuse cathédrale ; le sol était recouvert d'une herbe douce, jaune pâle ; l'effluve d'aiguilles tiédies et la brise fraîche qui soufflait depuis la montagne faisaient que l'endroit ressemblait davantage à un rêve qu'à la réalité. En une demi-heure seulement, nous avons vu trois aigles et dix faucons. Notre chauffeur nous a montré où il avait aperçu une chèvre sauvage quelques jours plus tôt. Il y avait des excréments d'ours dans l'herbe, et les traces d'un loup gris qui s'était couché peu de temps avant notre arrivée, au milieu d'un cercle formé par quatre arbres qui s'élançaient vers le ciel, chacun d'un diamètre de 2 mètres. Et l'espace entre ces géants était suffisant pour permettre à quatre hommes à cheval de passer de front.

Des tambours au milieu des arbres

Conserver toutes les plantes et tous les animaux indigènes.

Cinquième principe des Principes écologiques
pour la foresterie durable

Nous avons vu pourquoi les peuples autochtones ou aborigènes — les utilisateurs traditionnels — sont habituellement ceux qui ont le plus à cœur le bon état d'un écosystème. Mais ce principe général connaît évidemment des exceptions. Jadis, les Yakamas ne coupaient les arbres que pour confectionner des mâts de tipis et des canots. Il leur a fallu apprendre la foresterie, et ils ont commis des erreurs ; non seulement ils les reconnaissent, mais ils emmènent même les visiteurs les constater *de visu*, dans l'espoir que ceux-ci en apprendront quelque chose. En raison de l'état de la forêt et de la présence de nombreuses villes dans les environs, les Yakamas ne peuvent plus employer des méthodes traditionnelles telles que des feux contrôlés. Ils tâtonnent donc de leur mieux pour en arriver à une foresterie durable. Dans d'autres régions du monde, on a quelquefois oublié ou interdit les approches traditionnelles, quand elles ne sont pas simplement passées de mode. Bien sûr, les peuples traditionnels sont constitués d'hommes comme les autres, à qui il arrive aussi de se tromper ; comme tout un chacun, ils sont portés à faire des choses non pas à la suite d'un long processus de réflexion, mais simplement parce qu'elles ont toujours été faites ainsi.

Charles Abugre est un analyste social et politique ghanéen qui travaille avec plusieurs ONG, dont le Ghana Integrated Social Development Centre et le Third World Network, dans son pays natal sur la côte ouest de l'Afrique. Il y a une dizaine d'années, il a adopté une enfant dont il a plus tard retracé les origines chez l'un des groupes tribaux du pays, les Gurunes du nord-ouest. Il est incidemment assez commun, chez les Africains les mieux nantis, de recueillir des enfants ; il n'est pas rare que des ménages urbains comptent dix ou quinze enfants, dont trois ou quatre seulement sont la progéniture du couple. La fillette recueillie par Charles Abugre a éveillé sa curiosité pour une région reculée du Ghana, que les habitants du sud plus populeux visitent rarement. Il a également découvert quelques écrits obscurs de la main d'un travailleur social catholique du nom de David Miller, qui avait rendu compte d'un mouvement singulier dans ce secteur.

Cette région du Ghana divise une partie du désert du Sahara partagée avec le Burkina Faso. Jadis boisé, ce territoire est aujourd'hui l'un des plus arides, des plus pauvres et des plus dévastés du pays. Abugre explique que, six ans plus tôt, soit deux décennies après qu'ils eurent entamé leur propre Révolution verte, les Gurunes (quelque 3 000 individus disséminés sur un territoire desséché de plusieurs milliers de kilomètres carrés) ont commencé à se rencontrer pour discuter. Ils constataient que, depuis la mise en œuvre de la Révolution verte, leurs cultures donnaient les rendements les plus faibles jamais vus. Abugre raconte : « Ils ont dit : "On ne peut plus continuer avec une telle dégradation de nos terres. Nous sommes en train de perdre des plantes médicinales. Les substances que nous utilisions pour soigner les infections des yeux, pour réparer les os, tout cela disparaît. Des bois sacrés disparaissent ; des marais disparaissent. Il faut les ramener à la vie." » La dégradation des terres était due en partie à la pression exercée par les populations et en partie au fait que l'appauvrissement des sols forçait les gens à pratiquer l'agriculture sur n'importe quel type de terrain pour survivre. Une fois que l'on eut cerné la situation, l'obstacle le plus important à la reforestation a été non pas les pressions imposées aux terres, mais bien les croyances des tribus au sujet des arbres qui constituaient les bois sacrés. Beaucoup de ces anciens bois qui conservaient le peu de pluie qu'ils recevaient étaient en train de mourir de vieillesse. Aucun nouvel arbre n'y avait été planté, car une croyance partagée par la collectivité voulait que quand un arbre commence à fleurir, celui ou celle qui l'a planté meurt.

Les Gurunes voulaient retrouver leurs plantes médicinales et, accessoirement, leurs bois sacrés. Une fois cette résolution prise, comme les agriculteurs holistiques que nous avons déjà présentés, ils ne se sont pas concentrés sur les problèmes de leurs terres abîmées et dénudées, mais sur la vision de la végétation rétablie qu'ils nourrissaient. Comme leurs croyances fondamentales les empêchaient de mettre en œuvre les moyens de réaliser cette vision, ils ont pris du recul et remis en question le cœur même de leur paradigme culturel. Ils ont tenu des rencontres avec les aînés et des saints, des prêtres, des prêtresses et des devins. Ils ont commencé, ainsi que le raconte Abugre, à « questionner les dieux et à demander : "Si les gens n'ont pas le droit de planter des arbres, pourquoi préservons-nous des bois sacrés pour les dieux ? Comment aurions-nous pu préserver ces marais ? Et ne sommes-nous pas censés avoir nos remèdes traditionnels ?" » Ils ont décidé de faire un sacrifice aux dieux et ont demandé la permission de régénérer les bois sacrés. Abugre poursuit : « Alors, ils ont commencé à planter les arbres qui avaient disparu pour régénérer les semences. Ils se sont rendus très loin. Ils ont marché des kilomètres pour rapporter les anciens buissons médicinaux. Ils ont renommé et redéfini aussi des secteurs où poussaient jadis des boisés disparus et ont prié les habitants de céder de leurs terres afin d'y régénérer des bois et des zones humides. Alors, ils se sont mis à cultiver, à planter et à régénérer partout à la fois. Et une fois l'an, ils ont commencé à se réunir pour procéder à un sacrifice et célébrer ce qu'ils faisaient. »

Ces gens avaient perdu beaucoup. Eux aussi avaient pratiqué de petites polycultures où les rangs de céréales comme le sorgho et le maïs alternaient avec des rangs de petits pois, de haricots et de pois bambaras. Les pois, les haricots et les patates douces remplissaient le sous-étage, fixant l'azote et formant un bouclier contre les mauvaises herbes et les parasites, tandis que les plantes plus volumineuses et les arbres fruitiers offraient de l'ombre et un abri contre le vent pendant les étés torrides. « Quand les engrais [pétrochimiques] ont été introduits, raconte Abugre, on en a répandu partout et on obtenait une bonne croissance quand il pleuvait. Mais on n'avait que du maïs ou du millet, pas de haricots ni rien qui fasse de l'ombre au sol, et ça a ruiné les polycultures. Ces nouvelles variétés, ces hybrides doivent être plantés seuls, avec des herbicides et des pesticides. Après un moment, le système de culture mixte tout entier a disparu. Il avait fallu des millénaires pour le mettre au point, et deux décennies, tout au plus, ont suffi à l'anéantir. » Les nouvelles cultures exigent plus d'eau et prennent davantage d'espace. Les fertilisants et les produits chimiques ont dégradé les délicats sols tropicaux du Ghana. C'est ainsi que des boisés, sacrés ou non, ainsi que d'anciens points d'eau, des bassins et des zones humides ont disparu à cause de la demande en eau plus importante ou ont été transformés en terres cultivables parce que le système nécessitait des territoires plus vastes.

Exactement comme à Bali, les systèmes social et religieux et jusqu'aux formes d'art qui avaient toujours été une partie intégrante de l'existence traditionnelle gurune se sont évanouis en même temps que les techniques agricoles plus prosaïques. D'ailleurs, quand les boisés recommencèrent à pousser, l'intérêt des gens pour la culture locale s'est réveillé, ce qui est révélateur des rapports entre croyances spirituelles et pratiques matérielles. « Par le passé, raconte Abugre, dès qu'on voyait la lumière de la lune, les gens de cette collectivité se rassemblaient dans la maison du Timbhana, le prêtre fétiche. Nous n'avons pas le genre de chefs politiques que possédait le Ghana du Sud. L'autorité revenait aux chefs traditionnels, qui n'avaient pas de pouvoir politique ; ils jouissaient essentiellement d'un pouvoir spirituel. Alors aujourd'hui, on a recommencé à se rassembler dans la maison du Timbhana, à chanter pendant les nuits où la lune luit, à régénérer un intérêt pour la collectivité. »

« De ce processus, continue Abugre, sont nés plusieurs groupes sociaux, qui eux aussi disparaissaient rapidement. Les groupes de poésie et de théâtre ont recommencé à se réunir, ils se sont mis à jouer leur musique et à ressusciter leurs systèmes de tambours, qui étaient en train de se perdre. Puis les groupes de femmes, qui se préoccupaient surtout de protection et de violence conjugale, se sont ouverts pour inclure des échanges collectifs, des jardins communautaires, même l'enregistrement de musique. » Bref, les individus se régénèrent en même temps que la terre. Les Gurunes voulaient d'abord rétablir leurs boisés sacrés pour leurs dieux et faire pousser les arbustes dont on utilisait les graines pour soigner les infections oculaires endémiques. Mais les résultats étaient beaucoup plus vastes. « C'est tout bonnement miraculeux, raconte Abugre. Ils nous ont emmenés voir certaines des plantes pousser, et on pouvait voir comment les points d'eau étaient protégés, et ceux-ci persistent pendant la majeure partie de l'année, pour la première fois depuis des dizaines d'années, jusqu'au mois de novembre et de décembre, la saison de l'harmattan, le vent sec du Sahara ! »

Abugre croit que l'interdit religieux selon lequel quiconque a planté un arbre meurt lorsque celui-ci fleurit a peut-être été décrété par les aînés pour limiter la plantation de certaines essences, et plus particulièrement d'espèces exotiques. Il est d'avis que, quand un groupe — les Occidentaux y compris — se met à considérer les idées de sa propre culture comme un dogme plutôt que de les replacer dans un contexte plus vaste, ces idées peuvent devenir dangereuses. « Maintenant, ils n'ont plus peur que les arbres fleurissent, dit-il. Ils plantent des chênes et plusieurs autres essences qui avaient disparu. Ils ont recommencé à recueillir les semences des arbres et des plantes médicinales. Ils essaient de repérer les semences de végétaux dont ils se souviennent mais qu'ils n'ont pas encore retrouvés. Ils ont ravivé leurs polycultures et ont sabré dans leur utilisation de produits chimiques. Ils redonnent tout cela à la collectivité. Cet endroit a connu une telle dégradation — on peut vraiment constater le changement. »

« Atteindre le mervana »

> *Nos forestiers ont étudié l'économie, mais ils n'ont pas étudié l'écosystème de la forêt, qui est à la base de l'ensemble tout entier.*
>
> MERV WILKINSON, forestier et propriétaire terrien

Heureusement, en matière de foresterie, les signes encourageants ne viennent pas que des peuples indigènes, des villages et des tribus. Dans des pays industrialisés, un nombre grandissant de propriétaires terriens, qui ont acheté des forêts avec des espèces sonnantes et trébuchantes, font aussi ce qu'ils peuvent pour transmettre leur propriété à leurs enfants et à leurs petits-enfants. Partout dans le monde, des propriétaires de petites et de grandes terres boisées apprennent à devenir de véritables concierges de la forêt. Évidemment, ils sont en majorité dans des régions où il y a toujours des forêts en assez bon état pour être gérées, tel le vaste territoire boisé qui s'étend du nord de la Californie, entre le Pacifique et les Rocheuses, jusqu'en Alaska. À peu près au milieu se trouve une section de cet écosystème qui est encore densément boisée mais aussi lourdement exploitée. Si l'île de Vancouver a subi son lot d'erreurs, on y constate aussi — à travers les immenses coupes à blanc — que même une petite forêt peut soutenir un bon nombre de personnes, et ce, indéfiniment.

La petite forêt dont il est question a été baptisée Wildwood par son propriétaire dans les années 1940. Mervyn Wilkinson, âgé de 88 ans, qui a entretenu une modeste forêt de 55 hectares pendant près de soixante ans, est devenu une figure quasi légendaire parmi ceux qui ont à cœur le sort des forêts. Il a procédé à de nombreuses coupes sur sa propriété, par abattage sélectif, selon une philosophie fondée sur l'un des principes fondamentaux de la foresterie durable : « Adopter un rythme d'abattage qui maintient l'intégrité de la forêt. » En 1945, Wilkinson avait évalué que sa forêt croissait à un rythme de 1,9 % par année, ce qui signifiait que tant que ses coupes étaient inférieures à cette proportion, les arbres se régénèreraient naturellement et continuellement. Au cours des années subséquentes, les nombreux forestiers américains et européens, privés et publics, qui se sont succédé à sa porte ont révélé qu'il ne s'était pas trompé beaucoup : à l'aide d'un ordinateur, on a estimé que le rythme de croissance de sa forêt était de 2 à 2,1 % par année. « Ce qui signifie, dit-il, que pendant toutes ces années, j'ai coupé moins que j'aurais pu le faire, tout en gagnant un bon revenu. » Au cours de sa longue vie, il a prélevé presque deux fois et demie le volume original de la forêt, et sa terre possède maintenant 10 % de bois *de plus* qu'au moment où il a commencé à l'exploiter. Il a employé, à temps partiel ou plein, 26 personnes dans une forêt de moins de 55 hectares. Et il pourrait continuer ainsi *ad vitam æternam*[5].

Comme beaucoup de propriétaires privés voyant plus loin que le bout de leur nez, Wilkinson a obtenu ces résultats en choisissant les arbres à abattre en fonction de leur valeur plutôt que de leur volume. Plutôt que d'expédier indistinctement à la papetière les arbres de toutes les essences ou de les vendre comme bois de chauffage, comme le font la plupart des propriétaires, il choisit chez les essences désirables les arbres pouvant servir à la fabrication de meubles, qu'il coupe lorsqu'ils ont atteint l'âge optimal. Comme les Yakamas, il privilégie la diversité, ce qui lui permet de choisir à chaque coupe parmi des arbres de toutes tailles, ainsi que de nombreux autres végétaux, champignons, petits fruits et plantes médicinales. Comme d'autres utilisateurs-gestionnaires que nous avons présentés, il sait que les nombreuses essences ne pouvant êtres mises en marché qui poussent dans sa forêt ne sont pas en compétition avec ses produits, mais que ce sont des indicateurs de l'état et de la résilience de la forêt. Il se réjouit que, comme il le raconte, « les troncs des vieux sapins de Douglas énormes sont de véritables édifices à logements d'animaux. Celui-ci, près de la route, abrite le nid d'un grimpereau brun. Nous avons quatre familles actives de grands pics — des indicateurs d'une forêt ancienne en bonne santé —, une martre d'Amérique qui débarque et chasse les écureuils, et de temps en temps des espèces de hiboux, de chouettes rayées, d'effraies des clochers, de grands ducs d'Amérique. Il y a aussi des loutres, des cerfs, des castors et un cougar qui s'en prend aux agneaux au printemps ».

Merv Wilkinson n'ignore rien des animaux qui peuplent les bois. On dit qu'il travaille continuellement dans la forêt, à un point tel que même les vieux cerfs mâles ne prennent pas la peine de se cacher quand ils l'aperçoivent. Il raconte : « Il y a ici tant de vie en symbiose que plus je l'étudie et plus je m'émerveille de l'interdépendance complexe et délicate de toute vie dans cette forêt — y compris des êtres humains ! » Il siège au conseil de la Jon Young's Wilderness Awareness School, dans l'État de Washington non loin, un établissement que nous visiterons au dernier chapitre de ce livre. Dans cette école, on raconte, sur le nom de Merv, une blague qui révèle l'émerveillement qu'inspire son empathie pour la nature. On prétend qu'une telle relation symbiotique avec la nature est le but ultime à atteindre — on appelle cela « atteindre le mervana ».

La source principale du revenu de Wilkinson et de la vie de la forêt est le sol, qui s'est constitué au fil des millénaires sur cette île rocheuse autrefois recouverte par un glacier. Le sol n'y est guère abondant, selon Wilkinson, mais des scientifiques néerlandais ont affirmé qu'ils en avaient rarement vu de plus riche que celui-là. En plus du sous-sol qui offre un ancrage aux arbres et leur fournit des minéraux, les sols de la forêt contiennent de la matière organique et des nutriments végétaux décomposés par des bactéries, des micro-organismes, des champignons, « tous les insectes et les bestioles qui les barattent », comme l'explique le vétéran de la forêt. « [C']est une entité équilibrée et complexe. Quand on coupe la forêt à blanc et qu'on la brûle, ça détruit le sol et c'est un crime contre la nature. » La coupe à blanc consiste en l'abattage de plusieurs hectares de forêt au même moment, ce qui laisse de vastes zones à nu, exposées aux éléments. La Colombie-Britannique a constaté ses erreurs et a fini par limiter, en 1994, les coupes à blanc à moins de 40 hectares — une surface encore trop grande, de l'avis de la plupart des écologistes. Des secteurs immenses ont déjà été détruits. Comme l'explique Wilkinson : « Quand ils ont fini, il n'y a plus de forêt, point final. Le [...] sol est si dévasté que les arbres ne peuvent plus y pousser. Nous avons 3,7 millions d'hectares de terres insuffisamment reboisées à cause des mauvaises pratiques de l'industrie forestière. » Et des milliers de personnes sans emploi. « Compte tenu du rythme de croissance moyen des forêts de la Colombie-Britannique, soumis à mon système, le même territoire [qu'ils ont ruiné] aurait employé 3 400 personnes pour l'abattage seulement, sans parler de la transformation. Trois mille quatre cents de nos bûcherons ne seraient pas au chômage. »

Même quand on réussit à replanter après des coupes à blanc, celles-ci n'en représentent pas moins un désastre écologique dont les répercussions ne se révèlent pleinement qu'avec le temps. Non seulement les arbres d'une plantation donnée appartiennent à une même essence, mais ils ont aussi le même âge (et de nos jours, grâce aux récentes méthodes de clonage, ils partagent également les mêmes gènes). Wilkinson décrit la perte massive d'arbres qu'a subie l'Europe en 1986, lors d'un ouragan qui a déraciné plus de 14 millions d'arbres en Angleterre, deux millions aux Pays-Bas et six millions en Allemagne. Wilkinson relate : « L'ouragan a d'abord frappé l'Angleterre. Les Allemands savaient qu'il arrivait, alors ils ont dépêché les forestiers dans des endroits où ils pourraient observer ce qui se passerait quand les vents se mettraient à souffler. Ils étaient à leur poste, prêts à prendre des notes. Il y avait des observateurs dans les forêts où poussaient plusieurs essences d'âges différents, et d'autres dans des monocultures. Les observateurs dans les forêts d'arbres de différentes tailles ont remarqué que les arbres luttaient en quelque sorte les uns contre les autres quand le vent les frappait. Les primaires, les jeunes arbres, pliaient d'abord, puis les secondaires, et primaires et secondaires se heurtaient en se redressant. Résultat : ils diffusaient le vent, et ces forêts ont essuyé des pertes minimes. » À l'occasion d'une visite, Klaus Gros, forestier principal à l'emploi du Service des forêts du gouvernement allemand, a expliqué à Wilkinson que, dans une telle tempête, « il ne se perdrait pas la même quantité d'arbres que dans une monoculture, peu s'en faut. Nos [...] forêts unies d'arbres tous de même taille, comme un champ de blé, se mettaient à osciller, et au quatrième ou au cinquième balancement, elles s'effondraient d'un bloc, comme des dominos ! Nous avons appris la leçon : plus de forêts d'âge unique ». Et donc plus de coupes à blanc.

Comme nous l'avons vu dans le cas de la tordeuse des bourgeons de l'épinette, en s'écartant du chemin tracé par l'évolution, on risque de causer à une forêt des torts qui, s'ils sont moins évidents que ceux infligés par un incendie ou une tempête, entraînent des pertes tout aussi tragiques. Les herbicides qu'on épand pour protéger les clones industriels maladifs contre la concurrence d'essences telles que les saules, les aulnes et les érables réduisent à néant les chances qu'aurait le sol de se reconstituer grâce à leur apport en humus et en azote. Les aulnes, que l'on considère le plus souvent comme de la mauvaise herbe qu'il convient d'éradiquer avec des herbicides, vaccinent en quelque sorte le sol contre des maladies et des parasites ; voilà pourquoi la nature les fait pousser avant les autres essences. Et les insectes, les maladies et les parasites ne traitent pas différemment les monocultures d'arbres des monocultures de plantes alimentaires. Wilkinson souligne : « J'ai vu des maladies [et des insectes] toute ma vie dans la forêt, de petites niches de la même espèce ici et là. Mais jamais, jusqu'à ce qu'on commence à couper à blanc, je n'ai vu d'épidémies. »

Même les assurances que l'on nous donne quant au reboisement de zones rasées par le biais de programmes de plantation d'arbres apparaissent ridicules lorsqu'on vient constater l'état de ces zones quelques années plus tard. Wilkinson explique : « On plante à l'aide de carottes, ce qui permet de faire pousser plusieurs graines dans un minimum d'espace. Les racines sont déformées [...], il n'y a pas de racines pivotantes convenables. Le jeune arbre est totalement vulnérable au vent. » Et il ne peut s'alimenter correctement. « Le système racinaire n'est pas déployé, le sol n'est pas soigneusement disposé autour. Quand ils survivent, les arbres poussent en broussailles et ont plusieurs têtes. Et puis, l'industrie se hâte d'épandre de l'engrais. C'est comme donner une dose à un junkie [...]. Ça tue tout le sous-étage et tous les systèmes dans le sol. » Plus fondamentalement, comme le fait remarquer Barry Ford, de Collins Pine, entreprise privée durable sur le plan environnemental : « Pourquoi [les grandes entreprises industrielles] sont-elles même obligées de planter des arbres ? Qu'est-ce qui ne va pas avec leurs sols et leur régénération ? Elles devraient se demander si leurs coupes ne sont pas trop importantes pour permettre à la forêt de se régénérer naturellement, comme le fait la nôtre. »

La clé de la durabilité réside dans l'adoption de rythmes de coupe qui respectent la capacité de renouvellement de la forêt. Cependant, même quand les forêts ont été rasées, replantées avec les mauvaises essences ou noyées de produits chimiques, il y a parfois de l'espoir. À un millier de kilomètres de la forêt de Wilkinson, près de la frontière entre la Californie et l'Oregon, Orville Camp a acheté en 1967 un territoire de 65 hectares qu'il se proposait de diviser pour y bâtir des maisons. La terre ne semblait guère pouvoir servir à autre chose ; dépouillée par une coupe à blanc de tout ce qui y avait quelque valeur, elle ne comptait plus que des broussailles et des arbres bons à faire du bois de chauffage. Camp n'en a pas moins entrepris de la restaurer, dans le but de la revendre à des fins de construction résidentielle. Puis il s'est pris au jeu. Seulement douze ans plus tard, il produisait 500 cordes de bois de chauffage durable par an. Aujourd'hui, le territoire s'appelle Camp's Forest Farm. Camp prend soin de 140 hectares d'arbres, de champignons, de myrtilles, de noisettes et de fleurs. « C'est un plan de gestion pour l'ensemble des ressources de la forêt, et la plupart des ressources sont plus précieuses que le bois. » S'il est vrai que sa méthode ne procure pas autant d'emplois et de revenus à court terme que ne le fait la coupe à blanc d'une zone en vue de la replanter, il sait que, à long terme, sa terre sera beaucoup plus productive. Son ouvrage intitulé *Forest Farmer's Handbook* en est maintenant à sa quatrième réimpression et Camp est un habitué du circuit de formation en foresterie. Il souligne que la gestion holistique de la forêt rapporte un double dividende, tandis qu'en traitant les forêts comme des produits de consommation à espèce unique et à usage unique, on obtient plutôt un double désavantage. Il explique : « Nous transformons nos forêts en plantations d'arbres, et les contribuables financent le processus. Pire encore, ce n'est pas durable. Toute l'affaire est absurde et n'a aucune autre logique que de faire pousser une culture spécifique pour une industrie mondiale, alors que cela ne représente qu'une infime fraction de ce que peut faire une forêt[6]. »

En plus de présenter des avantages sur les plans social et émotionnel et de procurer de l'emploi à plus de personnes que les techniques industrielles, les méthodes employées par Orville Camp, Mervyn Wilkinson et d'autres propriétaires terriens portent fruit sur le plan économique. « Au Costa Rica, on emploie 15 % plus d'ouvriers pour procéder à l'abattage sélectif qu'on en embauchait pour la coupe à blanc, explique Wilkinson, et les forêts sont toujours là. » Wilkinson lui-même emploie plus de vingt personnes sur sa petite terre à bois. Paradoxalement, la foresterie industrielle vise, comme l'agriculture industrielle, à fournir le moins d'emplois possible. Depuis son instauration, le nombre de bûcherons et d'ouvriers de scierie a décliné régulièrement.

Quand on élabore des campagnes visant à protéger l'habitat des forêts ou à imposer des limites de coupe, l'industrie forestière prévient que ces mesures entraîneront des pertes d'emplois massives et des coûts économiques. Or, les statistiques révèlent systématiquement le contraire. Au cours des deux dernières décennies, les pertes d'emplois ont surtout été imputables à la mécanisation de l'industrie. Le nombre moyen d'ouvriers employés pour abattre et débiter 9 400 mètres cubes de bois par an est passé de vingt, dans les années 1980, à neuf seulement dans les scieries modernes et l'industrie de la machinerie lourde, à la fin des années 1990[7].

Même en Idaho, en Oregon, dans l'État de Washington et en Colombie-Britannique, qui sont tous riches en ressources, un travailleur sur vingt-cinq gagnait sa vie à extraire des minéraux du sol, à abattre des arbres ou à transformer le bois en 1993, alors qu'en 1969 la proportion était de un sur douze. Une fois que les villes se libèrent de ces industries d'extraction, leur sort tend à s'améliorer considérablement. Sur la côte nord-ouest du Pacifique, les travailleurs du bois déplacés ont été rapidement absorbés par une industrie en pleine croissance, les profits réels ont augmenté et « des villes forestières jadis stagnantes abritent des populations croissantes et connaissent de petits *booms* immobiliers[8] ». À la fin de l'année 1994, le maire de Springfield (ville que l'on disait être la plus dépendante du bois dans tout l'État de l'Oregon) a affirmé ce qui suit, au sujet de la controverse qui entourait la protection de la chouette tachetée dans les forêts anciennes : « Les chouettes contre les emplois, ça n'avait aucun sens. Ce qui est à la clef, c'est la qualité de vie. Et tant que nous conservons cela, nous serons toujours capables d'attirer des gens et des entreprises[9]. »

Veiller au grain

> *Collins Pine a complété* [le processus de certification] *haut la main... [mais] je dois vous dire que bien peu de forêts industrielles de cette taille et de cette échelle pourraient en faire autant.*
>
> Roy Keene, consultant et certificateur en foresterie

Il est certes encourageant d'apprendre que des territoires autochtones sont protégés ou reboisés et que des propriétaires privés adoptent des méthodes de foresterie durables, mais il n'en demeure pas moins que la majeure partie de la dégradation que subissent les forêts de la planète a lieu sur des territoires contrôlés par des États ou l'industrie, d'où les indigènes et tous ceux qui pouvaient avoir des racines locales ont disparu depuis longtemps. Au Canada, en Russie, aux États-Unis, en Amérique centrale, en Amérique du Sud et en Asie du Sud-Est, on cède les terres boisées à d'immenses entreprises — quand celles-ci ne possèdent pas carrément les forêts — qui fonctionnent toujours selon une logique issue de la Première Révolution industrielle. En raison de la mondialisation des marchés, les entreprises forestières prétendent que le seul modèle de gestion forestière qui leur permette de conserver leur avantage concurrentiel et leurs profits consiste à couper à blanc pour ensuite replanter des arbres en monoculture. Les États s'inclinent devant la sagesse des marchés et en raison de leur besoin d'acquérir des devises étrangères. Cependant, et c'est là que le bât blesse, ces entreprises n'existent pas depuis assez longtemps pour avoir complété un cycle entier et elles ignorent donc le rendement à long terme de leurs forêts de monoculture de seconde génération aspergées de produits chimiques.

Nous avons parlé plus haut de Collins Pine, une entreprise forestière de l'Oregon ayant adopté un système de valeurs qui ne se limite pas à l'argent et qui réalise pourtant des profits plus élevés en étalant sa récolte sur une plus longue période. Pour mettre en œuvre de telles pratiques raisonnables, il faut faire preuve d'une certaine retenue. Par exemple, quand Barry Ford, forestier chez Collins Pine, a remarqué qu'une zone où l'on abattait des arbres dans la forêt d'Almanor, dans le nord de la Californie, ne se régénérait pas naturellement et qu'il n'y poussait pas de nouveaux plants, il a découvert que la forêt était stable depuis si longtemps — 500 ans ou plus — que les arbres n'étaient plus aptes à se reproduire. « C'est à ce moment-là que nous avons commencé à étudier le microsystème. Le sol de rhyolite se compacte, alors nous avons cru que là était le problème ; nous avons essayé de le fragmenter et j'en ai analysé tous les nutriments. Mais, jusqu'à ce que nous ayons trouvé comment il convient de le gérer, nous avons cessé d'y abattre des arbres. » Le secteur est toujours très utile à l'entreprise, dit Ford. « Aujourd'hui, il est devenu un site d'études où l'on apprend comment cette forêt ancienne a pu survivre dans un sol si pauvre. »

Au Québec, une situation comparable — une piètre régénération sur un site stabilisé où les épinettes noires poussent depuis des siècles, dans la forêt boréale entre le lac Saint-Jean et Chibougamau — a plutôt incité l'industrie du papier à redoubler d'ardeur et à multiplier les coupes.

La forêt de 43 600 hectares que possède Collins Pine à Almanor est principalement composée de pins de Californie, des arbres magnifiques qui peuvent atteindre une hauteur de 55 mètres et produisent d'énormes cônes longs de soixante centimètres dont l'odeur rappelle étrangement celle du sirop chaud. Comme l'espèce est sujette à la rouille, Collins Pine ne replante que des semis qui y sont résistants. Ford annonce fièrement : « Notre pin de Californie porte le gène de résistance à la rouille depuis un siècle. C'est pourquoi il faut avoir un grand bassin génétique. La rouille est arrivée en Colombie-Britannique durant les années 1930 dans des arbres importés de pépinières chinoises, et elle s'est répandue. Nous ne plantons que des graines locales et nous nous assurons de conserver tous les gènes qui se sont développés dans cette forêt, au cas où nous en aurions besoin. » Tandis que d'autres entreprises n'ont rien de plus pressé que d'adopter les styles de gestion à la fine pointe de la technologie — superarbres clonés, arbres génétiquement modifiés qui émettent du Bt, leur propre insecticide contre la tordeuse des bourgeons de l'épinette —, Wade Mosby, vice-président de Collins Pine, explique : « Les OGM — oh, mon Dieu ! Ça nous inquiète vraiment. Vraiment. Nous n'utiliserions jamais ces semis. Nous n'utilisons même jamais de clones. Nous utilisons des graines locales qui proviennent du même flanc de colline ou du terrain particulier où nous replantons — uniquement ! Et habituellement, nous n'avons pas à planter du tout. » Ford est d'accord : « Nous détestons ces clones sophistiqués. Ils n'offrent aucune protection contre les nouvelles maladies. Le fuserium a décimé les pins des marais qu'ils avaient passé des années à faire pousser et sur lesquels ils s'étaient tant extasiés. Et il existe d'autres types de rouilles qui attendent de se répandre. »

Si, comme nous l'avons vu au chapitre un, le fait de vivre au-dessus de la boutique est un signe d'engagement personnel envers une communauté et une entreprise, il n'est pas nécessaire de le faire littéralement. Wade Mosby raconte l'histoire d'un jeune homme du nom de Walter Reid, que Truman Collins père avait embauché il y a cinquante ans pour l'aider à mettre en œuvre la vision qu'il avait conçue après avoir étudié la foresterie à Harvard. Truman Collins souhaitait transformer les vastes terres de sa famille en forêts durables. Wade Mosby affirme que, à l'époque, personne n'exploitait la forêt comme le faisait Walter Reid, aussi ce dernier était-il la cible d'attaques constantes de la part des entreprises, des forestiers, des universitaires et de l'industrie. « Il était complètement seul, et ce n'était qu'un jeune homme au début de la vingtaine ! Mais Truman et lui étaient si sûrs de ce qu'ils faisaient qu'ils ont ignoré tous les experts, les railleries et les menaces de faillite. Et Walter a fini par voir son travail récompensé : on a déclaré que la forêt qu'il avait gérée était la meilleure forêt commerciale du pays entier et qu'elle n'avait jamais été dégradée par de mauvaises pratiques. » Walter Reid, frêle à 86 ans mais rayonnant de fierté, était présent lors de la cérémonie marquant la coupe du deux milliardième pied-planche à la forêt de l'entreprise, à Almanor. Parce qu'on l'a écouté, il y a aujourd'hui autant de bois dans la forêt qu'il y en avait il y a cinquante ans, quand il a commencé à la gérer.

Suivant les préceptes de Collins et Reid, les forestiers de Collins Pine arpentent continuellement la forêt et notent les conditions ambiantes, comme la température des cours d'eau ; ils comptent les nids de balbuzards, les tamias qui se sont établis dans les troncs laissés à leur intention et ils recueillent d'autres données scientifiques fondamentales que même les organismes gouvernementaux ont rarement le temps d'amasser. Ils connaissent tous les arbres, peut-être pas de façon aussi intime qu'un utilisateur traditionnel d'une forêt, mais certainement beaucoup mieux que les autres forestiers de l'industrie. Ils photographient chacun des arbres de la forêt, un projet qui exige deux années complètes et qu'ils réalisent tous les dix ans depuis 1940. Sauf pour procéder à une « correction de la biomasse », c'est-à-dire éclaircir les broussailles qui s'enflamment facilement, ils ne coupent aucun arbre dont le diamètre est inférieur à trente centimètres. Finalement, comme Merv Wilkinson, ils ont déterminé la quantité d'arbres qu'ils pouvaient abattre et ils n'en prélèvent jamais plus qu'il n'en peut pousser. Leurs photographies méticuleusement classées et leur expérience sur le terrain leur permettent de déterminer cette quantité. Il n'est pas étonnant que tant de forestiers souhaitent travailler pour Collins Pine.

Nous avons présenté à maintes reprises des manières dont les consommateurs peuvent vérifier qu'une entreprise ou une organisation respecte ses promesses. En matière de produits forestiers, le mouvement de certification est devenu très puissant, et le Forest Stewardship Council (FSC), basé à Oaxaca, au Mexique, qui est la plus réputée des organisations de surveillance de la foresterie durable, a du pain sur la planche. Il s'agit d'une ONG indépendante et à but non lucratif qui rassemble des groupes écologistes, des organisations commerciales et forestières, des forestiers, des organisations autochtones, des groupes forestiers communautaires et d'autres organisations de certification de produits forestiers dans vingt-cinq pays. L'organisme est extrêmement efficace et fiable dans des pays du Nord, en Europe, au Canada et aux États-Unis. Mais, paradoxalement, la certification peut créer de nouveaux marchés dans des territoires dépourvus de lois, comme les zones sauvages de l'Amazonie ou de l'Indonésie, alimentant sans le vouloir un marché noir où seront écoulés les arbres mêmes que l'on voulait protéger. C'est pourquoi, jusqu'à ce que de nouvelles organisations puissent s'attaquer à ce genre de problèmes dans les pays en voie de développement, des organismes comme Les Amis de la Terre continuent de préconiser un boycottage de toutes les essences tropicales.

Il existe aussi des organisations de surveillance, comme Scientific Certification Systems, qui se rendent sur le terrain, au cœur des forêts américaines, afin de vérifier qu'elles sont bel et bien gérées en accord avec les objectifs du FSC et que l'intégrité du produit est préservée jusqu'au consommateur. Près de la forêt d'Almanor se trouve le Rogue Institute for Ecology and Economy, dans le sud-ouest de l'Oregon, qui, affilié au programme de certification SmartWood, certifie de petites entreprises. Ce programme international, qui aide les petits propriétaires privés à percer le marché en expansion des produits forestiers certifiés, n'existe que depuis six ou sept ans, mais il a déjà mené à des changements fondamentaux et révolutionnaires : Home Depot, le géant américain de la quincaillerie, et IKEA, le marchand de meubles suédois, ont notamment promis de n'utiliser dans leurs magasins que des produits forestiers certifiés, une décision qui a profité à quelques entreprises forestières intègres. Jim Quinn, président de Collins Pine jusqu'en 2000, a expliqué au Fonds mondial de la nature, dans une entrevue en 1998, que, à long terme, la certification ne fait pas grimper les coûts. « Parce que ce que nous dépensons en certification, d'autres entreprises le dépensent en publicité et en contributions politiques visant à créer une image favorable. Nous obtenons cette image favorable au moyen de la certification, qui offre également une bonne publicité gratuite. Cette publicité a une plus grande crédibilité puisqu'il ne s'agit pas d'autopromotion. »

Un point tournant

> *Faire du bien-être des terres et des eaux le but fondamental de la gestion.*
>
> Principes écologiques pour la foresterie durable

Quelques « bonnes » entreprises et des forêts (privées ou communautaires) bien administrées sont parsemées des Rocheuses et de la côte nord-ouest du Pacifique jusqu'en Afrique, au Guatemala et en Indonésie. Mais si on entend protéger notre eau, notre air et notre sol, il nous faut administrer beaucoup plus de forêts de manière durable, et beaucoup plus vite. Il faut s'en prendre à ces territoires qui relèvent de la compétence de l'État, aux immenses terres aujourd'hui louées à des entreprises. Le moment est finalement venu : en avril 2001, une entente historique a été ratifiée en Colombie-Britannique. Elle est sans précédent, compte tenu de ceux qui l'ont signée, mais aussi du but qu'elle vise.

Cette nouvelle entente couvre le territoire allant du centre jusqu'au nord de la côte ainsi que les îles Haida Gwaii, soit une région qui s'étend de la pointe nord de l'île de Vancouver jusqu'à la péninsule de l'Alaska. Il s'agit d'une mince bande de forêt située entre l'océan Pacifique et les chaînes côtières, arrosée de pluies abondantes apportées par l'océan. La biomasse (le poids des créatures vivantes par hectare) de cette région est la plus élevée de toute la planète. On y trouve le quart de la forêt pluviale tempérée du globe, un lieu magique où les épinettes de Sitka, les pruches, les thuyas géants et les sapins de Douglas s'élancent vers le ciel, parfois hauts de cent mètres. Cet écosystème abrite aussi un grand nombre des dernières montaisons de saumons saines, ainsi que des panopes du Pacifique, des troupeaux d'épaulards, des guillemots, des chouettes tachetées, des grizzlys, des loups, des loutres, des anémones de mer, des huîtres, des aigles, une variété inouïe d'étoiles de mer aux couleurs et aux formes variées, des kermodes, ou ours esprits, créatures saisissantes d'un blanc immaculé qui vivent dans les îles côtières, et plus encore.

Les forêts pluviales tempérées sont des écosystèmes extrêmement rares, qui n'occupent que 0,2 % des terres de la planète — et la majorité d'entre elles ont déjà disparu. La plus grande partie de celle-ci a été rasée, du nord de la Californie jusqu'au cap Caution, en Colombie-Britannique. Ces forêts produisent du bois et des papiers de grande qualité, mais après l'abattage des peuplements les plus précieux d'épinettes et de cèdres anciens au grain fin, la pression exercée sur l'écosystème a entraîné l'effondrement de certaines de ses espèces-clés. Comme nous l'avons vu au chapitre trois, chaque écosystème compte certaines espèces qui sont essentielles à la survie de toutes les autres. Un prédateur aquatique, le saumon du Pacifique, joue notamment un rôle si crucial pour la santé de la forêt tempérée que cet écosystème est aussi appelé « la forêt saumon ».

Depuis de nombreuses années, les groupes écologistes et les Premières Nations mettent en garde contre les entreprises forestières qui, avec l'aval de l'État, causent l'effondrement des populations de saumons par la surcoupe des forêts. Les représentants des entreprises affirment, quant à eux, que la surpêche et le réchauffement de l'océan sont à blâmer pour la quasi-disparition du poisson, d'autant plus que l'industrie forestière ne voulait abattre que 7 % des arbres sur le territoire. Comme nous l'avons vu dans le cas des barrages, toutefois, les secteurs les plus riches et les plus attirants pour l'exploitation sont aussi les véritables moteurs de l'écosystème. Les 7 % des forêts que l'industrie jugeait faciles à abattre se trouvent au fond de vallées aisément accessibles, soit les mêmes vallées fluviales qui produisent le saumon. Et ces territoires, en plus d'être l'habitat préféré des ours et des aigles, comptent aussi les arbres les plus gros et abritent les villages des autochtones de la région.

Au cours des dernières années, l'industrie forestière s'est préparée à exploiter les toutes dernières forêts intactes de tout le système forestier tempéré : la côte nord. On considère (au sein de l'appareil d'État, à tout le moins) que les entreprises forestières sont des acteurs importants à cause du nombre de personnes qu'elles emploient et parce qu'elles exploitent déjà abondamment la région. Mais ce ne sont pas ces entreprises qui ont sur ces terres des droits se rapprochant le plus de la propriété légale : ce sont les peuples autochtones de la côte nord de la Colombie-Britannique, les peuples des forêts saumons. Comme leur situation n'est régie par aucun traité avec le gouvernement canadien, ces tribus se trouvent aujourd'hui dans une position intéressante d'un point de vue juridique : en effet, de multiples jugements ont établi que non seulement elles avaient le droit de se gouverner elles-mêmes, mais aussi qu'elles étaient propriétaires de vastes territoires situés sur les terres provinciales. Le jugement Delgamuukw rendu par la Cour suprême du Canada en 1998, en particulier, a établi que le titre de propriété original autochtone existe bel et bien dans cette région et qu'il doit être pris en compte. Toutefois, tant qu'on n'aura pas fixé avec exactitude les frontières de leur territoire et l'usage que les Premières Nations peuvent en faire, l'incertitude continuera de régner sur la côte.

En plus des peuples autochtones et de l'industrie forestière, la Colombie-Britannique compte d'autres groupes qui s'y sont établis au cours du siècle dernier et qui entendent bien faire valoir leurs droits : les pêcheurs de saumon tout le long de la côte, dont le revenu dépend presque entièrement des pêcheries, les camionneurs, bûcherons et ouvriers des scieries qui vivent aussi de l'industrie forestière, les gouvernements municipaux apparus pour servir les habitants de la côte, sans parler des exploitants touristiques et de divers groupes écologistes ou industriels. Tous ces gens ont demandé à siéger à la table de négociations du gouvernement en raison de l'intérêt que la ressource forestière présente pour eux et des droits qu'ils considèrent posséder sur celle-ci.

Les revendications territoriales des autochtones et les luttes menées par les autres groupes ont suscité la frustration et l'inquiétude chez les habitants de la côte, mais, alors même que l'on discutait âprement pour déterminer les droits de propriété, les pêcheries continuaient d'être pillées et les forêts coupées à blanc. Des organisations écologistes d'importance, dont Greenpeace, le Sierra Club de la Colombie-Britannique, ForestEthics et le Rainforest Action Network, ont lancé une campagne nationale en 1997, exigeant que l'on transforme en parcs une chaîne de bassins-versants sur la côte nord. Le symbole de la campagne était l'ours esprit, le cousin blanc, charismatique et affectueux de l'ours noir qu'on ne trouve que dans les îles de ces forêts. On en appela ensuite au boycottage du bois tiré des forêts de la province. La campagne a touché dans le mille. Les entreprises et le gouvernement ont dû revenir à la table de négociations, où on a conclu un moratoire de 18 mois sur la coupe dans une centaine de bassins-versants, jusqu'à ce que l'on détermine leur statut exact.

Bien sûr, ce n'est pas uniquement le boycottage qui a eu raison de l'industrie forestière. Les entreprises en cause savaient pertinemment que la majeure partie de la forêt facilement accessible avait déjà été rasée. Et l'industrie a pu constater que, en Europe comme en Amérique du Nord, les consommateurs et les scieries réclamaient du bois certifié. Même la protection de la faune était en train de devenir un enjeu crucial, alors que les mouvements ayant lancé des initiatives comme le corridor Y-2-Y gagnaient en popularité. Bref, l'industrie a été forcée de changer ses manières de faire pour pouvoir continuer d'abattre des arbres, quels qu'ils soient, et elle a donc commencé à prêter une plus grande attention aux demandes des écologistes dans le but de reconquérir ses marchés perdus et de recouvrer sa crédibilité aux yeux du public.

Comme nous l'avons déjà vu dans les études de cas présentées dans cet ouvrage, si la ressource a fondu comme neige au soleil à mesure que l'industrie forestière se déplaçait vers le nord, c'est entre autres parce que cette industrie est immense, a un caractère multinational et est à peu près dépourvue de contacts locaux. L'utilisation durable à long terme d'une ressource se caractérise par une propriété et un contrôle locaux. Sans abattage, les perspectives économiques du principal groupe de propriétaires-utilisateurs, soit, dans le cas qui nous occupe, les villages autochtones côtiers de la Colombie-Britannique, sont très limitées. En conséquence, ce groupe réclame le droit d'exploiter le potentiel économique de ses terres, de couper des arbres et de pêcher sur les territoires qu'il obtiendra, ce qui l'a empêché de créer des alliances avec la plupart des groupes écologistes. Les pêcheurs de saumon britanno-colombiens étaient eux aussi inquiets quant à leur avenir. Les efforts du gouvernement pour préserver la ressource halieutique en restreignant le nombre de permis accordés favorisaient les gros exploitants au détriment des petits, puisque le gouvernement prétend qu'il est plus facile de contrôler un petit groupe de gros utilisateurs plutôt qu'un gros groupe de petits utilisateurs. Après l'adoption de cette politique, on a retiré leurs droits d'usufruit à quelque 15 000 résidents de l'endroit pour les octroyer à de grandes entreprises multinationales qui n'ont pas grand-chose à faire de l'écologie locale — une mesure qui a eu sur les pêcheries les effets auxquels on pouvait s'attendre.

Les entreprises touristiques dépendant de la nature, de la pêche ou de la faune se sont aussi retrouvées dans une impasse. Les territoires où elles menaient leurs activités seraient-ils contrôlés par les écologistes ou les autochtones, ou seraient-ils rasés par l'industrie forestière ? Si les écologistes ou les autochtones l'emportaient, permettraient-ils aux entreprises touristiques de poursuivre leurs activités ? Malgré une lourde mécanisation et l'amoindrissement de la ressource, les syndicats représentant les nombreux travailleurs forestiers, et plus particulièrement les camionneurs, se montraient aussi intraitables. Peu importe qui finirait par obtenir l'usufruit de la forêt, ceux-ci insistaient sur la nécessité de ne pas diminuer le rythme de coupe, de manière à ne sacrifier aucun des emplois fournis par l'abattage des arbres ou le transport d'énormes quantités de billots. Pour leur part, les villes — constituées d'un mélange de tous les groupes précédents — cherchaient à assurer que leurs propres frontières et leurs droits d'usufruit et de développement seraient respectés.

La Fondation David Suzuki (FDS) s'occupe des questions touchant la forêt saumon depuis six ou sept ans. Mise sur pied par David en 1991, cette fondation écologiste s'est donné pour mission d'examiner et de documenter les causes de la destruction écologique à laquelle se livrent les êtres humains, dans le but d'y trouver des solutions. En Colombie-Britannique, elle s'intéresse tout spécialement aux forêts et aux pêcheries ; les recherches menées par la fondation ont démontré, comme celles de nombreuses autres organisations écologistes, que les meilleurs gestionnaires d'une ressource sont presque toujours les utilisateurs locaux. C'est ainsi qu'a débuté un long dialogue avec les Premières Nations dans l'espoir que ces premiers utilisateurs — et, sans doute, les futurs propriétaires légaux — soient mieux à même de se faire entendre. Les Premières Nations ont été tenues à l'écart du processus de gestion pendant si longtemps qu'il a d'abord fallu regagner leur confiance. Les diverses tribus et les différents chefs s'opposaient aussi sur plusieurs questions, en plus de faire face à d'autres problèmes qui touchaient à leur survie même : dans certains villages, le taux de chômage atteignait 85 %. Ils ont donc réclamé que la FDS les aide d'abord à créer des emplois et à stimuler le développement économique dans leurs collectivités. Ce partenariat a porté ses fruits et, moins d'un an plus tard, les Premières Nations ont prié la FDS de parrainer une conférence qui réunirait les chefs et les aînés des villages du centre et du nord de la côte, afin qu'ils fixent des objectifs communs. On a baptisé cette conférence du nom de Turning Point (point tournant).

Le conseil des nations haïdas y a assisté, de même que deux communautés haidas, Skidegate et Old Massett, le peuple haisla du village de Kitamaat, les Heiltsuks de Bella Bella, les Gitga'ats de Hartley Bay, les peuples de Lax Kw'alaams, de Metlakatla et de Kitkatla, les Kitasoos et les Xaixais de Klemtu, les Nuxalks de Bella Coola, les peuples d'Oweekeno et de Xeni Gwet'in de la vallée de Nemiah. Les chefs élus, les responsables de l'application des traités et les aînés de ces groupes sont arrivés à Vancouver en mai 2000 pour s'efforcer de découvrir ce que ces tribus et villages disséminés le long de la côte pouvaient bien avoir en commun concernant la gestion d'une ressource que la province entière se disputait. David Suzuki et sa femme, Tara Cullis, qui avaient visité les diverses communautés à de multiples reprises au fil des ans afin de nouer des relations avec elles, ont ouvert la conférence et donné le ton. Après quoi, Tom Reimchen, de l'Université de la Colombie-Britannique, est venu décrire les études exhaustives qu'il avait réalisées sur le saumon. Ann Rowan, directrice du projet des forêts de saumons de la Fondation David Suzuki, raconte que Reimchen s'est immédiatement lancé dans un discours scientifique pointu, illustré par des graphiques et des tableaux, sur les isotopes marins, les larves de mouches et les oiseaux chanteurs sud-américains. Elle craignait qu'une introduction aussi aride ne réussisse pas à soutenir l'intérêt du public et sape les espoirs et les attentes plus « émotives » qu'on avait fait naître.

Tom Reimchen fait partie de cette mince confrérie d'écologistes qui s'efforcent aujourd'hui de comprendre les écosystèmes dans leur entier, plutôt que de se concentrer sur le comportement de quelques gènes ou de quelques molécules au sein d'une espèce. Or, certains isotopes d'azote (^{15}N) se concentrent dans la chair des saumons au cours de leur vie. Depuis qu'il a appris qu'il est possible de détecter ces isotopes dans la chair de toutes les créatures qui mangent le saumon, Reimchen suit à la trace l'évolution des forêts côtières de la Colombie-Britannique. Le ^{15}N est un nutriment vital pour tous les organismes vivants, y compris les arbres. La majorité des saumons passent de deux à cinq ans dans l'océan avant de parvenir à maturité et de retourner frayer là où ils sont nés. Ils succombent alors aux attaques des prédateurs qui les guettent, et leur chair pleine de ^{15}N est consommée puis déféquée par les oiseaux, les mammifères et les insectes qui peuplent la forêt. Des loutres, des aigles, des loups, des mouettes, des corbeaux et des ours emportent le saumon dans les bois, et l'isotope révélateur est détectable dans les arbres et la végétation de la forêt, loin de tout cours d'eau où nagent les saumons. Même les larves de mouches qui se gavent des carcasses absorbent du ^{15}N avant de se transformer en chrysalides. Elles éclosent des mois plus tard, au printemps, juste à temps pour assurer le transfert de l'azote des saumons aux milliers d'oiseaux migrateurs qui arrivent de la Colombie et du Brésil et qui se dirigent vers l'Arctique. Comme il est la source du plus important apport d'azote pour la forêt, le saumon contribue pour une large part à la croissance des épinettes et des cèdres géants. Si les arbres les plus gros, les 7 % convoités par les forestiers, poussent au fond des vallées, ce n'est pas parce que l'eau y est plus abondante, comme on le pensait autrefois, mais parce que c'est là que se retrouve l'azote venant des saumons.

Ann Rowan raconte que, à son grand étonnement, le public constitué des membres des Premières Nations buvait littéralement les paroles de Reimchen; puis Roger Williams, chef des Xenigwet'ins de l'arrière-pays, lui a expliqué : « Je connais ces histoires. Ce sont les histoires que ma grand-mère m'a racontées à moi, celles du Garçon-Saumon. » Des histoires nombreuses et complexes relatent en effet les voyages du Garçon-Saumon dans la forêt, où il croise et nourrit tour à tour toutes les créatures. Rowan raconte : « La rencontre a décollé à ce moment-là. Nous savions qu'un lien scientifique étroit rattache la forêt au saumon, mais ces gens sont le *peuple-saumon*. Ils sont attachés à ces poissons, à ces arbres, aux ours et à tout le reste dont parlait Tom. Et voilà ce qui est arrivé : nous nous sommes rendu compte que là résidait le point commun. Au sein de chaque tribu, de chaque communauté, de chaque groupe, on a commencé à s'engager personnellement pour sauver la forêt et le saumon. Les participants ont ébauché la déclaration des Premières Nations de la côte nord du Pacifique, où ils s'engageaient à assumer la gestion de ces terres pour le bénéfice des générations à venir. C'était un moment très intense, car les gens ont compris qu'ils pouvaient vraiment travailler ensemble et qu'il y avait des choses extrêmement importantes pour lesquelles travailler. Il y a des choses plus importantes dans la vie que nos différences individuelles et les besoins que nous percevons dans l'immédiat. »

Bref, en dépit des siècles de différends tribaux et des problèmes sociaux qui minaient les collectivités, les Premières Nations ont défini une vision correspondant à ce que tous désiraient. Elles ont visualisé un but, un avenir à long terme, bien réel. En se soutenant les unes les autres, elles étaient en mesure de considérer avec un certain recul leurs problèmes distincts et parfois opposés, comme le chômage, le désespoir social, le besoin de disposer immédiatement de fonds pour ceci ou cela. Elles pouvaient protéger les arbres et les saumons et ravoir la forêt qui leur avait été donnée à leur naissance. Après cela, les événements se sont bousculés. En décembre 2000, les peuples de la côte ont organisé une rencontre réunissant les présidents des plus importantes entreprises forestières, les syndicats représentant les bûcherons (tels que l'International Woodworkers Association), les écologistes, les pêcheurs de saumons, les entrepreneurs de la côte, les camionneurs, les exploitants touristiques, les maires et le gouvernement. Ils leur ont dit : « Venez vous réunir avec nous ; il nous faut des solutions. »

« Les Premières Nations étaient les seules capables de convaincre tout le monde de se présenter, explique Rowan, parce que tout le monde sait que l'instabilité fondamentale de la région est due au fait que les revendications territoriales ne sont pas encore réglées et ne le seront sans doute pas avant des années. » Les chefs autochtones ont expliqué aux divers intervenants rassemblés qu'il était nécessaire d'adopter une approche globale qui préserverait l'intégrité biologique et culturelle de la côte. « Chacun a dû admettre que c'est aussi ce qu'il souhaitait, même les entreprises forestières multinationales, parce que les pressions exercées sur elles signifient que c'est probablement leur seul moyen de continuer à faire des affaires. » La gestion de cet écosystème doit être confiée à ses utilisateurs. En pratique, cela signifie que le gouvernement de la Colombie-Britannique se réunira avec les dix ou quinze instances habituelles, mais que si les Premières Nations ne sont pas d'accord avec le plan de gestion adopté, le gouvernement les rencontrera ensuite en tête-à-tête, « de gouvernement à gouvernement ». Ainsi, les groupes autochtones pourront être certains que le seul endroit sur Terre où ils souhaitent vivre est géré de façon durable. Ils disposeront d'une influence beaucoup plus importante que celle des autres groupes, qui ont tous — même les syndicats —

donné leur aval à cette solution, ne serait-ce que parce qu'elle permettait de sortir de l'impasse.

Il y a peut-être plus important encore : tous les utilisateurs de la forêt ont accepté de mettre en pratique les neuf principes écologiques pour la foresterie durable cités en exergue dans ce chapitre. Détaillés dans le sommaire du rapport intitulé *A Cut Above*[10], ces principes prennent en compte tous les aspects de la gestion forestière que nous avons abordés, de l'idée selon laquelle l'objectif-clé est la durabilité et le bien-être de la terre, jusqu'à l'établissement d'un rythme de coupe qui ne dépasse pas la capacité de régénération de la forêt ; de la participation des communautés locales à la gestion de la ressource, jusqu'à la préservation non pas de certains animaux et végétaux indigènes, mais bien de *tous*. Les entreprises forestières doivent jouer un rôle dans la restauration des forêts et des cours d'eau détériorés, et les participants se sont mis d'accord pour « se concentrer sur ce qu'il convient de retenir plutôt que sur ce qu'il convient d'éliminer ». Enfin, comme l'exige toute gestion holistique, tous doivent « reconnaître l'incertitude, agir avec prudence et observer les conséquences des pratiques forestières », afin d'éviter de céder au dogmatisme ou d'embrasser aveuglément la dernière mode ou la technologie la plus récente. Bref, ces directives exigeront de tous les intervenants de la forêt de la côte nord qu'ils fassent preuve d'humilité ; on s'attend à ce qu'ils commettent des erreurs, mais ils doivent prêter attention à la manière dont la nature répondra à toute intervention.

En signant ce protocole, tous (des responsables de l'industrie forestière jusqu'aux pêcheurs) se sont engagés à adhérer à une perspective écologique qui mettra un terme à l'abattage industriel dans le centre et le nord de la côte et les îles d'Haida Gwaii. C'est une réussite monumentale. En vertu de ce plan, 7,4 millions d'hectares de forêt tempérée seront exploités selon les principes de la foresterie durable, sous la gestion des usagers de la forêt. Avec un peu de chance, il n'y aura plus d'énormes coupes à blanc, plus de clones ni de produits chimiques, plus de lits de cours d'eau détruits, de communautés autochtones envahies ou de bûcherons hostiles parce que menacés par le chômage. Les populations restantes d'animaux sauvages prospéreront.

Des plans prévoient même d'étendre les forêts protégées afin qu'elles rejoignent les territoires de la coalition Y-2-Y par le biais de son programme de corridors.

L'entente prévoit qu'un comité de scientifiques indépendant demeurera disponible afin de fournir aux Premières Nations et aux autres intervenants des informations détaillées sur les effets de toute nouvelle coupe proposée, de nouvelles routes, de mesures d'allègement ou de toute nouvelle construction. Ce comité aura également un rôle de vérificateur. « Vous aurez un endroit où vous faire entendre si les plans de coupe qu'annonce le gouvernement ne vous plaisent pas, explique Rowan. Par exemple, les habitants d'un village peuvent consulter les plans et les envoyer au comité scientifique pour qu'il les évalue ; s'ils sont insatisfaisants, le comité pourra bloquer les plans au niveau provincial. » Comme le gouvernement provincial et le gouvernement des Premières Nations doivent tous deux accorder les permis, ce système permet de faire contrepoids aux pressions politiques auxquelles est soumis tout gouvernement provincial. Partout dans le monde, on tend maintenant à inclure, dans les programmes de gestion écologique, des systèmes de réglementations qui rétablissent ainsi l'équilibre souhaité et font office de dispositifs de sécurité.

En Colombie-Britannique, les Premières Nations entrevoient enfin un avenir prometteur, tout comme les exploitants touristiques, les pêcheurs, les citadins et les camionneurs, qui partagent tous la même ressource. Art Sterritt, peintre gitga'at de Hartley Bay, souligne l'avantage le plus évident d'une semblable coalition : « La force de l'entente, c'est qu'elle est fondée sur le consensus ; elle survivra aux gouvernements. » Ces groupes hétéroclites d'intervenants en arrivent à des visions unifiées et holistiques de l'avenir, et une nouvelle ère de gestion forestière s'annonce. Tout cela exige toutefois d'immenses pressions politiques, économiques, écologistes et morales, en plus de nécessiter une confiance et une coopération peu communes. Ces changements s'inscrivent dans une véritable révolution qui crée de nouveaux types d'entreprises, préserve l'habitat animal, modifie les voitures que nous conduisons, les maisons que nous habitons ainsi que la façon dont nous envisageons les problèmes à régler. Cette révolution est de fraîche date, encore toute neuve. Elle nécessitera que tous ceux qui se préoccupent de nos extraordinaires ressources forestières déploient quantité d'efforts, demeurent vigilants et ne cessent de l'appuyer avec passion. Si l'on y parvient, ce ne sont pas que les Haidas et les bûcherons, le grizzly et l'orignal qui connaîtront un avenir meilleur.

CHAPITRE 7

Le chant de l'albatros

Garder des poissons dans la mer

Gloire rayée

Tout pêcheur qui se respecte sait que l'une des expériences de pêche à la ligne les plus extraordinaires consiste à se tenir debout dans les vagues froides de la côte de l'Atlantique, au milieu des embruns, et à jeter sa ligne au milieu d'un banc de bars rayés pour, après une lutte glorieuse, ramener une merveille de vingt kilos. Pour les pêcheurs sportifs, le bar rayé est à la côte est de l'Amérique du Nord ce que le saumon chinook est à la côte ouest : une prise plus que convoitée. Comme le saumon, le bar est anadrome, c'est-à-dire qu'il passe une partie de sa vie dans l'eau douce et une partie dans l'eau de mer. Il vit en vastes bancs et se nourrit avec voracité ; une fois pris à l'hameçon, le bar se débat férocement et livre une lutte électrisante. À l'instar des saumons, les bars sont extrêmement appréciés pour la texture et la saveur de leur chair. Ils se reproduisent principalement dans les fleuves Hudson et Chesapeake. Dans les États littoraux américains de plus en plus populeux et industrialisés, tels que le New Jersey, New York, le Massachusetts, le Rhode Island, le Maryland et la Caroline du Nord, toutes les espèces de poissons ont subi les effets de la prédation humaine (par des pêcheurs sportifs ou commerciaux), des déchets déversés dans les cours d'eau qui affectent leur reproduction, de la déforestation, etc. Jusque dans les année 1970, les bars rayés demeuraient toutefois abondants. À partir de ce moment, leur population a abruptement chuté d'année en année.

> *À mon sens, ce rétablissement a été la plus grande réussite en matière de pêcheries sur la planète.*
>
> CARL SAFINA, programme Living Oceans, société Audubon

Des pêcheurs sportifs atterrés, des écologistes, des gouvernements et toutes les industries qui dépendaient de cette ressource se sont mis à s'accuser mutuellement. Certains réclamaient l'ajout du bar rayé sur la liste des espèces menacées afin de le protéger ; on a blâmé les pêcheurs, la piètre qualité de l'eau, la pollution et le développement urbain. Ces facteurs avaient sans doute joué un rôle dans le déclin rapide des populations de bars, mais il n'était pas difficile de remonter à la source du problème : les bars rayés avaient été traités selon un paradigme industriel, soit comme des rouages bien huilés dans le mécanisme de l'économie nationale, et non comme une partie intégrante d'un système naturel régi par ses propres lois.

Les divers experts et gestionnaires supposaient (comme les gestionnaires de la côte ouest l'ont fait au sujet des jeunes saumons) que la survie d'un jeune bar *ne dépend pas* du nombre d'adultes qui fraient. À leurs yeux, les seuls facteurs cruciaux pour la survie étaient les conditions entourant les œufs et les alevins : la qualité de l'eau, la température, la turbidité, etc. La plupart des gens auraient naturellement tendance à penser que plus le nombre d'adultes frayant est élevé, plus le nombre de jeunes poissons sera élevé ; pourtant, on surveillait soigneusement les alevins, mais non les adultes. Les organismes d'État responsables de la ressource permettaient une surpêche si importante qu'il ne restait pas suffisamment de jeunes adultes aptes à se reproduire. Autrement dit, on supposait que le poisson réussirait d'une manière ou d'une autre à se reproduire à un rythme proportionnel au désir de l'exploiter qu'entretenaient les différents acteurs en cause. Cette prémisse a amené les gestionnaires du gouvernement à surestimer le nombre de poissons qui pouvaient être pris sans mettre en danger la ressource, comme ils l'ont fait pour la morue de l'Atlantique dans les années 1980 et le font aujourd'hui pour le saumon du Pacifique. Ce type de gestion fait fi des besoins des poissons en matière de reproduction, y compris la réalité, pourtant très simple, voulant que les poissons doivent avoir un certain âge avant d'atteindre la maturité sexuelle qui leur permettra de se reproduire.

Les différentes personnes et instances qui exploitaient la ressource ont fini par comprendre que le déclin du bar rayé résultait d'un ensemble de facteurs complexes, dont le seul immédiatement contrôlable était la prédation humaine. Si l'on voulait que quiconque puisse profiter de cette ressource, il fallait donc s'attaquer à la surpêche. Comme le fleuve Chesapeake produit 90 % des bars rayés de la côte, le Congrès américain a adopté en 1982 un plan d'urgence fédéral pour y protéger les jeunes poissons. Les pêcheurs, tant sportifs que commerciaux, n'étaient autorisés à garder que les bars dépassant une certaine taille, afin que la nouvelle cohorte de jeunes poissons ait la chance de parvenir à maturité et de se reproduire. Les gouvernements de nombreux États se sont opposés à cette ingérence du gouvernement fédéral dans leur champ de compétence et les industries de la pêche se sont affligées devant la perspective d'une faillite possible. Mais le gouvernement fédéral a tenu bon et s'est mis à fermer des pêcheries exploitées par les États pour forcer tout le monde à respecter les nouvelles règles. Pour gagner l'appui des pêcheurs eux-mêmes, il a aussi lancé une vaste campagne de publicité expliquant la gravité de la situation et présentant la possibilité que, avec la coopération de tout un chacun, le bar rayé puisse un jour refaire le bonheur des pêcheurs à la ligne. Pendant toutes les années 1980, il était impossible d'entrer dans quelque boutique de la côte est où l'on vendait des attirails de pêche, des permis ou même des appâts sans voir des images de bar rayé et lire des notices expliquant les sacrifices héroïques auxquels les gens devaient consentir s'ils souhaitaient le retour du poisson.

Quelques années plus tard, un nouvel événement a affecté le taux de reproduction et de survie du bar rayé. Comme les bars sont des prédateurs et occupent un rang élevé dans la chaîne alimentaire, ils sont susceptibles de concentrer des contaminants dans leur chair, par le processus que l'on nomme bioamplification. On a ainsi découvert des taux élevés de BPC dans les bars rayés au milieu des années 1980 et on a alors interdit la pêche tant sportive que commerciale sur le fleuve Hudson. Malgré les protestations des États où coule le Chesapeake, l'interdiction de la pêche sur le fleuve Hudson n'a pas tardé à se traduire par une augmentation perceptible du nombre des poissons — augmentation due, paradoxalement, au fait que leur chair était désormais trop contaminée pour être consommée par les êtres humains. Au cours des six années subséquentes, on a fait passer de 40 à 90 cm la taille des bars que les pêcheurs pouvaient garder, ce qui a permis à un nombre croissant de poissons de parvenir à maturité. La pêche commerciale était sévèrement contrôlée et l'on permettait aux pêcheurs sportifs, qui pouvaient jadis pêcher tout leur soûl, une seule prise par jour.

Sur une plage de Cape Cod, par une chaude journée de la fin des années 1980, Holly a été tirée de son bain de soleil par les exclamations de deux pêcheurs. Ils avaient plongé leurs lignes dans les vagues toute la journée et venaient tout juste d'attraper un énorme bar rayé long d'au moins un mètre. Chez les vacanciers qui se faisaient bronzer, pas un ne reconnaissait l'espèce. Les deux pêcheurs, pour leur part, savaient exactement de quoi il s'agissait. Ils ont prié Holly de prendre une photo avec son appareil et de la leur envoyer par la poste pour qu'ils puissent prouver à leurs familles la véracité de leur histoire de pêche. Quand elle leur a demandé s'ils avaient l'intention de manger le poisson, ils ont pris un air scandalisé avant de lui expliquer que, même s'il savait qu'il était délicieux, c'était un bar rayé : l'espèce avait failli disparaître et commençait tout juste à se rétablir. Après avoir pris la photo, tous trois ont regardé la grande créature s'éloigner en nageant. Ce bar n'a pas été le seul à être épargné. Les statistiques montrent que de nombreux pêcheurs sportifs ne se contentaient pas de respecter le quota, mais qu'ils relâchaient tous les bars qu'ils attrapaient après avoir eu le plaisir de les ferrer et de les tirer hors de l'eau.

À la fin des années 1980, soit en moins d'une décennie, les mesures de préservation ont commencé à porter leurs fruits. De grandes quantités de bars rayés adultes retournaient aux fleuves pour frayer, ils y pondaient davantage d'œufs et le nombre d'alevins survivants a grimpé régulièrement, prouvant du coup que les suppositions des anciens gestionnaires étaient erronées. Au milieu des années 1990, sur toute la côte est américaine, le bar était revenu. Sa population avait connu un regain si important que, comme le raconte Carl Safina : « On pouvait attraper de nombreux bars rayés au milieu d'une journée d'été, ce qu'on n'avait jamais vu avant. L'idée qui a mené à leur retour consistait à protéger le poisson en fonction de sa taille, pour permettre à chaque femelle de pondre au moins deux fois, et à laisser suffisamment de poissons dans l'eau en limitant le nombre de prises. » En d'autres mots, il s'agissait de respecter les besoins du poisson. Et cela a fonctionné.

On pourrait croire qu'un gouvernement bien avisé a sauvé la situation en imposant des mesures, et il ne fait aucun doute que ces dernières ont été utiles une fois que l'on a été au bord de la catastrophe. Il convient toutefois de se rappeler que si cette espèce, en tant que ressource, était si mal en point, c'était à cause de la gestion experte du gouvernement. Dans ce cas, les utilisateurs de la ressource étaient pour la plupart des gens qui appréciaient ce poisson non seulement pour sa saveur ou sa valeur économique, mais aussi pour sa beauté et sa combativité. Ils ont été les premiers à alerter les autorités au sujet du déclin et, quand on a adopté des mesures de contrôle, les pêcheurs ont réagi en limitant volontairement leurs prises plus sévèrement encore que ne l'exigeaient les règlements. Malgré l'opposition des divers gouvernements des États qui réclamaient le droit de continuer à exploiter la ressource à un rythme industriel, les utilisateurs locaux, eux, ont coopéré. Ils avaient vu les affiches pendant qu'ils achetaient leurs appâts. Ils souhaitaient le retour du bar.

Aujourd'hui, la situation connaît un certain recul. Aussitôt les populations de poissons rétablies, l'industrie et les gouvernements des États, tout particulièrement celui du New Jersey, ont exercé des pressions considérables pour qu'on relance la pêche, pressions qui ont été suffisantes pour que le gouvernement fédéral réduise à 70 cm la taille des prises acceptables et double le nombre de prises permises chaque jour (de 1 à 2 poissons). Ces pressions persistent aujourd'hui. Résultat : les tailles et les populations moyennes ont connu un nouveau déclin perceptible et les poissons de plus de 13 kilos sont rares. Il n'y a plus d'affiches montrant des bars rayés dans les comptoirs où l'on vend des appâts, et on ne saurait en vouloir aux utilisateurs, tout particulièrement aux pêcheurs sportifs qui viennent passer leurs vacances sur la côte, de croire que, s'il y avait une crise, on prendrait la peine de les en aviser. La coopération immédiate et enthousiaste dont ils ont fait preuve dès qu'on leur a appris que la ressource était en difficulté montre bien que les gens sont prêts à limiter leurs activités pour peu qu'ils soient bien informés.

Le morse et le charpentier

> *L'autoréglementation est plus facile quand elle s'inscrit dans d'autres aspects de la vie collective.*
>
> Evelyn Pinkerton et Martin Weinstein,
> anthropologues de la vie marine[1]

L'une des principales difficultés que présente la gestion des ressources océaniques est un stupéfiant manque de données. Ce n'est qu'au cours des vingt dernières années qu'on a pris conscience des graves problèmes qui faisaient rage, et les études exhaustives spécifiquement consacrées aux différents modes de propriété et d'usage sont toujours rares. C'est pourquoi les informations abondantes recueillies dans des bancs d'huîtres le long de la côte du golfe du Mexique sont si précieuses. Certaines des communautés louisianaises qui exploitent cette ressource sont établies dans la région depuis la fin du XIXe siècle et, bien qu'on ne dispose d'informations détaillées que sur les trente dernières années, on a tout de même une idée de ce qui se passait il y a 150 ans. Fait intéressant, les pêcheries ostréicoles sont essentiellement exploitées par des pêcheurs dalmates, originaires de la côte adriatique de la Croatie et venus s'installer en Louisiane au milieu du XIXe siècle. Ils ont apporté avec eux un mode de propriété traditionnel selon lequel chacun des « parcs à huîtres » fonctionnait à la manière d'un territoire de pêche « à accès fermé », ce qui signifie que seuls les membres d'un parc donné pouvaient exploiter leur banc d'huîtres ; les étrangers étaient tenus à l'écart (sans doute par la force, à cette époque, puis, plus tard, par la tradition et la loi) ; les contraintes sociales contribuaient en outre à assurer que les pêcheurs n'empiéteraient pas sur les parcs des autres. En 1960, grâce à leur longue expérience acquise dans cette région du golfe du Mexique, les pêcheurs d'huîtres dalmates se sont vu octroyer un statut juridique par la commission ostréicole louisianaise responsable des baux.

Dans « Fisheries That Work », Christopher Dyer et Richard Leard décrivent les pêcheurs d'huîtres de la Louisiane comme un « réseau de cueilleurs homogènes sur le plan ethnique et unis par la parenté, la culture et l'histoire locale ». Les jeunes sont régulièrement recrutés par ce qui est devenu l'entreprise familiale. Comme les pêcheurs versent à l'État une cotisation qui leur donne le droit d'exploiter un banc d'huîtres distinct, chaque homme ou chaque famille dispose d'un territoire exclusif. Les pêcheurs ensemencent eux-mêmes ce territoire à l'aide de larves d'huîtres pour en assurer la régénération. Tous utilisent les mêmes dragues, ce qui leur permet de limiter leurs dépenses puisqu'ils n'ont pas à craindre la concurrence de pêcheurs dotés d'un équipement plus onéreux et plus destructeur. Les chercheurs ignorent comment ils s'y prennent exactement, mais, selon Dyer et Leard, « ils procèdent à une certaine évaluation des stocks et de l'habitat, puisque la récolte est demeurée stable depuis des dizaines d'années[2] ». En fait, ajoutent les auteurs, compte tenu de la grande stabilité de la ressource, de la qualité de la production et du nombre de personnes employées au cours des trois dernières décennies, les pêcheurs d'huîtres « pourraient servir de modèles pour ce qui est de la gestion et de l'exploitation durables d'une ressource ».

Des pêcheries presque identiques et situées dans le même écosystème le long du golfe du Mexique, mais gérées différemment, se sont révélées beaucoup moins stables et moins rentables pour leurs utilisateurs. Au Mississippi, par exemple, l'industrie ostréicole a été dominée par des navires appartenant aux entreprises de transformation et employant des équipages engagés, et ce, jusque dans les années 1960, moment où elle a été ouverte à tous ceux qui se procuraient un permis. On avait exercé des pressions politiques pour que la pêche d'huîtres devienne une sorte de soupape économique, comme le taxi, qui offrirait de l'emploi aux nouveaux immigrants tout en venant en aide aux chômeurs de la région. Les transformateurs réclamaient également des récoltes qui dépassaient de loin le rythme de reproduction des huîtres. Comme on pouvait s'y attendre, aujourd'hui la ressource n'est ni saine ni durable. L'Alabama a connu une semblable situation, qui a mené là aussi, ainsi que l'expliquent Dyer et Leard, à « un manque d'engagement envers la ressource » et à une grande instabilité des stocks d'huîtres disponibles. En Floride, toutefois, une communauté tricotée serré d'Irlandais et d'Écossais a adopté des pratiques semblables à celles utilisées en Louisiane. Grâce à une étroite relation entre les transformateurs et les éleveurs de la communauté, on connaît bien les limites de la pêche, qui fonctionne selon un système d'« accès fermé ». L'État a collaboré en adoptant une loi qui oblige les pêcheurs à n'utiliser que les instruments les plus traditionnels qui soient pour la récolte : des pinces à huîtres, qui sont encore moins dommageables pour les bancs d'huîtres que les dragues.

En théorie, les mollusques et les crustacés, qui ne parcourent pas de longues distances mais restent là où ils sont, devraient être les plus faciles à gérer parmi les ressources océaniques, même par des autorités gouvernementales qui ne se trouvent pas sur les lieux. Les huîtres ne peuvent venir compliquer les questions de propriété en s'aventurant sur un territoire appartenant à d'autres groupes ou à d'autres pays. En pratique, cependant, ces espèces sédentaires n'ont véritablement prospéré que sous la gouverne traditionnelle de communautés. Evelyn Pinkerton et Martin Weinstein, coauteurs de « Fisheries That Work », soulignent que le facteur-clé garant de la stabilité de la ressource est la gestion par une communauté stable qui dépend économiquement de cette ressource. En effet, quand une communauté tire l'essentiel de son revenu d'une ressource et n'a que peu ou pas d'autres sources d'emploi vers lesquelles se tourner, elle a d'autant plus à cœur la survie et la santé de cette ressource dont elle tire sa subsistance. Quand les membres de la communauté s'identifient fortement à la région et qu'ils y ont établi leur foyer, quand les bénéfices de la ressource sont largement redistribués dans la communauté, cette ressource peut être exploitée quasi indéfiniment — sauf en cas d'intrusion par des étrangers, de réchauffement indu de la planète ou de déversement de pétrole, bien sûr. Ce n'est que lorsqu'on permet à des gens de venir grappiller des ressources sans y être attachés par la culture ni y investir de temps, par pur opportunisme, ou lorsque ceux-ci ne croient pas que le soin qu'ils en prennent sera bénéfique pour eux ou leurs enfants, que les ressources pâtissent. C'est à ce moment que se vérifie la théorie de la « tragédie des richesses communes » qui, parce qu'elles appartiennent à tous, n'appartiennent à personne.

Cette tragédie se répète dans la plupart des océans du globe, qui sont le plus souvent exploités sans responsabilité spécifique, ce qui se traduit par une exploitation irresponsable, ainsi qu'en témoigne l'état des pêcheries d'huîtres au Mississippi et en Alabama, alors qu'une responsabilité claire assumée en Louisiane et en Floride s'est soldée par une réussite. Il est intéressant de noter que, dans les quatre États, les gouvernements ont réagi aux pressions exercées par les collectivités des utilisateurs de la ressource, et non l'inverse. En Alabama et au Mississippi, en cédant aux instances des citoyens, les gouvernements ont déréglementé l'accès aux bancs d'huîtres, dont ils ont négligé la détérioration. Les gouvernements de la Louisiane et de la Floride, pour leur part, ont répondu aux demandes visant à exploiter les bancs d'huîtres selon les principes de l'accès fermé — les pêcheurs de la Louisiane siègent même à la commission ostréicole de l'État — et ont adopté avec enthousiasme des lois de conservation extrêmement contraignantes, comme celle obligeant à utiliser des pinces pour récolter les huîtres, certains de l'appui de l'industrie et de la communauté.

David et Goliath

> *En un mot, les communautés qui tirent leur subsistance des ressources naturelles, c'est-à-dire de la forêt, de l'eau et de la terre, devraient posséder et administrer ces ressources naturelles. Cela sera le principal conflit du XXIe siècle ; pas de doute là-dessus.*
>
> Père Thomas Kocherry,
> Forum national des pêcheurs, Kerala

Le cas des bancs d'huîtres du golfe du Mexique offre l'exemple d'une communauté unie dépendant d'une ressource qui influence son gouvernement afin de protéger sa source de richesse commune, tout comme la « résurrection » du bar rayé témoigne de la réussite d'un gouvernement judicieux qui sollicite l'aide d'un public utilisateur soucieux et coopératif pour mener à bien un processus semblable. Mais que se passe-t-il quand une communauté ne peut se faire entendre de son propre gouvernement et n'a pas d'influence sur l'industrie ? Que se passe-t-il quand un gouvernement malavisé se fait le complice de forces extérieures à la communauté, voire extérieures au pays, pour surexploiter une ressource ? Que se passe-t-il quand une industrie mondialisée, avec ses hordes d'énormes chalutiers, ses palangres et ses dragues qui transforment rapidement les plateaux continentaux en déserts, envahit une pêcherie locale ? Peut-on faire quoi que ce soit pour protéger des ressources qui étaient exploitées de manière durable par la communauté, et empêcher qu'elles ne soient transformées par des forces internationales en machines à faire de l'argent ? Oui.

L'une des pêcheries les plus solides encore en activité sur la planète est située au large de la côte occidentale du sud de l'Inde, dans la mer d'Arabie. L'État du Kerala est ourlé de plages magnifiques, doté de montagnes où poussent de luxuriantes plantations de thé, d'épices et de noix de cajou. Les ruisseaux et les canaux de l'arrière-pays serpentent entre de vastes plantations de cocotiers, devant des huttes recouvertes de feuilles de palmiers, de lumineux temples hindous, des mosquées et des églises catholiques assyriennes. De la plage, les rares touristes dans la région peuvent observer les pêcheurs de l'endroit qui, dans leurs bateaux de bois primitifs, avec leurs filets tissés à la main, ramènent des thons, des espadons, des stromatées, des barracudas, des crabes, des crevettes, des homards et une profusion d'espèces succulentes dont tout le monde se régalera le soir venu. Cette région du Kerala ne se trouve qu'à quelques kilomètres du Sri Lanka et de l'État indien du Tamil Nadu, et la vie quotidienne des habitants, de petite taille et d'une beauté remarquable, se déroule à ce point à l'extérieur (qu'il s'agisse de travail, de musique ou de festivals) qu'on se croirait davantage dans une île des mers du Sud plutôt que sur le sous-continent indien. Aujourd'hui, un million de pêcheurs gagnent leur vie du côté indien du golfe d'Arabie. Malgré leur nombre élevé, ceux-ci n'exerceraient sans doute pas une pression indue sur les ressources de cette mer chaude et féconde, si ce n'était de la présence d'un grand nombre d'autres personnes, qui celles-là ignorent tout de la ressource, n'ont aucun intérêt à la préserver et ont réussi à se faire une place à table.

Comme en Louisiane et en Floride, les pêcheurs qui exploitent cette ressource font partie d'un groupe ethnique plutôt uniforme ; ils habitent cette côte depuis des siècles, voire des millénaires. Ils partagent tous la ressource et des méthodes de travail extrêmement semblables, mais, comme la plupart des habitants du Kerala, ils pratiquent l'une ou l'autre de trois grandes religions — l'hindouisme, le christianisme et l'islam — et leurs voisins de la capitale de Trivandrum considèrent que ces pêcheurs occupent un échelon très bas dans l'échelle sociale et sont les plus pauvres des pauvres. Tous ont recours aux mêmes instruments et techniques de pêches extrêmement simples. Ils utilisent deux sortes de bateau : le premier est un petit catamaran fait de trois rondins rabotés d'un côté et liés ensemble aux deux bouts à l'aide de cordes de fibre de noix de coco. S'aventurer à bord d'un semblable esquif sur les dangereuses vagues de la mer d'Arabie, c'est un peu comme tenter de pêcher depuis une planche de surf. Ils utilisent aussi des bateaux plus gros, dotés d'une haute proue incurvée et de longs avirons massifs, qui sont suffisamment vastes pour transporter une trentaine d'hommes.

À la manière des méthodes utilisées en Louisiane et en Floride, ces techniques nécessitent un investissement financier minime. La plus petite des deux embarcations peut être fabriquée en une journée par un homme seul avec des matériaux gratuits et, bien entretenue, elle durera au moins dix ans. Les embarcations plus grandes doivent être construites par un fabricant de bateaux, mais elles durent plus longtemps encore. Récemment, des pêcheurs ont fixé un petit moteur au diesel sur ces dernières ou sur des embarcations plus récentes, faites de contreplaqué. Seuls ces bateaux au diesel nécessitent de l'argent. Les hommes pêchent à l'aide de filets de fibre de noix de coco qu'ils tissent et reprisent eux-mêmes. Le plus souvent, un groupe d'une trentaine d'hommes sautent dans l'eau pour effrayer les poissons et les diriger vers les filets, puis un autre groupe ramène ceux-ci sur la rive. Selon les saisons et les fêtes religieuses, il arrive que même les plus petits vaisseaux sortent la nuit. Leurs lampes au kérosène scintillantes font ressembler la flottille à un essaim de lucioles à un kilomètre au large, dans la houle et les courants dangereux de la chaude mer d'Arabie.

La technologie de pêche traditionnelle utilisée au Kerala n'est pas destructrice ; en fait, jusqu'à il y a une vingtaine d'années, personne n'avait remarqué de changement dans le nombre, la taille ou l'immense variété des espèces pêchées. Les chercheurs ont depuis réussi à établir que le changement était survenu dans les années 1960, quand les chalutiers norvégiens sont apparus dans la mer d'Arabie, avec la bénédiction du gouvernement central indien. Comme tous les grands chalutiers — et à la différence des utilisateurs locaux —, ils pêchaient nuit et jour, toute l'année, y compris durant la mousson, où la plupart des espèces fraient. Les crevettes gagnant en popularité aux États-Unis et au Japon, les Norvégiens se sont mis à racler le fond de l'océan à l'aide d'énormes filets afin de les attraper. Environ la moitié des poissons pêchés sur la planète aujourd'hui sont capturés par de semblables filets qu'on traîne sur le fond des mers et qui dégradent l'habitat à chacun de leur passage. Comme l'explique Carl Safina : « C'est comme moissonner un champ de maïs avec un bulldozer qui arrache tout le maïs, mais qui arrache aussi le sol. » Ces chalutiers passent au-dessus d'un secteur donné plusieurs fois au cours d'une même année, jusqu'à ce que le fond soit non seulement dépourvu des proies qu'ils y cherchaient, mais aussi dénudé de tout le reste : alevins, œufs, larves, coraux et algues, soit les sources de vie future. En 1975, 3 500 chalutiers raclaient à longueur d'année le fond des mers au large des côtes du Kerala. En 1997, le nombre de chalutiers indiens et étrangers sillonnant les eaux indiennes a atteint 23 000.

Pourquoi la mer d'Arabie a-t-elle été ouverte à tous de la sorte ? Ici aussi, les théories dominantes de l'économie mondiale fournissent une réponse. Les chalutiers devaient procurer à l'Inde les devises étrangères dont le gouvernement avait désespérément besoin après avoir contracté de lourds emprunts auprès de la Banque mondiale. Comme nous l'avons décrit au chapitre deux, au début des années 1980, selon les conseils d'experts économiques occidentaux qui les pressaient d'emprunter des fonds à des banques étrangères pour bâtir leurs infrastructures industrielles, les pays en voie de développement ont contracté les dettes qui étouffent leur économie encore aujourd'hui. En empruntant pour développer de nouvelles méthodes de pêche, on devait stimuler la capacité du pays à construire ses infrastructures et à moderniser sa flotte, ce qui était censé permettre aux pêcheurs de la région de mieux exploiter leurs ressources maritimes. L'Inde n'a cependant pas été la première bénéficiaire de la démarche ; les grandes entreprises multinationales qui étaient déjà mécanisées ont rapidement pris le contrôle de la nouvelle industrie, et bien peu d'Indiens, hormis quelques entrepreneurs déjà bien nantis, ont récolté quelque bénéfice que ce soit. La pêche mécanisée a commencé à monopoliser la richesse commune que représentaient les pêcheries pour la concentrer entre les mains de rares élus. Les petits pêcheurs traditionnels n'avaient plus de quoi gagner leur vie. Quand ils ont demandé que les étrangers ne puissent s'approcher à moins de 20 mètres du rivage, les équipages des navires appartenant aux multinationales ont tout bonnement fait fi de cette modeste requête.

La taille, le nombre et la variété des prises locales ont continué de décliner. Il arrivait souvent que des chalutiers déchirent les filets des pêcheurs et abîment leurs bateaux quand ils tentaient de les mettre à l'eau. Tout au long des années 1980, le gouvernement indien — cédant toujours aux instances d'organismes tels que la Banque mondiale — a accéléré le processus de modernisation en retirant l'aide que l'État accordait aux pêcheurs, pour plutôt affecter l'argent des impôts à la mécanisation de la flotte de chalutiers du pays et à la construction de grandes usines de transformation du poisson le long de la côte. Il va sans dire que les nouveaux chalutiers indiens n'appartenaient pas aux pêcheurs traditionnels locaux, mais bien à des marchands et à des intermédiaires plus fortunés. Quant aux nouvelles usines de transformation, elles sont bientôt devenues tristement célèbres en raison des conditions de travail exécrables auxquelles étaient soumis leurs employés. Des accusations ont été déposées : on alléguait notamment que des jeunes filles des environs étaient régulièrement attirées par des offres d'emploi alléchantes, puis battues, payées un salaire de misère et retenues contre leur gré ; plusieurs causes ont été portées devant la Cour suprême et ont mené à des enquêtes qui ont plongé le pays dans la stupéfaction.

Cependant, comme les politiques du gouvernement se soldaient par une énorme augmentation des exportations de poisson indiennes, les experts de la Banque mondiale y ont vu une confirmation du bien-fondé de leurs conseils. Les grandes firmes de chalutiers, les entreprises de transformation et d'exportation du poisson et les riches Indiens qui s'y étaient associés faisaient certes des affaires d'or, mais, au cours de la même période, la production moyenne des pêcheurs traditionnels a décliné de plus de 50 %; de ces pêcheurs, 98,5 % qui avaient longtemps disposé de revenus relativement stables, vivaient maintenant sous le seuil de la pauvreté. De plus, même si les pêcheurs traditionnels constituaient 89 % des travailleurs indiens dans cette industrie, les chalutiers mécanisés étrangers ou indiens étaient responsables de plus de 92 % des prises[3]. Et les poissons capturés par ces chalutiers n'allaient pas nourrir les Indiens affamés, comme le laissaient supposer les statistiques de la Banque mondiale et du Fonds monétaire international. Ils étaient plutôt transformés et vendus à l'étranger, à des consommateurs de fruits de mer des pays industrialisés qui étaient capables de payer les prix qui rendent toute l'affaire rentable pour les grandes entreprises possédant les chalutiers, les usines de transformation et les infrastructures de mise en marché. Même si les pêcheurs du Kerala vivaient à proximité de centres urbains, il n'existait aucun programme pour leur apprendre les compétences nécessaires à la vie en ville et aucun emploi disponible au cas où ils auraient tout de même réussi à acquérir ces compétences. Mais les pêcheurs n'avaient aucune intention d'abandonner leurs plages adorées et leur mode de vie traditionnel. Jusqu'à l'instauration des nouvelles méthodes, ils avaient toujours vécu plutôt heureux et en bonne santé.

Gros minets

> *Les subventions sont aux pêcheries industrielles* [ce que] *les chats sont à la nourriture pour chats.*
>
> CARL SAFINA

La preuve que, compte tenu de l'état actuel des ressources, les méthodes d'extraction industrielles sont impraticables sur cette planète est la suivante : tandis que les collectivités de pêcheurs traditionnelles survivent depuis des siècles, les pêcheries industrielles doivent, paradoxalement, être subventionnées par la société tout entière. On estime que pas moins de 28 % des revenus des pêcheries sont subventionnés par les gouvernements, à hauteur de quelque 20 milliards de dollars par année[4]. D'importants crédits d'impôt, des prêts sans intérêt et des récompenses en argent servent à garder sur l'eau les flottes de chalutiers, les dragues et les palangres. De la construction des navires à leur alimentation en carburant en passant par la transformation des prises, les emplois et les infrastructures qui les encadrent sont subventionnés. Ces « subventions perverses » sont à la source de l'endettement du gouvernement indien, qui a contracté des emprunts pour industrialiser ses pêcheries.

Alors que les pratiques durables entraînent des doubles dividendes — des emplois plus nombreux, des aliments de meilleure qualité, des produits plus variés, le tout sans mettre en péril les récoltes futures —, les pratiques qui nécessitent des mesures d'allègement fiscal, en même temps qu'elles détruisent les ressources futures, ne sont même pas rentables quand on prend en compte leurs coûts réels. En vérité, nous payons pour détruire nos ressources locales et nationales. Cette absurdité permet d'entrevoir à quel point un redressement de la situation serait bénéfique. De nombreux pays, dont les États-Unis, la Nouvelle-Zélande et la Russie, ont adopté un système de permis en vertu duquel non seulement les pêcheurs mais les flottes nationales tout entières paient le pays dans les eaux duquel ils pêchent. Ces permis permettent au pays hôte de compenser une partie de la perte de ses ressources et servent aussi de mesure dissuasive contre la surpêche. Ils peuvent de plus établir la responsabilité : celui qui a obtenu le permis devient le gardien de la ressource.

Carl Safina souligne que les subventions à la pêche « continueront d'être la pire chose qui soit arrivée aux pêcheries partout sur la planète », jusqu'à ce que l'on institue des mesures de contrôle plus étendues, et plus spécifiquement jusqu'à ce que l'on cesse de payer les gens pour qu'ils surexploitent les ressources. Et « si l'industrie ne peut vivre des ressources, alors en la renflouant artificiellement on lui permet de tuer à l'excès, on lui octroie un tel pouvoir d'extraction que, d'une industrie incapable de survivre, elle devient tout à coup une entreprise viable capable de détruire la ressource[5] ».

Les mots « tuer à l'excès » ont une connotation quasi militaire. Pour trouver un banc de thons au large de Cape Cod, par exemple, l'industrie de la pêche déploie un petit escadron d'avions « éclaireurs » ainsi qu'au moins une dizaine de bateaux à harpon, des bateaux dotés de lignes et un senneur muni de filets. Tous les bateaux sont équipés d'appareils électroniques tels que des radios à haute fréquence, des capteurs thermiques, des sonars, des vidéos et d'autres machines qui leur diront exactement où trouver le poisson. Même à 80 000 $ la prise (ce que paie le marché japonais pour un thon rouge parfait de 200 à 250 kilos), cet arsenal ne peut être rentable sans les subventions dont profite l'industrie — et, pour toute autre espèce que le thon, il est nettement excessif. Ailleurs, quand on pêche les crevettes ou les pétoncles, les thons plus petits qui auraient pu devenir aussi précieux sont simplement rejetés à l'eau, morts, « prises accessoires ». Safina affirme que l'industrie prend chaque année en makaires, requins, thons et espadons, en plus de centaines d'autres espèces, « environ 27 millions de tonnes métriques de créatures marines qui sont jetées par-dessus bord mortes ou agonisantes — soit un quart du total des prises ». Autrement dit, les allègements fiscaux et les subventions ne font pas qu'encourager et récompenser la surpêche : ils financent un gaspillage éhonté. Safina explique que c'est comme si l'on tentait d'aménager un sanctuaire d'oiseaux dans sa cour tout en y faisant sortir le chat chaque jour.

La mer d'Arabie, où les pêcheurs du Kerala étaient aux prises avec pareille situation, est un écosystème tropical bordé d'une dentelle de mangroves et d'estuaires qui abritent une immense variété de créatures marines. Mais même un système aussi productif et résilient peut être détruit quand les pêcheurs y déploient ce que l'océanographe Sylvia Earle appelle des « armes de guerre » contre les créatures qui peuplent la mer. Des filets coulissants dont aucun poisson ne peut s'échapper sont apparus dans les années 1970. On plongeait dans la mer des palangres longues parfois de 50 à 65 kilomètres, et, de 1969 à 1982, la quantité des prises dans la mer d'Arabie a connu une augmentation spectaculaire de 196 %. Ces palangres sont munies de centaines d'hameçons où sont fixés des appâts et, en plus d'attraper les prises auxquels elles sont destinées, elles tuent des milliers de requins, de tortues marines et d'autres spécimens appartenant à des espèces menacées, qui sont par la suite tout bonnement rejetés à l'eau. Ces « progrès » technologiques ont été introduits à l'époque où les pêcheurs du Kerala sombraient dans la misère.

Les poissons de la colère

> *Faites ce que vous pouvez dans votre propre pays. Ne vous inquiétez pas pour nous. Stoppez tous les genres d'investissements étrangers destinés à nos pays. En protégeant les pêcheries traditionnelles chez vous, vous les protégerez ici du même coup.*
>
> PÈRE THOMAS KOCHERRY

Au Kerala, tandis que la pêcherie passait d'un usufruit local à un usufruit international, autre chose était en train de se produire. Grâce à un groupe de maharajahs éclairés, le Kerala avait été l'État le plus progressiste de l'Inde et jouissait d'un taux d'alphabétisation très élevé et d'un taux de mortalité infantile extrêmement bas ; en outre, les femmes y étaient respectées et les mouvements politiques suscitaient une participation enthousiaste de la population. De nouveaux syndicats de pêcheurs qui transcendaient les barrières habituelles de la caste, de la race et de la religion ont pris de l'expansion tout au long des années 1980 : la All Goa Fishworkers' Union, la Kerala Federation (KSMTF), la Tamil Nadu Fishworkers' Union et le National Fishworkers' Forum (NFF), ce dernier dirigé par le père Thomas Kocherry, prêtre militant qui anime toujours le mouvement vingt-cinq ans plus tard. La fin des années 1970 a été l'époque de gloire de la théologie de la libération, mais quand elle s'est éteinte en raison d'un manque d'appui de la part de Rome, le père Kocherry a tenu bon, aidé par des gens de l'endroit, des bénévoles et d'autres gens travaillant pour l'Église, comme ses partenaires du NFF, sœur Cicely Plathottam et sœur Philomen Mary. Aujourd'hui, leur quartier général est situé dans deux pièces encombrées dans un complexe de béton qui s'élève non loin de la plage, entouré des huttes des membres du syndicat, au toit en feuilles de palmier. Tout au long des années 1980, tandis que les conditions de vie des pêcheurs et l'état de leur ressource se dégradaient, le NFF a contribué à organiser une longue série de grèves de la faim, de grèves sur le tas et de manifestations où de vastes piquets de grève se déployaient près des autoroutes, des chemins de fer, des aéroports et des bureaux gouvernementaux, jusqu'à parfois bloquer les ports. Au début des années 1990, les syndicats ont commencé à exercer un certain contrôle sur les chalutiers.

Pour exprimer le retrait de leur consentement, les pêcheurs ont utilisé toutes les tactiques altermondialistes classiques : manifestations, barrages, pétitions, poursuites judiciaires, etc. Leur cause était désespérée : aucune autre voie ne s'offrait à eux et ils ne pouvaient vivre autrement. Ils ont donc dû adopter des mesures draconiennes pour accélérer le processus. Ces hommes de petite taille conduisaient leurs minuscules catamarans à des kilomètres au large, là où croisaient les chalutiers ; ils encerclaient les navires, forçaient leur équipage à en descendre, après quoi ils y mettaient le feu. Ils empêchaient les énormes usines de transformation flottantes de gagner les ports en enfilant leurs fragiles embarcations à l'entrée. Quelques-uns ont été attaqués et battus, des pêcheurs ont perdu la vie. Leur résistance leur a valu de faire les manchettes, comme c'est souvent le cas des tactiques désespérées. Kocherry, sœurs Cicely et Philemon Mary n'étaient pas seuls à entreprendre des grèves de la faim ; les dirigeants étaient imités par des milliers de personnes — et le sont toujours aujourd'hui — tandis qu'ils luttaient en faveur de pêcheries durables dans les États du Goa et du Gujarat. Au cours des années 1980 et 1990, des barrages de plus en plus fréquents organisés par des pêcheurs (qui récoltaient un appui croissant au sein de la population) ont paralysé le service ferroviaire indien et mis le gouvernement dans l'embarras, le forçant à nommer des comités et des commissions chargés d'étudier la situation. Leurs conclusions ont commencé à exposer les vices des politiques halieutiques indiennes.

Au terme de cette longue période d'agitation, l'Inde a fini par décréter le premier usufruit national de ses ressources littorales, créant autour de ses côtes une zone de 32 kilomètres où la pêche était limitée. Le gouvernement a par ailleurs interdit toute pêche pendant la mousson, période du frai, dans les États du Kerala, du Karnataka, du Goa et du Maharashtra. On a aussi adopté des restrictions supplémentaires : des règlements de zonage empêchent les gros navires d'approcher de la rive. Il y a même une loi contre le chalutage nocturne, au cours duquel les navires industriels utilisaient de puissantes lampes pour attirer toutes les créatures marines des environs. Plus maintenant. Ces changements sont dus à un groupe de pauvres utilisateurs locaux qui ont décidé de lutter pour protéger leur ressource. Aujourd'hui, ce sont eux qui font respecter les nouveaux règlements. Sœur Cicely est une femme énergique et pleine d'humour à la chevelure grisonnante, qui a elle-même jeûné et manifesté pour la cause. Quand on lui demande d'identifier ceux qui s'assurent que les chalutiers ne sortent pas la nuit ou pendant la mousson, elle répond : « Oh, les pêcheurs ; ils surveillent les ports ; ils ont une grosse chaîne qu'ils peuvent tirer devant l'entrée. Et ils vont les arrêter s'il le faut. » Elle sourit d'un air espiègle et ajoute : « Ils gardent l'œil ouvert. »

Le père Kocherry mentionne que dans les Maldives, situées non loin de là, les autorités disposent de satellites qui leur font savoir si quiconque empiète illégalement sur leur territoire de pêche, ce qui montre bien que la technologie peut aussi être utile à la protection de la ressource. Mais comme il œuvre auprès de gens très pauvres, ces jours-ci, il cherche plutôt à restreindre le recours à la technologie, comme l'a fait l'État de la Floride en imposant l'usage des pinces à huîtres, de préférence aux dragues.

Farouchement indépendants, les gens auprès de qui travaille le père Kocherry sont aussi extrêmement pauvres. Ils ne possèdent presque rien dans leurs huttes d'herbe, et si les gros poissons ne se montrent pas, ils ne peuvent acheter d'huile, de riz ou de manuels scolaires pour leurs enfants. Les nombreux étrangers qui frappent à la porte de Kocherry, Néerlandais, Anglais, Américains, Canadiens, posent tous la même question : comment le monde développé peut-il venir en aide au tiers-monde ? S'il est vrai que l'on devrait éviter de prêter de l'argent aux pauvres parce qu'ils sont rarement capables de rembourser les prêts et que ceux-ci minent leur avenir, si plusieurs de nos technologies ne sont pas adaptées à leur mode de vie, existe-t-il quelque moyen de les aider à progresser, à obtenir de meilleurs emplois, un meilleur enseignement, à être en meilleure santé ? Kocherry a travaillé auprès des démunis toute sa vie. Il affirme que, sauf en cas de catastrophe (cyclone, tremblement de terre, inondation), les gouvernements étrangers ne devraient fournir de l'aide, que ce soit sous forme d'argent ou de nourriture, qu'en cas de crise et sans condition. Les prêts ne sont presque jamais utiles.

Kocherry partage l'avis de David Korten, qui soutient, dans *When Corporations Rule the World*, que jamais un pays en développement ne se développe grâce aux capitaux étrangers. « Ce cadeau apparent qui prend la forme de capitaux, affirme Kocherry, ne se solde que par une exploitation plus grande. Alors, je demande : pourquoi en voudrions-nous ? Bien sûr, nos dirigeants y tiennent parce qu'ils obtiennent des commissions et des ristournes ; il arrive souvent qu'ils détournent les prêts à leur profit. Il nous faut cesser de rembourser dans le cadre de cette combine et, pour ça, il faut que l'on cesse de contracter des prêts. » L'Inde, qui dispose d'une grande expertise en informatique, compte une importante population instruite et parlant anglais qui est susceptible de bénéficier de ces prêts. Si le pays n'emprunte pas à la Banque mondiale ou à l'industrie privée, comment peut-il se procurer les téléphones et les infrastructures électriques qu'exige ce domaine prometteur ? Kocherry affirme qu'il suffit de revenir à des principes économiques fondamentaux ; nous savons tous instinctivement qu'il n'est pas souhaitable de vivre à crédit. « Si vous possédez une technologie, explique-t-il, il se peut que nous vous demandions de nous l'enseigner, mais nous devons payer pour cette technologie. Si elle est au-dessus de nos moyens, nous devrons sacrifier autre chose, acheter d'occasion vos versions plus anciennes ou attendre de pouvoir nous l'offrir. C'est la seule manière pour un pays de se tenir debout. Il n'y a pas d'autre moyen. »

Les pêcheurs du Kerala se sont tenus debout assez fermement pour venir à bout d'obstacles apparemment insurmontables : les financiers internationaux, les politiques économiques nationales et mondiales, les énormes pressions du marché et les demandes pour leur ressource. Ils veillent à la défense de leurs intérêts comme ils l'ont toujours fait. Mais les longues années d'exploitation et la présence (contrôlée, certes, mais continue) des chalutiers ont causé du tort aux pêcheries du Kerala, dont la taille a diminué de moitié et qui se sont tellement détériorées que des efforts plus importants devront être déployés pour y limiter la pêche et la rendre de nouveau durable. Même dans cet état, elles figurent parmi les pêcheries les plus viables de la planète, comme l'attestent les étals de marché grouillant de homards tachetés, d'énormes stromatées, de crabes, de barracudas, de bonitas et d'espadons, tous pris grâce à des technologies d'une simplicité désarmante. Si simples, en fait, que l'on comprend qu'il ne sert à rien d'additionner bêtement les revenus en argent des résidants d'un pays pour en déterminer le PIB, méthode utilisée pour déterminer l'état d'un pays mais qui ne rend pas compte de la façon dont les citoyens vivent en réalité.

Au Kerala, l'argent ne représente qu'une petite partie du budget d'une famille. Des noix de coco, des mangues et des bananes poussent dans tous les jardins et le long de toutes les routes, où chacun peut les cueillir. L'eau douce est aussi abondante. Les porcs et les poulets (pour ceux qui mangent de la viande) ne requièrent pas non plus d'investissements importants. Les pêcheurs ne paient pas de loyer pour le terrain où s'élève leur hutte, qui est faite de matériaux gratuits. Un soir d'hiver, au coucher du soleil, sur la plage, à quelques kilomètres du quartier général de Kocherry, un groupe de pêcheurs achevaient d'enrouler leurs filets et de recouvrir leurs bateaux pour la nuit. L'eau est dangereuse près de ces rives, car le sol présente une brusque dénivellation tout près de la plage, aspirant ceux qui s'aventurent dans les vagues. Mais un homme entrait et sortait de l'eau, tout au bord de la pente, faisant le geste d'attraper quelque chose puis repartant en courant avant que la prochaine vague ait pu l'atteindre. Chaque fois, il émergeait avec une pleine poignée de poissons. Quand il en a eu rempli un petit sac de plastique, nous avons demandé aux autres pêcheurs s'il s'agissait là d'une pratique courante. « Oh oui !, nous ont-ils répondu, rayonnants. Ces poissons font un excellent cari ! »

Le cœur de la mer

> *Ça ne signifie peut-être pas qu'on pêche moins, mais ça signifie qu'on ne pêche pas n'importe où.*
>
> BILL HENWOOD, Parcs Canada

Les utilisateurs des ressources marines du Kerala ont dû se concerter et poser des gestes courageux pour protéger leurs pêcheries. Aujourd'hui, toutefois, les actions locales ne suffisent plus : les ressources de la planète ont besoin de règlements de protection. Au cours des dernières années, on a enfin commencé à appliquer aussi sous l'eau les politiques de préservation qui aident à protéger les forêts et la bio-diversité. On compte un nombre croissant de réserves marines nationales et internationales, des méthodes permettent de recenser les produits écologiquement sains et de punir les contrevenants ; il existe même des équivalents des « cœurs, corridors et carnivores » terrestres. Tout cela est dû aux études scientifiques qui, bien qu'elles en soient toujours à leurs balbutiements en ce qui a trait aux océans et aux effets qu'y a l'activité humaine, aboutissent aux mêmes conclusions.

Les recherches rendues publiques par le National Center for Ecological Analysis and Synthesis des États-Unis révèlent notamment que la densité moyenne de la population des créatures marines est 91 % plus élevée à l'intérieur des quelques zones protégées qu'à l'extérieur. De plus, les créatures qu'on y trouve sont 31 % plus grandes et la diversité des espèces y est 23 % plus élevée. Dans un ouvrage récent, *Fully Protected Marine Reserves : A Guide*[6], Callum Roberts et Julie Hawkins notent que même des réserves minuscules, comme celle de Hol Chan au Belize, peuvent avoir un impact important. Cette dernière a été créée en 1987, quand on a interdit toute pêche sur un territoire de 2,6 kilomètres carrés afin de contrer les dommages causés par la surpêche et la destruction des mangroves près de la rive. Quatre ans plus tard, ce petit sanctuaire à l'abri des prédateurs humains avait multiplié par six la biomasse de poissons des récifs. Ces populations n'ont pas fait que se répandre dans la pêcherie : ils ont attiré les touristes et les plongeurs en si grand nombre que ceux-ci ont commencé à abîmer les récifs dans leur hâte à admirer les poissons. Les législateurs ont alors compris qu'il convenait d'agrandir de telles réserves, ce à quoi ils travaillent aujourd'hui.

La De Hoop Marine Protected Area (MPA) en Afrique du Sud, qui couvre plus de 50 kilomètres de littoral et s'étend jusqu'à trois kilomètres des côtes, protège six des espèces les plus lourdement exploitées de la région, qui sont victimes de la pêche à la ligne sportive et commerciale ainsi que de la pêche à la senne et à la drague. Le nombre de poissons à l'intérieur du parc a décuplé (une augmentation de 1 000 %) depuis la création de la réserve en 1985, et, bien sûr, comme les poissons ne restent pas sur place, les pêcheries sportives et commerciales contiguës à la MPA en bénéficient directement. Au Kenya, depuis la création, il y a 13 ans, du très modeste Mombasa Marine National Park, dont la superficie n'est que de 10 kilomètres carrés, la biomasse de poissons à l'intérieur du parc est de cinq fois supérieure à celle des poissons à l'extérieur, là où la pêche est permise. On a dû instaurer des patrouilles nocturnes pour mettre le holà au braconnage. Les poissons attrapés immédiatement à l'extérieur du parc n'en sont pas moins 25 % plus nombreux que ceux pêchés plus loin, situation qui a mené à un système d'ancienneté chez les pêcheurs de l'endroit, dont les plus fortunés peuvent s'installer à proximité de la réserve. Autre bénéfice prévisible : un rééquilibrage de la composition des espèces qui forment les populations. En effet, les oursins étaient en train de détruire les récifs coralliens, mais une augmentation du nombre des prédateurs d'oursins (balistes, poissons empereurs) à l'intérieur du parc a amélioré l'état des récifs.

De nombreux autres exemples attestent le même phénomène. Larry Pynn, auteur d'une série de cinq articles extrêmement bien documentés et consacrés aux aires marines protégées, publiés dans le *Vancouver Sun*, note ceci : « Personne ne prétend que les réserves marines soient la seule réponse aux problèmes qui affligent depuis longtemps les réserves de poissons [...]. Mais une abondance de preuves montrent que les réserves marines — pas uniquement une ou deux d'entre elles, mais un réseau comprenant tous les écosystèmes — font partie intégrante de la gestion des pêcheries. » En fait, une déclaration signée en 2001 par 161 des scientifiques de la vie marine les plus réputés se terminait par ces mots : « Les réserves marines sont bénéfiques pour la conservation et la biodiversité [...] et l'information dont nous disposons suffit à justifier leur création immédiate. »

La clé, évidemment, est de connaître assez bien les océans pour savoir quelles parties il convient de protéger. En plus des célèbres récifs de corail, des forêts de varech et des mangroves, il y a des lagons boueux, des herbiers, des estuaires, des bancs de sable, des îles, des jardins interrécifaux et, le long de nombreuses côtes, des marécages où l'eau de mer cède la place à l'eau saumâtre puis à l'eau douce. Tous sont les pouponnières de l'océan. Comme beaucoup d'espèces de poissons, telles que le saumon et le bar rayé, doivent se déplacer au cours de leur cycle de vie, il est possible que la protection d'un territoire où vivent les adultes ne suffise pas à assurer la protection de l'habitat des alevins. Par exemple, les poissons empereurs rouges pondent leurs œufs près des récifs au large, puis les œufs sont apportés par la marée dans des nourriceries et les poissons ne retourneront vers les récifs du large qu'à l'âge adulte. Poisson hautement prisé par les pêcheurs sportifs, la perche barramundi vit dans les cours d'eau des îles et ne s'aventure dans l'océan que pour frayer et se nourrir à la saison des pluies. Jon Day, directeur de la conservation, de la biodiversité et du patrimoine mondial pour les autorités du parc marin de la Grande Barrière de corail du nord-est de l'Australie, affirme : « Bon nombre de ces biorégions ne sont pas sexy, mais si on ne les protège pas, alors on n'est pas sérieux quand on prétend protéger les récifs de corail. »

Les corridors océaniques

> *On nous a dit que nous entravions le droit de pêcher des gens. Mais qu'en est-il du droit de voir des créatures marines ? Pourquoi les gens qui voudraient tuer le poisson ont-ils tous les droits ?*
>
> BILL BALLANTINE, Leigh Marine Preserve,
> Nouvelle-Zélande

De plus en plus de pays en arrivent à la conclusion qu'il faut créer en mer des zones semblables à celles que l'on délimite sur terre, et ils étudient le modèle adopté dans le parc des Adirondacks, qui compte un cœur où nul n'a le droit de prendre quoi que ce soit, puis des zones protégées et entourées de cercles de plus en plus permissifs où la pêche à la ligne, le tourisme et même la drague commerciale sont permis. De telles zones seraient idéalement reliées à d'autres par le biais de corridors puisque, comme les aigles et les ours, les poissons se déplacent. L'ONG canadienne la plus énergique dans ce domaine, la section britanno-colombienne de la Canadian Parks and Wilderness Society (CPAWS), cherche ainsi à créer un réseau de réserves marines le long de la côte ouest de l'Amérique du Nord, du Mexique jusqu'à l'Alaska, semblable au projet Y-2-Y sur terre. À l'intérieur de l'écosystème extrêmement productif du détroit de Georgie, la Georgia Strait Alliance milite, avec une coalition internationale, pour la création de l'Orca Pass International Stewardship Area, qui inclurait l'île de San Juan et les îles méridionales du Golfe. Les grands prédateurs qui font la renommée de cette région, les épaulards, ne sont plus que 83 individus. Manifestement, le temps est venu d'agir pour protéger leur habitat.

Le plus spectaculaire des écosystèmes marins, la Grande Barrière de corail australienne, constitue l'un des plus grands succès en matière de réalisation d'un semblable modèle. Le parc qui se déploie sur 2 000 kilomètres — plus que toute la côte ouest des États-Unis — abrite 1 500 espèces de poissons et 350 types de coraux dans plus de 70 habitats différents, l'ensemble couvrant 347 800 kilomètres carrés à une profondeur qui atteint 60 mètres, et parfois à quelque 200 mètres des côtes. L'Australie met au point depuis 1975 un plan visant à protéger cet écosystème en entier. Aujourd'hui, la pêche n'est totalement interdite que sur 4,5 % du territoire, mais les scientifiques cherchent à faire augmenter cette proportion à 20 %. Quiconque a déjà eu la chance d'explorer en tuba la Grande Barrière de corail appuiera ces initiatives. Celle-ci est l'un des joyaux de la planète. Des poissons clowns oranges et blancs se nichent dans les bras protecteurs du corail ; on y voit en outre des palourdes géantes et une multitude de scalaires, de tétras-néons et de poissons perroquets. Ce lieu quasi surnaturel abrite aussi des raies qui ressemblent à des chauves-souris géantes, des jardins d'anémones roses, vertes et bleues qui luisent comme des bijoux, des requins des récifs au nez noir, des chromis bleus et verts scintillants, des bancs de mérous qui forment des murs percés de centaines de bouches ouvertes, qui apparaissent et disparaissent tous dans des forêts coralliennes ondulantes et dentelées de rouges, de bleus, de verts et d'ors, aussi merveilleuses que les créatures qu'elles abritent.

Des quotas de pêche sportive très généreux sont en vigueur dans le parc de la Grande Barrière : les pêcheurs ont droit à trente prises en deux jours, et on n'a que récemment commencé à songer à interdire la pêche en octobre et décembre, périodes de frai. Jusqu'à maintenant, le tout semble fonctionner parce que les poissons sont difficiles à atteindre et qu'il est aussi ardu de se déplacer dans ce parc immense, dont la plus grande partie est très loin de la rive. La beauté du lieu a aussi un poids économique. Comme dans les Adirondacks, le tourisme fait partie intégrante de la gestion du récif ; aussi les pays dont l'industrie touristique est axée sur la mer — et qui conséquemment ont une puissante incitation économique à ce que l'écosystème demeure intact — ont pris des mesures plus rapides et plus étendues en matière de conservation que les plus grands pays comme le Canada et les États-Unis. Il n'en demeure pas moins que, depuis le Great Barrier Reef Park lui-même, on aperçoit une armada de chalutiers à l'horizon qui, comme au Kerala, « rongent le riche plancher océanique », ainsi que le dit Larry Pynn, et même les récifs. Une étude menée par les autorités fédérales australiennes a révélé qu'un seul passage de ces chalutiers emportait 25 % de toutes les créatures vivant sur les fonds océaniques ; après 13 passages, 90 % de toutes les formes de vie ont disparu. Ces chalutiers pêchaient la crevette et, pour chaque tonne de crevettes recueillie, ils rejetaient par-dessus bord de six à dix tonnes de « prises accessoires ». Phil Cadwallader, directeur des pêcheries au Great Barrier Reef Marine Park, demande : « Est-ce approprié dans une zone appartenant au Patrimoine mondial ? Pourtant, pas un politicien n'est prêt à interdire la pêche à la drague dans le parc marin. »

Aujourd'hui, environ la moitié du territoire du parc est interdit aux chalutiers (alors qu'à l'origine seulement 20 % de ce territoire était protégé). Ce resserrement des mesures n'a cependant pas été facile à obtenir. La flotte industrielle avait de nouveau la main tendue dans l'attente de subventions et elle a reçu 7,3 millions de dollars australiens du fédéral en échange de cette restriction du territoire de pêche. Cadwallader raconte que les écologistes de l'endroit ont été scandalisés de voir que les contribuables ont dû payer des gens pour qu'ils acceptent de *ne pas détruire* un territoire appartenant au Patrimoine mondial. Mais il fait remarquer que, puisque le gouvernement avait encouragé les chalutiers à venir pêcher dans le secteur en les subventionnant, il était de son devoir de les aider à en sortir. Le problème est cependant délicat, dans la mesure où une restriction du nombre de chalutiers incite ceux qui restent à raffiner leurs technologies. C'est pourquoi on a prévu des pénalités destinées à dissuader l'industrie d'utiliser des radars plus puissants ou d'autres innovations technologiques. Ces règlements ne sont pas sans rappeler ceux qui imposent l'usage de pinces pour récolter les huîtres en Floride. On ne devrait pas avoir le droit de couper à blanc, de défigurer et de brûler des forêts, de pêcher à la dynamite, d'abattre des cerfs à coups de canon, de voler les œufs des oiseaux et de tuer des femelles enceintes. Presque partout sur la planète, des lois sont maintenant en place pour bannir de telles technologies violentes, qui détruisent la ressource pour tous et pour toujours.

Dans le Great Barrier Reef Park, les amendes en cas de pêche à la drague illégale, qui s'élevaient jadis à 16 000 dollars australiens, atteignent maintenant près d'un million de dollars, et cette pratique peut entraîner la suspension des permis de pêche commerciaux. On impose des limites aux « prises secondaires » et les inspecteurs obligent les crevettiers à se doter des mécanismes permettant aux autres espèces de s'échapper tout en emprisonnant les crevettes. Il y a même des transpondeurs munis de liens satellitaires qui informent les policiers à terre de la position exacte de chaque chalutier. Cadwallader dit avec un petit sourire : « On se plaint de Big Brother [...], mais on n'est pas obligé de se plier à tout ça. Seulement si on souhaite pêcher ici, dans un territoire appartenant au Patrimoine mondial. » Et il va sans dire que l'industrie souhaite y pêcher : les chalutiers ont tendance à s'agglutiner aux limites des réserves marines pour la simple raison que ces réserves produisent des poissons. Mais si les contrôles technologiques mentionnés s'avèrent efficaces, les poissons pourront gagner d'autres lieux, les côtes du pays, par exemple.

Pourtant, ces législations pourraient être invalidées par l'OMC, tout comme les filets permettant aux tortues et aux dauphins de s'échapper ont été interdits. Même les sites du Patrimoine mondial ont été menacés par d'énormes projets industriels, comme nous l'avons vu pour le lagon San Ignacio. Jusqu'à maintenant, l'OMC ne s'est pas attaquée à des aires marines protégées, mais elle pourrait fort bien le faire, à moins que les questions de responsabilité ne soient résolues. Ces aires doivent échapper totalement aux règlements commerciaux si l'on veut s'assurer que les États conservent leurs ressources marines et que celles-ci ne soient pas décimées par des opportunistes.

Une gestion conviviale pour les utilisateurs

> *La clé, c'est une zone centrale consistant en réserves où la prise de poissons est interdite ; ces réserves ne sont que le commencement, le noyau d'un système* [plus vaste].
>
> BILL HENWOOD, Parcs Canada

L'Australie fait figure d'exception car il s'agit d'un grand pays qui compte une proportion respectable d'aires marines protégées. En effet, les pays les plus vastes sont généralement ceux qui possèdent le moins d'aires protégées. Le littoral de la Nouvelle-Zélande, par exemple, ne représente que 6 % du littoral canadien, mais on y trouve seize réserves interdites à la pêche, qui couvrent un territoire total de 762 850 hectares, soit 2 500 fois plus grand que la zone où le Canada protège ses propres ressources halieutiques — ce qui peut expliquer que le Canada ait vu sa morue disparaître et que le saumon soit lui aussi menacé. Parmi les réserves les plus florissantes, beaucoup sont situées autour des îles des Caraïbes.

La Goat Island Marine Reserve, près de Leigh, en Nouvelle-Zélande, est relativement modeste puisqu'elle ne protège que cinq kilomètres de côte et s'étend jusqu'à 800 mètres au large. Malgré sa petite taille, elle accueille jusqu'à 200 000 visiteurs par année (des gens de l'endroit, des adeptes du tuba, des écoliers venus y barboter), mais des écologistes ont d'abord dû livrer une longue bataille contre les pêcheries professionnelles et un petit nombre de résidents suspicieux qui craignaient de perdre leurs privilèges. Les 250 habitants de Leigh sont des Maoris, membres du seul peuple autochtone de la Nouvelle-Zélande. La réserve a bien eu un impact sur leurs droits, mais non sur leurs prises. Les gens de l'endroit ne pouvaient pas toujours pêcher là où ils l'entendaient, mais ils ont eu tôt fait de découvrir une caractéristique des réserves, qui déversent des poissons dans les pêcheries limitrophes.

En 1977, les récifs étaient infestés d'oursins, qui représentaient 30 % de toutes les espèces ; aujourd'hui, ils ne sont plus que 3 % de la population animale, ce qui correspond à la proportion normale. Ici aussi, l'équilibre entre les espèces s'est rétabli avec le retour des prédateurs. Watts raconte : « En tant que pêcheur, je profite des poissons qui sortent de la réserve. La plupart des vieux qui se sont battus contre la réserve ont disparu aujourd'hui. Leurs enfants en comprennent la valeur. » Grâce à cet appui des résidants, il est plus facile de faire respecter les règlements, ce qui est toujours délicat dans une réserve où les effectifs manquent ; ce sont maintenant surtout les pairs qui s'en chargent, puisque le parc national est vu comme une propriété de la communauté qui permet à tout un chacun de gagner sa vie.

Les vrais utilisateurs qui souhaitent pouvoir profiter d'une ressource pendant des années à venir semblent accueillir avec bonheur une gestion intelligente. Pourtant, quand il a examiné exhaustivement les aires marines protégées, Pynn n'en a trouvé aucune qui était parfaite. Les États-Unis font particulièrement mauvaise figure, car ils permettent la pêche et la drague presque partout dans leurs réserves, qu'ils traitent souvent davantage comme des Club Med pour les vacanciers que comme des nourriceries pour des espèces rares de baleines et de poissons. Le sanctuaire de baleines de Maui (Hawaii), notamment, a bien une valeur éducative et scientifique, et la pêche à la ligne que l'on autorise ne semble pas affecter les baleines outre mesure, mais ces dernières disposent de bien peu de protection contre les flottes de navires pleins de touristes venus les admirer ou les amateurs de pêche ou de voile, qui serrent de près les créatures pendant qu'elles tentent de mettre bas ou d'allaiter leurs petits. Pour sa part, le Canada — qui possède le plus long littoral du monde — semble en proie à la paralysie. En plus des problèmes de compétence habituels, le pays multiplie les analyses afin de déterminer les sites idéaux, sans mettre en place de véritables mesures de protection. On constate néanmoins que même des réserves moins que parfaites, comme celle de Maui, ont des effets bénéfiques : le nombre de baleines à bosse qui viennent y passer l'hiver augmente peu à peu.

Et les choses changent. À l'été 2001, Jeb Bush, gouverneur de la Floride et frère du président américain, a annoncé une nouvelle addition à la série de réserves marines de la planète — 150 milles marins carrés de « spectaculaires coraux en eau profonde et de sites de ponte critiques pour les poissons : la Tortugas Marine Reserve, la plus grande réserve marine permanente de l'histoire des États-Unis [7] ». Cette réserve comprend des kilomètres de blé de mer et de mangroves ainsi que des récifs de corail, et il sera interdit de pêcher ou de cueillir quoi que ce soit sur tout son territoire. Toutes les créatures marines y sont protégées, du plancton, du corail et des larves jusqu'aux homards, en passant par les éponges et les barracudas. Une section sera ouverte aux plongeurs, une autre aux navires détenteurs d'un permis les autorisant à la traverser. La réserve est même dotée d'une zone tampon destinée à amoindrir l'impact de la pollution de l'eau due aux substances que déversent les bateaux. Les plus hauts échelons du gouvernement, soit le Congrès et la National Oceanic and Atmospheric Administration (NOAA), ont mis au point le plan de gestion en tenant compte des précédentes stratégies de préservation « en damier », lesquelles se sont révélées insatisfaisantes. Cette nouvelle décision repose entre autres sur des motifs économiques. Comme l'explique Cat Lazaroff, du Environment News Service, « puisque l'économie des Keys de la Floride est si intimement liée à un environnement marin sain, [l'ancienne] approche au cas par cas aurait mené à un effondrement économique[8] ». La gestion holistique s'impose d'elle-même : l'État de la Floride, le plus grand utilisateur, voit dans cette nouvelle réserve non pas une entrave à sa croissance économique, mais une assurance de revenus à venir, pour peu que l'État s'engage à se faire le gardien de ses ressources.

Les carnivores marins

> *Le message de l'albatros : la culture de consommation s'immisce partout. Des récifs coralliens blanchis par le soleil aux eaux glaciales du pôle, pas un lieu, pas une créature n'y échappent.*
>
> CARL SAFINA, « Cry of the Ancient Mariner »

Ornithologue marin et directeur du projet Living Oceans de la société Audubon, Carl Safina raconte un voyage saisissant à l'atoll de Midway, où il a pu se livrer tout à son aise à son occupation favorite : l'observation d'oiseaux marins rares. C'est en effet là que vivent quatre cent mille albatros de Laysan, au beau milieu du Pacifique Nord. Safina s'y est rendu juste après la saison de la reproduction pour observer les parents qui « arrivent en planant avec leurs ailes de deux mètres [...], après avoir parcouru quelque 3 000 kilomètres sans s'arrêter » pour retrouver leurs petits. Ils nourrissent leurs oisillons pendant une dizaine de minutes avant de s'envoler de nouveau. Safina décrit leurs « yeux magnifiques, sombres, ombrés de pastel » et leurs cris (« Eh-eh-eh ! ») tandis qu'ils cherchent leurs oisillons. Il évoque l'émotion qui l'a envahi alors qu'il admirait une mère nourrir son petit en régurgitant dans le bec béant de celui-ci de la nourriture, œufs d'oiseaux, calmars, jusqu'à ce qu'elle s'étouffe avec une brosse à dents de plastique verte qui s'était coincée dans sa gorge et qu'elle n'arrivait pas à expulser. Safina raconte qu'il avait du mal à ne pas détourner les yeux et il explique : « Dans le monde d'où viennent les albatros, ils avalaient des morceaux de bois flottant pour gober les œufs de poisson qui y étaient fixés. Ils utilisent la même stratégie avec nos brosses à dents, nos bouchons de bouteille, nos filets de nylon, nos jouets et tous les autres détritus flottants. Quand un oiseau meurt, il arrive souvent qu'un tas de bouts de plastique colorés qui se trouvaient dans son estomac marque sa tombe. »

Carnivores, les albatros occupent une position élevée dans la chaîne alimentaire. Ainsi, non seulement ils ingèrent des objets qui leur paraissent ressembler à des œufs ou à des poissons, mais ils concentrent aussi des produits chimiques dans leur chair. À titre de prédateurs, leur santé est révélatrice de celle de l'écosystème dans son entier. En mer comme sur terre, ce sont d'abord les prédateurs qui disparaissent. Les créatures les plus volumineuses, telles que les épaulards, les flétans, les thons, les espadons, les barracudas, les requins, les albatros et les balbuzards, sont toutes en danger, comme les grands animaux qui vivent sur terre, non seulement à cause de la prédation des êtres humains, mais aussi en raison de la contamination de leur nourriture. La situation est grave car, à la manière des loups, des lions et des coyotes, les prédateurs marins jouent un rôle-clé dans l'équilibre des écosystèmes, dont ils contribuent à maintenir la productivité. La loutre de mer offre sans doute le premier exemple scientifiquement accepté de gestion écologique du haut vers le bas. Chassées sur la côte ouest du Canada pour leur fourrure et aussi parce que les pêcheurs les considéraient comme des rivales s'attaquant à leurs prises, les loutres de mer furent presque décimées, ce qui a failli mener à l'effondrement de la pêcherie tout entière. En effet, débarrassé de ses ennemis naturels, l'oursin, mets de prédilection des loutres, s'est mis à proliférer et a commencé à détruire la forêt de varech au grand complet. Avec cette dernière, des dizaines d'espèces de poissons ont vu s'évanouir leur habitat et elles ont disparu elles aussi de la région. Quelques années seulement après que des lois eurent été adoptées pour protéger les loutres, les populations d'oursins avaient recouvré un niveau normal, les forêts de varech étaient revenues et, avec elles, les prises des pêcheurs.

Il est donc plus important qu'il n'y paraît à première vue d'étudier les causes du déclin d'un prédateur marin tel que la macreuse de la côte ouest, un canard qui se nourrit de moules, et d'apprendre à le protéger. Deborah Lacroix, écologiste de la faune à l'université Simon-Fraser à Vancouver, en Colombie-Britannique, a découvert qu'un seul de ces canards peut manger plus de 4 000 moules par jour ; en pêcheurs avertis, ils ne prennent que les mollusques de taille moyenne et « cultivent » un endroit où ils reviennent chaque année pour prélever les moules d'un an ou deux, laissant sur place les jeunes et les moules les plus grosses, qui sont difficiles à avaler. Et ce geste, plutôt agréable pour les macreuses, nourrit la biodiversité le long du littoral tout entier en permettant à d'autres créatures, comme les berniques et les algues, de prospérer, tout en faisant vivre d'autres oiseaux de mer qui suivent les macreuses afin de se régaler de leurs restants.

Comme les moules, leur mets préféré, sont des bivalves qui emmagasinent les toxines et les métaux lourds, la santé des macreuses est un indicateur des niveaux de contamination du littoral. Or des études montrent que les concentrations de produits chimiques dangereux — du tributylétain, notamment, qu'on utilise pour empêcher les berniques de se fixer aux coques des navires, ainsi que des hydrocarbures aromatiques polycycliques (HAP) et du cadmium issus de la combustion de carburants fossiles — sont 200 fois plus élevées chez les macreuses que chez d'autres oiseaux marins. Maintenant que nous avons compris qu'il nous faut protéger les organismes qui occupent le haut de la chaîne alimentaire, comme les macreuses, nous nous trouvons du coup à protéger les moules, les autres oiseaux et poissons de la région — et nous-mêmes. C'est une nouvelle indication qui révèle que les aires marines protégées peuvent jouer un rôle plus important que de contribuer simplement à la santé et à la productivité des créatures marines.

Terre et mer

> *Le fleuve Mississippi, dont le limon continental constituait jadis des marécages fertiles dans son delta, répand aujourd'hui dans le golfe du Mexique une zone morte — presque dépourvue de vie marine — de la taille du New Jersey.*
>
> Carl Safina, « Cry of the Ancient Mariner »

Si les prédateurs marins et les autres créatures aquatiques pâtissent, c'est à cause de la gravité. Presque tout ce qu'on jette finit par se retrouver à la mer. Tout le monde a entendu parler des seringues et des autres déchets biomédicaux rejetés sur les plages par les vagues, et des bateaux remplis de déchets toxiques qui errent de pays en pays sans pouvoir mettre l'ancre nulle part, jusqu'à ce qu'ils finissent par larguer leur cargaison par-dessus bord. Cela illustre bien pourquoi il faut à tout prix cesser d'utiliser certains types de produits chimiques et de manufacturer certains articles, et pourquoi le tri et l'évacuation des déchets sont devenus des enjeux environnementaux cruciaux. En vertu d'un traité de l'ONU sur la pollution marine, il est interdit de jeter à la mer les types de plastique qui se retrouvent dans le ventre des jeunes albatros, mais il est difficile de faire respecter les termes de ce traité. Bien que les déversements (accidentels ou non) en provenance de navires aient des effets destructeurs sur les oiseaux, les mammifères marins et les poissons, le pire ennemi des récifs coralliens, des forêts de varech et des autres écosystèmes dont dépend la vie des océans se trouve sur *terre* : il s'agit de l'agriculture industrielle moderne. Cette donnée prise en compte, il devrait être assez simple de trouver la solution au problème de la pollution marine.

Larry Pynn affirme que l'agriculture est le « problème fondamental » qui est responsable de la dégradation du littoral. En effet, les pratiques agroalimentaires entraînent le déversement de grandes concentrations de fumier dans les cours d'eau. C'est ce fumier qui a pollué la baie de Chesapeake à un point tel que les micro-organismes jadis inoffensifs qui y vivaient sont devenus toxiques et se nourrissent maintenant de la chair des poissons. Les fleuves emportent jusqu'à la mer les herbicides, les pesticides et les autres produits chimiques mortels destinés à tuer des animaux et des végétaux. Les pratiques agricoles industrielles causent l'érosion des sols, et ceux-ci finissent aussi par se retrouver à la mer. Enfin, à cause des barrages et des digues, les deltas des fleuves n'emmagasinent plus le limon et ne purifient plus l'eau. Partout sur la planète, les eaux de ruissellement coulent dans l'océan sans avoir été filtrées ; aux États-Unis, ce phénomène est responsable de la formation de la célèbre Zone morte dans le golfe du Mexique. Même l'Australie, pays beaucoup moins peuplé, rejette 23 millions de tonnes de sédiments, lesquelles contiennent 77 000 tonnes d'azote et 11 000 tonnes de phosphore, à proximité de ses récifs coralliens. Ces produits toxiques affectent directement la vie marine, mais l'effluent lui-même étouffe le corail vivant, générant un excès d'algues et de phytoplancton qui diminuent la quantité de lumière que reçoit le corail. Lorsque nous avons présenté les doubles dommages que comportaient certaines pratiques non durables, nous aurions pu aller plus loin encore ; voici une illustration des multiples dividendes qu'offre une pratique durable : l'agriculture biologique ne contribue pas uniquement à préserver ce qui vit sur terre, elle protège aussi les estuaires et conserve la vie marine.

L'agriculture biologique, qui n'emploie pas les produits toxiques et les combustibles fossiles qui tuent toutes les créatures vivantes, des aigles aux papillons en passant par les poissons, contribue à retenir le sol et empêche ses sédiments fertiles d'aller se perdre dans la mer. Elle construit des cellules saines chez les êtres humains comme chez les animaux, cellules dépourvues de forte concentration de cancérigènes, tout cela sans détruire les matières premières de la vie, l'eau douce, l'air, le sol et les océans. Si elle est moins chère, moins compliquée, et nécessite moins de carburant et aucun produit chimique ruineux, elle exige toutefois plus de travail — ce qui, ainsi que le monde semble de nouveau prêt à le voir, est plutôt souhaitable. Et, comme nous l'avons vu, quand elle est pratiquée correctement, l'agriculture biologique se révèle, à brève échéance, aussi productive que les méthodes industrielles ; à long terme, elle est incomparablement *plus* productive. Elle connaît en outre une croissance remarquable (plus de 20 % par année), ce qui est fort encourageant non seulement pour les sols et l'eau douce, mais aussi pour les mers.

L'aquaculture est un autre type de culture, le plus souvent industrielle, susceptible de venir en aide ou de nuire à l'écosystème. Depuis les années 1950, on a cru que la « culture » ou l'« élevage » dans les océans seraient à l'avenir des stratégies obligées pour produire des poissons, des homards, des crustacés et même du varech et des algues. L'aquaculture existe bel et bien aujourd'hui, et on peut élever des mollusques assez sûrement et durablement, comme nous le prouvent les fermes ostréicoles ; pour ce qui est des crevettes et des poissons, toutefois, l'élevage pose de sérieux problèmes. Comme l'explique Carl Safina dans « Cry of the Ancient Mariner » : « La plupart des piscicultures utilisent de grandes quantités de poissons sauvages peu chers pour nourrir un plus petit nombre de crevettes et de poissons [que ce que la nature produirait normalement avec la même quantité de nourriture]. » Et les élevages industriels de poissons et de crevettes occasionnent souvent des dommages permanents aux littoraux où ils sont situés. Au Bangladesh, en Thaïlande et en Inde, où on élève les crevettes pour les exporter à des consommateurs étrangers bien nantis, les maladies et la pollution limitent le plus souvent la durée de vie moyenne d'une pisciculture à une période de cinq à dix ans. Les entreprises continuent ensuite leur chemin, détruisant de nouvelles mangroves et de nouvelles pêcheries locales au profit de lagons où l'on élève les crevettes pour récolter des profits à court terme. Ce problème est devenu si criant que la Cour suprême de l'Inde a récemment promulgué une loi interdisant à l'industrie de la crevette de se répandre davantage sur toute l'étendue de la côte [9].

On a découvert que certaines des maladies qui causent des ravages dans les pêcheries sauvages viennent de ces piscicultures, ce qui révèle que l'aquaculture ne s'intègre pas aux systèmes naturels et qu'elle produit déjà des doubles dommages. Des espèces étrangères à un habitat donné — des saumons de l'Atlantique dans des enclos du Pacifique, par exemple — posent de graves dangers aux poissons indigènes ; c'est pourquoi elles ne devraient pas être élevées à l'extérieur de leur territoire naturel. La majorité des ichtyologistes estiment que les poissons génétiquement modifiés — auxquels on a le plus souvent administré des hormones de croissance humaines pour accélérer leur développement — constituent une option qui ne devrait même pas être envisagée, puisqu'ils présentent des problèmes de santé (notamment sur le plan de la reproduction) susceptibles de contaminer des populations sauvages tout entières, dont ils pourraient détruire la viabilité à jamais[10].

Pour peu que l'on fixe des normes et des objectifs adéquats, Safina croit cependant que certains types de pisciculture pourraient produire des résultats intéressants. Il cite en exemple les élevages de saumon du Maine, bien administrés, où l'on produit des poissons indigènes dans des rivières — même si cette pratique consistant à immerger des cages dans des cours d'eau peut enlaidir ceux-ci et même s'il faut surveiller avec soin les déchets produits. « En général, soutient-il, les piscicultures fonctionnent mieux à l'intérieur, dans les terres, avec des espèces végétariennes telles que le tilapia », ou des carpes ou des poissons-chats, qui n'ont pas à être nourris de poisson sauvage. En outre, les eaux usées peuvent alors être purifiées avant d'être rejetées, ce qui réduit les risques de maladie et les problèmes d'écoulement. Safina fait remarquer qu'on ne pourra jamais remplacer la riche variété de créatures comestibles qu'abritent les mers par la minuscule fraction d'espèces susceptibles d'être élevées en captivité. « L'aquaculture ne comblera pas nos besoins et risque de limiter nos choix si nous nous concentrons sur cette solution, plutôt que de prendre soin de ce qui vit dans la nature à l'état sauvage[11]. »

Safina n'est pas végétalien, peu s'en faut. Fervent pêcheur, il est un grand consommateur de poissons et de fruits de mer. Il explique : « Je crois qu'on a le droit d'utiliser ce qui se trouve dans l'océan, ce qui se trouve dans l'environnement immédiat. Mais on n'a pas le droit d'épuiser ces choses. » Et il existe maintenant des moyens pour ce faire. Audubon a publié un ouvrage intitulé *Guide to Seafood* (Guide des poissons et fruits de mer) qui décrit la multitude de poissons disponibles, indiquant pour chacun si les populations sont peu abondantes, stables ou nombreuses, et si les prises accessoires et les problèmes environnementaux découlant de leur pêche ont un effet négligeable ou important sur les autres espèces et écosystèmes. Ce guide compte bien peu de feux verts : on souligne que les poissons sont des créatures sauvages et que les créatures marines sont, sur la planète, les derniers animaux sauvages assez nombreux pour être « chassés » à grande échelle — ce qui laisse deviner ce qui les attend dans l'avenir. Chez les espèces vivant dans l'océan, mahi-mahis, sébastes, flétans, maquereaux, calmars, crabes et bars rayés devraient plutôt bien s'en sortir même si nous en consommons occasionnellement.

Il est troublant de constater le nombre de poissons qui abondaient il y a vingt ou trente ans et qui sont maintenant en danger : la morue-lingue, la rascasse, la morue et le thon (jadis omniprésents), le délicieux rouget, le tassergal qui coûtait deux fois rien, et la perche de mer, qui ne fut que brièvement disponible, ont tous été victimes d'une surpêche qui a presque entraîné leur disparition. Mais, comme le souligne Safina : « Dans presque tous les cas, les espèces récupèrent rapidement, en une dizaine d'années environ, quand nous ne les attrapons pas plus vite qu'elles peuvent se reproduire. »

Un instrument permettant d'influencer le marché est apparu au moment où le besoin s'en faisait ressentir. La première norme mondiale pour l'étiquetage des poissons a été mise au point par le Marine Stewardship Council, de concert avec le Fonds mondial de la nature et Unilever, géant de l'alimentaire. Le label Fish Forever ainsi développé incitera les consommateurs à acheter, de préférence, des produits tels que la langouste de l'ouest de l'Australie et le hareng de la Tamise (Royaume-Uni). Plus d'une centaine des principaux grossistes en poissons américains (dont Whole Foods Market, Legal Sea Foods et Shaw's) se sont engagés à acheter auprès de sources certifiées. Il existe aussi des labels « Turtle Safe » qui identifient les crevettes ayant été pêchées à l'aide de filets munis de dispositifs permettant aux tortues de s'échapper. Bien qu'ils ne soient plus obligatoires aux États-Unis en raison d'une infâme décision de l'OMC, ces mécanismes sont toujours utilisés par quelques chalutiers en Georgie. Une campagne similaire faisant la promotion du thon pêché par des méthodes sans danger pour les dauphins a entraîné une réduction spectaculaire du nombre de décès chez ces derniers : 97 %. Il existe même une nouvelle entreprise, Ecofish, qui livre à domicile des poissons appartenant à des espèces gérées de manière durable, sélectionnés en fonction du statut des populations, du niveau de prises accessoires et de l'impact environnemental de la pêche. Cette entreprise de la Nouvelle-Angleterre donne 25 % de ses profits avant impôt à des initiatives visant la conservation de la vie marine partout sur la planète[12]. Nous atteignons un stade où les consommateurs de poissons, en ne choisissant que des poissons appartenant à des espèces gérées de façon durable et pris à l'aide de moyens responsables sur le plan écologique, pourront contribuer à la conservation et à la protection de la ressource, comme l'ont fait les consommateurs de produits du bois certifiés qui ont aidé les militants à préserver d'immenses territoires forestiers partout sur le globe.

Sauvez les baleines — et l'air, et les forêts, et nos aliments

> *La question est la suivante : à quel moment devenons-nous tous des autochtones ? À quel moment devenons-nous des habitants de ce lieu ? À quel moment décidons-nous que nous ne le quitterons pas ?*
>
> BILL MCDONOUGH, architecte et designer « vert[13] »

Des initiatives de conservation marines commencent à apparaître, mais ce n'est pas le moment de se reposer sur ses lauriers. Dans sa série d'articles sur les réserves marines, Larry Pynn cite un exemple : « Sur papier, on pourrait croire que la côte ouest [du Canada] est un chef de file en matière de protection marine. » La Colombie-Britannique a désigné des réserves écologiques, des parcs et des aires de gestion de la faune pour la vie marine, et le gouvernement fédéral canadien a lui aussi établi des parcs nationaux, des parcs marins, des sanctuaires d'oiseaux migrateurs et des aires protégées destinées à la faune. Ottawa a aussi, en théorie, le pouvoir de fermer des pêcheries afin de protéger des espèces particulières pour toutes sortes de raisons, y compris des pressions excessives sur la ressource ou des urgences dues à la pollution. Ces efforts ont cependant meilleure allure sur papier que sur le terrain. Colin Levings et Glen Jamieson, tous deux scientifiques à l'emploi des pêcheries fédérales, s'entendent pour dire qu'« il n'y a pratiquement pas [...] de zones où la pêche est réellement interdite et dont le nombre, la taille ou l'échelle suffisent pour offrir une véritable protection à l'écosystème marin ». Jamieson note que la seule zone où l'on interdit la pêche de manière vraiment efficace est située au large de la prison à sécurité moyenne de William Head, où des gardes armés s'assurent que les embarcations ne s'approchent pas — et il ne s'agit même pas d'une zone protégée. Les autres zones sont régulièrement envahies par des pêcheurs, des embarcations de plaisance et des motos marines ; par ailleurs, ces zones ont une surface combinée qui équivaut environ aux trois quarts de Stanley Park, au centre-ville de Vancouver[14]. Il ne saurait faire de doute que la diversité des océans mérite une meilleure protection.

Il devient évident que, si l'on souhaite garder les richesses dont nous avons besoin (qu'il s'agisse d'une nourriture saine, de bois, d'eau pure ou de poisson), il faut changer la manière dont nous les évaluons et les gérons. Nous devons absolument reconnaître que nous avons non seulement des droits, mais aussi des responsabilités à l'endroit des matières premières de la vie. En perfectionnant l'industrie et la science modernes, nous avons compris qu'en isolant un phénomène ou un produit, il était possible de le manipuler et, ultérieurement, de le monnayer. Or nous découvrons aujourd'hui qu'à moins de prendre conscience des relations invisibles qui unissent toutes choses — les relations, par exemple, entre une société qui jette avec désinvolture des articles de plastique superflus et la mort lente d'une magnifique créature aux yeux violets se trouvant à des milliers de kilomètres plus loin — nos propres vies seront bientôt menacées. Le temps est venu de cesser d'isoler les phénomènes et de commencer à voir leurs liens. Il faut reconnaître que ce que nous faisons sur terre affecte les océans et que ce qui touche les océans nous touche aussi.

Il y a quelques années, un jeune ami du nom de Ken Pizzolito a accompagné Holly Dressel pendant qu'elle se rendait interviewer un expert lors d'une manifestation pour le moins colorée contre les cultures génétiquement modifiées, où les participants s'étaient costumés en épis de maïs mutants et en poissons-tomates. En partant, Pizzolito a raconté qu'il se sentait jadis paralysé en pensant à tous les problèmes qui affligeaient le monde. Il voulait sauver les baleines, mais il prenait tout à coup connaissance de quelque nouveau phénomène terrifiant, tel que le réchauffement de la planète ou la modification génétique des aliments. Il n'arrivait pas à décider lequel de ces problèmes multiples méritait qu'il y consacre son intérêt et ses énergies. « Je me disais : et si je travaille pour sauver les baleines, mais que, comme nous travaillons tous sur des enjeux différents, il n'y a pas assez de monde pour lutter contre le réchauffement de la planète ? Alors les baleines mourraient tout de même, parce que leur habitat serait détruit. Plus je pensais à tous les problèmes environnementaux de la planète, plus je me sentais paralysé. Je finissais par sortir pour aller boire de la bière en masse. Mais aujourd'hui, je comprends que je n'ai qu'à me concentrer sur ce qui me tient le plus à cœur. Si je travaille pour les baleines, je suis en train de lutter contre le réchauffement de la planète, et vice versa. C'est *la même chose*. »

Il n'y a pas de véritable différence entre les problèmes qui touchent les animaux terrestres, ceux qui affligent des carnivores marins comme les baleines et les albatros, et ceux qui affectent les êtres humains. On sait que les PCV dans les plastiques sont aussi nocifs pour les bébés humains que pour les jeunes albatros. Nous sommes aussi des animaux qui habitent ce lieu qu'est la Terre et nous n'avons d'autre choix que d'en manger la nourriture, d'en boire l'eau et d'en respirer l'air, aussi contaminés qu'ils puissent être — à cette différence près que cette contamination est notre œuvre. Maintenant que nous saisissons que ce sont nos choix sociaux et économiques qui ont donné naissance à l'agriculture, à la pêche et à la foresterie industrielles, et que ces choix se fondaient sur des valeurs culturelles, nous avons, en tant qu'êtres humains, le pouvoir de changer les choses. Il nous est possible de choisir d'autres valeurs et d'autres styles de gestion. Partout sur le globe, des millions de personnes sont simultanément en train de prendre conscience de cette réalité. Comme l'explique Bill McDonough, le célèbre architecte « vert » dont nous avons fait la connaissance au premier chapitre, nous commençons à comprendre que nous sommes tous des autochtones sur la planète. Même dans les régions les plus modernes et les plus développées, de plus en plus de gens s'efforcent de vivre comme si leurs actions avaient un effet sur ce qui les entoure, comme s'ils avaient l'usufruit du lieu qu'ils habitent et allaient le transmettre à leurs enfants — comme s'ils étaient chez eux.

CHAPITRE 8

Bras de fer avec Pluton

Réduire la quantité de produits toxiques, purifier l'air

Depuis que nous avons découvert la résistance de métaux tels le cuivre et le fer en forgeant des pointes de flèches, nous nous intéressons aux substances qui se trouvent sous la terre. Or, du cuivre au zinc en passant par l'or et le nickel, et jusqu'au pétrole, au gaz, à l'uranium et au charbon, toutes ces substances sont, directement ou indirectement, nocives pour nous et d'autres formes de vie. Il est intéressant de noter que, dans presque toutes les mythologies humaines, le monde souterrain est un lieu de mort et de danger qui menace non seulement le corps mais aussi l'âme. Pluton, Odin et les nains du monde souterrain, Mars et Vulcain, dieux associés aux métaux que nous extrayons de sous la terre, tous règnent sur de sombres régions où les mortels ne s'aventurent qu'à leurs risques et périls. Si ces braves courent parfois la chance de s'approprier un trésor, ils sont le plus souvent maudits par les esprits du monde souterrain qui ont pour mission de protéger leur butin contre les assauts des voleurs.

Dans une société durable, la nature (biosphère) n'est pas soumise à une augmentation systématique de la concentration de substances extraites de la croûte terrestre.

Première condition
de The Natural Step

Nous avons beau emporter ses trésors au loin, nous ne pouvons échapper à la vengeance de Pluton. Que l'on pompe du pétrole sous les océans, que l'on extraie de l'or des montagnes ou que l'on creuse la terre à la recherche de nickel ou de charbon, les combustibles fossiles et les métaux lourds qu'on va chercher sous la terre empoisonnent les cultures et les arbres, détruisent le système immunitaire et le système endocrinien des enfants, causent des maladies débilitantes et tuent les animaux et les poissons — souvent plusieurs années après que l'argent qu'ils ont rapporté a été dépensé.

Les similarités que présentent les mythes du monde souterrain dans un grand nombre de cultures laissent deviner que nous avons toujours su que l'on ne vole pas impunément Pluton. Mais nous savons aujourd'hui exactement pourquoi cela est vrai. S'il arrive que des mines de charbon s'effondrent ou que des gisements de gaz explosent, ce ne sont pas là les problèmes les plus préoccupants : on découvre peu à peu que les minéraux, le pétrole et les gaz emprisonnés sous la surface de la terre par la biologie, la géologie et le temps sont restés là pour une raison. Libérés, ils risquent d'altérer la constitution de tout ce qui se trouve sur la surface de la planète, y compris l'atmosphère qui la protège.

Contrairement à la planète Mars, qui est dépourvue d'atmosphère, ou à Vénus, perpétuellement enveloppée de vapeur d'eau, la Terre a conservé depuis des millions d'années une température moyenne confortable d'environ 15 °C grâce aux « gaz à effet de serre » qui constituent l'atmosphère : vapeur d'eau, gaz carbonique, méthane et oxyde nitreux, qui agissent tous à la manière des vitres d'une serre. Ces gaz absorbent une partie du rayonnement des longueurs d'onde élevées de l'énergie solaire reçue et le diffuse sur la planète, plutôt que de permettre à cette chaleur issue du Soleil de s'échapper dans l'espace. Si cette couverture atmosphérique disparaissait, la température de la planète chuterait immédiatement pour atteindre -18 °C. La Terre deviendrait semblable à Mars, où l'atmosphère est si ténue qu'elle est incapable de retenir la chaleur, ce qui fait que la température aux pôles est glaciale (-120 °C). À l'opposé, sur Vénus, continuellement enveloppée de nuages d'acide sulfurique et de gaz carbonique qui emprisonnent la chaleur, la température est infernale et atteint 450 °C. Étonnamment, les gaz à effet de serre, qui ont une telle incidence sur le climat, ne constituent que moins de 1 % du volume de l'atmosphère. Ainsi, des changements relativement minimes de leur concentration peuvent avoir des effets disproportionnés sur la température de la planète.

Notre atmosphère n'a pas toujours été ce qu'elle est aujourd'hui. Sa composition a évolué au cours des quatre derniers milliards d'années grâce aux moyens mis en œuvre par des formes de vie élémentaires pour utiliser l'énergie solaire et thermique. Avant l'apparition de la vie sur Terre, le Soleil produisait de 25 à 30 % moins de chaleur qu'aujourd'hui, et la composition de l'atmosphère aurait été toxique pour les formes de vie actuelles. Dépourvue d'oxygène, la source d'énergie qui nourrit toute vie animale, cette atmosphère originelle était riche en gaz carbonique, ou dioxyde de carbone, principale source d'énergie des végétaux. À maints égards, l'énergie est indissociable de la vie : c'est grâce à elle que les organismes se meuvent, croissent et se reproduisent. Depuis leurs débuts au sein des minéraux chauds et des gaz refroidissants dans les océans de la planète, les organismes unicellulaires ont trouvé des moyens de libérer l'énergie des liaisons chimiques des substances qui les entouraient. Ces cellules ont réussi à extraire l'énergie de la chaleur qui se déversait de l'intérieur de la Terre, puis à capter les photons de lumière inondant la planète et produits par le réacteur nucléaire qu'est le Soleil. Grâce au développement d'un mécanisme permettant de capter l'énergie solaire et de la stocker en vue d'un usage futur dans les liaisons chimiques de molécules de sucre, les organismes vivants ont gagné la planète tout entière.

C'étaient là les éléments du processus qu'on en viendrait à connaître sous le nom de photosynthèse. Les premières fois que des formes de vie élémentaires ont capté l'énergie du Soleil, elles ont combiné le gaz carbonique avec l'hydrogène présent dans l'eau pour former des anneaux de sucre, émettant ainsi un sous-produit qui a pris la forme de molécules d'oxygène. L'énergie des photons du Soleil se trouvait stabilisée dans les liaisons chimiques du sucre, lequel était ensuite stocké, transporté puis décomposé afin de libérer de nouveau cette énergie au moment opportun. Il s'agit d'un mécanisme remarquable, dans la mesure où il permet à des organismes vivants de capter l'énergie produite par le Soleil et dont la Terre est baignée. Il comportait en outre un double dividende : la concentration de dioxyde de carbone dans l'atmosphère de la planète a graduellement diminué, à mesure que des organismes vivants l'en extrayaient pour l'incorporer en eux. Comme la majorité de ces organismes étaient des plantes, ils produisaient également de l'oxygène sous forme de déchet. Au fil de plusieurs millions d'années, ce processus a transformé l'atmosphère et l'a rendue riche en oxygène, telle que nous la connaissons aujourd'hui.

De grands écosystèmes de phytoplancton, de varech, de mousses, d'herbes et d'arbres se sont peu à peu développés dans les océans et sur les continents ; ils se sont éteints, se sont décomposés et ont été enfouis. Ces restes végétaux ont ensuite été comprimés par des forces géologiques et ont formé, de nouveau au fil de millions d'années, des réserves de charbon, de pétrole et de gaz, les combustibles dits fossiles qui allaient être découverts et exploités bien plus tard par les descendants d'une espèce futée qui évoluerait dans les plaines africaines. Grâce à ce processus d'absorption et d'emprisonnement du carbone, tant la production que la consommation du dioxyde de carbone se sont stabilisées. Si notre atmosphère est demeurée propice à la vie, c'est parce que tous les êtres vivants qu'abrite la planète — le réseau des végétaux, des animaux et des micro-organismes qui forment la biodiversité — ont travaillé de concert pour le maintien de la stabilité de la constitution de l'atmosphère. Notre atmosphère n'est donc pas un acquis dû à la position de la Terre dans les cieux ou à la composition géologique de la planète : elle est plutôt l'exhalaison accumulée de toutes les formes de vie qui habitent le globe. L'air que nous respirons a été créé par elles — et par nous. Les organismes vivants produisent et éliminent le CO_2, ce qui fait que la concentration de dioxyde de carbone est restée remarquablement constante pendant de longues périodes.

Prométhée libéré

Respecter les relations entre l'esprit et la matière.

Principes Hanover

Jusqu'à ce qu'ils apprennent à maîtriser le feu, les êtres humains n'étaient qu'un élément comme les autres parmi ce réseau d'air et de vie. Le feu nous a permis d'atteindre plus efficacement l'énergie stockée dans les aliments et de nous déplacer vers les régions plus froides de la planète, à la découverte de nouveaux écosystèmes à exploiter. Mais la conquête du feu a aussi été la première étape qui a mené à la libération dans l'atmosphère du carbone stocké dans les tourbières, le bois, les huiles animales, le charbon et d'autres combustibles. Même les combustibles les plus simples qui se trouvaient à la surface de la planète étaient susceptibles d'assombrir le ciel et d'affecter notre santé, d'autant plus qu'ils échappaient parfois à tout contrôle, libérant encore plus de carbone à la faveur de feux de brousse ou de forêt ; l'atmosphère était toutefois en mesure d'absorber de telles bouffées soudaines de CO_2. Cependant, lorsque nous avons découvert, lors de la Révolution industrielle, comment fabriquer des machines alimentées par des combustibles fossiles, nous avons commencé à renverser le processus entamé par les végétaux il y a des millions d'années. Loin d'emprisonner le dioxyde de carbone dans des êtres vivants ou de l'enfouir en toute sécurité sous la croûte terrestre, nos machines font tout le contraire. En brûlant des combustibles à base de carbone, elles rejettent le CO_2 dans l'atmosphère. Malheureusement, quand nous avons adopté avec enthousiasme ce processus destructeur d'atmosphère pour en faire la base de la société industrielle moderne, nous ignorions la différence systémique entre ce type d'énergie et celle qui est issue de sources naturelles telles que le Soleil, les animaux et l'eau.

Aujourd'hui, les êtres humains produisent deux fois plus de CO_2 que la biosphère ne peut en absorber ; la concentration de dioxyde de carbone dans l'atmosphère est donc plus élevée de près de 33 % que ce qu'elle était avant l'ère industrielle (de 280 ppm, elle est passée à 360 ppm) et elle continue d'augmenter de 4 % par décennie. Selon Andrew Weaver, climatologiste, des bulles d'air emprisonnées dans les couches annuelles successives de glace en Antarctique révèlent que « notre niveau de dioxyde de carbone est maintenant beaucoup plus élevé qu'à n'importe quel moment au cours des 400 000 [dernières] années[1]. » Tous les combustibles fossiles contribuent à l'augmentation des niveaux de CO_2, mais certains sont pires que d'autres. Le charbon, qui génère le plus de dioxyde de carbone par unité d'énergie, est le plus « sale » d'entre eux. Le pétrole pollue l'atmosphère 20 % moins que le charbon, et le gaz naturel, le plus « propre » des combustibles fossiles, émet 40 % moins de polluants que le charbon.

Aujourd'hui, les transports sont responsables de quelque 40 % de notre dépense d'énergie totale, en partie parce que le nombre de voitures augmente plus vite que la population humaine — à l'échelle de la planète, *dix fois* plus vite. Chaque gallon (3,78 litres) d'essence brûlée crée plus de neuf kilogrammes de dioxyde de carbone, quantité qu'un grand arbre prendrait un an à absorber. Il est étourdissant de tenter de calculer la quantité d'essence que nous brûlons dans nos voitures et le nombre d'arbres nécessaires pour absorber ces déchets. Mais plutôt que de sauvegarder nos arbres pour y parvenir, nous les abattons pour les transformer en carton, en dépliants publicitaires et en emballages jetables que nous empilons quotidiennement dans des dépotoirs et des incinérateurs qui, eux aussi, exhalent du carbone.

Le dioxyde de carbone n'est cependant pas le seul gaz qui présente des dangers : le méthane est un gaz à effet de serre plus puissant encore, et les dépotoirs, les rizières et les flatulences des ruminants (chameaux et vaches laitières, notamment) en produisent d'énormes quantités. Si le réchauffement de la planète devait se poursuivre au rythme actuel, les vastes réserves de méthane emprisonnées dans le permafrost de l'Arctique s'ajouteront aux quantités de méthane dans l'air. Les oxydes d'azote employés en tant qu'engrais par l'agriculture industrielle sont devenus une source importante de gaz à effet de serre. Et une série de nouveaux gaz à effet de serre, les chlorofluorocarbones (CFC), créés par l'industrie et utilisés dans les appareils de réfrigération et les aérosols, ont un potentiel de réchauffement 20 000 fois plus puissant par unité de volume que le dioxyde de carbone. Les CFC sont aussi responsables de la diminution de la couche d'ozone qui protège notre planète, ce qui explique que leur fabrication a été limitée (mais pas complètement suspendue) au cours des dernières années. L'impact de tous ces gaz qui emprisonnent la chaleur s'ajoute à celui du dioxyde de carbone, responsable d'environ 60 % du réchauffement de la planète. En examinant de telles statistiques, on constate rapidement le double dommage que présentent les changements climatiques : nous avons généré des quantités croissantes de gaz à effet de serre en brûlant des combustibles fossiles, tout en réduisant notre capacité de les extraire de l'atmosphère, puisque nous abattons les arbres et détruisons des réservoirs qui pourraient absorber ce dioxyde de carbone.

Des technologies intelligentes

> *Quiconque annonce « Voici la réponse » est un crétin. Il y aura une multitude de réponses. Tout est là. C'est une question de diversité.*
>
> BILL MCDONOUGH, architecte et designer « vert[2] »

La situation peut sembler désespérée, mais tout n'est pas perdu. Nous disposons de dizaines de sources d'énergie, en plus des combustibles fossiles. Seules l'inertie et les pressions exercées par des intérêts pétroliers et gaziers nous empêchent de préserver notre atmosphère d'une catastrophe potentielle. De nombreuses personnes et même des pays entiers réagissent déjà et modifient certaines politiques et pratiques afin d'introduire de nouveaux moyens de produire l'énergie nécessaire à la vie moderne. Dans le nord de l'Allemagne, par exemple, région jadis boisée, les collines déchirées et balafrées au cours de l'ère communiste par d'énormes mines à ciel ouvert produisant de la lignite (un combustible fossile à la combustion particulièrement « sale » qui laisse près des mines de dangereux déchets toxiques cancérigènes) apportent aujourd'hui un nouveau type d'énergie.

Ces collines sont maintenant couvertes d'éoliennes, et l'Allemagne est le chef de file en ce qui concerne cette nouvelle forme d'énergie durable. En 1998, par exemple, l'Allemagne a produit près de 3 000 mégawatts d'électricité éolienne, et dans le land du Schleswig-Holstein les vents comblent 15 % des besoins en électricité. Les ventes mondiales de technologies éoliennes ont atteint 1,5 milliard de dollars en 1997. Le Danemark, second utilisateur d'énergie éolienne, est responsable d'une bonne partie de l'expertise et de la technologie qui font fonctionner éoliennes et turbines, depuis que l'Académie danoise des sciences techniques a déterminé en 1975 qu'au moins 10 % de l'électricité du pays devrait être générée grâce à des éoliennes. Aujourd'hui, l'énergie éolienne représente 7 % de l'électricité consommée par le pays, mais l'objectif national a été révisé : le Danemark a décidé que, d'ici trente ans, la *moitié* de l'électricité que consommerait le pays serait produite par des éoliennes.

À la différence des combustibles fossiles que nous utilisons pour alimenter la plupart de nos voitures et chauffer la plupart de nos maisons, le vent est une source d'énergie gratuite et non polluante, comme le Soleil, véritable source d'énergie qui nourrit toute vie. Bien que l'énergie solaire ne soit pas aussi abordable et aussi disponible qu'elle pourrait l'être si elle bénéficiait des mêmes subventions et des mêmes mesures incitatives que celles accordées au gaz et au pétrole, sa production croît de près de 20 % par année — une augmentation qui ferait saliver n'importe quel courtier. La majorité des Nord-Américains ignorent à quel point les panneaux solaires sont répandus sur les toits en Europe et dans de nombreuses régions du tiers-monde. Les plaques de métal sombre visibles sur ces panneaux sont couvertes d'une vitre absorbant la chaleur du soleil dans le but de réchauffer l'air ou un fluide, de l'eau, par exemple, dans les tubes qui se trouvent à l'intérieur des panneaux. Le fluide peut ensuite être transféré directement à des robinets ou à des tuyaux afin de distribuer de la chaleur dans un édifice. Les panneaux peuvent aussi être utilisés avec des technologies photovoltaïques (PV). Quand la lumière du Soleil frappe un semi-conducteur dans un panneau PV, des électrons sont libérés sous forme d'électricité ; il s'agit d'un moyen presque miraculeux de produire de l'énergie, dans la mesure où il n'y a aucun mécanisme qui s'active, aucune émission, et où l'énergie elle-même est gratuite. Ces panneaux utilisant une technologie solaire active sont largement utilisés en Extrême-Orient, en Inde, en Afrique et en Chine, particulièrement là où des contraintes économiques ou géographiques empêchent le passage de fils électriques perchés sur des poteaux. Au Japon, des tuiles de toit PV ont été spécifiquement conçues afin de respecter l'architecture de certains quartiers dont elles alimentent les demeures en électricité. Des panneaux minces appelés bardeaux solaires peuvent être adaptés à tous les types de toits et pourraient même recouvrir des terrains de stationnement, offrant ainsi une protection aux voitures tout en générant une grande partie de l'énergie dont une ville a besoin. Dans leur ouvrage intitulé *Stormy Weather : 101 Solutions to Global Climate Change*, Guy Dauncey et Patrick Mazza présentent une multitude de plans énergétiques durables et adaptés à chaque pays.

Étonnamment, l'un de ces plans a été élaboré par le gouvernement des États-Unis. En dépit de la répudiation du Protocole de Kyoto sur les changements climatiques et des immenses efforts déployés pour augmenter l'exploration pétrolière, le gouvernement a financé ce que la *Climate Change Gazette* a qualifié de « système [énergétique] solaire le plus avancé au monde [3] ». Solar Two est un programme de 10 mégawatts par lequel du sel en fusion est utilisé pour le stockage de l'énergie solaire, qui est souvent l'obstacle le plus important en matière de technologie solaire. Ses 2 000 héliostats suivent le Soleil, dont ils concentrent les rayons dans un récepteur monté sur une tour haute de 90 mètres, où le sel est chauffé à une température de 574 °C avant d'être transféré dans un réservoir de stockage. Il est plutôt ironique de constater que le ministère de l'Énergie, qui a versé une part des 55 millions de dollars qu'a coûté le projet, est incapable de trouver un marché immédiat pour sa technologie aux États-Unis, parce que les subventions gouvernementales maintiennent les prix du pétrole et du gaz à un niveau artificiellement bas. Il n'en demeure pas moins que beaucoup d'autres pays, dont le Brésil, l'Égypte et l'Espagne, sont intéressés par cette technologie capable de produire jusqu'à 200 mégawatts d'énergie par station, sans effluent, à l'aide d'une source d'énergie gratuite et d'une durée illimitée.

Les édifices solaires passifs, très répandus dans des pays tels que les Pays-Bas et l'Allemagne, jouissent aussi d'une popularité grandissante un peu partout sur la planète. Même au Canada, dans la réserve mohawk de Kahnawake, au Québec, par exemple, on a terminé en 2001 le premier prototype d'habitation à loyer modique en bottes de paille, efficaces sur le plan écologique. En plus des panneaux solaires noirs fixés sur le toit qui servent à chauffer l'eau et une grande partie des pièces, les maisons possèdent de très grandes fenêtres donnant vers le sud et de plus petites vers le nord. Un « dissipateur de chaleur », mur de pierres, de tuiles ou de ciment, capte au centre de la maison la lumière entrant par les fenêtres vers le sud et irradie cette chaleur pendant l'hiver ; grâce à une isolation supérieure, on ne perd pas de chaleur et il n'est nul besoin de climatiser la maison pendant l'été. De plus, on utilise dans de telles constructions des peintures exemptes de polychlorures de vinyle (PCV). Comme la réserve est située sur les berges du Saint-Laurent, un territoire écologiquement sensible, les constructeurs ont aussi aménagé un marais artificiel doté d'un système de lagons remplis de plantes, afin de purifier graduellement les eaux usées jusqu'à ce qu'elles soient suffisamment propres pour être libérées dans l'écosystème.

Même dans les grandes villes, il se passe beaucoup de choses en matière de conservation de l'énergie. En 1990, ce que nombre de Canadiens ignorent, la ville de Toronto s'est engagée à réduire de 20 % ses émissions de CO_2 avant 2005, engagement réitéré par la nouvelle ville fusionnée en 1999 ; on a alloué 23 millions de dollars pour faire de cet objectif une réalité. De concert avec des membres tels que Hydro-Ontario et Enbridge Consumers Gas, le Better Buildings Partnership (BBP), formé en 1996, a commencé à certifier des entreprises afin qu'elles modifient des édifices existants de manière à les rendre plus économes sur le plan énergétique. L'un des premiers édifices à profiter de ce programme a été un immeuble de taille : First Canadian Place, la plus grande tour à bureaux du pays, qui abrite le siège social de la Banque de Montréal. Les coûts des travaux ont été assumés par Olympia and York, propriétaire de l'édifice, qui y a investi 6,5 millions de dollars dans le but d'épargner quelque 19,4 millions de kilowatts-heures d'électricité et de réduire ses émissions de CO_2 de 27 000 tonnes par année. En trois ans environ, les économies d'énergie auront absorbé le coût des travaux, et, au cours des dix prochaines années, First Canadian Place économisera plus de 20 millions de dollars.

La nouvelle voulant que les entreprises puissent épargner de fortes sommes en modifiant leurs édifices s'est répandue rapidement et, en 1999, BBP a formé un partenariat avec Cadillac Fairview pour rénover le Toronto Dominion Center, autre immense complexe à bureaux dessiné par le célèbre architecte Mies van der Rohe. On a dépensé 40 millions de dollars, dont la moitié ont été consacrés à des améliorations écologiques qui ont réduit les émissions de CO_2 de l'édifice de 35 000 tonnes par année, une quantité dont l'absorption aurait nécessité dix millions d'arbres. Les modifications apportées ont épargné suffisamment d'électricité pour alimenter 6 000 foyers, et ce, grâce à des mesures simplissimes : le remplacement de 100 000 appareils d'éclairage afin que ceux-ci puissent recevoir des ampoules économisant l'énergie, ainsi que l'amélioration des systèmes d'isolation, de ventilation, de chauffage et de climatisation. Les économies d'énergie atteignent quelque cinq millions de dollars par année, ce qui signifie que l'investissement consacré à la rénovation — y compris les améliorations « non écologiques » — sera épongé en moins de huit ans.

Même la commission scolaire catholique de Toronto s'est alliée au BBP pour adapter 550 000 mètres carrés d'espace dans ses écoles. Le programme, qui vise d'abord à réduire les coûts (il entraînera une économie de 1,6 million de dollars par an), fera également en sorte que sept millions de kilos de CO_2 ne seront pas libérés dans l'atmosphère chaque année. Au cours de ses cinq années d'existence, le BBP a supervisé 155 projets à Toronto, dont le budget total a atteint quelque 100 millions de dollars. Dans ce cas, les dividendes ne sont pas doubles, mais bien quadruples : 3 000 emplois ont été créés, on a épargné six millions de dollars en coûts d'exploitation, on a éliminé 72 000 tonnes de CO_2 par année — soit un cinquième de l'objectif initial de 20 %. Un impressionnant retour sur un investissement relativement minime en argent et en effort.

Des bombes automobiles

> *Les bénéfices des automobiles pour l'individu sont considérables et bien compris. Les voitures sont cependant, en raison de leur multitude, la source d'un nombre inquiétant de problèmes sociaux communs. Elles causent directement plus de dommages à l'environnement que n'importe quel autre objet de la vie quotidienne.*
>
> ALAN THIEN DURNING, *The Car and the City*

Même si des sources d'énergie durable telles que l'éolien et le solaire sont disponibles et présentent des avantages indéniables, les minifourgonnettes et les véhicules utilitaires polluants et inefficaces qui encombrent les autoroutes des États-Unis et du Canada témoignent des politiques gouvernementales qui subventionnent et appuient l'industrie des combustibles fossiles à tous les niveaux. En matière de transports, le reste du monde industrialisé évolue dans une direction très différente. La Smart de MCC, la Lupo de VW et la A-Class de Chrysler, maintenant omniprésentes dans les villes européennes, font 30 kilomètres au litre avec un moteur à essence classique, et la quasi-totalité des modèles européens sont beaucoup plus petits et moins gourmands que les nord-américains. Mais même en Amérique du Nord, la Toyota Prius et la Honda Insight, hybrides fonctionnant à l'essence et à l'électricité qui sont équipées de batteries qu'un moteur à essence classique recharge et complète, font leur apparition sur les routes. Elles consomment deux fois moins d'essence que les voitures habituelles, et même moins encore en ville, où l'énergie que l'on perd habituellement en freinant est redirigée pour recharger les batteries. General Motors et Ford travaillent à leurs propres modèles, qui devraient être mis sur le marché au cours des prochaines années[4].

Amory Lovins, du Rocky Mountain Institute, a passé une grande partie de sa carrière à mettre au point ce qu'il appelle l'« hypercar », le véhicule personnel le moins énergivore qui soit. Comme la majeure partie de l'énergie dépensée par un moteur à essence sert à déplacer des tonnes de métal, l'hypercar utilise des matériaux mis au point grâce à des technologies de pointe. Comme la Smart et la Lupo, l'hypercar est fait de fibres de carbone légères et résistantes et possède une surface aérodynamique. Mais, à la différence de la Smart et de la Lupo, il est muni d'un moteur hybride à essence et à l'électricité, qui récupère aussi l'énergie habituellement perdue par le freinage pour recharger les batteries. Le prototype déjà mis au point est donc préférable à tout ce qui se trouve sur le marché : il fait *cent* kilomètres au litre et pourrait traverser le continent sans avoir à refaire le plein. Ce qu'il y a de plus intéressant encore, c'est que Lovins travaille aujourd'hui de concert non seulement avec Shell Oil, mais aussi avec le président « vert » de Ford, Bill Ford[5].

Au bout du compte, Lovins souhaite avoir recours à la source de carburant la plus durable de la planète — laquelle, contrairement au pétrole, ne s'épuisera pas au cours des cinquante prochaines années. Il s'agit de l'hydrogène, qui, lorsqu'il est utilisé pour faire rouler un véhicule, n'émet que de la chaleur et de l'eau par le tuyau d'échappement. Plutôt que de brûler le gaz qu'est l'hydrogène, une pile à combustible le fait passer à travers une membrane qui en détache les électrons, lesquels fournissent l'électricité nécessaire au fonctionnement de la voiture. Tous les principaux manufacturiers d'automobiles ont investi des centaines de millions de dollars en recherches relatives aux piles à hydrogène et ils ont promis la mise au point de voitures fonctionnant à l'hydrogène entre 2002 et 2004.

À l'Exposition universelle de 2000 à Hanovre, toutefois, BMW présentait déjà quinze berlines fonctionnant à l'hydrogène qui, bien qu'elles aient fière allure, n'ont pas encore fait leurs preuves de manière concluante. La raison en est que l'infrastructure des postes de ravitaillement, et plus spécifiquement les subventions gouvernementales qui rendraient l'hydrogène concurrentiel par rapport au gaz et à l'essence, manque toujours à l'appel. C'est pourquoi le ministère des Transports de l'Allemagne, de concert avec sept conglomérats pétroliers et voituriers dont BMW, DaimlerChrysler, Shell et Volkswagen, a élaboré une stratégie visant à accroître la part de marché des véhicules à hydrogène pour qu'elle atteigne 2,5 % en Allemagne en 2010 et 30 % dès 2020. Pour y arriver, on éliminera graduellement les subventions dont bénéficie l'essence pour les destiner à l'hydrogène, afin que le consommateur ou le contribuable n'aient pas à pâtir et que l'industrie puisse s'adapter. Il n'y a pour l'instant aucun plan semblable en Amérique du Nord, mais le Canada devra sans doute envisager de telles mesures s'il finit par ratifier le Protocole de Kyoto[6].

Même si des véhicules semblables à l'hypercar et fonctionnant avec des piles à l'hydrogène en viennent peu à peu à remplacer les monstres d'aujourd'hui, inefficaces et polluants, les problèmes que représentent les dangers routiers, le bruit, l'épuisement des ressources et le manque d'exercice continueront de faire sentir leurs effets dans des villes construites en fonction de la voiture. J. H. Crawford, auteur et consultant en design urbain, propose une vision radicalement différente des villes, vision qui pourrait grandement y améliorer la qualité de vie pour les individus et les collectivités. La solution qu'il propose dans son ouvrage *Carfree Cities* consiste à éliminer les voitures en construisant des villes où, peu importe où on habite, il est possible de combler tous ses besoins fondamentaux en se déplaçant à pied, où il ne faut jamais plus de trente-cinq minutes pour se rendre au travail et où le système de transport public est rapide, peu cher et confortable. Il s'agit, à peu de choses près, du modèle européen. En insistant sur la nécessité de repenser les priorités en design urbain afin d'instaurer une meilleure qualité de vie pour les citoyens (et non pour les automobiles), Crawford imagine des cités où les gens se réapproprient les rues et où les quartiers redeviennent des unités sociales vivantes. Selon lui, un bon système de transport urbain devrait permettre aux citoyens de se rendre n'importe où en ville en moins d'une heure, et les trajets ne devraient jamais comporter plus d'une correspondance. Les arrêts d'autobus, les stations de métro et les espaces verts se trouveraient à moins de cinq minutes de marche de n'importe quel foyer et la plupart des édifices ne dépasseraient pas quatre étages. Il évoque la ville de Venise, qui correspond à cette description, adorée à la fois par ses habitants et par ses visiteurs.

Venise est unique, certes, mais il existe beaucoup d'autres villes où l'on peut déjà constater les bénéfices des théories de Crawford. Par exemple, le principal moyen de transport à Groningue — la sixième ville en importance aux Pays-Bas, qui compte 170 000 habitants — est le vélo. On a décrété en 1992 que le centre-ville serait interdit aux voitures, et aujourd'hui 57 % de tous les trajets se font à bicyclette. Tel n'a pas toujours été le cas. En fait, ce recours au vélo a été rendu nécessaire à la suite d'une crise de la circulation automobile dans les années 1970. La situation était devenue si insoutenable qu'en 1977 les urbanistes ont extirpé une intersection à six voies du centre de la ville pour la remplacer par un parc, des trottoirs piétonniers et des voies réservées aux vélos et aux autobus. Ils ont ensuite continué à rétrécir des rues et à en interdire d'autres aux voitures, tout en aménageant des pistes cyclables et de nouvelles maisons qui n'étaient accessibles qu'à vélo. On est allé jusqu'à interdire les centres commerciaux de banlieue. Résultat : il est devenu de plus en plus difficile de conduire une voiture et de plus en plus tentant d'enfourcher une bicyclette. Contrairement à ce que d'aucuns redoutaient, on fait des affaires en or au centre-ville. Les gens reviennent habiter en ville, les loyers sont parmi les plus élevés du pays et les entreprises ont abandonné leur vieux réflexe consistant à s'opposer à la conservation d'énergie, pour faire la promotion de mesures plus sévères à l'endroit des voitures.

La ville de Portland, en Oregon, a trouvé le moyen de se faire aussi peu attirante que possible pour les voitures, et ce, au beau milieu d'une région où l'auto est reine : la côte ouest des États-Unis. Un excellent système gratuit de métro léger au cœur du centre-ville, des terrains de stationnement stratégiquement situés à l'extérieur de la ville, des rues étroites et bordées d'arbres, où autobus électriques, bicyclettes et piétons ont la priorité dans deux voies sur trois, ont eu tôt fait d'inciter les résidants comme les touristes à abandonner leurs voitures pour marcher ou utiliser le vélo ou les transports en commun. Il n'est guère étonnant que Portland possède aujourd'hui l'un des centres-villes les plus séduisants d'Amérique du Nord, regorgeant de piétons qui viennent y prendre l'air ou fréquenter les boutiques, les restaurants et les jolies rues secondaires. De plus, Portland a adopté un système de covoiturage déjà en place dans maintes villes européennes et qui permet à plusieurs entreprises (ou individus) d'utiliser une même voiture. Le véhicule est garé dans un stationnement, d'où on peut l'emprunter un peu comme on emprunte un livre à la bibliothèque. On le réserve, on le rapporte au moment prévu, et une fiche d'inscription permet de calculer les coûts d'essence et d'envoyer les factures à qui de droit.

La ville de Bogotá, en Colombie, offre sans doute la plus grande surprise. Seuls 14 % des résidants possèdent une voiture, mais comme la ville compte sept millions d'habitants, les autos y sont nombreuses. De plus, Bogotá est située à 2 600 mètres d'altitude et nichée dans les Andes, qui empêchent les gaz de s'échapper. Les voitures encombrent les rues et sont laissées sur les trottoirs et, comme dans beaucoup d'autres villes, on y déplore un nombre élevé d'accidents et de décès causés par des autos. Une cinquantaine de personnes sont fauchées par des voitures chaque jour. C'est pourquoi la ville a mis en place, dans les années 1980, une expérience consistant à interdire certaines rues aux automobiles. On a commencé par les dimanches après-midi. Puis, le 24 février 2000, les rues de Bogotá ont été fermées de 6 h 30 à 19 h 30 pour la première journée sans voitures de la ville. Sept millions de personnes se sont déplacées en vélo ou ont emprunté les transports en commun, et 800 000 voitures ont été laissées à la maison. Après ce succès, on a tenu un référendum, où 51 % des habitants de la ville ont appuyé la tenue d'une journée sans voitures tous les jours de la semaine ! La ville a fait tout son possible pour dissuader les gens d'utiliser leur auto, en augmentant les taxes sur l'essence, en interdisant les rues alternativement aux véhicules dotés d'une plaque minéralogique paire ou impaire et en doublant les tarifs de stationnement. On a consacré deux corridors à de rapides autobus articulés et on prévoit que ces corridors seront au nombre de vingt-deux en 2015, de manière à ce qu'il se trouve un arrêt d'autobus à quelques centaines de mètres de tous les foyers.

Ce que cette révolution a de plus remarquable, ce sont sans doute les motifs qui l'ont inspirée. Lors d'une visite au Canada, Oscar Edmundo Diaz, alors conseiller d'Enrique Penalosa Londono, maire de Bogotá, a déclaré : « Nous ne nous préoccupons pas vraiment de l'environnement ; nous avons d'autres soucis. Nous souffrons de problèmes sociaux et d'un manque d'argent. Nous avons dû cesser de construire des autoroutes parce que nous manquons d'argent pour bâtir des écoles [...]. Une ville parfaite nous permettrait d'élever nos enfants sans qu'ils ne soient attaqués par des voitures, sans avoir à perdre des heures en déplacements à cause de l'étalement urbain. L'étalement des banlieues rend les villes d'Amérique du Nord complètement insensées ; alors, nous tentons de créer une nouvelle cité, de donner aux enfants l'environnement dont ils ont besoin. » Il y a un autre objectif, plus profond, à Bogotá : l'égalité sociale. Diaz dit que, quand ils se trouvent côte à côte dans un moyen de transport public, « le président d'une entreprise et la femme de ménage se rencontrent en égaux ; il n'y a pas de hiérarchie là ». En d'autres mots, le règne de la voiture, si agréable à maints égards, si libérateur, a aussi entraîné d'énormes problèmes en créant des zones urbaines invivables, des inégalités sociales et de la pollution. En offrant une solution de rechange à l'automobile, on fait un geste qui a des répercussions beaucoup plus vastes que la purification de l'air et la protection du climat[7].

Comme nous l'avons constaté en Inde avec les méthodes mises au point par Development Alternatives pour confectionner des briques et des tuiles de toit, un grand nombre des principes visant à économiser de l'énergie qui semblent, à première vue, trop idéalistes ou trop utopiques sont aujourd'hui mis en application de façon tout à fait pratique à Delhi, à Bogotá ou à New York. Dans certaines régions de l'Europe, ces principes ont même acquis force de loi. Le changement viscéral et systémique dans notre manière d'appréhender le monde et d'utiliser ses matériaux est manifeste, notamment dans la nouvelle loi de l'Union européenne qui exige que toutes les automobiles soient entièrement recyclables depuis 2002[8] — ce qui explique pourquoi on compte tant de petites Lupos et de minuscules Smart sur les routes. Leur carrosserie de carbone peut être entièrement recyclée, tout comme leur moteur.

D'une certaine manière, l'avenir commence aujourd'hui ; nous disposons de réponses technologiques à nos problèmes modernes les plus épineux. Ces extraordinaires technologies qui entraînent des doubles dividendes respectent tous les critères de la véritable modernité : elles sont propres et durables et peuvent nous fournir l'énergie, la chaleur, la lumière et les matériaux qui nous permettront de conserver le mode de vie moderne qui nous tient tant à cœur. Ce n'est cependant pas parce que nous sommes subitement devenus plus éclairés que nous nous affairons à les mettre au point si vite ; c'est plutôt que nous commençons à être sérieusement inquiets.

Faire ce que l'on dit

> *La véritable durabilité consiste à être rentable tout en répondant à la réalité et aux préoccupations du monde où nous œuvrons. Nous ne sommes pas séparés du monde. C'est notre monde aussi [et] pour être durables, les entreprises ont besoin d'un monde durable.*
>
> John Browne, British Petroleum

Si l'on sait que les produits tirés du sous-sol terrestre détruisent l'atmosphère et nous empoisonnent, si l'on dispose maintenant des technologies pour les remplacer, pourquoi un si grand nombre d'entre nous persistent-ils à conduire des voitures « sales », à utiliser des frigos contenant des CFC, à peindre et à imprimer avec des polychlorures de vinyle et des phtalates et à jeter des métaux lourds ? Il est vrai que les technologies durables, relativement récentes, ne sont pas encore bien intégrées aux procédés de fabrication. Mais la principale raison est la suivante : la situation actuelle profite à de nombreux intérêts puissants qui choisissent de ne pas croire que les produits qu'ils fabriquent ou que les combustibles qu'ils brûlent sont aussi dangereux que l'affirment les scientifiques[9].

Fort heureusement, des failles commencent à lézarder ce qui était jadis le front uni de l'industrie. Le domaine de l'assurance, l'un des premiers à briser les rangs, ne l'a fait que par pur intérêt. En effet, au cours des dernières années, les compagnies d'assurance ont dû verser des indemnités si élevées, pour des dommages causés par des catastrophes naturelles (ouragans, tornades, incendies, sécheresse, etc.), que beaucoup sont maintenant menacées de faillite. En 1998, les réclamations relatives à des incidents météorologiques ont dépassé 89 milliards de dollars, un montant supérieur à la somme de toutes les réclamations relatives à de semblables événements pour la décennie des années 1980 tout entière. Non seulement les ouragans, tempêtes de verglas, vagues de chaleur et inondations sont plus violents, mais ils se déchaînent dans des lieux où ils n'avaient jusqu'à maintenant jamais frappé. En novembre 2000, la principale compagnie d'assurance de biens britannique a estimé que, « s'ils se poursuivent à ce rythme, les changements climatiques entraîneront la faillite de l'économie mondiale d'ici 2065. » En mars 2001, Munich Reinsurance, l'une des plus grandes firmes du monde, estimait que le réchauffement de la planète allait coûter quelque 300 milliards de dollars par an au cours des décennies à venir[10].

L'industrie pétrolière a été jusqu'à subventionner son propre groupe d'appui chargé de réfuter de telles accusations. Le lobby extrêmement bien financé du nom de Global Climate Coalition réunissait originellement l'American Petroleum Institute, l'Automobile Manufacturers' Association, Western Fuels et la quasi-totalité des plus grandes entreprises pétrolières et des principaux manufacturiers automobiles. La coalition a commencé par nier avec véhémence les preuves scientifiques qui se multipliaient, puis, quand cette stratégie s'est révélée infructueuse, elle a prétendu que toute initiative visant à contrer les changements climatiques serait désastreuse pour l'économie, argument qu'elle continue de marteler aujourd'hui. La Global Climate Coalition a jusqu'à maintenant dépensé plus de 60 millions de dollars pour lutter contre les efforts visant à réduire les émissions de gaz à effet de serre aux États-Unis, notamment par le biais d'une campagne de 13 millions de dollars appuyant une résolution contre la ratification du Protocole de Kyoto en 1997. Comme en témoigne l'élection de George W. Bush, très près des intérêts pétroliers, cette campagne a porté ses fruits.

Malgré des opposants aussi formidables, de plus en plus de personnes sont convaincues de la réalité du réchauffement de la planète, et la Global Climate Coalition a commencé à perdre certains de ses membres les plus puissants[11]. British Petroleum et Shell se sont retirées de l'organisation en 1999 et ont annoncé de nouvelles mesures concernant l'énergie solaire et d'autres sources d'énergie renouvelables. Ford, DaimlerChrysler, Texaco, la Southern Company et General Motors leur ont emboîté le pas. Ces défections étaient le reflet d'un changement d'orientation philosophique au sein même de la hiérarchie du monde des affaires, marqué par deux discours importants. Le premier a été prononcé en 1997 par John Browne, chef de la direction de British Petroleum, qui se fait maintenant appeler

« Beyond Petroleum » (au-delà du pétrole), à l'université Stanford. Celui-ci a déclaré : « Il faut maintenant nous concentrer sur ce qui peut et sur ce qui doit être fait, non pas parce qu'on peut être certain de la réalité du réchauffement de la planète, mais parce qu'on ne peut en exclure la possibilité. » Il a poursuivi en expliquant que BP se soumettrait volontairement à des contrôles mesurant ses émissions de gaz à effet de serre et a annoncé que l'entreprise consacrerait 100 millions de dollars à l'élimination des émissions de composés organiques volatils. Au mois de septembre 1998, Browne est allé plus loin encore, annonçant que l'entreprise voulait que ses émissions de gaz à effet de serre soient en 2010 de 10 % inférieures à ce qu'elles étaient en 1990. D'autres entreprises ont effectué un semblable virage, même si elles n'ont pas pour autant abandonné leur recherche frénétique de nouveaux gisements de pétrole et de sites de forage potentiels : Shell a investi 500 millions de dollars en énergie renouvelable, Texaco consacre des sommes substantielles aux piles à l'hydrogène et General Motors s'est prononcée en faveur d'une taxe de 50 % sur l'essence.

Le second discours ayant marqué un changement de philosophie dans l'industrie pétrolière a été prononcé par William Clay Ford, arrière-petit-fils d'Henry Ford et président du conseil d'administration de Ford, à une conférence organisée par Greenpeace à Londres, le 5 octobre 2000. « Nous en sommes à un moment crucial dans l'histoire du monde, a-t-il déclaré. Nos océans et nos forêts souffrent ; des espèces disparaissent, le climat est en train de changer [...]. Les entreprises éclairées commencent à [...] constater qu'elles ne peuvent plus s'isoler de ce qui se passe autour d'elles. Qu'au bout du compte, leur succès est tributaire de celui des communautés et du monde dans lequel elles existent. » Tout en exaltant les effets positifs de l'automobile sur la société, il a reconnu qu'elle « avait aussi un impact négatif important sur l'environnement [...]. Je crois personnellement, a-t-il poursuivi, que la durabilité est l'enjeu le plus important que l'industrie de l'automobile et l'industrie en général devront affronter au XXIe siècle. » Il a annoncé que l'entreprise offrirait des véhicules utilitaires hybrides (fonctionnant à essence et à l'électricité) dès 2003 et avait formé un partenariat de un milliard de dollars avec Daimler-

Chrysler et Ballard Fuels, entreprise canadienne, afin de développer des véhicules à piles à combustible, promettant d'avoir une flotte de prototypes à l'essai dès l'année suivante.

Les gens qui connaissent personnellement Bill Ford sont convaincus qu'il y croit. Mais il nous faut garder en mémoire les réalités de la structure d'entreprise que nous avons présentée au chapitre un, « Vivre en son village comme l'abeille ». Le p.-d.g. d'une entreprise inscrite en Bourse a les mains liées si de nouvelles politiques — aussi humanistes ou rationnelles qu'elles soient — entrent en conflit avec la recherche de profits. À titre d'exemple, le Ford Excursion, l'un des véhicules les plus polluants sur la route, pèse près de quatre tonnes, est long de 6 mètres — la longueur d'un bateau ! — et fait une moyenne de cinq kilomètres au litre. Il faut beaucoup de Prius ou de Lupos pour compenser un seul Excursion. Bill Ford a avoué qu'il n'avait pas l'intention de cesser la production de ce véhicule ou d'autres monstres semblables, car ceux-ci se vendent extrêmement bien. Ainsi, même si l'on s'en remet aux grandes entreprises pour investir en recherche et en développement, il importe de se rappeler que, jusqu'à ce qu'elles soient soumises à des contrôles qui les forcent à respecter certaines limites sociales, les grandes entreprises demeurent plus susceptibles de spolier la Terre que de lui venir en aide.

S'il est plus facile de discourir que d'agir, les discours peuvent néanmoins être le présage de l'action. Lors de tous les récents sommets commerciaux et gouvernementaux, politiciens et entreprises ont exprimé des points de vue encourageants. Compte tenu de la conjoncture actuelle, on se préoccupe fort du terrorisme. Cependant, au Forum économique mondial tenu à Davos, en Suisse, en 2000, les p.-d.g. des mille plus grandes entreprises de la planète sont passés au vote et ont conclu que les changements climatiques constituaient le problème le plus urgent auquel fait face l'humanité. En écho à cette constatation, James Wolfensohn, président de la Banque mondiale, a exhorté en juin 2001 les chefs d'entreprises à étendre leur concept de responsabilité pour y inclure des obligations envers la société dans son ensemble. Il a aussi annoncé que la Banque mondiale elle-même avait l'intention de devenir une organisation plus responsable sur les plans social et écologique : « J'estime qu'il nous faut transformer la Banque mondiale en chef de file mondial en matière de responsabilité sociale et environnementale —, afin que d'autres organisations de développement et que le secteur privé lui emboîtent le pas. » Ces belles paroles n'ont pas encore été suivies par des actions concrètes, en grande partie à cause de la manière dont les entreprises fonctionnent et à cause de la conception traditionnelle de l'économie qu'entretiennent des organisations telles que la Banque mondiale et l'OMC. Les questions de sécurité ont aussi pris le pas sur les considérations écologiques, mais de telles déclarations révèlent tout de même que la société mondiale est en train d'en arriver à une forme de consensus sur des valeurs communes, valeurs suffisamment fortes pour que même ceux à qui profite la situation actuelle se sentent obligés de les reconnaître publiquement.

Vivre mieux grâce à la chimie

> *En examinant les produits que l'on trouve à l'intérieur de nombreux édifices à bureaux et de nombreuses résidences — colles, produits chimiques, liquides nettoyants, pesticides, herbicides —, en examinant [...] le brouet chimique généré à l'intérieur d'un édifice doté d'un mauvais système de ventilation, [on se rend compte que] l'on construit des chambres à gaz.*
>
> BILL MCDONOUGH

La malédiction de Pluton n'affecte pas que l'atmosphère. Les réserves souterraines d'antiques créatures métamorphosées en pétrole et en gaz empoisonnent l'eau et la terre aussi bien que nos corps. La science a démontré les effets néfastes des produits pétrochimiques sur les êtres vivants. Les seuls qui persistent à en nier les terribles dommages sont les entreprises qui fabriquent ces produits et les individus qui tirent profit de ces dernières. En fait, ils ne nient pas tout à fait l'existence de dangers, mais ils ergotent sur la quantité de ces produits toxiques que peut tolérer un organisme humain. C'est ainsi que les entreprises pétrochimiques fixent des « niveaux acceptables » correspondant à la dose qu'un adulte peut absorber sans ressentir d'effets immédiats. Mais, bien sûr, ce sont les enfants, les bébés et les femmes enceintes qui sont les plus vulnérables à ces produits chimiques, dont les effets peuvent se manifester des mois, des années ou même des décennies après l'absorption. Les normes établies par les États en matière de produits toxiques, normes que nous en sommes venus à accepter, ne prennent que rarement en compte les effets cumulatifs ou synergiques : qu'arrive-t-il à un organisme bombardé quotidiennement de doses minimes de produits toxiques différents ?

La majorité d'entre nous connaissent le danger que présentent ces composés, mais il s'agit d'une connaissance vague, abstraite. Le docteur Karl-Henrik Robèrt, oncologue réputé qui lutte contre le cancer et d'autres maladies modernes, fondateur de The Natural Step, en a une conscience beaucoup plus aiguë. Pour vivre dans une société saine qui produit des aliments, des vêtements et des matériaux de construction que l'on n'a pas peur de consommer ou même de toucher, il faut appliquer des concepts comme la première condition de The Naturel Step. S'il a fait de cette condition la première, c'est qu'elle est la plus importante : il faut cesser d'extraire des matières qui étaient enfouies sous la croûte terrestre. Dans tous les efforts déployés pour découvrir de nouvelles sources d'énergie et mettre au point de nouveaux produits et de nouvelles industries, il importe de garder cet objectif en tête. En attendant, toutefois, il nous faut aussi nettoyer le gâchis que nous avons déjà causé et exercer un certain contrôle sur les industries chimiques et pétrolières.

Depuis quarante ans, les politiciens parlent périodiquement d'interdire ou de contrôler les produits chimiques industriels et, quand ils subissent suffisamment de pressions, il arrive que ces paroles se traduisent par des actions. Récemment, une avancée remarquable a été faite en matière de réglementation des produits chimiques toxiques. Le Canada, qui suivait de près les positions adoptées par les États-Unis et traînait de la patte en ce qui a trait au Protocole de Kyoto et au Protocole de biosécurité, a quelque peu redoré son blason sur la scène internationale en prenant la tête du lobby exigeant un nouveau traité de contrôle des produits chimiques. Une convention des Nations Unies rendue publique en mai 2001 a annoncé l'interdiction en 2004 des pires contaminants manufacturés par les êtres humains, la « sale douzaine ». Le ministre canadien de l'Environnement, David Anderson, a trimé dur afin d'obtenir qu'une centaine d'autres pays acceptent d'interdire ou de réglementer sévèrement ces produits, parmi lesquels se trouvent les furannes, les dioxines, les BPC et l'hexachlorobenzène. La plupart de ces produits sont des pesticides, des herbicides ou des fongicides, ils causent des malformations et des maladies atroces et vont jusqu'à entraîner la mort chez les poissons, les amphibiens, les mammifères et les oiseaux, ainsi que chez les humains. Le fait que ces substances ont été conçues dans le but de tuer des organismes vivants nous rappelle que toute vie est interreliée. Il nous faut enfin accepter de reconnaître que, si une substance peut tuer une créature aussi simple et aussi résistante qu'un moustique ou une mauvaise herbe, elle est probablement assez toxique pour détruire des créatures plus complexes (nous, par exemple), puisque toutes les formes de vie se ressemblent.

Évidemment, lors de la négociation de ce traité, l'ONU n'a pas fait preuve de prescience, pas plus que le Canada n'a témoigné d'une vision extraordinaire. Ni l'un ni l'autre n'agissaient tout à fait de leur plein gré ; comme à l'habitude, ils répondaient à des pressions, et de nombreux groupes de militants de la base méritent une bonne partie du crédit. Depuis les dix dernières années au moins, des mouvements mondiaux tentent de faire reconnaître la dangerosité de ces produits et de les faire interdire. L'un de ces mouvements est le Center for Environment, Health and Justice (CCHW), dirigé par Lois Marie Gibbs, rendue célèbre par sa lutte visant à obtenir une compensation pour les victimes de Love Canal, l'un des sites d'enfouissement de déchets toxiques les plus tristement célèbres. Basée en banlieue de Washington (D.C.), son organisation a mené la lutte contre un grand nombre de substances semblables, tout particulièrement les dioxines et les furannes, aux États-Unis.

Dans les années 1970, à Love Canal, banlieue de Niagara Falls (New York), on a construit les maisons des ouvriers d'entreprises de produits chimiques sur un terrain où avaient été enfouies d'énormes quantités de BPC, de dioxines et d'autres polluants organiques persistants. Les deux enfants de Gibbs souffraient de troubles sanguins et immunitaires. Elle a consacré des années à lutter pour la survie de sa famille, à faire reconnaître que les produits chimiques étaient responsables de la maladie de ses enfants, puis à obtenir une compensation qui permettrait aux familles de Love Canal de payer leurs soins de santé et de déménager, ce qui lui a valu le surnom de « Mother of the Superfund » (mère du superfonds). Ce superfonds, mis en place par le gouvernement américain après l'affaire de Love Canal, offre des capitaux gouvernementaux pour l'élimination de déchets toxiques. Grâce à Gibbs et aux militants de sa première ONG, la Citizens' Clearing House on Hazardous Waste, pas un seul nouveau dépotoir de déchets toxiques n'a été ouvert aux États-Unis au cours des vingt dernières années. Et depuis plus d'une décennie, son organisation lutte particulièrement contre les dioxines et les furannes, deux sous-produits de l'incinération de déchets des municipalités et des hôpitaux et de déchets dangereux.

Alors que d'autres produits appartenant à la « sale douzaine » — notamment le chlordane, le mirex et le toxaphène — sont directement en cause dans certains types de cancer, les dioxines et les furannes sont liés, chez les animaux et les êtres humains, à des troubles des systèmes immunitaire et hormonal qui sont plus difficiles à diagnostiquer mais encore plus terribles. Les reportages des grands médias consacrés à la nouvelle convention des Nations Unies tendent le plus souvent à en sous-estimer l'importance ; on pouvait notamment lire, dans le *Globe and Mail* du 23 mai 2001, que « si le traité a été accepté avec une relative facilité, c'est en partie parce que la plupart des pays industriels ont graduellement cessé d'utiliser les produits chimiques figurant sur la liste, ce qui fait qu'il n'y a pas de puissants lobbys industriels qui font campagne pour leur usage. » En réalité, la majorité des géants nord-américains de l'industrie des produits chimiques, comme Monsanto et Union Carbide, continuent de manufacturer chaque année pour des milliards de dollars de ces produits, destinés à l'exportation, et se sont farouchement opposés à toute tentative visant à les contrôler. En outre, les dioxines sont un sous-produit de plusieurs procédés chimiques, y compris le blanchiment du papier, auxquels les entreprises chimiques ne sont absolument pas prêtes à renoncer. Et c'est ce qui fait, explique Gibbs, que le traité « est un vrai triomphe pour nous. Ce qu'il signifie, c'est que les dangers de ces produits chimiques seront enfin officiellement reconnus. Alors, les compromis vont commencer ; il y aura des débats et des discussions sur les méthodes de contrôle, et l'industrie va continuer de se battre à chaque étape. Mais une fois que le traité sera ratifié, tout le monde, tous les organismes de réglementation, vont prendre de telles conversations au sérieux ».

La plupart des représentants gouvernementaux siégeant aux rencontres internationales souhaitent être vus comme prêchant pour la vertu et ils ont particulièrement à cœur que leurs collègues des autres pays croient qu'ils jouissent de l'appui de leurs concitoyens. Sous l'égide du CCHW, des groupes de gens se sont réunis à l'extérieur de tous les endroits où se tenaient les réunions relatives au traité sur les produits chimiques, scandant des slogans et protestant, peu importe le pays, dans le but de démontrer que les Américains n'appuyaient nullement la position officielle de leur gouvernement. « Ça les ennuyait tellement, raconte-t-elle, qu'ils ont appelé à notre siège social pour nous demander d'arrêter. Des manifestantes se présentaient aussi avec un ventre de femme enceinte fabriqué avec du papier mâché et des pancartes qui disaient : "Nous devons protéger les générations à venir." Les représentants devaient traverser ce genre de choses chaque fois qu'ils entraient ou sortaient. » Bref, les manifestants ont publiquement exprimé le retrait de leur consentement, méthode qui, ainsi que le démontre l'expérience, est beaucoup plus efficace que ne le croient la majorité des gens.

Grâce à ce type de munitions et à un labeur formidable à l'échelle nationale, le CCHW et ses nombreux alliés partout dans le monde ont pu faire pression afin de favoriser l'adoption du traité de l'ONU. Gibbs raconte : « Quand nous avons commencé, il y avait une énorme, énorme opposition de la part des manufacturiers et des organismes eux-mêmes ; nous étions seuls [...]. Bien sûr, ils continuent à lutter contre le traité en ce qui a trait aux dioxines et aux polluants organiques persistants, mais la véritable différence, c'est qu'ils ne réagissent plus à un petit groupe. C'est un effort considérable, planétaire. Presque tous les pays membres de l'ONU savent maintenant que leur existence même est en danger, leur nourriture, leur eau, leurs poissons, leurs animaux se font contaminer, et ils savent que ce qu'il nous faut, c'est un changement radical. Ce n'est pas uniquement une question d'arbres, de poissons, de faune ou même d'êtres humains : c'est une question de survie. »

Éco-logique

> *La mission d'Eco Logic consiste à résoudre des problèmes liés aux produits chimiques toxiques de manière sécuritaire, économique et permanente.*
>
> ECO LOGIC, février 2000

Le Canada possède son propre Love Canal : les tristement célèbres mares de goudron de Sydney (Nouvelle-Écosse) forment le plus vaste dépotoir de déchets toxiques en Amérique du Nord. Pendant plus de cinquante ans, les déchets des aciéries et des cokeries, qui étaient les premiers employeurs des citoyens de Sydney, ont tous été simplement rejetés dans la nature sans qu'on fasse le moindre effort pour tenter de les contenir. Ces effluents contaminent aujourd'hui les sources, les ruisseaux, les fossés et les puits de tout l'estuaire de cette ville portuaire. Les « mares de goudron » à l'intérieur des terres contiennent 700 000 tonnes de boues usées renfermant tous les hydrocarbures aromatiques polycycliques (HAP) connus, y compris de la naphtaline, du benzène, du toluène et du benzopyrène — tous des cancérigènes — ainsi que des BPC. De surcroît, plus de 50 hectares de terrain où étaient installées les cokeries sont saturés, jusqu'à une profondeur de 25 mètres, de HAP, d'arsenic, de cyanure, de plomb et d'autres métaux lourds.

Ce sont là des substances, sans danger quand elles sont sous terre mais qui deviennent infernales une fois à la surface, dont il faut s'assurer qu'elles n'entrent pas dans le cycle industriel. À Sidney, où elles ont été arrachées à la terre pour nourrir l'industrie, elles ont fini dans l'air et plus particulièrement dans l'eau, contaminant un fossé célèbre qui s'étire derrière plusieurs rues. Elles s'infiltrent même dans les sous-sols, où l'on a mesuré des concentrations d'arsenic quatre fois supérieures au niveau jugé sécuritaire pour les êtres humains à l'air libre. Lorsque Elizabeth May, actuelle chef du Parti vert du Canada, était directrice du Sierra Club du Canada, elle s'est consacrée au problème que posent les mares de goudron. Des résidants de Sidney souffrants et désespérés avaient sollicité des conseils de l'organisme. Elle raconte : « On y trouve plus de *trente-trois* fois la quantité de produits toxiques qui ont été enterrés à Love Canal, le pire dépotoir de produits toxiques des États-Unis, dont le nettoyage a entraîné l'adoption de nouvelles lois et d'une manière tout à fait nouvelle de traiter les déchets toxiques, le superfonds. Mais ici, au Canada, on ne fait toujours rien pour véritablement s'attaquer au problème. »

C'est sans doute parce qu'à Sidney ces problèmes ont des dimensions politiques aussi bien que sociales et médicales. L'instance disposant du mandat et du pouvoir de réglementer et de nettoyer les mares de goudron, le gouvernement de la Nouvelle-Écosse, est celle-là même qui est responsable de la contamination des lieux. En effet, l'État néo-écossais était propriétaire de la Sydney Steel Corporation (SYSCO), entreprise ayant causé la catastrophe et donc responsable de l'absence (inusitée) de mesures de sécurité et d'endiguement autour des cokeries. Il a de surcroît fait fi pendant des années de ses propres directives en matière de santé et de sécurité, afin de soutenir ce projet créateur d'emplois dans une région où le chômage était chronique. Comme à Love Canal, la majorité des gens qui vivent dans la région sont sans emploi maintenant que l'aciérie a fermé ses portes, et ne possèdent rien d'autre que leurs maisons contaminées ; ils ne peuvent donc pas partir. Comme le dit Ann Ross, résidante de l'endroit : « Sans ma maison, je serais une itinérante dans la rue. »

Les deux groupes écologistes et sociaux les plus actifs au Canada, le Sierra Club, dirigé par May, et le Conseil des Canadiens, sous l'égide de Maude Barlow, se sont attaqués aux mares de goudron. De concert avec les résidants, ils ont fait tout ce que le CCHW avait fait dans sa lutte contre les dépotoirs de produits toxiques et les dioxines, et plus encore. Le gouvernement a alloué des fonds et créé des comités : on a promis des millions pour le nettoyage, pour des usines de traitement et d'incinération des déchets qui n'ont jamais vu le jour, pour former des coalitions destinées à sensibiliser le public et pour procéder à d'autres études. Mais rien de tout cela n'a aidé les personnes les plus durement touchées. « Ça a toujours été un projet d'ingénierie pour nettoyer l'estuaire, déplore May. Rien pour la santé ou pour les résidants. » En avril 2001, on a fini par rendre publics les résultats des derniers tests gouvernementaux effectués dans les sous-sols des résidants l'automne précédent. « Et ce qu'ils ont trouvé, explique-t-elle, ce sont de fortes concentrations de produits terribles : arsenic, cyanure, plomb, de très hauts taux de benzène, de benzopyrène, de HAP, de naphtaline, un grand nombre de produits toxiques engendrés par la transformation du charbon. On les retrouve le plus souvent à l'endroit où se dressaient les cokeries, mais ces produits étaient dans les sols du voisinage, dans l'eau qui croupissait dans les sous-sols des gens ! »

May a même entamé une grève de la faim en avril 2001. Elle est restée assise 17 jours dans les marches menant au Parlement, encouragée par la vue des bouquets de fleurs que lui envoyaient des supporteurs, mais surtout par celle des photos d'enfants habitant non loin des mares de goudron et affligés de malformations congénitales ou souffrant de migraines chroniques, de saignements de nez, de leucémie et d'autres cancers. Elle raconte : « Même quand Maude et moi avons rédigé l'ouvrage sur la question, *Frederick Street*, nous ignorions que les effets continueraient de se multiplier, et à quel point les enfants étaient malades. Le nombre d'enfants atteints augmente sans cesse. Il y a beaucoup de cas de leucémie, à cause du benzène et des HAP. Il y a des bébés qui naissent avec le cancer de l'œil, les petits garçons qui ont un trou de plus dans leur pénis [ne sont] pas rares, il y a toutes sortes de choses horribles. »

En dépit d'un large appui du public et des politiciens de toute allégeance, qui demandaient que l'on déplace les résidants, le gouvernement a fini par annoncer à la fin de 2001, après avoir procédé à une évaluation de la santé des résidants comme il le promettait depuis longtemps, que les cas de maladie ne sont pas substantiellement plus élevés dans la région qu'ailleurs dans la province, ce qui signifie qu'il n'allouera pas de sommes au déménagement des résidants. Le Sierra Club réclame donc une commission d'enquête au Parlement afin que le problème reçoive l'attention qu'il mérite. En attendant, des groupes locaux de Sydney ont formé une commission de santé publique pour procéder à leurs propres évaluations, qu'ils mènent en passant de porte en porte et en recensant le nombre de personnes malades dans chaque foyer et les symptômes dont elles sont affligées.

Cependant, même si l'on déplace les personnes qui risquent le plus de souffrir des effets des mares de goudron, comme on l'a fait à Love Canal, une question essentielle demeurera. Qu'en est-il des oiseaux, des voisins laissés derrière, de la spoliation de la région tout entière ? La seule option qui s'offre à nous consiste-t-elle à laisser les mares de goudron et les autres lieux semblables pourrir pendant des générations ? La plupart des choses que l'on rejette dans la nature ne restent pas sagement là où on les a posées. Sous l'action des marées, les boues contaminées se dirigent lentement vers l'embouchure de l'estuaire, polluant une région plus vaste. May a suggéré le recours à une technologie très simple. Un batardeau, qui permettrait à l'eau de surface de couler mais emprisonnerait les boues jusqu'à ce qu'elles puissent être enlevées et traitées, empêcherait à tout le moins les produits toxiques de se répandre. Mais même si le gouvernement installait une semblable structure, est-il bien possible d'enlever et de traiter des substances persistantes ? La réponse, depuis peu, est : oui. Une technologie canadienne aujourd'hui utilisée pour nettoyer des sites de déchets toxiques partout sur la planète pourrait traiter de manière sécuritaire et permanente le terrible héritage de la pire catastrophe chimique de l'histoire du Canada.

Il y a une quinzaine d'années, un scientifique du nom de Doug Hallet, autrefois employé par le gouvernement canadien, a appris à épurer les déchets dangereux dérivés du charbon et des substances pétrochimiques — tous les terribles produits toxiques comme les BPC, les HAP, le benzène, les dioxines, les furannes, l'hexachlorobenzène, toute la gamme des pesticides et des herbicides agricoles, et même les composés utilisés dans les armes chimiques. Les composés de déchets dangereux constitués de polluants organiques persistants sont dits « organiques » parce qu'ils sont dérivés de produits pétrochimiques, eux-mêmes faits des molécules d'anciennes formes de vie organiques telles que des arbres, des créatures marines et des herbes fossilisées. Une fois recombinées chimiquement et libérées à la surface de la planète, ces formes de vie éteintes, demeurées enfouies pendant si longtemps, réagissent d'une façon qui n'est pas sans évoquer un film d'horreur : des créatures mortes ramenées à la surface par des techniques artificielles attaquent les organismes vivants et leur infligent une mort atroce. Mais les composés organiques créés par la manipulation du pétrole ne sont rien de plus que des molécules qui se tiennent grâce à des liaisons chimiques. Le DDT et les dioxines, par exemple, consistent en différents arrangements de méthane, d'acide chlorhydrique et d'eau, tandis que les BPC sont constitués de méthane et d'acide chlorhydrique.

Hallett a découvert que, en enveloppant ces polluants d'hydrogène quand ils sont à l'état gazeux, il arrivait à dissoudre ces liaisons chimiques pour leur faire regagner leur état originel. Il a fondé une entreprise du nom d'Eco Logic, laquelle a mis au point un réacteur chimique portatif capable de traiter les déchets là où ils se trouvent, ce qui élimine du coup le besoin de transporter des matières dangereuses, processus périlleux, parfois impossible, responsable de nombreux déversements de BPC dans les années 1980. Lorsque le sol est saturé de BPC et d'autres produits chimiques dangereux, comme c'est le cas près des mares de goudron et à Love Canal, le réacteur d'Eco Logic peut donc simplement être transporté sur les lieux. On y verse le sol contaminé que l'on chauffe, non pas avec un feu brûlant à l'oxygène, comme dans un incinérateur, mais avec de l'hydrogène. Une fois que les polluants organiques persistants dans le sol se sont transformés en gaz, on pompe davantage d'hydrogène dans le réacteur, qui continue de s'attaquer aux liaisons chimiques jusqu'à ce qu'elles se rompent. Les nouveaux déchets ainsi produits sont les constituants de base des polluants, comme du méthane ou de l'acide chlorhydrique.

Le méthane peut être utilisé comme carburant ou décomposé plus avant dans le réacteur à paroi fluide d'Eco Logic, où l'eau défait les liaisons des molécules de méthane ou de benzène pour les réduire en gaz carbonique et en hydrogène. De l'hydroxyde de sodium peut ensuite être ajouté à l'acide chlorhydrique pour produire une eau légèrement salée qui peut être utilisée pour refroidir le réacteur puis libérée dans un cours d'eau sans effet néfaste. Dans le sol restant, les autres matières organiques qui composent l'humus devront être décomposées jusqu'à ce qu'il n'en reste plus que les gaz fondamentaux, ce qui ne laisse que des matières inorganiques telles que la silice et des métaux. Si ces métaux posent un danger (le mercure et le plomb, par exemple), ils peuvent être récupérés à l'aide d'autres technologies, qui utilisent le plus souvent la lixiviation à l'acide, puis recyclés par l'industrie. Tout autre contaminant, affirment les experts d'Eco Logic, peut être traité grâce à des bactéries vivantes, selon des méthodes semblables à celles utilisées pour épurer les eaux usées.

Tout cela illustre parfaitement le concept de cycle de nutriments industriels qu'a élaboré Bill McDonough et que nous avons présenté au chapitre deux. Si les déchets sont organiques, ils devraient être retournés à la nature ; s'ils sont industriels, ils devraient être retournés à l'industrie. Bien qu'elle ne soit pas bon marché, la solution mise au point par Hallett — dont les coûts de traitement vont de 6 000 $ la tonne, dans le cas de solides tels que les BPC, à 600 $ dans le cas de sols — est tout de même moins onéreuse que la seule autre technologie offerte, l'incinération, qui est beaucoup plus problématique. En effet, les incinérateurs libèrent habituellement dans l'air des composés aussi dangereux que les substances qu'ils éliminent, et ils produisent des cendres toxiques que l'on ne peut le plus souvent qu'enfouir. En réalité, il en coûterait relativement peu pour se débarrasser des BPC une fois pour toutes en dissolvant leurs liaisons chimiques : le même prix que pour les expédier à l'autre bout du pays et les enterrer dans une réserve autochtone à Swan Hills, en Alberta — perspective récemment évoquée et extrêmement déplaisante.

Même si l'entreprise n'a pas encore réussi à se débarrasser des déchets qui encombrent le pays où elle a vu le jour, Eco Logic a depuis longtemps dépassé le stade de démarrage. Elle a éliminé tous les BPC dans les sites de déchets toxiques australiens et se consacre maintenant aux autres dépotoirs de polluants organiques du pays. Elle a décroché un contrat de nettoyage de tous les dépôts d'armes chimiques américains avant 2012 et elle s'affaire actuellement à détruire des déchets chimiques au Japon. L'armée américaine et l'industrie chimique australienne apprécient hautement le processus, qui leur permet de se sortir d'une fâcheuse situation. Elizabeth Kummling, directrice du développement des affaires chez Eco Logic, explique que le nouveau traité relatif aux polluants organiques persistants qui interdit la « sale douzaine » stimulera probablement les affaires de son entreprise, mais seulement quand chacun des pays aura mis en place la législation idoine. « Si nous avons connu tant de succès en Australie, dit-elle, c'est parce qu'ils ont une loi qui les force à ne plus entreposer de BPC mais à s'en débarrasser. » Comme Eco Logic peut traiter toutes les matières organiques, peu importe leur degré de toxicité, l'entreprise a fait figure de véritable sauveur pour l'armée américaine, elle aussi contrainte par la loi à se débarrasser de ses armes chimiques entreposées. « Tout ça, c'est le même processus pour nous, commente Kummling. Je veux dire que ces produits sont vraiment toxiques ; vous en recevez une goutte sur la peau et votre système immunitaire tout entier cesse de fonctionner ; mais nous sommes capables de les dissoudre jusqu'à les réduire à leurs composantes, le méthane et l'acide chlorhydrique, sans problème. »

Pour ce qui est des mares de goudron de Sydney, le gouvernement fédéral et le gouvernement néo-écossais courtisent Eco Logic depuis des années, envoyant des échantillons à tester et rappelant que 62 millions de dollars ont déjà été mis de côté pour des mesures de traitement. En mars 2001, on a de nouveau demandé à l'entreprise de se livrer à des tests en laboratoire, mais Eco Logic n'a pas été contactée par les gouvernements depuis et refuse de conjecturer sur la cause de ces retards[12]. La tâche serait titanesque et il pourrait en coûter jusqu'à un milliard de dollars pour nettoyer les 700 000 tonnes de sol que renferment les mares de goudron. Mais les seules autres solutions — enfouir ces substances ou les brûler — entraîneraient la création d'un plus grand nombre de liaisons chimiques. En continuant d'atermoyer, nous ne faisons que léguer le problème à nos enfants et, en attendant, nous continuons d'empoisonner tout et tous ceux qui vivent dans le voisinage. Une solution simple existe, à un coût raisonnable ; tout ce qui manque à sa mise en œuvre, c'est une pression politique.

Taxer les maux, pas les biens

> *Quand les effets nocifs de l'essence au plomb sont devenus évidents, la Malaisie l'a tout simplement taxée, créant immédiatement, à l'échelle nationale, un mouvement vers l'essence sans plomb.*
>
> Éditorial, *Ottawa Citizen*, 19 février 1999

Les gouvernements agissent aujourd'hui dans un monde où il se peut fort bien que des entreprises transnationales soient mieux nanties qu'eux. On s'attend encore à ce que les politiciens soient au service de ceux qui les ont élus, mais, ces temps-ci, ils peuvent croire qu'il ne s'agit pas tant des électeurs que des groupes d'intérêt qui ont financé leurs campagnes électorales toujours plus onéreuses. Pourtant, les gouvernements et les législateurs jouissent toujours d'un pouvoir considérable, puisqu'ils ont le loisir de légiférer, de subventionner ou de taxer pour favoriser certaines pratiques ou certaines industries. Les électeurs aussi disposent cependant d'un pouvoir : s'ils ne peuvent pas toujours contrôler les politiciens une fois que ces derniers sont élus, ils ont néanmoins la chance de les renverser périodiquement et peuvent aussi exercer une grande influence en exprimant leur opposition par le biais de manifestations et de poursuites judiciaires.

Il est généralement admis que, lorsqu'une politique gouvernementale récompense une activité, elle incite les gens à la pratiquer davantage, tandis qu'en la sanctionnant, elle les en dissuade. Une grande partie des revenus des gouvernements vient des taxes et des impôts prélevés sur les revenus des individus, les salaires versés par les entreprises et les ventes au détail ; on taxe aussi les édifices en fonction de leur taille et de leur condition. Ce faisant, les gouvernements envoient un signal pour le moins pervers, puisqu'ils se trouvent à punir des pratiques bénéfiques sur le plan social, comme le fait d'employer un plus grand nombre de personnes et de garder les édifices en bon état. S'ils faisaient plutôt l'inverse, c'est-à-dire taxer les pratiques socialement ou écologiquement nuisibles, ils lanceraient un message clair aux pollueurs et aux entreprises assoiffées de profit, tout en récompensant les changements d'attitude. Les entreprises se sont toujours opposées à de telles taxes, qui n'affecteraient pourtant nullement leurs profits si toutes y étaient soumises. Mieux, si une entreprise arrivait à éliminer tout comportement destructeur, elle pourrait être dispensée de certaines taxes et ainsi disposer d'un avantage par rapport à ses rivales qui continuent de polluer ou de sabrer dans les emplois.

Dans un éditorial assez étonnant publié il y a quelques années, le *Ottawa Citizen*, journal favorable au monde des affaires, s'est prononcé en faveur d'une réforme fiscale « verte ». Il signalait qu'« une taxe allemande sur la production de déchets toxiques avait entraîné une réduction de 15 % en trois ans. Une taxe néerlandaise sur les émissions de métaux lourds tels que le plomb, le mercure et le cadmium a mené à une diminution de 90 % des émissions en deux décennies [...]. La Suède, le Danemark et les Pays-Bas ont tous fait diminuer une partie de leurs impôts sur le revenu et les salaires et ont plutôt taxé les émissions de carbone, les ventes d'électricité, l'enfouissement des déchets et l'usage des pesticides. En 1996, le Royaume-Uni a aboli une tranche d'impôt sur les salaires et a plutôt taxé l'enfouissement des déchets. En 1995, l'Espagne a aussi diminué les impôts sur les salaires, mais a augmenté d'autant les taxes sur l'essence. » On a qualifié les taxes sur la pollution ou les taxes vertes de taxes « correctives », parce qu'elles corrigent les distorsions de prix qui résultent de ce que l'on n'inclut pas, dans les prix d'un produit ou d'une activité industrielle, les pleins coûts de la diminution des ressources ou de la dégradation de l'environnement qu'ils entraînent. En Europe, les montants que les entreprises peuvent verser à un parti politique sont moins élevés qu'en Amérique du Nord ; il est donc plus facile d'y faire adopter des lois vertes. Celles-ci ne sont toutefois pas un instrument uniquement européen. Plus de 450 taxes environnementales sont déjà en vigueur aux États-Unis.

En vertu de sa loi sur la protection de l'eau souterraine (1987), l'Iowa impose une taxe de 0,1 % sur les ventes de pesticides en gros, de 0,2 % sur les ventes en gros des manufacturiers et de 75 cents la tonne sur l'engrais azoté ; en 1993, on a recueilli 3,2 millions de dollars grâce à ces taxes et, bien sûr, on a contribué à protéger l'eau. Le Minnesota a étendu le champ d'application de sa taxe de vente de 6,5 % afin que celle-ci couvre le coût des services d'enlèvement des ordures, recueillant 24,3 millions de dollars la première année (1989-1990) ; l'État utilise l'argent ainsi recueilli pour financer le recyclage et des programmes de réduction de la production de déchets, ainsi que pour fermer des dépotoirs polluants. L'État de Washington impose une surtaxe sur les produits dont on juge qu'ils contribuent à la production de déchets, et il impose une taxe d'un dollar sur tous les pneus neufs vendus, taxe qui sert à financer des programmes de recyclage des pneus. Le Massachusetts a une taxe d'enfouissement de 1 $ la tonne de déchets solides ; l'Oregon applique une mesure semblable. L'Indiana taxe l'entreposage de produits pétroliers afin de dissuader les gens de se livrer à cette pratique, puisque la plus grande partie de la contamination de l'eau est imputable à des réservoirs d'essence souterrains percés. Paul Volcker, ex-président de la Réserve fédérale américaine, et Martin Feldstein, ex-président du Council of Economic Advisors, se sont prononcés en faveur de la création d'une taxe à la consommation d'essence, qui remplacerait une partie de la taxe de vente californienne. Bref, les gouvernements n'ont pas besoin de réinventer la roue pour mettre en place de nouvelles taxes vertes ; ils n'ont qu'à s'assurer que celles-ci soient justes et simples à administrer et qu'elles entraînent le comportement désiré.

L'Organisation de coopération et de développement économiques (OCDE) représente trente des pays les plus riches de la planète, lesquels produisent les deux tiers des biens et des services. L'OCDE est l'un des défenseurs les plus véhéments des vertus de la mondialisation économique. Le 9 avril 2001, elle n'en a pas moins rendu publique une étude qui recommandait fortement l'instauration d'un programme coordonné destiné à éliminer les subventions nocives pour l'environnement et à les remplacer par des taxes vertes « pour prévenir des dommages irréparables à notre environnement au cours des 20 prochaines années ». Les simulations informatiques de l'organisation ont révélé que, en éliminant ces subventions dans les pays de l'OCDE, en imposant une nouvelle taxe sur l'énergie liée au taux de carbone des carburants et en taxant tous les produits chimiques, on pourrait réduire de 15 % les émissions de dioxyde de carbone prévues d'ici 2020. Les émissions de dioxyde de soufre diminueraient de 9 %, celles de méthane, de 3 %, et le ruissellement d'azote, de 30 %. Mais surtout — quand vient le temps de répondre aux objections habituelles à de semblables mesures — les coûts économiques seraient quasi négligeables : moins de 1 % du PIB des pays membres en 2020.

L'excuse que l'on invoque habituellement pour éviter d'avoir à protéger l'environnement, c'est que cela coûterait trop cher. Mais même les coûts encourus par la conversion à d'autres types de carburants que les carburants fossiles peuvent être essuyés simplement en éliminant peu à peu les mesures incitatives et les subventions dont bénéficient aujourd'hui l'essence et le pétrole, pour les transformer en mesures récompensant le recours aux technologies durables. Le citoyen n'aura pas à payer des taxes plus élevées, et les entreprises en bénéficieront, bien que d'une façon différente — et, incidemment, beaucoup plus rentable. Car déterrer ce qui se trouve enfoui dans le sous-sol ne fait pas que nous empoisonner ; c'est aussi une pratique coûteuse sur le plan économique. Les sociétés minières, les entreprises de produits chimiques et les pétrolières le savent certainement puisqu'elles ont quémandé — et reçu — des mesures d'allègement fiscal considérables et d'énormes subventions destinées à leur permettre de ne pas fermer boutique.

Pour ce qui est de modifier l'usage des carburants fossiles dans les transports, la bonne nouvelle est que l'automobile est sans doute la technologie la plus lourdement subventionnée de toute l'histoire de l'humanité. L'appui fiscal invisible dont elle jouit fait en sorte que les conducteurs n'ont aucune raison de chercher à consommer moins d'énergie — ainsi que le prouve l'engouement pour les jeeps et les véhicules utilitaires — mais s'il était éliminé, on pourrait aisément utiliser l'argent ainsi épargné pour financer des solutions de rechange. Dans une publication du World Resources Institute (WRI), « The Going Rate : What it Really Costs to Drive », James MacKenzie, Roger Dower et Donald Chen font remarquer qu'« aujourd'hui les conducteurs ne prêtent pas une grande attention aux coûts totaux de leurs décisions en matière de transport. Aussi salée que puisse leur sembler la facture pour une voiture, les assurances, l'entretien d'un véhicule, il demeure que les politiques fédérales et celles des États leur épargnent de nombreux autres coûts. Elles font en sorte que conduire paraît moins cher que ce ne l'est en réalité et elles incitent à faire un usage excessif des automobiles et des camions ». Nous payons tous le prix de la congestion de la circulation, du temps perdu, d'une productivité moindre et d'un entretien accru. En 1989, les taxes sur l'essence et les frais imposés aux usagers ne couvraient que 60 % des 33,3 milliards dépensés pour les routes au cours de l'année. Les 40 % restants ont été payés par des gens qui ne possédaient pas de voiture.

Le stationnement, hautement subventionné, est le plus souvent gratuit près des centres commerciaux ; 90 % de ceux qui se rendent en voiture au travail peuvent s'y garer sans frais. La moitié de l'essence consommée par les conducteurs est importée, et il en coûte aux États-Unis 50 milliards de dollars par année pour maintenir une présence militaire dans les pays riches en pétrole afin de s'assurer que le précieux liquide continue de couler à flot[13]. Ces coûts ne rendent cependant pas compte de l'appauvrissement de la qualité de vie et de la liberté démocratique pour les citoyens de pays tels le Nigeria, la Colombie ou le Koweït, dont les politiques nationales sont manipulées au bénéfice des sociétés pétrolières. Les automobiles entraînent d'autres coûts cachés — perte de terres au profit des routes, pluies acides, dommages causés aux forêts, diminution des rendements agricoles, problèmes de santé — difficiles à chiffrer mais qui n'en sont pas moins astronomiques. En fait, pour chaque tranche de 169 $ que débourse annuellement chaque conducteur en coûts directs, on estime que de 2 356 $ à 3 116 $ de frais sont cachés. Les auteurs du rapport du

WRI concluent qu'aux États-Unis les contribuables subventionnent les conducteurs à hauteur d'au moins 300 milliards de dollars par an ! Si ces coûts publics faramineux étaient assumés par les seuls utilisateurs, les habitudes de conduite des gens connaîtraient un changement draconien, de même que l'idée qu'ils ont du moyen le plus simple et le plus économique de se déplacer.

Il va sans dire que, d'un point de vue environnemental, les autobus ne sont pas la solution de rechange idéale et que, par ailleurs, ce n'est pas dans tous les pays que l'on peut rouler à vélo toute l'année. Pensons au Canada, par exemple, où un cycliste de Winnipeg pourrait périr d'hypothermie en tentant de se rendre au travail par un jour d'hiver. Même en Allemagne, il y a suffisamment de neige, de grésil et de vent violent pour qu'on y pense à deux fois avant d'enfourcher un vélo — sans compter qu'il existe d'autres considérations. Les très jeunes et les très vieux, les gens en mauvaise santé, les individus qui portent des paquets ou des bagages, comment pourraient-ils tous se déplacer sans voitures ? En Allemagne comme dans beaucoup d'autres pays européens, le train résout la plupart de ces problèmes. Même s'il brûle des combustibles fossiles, il demeure le moyen le moins polluant de déplacer les personnes comme les marchandises. Ajoutons des moteurs modernes, efficaces, souvent électriques, et nous avons la solution parfaite à un grand nombre de nos besoins en matière de transport.

L'Allemagne offre à cet égard un exemple dont on pourrait s'inspirer partout. Des trains rapides et des métros légers partagent des stations, permettant aux gens de passer sans mal du métro à l'autobus et au train interurbain — et tous les trains sont équipés de supports à vélo. Comme le transport automobile, le train y est subventionné par les contribuables, mais pas aussi lourdement. Ainsi, avec un fardeau fiscal raisonnable, un citoyen allemand peut se déplacer dans sa ville grâce à une carte de train mensuelle coûtant environ 55 dollars canadiens. Celle-ci permet à son détenteur d'utiliser quatre systèmes : le métro classique, les autobus qui partagent certaines de leurs stations, les trains interurbains et, dans certaines villes comme Berlin, de charmants tramways électriques. Ce système n'impose aucun sacrifice aux usagers, qui n'ont jamais à attendre plus de cinq minutes à une station ;

les wagons et les autobus ont presque toujours des sièges confortables libres, voire des banquettes où s'allonger ; de surcroît, le système ne relie pas que les villes mais permet aussi de se rendre à la campagne.

Fait plus important encore, les trains ne sont pas uniquement utilisés par des gens manifestement pauvres, comme le sont les autobus en Amérique du Nord, mais ils sont aussi le moyen de transport de choix de citoyens appartenant à la classe moyenne ou privilégiée pour leurs voyages d'affaires, leurs vacances en famille, etc. Il s'y trouve une première classe luxueuse dotée de restaurants confortables et de postes de télé individuels pour ceux qui peuvent se le permettre. Et pour ceux qui ne le peuvent pas, des tarifs spéciaux sont disponibles. Pour 50 dollars canadiens, le billet Good Evening permet de traverser, de nuit, le pays en entier. Les fins de semaine, les trains régionaux offrent des compartiments à l'ancienne pouvant accueillir cinq personnes pour un tarif fixe de moins de 20 $ par passager, peu importe où le groupe souhaite se rendre dans le land. Le service ferroviaire rapide, efficace et économique est omniprésent en Europe. Plutôt que de démanteler leurs chemins de fer, les Nord-Américains auraient tout avantage à étendre le leur eux aussi. Il est scandaleux que ni le Canada ni les États-Unis ne possèdent un service de train qui ressemble un tant soit peu au service européen à haute vitesse et superefficace. En plus de constituer un moyen de transport en commun qui offre des solutions adaptées à tout un chacun, le train procure de doubles dividendes : il est confortable et rapide, et des taxes et des subventions peuvent le rendre abordable. Surtout, il peut être adapté de manière à être quasiment non polluant.

Les doubles dividendes

Il n'y a pas beaucoup d'espoir si l'on n'a qu'une seule difficulté ;
mais si l'on en a deux, on peut les utiliser l'une contre l'autre.

NIELS BOHR, physicien[14]

Tout au long de cet ouvrage, nous avons noté que, compte tenu des lois physiques de cette planète, on peut déterminer si une pratique est durable et saine pour les organismes en examinant si elle produit des doubles ou même des triples dividendes. Si vos activités vous permettent de bien gagner votre vie, comme le restaurant de Judy Wick, tout en fournissant à la collectivité des services précieux qui n'appauvrissent pas les richesses naturelles, elles sont probablement profitables et durables à long terme. Le même critère s'applique aux règlements et aux taxes.

À l'inverse, nous devrions aussi prêter attention aux pratiques qui entraînent des doubles dommages dans nos activités quotidiennes. À titre d'exemple, aux États-Unis, les cotisations à la sécurité sociale qu'une entreprise doit payer pour chaque employé ont connu une hausse stupéfiante de 1 325 % de 1970 à 1992, décennies où la « rationalisation » est aussi devenue de plus en plus attirante pour les entreprises. On peut difficilement les en blâmer : chacun de leurs employés leur coûtait de plus en plus cher. Près de 13 % du salaire d'un employé doit être versé par l'entreprise en impôt, qui s'ajoute aux autres taxes et dépenses encourues. C'est pourquoi les défenseurs de taxes vertes ont introduit des doubles dividendes dans les impôts sur les salaires auxquels sont soumises les entreprises. Le taux d'impôt que verse une usine sur le salaire de ses employés sera, par exemple, inférieur de 1 % au taux de taxe qu'elle paie sur ses émissions de carbone. Les travailleurs continueront de disposer de tous leurs avantages sociaux, puisque le gouvernement continuera de percevoir des taxes et des impôts. L'entreprise, quant à elle, aura tout intérêt non pas à licencier des employés, mais bien à réduire ses émissions. De telles taxes sont déjà en vigueur en Allemagne, en Espagne et dans neuf autres pays européens. Grâce à sa nouvelle taxe sur l'essence, le gouvernement espagnol récolte 10 milliards de dollars supplémentaires, qu'il utilise pour éponger les pertes qu'il a subies en diminuant l'impôt sur les salaires et les revenus que doivent verser employeurs et employés.

Les taxes sur l'essence, surtout en Amérique du Nord, ont un caractère nettement régressif : dans la mesure où il est presque nécessaire de posséder une voiture pour se déplacer sur le continent, elles pénalisent davantage les pauvres que les riches. Les gens doivent se rendre au travail, peu importe leur degré de pauvreté ; ils doivent acheter des provisions, conduire leurs enfants à l'école, et le transport public est quasiment inexistant sur une grande partie du territoire nord-américain, surtout dans les campagnes et les banlieues. Dans le cas des personnes vraiment démunies, les réductions fiscales ne sont pas d'une grande aide, puisqu'elles s'appliquent à des salaires minimes. La solution, affirme Kai Schlegelmilch, spécialiste en matière de taxes vertes à l'emploi du gouvernement allemand, consiste à offrir des réductions de taxes sur l'essence aux gens dont le revenu est inférieur à un certain seuil. Mieux encore, on devrait aussi consentir des réductions de taxes aux propriétaires de véhicules moins énergivores. Les sommes recueillies auprès des conducteurs les plus riches devraient servir à aider les plus pauvres pendant la période de transition et à mettre sur pied des solutions à long terme telles que des services de train, d'autobus et de trolley. Aussi inconfortables qu'ils soient, les services de taxis collectifs que l'on trouve dans le tiers-monde (de petits camions ou de petits autobus qui transportent des passagers de ville en ville) sont d'une grande efficacité et pourraient également être adaptés à l'Amérique du Nord. Au bout du compte, si les villes et les banlieues sont conçues de manière que les gens puissent acheter leurs provisions et faire à pied leur lessive et leurs courses, ils le feront. Une telle évolution permettrait même sans doute à la population de perdre du poids et d'améliorer son état de santé. Pour ce qui est d'aller cueillir des articles volumineux, si on réinstaurait le service de livraison à domicile autrefois en vigueur, ce sont quelques camions qui sillonneraient les routes plutôt que des milliers de voitures. Ainsi, les taxes produisant des doubles dividendes peuvent fonctionner même pour les démunis, et même dans les endroits où l'auto semble le moyen de transport obligé.

Les dividendes plus subtils et moins immédiatement perceptibles que présentent d'autres types de taxes peuvent également permettre de déterminer si celles-ci s'inscrivent dans un modèle de durabilité. Il y a plus de douze ans, par exemple, l'Italie a instauré une taxe sur les sacs en plastique. Comme les habitants de nombreux pays méridionaux affligés d'un médiocre système de collecte des ordures (quoique les bons sont souvent simplement plus habiles à cacher leurs dégâts en un seul et même lieu), les Italiens voyaient leurs plages et leurs monuments envahis par les sacs en plastique et ils s'inquiétaient aussi du danger que ceux-ci posaient pour les animaux marins. Ils se sont rendu compte que ces sacs comportaient un coût que leur prix ne reflétait pas : le coût de se débarrasser d'un article non dégradable avait été imposé par les manufacturiers à la société et à la nature. Aujourd'hui, quiconque en Italie désire un sac en plastique doit débourser six cents supplémentaires pour l'obtenir, soit environ cinq fois son coût de fabrication. Les sacs de toile et de tissu, communs avant l'apparition du plastique, ont retrouvé la faveur des consommateurs. Il s'agit là aussi d'une taxe produisant des doubles dividendes, car elle est simple et facile à prélever ; les entreprises existantes qui fabriquent des sacs de paille et de tissu sont de nouveau concurrentielles et peuvent faire des affaires, et le gouvernement a récolté 150 millions de dollars au cours des trois premières années de sa mise en application. La taxe italienne élimine une distorsion anti-environnementale de l'économie. Si le pays avait choisi de compenser en abolissant quelque autre taxe indésirable, comme l'impôt sur les salaires ou la taxe sur les immeubles présentés plus haut, les avantages qu'en aurait retirés la société auraient triplé, voire quadruplé.

C'est une évidence : si l'on taxait les entreprises comme Monsanto, Dow, Shell Oil et de nombreuses autres en proportion de ce que leurs pratiques de « gestion » des déchets ont coûté à la société, elles auraient infiniment plus de mal à faire des profits et seraient également fortement incitées à diminuer leurs émissions de gaz à effet de serre[15]. C'est là le fondement même du mouvement en faveur des doubles dividendes : une économie saine, où les subventions ne sont pas employées pour maintenir à flot des industries non rentables et non durables. L'une des façons de juger de la viabilité de n'importe quelle industrie consiste simplement à en déterminer le degré de rentabilité si les gouvernements cessaient de lui verser toutes les formes de subventions. Un plus grand nombre de personnes pourraient-elles gagner décemment leur vie à long terme dans l'industrie forestière, par exemple, si l'on procédait à des coupes sélectives et si l'on pratiquait une foresterie durable, ou bien si l'on continuait à tracer des kilomètres de routes et si l'on utilisait des machines pour couper à blanc ? Sans subvention d'aucune sorte, les agriculteurs épandraient-ils des pesticides sur du maïs génétiquement modifié et élèveraient-ils des cochons gonflés aux hormones dans des porcheries surpeuplées, ou bien feraient-ils plutôt sortir les porcs dans un pâturage et éviteraient-ils les monocultures ? Si des activités économiques peuvent se maintenir sans subventions, il est possible que les technologies qu'elles emploient soient durables — et la majorité des entreprises durables que nous avons présentées dans cet ouvrage ont été forcées de faire exactement cela. Aujourd'hui, cependant, la plupart des subventions et des taxes perverses sont toujours en vigueur. Jusqu'à ce que des taxes produisant des doubles dividendes soient mises en place, il importe que les nouvelles technologies comme l'énergie solaire ou éolienne ne soient pas désavantagées ; pour ce faire, il faut leur offrir leurs propres subsides en même temps que l'on cesse de soutenir leurs rivales non durables. À ce moment-là seulement, quand les choses seront à peu près égales, nous verrons bien quelles méthodes produisent le plus d'emplois et apportent une plus grande sécurité et une meilleure stabilité sociale à long terme.

Le soleil de la Californie

> *Les manigances de ces entreprises ont fait le jeu de ceux qui réclament des services d'électricité publics.*
>
> RACHEL BRAHINSKY, *San Francisco Bay Chronicle*[16]

Les baisses de tension et la montée en flèche des prix qu'a connues la Californie après la déréglementation du secteur de l'énergie ont laissé beaucoup de monde perplexe. En Europe, la déréglementation des services publics a donné une chance à de petites entreprises en démarrage qui offraient de l'énergie éolienne ou solaire. Pourquoi le même phénomène ne s'est-il pas produit en Californie ? Parce que la déréglementation y a été fort différente. Comme nous l'avons vu au sujet de l'eau, quand on permet à de grandes entreprises privées à but lucratif de s'arroger le contrôle de ressources que l'on considère comme nécessaires, il s'ensuit presque invariablement une baisse du service et une forte augmentation des tarifs. La révolution énergétique californienne s'est déroulée de manière assez semblable aux prises de contrôle privées des services d'eau à Grenoble et en Angleterre que nous avons décrites plus haut.

Tandis qu'une grande partie des lois européennes protégeaient les fournisseurs de petite ou moyenne taille, en Californie, une poignée d'énormes entreprises ont pris le contrôle non seulement du transport, mais aussi de la production d'électricité dans la majeure partie de l'État. Elles ont divisé les affaires en deux secteurs : un premier groupe produisait l'énergie, un deuxième l'achetait et la distribuait, ce qui a causé la ruine des petites et moyennes entreprises de services — à plus forte raison les « vertes », qui avaient recours à l'énergie solaire ou éolienne. Après quoi, évidemment, le prix de l'électricité a grimpé, aussi les entreprises qui achetaient et acheminaient l'électricité se sont-elles mises à perdre des sommes énormes. Elles ont demandé l'aide de l'État, ainsi qu'une augmentation des tarifs. Deux des entreprises, Southern California Edison et Pacific Gas and Electric (PG&E) — celle-ci rendue tristement célèbre par le film *Erin Brockovich* — ont affirmé qu'elles avaient une dette cumulée de 12 milliards de dollars. Il s'avère cependant, comme l'a expliqué Rachel Brahinsky, journaliste au *San Francisco Chronicle*, que ces deux entreprises « ont des firmes affiliées dans les deux secteurs [...], ce qui fait que lorsque les entreprises productrices d'énergie surfacturaient, elles se surfacturaient essentiellement elles-mêmes. Résultat : tandis qu'une filiale de l'entreprise souffrait, une autre enregistrait des profits record. Les sociétés mères de PG&E et d'Edison ont dépensé quelque 22 milliards en nouvelles centrales, en rachats d'actions et en d'autres achats, ce qui excédait de loin leur prétendue perte de 12 milliards[17] ».

La situation n'est sans rappeler ce qui s'est produit avec les services d'eau à Grenoble, et c'est bien ainsi que les gens l'interprètent. PG&E et Edison ont fait l'objet de protestations dans tout l'État ; les consommateurs ont exigé que la production et le transport de l'électricité soient de nouveau confiés à des entreprises publiques et qu'on ne renfloue pas les pertes censément essuyées par les grandes entreprises privées. Fait intéressant, le modèle qu'ils souhaitent est déjà en place, dans l'État de la Californie : le service d'électricité de Sacramento n'est pas contrôlé par le secteur privé ; le tarif mensuel moyen y est de 20 $ inférieur à celui que payaient les abonnés de PG&E et, contrairement aux entreprises privées, il ne tente pas de dissuader les gens de conserver l'énergie. Puisque les sociétés publiques n'accumulent pas de profits et n'ont pas d'actionnaires exigeants, elles n'ont pas de raison de s'inquiéter si leurs clients consomment moins d'électricité. En fait, des services publics tels que ceux de Sacramento font la promotion de la conservation, notamment en offrant gratuitement des arbres pour créer de l'ombre afin de diminuer le recours à la climatisation. Quand les citoyens de la ville ont voté la fermeture de leur centrale nucléaire, les services publics se sont tournés vers des sources d'énergie renouvelables et ont installé des génératrices solaires actives sur le toit des garages municipaux pour compenser le déficit encouru. Pendant que le reste de l'État connaissait des interruptions de courant et des hausses de tarifs, le Los Angeles Department of Water and Power, plus grande entreprise de services publics de la Californie, a pu protéger ses abonnés : leur facture était en moyenne de 50 $ par mois, tandis que chez les abonnés d'entreprises déréglementées, elle s'élevait parfois à 138 $.

En 1996, alors que l'on était en voie d'adopter la loi de déréglementation, Daniel M. Berman, expert en matière d'énergie et coauteur de *Who Owns the Sun ?*, a prédit ce qui allait arriver. Il a expliqué que les grandes industries viendraient « pleurer auprès du public » et qu'il y aurait « une révolte massive des abonnés ». Quand ses prédictions se sont réalisées, il a proposé que l'État crée « une taxe sur les profits excessifs pour récupérer les revenus extorqués » et, surtout, qu'on « interdise que les entreprises privées dans le domaine de l'eau et de l'électricité puissent financer quelque forme d'activité politique que ce soit ». Il a ajouté que l'on devrait instaurer de nouveaux districts d'énergie publics, mettre de côté 5 % des revenus tirés de l'électricité pour les consacrer à la conservation et, sous le soleil de la Californie, que l'on rende obligatoires les panneaux solaires pour tous les nouveaux édifices. C'est exactement ce que réclame une nouvelle coalition de militants du nom de PublicPowerNow. Il n'est guère étonnant que l'entreprise d'électricité privée ait arnaqué ses abonnés en Californie d'une manière fort similaire à celle utilisée par les services d'eau en Bolivie et à Grenoble. Quelles que soient leurs lacunes, les services publics sont, par définition, contrôlables par le public, tandis que les entreprises privées ont avant tout le mandat de réaliser des profits. Ajoutons à cela leur triste dossier en matière de manipulation politique et de fraude ainsi que le manque d'efforts déployés en vue de la conservation d'énergie, et il apparaît évident que, si nous souhaitons un avenir durable, la *façon* dont nous gérons nos ressources est tout aussi importante que nos efforts pour les conserver.

La force de l'obstination

> *C'est ce qu'on fait plutôt que de jardiner ou cuisiner. Mon mari et moi le faisons ensemble. Je suis prête à affronter toutes les catastrophes ; elles me rendent forte. Lui se décourage. Mais il a du cœur au ventre.*
>
> Ursuala Sladek, Coopérative électrique de Schöenau

En Allemagne, plus de 900 fournisseurs de services publics offrent différents types d'énergie. Si la plupart appartiennent à l'État, certains sont de grandes entreprises privées. Le pays est déréglementé depuis un certain temps. Le type de système mis en place en Allemagne se distingue par le fait qu'une multitude de fournisseurs sont autorisés à vendre de l'énergie à un réseau central, ce qui signifie qu'une petite entreprise produisant de l'énergie solaire ou éolienne peut vendre sa production et utiliser les profits pour financer sa croissance. Ainsi, en théorie, l'énergie « verte » renouvelable pourra peu à peu gagner le réseau en entier. Dans un petit village pittoresque de la Forêt noire, toutefois, un groupe de résidents a dû surmonter une série d'obstacles pour pouvoir mener à bien sa révolution énergétique. Ce ne fut pas chose facile, mais leur saga, échelonnée sur une quinzaine d'années, constitue une incroyable histoire de solidarité, de créativité et d'obstination.

En 1986, inquiets à la suite de la catastrophe de Tchernobyl et préoccupés du bien-être de leurs enfants, un groupe de dix parents de Schöenau, petite ville de 2 500 âmes, a résolu de faire quelque chose pour diminuer sa dépendance envers l'énergie nucléaire — et, qui sait, un jour, celle du pays tout entier. Ils se sont mis à dispenser des leçons où ils présentaient des moyens élémentaires d'économiser l'énergie. L'une des fondatrices, Ursula Sladek, mère de cinq enfants, la quarantaine avancée, les joues très roses et des yeux en amande au regard pétillant, raconte qu'ils enseignaient « des choses simples, comme utiliser une casserole à fond plat pour cuisiner et la couvrir, faire la lessive uniquement quand la machine est vraiment pleine, d'autres trucs semblables ». Puis ils ont commencé à distribuer des prix aux résidants qui avaient réalisé des économies d'énergie — des billets de train à demi-prix, des coupons échangeables dans les magasins à rayons, un grand prix consistant en un voyage en Italie. En très peu de temps, une grande partie de ses concitoyens avaient vu leur consommation d'électricité fondre parfois de 50 % et, explique Ursula, « comme la qualité de vie des gens n'en souffrait pas, nous avons eu un plus grand nombre de convertis ». Cependant, ils ont bientôt constaté que leur conservation d'énergie ne se traduisait pas par une diminution significative de leur facture d'électricité car, comme c'est le cas au Canada, ils payaient un tarif de base, lequel ne récompense pas la conservation. La tarification était conçue de manière à offrir des prix plus bas aux grands utilisateurs et des prix plus élevés aux petits utilisateurs, le contraire d'une stratégie incitant à la conservation.

Les militants de Schöenau se sont donc mis à réclamer une tarification directement proportionnelle, qui aurait fait en sorte que plus ils consommeraient d'électricité, plus leur facture serait salée. Simultanément, ils ont commencé à étudier la cogénération. Qu'elles fonctionnent à l'essence, au mazout, au charbon ou à l'énergie nucléaire, les génératrices électriques donnent un sous-produit : la chaleur. Ursula explique : « Nous nous sommes rendus compte qu'avec la chaleur que nos entreprises de services publics gaspillent, nous pourrions chauffer toutes nos maisons et tous nos commerces ! » La cogénération fonctionne essentiellement grâce à de petites boîtes qui sont placées près des génératrices et qui captent la chaleur produite par celles-ci, qu'elles peuvent ensuite acheminer au système de chauffage d'un édifice ou d'une municipalité. Bien que peu de Canadiens ou d'Américains aient déjà aperçu semblable appareil, en Allemagne, les cogénératrices pullulent. Elles sont de plus en plus répandues dans les hôtels, les maisons, les bars, les écoles et les bureaux du gouvernement, où elles remplacent l'un des deux moteurs habituels qui consomment de l'énergie, l'un pour produire de la lumière et le second, de la chaleur. Stimulés par les possibilités que présente l'expansion de telles technologies, trente et un des militants de Schöenau ont décidé de créer leur propre entreprise d'électricité, qui produirait de l'énergie renouvelable. « Il n'a fallu que 1 000 $ par personne, raconte Ursula. L'argent n'est jamais un problème, car si votre idée est bonne, vous trouverez des donateurs. » Ils ont repéré plusieurs petites centrales hydroélectriques situées sur des cours d'eau non loin et ayant fermé leurs portes, ont acheté de nouvelles cogénératrices, puis ont entamé le processus politique devant leur permettre d'utiliser leur électricité.

Comme de nombreuses villes en Allemagne, Schöenau avait signé un contrat d'électricité avec une seule entreprise — dans ce cas-ci, une énorme firme privée qui détenait le monopole dans la région — et ce contrat arrivait bientôt à échéance. L'entreprise en question, du nom de KWR, a proposé d'octroyer 100 000 marks à la ville si celle-ci acceptait de signer une nouvelle entente d'une durée de vingt ans. Naturellement, les conseillers municipaux ont été tentés par l'offre. Les militants ont donc été forcés d'amasser à la hâte une semblable somme, qui leur permettrait de présenter une offre aussi alléchante que celle de l'entreprise privée, afin d'éviter que le contrôle de l'alimentation en électricité ne leur échappe pendant deux nouvelles décennies. Ursula est enseignante et son mari, Michael, un costaud barbu à la voix de stentor et aux manières d'ours sympathique, est le médecin adoré de la ville. Avec les autres militants, ils se sont attelés à la tâche et ont appris tout ce qu'ils ont pu sur l'électricité, assemblant une étude de 400 pages. Leur coopérative électrique de Schöenau,

ESG (acronyme de Elektrizitätswerk Schöenau GmbH), a immédiatement été mise à l'épreuve : il leur a fallu gagner un référendum municipal où l'on demandait aux citoyens s'ils préféraient que leur électricité vienne de l'entreprise privée sûre et fiable, mais fonctionnant au nucléaire et au mazout, ou de la coopérative non professionnelle, non éprouvée mais propre. À la grande surprise des conseillers municipaux, la coopérative l'a emporté. Mais ses membres ont bientôt découvert que, même s'ils pouvaient maintenant fournir une électricité propre à la ville, il leur fallait payer des droits pour utiliser le système de transport (câbles, transformateurs, etc.) de KWR. Une étude leur a révélé qu'il leur faudrait 4 millions de marks pour assumer ces coûts, une somme astronomique qu'ils ont entrepris d'amasser en faisant du porte-à-porte. « Des personnes âgées épargnaient 30 marks par année et nous en donnaient 100 ! », se souvient Ursula Sladek. Le pasteur protestant de l'endroit leur a laissé son héritage tout entier : 200 000 marks. Ils ont fini par réunir la moitié de la somme, soit deux millions de marks.

C'est à ce moment que la Banque GLS, que nous avons présentée au chapitre un, est venue frapper à leur porte. Elle a mis sur pied un fonds énergétique à Schöenau et a rassemblé des investisseurs. Les médias avaient eu vent de l'histoire et la petite ville de Schöenau était devenue la coqueluche du pays. Chez KWR, l'entreprise d'électricité privée, l'irritation grandissait ; elle a affirmé que l'étude réalisée par la coopérative était erronée et qu'il faudrait non pas 4 millions, mais bien 8,7 millions de marks pour acheter ses services, « ce qui aurait été le prix le plus élevé payé pour tout service analogue dans toute l'histoire de l'Allemagne ! », explique Ursula Sladek. Elle affirme que les prix exigés par KWR pour ses câbles, ses poteaux, ses transformateurs et ses autres pièces d'équipement étaient supérieurs aux normes de l'industrie. KWR a toutefois réussi à inquiéter suffisamment le conseil municipal pour que celui-ci tienne un second référendum, « qui a été très difficile », rappelle Ursula, car désormais l'entreprise électrique privée prenait sa rivale au sérieux et inondait les citoyens de prospectus et de publicités, où l'on brandissait le spectre des interruptions de courant et du service de piètre qualité. L'entreprise alla jusqu'à prétendre que la technologie propre que proposait ESG n'était pas véritablement propre. « Qui les gens vont-ils croire ?, se demandait Ursula. Tout ce qu'on pouvait faire, c'était de passer de porte en porte, à un niveau très personnel. Nous disions des choses comme : "Je vis ici. Mon mari est le médecin. Mes enfants vont à l'école ici. Si nous avons tort, nous devrons tous partir." »

Le jour du référendum, 85 % des électeurs se sont rendus aux urnes et la coopérative l'a emporté par une mince marge de 5 %. Mais même à ce moment-là, le ministère du land a refusé de réduire les prix de transport élevés qu'exigeait KWR. Ursula a eu une inspiration. Elle raconte : « Je me suis dit qu'il y avait au moins un million de personnes qui s'opposaient à l'énergie nucléaire en Allemagne ; si chacune envoyait 5 marks, nous aurions nos 8,7 millions ! » Bientôt, une campagne nationale battait son plein. L'une des plus grandes entreprises de relations publiques du pays a gracieusement offert ses services à Schöenau. La Banque GLS s'est remise au travail. Quand l'entreprise privée a compris qu'ESG aurait suffisamment d'argent pour porter l'affaire devant les tribunaux, elle s'est affolée et a baissé son prix à 6,5 millions. À ce moment-là, Schöenau disposait d'une somme un peu plus élevée. Ainsi, il y a quatre ans de cela, la coopérative verte s'est approprié sa propre production d'électricité. « Nous n'avons eu aucune interruption de courant, conclut Sladek avec fierté. Les prix n'ont pas augmenté. Nos cogénératrices n'ont pas pollué. » Aujourd'hui, presque tous les habitants du village appuient fermement la coopérative. La seule usine de la ville, qui en est le plus gros employeur, qui recycle des plastiques et consomme une grande quantité d'électricité, « était très inquiète et s'opposait à nous auparavant », raconte Ursula. Mais un an après que la coopérative eut commencé ses activités, elle a entendu le propriétaire de l'usine interviewé à la radio. Il disait : « Tout fonctionne pour le mieux ! Je suis satisfait. »

Une fois qu'elle a été chargée de la production d'électricité pour le village, qu'a fait ESG ? Elle a modifié les tarifs pour la cogénération d'énergie. « Nous payons davantage les gens qui s'y livrent, afin qu'ils puissent obtenir de l'argent, explique Ursula. Si l'on veut changer la technologie à grande échelle et si l'on veut que ce changement se répande, il faut proposer des tarifs intéressants. » Il n'est pas dans l'intérêt des grandes entreprises de services publics ayant fait des investissements dans les services d'eau, les télécommunications, etc., de favoriser la cogénération, car celle-ci leur fait perdre de l'énergie qu'elles pourraient vendre. Seules les petites entreprises locales de services publics à but non lucratif ont intérêt à conserver l'énergie. Aujourd'hui, la ville de Schöenau est celle qui utilise la plus grande proportion d'énergie solaire de tout le pays. Mieux encore, elle n'a plus recours à l'énergie nucléaire, ce pourquoi on lui a remis un prix, de 18 000 marks, qui a été investi dans l'installation de panneaux solaires sur le toit de l'école. ESG, qui produit 20 % de l'énergie dont elle a besoin, peut acheter le reste à d'autres coopératives propres du pays ou de l'Autriche. « Nous avons un véritable choix de libre marché », constatent les Sladek. Puis ils ont eu une nouvelle idée.

ESG est devenue un intermédiaire qui permet aux gens de partout au pays de trouver de l'énergie propre à bon prix. « Nous sommes connus, les gens font appel à nous et nous n'avons pas besoin d'argent pour fournir ce service », dit Ursula. En effet, les revenus que récolte ESG à titre de fournisseur d'électricité sont utilisés uniquement pour le fonctionnement du bureau, pour des investissements dans des initiatives d'énergie éolienne ou solaire et pour la rémunération des dix employés de l'entreprise, dont neuf sont des résidants de l'endroit. ESG fait encore appel à des bénévoles pour préparer les enveloppes et donner un coup de main lors de l'organisation des célébrations et des fêtes périodiques. Grâce à ses 20 000 clients, cette petite coopérative municipale est le deuxième fournisseur d'énergie écologique de toute l'Allemagne. « Si l'on compare notre production d'électricité à un lac, dit Ursula Sladek, toute l'énergie coule de deux sources : une propre, une sale. Mais peu à peu, on diminue la quantité d'eau sale. Le lac est en train de devenir plus propre. »

Nous pouvons tous rendre l'air, l'eau et la terre plus propres, pour peu que nous nous engagions dans l'une des nombreuses organisations qui font campagne pour un changement dans le domaine de l'énergie. Paradoxalement, ce que l'énergie verte nous apprend, c'est qu'il est bien possible d'avoir le beurre et l'argent du beurre. Jusqu'à tout récemment, nous avons choisi les sources d'énergie les plus dommageables et les plus primitives qui soient. Mais il en existe des multitudes d'autres, trop pour qu'on puisse toutes les présenter ici : l'énergie maréemotrice, la géothermie, l'hydrogène, la conservation toute simple. Les torts qu'a causés et que continue de causer à notre planète notre bras de fer avec Pluton défient parfois l'imagination, mais nous ne les laisserons pas tiédir notre ardeur. Il nous faut désormais laisser tranquilles Pluton et son trésor souterrain, pour mieux repartir à neuf.

CHAPITRE 9

Sortir des sentiers battus

Nouvelles façons de penser et d'apprendre

Quand vient le temps d'agir

Jerry Mander, ex-publicitaire auteur du best-seller intitulé *Four Arguments for the Elimination of Television*, voit dans l'histoire d'une expérience scientifique une métaphore du type d'existence que nous a léguée la première Révolution industrielle. Dans les années 1970, une équipe de scientifiques a isolé plusieurs chimpanzés, chacun dans une pièce, et leur a appris à communiquer à l'aide de boutons sur lesquels étaient inscrits des symboles. S'ils voulaient une banane, les singes appuyaient sur le bouton portant l'image d'une banane, et le fruit tombait d'un distributeur. Ils pouvaient satisfaire d'autres besoins de la même manière : il leur était possible d'obtenir de l'eau ou un changement d'éclairage, et un bouton leur permettait même de recevoir des manifestations d'affection. « Quand le chimpanzé appuyait dessus, un scientifique entrait dans la pièce, le prenait dans ses bras et jouait avec lui pendant un moment, puis il repartait. » Mander dit que l'univers entier du chimpanzé était réduit à ce qu'il pouvait demander par l'entremise des boutons et qu'il était limité en fonction de facteurs pécuniaires et de ce que les scientifiques avaient songé à y inclure. Ceux-ci n'avaient pas tenté de reproduire les expériences que les chimpanzés avaient pu connaître dans les forêts où ils avaient vécu. Il y avait en tout et pour tout douze boutons.

> *Certes, nous n'avons pas été soudainement capturés par des chasseurs et enfermés dans une pièce ou un zoo, mais, sur plusieurs générations, notre espèce a connu un sort semblable.*
>
> JERRY MANDER, International Forum on Globalization[1]

L'objectif de l'expérience consistait à découvrir si, quand les expérimentateurs déplaceraient un symbole d'un bouton à un autre, les chimpanzés s'en rendraient compte, décoderaient correctement le symbole déplacé et demanderaient des bananes en appuyant non plus sur le bouton numéro trois, mais sur le bouton numéro dix, par exemple. On a alors constaté qu'ils faisaient montre d'une habileté quasi immédiate à le faire, ce qui a été salué comme une percée scientifique importante démontrant que les animaux peuvent comprendre et utiliser des symboles abstraits et employer les mêmes types de processus mentaux symboliques que les humains. Mander a cependant proposé pour sa part une interprétation différente de la chose : « Pour moi [...], l'expérience signifiait seulement que le singe dans le labo était soumis à une version accélérée de l'histoire humaine [...]. Ça signifiait que les chimpanzés, comme n'importe quels autres animaux enfermés, feront tout ce qui est nécessaire pour survivre et tirer le meilleur parti d'une mauvaise situation qui échappe totalement à leur contrôle[2]. » Il poursuit en notant que, quand un animal, et notamment un mammifère supérieur, est attaché à son habitat naturel et placé dans un monde artificiellement organisé où ses techniques habituelles de survie et de satisfaction de ses besoins ne s'appliquent plus, il commence par devenir dépendant de celui qui contrôle ce nouvel environnement et il « utilisera son intelligence pour apprendre tous les nouveaux trucs nécessaires pour fonctionner dans ce système. » Il se concentrera aussi, jusqu'à en devenir dépendant, sur les rares expériences qui s'offrent encore à lui. Finalement, il diminuera ses attentes mentales et physiques afin qu'elles correspondent à ce qu'il peut effectivement obtenir.

Si elle n'est pas tout à fait exacte, cette analogie implicite entre les singes du laboratoire et les êtres humains dans la société moderne n'en offre pas moins une perspective précieuse. Nous, les êtres humains, avons aussi été retirés de l'environnement tridimensionnel dans lequel nous avons évolué, environnement complexe et qui exigeait que nous utilisions régulièrement nos muscles et nos cinq sens. Nous interagissons maintenant en grande partie avec des biens manufacturés tels que des livres, des documents, des écrans de télévision et d'ordinateur, qui le plus souvent ne sont que bidimensionnels. Nous pouvons les utiliser en ayant recours à pas plus de deux de nos cinq sens et à très peu de muscles. Ainsi, nous vivons dans des contextes aussi différents de l'environnement où nous avons évolué que l'était cette petite pièce pour les singes soumis à l'expérience ; dans les deux cas, c'est la culture humaine, plutôt que la nature, qui nous procure l'ensemble limité de choix qui s'offrent à nous dans notre vie quotidienne.

Mander compare cet environnement à celui dans lequel nous avons évolué et survécu au cours des centaines de milliers d'années que nous avons passées sur la Terre. Il nous fallait jadis être perpétuellement au fait de chaque changement et de chaque détail des activités et des réactions des autres formes de vie qui nous entouraient, et cette information que nous relayaient nos cinq sens était essentielle à notre survie. Mais les habiletés qui étaient si vitales sont maintenant devenues inutiles, si ce n'est contre-productives. Si nous savions, comme le dit Mander, identifier cinquante-six variétés de flocons de neige, des centaines de motifs oniriques ou les différentes altitudes auxquelles voyagent les insectes volants, comme les peuples traditionnels savaient le faire jusqu'à très récemment, cela ne nous servirait guère à nous débrouiller dans le monde moderne. « Nous avons dû nous réinventer pour nous adapter, affirme Mander. Nous avons dû remodeler nos personnalités pour nous montrer compétitifs, agressifs, intellectuellement vifs, charmants et manipulateurs. Ce sont ces qualités qui sont garantes du succès dans le monde d'aujourd'hui et qui nous permettront de survivre et d'obtenir une certaine dose de satisfaction à l'intérieur du cycle de travail et de consommation[3]. »

Mander compare aussi, un peu à la blague, les bureaux de nos entreprises modernes aux petites pièces où étaient enfermés les singes ; les lieux semblent d'abord apaisants et pas du tout menaçants, mais ils sont si dénués de personnalité et si « déconnectés » de tout que les gens finissent par accueillir avec soulagement n'importe quel type de stimulus qui leur permet d'échapper à leur sentiment d'aliénation croissant. Même s'il admet qu'il serait exagéré de prétendre que les édifices à bureaux modernes sont des caissons de privation sensorielle, il demeure que « l'élimination de stimuli sensoriels augmente la concentration sur la tâche à exécuter, à l'exclusion de tout le reste. Les bureaux modernes ont été conçus exactement dans cet objectif par des gens qui savaient ce qu'ils faisaient[4]. » Comme le champ d'expérience de ceux qui travaillent dans les bureaux est extrêmement restreint, poursuit-il, « les stimuli qui restent — la paperasse, le travail intellectuel, les affaires — prennent de l'ampleur jusqu'à acquérir une importance qu'ils n'auraient jamais eue dans un environnement plus vaste, plus varié, plus stimulant. Si le travailleur [comme le chimpanzé] s'y intéresse, c'est en grande partie parce que ce sont les seules choses auxquelles il puisse s'intéresser. » Par ailleurs, le travailleur n'a pas de réelle influence sur ce qui s'offrira à son intérêt : cela est déterminé par d'autres. Comme cet environnement artificiel est à ce point peu naturel et fabriqué, il arrive souvent que les émotions et les valeurs normales qui avaient été refoulées refassent surface sous forme d'aberrations, « comme des pousses de gazon qui pointent à travers l'asphalte » : esprit de compétition farouche, rage déclenchée par des contrariétés mineures, incartades sexuelles, intrigues ayant pour objet une promotion de peu d'importance ou le nombre de fenêtres que compte chaque bureau, tous des phénomènes répandus dans les bureaux.

Ces observations tirées d'un ouvrage écrit il y a plus de vingt ans continuent de fournir une description juste du « monde du cubicule », dont les bandes dessinées de *Dilbert* font la satire. Notre univers constitué de bureaux délimités par des paravents et de tours d'habitation n'est pas si différent des petites pièces où devaient vivre les singes de l'expérience. Chose certaine, il semble souvent tout aussi restreint, arbitraire, limitant et sinistre. Si nous le tolérons, c'est parce que nous continuons à obtenir des bananes — et même quelques câlins. En réalité, toutefois, nous désirons fort probablement plus : nous souhaiterions certes garder les bananes — la sécurité, les soins —, mais nous aimerions aussi sortir de la boîte. Ce n'est peut-être pas un rêve impossible.

Apprendre à franchir des barbelés

Celui qui est prêt à échanger une liberté essentielle pour une sécurité temporaire ne mérite ni liberté ni sécurité.

Benjamin Franklin

En sortant de leur habitat « naturel » pour apprendre à vivre comme ils le font aujourd'hui, les êtres humains ont accompli des exploits extraordinaires. Ils ont notamment grandement réduit les dangers que posaient les maladies infectieuses, et les guerres endémiques ne touchent plus qu'une mince fraction de la population — ce qui explique, en partie, pourquoi les attaques contre le World Trade Center et les menaces de guerre permanentes en Asie et au Moyen-Orient sont si troublantes. De nombreux êtres humains se sont habitués à vivre en paix et à mener une existence confortable, où la nourriture ne fait jamais défaut.

On ne devrait toutefois pas croire pour autant que même les plus fortunés d'entre nous n'ont pas vu leur échapper des éléments importants de l'existence. Si l'on fait abstraction de l'appauvrissement des ressources naturelles qui sont notre source de vie pour l'avenir, un grand nombre de personnes s'inquiètent de l'érosion des collectivités, de la dégradation de leur sentiment d'appartenance et d'identité ainsi que de la disparition de valeurs qui transcendent la vie matérielle et mènent à un épanouissement spirituel et émotionnel. Un trop grand nombre d'entre nous ont l'impression de n'être qu'un rouage dans une immense machine sans âme, ou d'être semblables à un chimpanzé enfermé dans une boîte. Lorsque nous soulevons ces préoccupations, toutefois, on nous fait le plus souvent comprendre que nous n'avons pas le choix : c'est tout l'un ou tout l'autre. Si nous arrêtons, ne serait-ce qu'une seconde, de chercher à amasser une plus grande richesse matérielle ou à contribuer à un développement économique continu, la guerre ou le choléra nous guettent.

Au chapitre un, nous avons présenté un couple d'idéalistes, Dick et Jeanne Roy, qui vivent en accord avec leurs préceptes écologiques et œuvrent en tant que « bénévoles pour la Terre », tentant d'amener le plus de monde possible à découvrir des manières de vivre qui soient durables, équitables et agréables. Ils ne croient pas — et des millions de personnes sont de leur avis — que l'on n'ait que deux options dans la vie et estiment que le choix qu'a fait notre société (l'existence moderne, industrielle, urbaine) offre des possibilités trop rigides et trop limitées, tout particulièrement en ce qui a trait aux moyens de gagner sa vie et d'employer la plus grande partie de son temps. Persuadés que cette existence nous prive de la liberté naturelle qui nous est nécessaire pour atteindre nos objectifs personnels, ils croient que, pour atteindre aux valeurs universelles de partage et de conservation, il nous faut cesser de privilégier une seule valeur, le confort matériel, au détriment de toutes les autres. Ils sont également convaincus que l'on peut échapper à la « boîte » de la première Révolution industrielle sans courir à sa perte.

Dick Roy affirme qu'à une époque comme celle que nous vivons aujourd'hui, où plane la menace de la guerre ou du terrorisme, les gens tendent à perdre de vue leurs véritables valeurs et à rechercher la sécurité par-dessus tout. Il explique : « L'essentiel de ce que nous tentons de faire dans nos cours, à l'aide de notre approche, c'est d'aider les gens à accorder leur conduite avec le but et le sens les plus élevés qu'ils donnent à leur existence, peu importe la difficulté de la situation. » Il n'est dès lors plus question de quantité, mais bien de qualité de vie. Sommes-nous en train de troquer le droit de vivre notre existence comme nous le souhaiterions contre une vie moins épanouie mais un peu plus longue ? N'oublions pas qu'il est fort possible que les autorités chargées de nous garder dans des boîtes et de nous procurer des boutons sur lesquels appuyer aient une conception de la liberté et du bonheur qui ne coïncide nullement avec nos valeurs personnelles ou locales. « L'importance démesurée que la société de consommation accorde aux biens matériels et économiques, explique Roy, vise simplement à dépouiller l'individu du sens qu'il donne à son existence, pour le remplacer par [celui de la société de consommation]. La société moderne tente constamment de vous convaincre qu'il faut acheter pour avoir une vie agréable, qu'il faut dépenser des dollars et que vous devriez cesser de penser aux choses qui n'ont pas de valeur monétaire ou commerciale. » Il affirme que nous devons tous apprendre à « nous détacher de tout cela ; chacun d'entre nous doit découvrir quel est véritablement le but le plus profond, le plus personnel, de son existence. »

Les personnes et les organisations que nous avons présentées dans cet ouvrage sont allées au-delà des sentiers battus prévus par la société moderne dans le but de réduire les choix offerts aux êtres humains à ce que « l'économie » souhaite. Elles ont découvert la visée et le sens de leur existence et s'efforcent d'incarner dans la réalité leurs valeurs les plus intimes. Leurs objectifs sont simples : le respect des systèmes naturels qui nous font vivre, la conservation de nos ressources, une gestion plus sage de nos économies locales et, plus particulièrement, une éthique menant au partage équitable des biens de la planète. De semblables buts diversifiés, en plus de réduire la détresse existentielle des individus, nous protégeraient sans doute de la haine et du spectre de la terreur mieux que des bataillons de soldats à l'étranger ou des détachements de policiers chez nous.

Il est notamment permis de se demander si les Américains et leurs alliés occidentaux auraient imposé leur présence militaire pour le moins déstabilisante dans le Golfe persique si le monde industrialisé avait interprété la crise du pétrole des années 1970 comme un avertissement et en avait profité pour privilégier la diversification et explorer l'énergie solaire et éolienne, entre autres sources d'énergie renouvelables. Aujourd'hui, chaque pays devrait posséder ses propres sources d'énergie, de sorte que personne n'aurait à se battre pour obtenir sa part d'une ressource qui diminue, à soudoyer des gouvernements dans le but de s'assurer des stocks ou à détruire des espaces naturels intacts pour le bien de l'industrie. Si l'Occident n'avait pas cédé à l'appel de la richesse matérielle et du PIB en perpétuelle croissance, si nous avions une éthique plus solide en matière de partage et de conservation, nous pourrions affirmer que nous formons bien une société « libre » qui mérite qu'on l'émule. Jaggi Singh, militant dont nous avons fait la connaissance au premier chapitre, souligne qu'« il y a une énorme différence entre une société basée sur McDonald's et Coke et [une société] qui règle les problèmes de polio, de tuberculose et de carie dentaire. Si on ne veut pas de la première, cela ne signifie pas qu'on ne veut pas de la seconde ou qu'on ne peut pas trouver un moyen de la conserver ! »

Dick Roy estime que la culture de la consommation dissimule un système de valeurs axé sur l'égoïsme, dans lequel notre soif de confort individuel l'emporte sur toute notion de communauté. « Nous vivons dans une société que l'on peut comparer aux prisons et aux boîtes, voire aux camps de concentration. Dans notre recherche continuelle de la richesse, la société met sans cesse à l'épreuve notre boussole morale, elle essaie de nous forcer à faire des choses dont nous savons qu'elles sont mauvaises. [Cela signifie que] notre culture dominante est odieuse pour de nombreuses personnes, à un niveau profond, intime. Elle encourage et récompense les meilleurs d'entre nous quand ils font ce qu'ils savent être moralement inacceptable, et cela use leur âme. Les valeurs de l'économie deviennent leur unique but, le sens de leur vie. Leurs talents individuels, leur idéalisme sont remplacés par les besoins et les exigences de l'économie, et tout cela est validé par le succès matériel apparent. Mais ils ont l'impression d'avoir été dépossédés, et c'est bien le cas. Ils vivent désormais en fonction des valeurs de l'économie, et non pas des leurs. »

Comme les chimpanzés enfermés dans la petite pièce, les individus prisonniers de l'environnement moderne décident que leur survie exige qu'ils apprennent à appuyer sur les bons boutons, même si ceux-ci entraînent la « rationalisation » de milliers d'emplois et la ruine de communautés jadis florissantes, même s'ils font en sorte que l'on continue d'extraire des substances dangereuses de la croûte terrestre, même s'ils exigent que l'on néglige ou travestisse les données scientifiques les plus élémentaires afin que le profit demeure la seule et unique valeur positive. S'ils s'y prêtent, ce n'est pas parce qu'ils sont mauvais ou méchants, mais parce qu'ils ont l'impression de n'avoir pas d'autre choix. Ils n'ont pas accès à d'autres boutons.

Il y a cependant une issue. Roy nous rappelle que « ces valeurs corporatistes, selon lesquelles la richesse matérielle occuperait le zénith du désir humain, ont été introduites dans notre culture ; elles ne relèvent pas d'un instinct, d'une caractéristique innée, et c'est pourquoi elles peuvent se transformer en autre chose, de la même manière. Au XVIIIe siècle, les premières grandes entreprises ont introduit l'idée d'une richesse croissant de façon continuelle et en ont fait l'objectif premier ; si les gens, en grande majorité, ont embrassé cette éthique, c'est qu'ils croyaient que, à terme, elle serait bénéfique au plus grand nombre. Nous nous efforçons de faire le contraire, de créer, en éduquant un individu à la fois, des collectivités qui ont un sens et une visée durables et qui possèdent des valeurs humaines et écologistes. »

Cet objectif est loin d'être utopique, surtout maintenant que le monde industrialisé a de si nombreuses raisons de réexaminer le système de valeurs sur lequel il repose.

Roy fait également remarquer qu'il n'est pas nécessaire que tous les individus se fassent les défenseurs de la Terre pour qu'on assiste à un changement. Le but que lui, Jeanne et tant d'autres cherchent à atteindre n'est pas si éloigné qu'il n'y paraît. Il note en effet que, au cours de l'histoire, la culture du monde s'est modifiée radicalement et très rapidement quand seulement 10 ou 15 % de la population embrassait des idées nouvelles. Or, comme nous l'avons vu dans cet ouvrage, c'est exactement ce qui est en train de se produire.

Les tisseuses de la toile

> *Cette toile doit inclure des fils qui relient la jeunesse aux aînés, les non-autochtones aux autochtones, les gens de l'endroit aux cultures indigènes internationales et au monde au-delà.*
>
> Signification du mot « inteliluyni » en tsilhqot'in (traduction de Roberta Martell)

Le Northwest Earth Institute, de Dick et Jeanne Roy, possède des sections qui emploient ses techniques dans le but de favoriser la durabilité dans plus de quarante États, mais son réseau ne s'étend pas dans le monde entier. Pourtant, ailleurs, des individus et des communautés découvrent des méthodes étonnamment similaires qui leur permettent d'entrer en contact avec leurs valeurs individuelles et locales essentielles. Ils souhaitent que leur existence soit axée sur ces dernières et non sur les valeurs imposées par des modèles extérieurs, telles que les voitures et les centres commerciaux du monde industrialisé ou les rigides diktats religieux ou sociaux qu'imposent des régimes dictatoriaux ailleurs.

Au chapitre six, nous avons raconté comment une coalition de groupes d'autochtones et d'écologistes a réussi à obtenir de véritables changements politiques à l'échelle provinciale afin de protéger leurs forêts. Quand la fondation David Suzuki (FDS) a commencé à se préparer à travailler avec les collectivités côtières, en 1997, ses membres se sont vite rendus compte qu'il leur faudrait d'abord apprendre à cesser « d'aider » et commencer à prêter une oreille attentive. La fondation avait eu vent d'un processus du nom de Recherche action participative (RAP), mis au point par l'Arctic Institute of North America à Calgary. À la manière des méthodes développées par les Roy et des techniques de gestion holistique d'Allan Savory, la RAP est fondée sur la conviction que chaque communauté possède des valeurs et des talents qui lui sont propres. Le défi consiste donc à aider les collectivités à les exprimer et à créer une vision qui soutiendra leurs objectifs à l'aide de leurs propres compétences non exploitées. Quand une communauté est ouverte à cette approche, un individu au fait de ces techniques peut s'y rendre non seulement pour y dispenser quelques cours, mais aussi pour y vivre pendant au moins trois ans, pendant lesquels il contribuera à mettre au jour les forces et les faiblesses.

Les Xenigwet'ins, membres d'une petite collectivité autochtone tsilhqot'in (chilcotin) de la vallée de Nemiah, région éloignée des grands centres de la Colombie-Britannique, voyaient leur territoire saccagé pour assurer à court terme des emplois aux bûcherons. Quand ils ont appris que la Fondation David Suzuki était intéressée à y mettre sur pied un projet conjoint, ils ont rencontré ses représentants pour élaborer une feuille de route, appelée inventaire SWOT (acronyme de « Strengths, Weaknesses, Opportunities and Threats », soit « forces, faiblesses, occasions et menaces »), et ont posé des questions fondamentales qui dépassaient le cadre des méthodes de gestion habituelles. Ils se sont demandé : à quoi voulons-nous que ressemble notre communauté dans dix, quinze, vingt ans ? Voulons-nous être des employés ou des entrepreneurs ? L'argent est-il la seule réponse, une fin en soi ou simplement un moyen d'arriver à ses fins ? Quoi qu'il en soit, que sommes-nous prêts à échanger pour de l'argent ? Et que ne sommes-nous pas prêts à échanger ? En se posant les bonnes questions, la communauté xenie a compris qu'en misant sur les compétences de ses membres qui savaient sculpter, cuisiner, coudre ou pêcher, elle pourrait créer des emplois qui finiraient par avoir un impact suffisant pour lui permettre de ne pas sacrifier la santé à long terme de son territoire au profit de ce qui était jadis vu comme la seule possibilité économique : l'abattage des arbres. C'est alors que Roberta Martell, la responsable du RAP qui faisait aussi partie de l'équipe de la fondation, est arrivée à Nemiah. Elle a découvert un village de l'arrière-pays très isolé, dépourvu de télécopieur comme de courrier électronique, doté d'une seule ligne téléphonique radio reliée au bureau du conseil de bande. Elle a contribué à mettre sur pied un comité formé de quatre femmes, Maryann Solomon, Francy Merritt, Bonnie Myers et Crystal William, qui se sont baptisées elles-mêmes l'équipe inteliluynie, les « tisseuses de la toile ». Leur mission consistait à établir de quelle manière les valeurs de la collectivité pouvaient lui procurer un soutien économique.

L'équipe inteliluynie a constaté que, avant de créer des emplois, il leur fallait des infrastructures de communications et d'électricité. Ses membres ont donc contribué à faire installer un système de téléphone sans fil dans la vallée et à obtenir le financement nécessaire à l'acquisition de sept ordinateurs et à la construction d'un café Internet. Elles ont réussi à obtenir un financement pour une étude de faisabilité quant à la production d'énergie propre à Nemiah — micro-hydro-électrique, éolienne et solaire — et ont rencontré des représentants de Ballard Power pour discuter de l'installation de piles à combustibles pour utiliser l'énergie éolienne, considérable dans la région. L'équipe a aussi contribué à la création de deux jardins communautaires afin d'endiguer la sortie des capitaux locaux qui servaient à acheter des légumes cultivés à des centaines de kilomètres. Et elle a construit une buanderie, grâce à laquelle les gens n'étaient plus obligés d'aller faire leur lessive à Williams Lake, à trois heures de route sur de mauvais chemins. L'équipe inteliluynie est allée jusqu'à concevoir et bâtir deux maisons de paille, prouvant du coup que la communauté était capable de construire des logements confortables à l'aide de matériaux durables et en ayant recours aux compétences des gens de l'endroit, pour moins de 30 000 $, somme jusque-là jugée insuffisante.

Comme la culture tsilhqote est fondée sur les chevaux, le comité de développement économique de la communauté, qui travaille de près avec l'équipe inteliluynie, a décidé d'organiser, à l'intention des touristes, des promenades équestres dans les sentiers. Des chevaux que possédaient déjà des membres de la collectivité ont été mis à contribution pour fournir des emplois à des gens de l'endroit en même temps qu'un divertissement pour les étrangers, qu'on emmenait pêcher, observer les oiseaux et faire de la randonnée dans des lieux qui leur étaient jusque-là inaccessibles. Les Xenigwet'ins explorent également la récolte durable de produits forestiers autres que le bois — fleurs, petits fruits, etc. — comme moyen de protéger leur territoire et de fournir un revenu à leurs membres. Avec les conseils avisés des aînés, ils sont même en train d'aménager un village traditionnel. Aujourd'hui, l'énergie, l'initiative et l'inspiration qui animent le village sont démocratiques et fondées sur le consensus. Et, ce qui est peut-être plus important que tout le reste, les gens apprennent à construire leur propre maison, à cultiver leurs propres légumes, à vendre leurs objets d'artisanat et les tartes qu'ils confectionnent et à guider les touristes lors de promenades à cheval dans les sentiers de leurs forêts bien-aimées ; ils apprennent à jouir de la vie et à avoir du plaisir.

Les Xenis de la vallée de Nemiah n'ignorent pas que leur lutte est révélatrice des valeurs qui changent un peu partout sur la planète. Roberta Martell, qui a maintenant quitté une communauté tout à fait apte à continuer à appliquer ses valeurs communes, explique : « Pourquoi voudrait-on "développer" cet endroit au sens traditionnel du terme ? Ce serait s'accrocher à un paradigme qui, heureusement, est en train de disparaître : la croyance qu'il faut de l'argent à tout prix ou qu'il est normal de vivre au-dessus de ses moyens. Les Xenis possèdent quelque chose que l'argent ne pourra jamais remplacer : un territoire intact qui peut combler presque tous leurs besoins, un sentiment d'être à leur place et un avenir authentique. »

Ce que l'on attend de la vie

> *Qu'est-ce qu'une vie réussie ? Une vie réussie, c'est être un bon voisin et considérer son voisin comme soi-même.*
>
> K. Vishwanathan, Kerala, Inde[5]

Il est un problème environnemental sur lequel s'entendent la majorité des gens : les êtres humains sont en voie de devenir trop nombreux. Pendant la majeure partie du temps que les humains ont passé sur la Terre, il était nécessaire de se reproduire afin de perpétuer sa famille et de s'assurer un soutien pour ses vieux jours. Nous savons cependant aujourd'hui que, si l'on souhaite que nos enfants disposent d'un avenir, il importe de contrôler deux décisions fondamentales : d'une part, la taille des familles, d'autre part, la quantité et le type de biens que celles-ci consommeront, biens qui sont produits grâce aux ressources limitées toujours disponibles sur la planète. Pendant la plus grande partie du XXe siècle, nous avons cru que, en diminuant le nombre de naissances par famille et en établissant des systèmes sociaux stables, on accroîtrait la prospérité générale. Si elle semble régler le problème du nombre d'individus, cette approche contribue cependant à la dégradation écologique ; en effet, en nous enrichissant, nous consommons plus rapidement les ressources de la planète et cette consommation entraîne une plus grande pollution. Vingt pour cent des êtres humains les plus riches du globe — qui, pour la majorité, vivent en Amérique du Nord et en Europe — consomment aujourd'hui 80 % de l'ensemble des biens, de la nourriture, de l'eau, des métaux et des carburants produits, et rien ne laisse présager que ce déséquilibre s'atténuera.

Des décennies d'études démographiques montrent que les individus disposant d'une meilleure sécurité du revenu ont moins d'enfants. Des études réalisées par l'Organisation des Nations Unies pour l'alimentation et l'agriculture (FAO) et l'ONU dans les années 1980 ont cependant mis en lumière un autre facteur : plus les femmes jouissent d'un niveau de scolarité et d'un statut social élevés dans la société, moins elles ont d'enfants. Cette corrélation inverse semble transcender les barrières économiques, culturelles et religieuses. C'est pourquoi on a mobilisé les services sociaux à l'échelle de la planète dans les années 1980 et 1990, non pas pour accroître les revenus des hommes, stériliser les gens contre leur gré (comme on l'a fait en Inde dans les années 1970) ou distribuer des masses de documentation sur les moyens de contraception : on s'est plutôt attaché à faire en sorte que les petites filles fréquentent l'école et à favoriser l'autonomie des femmes, notamment en ce qui a trait aux droits de toucher un héritage et de travailler à l'extérieur de la maison. On a également découvert que la présence de cliniques médicales qui aidaient les enfants à survivre à leurs premières années d'enfance était étroitement liée à une diminution de la taille des familles ; les femmes ne ressentaient plus le besoin d'avoir de nombreux enfants dans le but de s'assurer que deux ou trois d'entre eux atteindraient l'âge adulte et pourraient ensuite prendre soin d'elles. C'est ainsi que l'on a instauré des cliniques destinées aux enfants de moins de cinq ans dans plusieurs des pays les plus pauvres de la planète. Ces efforts ont porté leurs fruits : la proportion des petites filles fréquentant l'école primaire sur le globe est passée de 39 % en 1980 à 57 % en 1993. Dans certains pays, toutefois, cette proportion a plutôt connu un déclin, car les politiques d'ajustement structurel du FMI ont forcé des pays comme la Tanzanie à sabrer dans leurs cliniques et leurs programmes de planification des naissances[6]. Quoi qu'il en soit, la bonne nouvelle est que les taux de reproduction connaissent une diminution générale dans le monde.

Bien que cette méthode connaisse un grand succès, il n'est pas facile de rehausser le statut des femmes. Dans la plus grande partie des pays en voie de développement, on accorde une plus grande valeur aux petits garçons qu'aux petites filles, pour des raisons culturelles et économiques. Dans les pays musulmans, les garçons prennent habituellement soin de leurs parents, tandis que les filles prennent soin des parents de leur mari, ce qui fait qu'un couple qui n'a pas de fils se retrouvera en mauvaise posture. Partout en Inde et dans plusieurs pays d'Afrique, les filles ne peuvent être mariées sans dot, laquelle représente habituellement l'équivalent de plusieurs années de salaire pour les parents. Si elle comprend plus d'une ou deux filles, une famille entière peut se trouver condamnée à la pauvreté ; et s'il ne compte pas de fils, le couple n'obtiendra jamais de retour sur l'investissement qu'il a fait sous forme de dot. À Mumbai, ville du centre de l'Inde, par exemple, sur les quelque 8 000 avortements pratiqués dans une clinique au cours de l'année 1990, un seul l'a été sur un fœtus masculin. Pourtant, cette règle consistant à dévaloriser les femmes connaît des exceptions, même dans des pays hindous et musulmans. Au Kerala, dans le sud de l'Inde, État qui est à la fois hindou et musulman, le nombre moyen de femmes est de 1 036 pour 1 000 hommes, ce qui correspond à peu près à la moyenne dans les pays industrialisés ; les femmes y jouissent en outre d'une espérance de vie plus longue que les hommes, ce qui prouve qu'elles sont les bienvenues dans leurs familles et qu'elles reçoivent une bonne alimentation et des soins adéquats. Mais il faut dire que le Kerala est un lieu d'exception à maints égards.

On estime que le revenu moyen annuel par habitant au Kerala varie de 298 à 350 $ US, soit un soixante-dixième de la moyenne américaine et moins que le revenu moyen au Cambodge ou au Soudan, mais les hommes n'en ont pas moins une espérance de vie de 70 ans, soit seulement deux ans de moins que celle des Nord-Américains. L'État a un taux d'alphabétisation de 90 %, l'un des plus élevés sur la planète, offre des soins médicaux et des moyens de contraception abordables, dispose d'un régime foncier équitable, fournit des dîners gratuits aux élèves dans les écoles, subventionne la nourriture et les biens pour les pauvres et s'enorgueillit d'un taux de mortalité infantile de moitié inférieur à celui du reste de l'Inde. Mais surtout, le taux de reproduction est tout juste inférieur à 1,7 enfant par femme, ce qui est plus bas qu'en Suède et beaucoup plus bas qu'aux États-Unis, dont le taux (2,3 enfants par femme) est le plus élevé des pays industrialisés [7]. Comme l'explique Will Alexander, du Food First ! Institute de San Francisco, le Kerala est un véritable modèle. Il s'agit de « la seule grande population humaine de la planète qui réponde actuellement aux deux critères de durabilité que sont la petite taille des familles et une faible consommation. »

L'histoire du Kerala est marquée par son peuple fier et indépendant et par ses dirigeants éclairés. Contrairement au reste du territoire indien, l'État possède des cours d'eau — des rivières, des ruisseaux, des marais, des chutes — ainsi que les montagnes et les forêts les plus diversifiées du pays, les Ghâts de l'Ouest. Bien qu'on y compte 20 % de chrétiens, qui complètent une population composée d'hindous et de musulmans, le Kerala a réussi à éviter toute confrontation majeure, et le système des castes y a moins d'emprise que dans le reste du monde hindou. L'État possède un système politique tripartite : le Front démocratique de gauche, parti communiste, exerce le pouvoir pendant trois ou quatre ans avant de céder la place à des groupes plus modérés. Ainsi, l'une des caractéristiques uniques du Kerala est le fait qu'il s'y trouve le seul gouvernement communiste élu (et réélu) sur la planète. Il importe cependant de souligner que la véritable énergie politique provient de milliers de groupes communautaires militants, qui vont des syndicats aux groupes religieux en passant par les clubs sportifs et les cercles de couture.

C'est grâce à cette grande armée de militants de la base, plus qu'au gouvernement, qu'on a réussi à faire croître le taux d'alphabétisation jusqu'à ce qu'il atteigne son sommet actuel. Les citoyens du Kerala ont en effet déployé plus de 350 000 bénévoles chargés d'aller trouver les analphabètes là où ils étaient et même de donner des lunettes à ceux qui en avaient besoin. Ces bénévoles restaient sur place jusqu'à ce que les gens sachent lire trente mots par minute, copier un texte, additionner et soustraire des nombres à trois chiffres ainsi que multiplier et diviser des nombres à deux chiffres. Si les leçons ont connu un tel succès, c'est en grande partie parce qu'elles étaient axées sur le plaisir : défilés dans les villages, chansons, théâtre de rue, concours, festivals, chant choral. Les campagnes sociales auxquelles on assiste dans le monde développé et qui visent à promouvoir l'exercice physique ou le travail bénévole ont besoin de fonds pour décoller, mais au Kerala la participation citoyenne bénévole est si importante — et les prix sont si bas en général — qu'on estime que le programme d'alphabétisation a coûté environ 26 $ par personne[8].

Le Kerala est maintenant peuplé de citoyens engagés et instruits, qui savent qu'ils ont le droit d'exiger et de recevoir des services sociaux adéquats. Les problèmes qui affligent aujourd'hui l'État sont d'ordre économique plutôt que social. Dans un article récemment publié dans le *Atlantic*, Akash Kapur affirme que le gouvernement de gauche a été « responsable du pire comme du meilleur dans le développement du Kerala ». L'État possède des ressources naturelles abondantes, mais, comme le dit Kapur, rares sont les industries qui ont tenté d'en profiter, par peur des syndicats exigeants, des tribunaux qui leur sont favorables et du salaire minimum élevé. Lors d'un séjour au Kerala il y a quelques années, le journaliste Bill McKibben relate, dans « The Enigma of Kerala », avoir été témoin de « débrayages, d'agitation et de grèves sauvages, [...] si communs qu'on ne les remarquait presque plus ». McKibben croit aussi que semblable agitation, bien que dérangeante, peut ne pas avoir que des inconvénients. « Pour l'essentiel, les diverses campagnes et manifestations semblent constituer un signe de confiance en soi et de vitalité politique, une importante amélioration par rapport à l'apathie, à l'impuissance, à l'ignorance et au tribalisme qui ont le haut du pavé dans plusieurs communautés du tiers-monde. »

Il est toutefois possible que ce qui réussit à une collectivité locale s'accorde mal aux besoins du capital mondial et de la société de consommation. En général, les propriétaires d'usines et les entreprises multinationales n'aiment guère le Kerala. Kapur raconte que le directeur d'une tannerie du Kerala s'est exclamé : « Le sang des ouvriers est pollué ! », parce que ses employés étaient toujours en grève et réclamaient sans cesse de meilleures conditions de travail. Il est bien connu que les tanneries sont de dangereuses pollueuses, et ce directeur déplorait aussi le zèle avec lequel le gouvernement de l'État inspectait l'usine de traitement des eaux voisine, ce qui lui compliquait l'existence, problème dont il n'avait pas eu à se préoccuper lorsqu'il travaillait dans l'État indien du Tamil Nadu, en Chine et à Taïwan. Quand Kapur a poussé le directeur dans ses retranchements, lui demandant s'il se sentait réellement si désavantagé de vivre dans un État instruit où l'on se souciait de l'environnement, il « a haussé les épaules [...] et a émis quelque chose qui était entre un rire et un soupir. "C'est un bon endroit pour vivre, a-t-il dit, mais un endroit difficile pour faire des affaires." »

Le modèle keralais

> *Le Kerala offre un moyen de régler simultanément deux problèmes.*
>
> BILL MCKIBBEN, journaliste

Grâce à sa population active et instruite, le Kerala a su rester à l'écart de la foire d'empoigne mondiale qu'est devenu le commerce international. Le taux de chômage élevé (près de 25 %) touche même les segments les plus instruits de la population, aussi des milliers de Keralais ont-ils traversé le golfe Persique à la recherche d'emplois d'avocat, de médecin et de professeur. Mais, ainsi que le note McKibben, cet exode des cerveaux affecte aussi des pays comme la France et le Canada. Si l'économie est demeurée largement stagnante, explique Kapure, les Keralais « ont réussi de façon étonnante à favoriser le développement par le biais de la redistribution de la richesse. Le niveau de vie élevé dans l'État est, peut-être plus que quoi que ce soit d'autre, une histoire de niveaux de vie *égaux*. » La réforme agraire appliquée dans les années 1960 a aboli le régime foncier qui est toujours en vigueur dans le nord de l'Inde et qui maintient une partie de la population du Pakistan dans une situation proche de l'esclavage. Au Kerala, plus de 90 % des gens sont propriétaires de la terre où se trouve leur maison, et une famille ne peut posséder plus de huit hectares de terrain[9]. Kapur affirme que les cultures aménagées sur les terres redistribuées « assurent aux Keralais un revenu de base qui les protège de la misère absolue ». Les démunis qui habitent la ville peuvent compter sur un système de rationnement ainsi que sur les *mavelis*, des boutiques à « prix équitable » grâce auxquelles ils peuvent au moins se nourrir et remplir leurs lampes de kérosène.

Il est toutefois possible que le taux de pauvreté du Kerala — le plus élevé du pays — ne soit pas un aussi grand handicap pour ses habitants que l'on pourrait être tenté de le croire. Richard Franke, anthropologue à l'université Montclair (New Jersey), fait remarquer que même si les indicateurs strictement économiques montrent que l'Inde a vu croître son PIB et le revenu par habitant depuis les années 1970, les statistiques tirées d'un sondage national indien hautement respecté (le National Sample Survey) révèlent que l'apport calorique moyen a baissé de 5 % dans les campagnes et a connu un léger déclin dans les villes. « Malgré la baisse [apparemment] peu marquée, cette tendance est importante, affirme Franke, parce qu'on décrit déjà 21 % des enfants indiens comme "sévèrement sous-alimentés". » Dans l'ensemble du sous-continent, seuls deux États ont connu une augmentation de l'apport calorique, à la fois en zones rurales et en zones urbaines, au cours de la même période : le Kerala et le Bengale-Occidental, qui possède aussi un gouvernement progressiste de gauche. Ces données sont extrêmement significatives car elles montrent que, même si les instruments de mesure économiques les plus répandus (PIB, taux de participation à l'économie mondiale, etc.) laissent entendre qu'un pays connaît une bonne performance, cela ne signifie pas toujours que la population de ce dernier s'enrichit.

À titre d'exemple, le Pendjab, l'État le plus prospère de l'Inde, est souvent cité par les experts de la mondialisation comme une réussite en raison de l'industrialisation de son agriculture, selon un processus inspiré par la Banque mondiale. Il est vrai que le Pendjab a connu une augmentation du revenu par habitant de presque trois fois supérieure (2,7) à celle du Kerala. Mais le Pendjab a aussi subi un *déclin* stupéfiant de 31 % de l'apport calorique moyen au cours de la même période pendant laquelle les chômeurs du Kerala, eux, ont bénéficié d'une *hausse* de 15 %. Dans le Pendjab riche et industrialisé, 14 % des enfants sont mal nourris, contre 6 % seulement au Kerala.

Les politiques ont de profonds effets écologiques aussi bien que sociaux. Au Pendjab, l'adoption en masse des technologies agro-industrielles a exercé une énorme pression sur les nappes aquifères, qui se vident deux fois plus vite qu'elles ne peuvent se remplir. Les nappes phréatiques ont baissé de un à trois mètres par année et une plus grande quantité de carburants fossiles est nécessaire à l'alimentation des pompes qui extraient l'eau de la terre. Ces carburants fossiles sont onéreux, aussi les coûts de production des aliments grimpent-ils et, naturellement, les pauvres ont plus difficilement accès à l'agriculture. L'agriculture industrielle est généralement contrôlée par de grandes entreprises et des distributeurs de produits chimiques et de semences tels que les géants américains Cargill et Monsanto, qui, très présents au Pendjab, sont remarquablement absents du Kerala. Les Keralais exploitent en effet de petits lots qui sont mal adaptés aux monocultures industrielles, et ils sont donc les premiers à profiter de la nourriture produite dans la région. Tous ces facteurs contribuent à expliquer que les Keralais mangent beaucoup mieux que les Pendjabis, alors que la masse monétaire keralaise ne représente que le tiers de celle du Pendjab.

Les politiques keralaises en matière d'environnement sont également particulières. Au-delà des programmes d'alphabétisation, les Keralais se soucient maintenant d'apprendre à « lire la terre ». Ils veulent savoir comment garder leur terre en santé en l'utilisant de façon optimale, par exemple en plantant des arbres, en stoppant l'érosion et en protégeant les cours d'eau. Ils souhaitent aussi partager plus équitablement la terre et l'utiliser plus intelligemment. Dans le but d'élaborer des projets locaux — planter des légumes dans les rizières entre les inondations, améliorer le système sanitaire et la quantité d'eau potable, aménager des terrasses et des tranchées pour que les pâturages surexploités puissent être de nouveau employés à la polyculture —, trois millions de Keralais, c'est-à-dire un citoyen sur dix, ont pris part à une entreprise visant à définir leurs communauté. Ils ont dressé des listes d'actifs et de déficits collectifs, interrogé des résidants, évalué la fertilité et le drainage des terres de même que l'usage auquel elles étaient soumises, compilé des données puis tenté, en très grands groupes, de transformer toutes ces informations en propositions. Aujourd'hui, le Kerala est sans doute le seul État de la planète à disposer de rapports d'études détaillés sur chacune de ses villes et chacun de ses villages.

Pour que de tels programmes fonctionnent à long terme, les utilisateurs d'une ressource doivent être presque unanimes ; il faut que leurs décisions reflètent les vœux de la collectivité tout entière et soient le fruit d'un consensus honnête. Pour comprendre à quel point ce programme de définition du territoire était démocratique, explique Franke dans « Lessons in Democracy », il faut « imaginer 1,8 million de New-Yorkais (10 % de la population de l'État, soit la proportion des gens ayant participé au projet dans le Kerala) qui se rencontrent pendant des heures, discutent et élisent des groupes chargés de planifier des stratégies visant à résoudre des problèmes locaux. Imaginez que des milliers d'entre eux continuent à se rencontrer pendant des semaines pour mettre la dernière main à des plans auxquels une énorme portion des fonds du gouvernement fédéral et de ceux de l'État seront alloués. Imaginez, dans ces communautés, des retraités disposant d'une formation technique qui se réunissent pour former des associations d'experts afin de veiller à ce que les plans proposés soient techniquement corrects. Imaginez que tous ces gens ne reçoivent en échange que le remboursement du tarif d'autobus et le lunch. » Imaginez aussi une démarche marquée du sceau de la joie : des camions diffusant de la musique, du théâtre de rue, des compétitions scolaires, des défilés de nuit et des processions de gens qui chantent en portant des torches à l'huile de noix de coco qui illuminent les rues.

Une autre dimension du modèle keralais est fondée sur un consensus étonnant : la protection des écosystèmes sauvages. Bien que l'État compte 747 habitants au kilomètre carré (comparativement à 234 au Royaume-Uni et à 26 seulement aux États-Unis), près d'un tiers du territoire y est toujours couvert de forêts, et la plus grande partie de celles-ci sont protégées par le gouvernement au moyen de réserves fauniques et de parcs nationaux. Selon le concept de « cœurs, corridors et carnivores » appliqué dans le parc des Adirondacks, quatre de ces réserves jouissent d'une protection totale et ne comptent aucun résidant, tandis que dans onze autres l'habitat des animaux sauvages alterne avec des plantations et des terres cultivées, ce qui signifie que les gens interagissent régulièrement avec des serpents et des oiseaux rares, des éléphants, des crocodiles, des tigres et des gaurs (bisons indiens). Il arrive aussi que les réserves soient reliées pour former des corridors cruciaux pour la protection d'un vaste écosystème.

Si les Keralais partagent leur environnement avec d'autres formes de vie, c'est apparemment parce qu'ils le veulent bien. Entre 60 et 80 % de tous les électeurs se présentent aux urnes à chaque élection, et ils sont plus nombreux encore à prendre part à des initiatives locales telles que la création de parcs. Ainsi, malgré la pauvreté, malgré la dépendance des gens envers l'exploitation de leurs ressources naturelles, le Kerala jouit de l'un des taux de biodiversité les plus élevés au monde. C'est notamment le seul endroit sur la planète où l'on trouve la *nelgiri tahr*, une magnifique chèvre des montagnes brune et blanche, et l'on y protège de nombreux autres animaux dont la survie est gravement menacée ailleurs, tels que les macaques ouandérous, les gaurs, les paresseux, les léopards, les éléphants, les *masheers* — poissons sauvages les plus menacés de l'Inde —, les loutres, les civettes, l'atlas (la plus grosse mite du monde), les irènes vierges, les engoulevents indiens, les garrulaxes, les pangolins, les sangliers, les crabes exotiques, les varans, etc. Plus de 150 animaux et oiseaux menacés vivent dans la seule réserve de Neyyar.

La diversité forestière et végétale est aussi extrêmement prononcée. Le sanctuaire faunique de Periyar, notamment, compte près de deux mille plantes à fleurs, ainsi que des centaines d'espèces de graminées et d'orchidées ; ailleurs, on trouve des forêts de neem, de bambou et de santal, des herbes rares, des conifères et du bois de rose. Des plantations de thé, de cardamome, de girofle, de vanille, de gingembre, de curcuma, de muscade, de cumin et d'anis étoilé parfument l'air dans bon nombre de ces parcs, et un arbre géant d'un diamètre de 6,4 mètres s'élève à quelque 40 mètres dans le sanctuaire faunique de Pararnhikularn, dans les collines de Dhoni. Ces réserves renferment une quantité stupéfiante de richesses naturelles réelles que, jusqu'à maintenant, on n'a jamais jugé bon de mesurer. En comparaison, les monocultures saturées de produits chimiques et incroyablement gourmandes en eau du Pendjab — l'État « riche » — font piètre figure. Les différences entre la qualité de vie respective de toutes les créatures (êtres humains y compris) de chacun des deux États montrent bien que les outils à l'aide desquels nous mesurons la richesse, qu'il s'agisse des taux d'exportation ou du PIB, reflètent mal la réalité et ne tiennent pas compte du type de richesse qui mène au bonheur et au bien-être à long terme.

D'abord Berlin, ensuite Manhattan...

> *Les Européens produisent deux fois moins de déchets et utilisent deux fois moins de carburants fossiles que le Nord-Américain moyen.*
>
> DAVID PIMENTEL, écologiste[10]

Les recherches menées en vue de la rédaction de cet ouvrage ne nous ont pas uniquement menés dans les plantations de palmiers et d'épices de l'Inde, mais aussi, au beau milieu de l'hiver, dans des villes européennes grises et détrempées. Berlin a été particulièrement redoutable, avec ses kilomètres d'édifices à logements sans âme, construits à la va-vite après la guerre, qui défilaient par les vitres du train, et sa forêt de grues au centre-ville, où l'on est en train d'ériger des dizaines de nouveaux complexes. D'un point de vue architectural, le nouveau centre Sony au cœur du centre-ville offre un mélange de Darth Vador et de Walt Disney : des salles de cinéma IMAX, des cafés branchés, des boutiques de marques et des arcades vidéo scintillent contre des murs luisants et noirs. Au bord des autoroutes balayées par les phares des voitures se succèdent des constellations de noms familiers : Gap, McDonald's et Burger King. Par une nuit d'hiver, la ville ressemblait à la vision d'un avenir urbain à la fois aseptisé et *cyberpunk*.

Pourtant, Berlin a aussi quelque chose d'organique, de brouillon et de stimulant ; la ville vibre d'une énergie qui lui est propre et qui change de couleur selon que vous vous trouvez dans le vieux Berlin-Ouest ou dans le nouveau Berlin-Est. Holly a habité chez des amis de sa fille, Yvonne Hardt et Arno Hielscher, un jeune couple qui vit à Kreuzberg, quartier surtout peuplé de Turcs qui touche à ce qui était autrefois Berlin-Est et qui inclut les parcs et les *no man's lands* que traversait jadis le mur. C'est un quartier à la mode qui attire beaucoup de jeunes artistes comme Yvonne et Arno, où l'on trouve des galeries, de bons restaurants et des bars, mais où la vie est encore peu chère : leur loyer s'élève à environ 700 $ par mois pour un logement de six pièces et demi dans un immeuble centenaire, doté de hauts plafonds, de planchers de bois et de détails architecturaux. Comme ces pièces sont habitées par des locataires désargentés, elles sont presque vides et ne comptent souvent qu'un meuble ou un accessoire chacune : vélo, lit, divan, chaise berçante, barre d'exercice. Yvonne est une danseuse et chorégraphe accomplie, absorbée dans l'univers de l'art postmoderne et urbain ; Arno est en train de finir ses études d'architecte. Ces jeunes gens s'intéressent peu aux questions environnementales, et sont tout à fait heureux de leur existence urbaine. Pourtant, ils ont une conscience aiguë du sort réservé aux déchets, de ce qu'est un mode de transport « sale », de ce qui constitue une nourriture saine, de l'origine de l'énergie et de la quantité d'eau disponible pour l'humanité, conscience sans commune mesure avec celle d'un couple semblable vivant au Canada ou aux États-Unis.

Tandis que nous prenions le café dans leur petite cuisine, ils expliquaient que 80 millions de citoyens allemands en sont arrivés à un consensus social quasi unanime, qui n'est pas sans rappeler le consensus keralais sur les réserves naturelles et l'assistance sociale. La société allemande appuie fermement des efforts déployés dans le but d'atteindre à une durabilité environnementale, ce qui n'existe pas en Amérique du Nord. On accorde notamment des réductions de taxes à ceux qui installent une toilette utilisant moins d'eau ; le jeune couple en possède une, installée par le propriétaire. Des compteurs de gaz, eux aussi posés par le propriétaire, trônent dans le hall et dans la pièce principale, ce qui fait qu'Yvonne et Arno peuvent voir combien d'énergie ils consomment. Ils ont soin de ne pas chauffer inutilement les pièces vides, de concentrer leurs activités dans la cuisine et le vivoir et de garder l'œil sur leur consommation, ce qui se fait sans mal puisque leurs compteurs de gaz et d'électricité sont faciles à lire, contrairement à ceux que l'on utilise aux États-Unis et au Canada, lesquels sont incompréhensibles pour le commun des mortels. On éclaire aussi avec parcimonie, et tous les corridors publics sont équipés de lumières qui s'allument quand quelqu'un entre dans l'édifice, pour s'éteindre automatiquement quelques minutes plus tard.

Yvonne et Arno possèdent une machine à laver efficace, à chargement frontal, ayant obtenu une bonne évaluation de Stiftung Warentest, l'association présentée au chapitre un, mais ils n'ont pas de sécheuse et ils suspendent leurs vêtements mouillés sur un support pliant dans la grande salle de bains. Ils ont un petit lave-vaisselle qu'ils n'utilisent que lorsqu'il est rempli. Ils lavent le reste de leur vaisselle dans un bac, jamais sous l'eau courante. Yvonne avoue qu'elle a été horrifiée de voir de nombreux Canadiens s'y prendre de la sorte. L'eau chaude ne manque pas, mais les compteurs ont influencé la consommation qu'ils en font. De plus, le chauffe-eau au gaz ne fonctionne que quand on l'allume, ce qui fait qu'ils ne perdent pas d'argent à garder un réservoir d'eau chaude plein en tout temps, comme nous le faisons. Le système de services publics allemand est conçu de manière à permettre aux petits et moyens fournisseurs de se tailler une place sur le marché. L'entreprise de services publics à laquelle Yvonne et Arno sont abonnés est en train de se convertir à l'énergie éolienne, au biogaz et à d'autres formes d'énergie renouvelable, mais leur appartement est encore chauffé au gaz, comme beaucoup d'autres au pays. La nécessité d'adapter et de moderniser un grand nombre des vieilles maisons et des édifices anciens de l'ex-Allemagne de l'Est a empêché le pays d'atteindre certains de ses buts à court terme en ce qui a trait à la réduction des émissions de gaz à effet de serre, mais le pays continue de diminuer régulièrement sa consommation de combustibles fossiles. La politique de subventions a aussi entraîné la multiplication des fenêtres super efficaces dans la majorité des structures anciennes et nouvelles, partout en Allemagne. Le temps est froid et venteux à Berlin à la fin du mois de janvier, mais pas un courant d'air ne s'immisce par les rebords de fenêtres, qui laissent aussi entrer plus de lumière — modeste contribution d'énergie solaire passive.

Sous leur petit comptoir de cuisine, Yvonne et Arno gardent non pas un mais bien quatre bacs de couleurs différentes pour le recyclage : un pour le papier, un deuxième pour le verre, un troisième pour les produits biodégradables et un dernier pour tous les types de plastique. Bien qu'ils soient très occupés, ils ont soin de suivre soigneusement les directives et évitent notamment de jeter des pelures d'orange (sur lesquelles des pesticides ont été pulvérisés) dans le bac à compostage, afin que le compost produit par la ville soit biologique. Fruits, légumes et viande biologiques sont déjà disponibles dans les supermarchés allemands, et l'objectif actuel du gouvernement est que 20 % de toutes les fermes du pays n'utilisent aucun produit chimique d'ici 2010.

Lors d'une agréable promenade dans le quartier avant le souper un soir, nous avons remarqué plus d'une vingtaine de cellules photovoltaïques sur des toits mansardés, de grandes fenêtres solaires passives et deux toits verts, tous dans un secteur économiquement démuni, perçu comme décati et ancien. La nuit, les lampadaires étaient à peine assez nombreux pour permettre de retrouver son chemin et il n'y avait pratiquement pas d'enseignes au néon qui, aujourd'hui, sont vues comme une source de gaspillage de mauvais goût. Et, bien sûr, les rues étaient pleines de Smarts et de Lupos à l'habitacle de carbone, mais dépourvues de véhicules utilitaires et d'énormes jeeps. Les transports publics étaient si efficaces que pas une seule fois nous n'avons éprouvé le besoin de monter dans un taxi ni le désir d'utiliser une voiture ; Arno et Yvonne, pour leur part, préfèrent rouler à vélo plutôt que de prendre le train léger et les tramways qui s'arrêtent devant chez eux.

Berlin n'est pas unique : ses politiques et ses citoyens sont typiques de ceux de toutes les grandes villes allemandes, et elle traîne même de la patte si on la compare à des villes d'autres pays tels que la Suède, les Pays-Bas, la Suisse et le Danemark. Même des citadins occupés comme Yvonne et Arno sont prêts à effectuer certains ajustements afin de venir en aide à des systèmes naturels qui ne suscitent pourtant pas chez eux une passion dévorante et qui ne les attirent pas outre mesure. Ce sont des gens normaux, qui savent qu'ils ont besoin de chaleur, de lumière et d'eau, qui savent que leurs déchets doivent être traités et que les efforts qu'ils font leur permettront de mener une vie agréable pendant longtemps. Il y a peut-être plus important encore : les efforts qu'ils déploient ne leur occasionnent aucun ennui, pas plus qu'ils n'entraînent de problèmes économiques. Malgré eux — ou peut-être même plutôt à cause d'eux —, l'Allemagne est l'une des nations les plus prospères de la planète.

Chauffer avec modération, se déplacer à vélo, disposer de ses déchets de manière responsable, payer pour financer des transports en commun et une bonne isolation des immeubles par le biais des taxes, accroître les investissements destinés aux sources d'énergie renouvelables ; ce sont là des démarches auxquelles devront procéder toutes les villes du monde, si ce n'est aujourd'hui même, du moins dans un proche avenir. De longues études menées par le Wüppertal Institute de Bonn au milieu des années 1990 ont révélé qu'un partage authentique et équitable des ressources naturelles de la planète pourrait permettre à chaque être humain — aux affamés, aux esclaves, aux malades — sur Terre de vivre aussi confortablement que des Allemands de la classe moyenne tels Yvonne et Arno, et ce, sans rien enlever au jeune couple.

Les limites de la croissance

> *C'étaient des gens très pauvres ; des fermiers de subsistance qui possédaient quelques têtes de bétail et qui vivaient d'artisanat, comme la fabrication de coucous, ainsi que du gibier et du poisson qu'ils arrivaient à prendre dans la forêt.*
>
> KONRAD OTTO-ZIMMERMAN, président du CIIEL,
> au sujet des habitants de la Forêt noire

Berlin est une ville moderne, bourdonnante d'activité, pleine de grandes entreprises et animée par des aspirations globales et par la foi dans l'expansion économique ; c'est en partie pour cela qu'elle constitue un si bon exemple de ce que peuvent réaliser les villes. Les Berlinois ne sont pas à l'avant-garde de quelque mouvement social ou écologique majeur, mais il est pourtant évident que cette avant-garde se trouve quelque part en Allemagne. On s'accorde généralement pour dire que l'épicentre de ce sentiment de responsabilité et de cet amour profond envers la nature, qui font que même les Berlinois achètent sans sourciller des toilettes spéciales et trient leurs pelures d'orange, se trouve dans la Forêt noire, région qui semble sortie d'un conte de fées, parsemée de cottages tarabiscotés et de falaises couvertes de pins. Konrad Otto-Zimmerman dirige le Centre international des initiatives écologiques locales (CIIEL), une ONG internationale qui tente d'aider les gens à élaborer des initiatives de développement durable et à mettre en application les principes de l'Agenda 21 adoptés au terme du premier Sommet de la Terre, en 1992. Nouvellement arrivé de la Souabe, il est basé à Fribourg, ville la plus importante de la Forêt noire. Nous lui avons demandé de nous expliquer comment il se fait que la Forêt noire a vu naître des initiatives telles que la coopérative électrique de Schöenau, village voisin.

La révolution de 1848, premier mouvement vers la démocratie de l'Allemagne, a trouvé ses plus ardents défenseurs dans la région, explique Otto-Zimmerman, et, « depuis ce temps, elle est un creuset de la démocratie ». Il raconte que le concept de *Heimat* ou de *Heim* vient de cette partie du pays. Le mot, qui signifie « maison, foyer », évoque aussi tout ce qui va de pair avec un foyer : sa culture, son milieu naturel (animaux, plantes, collines), ses odeurs, ses gens et ses édifices, son esprit. « Vous en faites partie et cela fait partie de vous », dit-il. *Heim* a aussi à voir avec la démocratie, « être son propre maître, pas de roi, pas de duc, personne du dehors qui vous dit comment vivre ».

Fribourg est un joyau de l'Allemagne ; une grande partie de la vieille ville médiévale (les anciens murs, la cathédrale, les squares, les maisons en demi-rondins) est toujours intacte. Cinq langues de forêts courent depuis les collines jusqu'à la ville, où il n'y a nul étalement urbain, nul éparpillement de secteurs résidentiels et de centres commerciaux tels qu'on en voit dans le reste du pays et dans la plus grande partie du monde moderne ; les pères de la ville ont imposé un règlement de zonage l'interdisant. Les voitures n'ont pas le droit de circuler dans la plupart des artères de la cité, qui sont desservies par des tramways électriques qui sillonnent les rues sans discontinuer. Même les sources cristallines qui coulaient jusqu'en ville depuis les montagnes, alimentant les abreuvoirs à chevaux et les fontaines, chantent toujours gaiement dans les canaux de pierre soigneusement aménagés qui courent le long des rues piétonnières.

Fribourg a été construite sur le Rhin, l'un des fleuves les plus propices à la navigation de la planète, à un jet de pierre de la France et de la Suisse, l'emplacement idéal pour un port. Otto-Zimmerman a travaillé un an à Stuttgart, non loin de là. Il affirme que cette dernière est entièrement dédiée au développement industriel et qu'elle en veut toujours plus. Stuttgart est le grand port du Rhin, « mais si vous consultez une carte, Fribourg est mieux située, juste sur une voie de transport qui va de la Scandinavie à l'Espagne. Elle aurait pu obtenir tellement d'argent pour se développer. Même à Daimler-Benz, qui vient d'ici, la ville a dit non ! » Au début, Otto-Zimmerman s'est demandé pourquoi la région avait si longtemps fait montre d'une telle résistance au développement, puis, dit-il, « j'ai découvert que les gens ont une certaine mentalité qui les pousse à vouloir protéger cette région, leur *Heim*. Ça les rend très conservateurs et très prudents quand vient le temps de changer ce qu'ils ont déjà ».

Les valeurs sociales et politiques d'une région s'expriment démocratiquement par le biais de ses unités les plus petites, les municipalités ; au Canada, cependant, même si elles sont établies depuis belle lurette et bien administrées, les municipalités peuvent être abolies par les gouvernements provinciaux si l'envie leur prend de les fusionner ou de les faire disparaître. De plus, toutes les municipalités canadiennes, aussi rurales ou minuscules qu'elles soient, sont tenues de posséder une « zone industrielle » et forcées d'y accepter toutes les industries que la province juge désirables. En Allemagne, le gouvernement du land ne peut revenir sur les décisions prises au niveau local. Si une ville ou un village ne veulent pas qu'une usine ou un dépotoir s'installe sur leur territoire, ils n'ont pas à l'accueillir. Par ailleurs, dans le cas où une municipalité souhaite accueillir des investissements industriels, ces derniers doivent recevoir l'aval des autorités régionales. « C'est un système de vérifications et d'équilibre qui ne permet pas d'éviter toutes les mauvaises décisions, explique Otto-Zimmerman, mais qui aide certainement à s'en prémunir. On ne peut remplacer une décision démocratique par une décision qui ne l'est pas, c'est-à-dire par une décision administrative. Le gouvernement autonome local est assez bien assis ici. » En d'autres mots, si un land en Allemagne avait voulu fusionner des municipalités pour en faire des mégavilles, comme l'ont respectivement fait les gouvernements québécois et ontarien avec Montréal et Toronto, il lui aurait fallu passer par un vote public et démocratique au Parlement. « Et cela, conclut Otto-Zimmerman, serait très dangereux sur le plan politique pour les partisans d'une telle chose. Le développement, la fusion, certains types d'industrie, cela ne peut pas être imposé. »

Cette protection de l'autonomie locale n'est qu'une des façons dont les citoyens de Fribourg montrent leur expertise en matière d'exercice de la démocratie. En fait, leurs pratiques démocratiques ne sont pas sans rappeler celles des groupes autochtones, des gestionnaires holistes, des Keralais et des militants altermondialistes : dans tous les cas, il s'agit d'en arriver, au terme d'un processus lent et pénible, à un consensus. Otto-Zimmerman précise : « L'idée de créer des zones où les voitures seraient interdites a été évoquée en 1975, soit dix ans plus tôt que partout ailleurs en Allemagne. Pendant que la proposition faisait l'objet d'études et était examinée par des comités, la ville a exigé que toutes les décisions soient unanimes. On a entendu tous les gens touchés, la ville a pris au sérieux toutes les plaintes émises, on a parlé aux voisins, on s'est assuré que tout le monde, ceux qui étaient favorables à l'idée comme ceux qui lui étaient défavorables, saisissait tous les aspects de la question ; c'était une vraie planification participative. Ça a pris une éternité, mais quand on a pris la décision de bannir les voitures, c'était un véritable consensus. Tout le monde semble ravi maintenant. » Il affirme que cela est simple et délicat, mais que ça fonctionne parce que ceux qui travaillent pour la ville sont aussi engagés que les citoyens envers la région. « Au gouvernement municipal, dit-il, j'ai remarqué que les gens des différents bureaux se parlaient avec une prudence extraordinaire ; ils comprenaient bien la volonté des promoteurs, ils comprenaient les deux côtés de la question. Mais ils trouvaient toutes les raisons possibles de ne pas développer. "Ce n'est pas le meilleur endroit… peut-être là-bas, ou là-bas… peut-être, vous savez, pas du tout par ici." Alors le processus est très lent. De nombreux projets ont été réalisés non pas comme les promoteurs l'entendaient au départ, mais à une plus petite échelle, mieux adaptés à la région. »

Le pouvoir local et démocratique est l'élément le plus essentiel de la durabilité ; celle-ci et celui-là vont presque toujours de pair. Otto-Zimmerman explique : « Les mondialistes se soucient peu de savoir où ils habitent, où ils achètent, d'où viennent ce qu'ils achètent. À leurs yeux, les frontières ne sont qu'une source de confusion, d'ennuis et d'inefficacité. Ils les abattent en esprit. Mais les gens qui tiennent à un lieu précis ont avec ce lieu — et les uns avec les autres — des relations authentiques. C'est là la rupture profonde entre les deux perspectives. Et l'on apprend aujourd'hui qu'il est bel et bien possible d'avoir le meilleur des deux mondes : des populations internationalistes qui peuvent voir au-delà des frontières locales et se soucier de ce qui se produit dans les autres pays, mais qui prennent aussi soin de leur *Heim*. »

Évaluer l'école

> *Si vous étiez un poisson, la dernière chose que vous découvririez, c'est l'eau.*
>
> Vieux dicton cité par Peter Brown, ex-directeur de l'École d'environnement de l'Université McGill

Comme nous le prouve le Kerala, pour être à même de participer pleinement à une société démocratique, une population doit être alphabétisée et instruite et, surtout, elle doit avoir accès à l'information. Mais même un taux d'alphabétisation de 100 % ne peut donner naissance à des sociétés intelligentes et démocratiques si la population reçoit des informations — sur les effets des produits toxiques, l'innocuité des additifs alimentaires, l'habitat disponible pour une espèce animale ou végétale donnée, les droits des citoyens — douteuses ou biaisées. La véritable démocratie ne peut survivre à la subversion de l'information. Ainsi, pour qui a à cœur de sauvegarder la liberté et la démocratie, la fiabilité de l'information et l'objectivité des établissements d'enseignement sont des enjeux-clés.

Il fut un temps où les scientifiques des universités occidentales —

dont David Suzuki — poursuivaient leurs recherches dans le but de contribuer à l'avancement général des connaissances. Il arrivait de temps en temps que ces chercheurs fassent des découvertes pouvant avoir des applications commerciales, mais l'idéal de la plupart des universitaires était la connaissance en tant que fin en soi. Plus maintenant. Il y a d'énormes profits à la clé pour les entreprises privées qui s'intéressent à la recherche médicale, biotechnologique ou scientifique en général ; les gouvernements et les industries cherchent à tisser des liens plus étroits entre la recherche universitaire et le secteur privé. Un tel changement fondamental du milieu universitaire occidental s'accompagne cependant d'un lourd prix à payer. En permettant à des intérêts privés de « posséder » l'information, on augmente les occasions de corruption, de secret et de recherche de profits. Sur le plan de la recherche scientifique, cette soif de profits incite à faire vite, à nier l'échec ou à tromper sciemment le public, pas uniquement quant à l'efficacité d'un produit donné, mais aussi quant à la nature même de la réalité. Nous avons déjà discuté de tels effets dans cet ouvrage : les années passées à payer des scientifiques pour qu'ils nient ou minimisent l'importance du réchauffement de la planète, le comportement des firmes de tabac, de produits chimiques et de médicaments qui manipulent des études afin d'occulter les dangers que présentent leurs produits, la confusion de l'information sur l'effet que les organismes économiques mondiaux ont sur les droits démocratiques locaux.

La recherche médicale est particulièrement exposée à une manipulation des scientifiques financés par des organisations à but lucratif. Dans ce domaine, la corruption n'entraîne pas que des pertes financières, mais aussi parfois des pertes de vie. En 1997, par exemple, l'Université de la Californie à Irvine a fermé un laboratoire de recherche sur le cancer « après avoir découvert que les chercheurs qui y travaillaient avaient investi dans une entreprise qui espérait vendre les médicaments qu'ils mettaient à l'essai, mais sans en rapporter les effets secondaires[11] ». La Food and Drug Administration des États-Unis a récemment réprimandé un chercheur de l'université Tufts pour avoir inadéquatement traité un patient à l'aide d'une thérapie génique qui aurait fait doubler la taille de sa tumeur. « Le scientifique et une clinique médicale de Boston étaient d'importants actionnaires de l'entreprise qui mettait au point le traitement en question[12]. » Lors d'une affaire récente survenue dans un prestigieux centre de recherche de Seattle, on a laissé s'étirer pendant des années une expérience sur le cancer du sang, en dépit du fait que les patients suivis avaient un taux de mortalité supérieur à celui des malades soignés à l'aide de la thérapie habituelle. La mort d'au moins vingt personnes est attribuable au traitement, a rapporté le *Seattle Times*, et, encore une fois, on a découvert que le centre d'oncologie et certains de ses médecins avaient eux-mêmes investi dans le traitement mis en cause[13].

En l'absence de données scientifiques fiables et objectives, une grande partie de ce que l'on sait de la médecine et de la technologie — et de l'écologie — s'effondrerait. Des chercheurs indépendants, travaillant pour le gouvernement ou des universités, vérifient sans relâche les médicaments et les aliments afin de s'assurer que ceux-ci sont sans danger ; ce sont eux qui ont mis en lumière les menaces que posent des produits comme les BPC, l'amiante ou le DDT. Ceux qui se tiennent au fait de ce type de recherche savent que les études qui ont permis de repérer les pratiques et les produits dangereux sont presque exclusivement issues de sources « indépendantes » (universités ou gouvernements), et non de groupes ayant des intérêts commerciaux. Si les études qui nous ont mis en garde contre le réchauffement de la planète, les dangers de la radioactivité et des produits toxiques industriels ainsi que la disparition alarmante de la diversité d'espèces à l'échelle de la planète n'avaient pas été indépendantes de tout intérêt financier, il y a fort à parier que l'information qu'elles contiennent n'aurait jamais été mise au jour. Quand le fondement même de l'étude scientifique se trouve altéré dans les universités, comment savoir que ce qu'on enseigne à de nouvelles générations d'étudiants ne figure pas dans le manuel uniquement parce qu'une grande entreprise a influencé les recherches sur lesquelles se fonde le texte, en accordant, par exemple, des bourses aux établissements qui ont fourni l'information ?

Heureusement, certaines des universités et des publications les plus prestigieuses ont commencé à s'attaquer au problème. Quand l'Université de la Californie à Berkeley a conclu avec Novartis une entente qui concédait à l'entreprise les droits sur toutes les découvertes en matière de génétique végétale pour une somme de 25 millions de dollars, les étudiants ont manifesté leur opposition avec véhémence et les éthiciens ont exprimé leur inquiétude. Sheldon Krimsky, « chien de garde » de la recherche à l'université Tufts, recommande l'adoption d'un système où tous les scientifiques devraient reconnaître les liens qu'ils ont avec des entreprises chaque fois qu'ils publient un article, prononcent une conférence ou siègent à un comité d'évaluation. *Science* et *The New England Journal of Medicine*, deux publications dont les articles sont évalués par des comités de pairs, viennent d'annoncer de nouveaux règlements qui obligent les auteurs à dévoiler tout lien financier avec une entreprise ou un organisme. Mais la meilleure solution semble être celle proposée par Richard Strohman, professeur émérite de microbiologie à Berkeley. Selon lui, on ne devrait pas permettre aux professeurs d'avoir le beurre et l'argent du beurre. « On a instauré la titularisation pour que les chercheurs universitaires puissent dire la vérité dans leur domaine de spécialisation sans crainte de représailles, sans être soumis aux pressions que des intérêts commerciaux, des gouvernements ou d'autres intérêts extérieurs pourraient exercer sur l'université et qui pourraient causer du tort à leur carrière. Si ces chercheurs souhaitent travailler pour des entreprises privées, ils devraient être tenus de renoncer à leur poste de professeur titulaire, qui serait réservé à ceux qui désirent rester relativement pauvres mais conserver une position universitaire sûre. Et les parties intéressées n'auront aucun mal à distinguer les uns des autres[14]. »

Jusqu'à maintenant, ce sont essentiellement des étudiants et des ONG qui réclament que les liens entre entreprises et chercheurs soient révélés, que les établissements refusent de financer leurs recherches à l'aide de fonds privés et que les entreprises privées, comme Coke et Pepsi, ne puissent entrer dans les salles de classe. Mais un nombre croissant d'établissements cherchent aussi à redorer leur blason et, pour ce faire, tentent de mettre en œuvre, dans les cours qu'ils offrent, le type de changements systémiques que nous avons présentés dans cet ouvrage. L'université McGill, à Montréal, a fait un pas en 1998 avec la création de l'École de l'environnement, laquelle offre des baccalauréats ès sciences et ès arts qui transcendent les disciplines traditionnelles. L'École d'administration publique de l'Université du Maryland propose, quant à elle, une nouvelle conception de l'économie grâce à Herman Daly et Bob Constanza, célèbres économistes écologistes, tandis que la faculté de droit de l'Université du Vermont s'efforce d'accorder ses pratiques physiques (y compris ses édifices) avec ses valeurs consistant à défendre les systèmes sociaux et l'environnement.

Peter Brown, ex-directeur de l'École d'environnement de McGill, dit vouloir faire saisir à ses étudiants que la première étape menant à la compréhension du monde qui les entoure consiste à se soustraire aux *a priori* inconscients de leur propre culture, lesquels sont si profondément enracinés dans nos vies que nous en oublions leur existence. « Prenez quelques idées en apparence fort simples, telles que : qu'entendons-nous par "développement" ? Par "cause et effet" ? Par "la loi de la nature" ? En disséquant des notions semblables, on se rend compte de leur complexité ; quand on tente de les définir, elles se désintègrent ou deviennent difficiles à formuler. L'idée, c'est d'amener les gens à réfléchir systématiquement à la structure de leur pensée afin qu'ils ne soient pas prisonniers de leur propre histoire. Quand ils s'y mettent, quand ils commencent à étudier notre culture de l'extérieur, ils constatent assez rapidement qu'elle est largement dysfonctionnelle. »

L'Université du Texas à Austin possède une faculté semblable qui offre des diplômes de deuxième cycle et fait montre d'un engagement plus important encore. L'Institut des sciences de l'environnement de l'université affirme explicitement avoir été fondé en réponse au World Scientists' Warning to Humanity (l'Avertissement des scientifiques de la planète adressé à l'humanité), maintes fois mentionné par David Suzuki dans des ouvrages, des émissions et des conférences au cours de la dernière décennie. Pour répondre à ces avertissements sérieux, l'Institut a mis sur pied des projets de recherche complexes et fort impressionnants, qui transcendent eux aussi les frontières des disciplines universitaires traditionnelles. Huit collèges, y compris des écoles de droit, de pharmacologie, de mathématiques, de sciences naturelles, de génie et d'arts, ont uni une multitude de départements, d'instituts, de musées et de chaires pour offrir un enseignement professionnel différent, qui connaît une rapide croissance. L'un des fondateurs de l'Institut, Dick Richardson, professeur de biologie intégrative (ce que l'on appelait autrefois zoologie et botanique), commente ainsi le succès du programme et sa réputation croissante : « Je crois que l'on peut affirmer que nous avons établi une tête de pont universitaire et que nous sommes en train de gagner les campus. »

Les cours qu'on y dispense se distinguent de la « vision en tunnel » habituelle des disciplines isolées qui sont censées traiter de systèmes entiers. Mais on compte dépasser les objectifs (déjà révolutionnaires) consistant à enseigner aux botanistes à considérer l'hydrologie et l'histoire ou aux urbanistes à prêter attention à la toxicologie et à la biologie : on veut apprendre aux étudiants à comprendre les systèmes plus vastes, interreliés, dans lesquels s'inscrivent leurs disciplines, en les forçant à rejeter toutes les présuppositions et à acquérir une pensée autonome. Ce parti pris pour la complexité et l'indépendance s'étend aux professeurs, qui apprennent de façon aussi intensive que les étudiants.

Dick Richardson et sa femme, Pat, chimiste de laboratoire qui travaille étroitement avec lui, ont décrit l'un de leurs cours d'été, où l'on amène les étudiants dans un écosystème marécageux et riverain qui borde le désert aux limites de la ville. Ce cours vise à ce que les étudiants apprennent à apprécier les ensembles plutôt que les parties, de manière à mieux comprendre et protéger les systèmes naturels qui soutiennent les écosystèmes. Ce but n'est cependant pas énoncé explicitement ; d'emblée, les étudiants doivent se diviser eux-mêmes en groupes et décider de ce qui vaut la peine d'être étudié dans les différents écosystèmes. Il leur faut évoquer eux-mêmes des notions telles que le taux de biodiversité, la rétention de l'eau dans les sols, l'hydrologie, l'écologie des lisières de forêt ou le taux d'agents polluants, après quoi ils doivent décider de la manière de mener leurs études sur le terrain.

On ne leur impose ni méthodologies ni technologies, pas plus qu'on ne leur dit ce qu'ils doivent trouver. Dans la plupart des cours de sciences de premier cycle, où est énoncé clairement le résultat attendu et où sont utilisés les équipements fournis pour répéter une expérience déjà menée, les étudiants sont notés selon qu'ils réussissent à reproduire plus ou moins parfaitement les modèles fixés par leurs professeurs. Ici, toutefois, non seulement les étudiants doivent formuler eux-mêmes les bonnes questions, mais il leur faut encore inventer et mettre au point leurs techniques de mesure. Le professeur ne les assiste qu'en posant des questions comme : « Pourquoi avoir choisi une méthode de mesure par précipitation au sol plutôt que par absorption ? Pourquoi avoir divisé votre aire de recherche en quadrants plutôt qu'en autre chose ? » De telles questions rappellent aux étudiants les choix et les avenues nombreuses et diverses qui s'offrent à eux quand ils approchent un système naturel, mais elles ne les aident pas à choisir.

Quant aux résultats, évidemment, ils confirment presque toujours ceux des expériences exécutées des centaines de fois par le passé, mais les étudiants n'en savent rien. Ils ont découvert tout seuls comment élaborer une expérience et comment créer des techniques de mesure. Le processus est souvent frustrant. « Certains étudiants sont indignés que le professeur ne leur dise pas quoi faire. Ils ne savent pas ce qu'on attend d'eux », explique Dick Richardson.

« Un certain nombre d'étudiants abandonnent, ajoute Pat, mais ceux qui restent acquièrent une grande confiance dans leur capacité à résoudre des problèmes sur le terrain. » Bref, ils apprennent à réfléchir dans le contexte de la réalité physique compliquée et mouvante de notre planète.

« Il arrive toutes sortes de choses inattendues qui accélèrent leur compréhension de la physique et de l'environnement, dit Dick. Cet été, un groupe a choisi d'étudier une zone xérique [désertique], après quoi nous avons eu de fortes pluies, et leur coin sablonneux où poussaient quelques cactus et quelques plantes succulentes du désert s'est retrouvé tout verdoyant, plein de plantes et de fleurs qu'ils n'avaient jamais vues. C'est à ce moment qu'ils ont compris qu'ils ne s'attaquaient pas à un objet statique. C'est à ce moment qu'ils ont commencé à avoir du plaisir. »

Même l'évaluation est révolutionnaire. On utilise un système du nom de OLR (*Online Learning Record*, ou dossier d'apprentissage en ligne), où les étudiants doivent évaluer eux-mêmes leurs progrès. Ils doivent cependant le faire en travaillant de près avec le professeur, qui se montrera peu impressionné s'ils s'accordent systématiquement une évaluation positive ou affirment « bien apprendre » et faire les choses « adéquatement ». « C'est uniquement quand les gens font des erreurs et examinent la nature de leurs erreurs qu'ils commencent à apprendre », affirment les Richardson. Même le syllabus du cours prépare l'étudiant à une vie d'observation des systèmes naturels, puisqu'on y lit : « Il est rare qu'un projet se conclue exactement comme on le prévoyait. L'imprévu se manifeste, et... plus tôt on constate la nécessité de modifier ses activités, plus le projet est susceptible d'être fructueux. » On insiste donc sur la variabilité et la complexité du sujet d'étude et on met l'accent sur l'humilité et la soif d'apprendre des étudiants. On leur apprend à voir le monde non pas comme des scientifiques réductionnistes, mais comme les éleveurs qui suivent les préceptes de l'agriculture holistique d'Allan Savory présentés au chapitre trois. Paradoxalement, cette approche, apparemment compliquée et imprécise, amène souvent les étudiants à travailler plus fort qu'ils ne l'auraient fait dans le cadre de cours traditionnels.

« Deux des groupes ont demandé de pouvoir continuer à surveiller leurs sites après la fin du cours, raconte Dick. Ils apprenaient tellement qu'ils ne voulaient pas arrêter, même s'ils ne recevaient plus de note ou de crédits, aussi ils ont continué jusqu'à l'automne. Et, en fait, c'est ce qui arrive avec ces cours en général : un nombre croissant de facultés-clés remarquent que les étudiants sortent de nos cours non seulement plus savants, mais plus enthousiastes. » Dick croit que cela est dû au fait que sa méthode d'évaluation commence à zéro, ce qui fait que le professeur est un allié qui aide l'étudiant à construire son savoir. « L'évaluation normale, dit-il, commence avec un A qu'on cherche à éroder ; le prof doit vous prendre en faute, vous montrer que vous avez tort. S'il ne le fait pas, vous n'apprendrez pas. Mais, dans ce système-ci, je n'essaie pas de les attraper et de les punir : je suis une ressource et un allié. »

Cette méthode n'est pas sans rappeler celle des apprentis, et les manières dont les êtres humains apprenaient il y a longtemps. La patience, l'humilité et l'observation ont toujours été des facteurs-clés pour comprendre la nature et protéger sa résilience. Ce sont ces instruments du maître chasseur et du naturaliste amateur que l'on offre aujourd'hui au scientifique du XXIe siècle.

Sonder le bonheur

> *Les écoles telles que nous les connaissons ne sont pas les seuls moyens de s'instruire. Elles ont été inventées par la Révolution industrielle pour que les gens des campagnes apprennent à être des ouvriers d'usine obéissants. C'est le modèle que nous imposons aujourd'hui à nos enfants, et on s'étonne qu'un si grand nombre d'entre eux y soient malheureux.*
>
> Jon Young, Wilderness Awareness Schools

Une part importante de ce que les jeunes apprennent de la vie ne leur vient pas de l'école à laquelle ils sont inscrits, mais des valeurs que leur inculquent à la maison leurs parents et leurs grands-parents, leurs amis et leurs voisins. Ces valeurs avaient un impact important il y a de cela une génération, mais aujourd'hui les enfants passent une grande partie de leur temps à l'école, dans un milieu qui n'est pas sans rappeler les petites pièces dotées d'un nombre limité de boutons où étaient enfermés les chimpanzés de l'expérience de Mander. Les enfants d'âge scolaire de la classe moyenne passent aussi chaque jour plusieurs heures dans des endroits qui, s'ils sont très légèrement plus agréables, ne ressemblent toutefois en rien à ce que l'on pourrait appeler leur habitat naturel : des gymnases ou des centres récréatifs éclairés au néon et chauffés aux combustibles fossiles, où ils se livrent à des activités supervisées telles que la nage, l'équitation, le patin, le judo ou la danse. Et, bien sûr, ils passent le temps qui leur reste dans de petites pièces, à appuyer sur les plus gros des boutons, ceux de leur télé et de leur ordinateur.

Les très jeunes enfants n'ont que peu de patience pour les petites pièces. La plupart d'entre eux foncent droit vers les flaques de boue, les tas de feuilles mortes, les grenouilles et les chiots infortunés qui se trouvent sur leur chemin, et ils se ruent sur les « outils » que sont les bâtons et les boîtes. Quand on les laisse à eux-mêmes, les enfants de toutes les cultures, de n'importe où sur la planète, réinventent spontanément des jeux tels que la cachette et le jeu du chat ; ils explorent les moindres recoins d'une grange ou d'un jardin dans lesquels ils ont réussi à pénétrer, se poursuivent à la course, se balancent aux arbres, essaient de manger des plantes ou des insectes et de découvrir tous les usages possibles d'une branche ou d'une pierre. Ce sont là des jeux propres aux milieux naturels, qui font appel aux habiletés nécessaires à la survie (chasse, traque, autodéfense, cueillette) et innées chez tous les primates. Aujourd'hui, cependant, nous ne permettons guère à nos enfants d'exercer ces habiletés instinctives. Après tout, il leur faut apprendre un nouveau genre de survie : ils doivent se calmer et bien se comporter à l'école.

Jon Young, éducateur à la vie sauvage, se rappelle la première fois qu'il a compris comment fonctionnait le monde moderne. Il était en deuxième année et regardait par la fenêtre, comme le font les enfants quand ils devraient être en train d'écouter leur enseignante, fasciné par un papillon qui voletait devant les conifères dans la cour de l'école, souhaitant de tout son cœur se trouver lui aussi dehors par cette belle journée ensoleillée. L'enseignante, qui essayait d'attirer son attention, a fini par le tirer de sa rêverie éveillée en criant son nom. Il raconte : « En sortant de mon rêve et en la regardant, j'ai soudainement compris pour la première fois que je n'étais pas libre. Le monde merveilleux à l'extérieur n'était pas pour moi ; je ne pouvais pas sortir et jouer. J'étais prisonnier. J'ai senti mon cœur se briser. »

Aujourd'hui, les écoles d'éveil à la vie sauvage (Wilderness Awareness Schools) qu'a fondées Young existent sous différentes formes au New Jersey, au Vermont, au New Hampshire, en Californie et dans l'État de Washington. La plupart de ces écoles offrent des programmes d'après-midi, d'été ou de fin de semaine pour les enfants inscrits à l'école publique ou instruits à la maison, mais l'établissement de l'État de Washington est une école secondaire dûment accréditée où l'on enseigne aux enfants les activités traditionnelles des êtres humains : la traque et l'observation d'animaux sauvages, la cueillette, la construction d'abris, l'interprétation des pistes d'animaux et des cris des oiseaux et, plus généralement, la manière de vivre et de se déplacer dans un milieu naturel. La clé de l'enseignement est « le lieu secret », un endroit dans la nature — il peut aussi bien s'agir d'un parc ou d'une cour au milieu de la ville — où un individu peut se rendre chaque jour et être pleinement présent. Là, les élèves apprennent à observer tout ce qui se passe dans le monde naturel, des cris d'alarme que les oiseaux lancent devant les chats jusqu'à la direction du vent, en passant par l'odeur de la pluie qui s'en vient ou du chemin qu'emprunte sous les buissons une mère belette suivie de ses petits.

Young est un jeune quadragénaire de petite taille, énergique et nerveux. Il affirme : « Asseyez [des enfants] devant un ordinateur, branchez-les à un électroencéphalogramme et vous verrez qu'ils n'emploient qu'une petite partie de leur cerveau. Faites-les sortir dans une cour, jouer avec une balle, attraper des grenouilles, grimper aux arbres, et les signaux électriques parcourent le cerveau tout entier. » Les objectifs de l'école sont fondés sur la théorie selon laquelle notre culture est dangereusement coupée du fonctionnement physique réel de la planète, en grande partie parce que nos préoccupations sont à la fois artificielles et limitées. « Nous n'utilisons qu'une partie de notre cerveau de façon très intensive, plutôt que d'utiliser également toutes les parties, explique Jon. Il n'est pas étonnant que notre culture aussi soit devenue déséquilibrée et qu'on ne perçoive pas notre véritable réalité tridimensionnelle, qu'on ne puisse pas voir à quel point il est insensé d'empoisonner sa propre nourriture ou de détruire l'air qu'on respire. »

Young a lui-même reçu un enseignement pour le moins étrange. Il possède des diplômes en écologie et en biologie et a suivi les cours de David Ehrenfield, célèbre fondateur de la biologie de la conservation, à l'Université Rutgers, mais il en parle rarement. Il insiste plutôt sur les sept années qu'il a passées, enfant, à arpenter les pinèdes du New Jersey en compagnie d'un jeune homme laconique du nom de Tom Brown, traqueur et « survivaliste » qui a rédigé de nombreux guides sur la faune. Les gens enseignaient autrefois à leurs enfants par l'exemple. Toutes les habiletés humaines — tanner le cuir, sculpter la pierre, faire fumer la viande, etc. — s'apprenaient en se faisant l'apprenti d'une personne qui les maîtrisaient, que l'on observait et assistait. Il fallait beaucoup de temps avant de devenir rompu à ces techniques, mais on choisissait habituellement sa spécialité selon son inclination, et ainsi le processus était à la fois stimulant et agréable. Tom Brown devait devenir l'apprenti de l'un des derniers traqueurs apaches de la planète, le célèbre Stalking Wolf, qui a passé la fin de sa vie chez son fils dans le New Jersey. Brown, qui a aujourd'hui la cinquantaine avancée, était le meilleur ami du petit-fils du vieil homme, et, pendant onze ans, dans les pinèdes, il a reçu chaque jour l'enseignement d'un aîné apache capable de suivre à la trace une fourmi sur un roc couvert de mousse. Peu avant sa mort, Grand-Père (comme l'appelait Brown) a déclaré au jeune homme, alors âgé de 18 ans, que celui-ci devait transmettre le savoir qu'il avait reçu, parce que Stalking Wolf croyait que, à l'avenir, les gens auraient désespérément besoin de savoir utiliser leur cerveau de la sorte. Il a dit à Tom qu'il reconnaîtrait son premier élève à ce que l'enfant tiendrait la Terre Mère au bout d'une ficelle.

Brown a su que Jon Young serait cet élève quand, trois ans plus tard, il a aperçu le garçon de dix ans tout seul à un coin de rue, tenant une canne à pêche à laquelle était fixée une chélydre, sorte de grosse tortue. Chez les Amérindiens, la tortue est le symbole de la Terre. Brown a transmis à Young tout ce que Stalking Wolf lui avait appris. Et aujourd'hui, Young s'efforce de faire de même, mais pour beaucoup plus de gens et beaucoup plus rapidement. Les enseignants des écoles d'éveil à la vie sauvage (ils sont maintenant des centaines) se concentrent sur ce qu'ils appellent la « modulation du cerveau ». Ils sont convaincus que si un certain nombre de personnes — pas même les 10 ou 15 % de la population qu'on estime généralement nécessaires à l'amorce d'un changement, mais de 1 à 5 % — réapprennent à penser de manière tridimensionnelle et dans un contexte naturel, elles pourront nous aider tous à appréhender la réalité du monde qui nous entoure et à y réagir plus adéquatement.

Leurs méthodes donnent lieu à des résultats mesurables qui semblent confirmer leur conviction. D'abord, les enfants chez lesquels on a diagnostiqué un « trouble de l'apprentissage » (dyslexie, hyperactivité, trouble déficitaire de l'attention, etc.) apprennent rapidement et normalement à l'aide des méthodes de Young ; mieux, ils obtiennent de meilleurs résultats que les autres. Ils apprennent à repérer et à identifier les animaux plus tôt, sont capables de lire des feuilles froissées ou du sable retourné ou de reconstituer plus rapidement le passage d'un cerf ou d'un coyote ; ces expériences leur donnent aussi la confiance nécessaire pour mieux réaliser les projets scolaires bidimensionnels. Des recherches sur les enfants dyslexiques ont notamment montré que ceux-ci éprouvent des difficultés à décoder des textes bidimensionnels. Young est d'avis que l'on ne devrait pas s'étonner qu'un grand nombre de personnes possèdent un cerveau qui fonctionne mieux dans un monde tridimensionnel et qu'elles réagissent à des stimulations de leurs cinq sens. Jon explique : « Ces enfants ne sont probablement pas sous-doués, comme on les décrit, mais plutôt particulièrement bien doués pour la survie dans la nature. » En effet, des études ont révélé que, à l'extérieur d'une salle de classe, les enfants dyslexiques, par exemple, sont souvent hautement créatifs et font des meneurs naturels. Bref, il se pourrait que l'on soit à ce point détaché de la réalité que l'on classe les meilleurs et les plus futés sous la rubrique des « handicapés ». Il est même possible que l'on fasse aussi l'inverse, c'est-à-dire que l'on porte aux nues les individus culturellement aveugles, avides au point d'en être névrosés ou affligés d'une courte vue ou d'un autre type de déséquilibre, et qu'on les envoie aux postes les plus élevés du monde des affaires ou de la politique.

Cet entraînement extérieur se fait à la dure ; on y apprend aux élèves à se moquer de leurs trois principales récriminations : « J'ai froid ! Je suis fatigué ! J'ai faim ! » On s'engage à exprimer sa gratitude envers le monde naturel, mais ce nouveau type d'enseignement favorise aussi l'humour et le jeu. Young aime à raconter que ses traqueurs brisent souvent les rangs pour aller sauter dans des flaques de boue ou se chamailler, se poursuivre autour des arbres et rire à en perdre haleine. Les enseignants emploient ce qu'il nomme l'« enseignement coyote », ce qui signifie qu'ils jouent des tours. Les enfants apprennent le mieux quand ils croient qu'ils jouent ou prennent une pause, à l'exact opposé de l'école traditionnelle. Les enseignants ne discourent jamais, ne pontifient pas. Au contraire, ils feignent souvent l'ignorance afin que les enfants puissent les informer de ce qu'ils ont vu et en expliquer la signification, ce qui est l'un des meilleurs moyens de graver une conversation dans un cerveau humain.

Quand Holly a visité l'une des écoles, située dans le sud du Vermont, à l'automne, un groupe d'une trentaine d'enfants âgés de six à douze ans étaient arrivés pour une leçon. Les enseignants avaient préparé des saynètes improvisées pour enseigner aux enfants des leçons sur la nature, par exemple sur ce qui advient d'un jeune animal qui n'apprend pas à voir au-delà de ses besoins à court terme et à appréhender la nature de la réalité environnante. Le jeu a mis en scène des aigles et des merles. Les adultes ont revêtu une cape censée évoquer le plumage luisant d'un aigle ; les bébés merles, portant des plastrons de papier rouge, étaient assis dans un tas de brindilles où ils devaient imiter des oisillons affamés qui crient dans leur nid. Des merles adultes non loin tentaient d'alerter leurs petits et de les faire descendre du nid pour qu'ils se tiennent tranquilles par terre. Les « aigles » venaient cueillir un par un les « bébés merles » à bout de souffle ; les enfants criaient avec délice pendant qu'on les ramenait aux « aiglons » (d'autres enfants vêtus d'une cape) qui les « dévoraient » et les enterraient sous un tas de feuilles. Enfin, les cinq bébés merles restants ont compris qu'ils devaient cesser de se soucier d'être nourris, prêter attention à la réalité extérieure et aller rejoindre papa et maman en toute sécurité sur le sol. Les enfants étaient fous de joie — et ils avaient fait une profonde découverte. Pendant qu'on les ramenait chez eux, une fillette âgée de huit ans environ, qui venait à l'école pour la première fois, est allée trouver l'un des enseignants et lui a demandé sur le ton du regret : « Est-ce que je peux revenir ? Est-ce que vous faites cela tout le temps ? »

Des grizzlys mondiaux

> *Si on se contentait de sortir, de remercier les animaux et les oiseaux, les arbres et les nuages, de sentir vraiment le vent, de toucher vraiment la pluie et de se rappeler vraiment ce que c'est que d'être un être humain sur cette planète, on prendrait peut-être conscience du fait que c'est la seule planète que nous avons.*
>
> Jon Young

Jon Young est un homme enjoué, plutôt effacé, qui croit que ce que ressentent les êtres humains en présence de la nature n'est ni mystique ni spirituel, mais tout bonnement normal. Si vous lui demandez pourquoi il s'est attelé à la tâche titanesque de créer un nouveau système d'enseignement, il avouera qu'en 1983 il a eu ce qu'il lui faut appeler une vision. Il était retourné à ses pinèdes adorées du New Jersey, après ses études, pour y découvrir que tous les ruisseaux où il avait pêché avec Brown étaient dépourvus de vie. Les grenouilles et un grand nombre de ses oiseaux préférés avaient disparu. La terre était balafrée de pistes de véhicules tout-terrain, les buissons étaient pleins de bouteilles de bière et de canettes d'huile. Là, seul près de son feu de camp, il s'est laissé aller au désespoir et a demandé qu'on lui indique la voie à suivre. Cette nuit-là, il a eu une vision de « tous les saints hommes et les saintes femmes qui avaient créé le parapluie de culture grâce auquel les gens pouvaient jadis survivre sans détruire. Ils avaient créé une culture de savoir invisible qui éduquait, soutenait et restreignait les autres. »

Selon Young, cette vision lui enjoignait d'enseigner. Il explique : « Ces écoles n'ont pas été créées parce que nous avons besoin de survivre à un corps-à-corps avec un loup ou de trouver des petits fruits pour ne pas mourir de faim. Et je ne prétends pas qu'il faille nous débarrasser des ordinateurs, des autos et des maisons pour retourner vivre dans des cavernes. J'utilise toutes ces choses, j'en achète pour mes enfants. Mais il nous faut apprendre à reconnaître l'autre moitié de notre monde, la nature, celle que nous négligeons totalement et qui se trouve incidemment à nous donner la vie. » Il n'a donc aucunement l'intention de montrer aux gens à combattre les éléments ou à devenir des « survivalistes » paranoïaques qui sont prêts à déjouer une attaque terroriste ou un complot du gouvernement. Il précise : « L'enjeu n'est plus la survie personnelle ou familiale. C'est la survie de la planète. Il y a maintenant des "grizzlys mondiaux" qui nous menacent tous : le réchauffement de la planète, les horribles produits toxiques qui tuent les grenouilles et les poissons, l'appât du gain qui fait que l'on assèche les cours d'eau et rase les forêts. C'est la réalité de la nature où il nous faut survivre, et nous aurons besoin de notre cerveau tout entier pour y arriver, pas seulement d'une partie. »

Comme tant d'autres personnes présentées dans cet ouvrage, Young est persuadé que des mouvements locaux et démocratiques (semblables à ceux qui animent les fermes et les élevages gérés selon les principes de l'agriculture holistique, le Rebuilding Center de Shawn Endicott à Portland, les cours que donne Dick Roy, les manifestations altermondialistes, les réunions municipales au Kerala comme en Allemagne) nous permettront de rester plus longtemps sur la Terre, d'une façon bénéfique pour le plus grand nombre de personnes ainsi que pour la planète elle-même. « Tout au long de l'histoire, dit-il, les réponses à nos dilemmes ne sont jamais venus d'ailleurs que de nos racines. Les visionnaires d'aujourd'hui, qui œuvrent pour des causes environnementales, la paix dans le monde, les droits des autochtones ou les droits de l'homme, ce sont eux qui se tiendront la main pour former un réseau à l'échelle de la planète entière. » Son école enseigne trois principes, dont l'unité, un pilier du gouvernement iroquois, qui fut adapté mais malheureusement dilué dans la Constitution américaine. En matière de gouvernement, le principe d'unité exige que les décisions soient totalement consensuelles et prises à l'unanimité ; c'est le type d'entente que les manifestants à Washington exigeaient avant d'agir, le principe duquel procèdent les règlements de zonage de la ville de Fribourg. Young explique : « On dit que le créateur existe à l'intérieur de chacun de nous, et c'est pourquoi le consensus absolu est nécessaire sur les questions très importantes ; parce que si nos esprits n'agissent pas dans l'unité, le créateur n'est pas représenté. Alors, nous ferons des erreurs. »

Cette règle peut sembler idéaliste et impossible à appliquer, mais il n'en est rien. La confédération iroquoise s'y est pliée pendant plus de 300 ans, repoussant pendant ce temps les Britanniques et les Français. La ville de Fribourg, le Kerala et la nouvelle coalition formée pour sauvegarder les forêts du littoral britanno-colombien en offrent des exemples qui fonctionnent bien aujourd'hui. Il est vrai qu'il faut parfois des décennies avant de prendre une décision. Qu'importe ? Pourquoi ne prendrions-nous pas des décennies pour mûrir une décision qui touchera ceux qui nous suivront pendant des générations à venir ? Sommes-nous donc si pressés d'aller quelque part ? Et eux ? Comme le demande Bill McDonough : « Quand donc déciderons-nous que nous sommes des indigènes de cette planète, que nous ne la quitterons pas ? » Si nous réfléchissons à cette question et reconnaissons que nous sommes tous des « locaux », des indigènes de la Terre, nous pourrons commencer à travailler de concert avec les nombreuses personnes qui en sont arrivées à la même conclusion, et partager avec elles des moyens de parvenir — lentement mais sûrement — à un consensus qui nous permettra de continuer à vivre sur la Terre. Le plus longtemps possible.

Épilogue

Tout au long de cet ouvrage, nous avons voulu présenter des solutions susceptibles de sauvegarder et de restaurer les écosystèmes qui constituent le fondement physique de la vie sur cette planète. Il a toujours été difficile de comprendre pourquoi des créatures comme nous (qui ont évolué sur la Terre et sont capables de comprendre une relation de cause à effet) persistent à polluer l'eau, à détruire les sols et à empoisonner l'air dont dépend leur existence même. Cela s'explique en grande partie par les principes philosophiques élaborés aux XVIIIe et XIXe siècles en Europe. À l'époque, la première Révolution industrielle a semblé véritablement prometteuse, mais ses failles se sont bientôt révélées au grand jour.

> *Que votre but holistique soit constitué à 100 % de ce que vous voulez et à 0 % de la manière dont vous comptez y arriver.*
>
> ALLAN SAVORY, *Holistic Management*

La majorité des comportements destructeurs, non seulement pour la planète mais aussi pour nos propres sociétés, reposent sur les prémisses de cette révolution, à savoir que l'histoire et la communauté ne valent rien en comparaison du confort matériel et de l'argent, que la plus grande partie de la nature est morte ou, en tout cas, sans valeur immédiate pour les êtres humains, que nous avons le loisir de la diviser en composantes détachées, d'altérer ces composantes, de les supprimer ou de les échanger sans endommager la structure dans laquelle elles s'inscrivent. Comme l'expliquait Joel Salatin, agriculteur, au chapitre cinq, une fois que l'on commence à traiter « les créatures vivantes comme si elles étaient des choses mortes, des chiffres dans notre marge de profit », on les perd. Et c'est ce qui s'est produit — à une échelle stupéfiante. Mais nous n'avons pas compris que, en traitant les autres formes de vie de la planète comme si elles étaient négligeables, jetables et facilement remplaçables, nous nous sommes nous-mêmes transformés en quantité négligeable.

Bonne nouvelle, toutefois : dans tous les pays, dans tous les milieux, des millions de personnes ont pris conscience des problèmes inhérents à notre paradigme social et économique actuel. Autre bonne nouvelle : non seulement elles inventent des technologies, forment des associations, manifestent sur la scène politique et modifient leurs habitudes personnelles, mais elles embrassent aussi les profonds changements philosophiques qu'il nous faut adopter comme nouvelle manière de vivre. Au début du chapitre neuf, nous avons raconté l'histoire de chimpanzés gardés dans de petites pièces. Même sur ce plan purement « physique » (le type de maisons et d'édifices que l'on construit et dans lesquels on souhaite vivre), un changement systémique se fait sentir. L'architecture « verte » n'est cependant pas la seule innovation : partout sur la planète, on assiste à l'apparition de nouvelles manières de produire la nourriture, de transporter les biens et de protéger les écosystèmes.

Des millions de personnes découvrent leurs valeurs les plus profondes et commencent à comprendre à un niveau viscéral ce qu'Alan Savory voulait exprimer quand il conseillait : « Que votre but holistique soit fait à 100 % de *ce que vous voulez* et à 0 % de la *manière* dont vous comptez y arriver. » Se fondant sur leurs valeurs, elles fixent des buts élevés plutôt que de se contenter d'objectifs pratiques et de s'inquiéter des obstacles. Elles ne s'appesantissent pas sur la difficulté d'obtenir de l'énergie propre dans une petite ville comme Schöenau ou de protéger les lions en Inde, sur le désespoir d'une communauté autochtone de la Colombie-Britannique qui n'a apparemment d'autre choix que d'abattre la forêt qu'elle aime, sur l'impuissance d'un groupe de pauvres pêcheurs kéralais face au marché mondial, sur les gaz lacrymogènes et les matraques qui attendent ceux qui luttent pour leurs principes. Elles vivent simplement comme elles croient devoir vivre, en accord avec leurs valeurs les plus intimes, sans s'inquiéter de savoir si leurs buts sont trop élevés ou utopiques. Ce faisant, il leur arrive de créer quelques nouvelles manières de faire : nouvelles écoles, nouvelles façons d'enseigner, de gérer, de penser. L'agriculture biologique, la gestion holistique, les écoles d'éveil à la vie sauvage et le développement urbain fondé sur le consensus se distinguent tous des méthodes les plus couramment employées ; pourtant, tous sont apparus si spontanément et utilisent des instruments si semblables que l'on doit à tout le moins se demander si ce n'est pas ainsi que naissent les mouvements sociaux vraiment révolutionnaires.

Boora, la firme d'architectes « verte » présentée au premier chapitre, a mis du temps avant d'embrasser cette révolution ; une fois le pas franchi, toutefois, on a pris au sérieux les études démontrant qu'il était contre nature pour les êtres humains de vivre cantonnés dans de petites pièces à l'air recyclé et à la lumière artificielle, situation qui entraîne un lot de problèmes physiques mesurables : fatigue mentale, maux de tête, productivité réduite, sans parler des problèmes non mesurables que sont l'ennui, l'aliénation et la dépression. Ainsi, quand la firme a conçu Clackamas, une nouvelle école secondaire de Portland, elle n'a pas traité le petit marais naturel qui se trouvait sur le terrain comme une imperfection à stériliser et à remplir, mais l'a plutôt intégré au système de traitement des eaux usées de la bâtisse, afin que les eaux « grises » puissent être naturellement purifiées et réutilisées et que le système de climatisation bénéficie des propriétés rafraîchissantes du marais. Le cycle hydrologique et le marais, toujours intacts, sont à la fois un outil d'apprentissage pour les élèves et un point de contact avec le milieu naturel immédiat.

La faculté de droit de l'Université du Vermont, établissement d'enseignement spécialisé en éthique et en droit de l'environnement, ne se contente pas de présenter de nouvelles manières de penser à ses étudiants, elle le fait dans un milieu tout aussi révolutionnaire. Comme l'édifice abritant la majorité des salles de classe était en mauvais état, on en a construit un nouveau, « vert », doté d'une isolation hautement efficace, recevant de l'air et de la lumière naturels et dépourvu de tout solvant ou autres produits chimiques dangereux, le tout en respectant un budget serré de trois millions de dollars américains. Comme les édifices conçus par Boora, celui-ci était initialement un peu plus dispendieux, mais les économies réalisées en coûts de fonctionnement ont permis d'éponger presque immédiatement cette différence, et les dirigeants de l'université ont maintenant l'impression d'avoir obtenu gratuitement un grand nombre de ses éléments. C'est un endroit extrêmement agréable, au sol recouvert de linoléum vert foncé, aux immenses fenêtres donnant sur les montagnes, où le salon des étudiants est doté d'un foyer. Leur principale cause de fierté : les toilettes à compost — jusque-là inédites dans un grand édifice public —, qui permettent de n'utiliser que 53 litres d'eau par jour pour 530 étudiants, plutôt que les 30 000 litres autrefois nécessaires.

On aurait cependant tort de croire que les valeurs dont nous parlons ne s'expriment que par le biais de projets de taille modeste. Le gigantesque hôtel de ville de Chicago est maintenant coiffé d'un « toit vert » où poussent de l'herbe, de la vigne, des mousses, de la laiche, des pommiers sauvages et des aubépines. Les végétaux sont des systèmes de climatisation naturels : leurs feuilles libèrent de la vapeur d'eau qui rafraîchit l'air. À lui seul, ce toit permettra ainsi à la Ville d'économiser annuellement plus de 4 000 \$ en chauffage et en climatisation — sans compter qu'il contribuera à lutter contre le réchauffement de la planète. Il va sans dire que le sol et les matières végétales isolent aussi l'édifice des hivers glaciaux de la région et qu'ils absorbent l'eau de pluie, laquelle pose un énorme problème de pollution urbaine quand elle s'écoule le long des toits et des rues en asphalte pour finir sa course dans les égouts pluviaux.

Ces changements simplissimes — planter des fleurs sur un toit, laisser les déchets se décomposer naturellement plutôt que de les rejeter dans des cours d'eau, permettre aux gens de travailler à la lumière naturelle en respirant de l'air frais, mettre à profit les services qu'offre un marais — illustrent à merveille ce que nous avons découvert. Ils ne coûtent pas grand-chose et ils s'imposent d'eux-mêmes. Mais il faut reconnaître qu'ils ont également un aspect révolutionnaire. Comme l'agriculture biologique et diversifiée, comme le concept des « cœurs, corridors et carnivores », comme les entreprises qui ne nuisent pas à la Terre ou encore comme les moyens de transport fonctionnant à l'hydrogène, ces nouvelles manières de faire produisent de doubles dividendes, voire de quadruples dividendes. Toutes contribuent à purifier et à économiser l'eau, favorisent la conservation des habitats pour différentes formes de vie, évitent d'utiliser des produits toxiques ou des combustibles fossiles et tirent avantage des services et des sources d'énergie naturelles que fournit la planète. Mieux encore, quand on les compare aux méthodes de la première Révolution industrielle, ces nouvelles « technologies » nécessitent des injections de capitaux moindres, des infrastructures beaucoup moins complexes et moins dangereuses et moins de subventions pour produire leurs bénéfices. La Ville de Chicago a l'intention d'aménager des toits verts et des panneaux solaires sur d'autres édifices. Le maire, Richard M. Daley, a récemment dévoilé le but ultime de la Ville : devenir l'espace urbain le plus vert en Amérique du Nord. On trouve de plus en plus facilement des aliments purs, et ceux-ci sont de plus en plus recherchés ; des parcs comme celui des Adirondacks apparaissent partout sur la planète. Même le monde des affaires prête l'oreille. Avec l'aide de sa nombreuse équipe, Bill McDonough, l'architecte « vert » mentionné à de nombreuses reprises dans les pages qui précèdent, est en train de redessiner l'usine de Ford Motor Company qui occupe quelque 480 hectares près de River Rouge, projet devant s'échelonner sur vingt ans et dont il jure qu'il marquera officiellement le début de la deuxième Révolution industrielle. Ses clients, annonce-t-il avec jubilation, lui ont dit d'appliquer toutes les conditions de The Natural Step à ce gigantesque complexe « et de s'aventurer hors des sentiers battus ! »

Comme les designers qui ont conçu ces bureaux ressemblant à des boîtes, les architectes occupés à inventer les espaces de l'avenir savent très bien ce qu'ils font : ils comprennent les répercussions sociales plus vastes de leurs dessins. Ils saisissent, par exemple, qu'en travaillant et en vivant dans des structures qui tirent avantage du milieu naturel plutôt que de le détruire, les gens sont plus susceptibles de s'engager sur une voie qui les mènera à une meilleure santé physique, à une liberté et à une créativité plus grandes, même à une vie émotive et spirituelle plus riche. Des herbes qui ondulent dans le vent et des arbres en fleurs qui produisent de l'oxygène et aspirent les polluants au-dessus d'espaces urbains congestionnés et couverts de bitume, un groupe d'enfants qui assistent au fonctionnement complet du cycle hydrologique et du cycle d'absorption des produits toxiques à quelques mètres de leur salle de classe : voilà les dimensions plus subtiles d'une révolution qui nous libère de la privation sensorielle d'un vieux système qui ne voit dans la nature qu'une chose morte, séparée des êtres humains. Comme l'ont fait les cubicules et les chaînes de montage qui les ont précédés, des changements de méthodologie aussi cruciaux peuvent se traduire par un changement fondamental au sein de la société.

Les dirigeants d'entreprise qui ont les premiers demandé à ce qu'on leur construise des édifices verts dans le but d'augmenter la productivité et de réduire les coûts n'envisageaient sans doute pas que cela mènerait à une société plus ouverte et plus naturelle. Il y a toujours de très nombreuses personnes, sans parler des intérêts commerciaux puissants, qui non seulement ne comprennent pas cette nouvelle révolution, mais qui s'y opposeront bec et ongles, s'efforçant de l'affaiblir ou d'en retarder l'éclosion. Mais pour peu que nous le voulions vraiment, en suivant les cours offerts, en lisant les livres écrits sur la question, en nous joignant à des groupes engagés, nous pouvons dès aujourd'hui, ne serait-ce que grâce aux communications électroniques, en arriver à un consensus mondial. Une fois que nous aurons commencé à éprouver la puissance de ce consensus, il se pourrait bien que les murs des boîtes dans lesquelles nous nous trouvons à l'étroit tombent d'eux-mêmes. Ensemble — occasionnellement avec le concours des grandes entreprises et des gouvernements —, nous commençons à découvrir de nouvelles voies ; or, ce n'est pas autrement que l'on construit des structures écologiques, économiques et sociales durables.

Remerciements

Comme c'est souvent le cas dans de telles entreprises, nous avons reçu l'aide d'un si grand nombre de personnes qu'il est impossible de les nommer toutes. Il faut nous contenter de remercier ici personnellement ceux et celles qui ont offert une contribution particulière et travaillé sans compter leurs efforts. Toute notre gratitude va à Lisa Hayden, la secrétaire de David, qui a gaiement joué les intermédiaires entre les deux auteurs, et à Joel Silverstein, qui a transcrit des bandes souvent de piètre qualité, enregistrées dans des conditions difficiles. Nous aimerions aussi remercier Angel Guerra, Jennifer Glossop, Jim Gifford et Jane McWhinney pour les nombreuses tâches dont ils se sont acquittés et pour leur volonté sincère d'améliorer ce livre. Christine et Ernst von Weizsacker ont offert l'hospitalité à Holly, de même qu'un répit bien mérité et de précieux conseils pendant ses voyages. Vandana Shiva et Elizabeth May nous ont donné du temps et des encouragements à profusion, tout comme David et Fran Korten. Nous sommes profondément redevables à Dick et Jeanne Roy d'avoir généreusement pris part à la recherche menée dans la région du nord-ouest du Pacifique. Nous tenons aussi à souligner la contribution de Beth Burrows et d'Helmut Meyer, qui n'ont jamais manqué de nous éclairer rapidement sur diverses questions agricoles, scientifiques et juridiques. Holly a été particulièrement inspirée par Jerry Mander et souhaite aussi exprimer sa gratitude à Jim Latteier pour ses critiques franches.

Nous regrettons de n'avoir pu utiliser plusieurs des merveilleuses histoires qui nous ont été racontées, tout spécialement celles de Mike

Green et de Fred Gallagher. Gerry Scott, Roberta Martell et Tara Cullis, de la fondation David Suzuki, ont généreusement donné de leur temps pour nous prêter main-forte en de nombreuses occasions. Nous tenons à remercier les lecteurs de notre livre précédent, *From Naked Ape to Superspecies*, devenu un best-seller, qui ont rendu possible la réalisation du présent ouvrage. Nous aimerions enfin remercier nos enfants et offrir un merci tout particulier à nos petits-enfants, qui nous rappellent pourquoi chaque génération doit travailler si fort afin de préparer et de préserver le monde pour celles qui la suivront.

Liste des organismes

Pour ceux qui sont prêts à s'engager, voici un point de départ. Les groupes militants et les ressources vouées à la protection des systèmes naturels et sociaux sont si nombreux, partout sur la planète, qu'il serait impossible d'en dresser une liste exhaustive. Nous nous contentons donc, en plus d'énumérer les organisations présentées dans cet ouvrage, de fournir les noms et les coordonnées de ressources dont nous savons, par expérience personnelle, qu'elles sont efficaces. Elles sont présentées par sujet, en reprenant la division en chapitres de l'ouvrage. Il en existe d'autres qui sont tout aussi remarquables ; pour les découvrir, nous vous suggérons de consulter les nombreux sites Internet et magazines énumérés plus bas. Nous avons pris soin d'inclure des ressources telles que le magazine *Yes!* et le *Utne Reader*, qui ont pour mission de mettre leurs lecteurs en contact avec des organisations locales et nationales qui travaillent à la révolution holistique dont nous avons discuté dans les pages qui précèdent. Les adresses Internet fournies sont particulièrement utiles, puisqu'elles offrent le plus souvent des liens vers d'autres sites, permettant ainsi de découvrir des centaines d'organisations. Cependant, comme tout le monde n'a pas accès à Internet, nous nous sommes efforcés de fournir aussi les coordonnées d'organisations et de sources d'information accessibles par courrier traditionnel et par téléphone. Bonne chasse ! Les personnes qui œuvrent déjà à améliorer la vie que connaîtront nos enfants seront ravies d'avoir de vos nouvelles.

Ressources générales

Conseil des Canadiens
Maude Barlow, présidente
Organisme citoyen canadien qui se préoccupe de nombreux enjeux, dont la conservation de l'eau, la qualité des aliments, la mondialisation et les déchets toxiques.
> 502-151, Slater, Ottawa (Ontario), Canada K1P 5H3
> Tél. : (800) 387-7177 ou (613) 233-2773 ; téléc. : (613) 233-6226
> Courriel : inquiries@canadians.org (www.canadians.org)

Sierra Club du Canada
Elizabeth May, directrice
Sans doute l'organisme écologiste le plus actif et le plus efficace du pays, le Sierra Club du Canada fait campagne pour des questions telles que les biotechnologies, les déchets toxiques, les pesticides et les règles commerciales mondiales. Il se distingue de son homonyme américain en ce qu'il ne dispose que d'une fraction du budget de celui-ci et s'attaque aux problèmes de façon plus directe.
> 1, Nicholas, bureau 412, Ottawa (Ontario), Canada K1N 7B7
> Tél. : (613) 241-4611 ; numéro sans frais : 1 (888) 810-4204
> Courriel : sierra@web.net (www.sierraclub.ca/f/index.html)

Yes ! A Journal of Positive Futures
David et Fran Korten
Source inépuisable de contacts et d'encouragements pour ceux qui sont à la recherche de la durabilité.
> PO Box 10818, Bainbridge Island, WA 98110 USA
> Tél. : (206) 842-0216 ; téléc. : (206) 842-5208
> Courriel : yes@futurenet.org (www.yesmagazine.org)

Down to Earth
Magazine merveilleusement écrit et très distrayant, publié par le Center for Science and Environment de l'Inde ; il traite de nombreuses questions touchant les citoyens de tous les pays de la planète.
Society for Environmental Communications

41, Tughlakabad Institutional Area, New Delhi 110 062 India
Tél. : 91 11 6981110 ou 6981124 ; téléc. : 91 11 6985879
Courriel : cse@cseindia.org (www.oneworld.org)

The Natural Step

Longuement présenté au chapitre un, il offre une liste de conditions à respecter pour mener une existence plus saine.
Au Canada, contacter Jamie MacDonald, coordonnateur national
4010, Whistler Way, Whistler (BC), Canada V0N 1B4
Courriel : jmacdonald@naturalstep.ca (www.naturalstep.ca)

Greenpeace Canada

454, Laurier Est, Montréal (Québec), Canada H2J 1E7
Tél. : (514) 933-0021
www.greenpeacecanada.org

Greenpeace USA

Greenpeace fait campagne sur nombre d'enjeux, du réchauffement de la planète aux organismes génétiquement modifiés. Certaines de ces campagnes sont présentées dans le site Internet principal de l'organisme (Artic Action, par exemple, à l'adresse www.greenpeace.org/~climate), d'autres disposent de leur propre adresse (notamment la campagne en faveur des aliments sains et sécuritaires, présentée à l'adresse www.truefoodnow.org) ; dans tous les cas, des liens permettent d'y accéder à partir du menu principal.
1436, U Street NW, Washington, D.C. 20009 USA
Tél. : sans frais 1-800-326-0959 ; (202) 462-1177 ; téléc. : (202) 462-4507
www.greenpeaceusa.org

Greenpeace International

Keizersgracht 176, 1016 DW Amsterdam, Pays-Bas
Tél. : 31 20 523 6222 ; téléc. : 31 20 523 6200

The Union of Concerned Scientists

Groupe de centaines d'éminents scientifiques qui se sont réunis pour enquêter et diffu-

ser des déclarations irréfutables sur le réchauffement de la planète, la déforestation et d'autres questions.

    Two Brattle Square, Cambridge, MA 02238-9105 USA

    Tél. : (617) 547-5552

    www.ucsusa.org

Adbusters and Media Foundation

Kalle Lasn, rédactrice en chef

La Media Foundation souhaite que les consommateurs prennent un certain recul afin d'analyser le rôle que jouent les relations publiques et la publicité dans les sphères du commerce, de la culture et de l'économie. Le magazine Adbusters, *publié quatre fois par an, est populaire notamment auprès des artistes visuels et des amateurs de culture.*

    1243, West 7th Avenue, Vancouver (BC), Canada V6H 1B7

    Tél. : (604) 736-9401 ; téléc. : (604) 737-6021

    Courriel : adbusters@adbusters.org (www.adbusters.org)

Straight Goods

Principale source canadienne indépendante d'information et de nouvelles (non financée par une entreprise).

    Courriel : ish@straightgoods.com (www.straightgoods.com)

Fonds mondial pour la nature

Particulièrement actif et efficace au tiers-monde, cet organisme offre des programmes qui varient énormément selon les pays. Consulter le site Internet principal pour trouver les coordonnées des sections locales.

    Au Canada : 245, Eglinton Est, bureau 410, Toronto (Ontario), Canada M4P 3J1

    Tél. : (416) 489-8000 ; téléc. : (416) 489-3611

    www.panda.org

International Forum on Globalization

Codirigé par Jerry Mander, cet organisme basé à San Francisco constitue une alliance de 60 militants, chercheurs, économistes de premier plan qui ont à cœur de sensibiliser le public (notamment par le biais de conférences fort courues) à diverses questions abordées dans cet ouvrage.

1009 General Kennedy Ave. #2, San Francisco, CA 94109 USA
Courriel : ifg@ifg.org (www.ifg.org)

Utne Reader

Magazine mensuel qui offre une sélection des meilleurs textes de la presse alternative et propose régulièrement des listes de contacts pour des activités durables.

1624 Harmon Place, Minneapolis, MN 55403 USA
Tél. : (800) 736-UTNE ; à l'extérieur des États-Unis : (515) 246-6952
www.utne.com

Centre de recherches pour le développement international (CRDI)

Société d'État canadienne qui appuie les efforts des chercheurs des pays en développement pour les aider à créer des sociétés en meilleure santé, plus équitables et plus prospères.

Case postale 8500, Ottawa (Ontario), Canada K16 3H9
Tél. : (613) 236-6163
www.idrc.ca

The Sacred Balance

Inspirée du livre du même nom publié en collaboration avec Amanda McConnell, cette série de télévision en quatre parties, où David Suzuki présente les rapports intimes et mystérieux qui lient la vie et l'environnement, a été diffusée à l'automne 2002. Dans le site Internet qui lui est consacré, on trouve de nombreux liens de même que des jeux et des moyens de regarder et de contacter D. Suzuki.

www.sacredbalance.com

Chapitre 1 • *Vivre en son village comme l'abeille*

The National Center for Employee Ownership

Groupe américain fournissant des informations détaillées sur les actions détenues par les employés des sociétés.

3411 W. Diversey Ave., Suite 10, Chicago, IL 60607 USA
Tél. : (773) 278-5418
www.nceo.com

Environmental Rights Action (ERA)
Friends of the Earth (Oronto Douglas, directeur)
Cette organisation basée au Nigeria veut rendre publics les abus perpétrés dans le delta du Niger, tant contre l'environnement que contre les êtres humains, par les sociétés pétrolières multinationales telles que Shell Oil et Chevron, avec le concours de groupes paramilitaires et gouvernementaux. Elle collabore à la coordination du boycottage mondial contre Shell et peut fournir des informations sur les agissements de ces entreprises dans le tiers-monde.

>PO Box 10577, Ugbowo, Benin City, Nigeria
>Tél./téléc. : (234) 8423 6365
>Courriel : eluan@infoweb.abs.net, obebi@infoweb.abs.net
>ou oilwatch@infoweb.abs.net

Development Alternatives
Ashok Khosla
Organisation indienne extrêmement efficace présentée aux chapitres un et quatre. Publie aussi un bulletin d'information du même nom.

>B-32, Tara Crescent, Qutal Institutional Area, Delhi 110-016 India
>Tél. : 91-11-696-7938, 91-11-685-1158 ou 685-1509 ; téléc. : 91-11-686-6021
>Courriel : devalt@del3vsnt.net.in ou tara@sdalt.ernet.in
>(www.tarahaat.com)

Redefining Progress
Pour trouver des solutions de rechange au PIB et faire la promotion de la taxe Tobin et d'autres innovations économiques.

>1904 Franklin St., 6th floor, Oakland, CA 94612 USA
>Tél. : (510) 444-3401
>www.rprogress.org

United for a Fair Economy
Propose des renseignements sur le fossé qui sépare les nantis des démunis ; vient en aide aux campagnes pour l'augmentation du salaire minimum.

>37 Temple Place, 2nd Floor, Boston, MA 02111 USA
>Tél. : (617) 423-2148
>www.faireconomy.org

The White Dog Café

Le remarquable restaurant présenté au chapitre un. Visiter le site Internet pour le bulletin de nouvelles et la liste des conférenciers et des activités.

3420 Sansom St., Philadelphia, PA 19104 USA
Tél. : (215) 386-9224
www.whitedog.com

The Social Venture Network

Basée à San Francisco, cette association rassemble des hommes et des femmes d'affaires désireux de contribuer à la construction d'un monde durable par le biais de leurs entreprises.

PO Box 29221, San Francisco, CA 94129-0221 USA
Tél. : (415) 561-6501 ; téléc. : (415) 561-6435
Courriel : svn@svn.org (www.svn.org)

The Rebuilding Center of Our United Villages

Shane Endicott, présenté au chapitre un, est le fondateur et le directeur du centre.

3625 N. Mississippi Ave., Portland, OR 97227 USA
Tél. : (503) 331-9291 ; téléc. : (503) 331-1873
www.rebuildingcenter.com

Chapitre 2 • Retirer son consentement

PR Watch
Center for Media and Democracy

Fondé par Sheldon Rampton et John Stauber, le Center for Media and Democracy s'est donné pour mission de surveiller les agissements des entreprises transnationales et leur manipulation des médias. Il publie quatre fois par année un bulletin de nouvelles, PR Watch.

3318 Gregory Street, Madison, WI 53711 USA
Tél. : (608) 233-3346 ; téléc. : (608) 238-2236
Courriel : 74250.735@compuserve.com (www.prwatch.org)

The Transnational Resource and Action Center (TRAC)

Organisme qui s'intéresse au pouvoir des entreprises et en analyse les dangers pour la démocratie et les droits de l'homme. Son magazine Internet, Corporate Watch, *est une précieuse source d'information ; on y apprend qui fait quoi et comment s'y opposer.*

PO Box 29344, Presidio Station, San Francisco, CA 94129 USA
Tél. : (415) 561-6567
Courriel : trac@igc.org (www.corpwatch.org)

Institute for Policy Studies

Groupe de réflexion de Washington qui s'intéresse à la démocratie, à l'environnement et à la justice ainsi qu'à leurs liens avec le commerce.

733 15th Street, NW, Suite 1020, Washington D.C. 10005-2112 USA
Tél. : (202) 234-9382 ; téléc. : (202) 387-7915
www.ips-dc.org

Public Citizen

Créée par Ralph Nader, cette organisation a pour mission de fournir aux gens de l'information sur des questions touchant leur vie quotidienne. Elle organise en outre des campagnes aux États-Unis et publie des ouvrages.

Tél. : (202) 588-1000 ou (202) 588-7742
Courriel : slittle@citizen.org (www.citizen.org)

Public Interest Research Groups
PIRGs

Le groupe de Ralph Nader a inspiré la création de centaines de groupes populaires locaux que l'on appelle PIRG (soit groupes de recherche d'intérêt public). La plupart sont basés dans des universités du Canada et des États-Unis, où ils diffusent de l'information et offrent des occasions de discussion sur des sujets relatifs à la consommation, à la justice, à la mondialisation et à des questions écologiques. Contactez une université ou un collège près de chez vous.

Courriel : webmaster@pirg.org (www.pirg.org)

Ruckus Society

Apprend aux militants à utiliser efficacement la désobéissance civile non violente.
www.ruckus.org

Third World Network

Réseau malaisien d'universitaires et de militants qui informe le monde développé au sujet de ce qui se passe dans le tiers-monde.

228 Macalister Road, 10400, Penang, Malaysia
Tél. : 60 4 2266728 / 2266159 ; téléc. : 60 4 2264505
Courriel : twn@igc.apc.org (www.twnside.org.sg)

Association pour la taxation des transactions financières et pour l'aide aux citoyens

Fondée en France en 1998, l'ATTAC est aujourd'hui présente dans plus de 40 pays. Née de la volonté de rétablir un contrôle démocratique des marchés financiers et de leurs organismes — notamment par le biais de l'instauration de la taxe Tobin — l'ATTAC mène des actions variées.

124, avenue Philippe-Auguste, 75011 Paris, France
Tél. : 1 43-79-84-40
Courriel au Québec : quebec@attac.org

Tobin Tax Initiative

Groupe américain favorable à l'instauration de la taxe Tobin, qui travaille de concert avec le CEED, Center for Environmental Economic Development.

CEED/11RP, PO Box 4167, Arcata, CA 95518-4167 USA
Tél. : (707) 822-8347 ; téléc. : (707) 822-4457
Courriel : ceciln@humboldt1.com (www.tobintax.org)

Ithaca Hours

Groupe ayant pour mission d'aider les gens à mettre sur pied leur propre système de devises.

Box 365, Ithaca, NY 14851 USA
Tél. : (607) 272-4330
www.lightlink.com/hours/ithacahours

Time Dollar Institute

Organisation américaine qui fait la promotion d'une forme d'échange exempte de taxes et permettant de « monnayer » les heures consacrées à la famille ou à la collectivité pour les convertir en pouvoir d'achat.

PO Box 42519, Washington D.C. 20015 USA
Tél. : (202) 686-5200
www.cfg.com/timedollar

Chapitre 3 • Des coyotes pour faire pousser l'herbe

Natural Resources Defense Council

Organisme de défense des espèces et des écosystèmes naturels.
40 West 20th St., New York NY 10011 USA
Tél. : (212) 727-2700
Courriel : nrdcinfo@nrdc.org (www.nrdc.org)

Fonds mondial pour la nature

Particulièrement actif et efficace au tiers-monde, cet organisme offre des programmes qui varient énormément selon les pays. Consulter le site Internet principal pour trouver les coordonnées des sections locales.
Au Canada : 245 Eglinton Est, bureau 410, Toronto (Ontario), Canada M4P 3J1
Tél. : (416) 489-8000 ; téléc. : (416) 489-3611
www.panda.org

TRAFFIC India

Nous avons rencontré les membres de TRAFFIC, le bras du Fonds mondial pour la nature qui tente d'endiguer le commerce illégal d'animaux.
WWF Secretariat, 172-B Lodi Rd., New Delhi 110003 Inde
Courriel : trfindia@del3.vsnl.net.in

The Y-2-Y Conservation Initiative

Au Canada : 710 9th St., Studio B, Canmore (Alberta), Canada T1W 2V7
Tél. : (403) 609-2666 ; téléc. : (403) 609-2667

The Allan Savory Center for Holistic Management

1010 Tijeras NW, Albuquerque, NM 87102 USA

Tél. : (505) 842-5252 ; téléc. : (505) 843-7900
www.holisticmanagement.org

The Wildlands Project

Organisme œuvrant à des projets de biodiversité tels que le Sky Islands Wilderness Network et le Y-2-Y Wildlands Project. Il publie Wild Earth, *magazine électronique.*

PO Box 455, Richmond, VT 05477 USA
Tél. : (802) 434-4077
Courriel : infor@twp.org (www.wild-earth.org)

Conservation Ecology

Journal scientifique électronique dont les textes sont soumis à une évaluation par les pairs et qui traite de questions de conservation. Compte des bureaux dans cinq pays et quelque 10 000 abonnés.

Courriel : questions@consecol.org (www.consecol.org)

Société pour la nature et les parcs du Canada (SNAP)

Engagée dans de nombreux domaines, de la protection de l'habitat du grizzly aux zones marines protégées, cet organisme à but non lucratif, dédié à la protection de la nature et fondé en 1963, compte 20 000 membres qui luttent pour la création de nouvelles aires protégées et une gestion plus respectueuse de la nature.

800, Wellington, bureau 506, Ottawa (Ontario), Canada K1R 6K7
Tél. : 1-800-333-WILD ; téléc. : (613) 569-7098
Courriel : info @cpaws.org ou volunteer@cpaws.org (www.cpaws.org)

The Wilderness Society

Créé en 1935, ce groupe américain compte huit bureaux régionaux voués à la cause de l'habitat et de la conservation de la faune.

1615 M St. NW, Washington D.C. 20036 USA
Tél. : 1 800-THE-WILDS
www.tws.org

Oregon Country Beef

Doc et Connie Hatfield (présentés au chapitre trois).

Box 50 Brothers, OR 97712 USA
Tél. : (541) 576-2455
Courriel : marketing@countrynaturalbeef.com
(www.oregoncountrybeef.com)

Thirteen Mile Farm Lamb and Wool Co.
Dave Tyler & Becky Weed
Autre entreprise où les prédateurs ne sont pas vus comme des ennemis.
13000 Springhill Rd., Belgrade, MO 59714 USA
Tél. : (406) 388-4945
Courriel : becky@lambandwool.com (www.lambandwool.com)

Defenders of Wildlife
Groupe américain qui offre des solutions à des problèmes touchant la faune, notamment le Wolf Compensation Trust, qui rembourse la perte de bétail à un juste prix. Il a aussi contribué à la création d'un sanctuaire marin de près de 10 000 kilomètres carrés, dans le but de protéger le marsouin du Golfe de Californie, le mammifère marin le plus rare au monde.
Tél. : (406) 549-0761 (Hank Fisher)
www.defenders.org

Chapitre 4 • Et au milieu coule une rivière

Voir le Conseil des Canadiens, ci-haut.

The International Rivers Network
Des militants bénévoles et des professionnels en gestion de l'eau ont formé un réseau qui lutte à l'échelle de la planète pour obtenir des changements de politiques et une gestion des cours d'eau par les collectivités. Il propose des analyses de projets et des technologies alternatives. Le meilleur parmi les groupes de conservation des cours d'eau que nous avons consultés, particulièrement utile pour obtenir de l'information sur les méga-barrages et leur démantèlement.
1847 Berkeley Way, Berkeley, CA 94703 USA
Tél. : (510) 848-1155 ; téléc. : (510) 848-1008
Courriel : irn@irn.org (www.irn.org)

The Columbia River Inter-Tribal Fish Commission

729 NE Oregon, Suite 200, Portland, OR 97232 USA
Tél. : (503) 238-0667 ; téléc. : (503) 235-4228
Courriel : croj@critfc.org (www.critfc.org)

British Columbia Institute of Technology

Actif dans le démantèlement du barrage Theodossia.
3700 Willingdon Avenue, Burnaby, BC V5G 3H2 Canada
www.recovery.bcit.ca

Internationale des services publics

L'ISP est composée de plus de 600 syndicats du secteur public qui sont répartis dans plus de 140 pays et qui représentent plus de 20 millions de travailleurs des services publics exerçant des métiers variés (personnel des services de santé, de lutte contre le feu, juges, etc.). Son site Internet et ses publications offrent de l'information sur une vaste gamme de questions relatives à l'environnement et à la justice.
www.world-psi.org

Catch Water Newsletter

Bulletin de nouvelles publié chaque mois par le Center for Science and Environment, d'Angil Agalwar, mentionné dans le texte. Bien qu'il présente uniquement des cas indiens, ce journal fascinant permet de faire connaître à un large public des initiatives visant à accroître les réserves d'eau disponibles pour la population.
Center for Science and environment
41 Tughlakabad Institutional Area, New Delhi 110062 India
www.rainwaterharvesting.org

Waterkeeper Alliance

Organisation américaine et canadienne qui surveille les dangers menaçant les cours d'eau, tout particulièrement les sources de pollution organiques.
Neuse Station, 427 Boros Rd., New Bern, NC
Tél. : (252) 447-8999 ; téléc. : (252) 447-6464
Courriel : riverlaw@ec.rr.com (www.waterkeeper.org)

The World Water Contract

Ce mouvement mondial peut être contacté par le biais de plusieurs ONG déjà énumérées, notamment le Conseil des Canadiens, l'International Forum on Globalization, l'Institute for Agriculture and Trade Policy, Global Exchange et Public Citizen.
   www.citizen.org/print_article.cfm?ID=6249

Chapitre 5 • On est ce que l'on mange

Beyond Factory Farms

Coalition nationale récemment formée dans le but d'aider les groupes de citoyens canadiens à lutter contre les élevages industriels partout au pays.
   Courriels : gkoroluk@mb.aibn.com ; Igerlach@canadians.org ;
   ccpasak@sask-tél.net

Fair Trade and Organic Organizations

Ceux qui souhaitent se procurer des aliments biologiques ou équitables pour les gens et les environnements qui les produisent pourront contacter le bureau de Greenpeace ou d'Oxfam le plus près de chez eux, ou encore faire appel à Global Exchange ([415] 255-7296, www.globalexchange.org), Transfair Canada ([888] 663-FAIR, www.transfair.ca) ou Équiterre, Québec ([514] 522-2000, www.equiterre.qc.ca).

Institute for Agriculture and Trade Policy

Organisme qui fait la promotion des fermes familiales et des écosystèmes sains partout sur la planète, par le biais de l'éducation et de moyens de pression.
   2105 First Avenue South, Minneapolis, MN 55404 USA
   Tél. : (612) 870-3410 ; téléc. : (612) 870-4846
   Courriel : kdawkins@iatp.org (www.iatp.org)

L'International Center for Technology Assessment
et le **Center for Food Safety,** tous deux dirigés par Andrew Kimbrell

Basés à Washington, ces deux groupes d'avocats constituent des sources stimulantes d'information qui examinent les effets sociaux, écologiques et politiques des nouvelles

technologies et qui entreprennent des actions judiciaires quand ces technologies causent des dommages.
> 310 D Street NE, Washington D.C. 20002 USA
> Tél. : (202) 547-9359
> www.icta.org

The Food Alliance
Organisme de certification mentionné aux chapitres un et cinq.
> 1829 Alberta, Suite 5, Portland, OR USA
> Tél. : (503) 493-1066 ; téléc. : (503) 493-1069
> Courriel : dkane@thefoodalliance.org (www.foodalliance.org)

Seed Savers Exchange
Groupe qui cultive, stocke, distribue et vend des semences biologiques. Il finance aussi des ateliers destinés à des participants du tiers-monde où ceux-ci parfont leurs connaissances en matière de culture durable.
> Kent Whealy, RR 3, Box 239, Decorah, IA 53101 USA
> Tél. : (319) 382-5990 ; téléc. : (319) 382-5872

SoilFoodWeb Inc.
Elaine Ingham, présidente, SoilFoodWeb Inc.
Organisation qui conseille et sensibilise les agriculteurs afin qu'ils puissent nettoyer leurs sols des produits chimiques qui s'y trouvent et qu'ils apprennent à pratiquer l'agriculture de façon durable.
> 980 NW Circle Boulevard, Corvallis, OR 97330 USA
> Tél. : (541) 752-5066 ; téléc. : (541) 752-5142
> Courriel : inghame@bcc.orst.edu (www.soilfoodweb.com)

NAVDANYA (National Program for Conservation of Native Seed Varieties)
Directrice : Vandana Shiva
NAVDANYA s'est donné pour mission d'empêcher que les semences utilisées dans les campagnes indiennes ne soient brevetées et récupérées par l'industrie.
> A-60, Hauz Khas, New Delhi 110 016 India
> Tél. : 91 11 696 8077 ou 91 11 651 5003
> Téléc. : 91 11 685 6795 ou 91 11 696 2589

Organisation des Nations Unies pour l'alimentation et l'agriculture

Source de statistiques et d'informations sur la foresterie, les pêcheries, le développement rural et, tout particulièrement, sur les questions touchant à l'agriculture et à la qualité des aliments.

www.fao.org

The Chef's Collaborative 2000

Réseau de chefs et de professionnels de l'alimentation faisant la promotion de la cuisine durable par le biais de l'éducation, de l'appui aux agriculteurs et de la diffusion de l'information. Il comporte une page de liens permettant de contacter une multitude d'organisations, de la FDA américaine à l'Organic Trade Association.

441 Stuart St., #712, Boston, MA 02116 USA
Tél. : (617) 236-5200
Courriel : cc2000@chefnet.com (www.chefnet.org)

Higgins, restaurant et bar, est un membre typique :
1239 SW Broadway Portland, OR 97205 USA
Tél. : (503) 222-9070 ; téléc. : (503) 222-1244
Courriel : higgins@europa.com

The Edmonds Institute

La directrice, Beth Burrows, est une précieuse source d'information sur la plupart des questions abordées dans cet ouvrage. Son institut s'intéresse principalement aux conséquences économiques de la technologie et aux politiques en matière de propriété intellectuelle, de même qu'à la situation des femmes dans les pays du tiers-monde.

20319 92nd Ave. W., Edmonds, WA 98030 USA
Tél. : (425) 775-5383
Courriel : beb@igc.org (www.edmonds-institute.org)

Food First !

Organisme de lutte contre la pauvreté et de défense du droit à l'alimentation mentionné au chapitre cinq.

398 60th St. Oakland, CA 94608 USA

Tél. : (510) 654-4400 ; téléc. : (510) 654-4551
Courriel : foodfirst@foodfirst.org (www.foodfirst.org)

The Ram's Horn

Bulletin de nouvelles mensuel rédigé par Brewster et Cathleen Kneen, qui traite des enjeux alimentaires critiques au Canada comme à l'étranger. Il met également ses lecteurs en contact avec des groupes militant contre les biotechnologies ou engagés dans d'autres questions touchant à l'agriculture.

S-12 C-11 RRRI Sorrento (BC) Canada
Tél./téléc. : (250) 675-4866
Courriel : ramshorn@jetstream.net (www.ramshorn.ca)

Chapitre 6 • Le cri du jaguar

Amazon Watch

Principal groupe de défense des forêts tropicales, il rend compte de l'exploitation minière et des forages ainsi que des autres attaques perpétrées contre les forêts tropicales.

115 S. Topanga Canyon Blvd, Suite E, Topanga, CA 90210 USA
Tél. : (310) 455-0617 ; téléc. : (310) 455-0619
Courriel : amazon@amazonwatch.org (www.amazonwatch.org)

Rainforest Action Network

Organisme bien connu qui œuvre à protéger les forêts de la planète et à venir en aide à leurs habitants par le biais de l'éducation, de groupes populaires et d'une action directe non violente.

221 Pine Street, No. 500, San Francisco, CA 94702 USA
Tél. : (415) 398-4404 ; téléc. : (415) 398-2732
Courriel : rainforest@ran.org (www.ran.org)

Yakama Forest

Box 151 401 Fort Road, Toppenish, WA 98948 USA
Tél. : (509) 865-5121 ; téléc. : (509) 865-6850
Courriel : cpalmer@yakama.com

Chapitre 7 • Le chant de l'albatros

Sea Shepherd Conservation Society
Paul Watson, directeur

Célèbre groupe d'action directe créé par le plus « musclé » des fondateurs de Greenpeace. Il lutte contre la surpêche et les déversements de pétrole et pour la défense des mammifères marins, par le biais de confrontations spectaculaires et d'actions juridiques partout sur la planète.

>22774 Pacific Coast Highway, Malibu, CA 90265
>Tél. : (310) 456-1141 ; téléc. : (310) 456-2488
>www.seashepherd.org

National Fishworkers Forum (NFF)
Père Thomas Kocherry, sœur Cicely Plathottam, sœur Philomen Mary

On ne saurait suffisamment louer cette extraordinaire organisation qui œuvre sans relâche à protéger la vie et l'environnement des plus pauvres habitants de l'État indien du Kerala.

>KSMTF/CHERVRESMI
>Velankeanny Junction, Valiathura
>Thiruvananthapuram, Kerala 695008 India
>Tél. : 011-91 471-501-376 ou 011-91 471 505-216
>Courriel : fishers@eth.net ou delforum@vsnl.com

Marine Stewardship Council

Agence de certification attestant la durabilité de la récolte de poissons sauvages et d'élevage. Elle lutte pour la mise en application de mesures incitatives pour la pêche durable par le biais de son étiquette écologique « Fish Forever ».

>119 Altenburg Gardens, London, SW11 1JQ England
>Tél. : 44 171 350-4000 ; téléc. : 44 171 350-1231
>Courriel : 106335.77@compuserve.com (www.panda.org)

The Seafood Guide

Guide d'aliments durables, comprenant notamment des recettes, disponible en ligne :
>http://seafood.audubon.org/

L'organisation a aussi publié un ouvrage de Carl Safina intitulé *The Seafoodlover's Almanac* (Audubon's Living Oceans, 2000). Voir aussi www.seafoodchoices.com et www.conservefish.com

Ecofish

Entreprise présentée au chapitre cinq offrant des poissons élevés de manière durable.
    78 Market St., Portsmouth, NH 03801 USA
    Tél. : (603) 430-0101 ; téléc. : (603) 430-9929
    Courriel : comments@ecofish.com (www.ecofish.com)

Programme Living Oceans, société Audubon

Parmi les grands groupes écologistes, la société Audubon est l'un des plus actifs sur le plan de la préservation des environnements et des animaux marins.
    550 South Bay Ave., Islip, NY 11751 USA
    Courriel : livingoceans@audubon.org (www.audubon.org)

Marine Fish Conservation Network

Coalition américaine de groupes de pêche et d'organisations écologistes régionales et nationales.
    660 Pennsylvania Ave. SE, Suite 302B, Washington D.C. USA
    Tél. : (202) 543-5509 ou 1-866-823-8552 ; téléc. : (202) 543-5774
    www.conservefish.org

Note : la quasi-totalité des grandes organisations telles que Greenpeace, le NRDC et le Fonds mondial pour la nature sont aussi engagées dans la conservation de la vie et de l'environnement marins.

Chapitre 8 • Bras de fer avec Pluton

Rocky Mountain Institute

Amory et Hunter Lovins
L'institut présenté aux chapitres un et deux s'est donné pour mission d'inventer les instruments essentiels à la révolution de la technologie durable.

1739 Snowmass Creek Rd., Snowmass, CO 81654-9199 USA
Tél. : (970) 927-3851 ; téléc. : (970) 927-3420
www.rmi.org

Center for Environment, Health and Justice, CCHW
Lois Gibbs, directrice

Groupe fondé par des citoyens américains et qui jouit de l'appui des cols bleus, des familles à faible revenu, des agriculteurs et des Noirs. Il lutte contre les dépotoirs toxiques et défend les victimes de contamination. Il emploie son propre toxicologue et peut aider les citoyens inquiets qui sont aux prises avec ce qu'ils soupçonnent être des produits toxiques industriels.

PO Box 6806, Falls Church, VA 22040-6806 USA
Tél. : (703) 237-2249 ; téléc. : (703) 237-8389
Courriel : cchw@essential.org ou noharm@iatp.org
www.noharm.org

Pesticide Action Network

Source scientifique fiable offrant de l'information sur les produits présents dans les aliments et dans l'environnement et sur les dangers qu'ils présentent. Elle propose aussi des moyens de limiter ou d'éliminer l'usage des pesticides dans sa région.

49 Powell St., Suite 500, San Francisco, CA 94102 USA
Tél. : (415) 981-1771 ; téléc. : (415) 981-1991
Courriel : panna@panna.org (www.panna.org)

Project Underground

Ce groupe combat la pollution et les violations des droits de l'homme qu'entraîne la ruée mondiale vers les métaux, en grande partie menée par des entreprises canadiennes. Il offre de l'information, de l'aide juridique et des recherches indépendantes aux personnes touchées.

1916a Martin Luther King Jr. Way, Berkeley, CA 94703 USA
Tél. : (510) 705-8981 ; téléc. : (510) 705-8983
Courriel : project_underground@moles.org (www.moles.org)

Mines alerte Canada

Joan Kuyek, coordonnatrice nationale
Organisme luttant contre la destruction de l'environnement et la misère humaine dont est responsable l'industrie minière partout sur le globe.
    Tél. : (613) 569-3439
    Courriel : joan@miningwatch.ca (www.miningwatch.ca)

Chapitre 9 • Sortir des sentiers battus

Northwest Earth Institute (NWEI)

Dick et Jeanne Roy
Présenté aux chapitres un et neuf, l'institut offre des cours qui proposent une nouvelle manière de vivre ; des centaines de collectivités y participent aujourd'hui dans une quarantaine d'États de même qu'au Canada.
    Suite 1100 506 SW Sixth Ave., Portland, OR 97204 USA
    Tél. : (503) 227-2807
    Courriel : info@nwei.org (www.nwei.org)

Le même bureau exploite aussi l'Oregon Natural Step et publie l'*Oregon Natural Step News*.

Sustainable Northwest

Groupe-clé qui œuvre à définir la durabilité. Il aide les éleveurs, les agriculteurs et les gens d'affaires des villes à se concentrer sur leurs objectifs et il publie chaque année une célébration des succès, Founders of a New Northwest. *Le groupe s'étend maintenant au-delà de la côte du Pacifique qui l'a vu naître.*
    620 SW Main, Suite 112, Portland, OR 97205-3037 USA
    Tél. : (503) 221-6911 ; téléc. : (503) 221-4495
    Courriel : sustnw@teleport.com (www.sustainablenorthwest.org)

International Council for Local Environmental Initiatives (ICLEI)

Groupe qui compte des sections partout sur la planète et qui s'efforce d'instaurer les principes de l'*Agenda 21* élaborés lors du premier sommet écologiste. Le siège est situé au Canada.

www.iclei.org

New America Foundation

Solutions et méthodes économiques concrètes visant l'adoption d'un vaste système monétaire démocratique pour suppléer à la concentration de la richesse et des finances.

1630 Connecticut Avenue NW, 7th floor, Washington D.C. 20009 USA

Tél. : (202) 986-2700

www.newamerica.net

New Road Map Foundation

Fondé par Vicki Robin, organisme qui s'inscrit dans la mouvance de la simplicité volontaire, qui fait de plus en plus d'adeptes. Il aide les gens à redécouvrir des manières de vivre simples et durables.

PO Box 15981, Seattle, WA 98115 USA

Tél. : (206) 527-0437 ; téléc. : (206) 528-1120

www.newroadmap.org

Center for a New American Dream

Merveilleuse ressource où puiser de l'inspiration et échanger des idées sur les moyens de mener une existence plus enrichissante.

6930 Carroll Ave., Suite 900, Takoma Park, MD 20912 USA

Tél. : (301) 891-3683 ; téléc. : (301) 891-3684

Courriel : newdream@newdream.org www.newdream.org

Wilderness Awareness School

Jon Young

26311 NE Valley St. #5-137, P.O. Box 5000 Duvall, WA 98109 USA ou
26331 NE Valley St. PMB 137, Duvall, WA USA

Wilderness Awareness School (New Jersey)

Tél. : (425) 788-1301, ext. 38, ou communiquer avec John Gallagher au (425) 788-6155 pour les adresses des écoles dans quatre autres États, dont Battleboro (Vermont).

Courriel : Yakewin@aol.com ou steve@VermontWildernessSchool.com
www.natureoutlet.com ou www.wildernessawareness.org

École d'environnement de l'Université McGill

Pete Barry, coordonnateur de programme
>   3534, University, 2e étage, bureau 23, Montréal (Québec), Canada
>   H3A 2A7
>   Courriel : info@mse.mcgill.ca (www.mcgill.ca/mse)

Environmental Science Institute

Lieu de recherche universitaire sur l'environnement, il fournit un enseignement qui transcende les disciplines.
>   ESI, University of Texas, Austin, TX 78712
>   http://www.esi.utexas.edu/

Bibliographie

Comme la révolution visant une gestion durable de la planète est toute neuve et continue d'évoluer, une grande partie de l'information présentée provient d'entrevues, de revues ou d'Internet. En plus des ouvrages mentionnés dans le texte lui-même ou dans les notes, il en est quelques autres susceptibles de nourrir la réflexion de ceux qui s'intéressent aux enjeux présentés dans *Enfin de bonnes nouvelles*. Nous avons énuméré nos préférés ci-bas.

Barlow, Maude et Elizabeth May, *Frederick Street : Life and Death on Canada's Love Canal*, Toronto, Harper Collins, 2000.
Barlow, Maude et Tony Clarke, *Global Showdown : How the New Activists Are Fighting Global Corporate Rule*, Toronto, Stoddart, 2001.
Benyus, Janine M., *Biomimicry : Innovation Inspired by Nature*, New York, William Morrow & Co., 1997.
Brouwer, Steve, *Sharing the Pie : A Citizen's Guide to Wealth and Power in America*, New York, Henry Holt & Co., 1998.
Brown, Lester, série *The State of the World*, publiée annuellement par le Worldwatch Institute.
Costanza, Robert *et al.*, *An Introduction to Ecological Economics*, Boca Raton (Floride), St. Lucie Press, 1997.
Cronon, William, *Changes in the Land : Indians, Colonists and the Ecology of New England*, New York, Hill and Wang, 1983.
Durning, Alan, *How Much is Enough ? The Consumer Society and the Future of the Earth*, New York, W.W. Norton & Co., 1992.

Goodall, Jane et Phillip Berman, *Reason for Hope : A Spiritual Journey*, New York, Warner Books, 1999.

Hawken, Paul, Amory et Hunter Lovins, *Natural Capitalism : Creating the Next Industrial Revolution*, New York, Little, Brown & Co., 1999.

Korten, David C., *The Post-Corporate World*, San Francisco, Berrett-Koehler Publishers, et West Hartford (Connecticut), Kumarian Press, 1999.

Mander, Jerry, *Four Arguments for the Elimination of Television*, New York, Quill, 1978.

Mander, Jerry et Edward Goldsmith (dir.), *Le Procès de la mondialisation*, Paris, Fayard, 2001.

Roodman, David Malin, *The Natural Wealth of Nations : Harnessing the Market for the Environment*, New York, W.W. Norton & Co., 1998.

Savory, Allan et Jody Butterfield, *Holistic Management : A New Framework for Decision Making*, Washington (D.C.), Island Press, 1999.

Sustainable Northwest ; n'importe quel numéro de la série *Founders of a New Northwest*.

Suzuki, David, en collaboration avec Amanda McConnell, *L'Équilibre sacré : redécouvrir sa place dans la nature*, Montréal, Fides, 2003.

Suzuki, David, et Holly Dressel, *From Naked Ape to Superspecies : A Personal Perspective on Humanity and the Growing Eco-Crisis*, Toronto, Stoddart, 2000.

Wackernagel, Mathis et William Rees, *Notre empreinte écologique : Comment réduire les conséquences de l'activité humaine sur la Terre*, Montréal, Écosociété, 1999.

Wessels, Tom, *Reading the Forested Landscape*, Woodstock (Vermont), The Countryman's Press, 1997.

Wilcove, David S., *The Condor's Shadow : The Loss and Recovery of Wildlife in America*, New York, W.H. Freeman & Company, 1997.

Il existe également une multitude de guides pratiques, tel *The Official Earth Day Guide to Planet Repair*, de Denis Hayes, Washington (D.C.), Island Press, 2000. Bonne recherche !

Notes

Chapitre 1 • Vivre en son village comme l'abeille

1. Social Venture Network, PO Box 29221, San Francisco, 94129-0221 USA ; (415) 561-6501 ; téléc. : (415) 561-6535 ; courriel : svn@svn.org ; site web : www.svn.org. Judy Wicks siège maintenant au conseil de l'organisme à titre de « membre émérite ».
2. Programme de retraites et d'avantages sociaux de l'entreprise *(Ndlt)*.
3. Pour plusieurs exemples, voir les publications de Founders of a New Northwest, par Sustainable Northwest, 1020 SW Taylor, Suite 200, Portland, OR 97025 USA ; (503) 221-6911 ; courriel : sustnnw@teleport.com ; site Web : www.sustainablenorthwest.org
4. The Natural Step compte maintenant des bureaux dans huit pays. Pour plus de détails, voir : www.tns-france.org
5. En ce qui a trait à la reconnaissance du phénomène du réchauffement de la planète et à la recherche de solutions de rechange, ce sont BP et Shell qui font meilleure figure. Shell ne s'apprête pas moins à exploiter les sables bitumineux de l'Alberta et à étendre ses intérêts près du littoral et dans le delta du Niger. Quant à Chevron-Texaco, Occidental, Mobil et aux autres grandes sociétés pétrolières qui n'ont toujours pas admis que le réchauffement du climat est bel et bien une réalité, elles ne font absolument pas mine de vouloir adopter des sources d'énergie renouvelables, mais intensifient plutôt leurs activités de forage, surtout dans des régions éloignées jusque ici intouchées et dans des territoires autochtones de l'Afrique et de l'Amérique du Sud. Pour plus de détails, il suffit de contacter Project Underground, une ONG qui surveille les activités minières et pétrolières, dont l'adresse est fournie à la fin du volume.
6. L'Union of Concerned Scientists (UCS) fait remarquer que les initiatives vertes de Ford n'amélioreront que légèrement le classement du manufacturier automobile, l'un des plus polluants de la planète. « Ses véhicultes utilitaires et autres camions légers ont la pire consommation d'essence du marché » et l'on

n'a pas prévu l'élimination progressive de ces modèles avant très longtemps. Sans législation, sans normes fédérales sévères régissant les émissions et s'appliquant aux camions aussi bien qu'aux automobiles, même les entreprises les mieux intentionnées continueront de traîner les pieds. Voir à ce sujet www.ucsusa.org ou contacter UCS à l'adresse fournie à la fin du volume.

7. Voir le récent ouvrage de Ike Okonta et Oronto Douglas, *Where Vultures Feast : Shell, Human Rights and Oil in the Niger Delta* (San Francisco, Sierra Club Books, 2001), en particulier les chapitres 4 et 5. Nous avons documenté des entrevues avec Owans Wiwa et Oronto Douglas, témoins de situations semblables à celles qu'a observées Roddick lors de ses séjours au Nigeria en août 2000 et en novembre 2001. Voir aussi Shannon Wright et Stephen Kretzmann, *Independent Annual Report : Human Rights and Environmental Operations Information on the Royal Dutch/Shell Group of Companies 1996-97*, Project Underground, Rainforest Action Network and Oil Watch, 1997. Pour un récit de l'expérience personnelle de Roddick, contacter Thorsons Publishing, éditeur de son récent ouvrage *Business As Unusual* (London, Thorsons Publishing, 2001).

Chapitre 2 • Retirer son consentement

1. Sarah van Gelder, « Corporate Futures », entrevue avec David Korten et Paul Hawken, *Yes! Magazine*, été 1999.
2. Communiqué de presse, 27 août 1999 ; voir aussi Scherr, « Conservation Advocacy ».
3. Bernard Lietaer, « Beyond Greed and Scarcity, dialogue with Sarah van Gelder », *Yes! Magazine*, printemps 1997 ; Bernard Lietaer est l'auteur de *The Future of Money*.
4. David Korten, « Money vs. Wealth », *Yes! Magazine*, été 1997.
5. Lietaer, « Beyond Greed and Scarcity ».
6. Voir http://www.ceres.org, pour plus de détails.
7. Bill McDonough, « How do you love ALL the children ? », *Yes! Magazine*, automne 2000.
8. Voir F. M. Lappé, J. Collins et P. Rosset, *World Hunger : Twelve Myths* (New York, Grover Press, 1998), p. 270 ; Frances Moore Lappé, « People, not technology, are the key to ending hunger », *Los Angeles Times*, 27 juin 2001 ; FAO, cité par Peter Rosset (*op. cit.*) ; Vandana Shiva, *Yoked to Death* (New Delhi, Research Foundation for Science, Technology and Ecology, janvier 2001), p. 8 ; *Staying Alive* (New Delhi, Research Foundation for Science, Technology and Ecology).
9. Voir « RE : William McDonough », entrevue de Amanda Griscom, *FEED Magazine*, 12 juin 2000.

10. Irwin Block, « Singh Trial Postponed », *The Montreal Gazette*, 2 novembre 2001. À la suite de cette deuxième arrestation, Jaggi Singh fut relâché après avoir passé 17 jours en prison sans possibilité d'être libéré sous caution *(Ndlt)*.
11. Tirés des « Statements of the IMF Missions for 1993/94/95 », y compris une correspondance relative à « Article IV, Reviews and Consultations with Canada », obtenus par l'Halifax Initiative et le Sierra Club of Canada par le biais de la Loi sur l'accès à l'information, 30 septembre 1999.
12. Ed Ayres, « Why Are We Not Astonished ? », adapté dans *World Watch*, mai-juin 1999, p. 26.
13. T. Rajamoorthy, « Financial Crisis and Capital Controls : the Malaysian Experience », présenté au New International Financial Architecture Seminar », Lima, 6-8 septembre 2000. D'autres analystes économiques se font l'écho de Rajamoorthy, notamment Yilmaz Akyuz, directeur du programme de Mondialisation et Stratégies de développement de la Conférence des Nations Unies sur le commerce et le développement (CNUCED). Les événements ultérieurs ont confirmé leur théorie. Yilmaz Akyuz, « Causes and Sources of the Asian Financial Crisis », TWN Series on the Global Economy, 2000.
14. Rapport sur le commerce et le développement de la CNUCED, 1999.
15. Rodney Schmidt, « Efficient Capital Controls », Centre de recherches pour le développement international, gouvernement du Canada, avril 2000. Voir les sites suivants : www.ceedweb.org ; www.halifaxinitiative.org ; www.attac.org ; www.waronwant.org, pour plus d'information sur ce mouvement qui s'étend du Canada au Sénégal et de l'Inde à l'Amérique du Sud.
16. Paul Hawken, Amory et L. Hunter Lovins, dans *Natural Capitalism : Creating the Next Industrial Revolution*, New York, Little, Brown & Co., 1999, p. 9.
17. Cette section est tirée de Sarah van Gelden, « Corporate Futures », entrevue avec David Korten et Paul Hawken, *Yes ! Magazine*, été 1999.

Chapitre 3 • Des coyotes pour faire pousser l'herbe

1. William Cronon, *Changes in the Land*, New York, Hill and Wang, 1983, p. 22 et 107.
2. « A Political History of the Adirondack Park and Forest Preserve », www.adirondack-park.net p. 101-102.
3. Voir Philip Terrie, « Behind the Blue Line » et « The Adirondack Paradigm », *Adirondack Life*, janvier-février 1992 ; et « Collector's Issue, 1999 ». Voir aussi Paul Schneider, *The Adirondacks : A History of America's First Wilderness*, New York, Henry Holt & Co., 1997.
4. Voir Bermuda Biological Station for Research, Inc., « A Brief Guide to

Nonsuch Island Nature Reserve », www.bbsr.edu ; voir aussi « The 1999-2000 Cahow nesting season », de David Wingate, à www.audubon.org ; Island Resources Foundation and BirdLife International, « Threatened and Endangered Birds of the Insular Caribbean », www.irf.org ; et Kelly, « How to do everything at once », dans son ouvrage *Out of Control.*

5. Richard Conif, *Every Creeping Thing*, New York, Henry Holt & Co., 1998, p. 31-40.
6. Allan Savory et Jody Butterfield, *Holistic Management : A New Framework for Decision Making*, Washington (D.C.), Island Press, 1999, en particulier les pages 195 à 215.
7. John Acocks, « Non-selective grazing as a means of veld reclamation », *Proceedings of the annual conference of the Grassland Association of South Africa*, vol. 1, 1966, p. 33-39.
8. Voir aussi Thirteen Mile Lamb & Wool Company, Belgrade (Montana), laine et viande « respectueuse des prédateurs », www.lambandwool.com
9. Autres ressources : John P. Kretzmann et John McKnight, *Building Community from the Inside Out*, ACTA Publications, 1997 ; voir aussi John McKnight, *Careless Society : Community and its Counterfeits* (New York, Basic Books, 1996) ; Jan Christiaan Smuts, *Holism and Evolution*, Highland (NY), The Gestalt Journal Press, 1996 ; André Voisin, *Grass Productivity*, Washington (D.C.), Island Press, 1959.
10. Michael Soulé, « Does Sustainable Development Help Nature ? », dans *Wild Earth*, www.ecoworld.com

Chapitre 4 • Et au milieu coule une rivière

1. Voir les ouvrages de Sandra Postel, auteure de *The Last Oasis* et directrice du Global Water Policy Project, ainsi que des représentants de l'Organisation mondiale de la santé, de la Ford Foundation et de l'UNICEF ; voir aussi Michael S. Serrill, « Wells Running Dry », *Time Magazine Special Issue, Our Precious Planet*, novembre 1997, vol. 150, n° 17A ; et Marq de Villiers, *L'Eau*, Solin/Actes Sud/Leméac.
2. Allerd Stikker, « Water Today and Tomorrow : Prospects for Overcoming Scarcity », *Futures*, vol. 30, n° 1, Grande-Bretagne, Elsevier Science Ltd., 1998, cité par Maude Barlow dans « Blue Gold », juin 1999 ; Rapport spécial de l'International Forum on Globalization, p. 5.
3. Les données provenant d'organismes autres que DA sont tirées du mensuel d'Anil Agarwal, publié par le Centre for Science and the Environment, à New Delhi ; l'information sur le village de Neemi est tirée d'un communiqué de presse du 25 avril 2001, disponible au www.cseindia.org ; « Jal Biradari Launches

Movement to Drought-Proof Villages », « Harvest of Hope », Centre for Science and Environment, janvier 2000, *Down to Earth*; www.cseindia.org, courriel : cse@cseindia.org. Voir aussi *Catchwater*, février 2000-février 2001.
4. Tiré de Priit J. Vesilind, « The Middle East's Water : Critical Resource », *National Geographic*, mai 1993.
5. Postel, « Troubled Waters », *The Sciences*, mars-avril 2000.
6. Voir Ish Theilheimer, « Downsized water expert finds no profit in protecting Walkerton residents », *Straight Goods*, 31 mai 2000 ; voir aussi les articles suivants dans le *Toronto Star* : Roberta Avery, « Chlorine would not have saved lives, water inquiry told », 12 janvier 2001, et Caroline Mallan, « Half of Ontario water plants flawed », 2 janvier 2001.
7. Roberta Avery et Kate Harris, « Stories of Walkerton », *Toronto Star*, 20 mai 2001.
8. Arundhati Roy, « The Art of Spinning : How Uncle Sam Turns Indian Gold into Straw », dans *Art India, Inc.*, 2001.
9. Voir Roy, « The Art of Spinning ».
10. International Rivers Network, « Questions and Answers on Large Dams », article, www.irn.org
11. Robert Sullivan, « River, Interrupted », *Mother Jones*, janvier 2001. Voir aussi Postel, « Where Have All the Rivers Gone ? », *World Watch*, mai-juin 1995.
12. Emanuele Lobina, « Water Privateers, Out ! », dans *Focus On the Public Services*, février 2000.
13. The Public Services International Research Unit, sous l'égide de l'Université de Greenwich.
14. *Ibid.*
15. Postel, « Where Have All the Rivers Gone ? »
16. Barlow, « Blue Gold ».
17. *Ibid.*

Chapitre 5 • On est ce que l'on mange

1. J. Stephen Lansing, *The Balinese : Case Studies in Cultural Anthropology*, New York, Harcourt Brace, 1995.
2. Lansing, *Priests and Programmers*, New Jersey, Princeton University Press, 1991, p. 112-114.
3. Lansing, *op. cit.*, p. 100-101.
4. *Loc. cit.*
5. Miguel Altieri, « Ten Reasons why biotechnology will not ensure food security, protect the environment and reduce poverty in the developing world », Université de Californie, 15 octobre 1999 ; à l'adresse www.gene.ch. Voir aussi

Frances Moore Lappé, Joseph Collins et Peter Rosset, *World Hunger : Twelve Myths*, New York, Grover Press, 1998, p. 270. Voir également au chapitre 9 la comparaison entre l'apport calorique au Kerala et au Pendjab, en Inde.

6. Frances Moore Lappé, « People, not technology, are the key to ending hunger », *Los Angeles Times*, 27 juin 2001.
7. FAO, cité dans Rosset, *World Hunger*.
8. Vandana Shiva, *Yoked to Death*, New Delhi, Research Foundation for Science, Technology and Ecology, janvier 2001, p. 8.
9. Vandana Shiva, *Staying Alive : Women, Ecology, and Survival in India*, Londres, Zed Books, 1989, p. 129.
10. Shiva, *Yoked to Death*, p. 19.
11. Lori Ann Thrupp, « New Partnerships for Sustainable Agriculture », 1997, World Resources Institute, et le projet d'agroécologie du PNUD, « Creating the Synergism for a Sustainable Agriculture », 1995.
12. *Ibid.*
13. John Ikerd, « Sustainable Agriculture : a Positive Alternative to Industrial Agriculture », Université du Missouri, 7 avril 2001 ; www.ssu.missouri.edu. Présenté lors de la Heartland Roundup Conference, 7 décembre 1996. Voir d'autres articles rédigés par Ikerd, notamment « The Coming Renaissance of Rural America » et « Towards an Economics of Sustainability », à l'adresse www.ssu.missouri.edu, ou communiquer avec l'Université du Missouri.
14. Voir à ce sujet David Suzuki et Holly Dressel, *From Naked Ape to Superspecies*, Toronto, Stoddart, 1999, p. 163-166.
15. Voir aussi le rapport de 2001 du vérificateur général : www.oag-bvg.gc.ca
16. Voir à ce sujet www.panna.org/resources, annexe 2, « Trends in pesticide use by chemical crop in California ». Toutes les statistiques sont tirées du California Department of Pesticide Regulations, 1999 Pesticide Use Reports. Pour les données de vente : Pesticides Sold in California, publié par l'État, 1991-1997. Voir la définition des produits cancérigènes de l'EPA américaine, ainsi que les produits chimiques énumérés à titre de « Reproductive and Developmental Toxicants » selon la California Property 65, Safe Drinking Water and Toxic Enforcement Act de 1986.
17. La vente de Carbadox a été interdite en août 2001. À l'automne 2003, le médicament a été réévalué par le Comité conjoint d'experts sur les additifs alimentaires (JECFA), qui a conclu qu'il était impossible de déterminer la dose quotidienne acceptable. Aujourd'hui, la direction des médicaments vétérinaires de Santé Canada propose de modifier le Règlement sur les aliments et drogues du Canada pour interdire la vente et l'utilisation du Carbadox chez les animaux destinés à la consommation, la vente et l'utilisation d'animaux traités au Carbadox entrant dans la fabrication d'aliments et les produits alimentaires contenant des résidus de ce médicament *(Ndlt)*.

18. Brad Duplisea, « What Canadians need to know about Mad Cow disease », *Straight Goods*, 29 juin 2001.
    Sur le site de l'Agence canadienne d'inspection des aliments, on peut lire que « [l]e Canada effectue des tests de surveillance de l'ESB chez des sous-populations ciblées de bovins à haut risque tel que le recommande l'OIE dans son Code sanitaire pour les animaux terrestres. [...] L'échantillonnage de sous-populations ciblées à haut risque est plus efficace et plus rentable que le prélèvement aléatoire, car un nombre beaucoup plus grand d'échantillons est requis chez une population de bovins en santé. Le Canada a décidé d'enlever le MRS [matériel à risques spécifiés] afin de protéger la santé publique ; pour cette raison, il n'est donc pas nécessaire d'effectuer des tests chez les animaux destinés à l'alimentation humaine » *(Ndlt)*.
19. Lawrence Alderson, *Rare Breeds*, New York, Little, Brown & Co., 1994, p. 79. Toutes les espèces décrites figurent dans cet ouvrage.
20. Voir « Regulations on Labeling and Production of Genetically Engineered Foods », True Food Network, GMO Facts, www.truefoodnow.org/gmo
21. Voir notamment, parmi les nombreuses histoires similaires, Tom Spears, « "Superweeds" invade farm fields », *The Ottawa Citizen*, 6 février 2001. Au Mexique, la contamination génétique a engendré une crise nationale quand on a découvert que les espèces les plus pures des hautes terres du pays avaient été contaminées par des organismes génétiquement modifiés. Le problème a d'abord été mis en lumière en 2001 dans les pages de la revue *Nature*, qui ne publie que des articles revus par des pairs ; l'industrie génétique a répondu avec une telle fureur qu'un scandale a éclaté, menaçant la revue ainsi que les plantes. Voir, entre autres, Mark Schapiro, « Sowing Disaster ? », *The Nation*, É.-U., 28 octobre 2002 ; Angelica Enciso, « Problem Confirmed in the Juarez Sierra of Oaxaca, Warns the Researcher », *La Jornada*, Mexico, 21 février 2002 ; et Ariel Alvarez-Morales, « Transgenes in Maize Landraces in Oaxaca : Official Report on the Extent and Implications », 7th International Symposium on the Biosafety of Genetically Modified Organisms, octobre 2002.
22. Voir « Food Scandal Exposed », Michael Sean Gillard, Laurie Flynn et Andy Powell, *The Guardian*, 12 février 1998. Le glyphosate, censément un herbicide « léger » dont on asperge les plantes tout au long de leur croissance, a aussi été lié à des problèmes chez les êtres humains. Voir Lennart Hardell et Mikael Eriksson, *Journal of the American Cancer Society*, 15 mars 1999. Voir aussi « Diabetics not told of insulin risk », *The Guardian*, 9 mars 1999, et l'Edmonds Institute, dont la directrice, Beth Burrows, affirme : « Je pense [...] que nous ignorons les effets de la consommation d'OGM parce que nous n'étions et ne sommes pas prêts à payer le coût de leur découverte. La recherche sur la consommation humaine à long terme coûte cher et est longue à mener. Elle ne sera entreprise que par une société qui se sent une responsabilité envers l'avenir et se sent suf-

fisamment confiante pour accepter que ses descendants ne puissent pas corriger toutes les erreurs qu'elle a faites. »
23. « The sisters of nutrition », communiqué de presse de l'IIRR, 3 avril 2000, www.irri.org/media/press/press.asp?id=28
24. Paul Brown, « GM rice promoters "have gone too far" », *The Guardian*, 10 février 2001.
25. « ICIPE announces safe new methods for controlling stemborers… and Striga », communiqué de presse de l'ICIPE, Nairobi, Kenya, 15 juin 2000.
26. Cité dans Carl Frankel, « Food, Health and Still Hopeful », *Global Environment Business*, mars-avril 2000.
27. Wendell Berry, « The Pleasures of Eating », *What Are People For ?*, North Point, 1990.
28. Voir Scott G. Chaplowe, « Havana's Popular Gardens : Sustainable Urban Agriculture », *WSAA Newsletter*, une publication de la World Sustainable Agriculture Association, automne 1996, vol. 5, n° 22 ; voir aussi wwww.foodfirst.org/cuba et www.cityfarmer.org/cuba
29. La pratique américaine consistant à donner, à titre d'« aide alimentaire », du maïs et du soya invendables à des populations dans le besoin s'est fortement accrue depuis quelques années. Ce fut notamment le cas lors de la récente famine en Zambie, alors que le gouvernement zambien a refusé des céréales génétiquement modifiées, de crainte qu'elles ne s'infiltrent dans les sols et contaminent les variétés indigènes. Rory Carroll, « Zambians Starve as Food Aid Lies Rejected », *The Guardian*, 17 octobre 2002 ; « GM Crops in Africa — Better Dead than GM-Fed ? », *The Economist*, 19 septembre 2002 ; Manoah Esipiser, « Top US Official Says Starving Africa Should Accept GMO Food », Reuters, août 2002 ; « Why Africa SHOULD Reject GE-Contaminated Food Aid », *WSSD/Earth Summit Press Release of African Government and Civil Society Representatives*, 30 août 2002.

Chapitre 6 • Le cri du jaguar

1. Dans American Association for the Advancement of Science, *Science NOW*, 7 août 1997.
2. Voir Suzanne W. Simard, *Nature*, 7 août 1997 ; Evelyn Strauss, *Science News*, 9 août 1997, p. 87. Voir aussi Carl Zimmer, « The Web Below », *Discover*, novembre 1997.
3. Voir Garrett Hardin, « The Tragedy of the Commons », *Science*, vol. 162, 1968, p. 1243-1248.
4. Cité dans Scott Atran, « Itzá Maya Tropical Agro-Forestry », *Current Anthropology*, vol. 34, 1993, p. 633-700.

5. Voir Susan Zwinger, « The Wisdom of an Eco-forester », entrevue avec Merv Wilkinson, 12 avril 1994.
6. Brad Knickerbocker, « Forest Managers Learn How to Grow "Green" Lumber », *The Christian Science Monitor*, 29 novembre 2003.
7. Voir David Malin Roodman, *The Natural Wealth of Nations*, New York, W. W. Norton et Worldwatch, 1998, p. 52 et 53.
8. Voir Thomas Michael Power, *Lost Landscapes and Failed Economies*, Washington (D.C.), Island Press, 1996, p. 165.
9. Timothy Egan, « Oregon, Foiling Forecasters, Thrives as It Protects Owls », *New York Times*, 11 octobre 1994.
10. Disponible sur le site Internet de la Fondation David Suzuki : www.davidsuzuki.org

Chapitre 7 • Le chant de l'albatros

1. E. Pinkerton et M. Weinstein, « Fisheries That Work : Sustainability through Community-Based Management », Vancouver, Fondation David Suzuki, 1995.
2. Christopher Dyer et Richard Leard, dans Pinkerton et Weinstein, « Fisheries that Work », p. 101.
3. Ces données sont tirées du jugement prononcé le 23 juin 1993 par les juges S. C. Agarwal et Jeevan Reddy, de la Cour suprême de l'Inde.
4. Voir David Roodman, *The Natural Wealth of Nations*, New York, W. W. Norton, 1998, p. 69.
5. Carl Safina, « Empty Oceans, Empty Nets », entrevue tirée de la série de films éponyme ; voir habitatmedia.org
6. Callum Roberts et Julie Hawkins, *Fully Protected Marine Reserves : A Guide*, Université d'York, Angleterre, 2000 ; cité dans Larry Pynn, « Special Edition », *Vancouver Sun*, série de cinq articles sur la conservation marine, 30 avril-4 mai 2001.
7. « Tortugas Marine Reserve Now Largest in U.S. ».
8. *Ibid.*
9. Communiqué de presse, National Fishworkers Forum, janvier 2000.
10. Voir à ce sujet le site Internet de Ross Gelbspan, à www.heatisonline.org
11. Safina, « Empty Oceans, Empty Nets ».
12. Jennifer Bogo, « Brain Food ; Choose your Seafood with Tomorrow in Mind », *E/The Environmental Magazine*, juillet-août 2000 ; voir aussi www.ecofish.com
13. William McDonough interviewé par Amanda Griscom dans *FEED Magazine*, 12 juin 2000.
14. Cité dans Pynn, série « Special Edition », *Vancouver Sun*.

Chapitre 8 • Bras de fer avec Pluton

1. Andrew Weaver, *Vancouver Sun*, 8 février 2001.
2. William McDonough, entrevue avec Amanda Griscom, *FEED Magazine*, 6 décembre 2001.
3. « California Solar Plant Is a Success », *Climate Change Gazette*, www.e5.org et www.edisonnews.com
4. GM a mis en marché plusieurs modèles hybrides, tous des véhicules utilitaires ou des camions ; Ford a aussi mis au point des modèles hybrides (la Ford Escape et la Mercury Mariner), mais elle a récemment annoncé qu'elle produirait moins d'hybrides que prévu pour se concentrer plutôt sur des modèles utilisant des carburants alternatifs tels que l'éthanol *(Ndlt)*.
5. Le 5 septembre 2006, Bill Ford a quitté son poste de p.-d.g. de Ford pour ne conserver que celui de président du conseil d'administration. Il a été remplacé par Alan Mullaly *(Ndlt)*.
6. Le Canada a bien ratifié le protocole, s'engageant à réduire d'ici 2010 ses émissions de gaz à effet de serre de 6 % par rapport aux niveaux de 1990. Rona Ambrose, ex-ministre de l'Environnement, a cependant récemment annoncé que le pays ne serait pas en mesure d'atteindre cet objectif *(Ndlt)*.
7. Voir www.greenspiration.org
8. De nouvelles directives prévoyaient que les voitures seraient recyclables à 85 % en 2006 *(Ndlt)*.
9. Il existe à ce sujet de nombreuses preuves disponibles. Voir tout particulièrement Ross Gelbspan, *The Heat Is On : the Climate Crisis, the Cover-up, the Prescription*, Cambridge (Massachusetts), Perseus Books, 1998.
10. Ross Gelbspan, « Bush's Withdrawal from Kyoto Protocol », *Christian Science Monitor*, 2 avril 2001.
11. La coalition a suspendu ses activités depuis 2002 *(Ndlt)*.
12. À court de fonds, Eco Logic a cessé ses activités en 2004, après que l'armée américaine eut confié à une autre entreprise la mission de se débarrasser de ses armes chimiques. Eco Logic a cédé ses actifs de même que les droits d'utilisation de ses technologies à une entreprise d'incinération, Bennett Environmental, qui offre aujourd'hui des services semblables à ceux que proposait Hallett. Le nettoyage des mares de goudron de Sydney suit son cours et devrait être terminé vers 2012 *(Ndlt)*.
13. Depuis le début de l'intervention américaine en Irak, ces sommes ont presque doublé. On estime les coûts totaux de cette guerre pour les États-Unis à près de 2 355 milliards de dollars pour les années 2003, 2004, 2005 et 2006 *(Ndlt)*.
14. Cité dans Hanno Beck, Brian Dunkiel et Gawain Kripke, *Citizens' Guide to Environmental Tax Shifting*, Washington (D.C.), Friends of the Earth, juin 1998.
15. Sur l'histoire et le comportement de Monsanto, voir le numéro spécial de *The*

Ecologist, vol. 28, n° 5, septembre-octobre 1998 ; voir aussi Brian Tokar, « Monsanto : A Checkered History » ; Cate Jenkins, « Criminal Investigations of Monsanto Corporation — Cover-up of Dioxin Contamination in Products — Falsification of Dioxin Health Studies », USEPA Regulatory Development Branch, novembre 1990 ; Peter Schuck, *Agent Orange on Trial : Mass Toxic Disasters in the Courts*, Cambridge (Massachusetts), Harvard University Press, 1987 ; Samuel S. Epstein, « Unlabelled Milk from Cows Treated with Biosynthetic Growth Hormones : A Case of Regulatory Abdication », *International Journal of Health Sciences*, vol. 26, n° 1, 1996 ; Jed Greer et Kenny Bruno, *Greenwash*, Penang (Malaisie), Third World Network, 1996, au sujet de nombreuses entreprises chimiques ; voir aussi www.pbs.org, « Trade Secrets », pour des mémos internes et des documents provenant de toutes les entreprises membres de la Chemical Manufacturers Association.
16. Rachel Brahinsky, « California State Crisis », *San Francisco Bay Chronicle*, juin 2001.
17. Voir Brahinsky, *ibid.* Voir aussi le rapport intitulé *Public Citizen's Critical Mass Energy and Environment Program*, janvier 2001. Après une brève et catastrophique expérience tentée en 2002 en matière de déréglementation, lors de laquelle les tarifs ont monté en flèche, l'Ontario s'est ensuite engagé à rembourser les consommateurs et s'efforce de réinstaurer un système public.

Chapitre 9 • Sortir des sentiers battus

1. Jerry Mander, *Four Arguments for the Elimination of Television*, New York, Quill, 1978.
2. *Ibid.*, p.121 et 122.
3. *Ibid.*, p. 123.
4. *Ibid.*, p. 63 et 64.
5. K. Vishwanathan cité par Bill McKibben, « The Enigma of Kerala », *Utne Reader*, mars-avril 1996.
6. Ces statistiques sont tirées du Population Reference Bureau des États-Unis, www.prb.org
7. Akash Kapur, « Poor but Prosperous », *The Atlantic Online*, septembre 1998, www.theatlantic.com
8. Govindan Parayil (sous la direction de), *The Kerala Model of development : perspectives on development and sustainability*, Londres, Zed Books, 1999 ; Shekhar Gupta, « Kerala : the literacy war », *India Today*, 31 août 1991, p. 77 et 80 ; Jean Dreze et Amartya Sen (sous la direction de), *Indian Development : selected regional perspectives*, Delhi, Oxford University Press, 1998.
9. « Kerala — the Facts », *New Internationalist*, n° 241, mars 1993.

10. Voir « Sustainability : the Global Challenge », ZPG Backgrounder, Washington (D.C.) ; « All-Consuming Passion », publié par la New Roadmap Foundation.
11. « All-Consuming Passion », publié par la New Roadmap Foundation.
12. Douglas Birch et Gary Cohn, « Of Patients and Profits : How a cancer trial ended in betrayal », *The Baltimore Sun*, 24 juin 2001.
13. *Ibid.*
14. Extrait d'une entrevue diffusée à la radio de la CBC dans le cadre de la série *From Naked Ape to Super-species*.

Index

A

Abeille, 273-274
Abugre, Charles, 318-322
Accord
    général sur les tarifs douaniers
        et le commerce (GATT), 110
    multilatéral sur les investissements
        (AMI), 105
Acide, 189
A-Class, 404
Acocks, John, 155
Adaptabilité, 180
ADES, 222
Adirondack League, 138
Adirondack Park and Forest Preserve, 134-142, 167-168, 170, 373
ADM, 289
Afrique, 19, 150-153, 173, 195, 277, 281, 286, 305, 462
Afrique du Sud, 371
Agarwal, Anil, 198
Agence
    canadienne d'inspection des aliments, 260
    de certification, 58
    de protection de l'environnement (É.-U.), 49
Agenda 21, 476
Agriculture, 15, 58, 99, 101, 152-155, 233
    biologique, 252, 261-265, 293, 383-384
    cycle biochimique de l'eau, 235-237
    durable, 247-248, 258-259, 289
    industrielle, 245-247, 249-251, 258, 261, 264, 270, 282, 283, 382-383, 398, 436
    irrigation des terres, 200-201
    marché de niche, 251
    méthodes holistiques, 153-155, 158-160, 193
    postindustrielle, 252-253
    utilisation de l'eau, 187-188, 219-220, 227-229
Agroalimentaire Canada, 49
Agroforesterie traditionnelle, 300, 308
Aire marine protégée, 371, 381
A&L Laboratories, 209
Alabama, 355
Albatros de Laysan, 379-380
Alberta, 171
Alderson, Lawrence, 266
ALENA, 82, 101, 105-107, 111
Alexander, Will, 463
Aliment, 287
    biologique, 49, 56, 261-265, 287-289
    transgénique, 49, 273, 286 *voir aussi* Biotechnologie
    voir aussi Agriculture
Alimentation, 24-26, 52, 244, 263
    nouveaux produits, 251-252
    prix, 251
All Goa Fishworkers' Union, 365
Allemagne, 19, 48, 52, 55, 59, 77-78, 269, 271, 286
    agriculture biologique, 264-265
    assurance-responsabilité des entreprises, 59-61
    autonomie locale, 476-479
    énergie éolienne, 399
    énergie solaire, 401
    fournisseur d'énergie, 439-444
    fiscalité verte, 427
    forêt, 303, 306, 325-326
    gestion de l'eau, 203-204, 206
    taxe environnementale, 433
    transport, 431
    véhicule à hydrogène, 405

Alphabétisation, 462-464, 479
Altermondialisme, 108, 111, 113, 117-122, 366
Altieri, Miguel, 244
Aluminium, 51
Amazonie, 304, 333
Aménagement forestier, 15, *voir aussi* Forêt
American Petroleum Institute, 411
Amérique centrale, 330
Amérique du Nord, 56, 215, 264
Amérique du Sud, 173, 248, 330
Amiante, 481
Amis de la Terre (Les), 333
Anderson, David, 416
Anderson, Ray, 46-47
Angelo, Mark, 217
Angleterre, 224, 265, 286, 325
Antibiotique, 273
APEC, 107, 111
Appalachian Wildlands Project, 171
Aquaculture, 384-386
Aquifère, 186, 200
    fossile, 188
    Ogallala, 186, 188
Arabie Saoudite, 202
Arce, Isidro, 84
Architecture, 40-41, *voir aussi* Construction, Toit vert
Arctic Institute of North America, 458
Arctique, 398
Argent, 92-94, 104, 117
Arizona, 171
Arme chimique, 425
Asie du Sud-Est, 330
Association canadienne du droit de l'environnement, 210
Assurance, 410-411
Atmosphère, 394-397
Atoll de Midway, 379
Atran, Scott, 299, 306-310
ATTAC, 126
Audubon, 148, 379, 385
Australie, 223, 286, 372-376, 383
Autobus, 431
Autochtones, voir Premières Nations
Automobile Manufacturers' Association, 411
Autonomie locale, 475-479

B

Bacillus thuringiensis (Bt), 274, 316
Baie de Chesapeake, 171, 253, 382
Baie James, 218

Baleine, 85-91, 378, 388-389
Bali, 16, 233-244, 304, 321
Bali Irrigation Project (BIP), 239, 241, 243
Ballard Fuels, 413
Ballard Power, 459
Bangladesh, 247, 249, 384
Banque, 54-57, 59, 94-95, 157
    de développement asiatique, 111, 239, 241, 243
    interaméricaine de développement, 225
    mondiale, 14, 78, 108-109, 111, 114, 117, 123-124, 198, 270-271, 289, 360-362, 413-414, 467
Banque génétique, 284-285
Bar rayé, 349-353
Barlow, Maude, 109, 210, 223, 227-228, 421
Barrage, 187, 192, 211, 229, 383
    Akasombo (Ghana), 212
    d'Assouan, 212
    de Glines Canyon, 217-218
    de la rivière Theodosia (C.-B.), 217
    de l'Elwha, 217-218
    démantèlement, 216-218
    de régularisation, 194-197
    durée de vie, 215-216
    Edwards, 216
    moratoire, 214-215, 229
    Rasi Salai, 216-217
    Tarbela, 214
Bassin-versant, 194
BAUM, 53-54
Belize, 370
Bella Bella, 339
Bella Coola, 339
Ben and Jerry's Ice Cream, 72, 74-76
Bénin, 305
Benyus, Janine, 46
Benzène, 419
Benzopyrène, 419
Berlin, 16, 431, 471-475
Berman, Daniel M., 438
Bermuda Biological Station for Research, 148
Bermudes, *voir* Nonsuch Island
Berry, Phil, 42
Bétail
    races, 266-268
    voir aussi Élevage
Better Buildings Partnership (BBP), 402-403
Bien équitable, 56
Biodiversité, 134, 140, 145, 150, 153, 155, 158-159, 168, 180-181, 286, 299 *voir aussi* Agriculture, Désertification, Forêt, Parc national

Bio-Itzàj (réserve), 309
Biomasse, 71, 335, 370
Biomimétisme, 102, 160, 254
Biotechnologie, 100, 273-276, 279, 282-284-286
Birmanie, 246
Black United Fund, 27
Blé transgénique, 274
BMW, 405
Body Shop, 24, 72-76
Bœuf, 262, 264-268, 275 *voir aussi* Élevage
Bogotá, 16, 407-409
Bolivie, 220, 226
Boora Architects, 40-41, 43, 499
Bornéo, 304
Bourassa, Robert, 218
Bourque, Martin, 292
BPC, 50, 205, 351, 416, 419, 423-425, 481
Braconnage, 174-175
Brahinsky, Rachel, 437
Brésil, 115, 246, 286, 293, 401
Brevet, 283, 285
Brevetage préventif, 284
British Petroleum (BP), 71-72, 411-412
Brosnan, Pierce, 88
Brown, Peter, 483
Brown, Tom, 490
Browne, John, 411-412
BST, 75-76
Bucarest, 221
Buchanan, Dave, 43
Bureau des affaires amérindiennes (BAI) (É.-U.), 311
Bush, George W., 25, 411
Bush, Jeb, 378

C

Cadillac Fairview, 402
Cadmium, 50-51, 381
Cadre intermédiaire, 41, 45, 127, *voir aussi* Entreprise
Cadwallader, Phil, 375-376
Cahow [pétrel des Bermudes], 146-149
Californie, 17, 38, 83, 89, 187-189, 201, 219, 287, 330
    crise énergétique, 436-439
Camp, Orville, 327-328
Camp's Forest Farm, 327
Canada, 19, 56, 71, 105-106, 125, 176, 374, 405
    barrage, 216-217
    biotechnologie, 286
    Consultation du FMI, 114-117
    énergie solaire, 401

forêt, 303, 306, 330
organisme génétiquement modifié (OGM), 274
produit chimique, 415
protection des réserves halieutiques, 377-378, 387-388
Canadian Health Coalition, 260
Canadian Parks and Wilderness Society (CPAWS), 373
Canola, 286
    génétiquement modifié, 274
Cantrell, Ronald, 278
Capitalisme, 254-255
    naturel, 38, 46
Caraïbes (îles des), 377
Carbodox, 260-261, 264
Carburant, *voir* Combustible fossile, Énergie, Essence, Véhicule automobile
Cargill, 289, 468
Carnivore, 169
Caroline du Nord, 253
Castor, 169-170
Catskills, 168
Center for
    Cognitive Studies of the Environment, 309
    Environment, Health and Justice (CCHW), 416, 418
    Environmental Economic Development (CEED), 126
    Science and Environment, 198
Centre International
    des initiatives écologiques locales (CIIEL), 475-476
    pour l'Amélioration du Maïs et du Blé (CIMMYT), 277
Céréales, 245
CFC, 50
Chaîne alimentaire, 168, 381
Chalutier, 360-362, 367-368, 374-375, 386
Changement
    climatique, 136, 180, 398
    culturel, 14
Chef's Collaborative 2000, 30
Chevron, 71
Chicago, 16, 57, 500-501
Chili, 123
Chine, 123, 173, 201, 215
Chirac, Jacques, 108
Chlordane, 417
Chlorofluorocarbones (CFC), 398
Chopra, Deepak, 23
Chrysler, *voir* DaimlerChrysler

Cisjordanie, 203
Citizen's Clearing House on Hazardous Waste, 205, 417
Clinton, Bill, 71, 280
Close, Glenn, 88
CO_2, 43, 74, 298, 396-397, 402-403
Cœurs, corridors et carnivores (concept), 168, 370, 469
Cogénération, 440
COGESE, 221
Cohen, Ben, 74
Collins, Mary Beth, 33, 77
Collins, Terry, 33, 35
Collins, Truman Jr, 33, 160, 332
Collins Pine, 17, 32-36, 38, 40-41, 44, 72-74, 82, 91, 275, 327, 330-334
Colombie, 151, 286, 430
Colombie-Britannique, 133, 161, 171, 211, 217, 298, 325, 329
    entente sur la forêt, 334-345
    exploitation des forêts, 335-339
    réserve marine, 387
Columbia Inter-Tribal Fish Commission, 162-165
Colvin, Verplanck, 136
Combustible fossile, 394-399 voir aussi Pétrole
Commerce d'animaux menacés, 173
Commission canadienne du blé, 274
Communauté locale, 16-17, 26, 354-357, voir aussi Agriculture, Forêt
Complexité, 179
Conseil d'administration, 44, voir aussi Entreprise
Conseil des Canadiens, 109, 223, 420
Consensus, 19
    de Washington, 110, 225
Consommation, 12, 14, 48, 52-53, 58, 454
Constanza, Bob, 483
Construction, 40-41, 63, 402-403, 499-500
    édifice solaire passif, 401
Consultative Group on International Agricultural Research (CGIAR), 277, 285
Contaminant, 416, voir aussi Produit chimique, Produit toxique
Contrat mondial de l'eau, 229
Contrôle des capitaux, 123-124
Coopérative, 67, 70, 84, 156-158, 226, 271, 440, 476
Corail, 372, 376, 383
Corée du Sud, 123, 125
Corridor, 170-172
Corruption, 192, 221-223
Costa Rica, 328

Coton
    biologique, 40, 44
    Bt, 280
Council of Economic Advisors, 428
Coup d'État, 117
Coupe à blanc, voir Forêt
Cour suprême du Canada, 336
Cours d'eau (harnachement), voir Barrage
Coyote, 169
Crawford, J. H., 405
Crevette, 360, 384, 386
Cuba, 290-293
Cullis, Tara, 340
Culture, 12, 96, 450-451
Culture transgénique, 274-275, 280, 287
Cutting Law, 137
Cycle de vie du produit, 51

D

DaimlerChrysler, 404-405, 411-413
Dakota du Sud, 249
Daley, Richard M., 501
Daly, Herman, 483
Danemark, 399, 427, 474
Dauncey, Guy, 400
Dauphin, 386
Day, Jon, 372
DDT, 423, 481
Déchets, 39, 41, 47, 48, 67-70, 102-103, 211
    biomédicaux, 382
    taxe, 435
    toxiques, voir Produit toxique
Décyclage, 46-47
Defenders of Wildlife, 172
Déficit gouvernemental, 115-116, 124
Déforestation, 190, voir aussi Forêt
De Hoop Marine Protected Area (MPA), 371
Delgamuukw (jugement), 336
Démocratie, 106, 108-109, 118-119, 244
Démographie, 461
Désert du Néguev, 194
Désertification, 15, 150-151, 193
    milieu fragile, 153
Désobéissance civile, 113
Dette des pays pauvres, 108
Deutsche Bank, 59
Development Alternatives (DA), 61-66, 70, 191-196, 206-207, 220
Développement durable, 13, 32
Diaz, Oscar Edmundo, 408
Dioxine, 416-418

Index

Dioxyde de carbone, 297-298, 395-398, 429
Dioxyde de soufre, 429
Diversité
    biologique, *voir* Biodiversité
    commerciale et économique, 82
Donovan, Peter, 159-160
Double dividende, 13, 101, 218, 363, 395, 409, 432-436
Dow, 101, 435
Droits de propriété, 305
Dupont, 72
Durabilité, 14-16, 19, 31-32, 37-38, 46, 63
    et marketing, 44
Dwight, Timothy, 136
Dyer, Christopher, 354-355
Dyer, Gwynne, 113
Dyséconomie, 102

E

Earle, Sylvia, 364
Earth First !, 172
Eau, 49, 51, 83, 91, 185
    comité local de surveillance, 223
    commercialisation, 228
    consommation, 188, 275
    contamination, 206, 208, 211, 223
    cycle biochimique, 236
    de pluie (rétention), 186-187
    économie, 198, 220
    expériences de récupération (Inde), 189-198
    gestion, 202-208, 219, 224, 227
    irrigation, 200-202, 220, 227-229, 320
    pollution, 189, 275, 383
    propriété, 219-226
    répartition, 199
    subvention, 228
    traité mondial, 229
    voir aussi Barrage
Eau Secours, 222
Eaux usées, 205-206, 385
Écobanque, 54-57
Ecofish, 387
École
    d'éveil à la vie sauvage, 488
    rôle, 479-495
École secondaire Clackamas, 40-41, 499
Eco Logic, 423-425
Ecological Management Foundation, 187
Écologisme, 136, 143
Écosystème, 180
    et biodiversité, 168 *voir aussi* Biodiversité
    marin, 373
    restauration, 143, 145, 150, 312
    vision holistique, 283
Écotourisme, 85
Édifice, *voir* Construction
Éducation, 26, *voir aussi* Alphabétisation, École
Égypte, 195, 199, 201, 203, 212-213, 401
Ehrenfield, David, 489
Électricité, 50, 51, 187, 212, 214, 216, 399, 437
Electrolux, 37
Éléphant, 151, 175
Élevage, 15, 18, 99-100, 155-160, 252
    alimentation du bétail, 245
    gestion holistique, 254-257, 259
    industriel de poisson, 384
    maladie, 264
    principes « Grazing Well », 158
El Vizcaino, 86
Emballage
    aliment transgénique, 286
Emploi, 61-66
Enbridge Consumers Gas, 402
Encéphalopathie spongiforme bovine, 264
Endicott, Shane, 67-70
Énergie, 49-50, 64, 95, 101, 395-397, 436, 455
    économie, 402-403
    éolienne, 71, 91, 399
    nucléaire, 440
    solaire, 56, 71, 91, 103, 395, 400-401
    sources, 399-400
    véhicule hybride, 404
    voir aussi Électricité, Pétrole
Engrais, 17-18, 205, 270, 275, 320-321, 398
Entente commerciale mondiale, 107, 111
Entreprise, 501-502
    cotée en Bourse, 73-77, 82, 413
    responsabilité, 59-60
Entreprise agro-industrielle, 244, 248
Entreprise durable, 54
    financement, 54-57
Entreprise forestière, 32-36, 304, 328-330, 435
    certification des activités, 35-36, 333, 337
    exploitation des forêts (C.-B.), 334-337
Entreprise minière, 304
Entreprise pétrochimique, 414-415
Entreprise pétrolière, 71, 411, 430
Entreprise touristique, 338
Environment News Service, 379
Environmental Buildings Supplies, 40
Environmental Law Foundation, 56
Environmental Protection Agency, 286
Épandage de boues toxiques, 205

Épaulard, 373, 380
Équilibre dynamique, 11
Équité à long terme, 15
ESG, 441-444
Espagne, 401, 427, 433
Essence, 397-398, 430, 433
Essential Trading Cooperative, 56
États-Unis, 57, 71, 75, 94, 105, 110, 124, 150, 199, 237, 374
   agriculture, 249-250
   barrage, 213-214, 216
   biotechnologie, 286
   forêt, 302, 306, 310-317, 327-330
   gestion de l'eau, 204-205, 211, 219, 383
   pêche, 363
   pêche au bar rayé, 349-353
   pêche aux huîtres, 354-357
   plan énergétique, 401
   réserve marine, 378-379
   taxe environnementale, 428, 433
Éthique, 103, 255
Ethyl Corporation, 106
Étiquetage, *voir* Emballage
Europe, 49, 52-53, 263, 266, 285, 325, 427, 433, 436
Europe de l'Est, 220
Evenari, Michael, 194
Expert, 17, 239, 306, 361, 467
Exploitation
   agricole, 99, *voir aussi* Agriculture
   forestière durable, 32
   minière durable, 32
Exportadora del Sal (ESSA), 86-87

F

Faim, 108, 244
Faune, 168-176, 181, *voir aussi* Biodiversité, Forêt
Federal Energy Regulatory Commission, 216
Feldstein, Martin, 428
Femme, 64, 206-208, 268-272, 321, 461-463
Ferme, 258-259, *voir aussi* Agriculture
Fertilisants, *voir* Engrais
Feux de forêt, *voir* Forêt
Fièvre aphteuse, 265-266, 268
Firestone, 61
Fiscalité, 100-101, 363-364, 426-427, 429-430, 433-434
Floride, 171, 355, 367, 375, 378-379
Fondation
   David Suzuki, 339, 458
   Heinrich-Böll, 269
   Rockefeller, 280

Fonds mondial de la nature, 386
Fonds monétaire international (FMI), 108-109, 111, 123-125, 209, 362, 462
   Consultation sur le Canada, 114-117
Fongicide, 416
Food and Drug Administration (FDA), 260, 480
Food First! Institute, 291, 463
Ford Co., 19, 45, 72, 404, 411-413, 501
Ford, Bill, 72, 404, 412-413
Ford, Barry, 34, 327, 330-331
Ford Foundation, 243
Foreman, Dave, 172
ForestEthics, 337
Forest Stewardship Council, 36, 58, 333
Forêt, 34-35, 63, 136, 146, 148, 168, 170, 175-176
   boréale, 331
   coupe à blanc, 311, 323, 325-327, 330-331, 335, 343
   coupe sélective, 300
   feux, 314-317
   gestion, 304, 306, 322
   gestion holistique, 310-315, 317, 319-325, 327-328, 330-334
   gestion industrielle, 328-330
   maladie, 314-316, 326
   marché noir, 333
   pluviale tempérée, 335
   propriété, 300-304
   rôle, 297-300
   rythme de coupes, 327
   saumon, 335-345
   secondaire, 301
   usufruit forestier moderne, 303
   utilisation, 300-302, 306-310, 318
Forum économique mondial (Davos), 413
Forum State of the World, 23, 46
France, 216, 221, 264-265
Francfort, 59
Franke, Richard, 466-468
Fribourg, 476-477, 495
Furanne, 416

G

G-8, 108
Gandhi, Indira, 174
Gardien des semences, 284-285
Gates, Bill, 94
GATT, *voir* Accord général sur les tarifs douaniers et le commerce
Gaz à effet de serre, 40, 394, 398, 435
Gaz carbonique, 394-395
General Motors, 404, 411-412

Index

Générale des Eaux, 221
Gênes, 108, 122
Génétique, 180
Gens d'affaires, 24, *voir aussi* Entreprise
Georgia Strait Alliance, 373
Gestion
    des ressources
        approche compartimentée, 161
        du risque, 260
        holistique, 159-160, 312 *voir aussi* Agriculture, Élevage
        industrielle, 17, *voir aussi* Agriculture, Pêche
        intégrée des organismes nuisibles (GION), 281-283, 314
Gestionnaire holistique, 18
Ghana, 212, 318-322
Ghana Integrated Social Development Centre, 318
Gibbs, Lois M., 205, 416-419
Gitga'ats, 339, 344
Global Climate Coalition, 411
Global Water Summit Initiative (Washington), 198
GLS Bank, 55, 442-443
Goat Island Marine Reserve, 377
Goldberger, Ary, 179
Goodall, Jane, 23
Gopalan, C., 246
Gouvernement, 426-427, *voir aussi* Fiscalité
Grande Barrière de corail (Australie), 372-376
Grande-Bretagne, 56, 264
Great Barrier Reef Park, 374-375
Greater Yellowstone Ecosystem, 168
Greenpeace, 42-43, 51, 280, 337
Grenoble, 221-222, 226, 437
Groningue, 406
Gros, Klaus, 326
Groupe d'affinités, 119-121
Grupo de los Cien, 88
Guatemala, 301, 306-310
Guerre de l'eau, 202, 220
Gurunes, 319-322
Gustav de Suède, 37

H

Habitat
    restauration, 218
Häagen-Dazs, 76
Haas, Jorg, 269, 271
Haida Gwaii (îles), 334-335, 343
Haïdas, 339, 345
Haisla, 339

Hallé, Francis, 301
Hallet, Doug, 422-424
Hardin, Garrett, 303
Hartley Bay, 339
Hatfield, Doc et Connie, 156-159
Hawaii, 378
Hawkins, Julie, 370
Heiltsuks, 339
Hawken, Paul, 38, 42, 126-129
Hematellah Basin Project, 165
Hematellah River Headwaters Plan, 165
Herbicide, 274-275, 326, 383, 416
Hershowitz, Ari, 85-86, 105
Hexachlorobenzène, 416
Hol Chan (réserve), 370
Holmberg, John, 37
Home Depot, 334
Homogénéité génétique, 179-180
Honda, 404
Honduras, 225-226, 248
Hopis, 313
Hormone de croissance, 262, 287
Howe, Bill, 35-36
Huître, 354-357, 367, 375
Humus, 46
Hydrocarbures aromatiques polycycliques (HAP), 381, 419, 423
Hydrogène, 71, 103, 404-405
Hydro Ontario, 223, 402
Hypercar, 45, 404-405

I

Idaho, 155, 171, 329
Ikea, 19, 37, 41, 44, 334
Ikerd, John, 249-251
Illinois, 143, 150
Inde, 15-16, 19, 62-66, 115, 123, 173-179, 215, 265, 276, 286, 288, 313
    agriculture, 246-247, 268-269, 284
    aquaculture, 384
    modèle de développement (état de Kerala), 466-470, 495
    modèle de développement (état du Pendjab), 467
    gestion de l'eau, 189-198, 206-208, 212
    interdiction d'exportation du bois, 176
    loi sur la conservation des forêts, 175
    pêche (état de Kerala), 358-362, 365-369
    programme d'alphabétisation (état de Kerala), 462-465
    propriété de l'eau, 220

protection de la faune, 176
usufruit national des ressources littorales, 367
Indiana, 428
Indonésie, 233, 237, 239-240, 247, 333
Industrialisation, 189
Industrie, *voir* Entreprise
Infrastructure, 98
Insecte, 281, 283, 314
Insecticide, 274, 316
Institut
    de technologie Technion-Israel, 201
    international de recherche sur le riz (IIRR), 237-239, 278, 285
Institute for Electricity Studies, 91
International Centre of Insect Physiology and Ecology (ICIPE), 281
International Crops Research Institute for the Semi-Arid Tropics (ICRISAT), 276, 285
International Fund for Animal Welfare (IFAW), 88
International Rivers Network, 215
International Woodworkers Association, 342
Interface Carpet, 46-47, 69, 72, 103
Iowa, 428
Irak, 199, 202
Irlande, 286
Irrigation, *voir* Eau
ISO, 58
Israël, 187, 194, 198-200, 220
    irrigation goutte à goutte, 201-202
    irrigation minute, 202
Italie, 434

J

Jackson, Wes, 143, 145
Jamieson, Glen, 388
Japon, 105, 286, 400
Johnson, Ian, 277
Johnson, Mike, 314-317
Jordanie, 187, 198-200, 202-203, 220

K

Kahnawake (réserve mohawk), 401
Kapur, Akash, 465-466
Kathuriya, Balabhbhai, 198
Kennedey, Robert fils, 85
Kenya, 282, 371
Kerala (état), *voir* Inde
Kerala Foundation (KSMTF), 365

Keynes, John Maynard, 109, 111, 124
Khosla, Ashok, 61-62, 65-66, 160, 191
Kikatla, 339
Kitamaat, 339
Kitasoos, 339
Klemtu, 339
Kocherry, Thomas, 365-368
Korten, David, 92-94, 111, 368
Koweit, 430
Kremer, James, 241
Krimsky, Sheldon, 482
Kronick, Charlie, 280
Kummling, Elizabeth, 425
Kuno Sanstuary, 177
KWR, 441-443

L

Label
    « Approuvé par TFA », 58
    certifié biologique, 252
    d'énergie, 49
    Fish Forever, 386
    Turtle Safe, 386
Labonté, Louis, 43
Lacroix, Deborah, 381
Land Institute, 143
Lansing, Stephen, 234-237, 239-242, 304
Lappé, Frances M., 244-245
Lax Kw'alaams, 339
Lazaroff, Cat, 379
Leard, Richard, 354-355
Legal Sea Food, 386
Leopold, Aldo, 143, 167
Levings, Colin, 388
Liberté de dissidence, 108
Lietaer, Bernard, 93
Lion asiatique, 177
Littoral
    contamination, 381-382
Living Ocean, 379
Lobby
    industrie pétrolière, 411
    produit chimique, 415
Lobina, Emanuele, 222
Lodz, 226
Loi C-38, 107
Louisiane, 16, 354
Loup, 169
Loutre de mer, 380
Love Canal, 416-417
Lovins, Amory et Hunter, 24, 45-47, 102, 287, 404

Index 551

Lower Elwha Klallam Nation, 218
Lupo, 404, 474
Lyonnaise des Eaux, 221-222, 226

M

MacMillan Bloedel, 34
Macreuse de la côte ouest, 381
Mafia, 175
Maine, 216, 385
Maïs, 277, 281, 286, 313
Maïs Bt, 274-275
Maladie de la vache folle, 264, 268-269, 271, 285-286
Malaisie, 123-125
Maldives, 367
Mali, 201
Mander, Jerry, 449-451
Manifestations altermondialistes, 119-123
Manipulation génétique, 279, 283,
    voir aussi Biotechnologie
Maoris, 377
Marine Stewardship Council, 386
Marketing relationnel, 262
Marsh, George P., 136
Martell, Roberta, 459-460
Martin, Paul, 114, 117
Mary, Philomen, 366
Maryland, 171
Massachusetts, 428
Matériaux, 40, 42-43, 46-47, 49-50, 102
Mauvaises herbes, 283
May, Elizabeth, 420-422
Mayas Itzàs, 307-310
Mazza, Patrick, 400
MCC, 404
McCully, Patrick, 214
McDonald's, 37, 286
McDonough, Bill, 96-97, 101-102, 275, 389, 424, 495, 501
McKibben, Bill, 465-466
Mentorat, 26
Mer d'Arabie, 357-362, 364
Merritt, Francy, 459
Metaclad, 106
Métaux lourds, 50, 189, 205, 211, 427
Méthane, 398, 424, 429
Metlakatla, 339
Mexique, 86-90, 105-106, 115, 171, 220
Microsoft, 94
Mine, 393-394
Mine d'eau, 188

Ministère de l'Agriculture (É.-U.), 49
Minnesota, 428
Mirex, 417
Mishra, Manoj, 173-179
Mississippi, 355
Mitsubishi, 83, 86-90, 105
Mobil, 71
Modulation du cerveau, 490
Mohawks, 401
Mombasa Marine National Park, 371
Mondialisation, 13, 86, 90, 175, 189, 209, 330, 428, 467
Monoculture, 181, 245-246, 306, 309
Monsanto, 101, 417, 435, 468
Montana, 171
Morgan, J. P., 139
Mosby, Wade, 33-35, 331-332
Mousse, 46
Mouvement de la nouvelle agriculture, 288
Mowbray, Louis, 146-147
Multinationale, 41, 46, 48, 59, 61, 222, 248
Munich Reinsurance, 411
Municipalité, 402
    autonomie locale, 477-478
    privatisation de l'eau, 220-222, 224-225
Murie, Olaus, 167
Murphy, Robert C., 146
Myers, Bonnie, 459

N

Nabatéens, 199
Naphtaline, 419
National Center for Ecological Analysis
    and Synthesis, 370
National Fishworkers' Forum (NFF), 365-366
National Oceanic and Atmospheric
    Administration (NOAA), 379
Nations Unies, *voir* Organisation des Nations
    Unies (ONU)
Natural Resources Defense Council, 85, 88-89, 91
Nature Conservancy, 138, 143
Navdanya, 268-271, 284, 288
Neem, 285
Neil Kelly, 40
Néolibéralisme, 13, 110, 209
Népal, 246
Nestlé, 286
New England Journal of Medicine (The), 482
Newman, Dave, 43
Newmark, William, 168
Newton, Isaac, 103, 145

New York (état), 134-140, 171
Neyyar (réserve), 470
Niger, 201
Nigeria, 71, 73, 246, 430
Nike, 19, 38, 40-45, 47, 51, 72-74, 76-77, 211, 275
Nixon, Richard, 94
Nonsuch Island, 145-149, 160
Norm Thompson, 38
Northwest Earth Institute (NWEI), 39, 457
Norvège, 360
Nourriture, 244, 248, 250
    maladie, 252
voir aussi Agriculture, Alimentation
Nouveau-Mexique, 171
Nouvelle-Écosse, 419-420
Nouvelle-Zélande, 363, 377
Novartis, 482
Nuxalks, 339

O

Observatoire des droits de l'eau, 229
Œuf, 258
Oiseau, 171
Okey, Joseph, 46-47
Old Massett, 339
Olympia & York, 402
Olympic Peninsula National Park, 218
Ontario, 117, 171, 208, 223, *voir aussi* Walkerton
Orca Pass International Stewardship Area, 373
Oregon, 58, 155-158, 169, 206, 310, 329, 428
Oregon Country Beef, 156-158
Oregon Natural Step Network, 39
Organic Targets, 265
Organisation
    de coopération et de développement
        économiques (OCDE), 428-429
    des Nations Unies (ONU), 110, 125, 189, 226,
        245, 301, 382, 461
    des Nations Unies pour l'alimentation
        et l'agriculture (FAO), 245, 301, 461
    internationale de normalisation (OIN), 58
    internationale du commerce (OIC), 109-110
    mondiale du commerce (OMC), 78, 82, 101,
        105-111, 229, 376, 386, 414
Organisation non gouvernementale (ONG), 126
Organisme
    à but non lucratif, 67
    génétiquement modifié (OGM), 52, 58, 273,
        286, 331
    nuisible *voir* Gestion intégrée
        des organismes nuisibles (GION)

Otto-Zimmerman, Konrad, 475-479
Ouganda, 246
Oursin, 371, 380
Oweekeno, 340
Oxyde d'azote, 398

P

Pacific Gas and Electric (PG&E), 437-438
Packard, Steve, 143-145
Pakistan, 214
Palestine, 202-203
Palmer, Carroll, 312-314
Papaye, 279
Pararnhikularn (sanctuaire faunique), 470
Parc
    Algonquin, 171
    de Banff, 171
    de Jasper, 171
    des Adirondacks, *voir* Adirondack Park
        and Forest Preserve
    national, 170
    Safari, 70
Partenariat public-privé, 116, 209, 226
Patagonia Clothing, 72
Patate douce, 279
Patrimoine mondial de l'UNESCO, 86, 88-89,
    375-376
Pauvreté, 108, 113-114
Pays-Bas, 264, 325, 401, 406, 474
Pays en voie de développement, 114-115, 226
    agriculture, 246-247
    dette, 360, 363, 368
    forêt, 303
    pêche, 357-362
    pollution de l'eau, 189
    protection de la faune, 173
    subvention perverse, 363
Paysage, 142-143
Pays-Bas, 56, 427
Pêche, 84, 163, 166, 218
    au bar rayé, 349-353
    aux huîtres, 354-357
    état de Kerala (Inde), 359-362, 365-369
    gestion holistique, 379
    gestion industrielle, 361, 363-365, 374-376
    réserve, 370-373
    système de permis, 363
    technologie, 364-365
Peinture, 50
Pendjab (état), *voir* Inde
Periyar (sanctuaire faunique), 470

Index

Permafrost, 398
Pérou, 201
Perry, David A., 299
Pesquera de Punta Abreojos, 84, 91
Pesticide, 49, 58, 189, 201, 205, 247, 270, 275, 280, 291, 383, 416
Pétrel des Bermudes, *voir* Cahow
Pétrole, 71, 393-394, 430
Philadelphie, 24-26
Photosynthèse, 395
Phtalène, 43
Pinkerton, Evelyn, 356
Pisciculture, *voir* Aquaculture
Plante, 395
    transgénique, 100
Plastique, 50, 211, 434
Plathottam, Cicely, 365-367
Plomb, 51
Pois chiches, 276-277
Poisson, 216, 245
    certification, 386
    disparition, 386-387
    étiquetage, 386
    génétiquement modifié, 385
    gestion des ressources, 354
    pêche au bar rayé, 349-353
    voir aussi Réserve marine
Polluant industriel, 205
Pollution
    agricole, 253
    atmosphérique, 394-397
    de l'eau, 189
    marine, 381-382
    par les produits chimiques, 414-426
Pologne, 226
Polychlorure de vinyle (PCV), 40, 42-43, 51, 90, 389, 402
Polyculture, 245, 248, 263, 270, 282, 291, 301, 320
Polymorphisme génétique, 180
Porc, 99, 253-257, 260, 267, *voir aussi* Élevage
Portland, 16, 38-39, 57, 67, 204, 407
Portland's Recycling Advocates, 39
Portugal, 229
Postel, Sandra, 218-219, 227
Poule, 257-259
Prague, 121
Prairie, 143-145, 150, 158-159
Prédateur, 81, 154, 181, 380, 382
Premières Nations, 162, 490
    entente sur la forêt (C.-B.), 335-345
Principes Valdez, 77
Prindahl, Jim, 67, 69

Prius, *voir* Toyota
Productivité, 47
Produit
    cancérigène, 43, 50, 252, 260
    chimique, 211, 275, 381-383, 414-416, 481
    toxique, 48, 50, 60, 189, 205, 211, 383, 414-426, 481
Produit intérieur brut, 369, 429, 455, 466
Programme des Nations Unies pour le développement (PNUD), 247-248
Protection de l'environnement
    coûts, 429
Protocole
    de biosécurité, 415
    de Kyoto sur les changements climatiques, 401, 405, 411, 415
PublicPowerNow, 438
Push-pull, 282
Pynn, Larry, 371, 374, 378, 382, 387
Pyriculariose, *voir* Riz

Q

Québec, 304-305
    énergie solaire, 401
    forêt boréale, 331
Quinn, Jim, 334

R

Radioactivité, 481
Rainforest Action Network, 32, 337
Rajamoorthy, T., 124-125
Rampton, Sheldon, 205
Rao, V. K. R., 246
Réchauffement climatique, 398
Recherche, 43-44, 479-487
Recherche action participative (RAP), 458-459
Recyclage, 39, 43, 46, 49, 53-54, 67-70
Recycling Center, 67-70, 82
Reid, Walter, 332
Reimchen, Tom, 340
Relations publiques, 41-44, 73, 107
Research Foundation for Science, Technology and Ecology, 284
Réserve marine, 370-373, 378-379, 387-388
Résilience, 180
Résistance passive, 121
Restaurant, 24-31, 70
Retrait du consentement, 119, 123, 125
Révolution industrielle, 96-104, 108, 115, 126-128, 250, 275, 287, 303, 330, 397, 497

Révolution verte, 246, 275, 277-278, 290
Rhinocéros, 176-177
Richardson, Dick et Pat, 484-487
Richesse, 92-95, 108-109, 303-305
Richesses collectives, 304, 361
Right Livelihood Award, 245
River Recovery Project, 217
Riz, 235-244, 247, 266, 275
    basmati, 285
    doré, 279-280
    transgénique, 278-280
Robèrt, Karl-Henrik, 37, 415
Roberts, Callum, 370
Rocheuses, 171
Rockefeller, William, 138-139
Rocky Mountain Institute, 24, 45, 47, 102, 287, 404
Roddick, Anita, 23, 72-78
Roddick, Gordon, 74
Rogue Institute for Ecology and Economy, 333
Roosevelt, F. D., 124
Rowan, Ann, 340-342, 344
Roy, Arundhati, 213, 220
Roy, Dick et Jeanne, 39-41, 45, 76, 453-458
Royaume-Uni, 427
Russie, 330, 363

S

Safina, Carl. 352, 360, 363-364, 379-380, 384-386
SAGUAPAC, 226
Sahni, Surrendra, 191, 194-196, 207
Sahtouris, Elizabet, 24
Salatin, Joel, 253-259, 261-263, 497
« Salle douzaine », 416-417
Salzman, Dan, 204
Sampson, Dan, 162-167, 229
Santé Canada, 260
Saumon, 161, 216-218, 229, 313
    aquaculture, 384-358
    forêt de la C.-B. (entente), 335-345
Savory, Allan, 151-156, 160, 167, 255-256, 458, 498
Savory's Center for Holistic Management, 159
Scandic Hotels, 37
Schlegelmilch, Kai, 434
Schmidt, Rodney, 125
Schwart'z, 70
Science, 103, 479-487
Science, 482
Scientific Certification Systems, 333

Seattle, 76, 106, 108
Sécheresse, 189, *voir aussi* Eau
Semence hybride, 277
Semence transgénique, 275, 281, 286
Sen, Amartya, 111
Sénégal, 201
Servicio National de Aguas y Alcantarillados (SANAA), 225-226, 229
Severn, Sarah, 42-44, 74
Shaw's, 386
Shell International Renewables, 71
Shell Oil, 24, 45, 47, 61, 71-73, 78, 404-405, 411-412, 435
Shorebank, 57
Sieber, Peter, 48, 50-53
Shiva, Vandana, 23, 245-247, 268, 270-272, 280, 284-285, 301
Sierra Club, 32, 51, 337, 420, 422
Simard, Suzanne, 299
Singh, Jaggi, 106-107, 111-113, 455
Skidegate, 339
Sky Islands Wilderness Network, 171
Sladek, Ursula, 440-444
Smart (voiture), 404, 474
Smart Wood, 333
Smith & Hawken Garden Supplies, 38, 126
Soares, Mario, 229
Social Venture Network, 25, 82
Société durable, 37-38
Society for Conservation Biology, 169
Solar Two, 401
Solenium, 47
Solomon, Maryann, 459
Solvant, 44
Somatotropine bovine, 262, 287
Sommet
    de la Terre (1992), 476
    des Amériques de Québec (2001), 70-71, 108, 121
Soros, George, 23
Soudan, 246
Soulé, Michael, 169-171
Sous-traitance, 44, 209
Southern California Edison, 437
Southern Company, 411
Soya, 286
    Round-up Ready, 275
Sri Lanka, 286
Stalking Wolf, 490
Starr, Joyce, 198
State of the World (NY), 73
Stauber, John, 205

Index

Sten, Eric, 204
Sterritt, Art, 344
Stiftung Warentest (SW), 48-52, 54, 82, 275-276, 472
    critères d'évaluation des produits, 49-50
Stikker, Allerd, 187-188
Stockholm Environment Institute, 189
Strohman, Richard, 482
Subvention perverse, 363
Suède, 36-37, 224, 427, 474
Suez-Lyonnaise des Eaux, 223
Suisse, 474
Sukarno, 237
Super mauvaises herbes, 274
Surpêche, 351
Surrécolte, 276
Suzuki, David, 340
Swan Hills (Alberta), 424
SWOT (inventaire), 458
Sydney (Australie), 223
Sydney (N.-É.), 419-422, 425
Sydney Steel Corporation (SYSCO), 420
Syrie, 202
Système monétaire, 92-95, 104

T

Tahawus Club, 138
Tamil Nadu Fishworkers' Union, 365
Tanzanie, 462
TARA Kendra, 193, 212
Tarun Bharat Sangh, 197
Taxe
    environnementale, 427, 433-434
    sur les investissements spéculatifs, 125-126
    sur les sacs de plastique, 434
    Tobin, *voir* Taxe sur les investissements spéculatifs
    voir aussi Fiscalité
Tchernobyl, 440
Technologie, 98-99, 102, 186, 195, 205, 213, 250, 276, 287
    double dividende, 409
    pêche industrielle, 364
    photovoltaïque (PV), 400
    voir aussi Révolution industrielle
Technology and Action for Rural Advancement (TARA), 62-65
Tennessee Valley Authority, 213-214
Terrie, Philip, 138-139
Territoires du Nord-Ouest, 171
Terrorisme, 107-108, 122, 453

Texaco, 411-412
Texas, 152-153
Thaïlande, 115, 123, 125, 216-217, 286, 384
The Food Alliance (TFA), 58
The Natural Step (TNS), 36-42, 45-46, 127, 211, 275, 415, 501
Thermodynamique, 37-38, 81
Third World Network, 318
Thompson, Tommy, 162-163
Thon, 364, 386
Tigre, 174
« Tisseuses de la toile », 459
Tobin, James, 125
Tobin Tax Initiative, 126
Toit vert, 204, 500-501
Toluène, 419
Tordeuse des bourgeons, 314-316
Toronto, 402-403
Tortue, 84, 106, 386
Tortugas Marine Reserve, 378-379
Tourisme, 338, 374
Toxaphène, 417
Toyota, 71-72, 78, 404
TRAFFIC, 173-175
Tragédie des richesses communes, 303-305
Train, 431-432
Transport, 43, 397, 403-409, 429-431
Tributylétain, 381
Triodos Bank, 55-56, 58, 82
Tully, Shawn, 223
Turning Point (conférence), 339
Turquie, 199, 202

U

Umatilla, 162
Unilever, 76, 386
Union Carbide, 61, 417
Union
    européenne, 49, 53, 88, 111, 126, 409
    mondiale pour la nature, 174
Université
    Ben-Gourion, 200
    de Californie, 480, 482
    de Toronto, 91
    du Maryland, 483
    du Texas, 483
    du Vermont, 205, 483, 499
    McGill, 483
    Udayana, 241
Urbanisme, 16, 59, 405-406, 474, 500-501
Urirat, Arthit, 217

Usine fécale, 258, 264
Utilisateur local, 16-17
Uttar Pradesh (Inde), 189-193

V

Valeur de l'argent, 92
Valeurs, 453-457, 477, 487
Vallavicencio, Javier, 84
Vancouver (île de), 323
Véhicule automobile, 53, 71-72, 397-398, 403-409
    pollution, 429-431, 434
Vélo, 431
Venise, 406
Vermont, 168
Vernis cancérigène, 44
Villiers, Marc de, 200
Virginie, 255
Virus des taches annulaires, 279
Vivendi, 221, 226
Volaille, 99, 257-258
Volcker, Paul, 428
Volkswagen, 404-405

W

Walkerton (Ontario), 116, 175, 208-210, 221, 223-225
War on Want, 125
Washington (2001), 108, 119, 121
Washington (état), 155, 162, 217, 310-311, 329, 428
Watershed Program, 270
Weaver, Andrew, 397
Webb, William S., 139
Weichert, Klaus, 59-61
Weinstein, Martin, 356
Weiss, Mathias, 53-54
Welch, Bill, 69
Western Fuels, 411
White Dog Café, 24-31, 44, 72-73, 275
White Mountains, 168
Whole Foods Market, 386

Wicks, Judy, 24-31, 54, 74, 77, 160
Wilderness Awareness Schools, 324, 488
Wilderness Movement, 167
Wildlife Institute, 173
Wilkinson, Mervyn, 323-328, 332
William, Crystal, 459
Williams, Roger, 341
Wingate, David, 146-149, 160
Wisconsin, 216, 218
Wiwa, Owens, 72
Wolfensohn, James, 413
Workplace Giving Program, 26
World Resources Institute (WRI), 248, 430
World Scientists' Warning to Humanity, 483
World Trade Center, 109, 453
World Wildlife Fund for Nature, 173
Wüppertal Institute, 475
Wyoming, 171

X

Xaixais, 339
Xeni Gwet'ins, 340-341, 458-460

Y

Y-2-Y Wildlands Project, 171-172, 176, 337, 344, 373
Yakamas, 310-318
Yellowstone, 167, 169, 171
Yosemite, 167
Young, Jon, 324, 488-491, 493-494
Yukon, 171

Z

Zedillo, Ernesto, 89
Zimbabwe, 169
ZLEA, 107-108, 111
Zone-cœur, 170
Zone morte (golfe du Mexique), 383

Table des matières

Introduction ... 9

Chapitre 1 • Vivre en son village comme l'abeille :
faire des affaires sans faire de mal ... 21

Chapitre 2 • Retirer son consentement :
la pratique de la démocratie ... 79

Chapitre 3 • Des coyotes pour faire pousser l'herbe :
la restauration de la biodiversité ... 131

Chapitre 4 • Et au milieu coule une rivière :
sauver l'eau ... 183

Chapitre 5 • On est ce que l'on mange :
produire des aliments sains ... 231

Chapitre 6 • Le cri du jaguar :
à qui appartiennent les forêts ? ... 295

Chapitre 7 • Le chant de l'albatros :
garder des poissons dans la mer ... 347

Chapitre 8 • Bras de fer avec Pluton :
　　　　　　réduire la quantité de produits toxiques, purifier l'air　　391

Chapitre 9 • Sortir des sentiers battus
　　　　　　Nouvelles façons de penser et d'apprendre　　447

Épilogue　　497

Remerciements　　503

Liste des organismes　　505

Bibliographie　　529

Notes　　531

Index　　543

L'impression de ce livre sur du papier 100 % postconsommation
(traité sans chlore, certifié Éco-Logo et fabriqué dans une usine
fonctionnant au biogaz) a permis de sauver 80 arbres
et de réduire la quantité d'eau utilisée de 218 619 litres
et les émissions atmosphériques de 5 075 kilogrammes.

MISE EN PAGES ET TYPOGRAPHIE :
LES ÉDITIONS DU BORÉAL

ACHEVÉ D'IMPRIMER EN MARS 2007
SUR LES PRESSES DE MARQUIS IMPRIMEUR
À CAP-SAINT-IGNACE (QUÉBEC).